增补版

电子制作大图鉴 作品介绍

光和影运用自如　制作并享受声音　游戏和趣味制作　便利小制作　制作收音机

共77件作品!

No 01
1页
光和影运用自如

复印电路图并贴在电路板上，按图制作，新手也能成功!

LED 闪烁发光装置

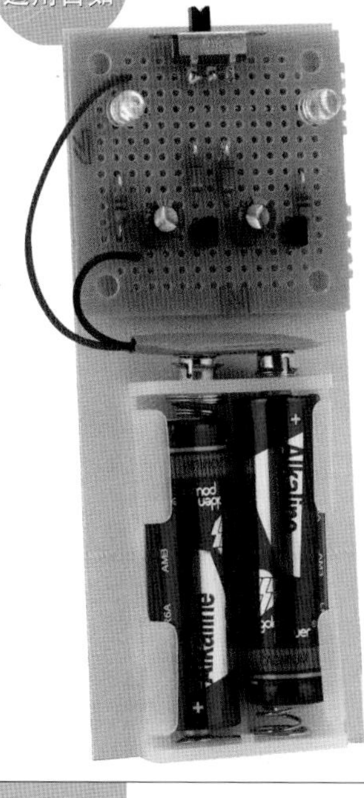

No. 02
9页
游戏和趣味制作

看着就要停了但就是不停!
真正的 LED 转盘

32 格轮盘

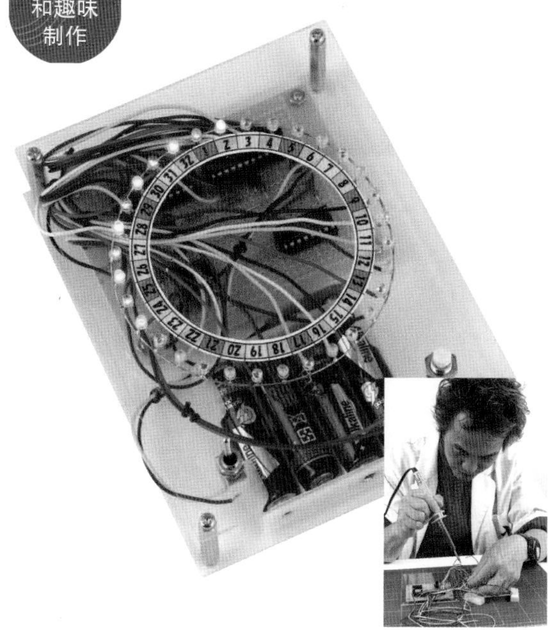

No. 03
17页
光和影运用自如

像极光一样不可思议的光

极光灯

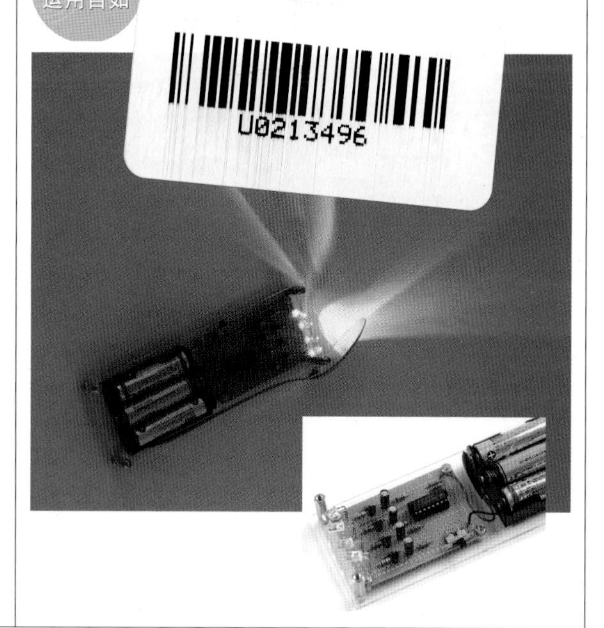

No. 04
22页
光和影运用自如

与声音一起流动的光

声控电光

No. 05
26页
游戏和趣味制作

10 个数字随机显示的游戏

数字骰子

No. 06
30页
游戏和趣味制作

用 5 颗星随机评定等级！

五颗星

No. 07
34页
游戏和趣味制作

回答权落在谁手上？
抢答游戏

按钮式抢答器

No. 08
38页
光和影运用自如

像风车一样的灯光

旋转灯光

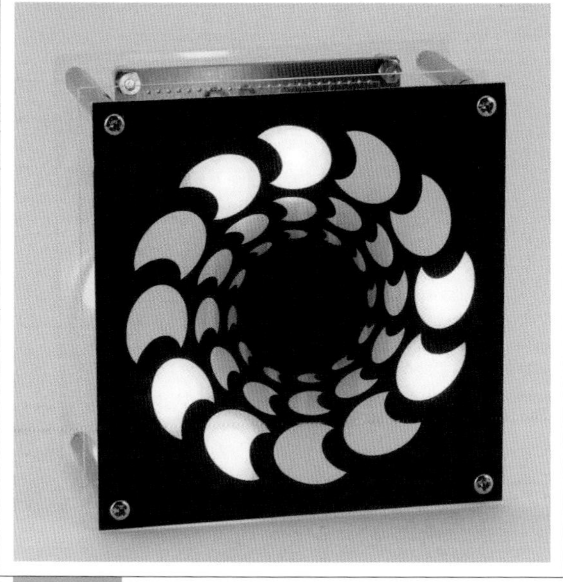

No. 09
42页
制作并享受声音

身体成为乐器!

不可思议的乐器

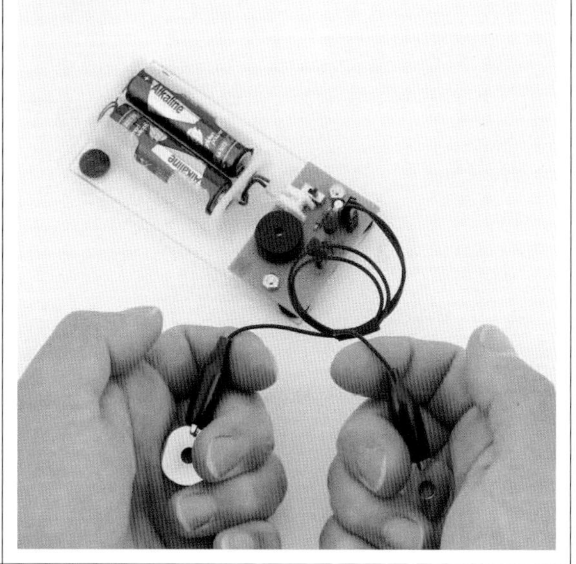

No. 10
46页
制作并享受声音

4 种声音提示装置

四音阶声音

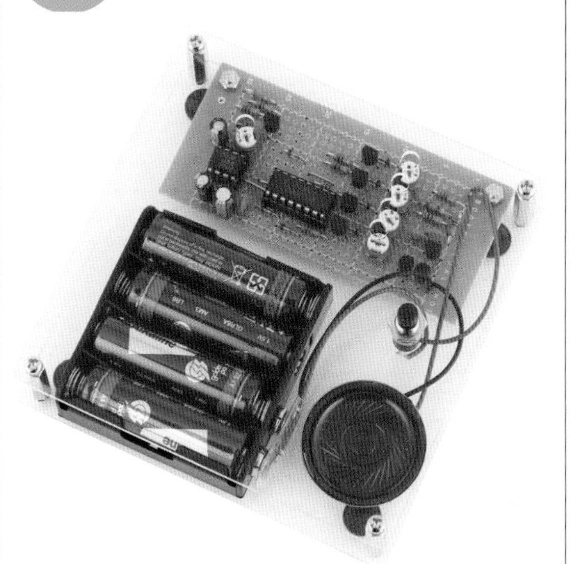

No. 11
50页
光和影运用自如

让剪影动起来

投影动画

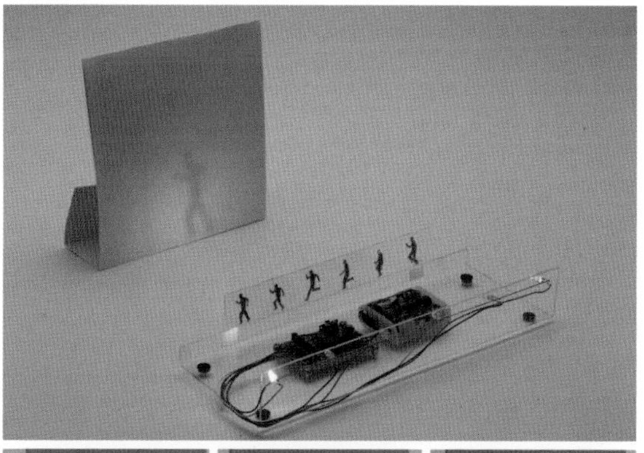

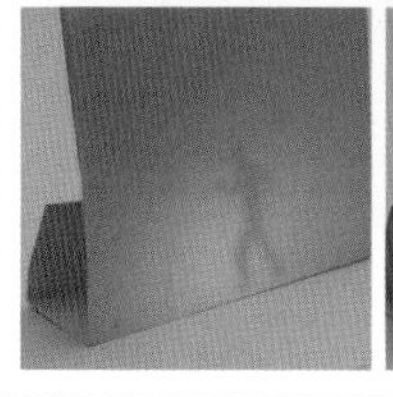

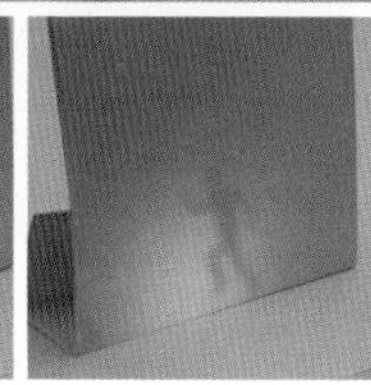

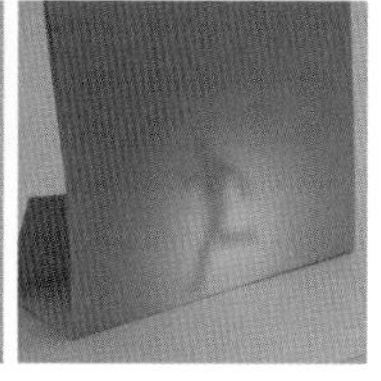

No. 12
54页
光和影运用自如

将灯箱中的插图交替放映出来

插图灯箱

No. 13
58页
光和影运用自如

用 LED 光做出的水箱

箱中的海

No. 14
62页
制作并享受声音

小巧的便携式音箱

笔盒式扬声器

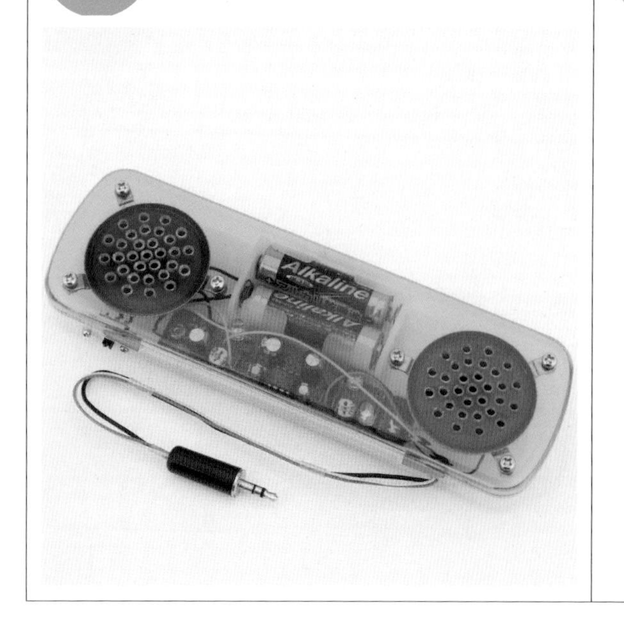

No. 15
66页
便利小制作

实时测量身边的亮度，检查读书环境

读书照度计

No.17 剪影画剧场
73页

动画原理
两个剪影画交替出现

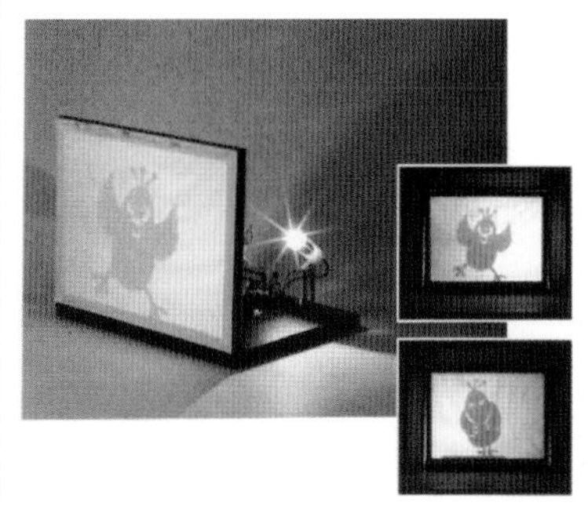

No.23 光剑 1
94页

利用 LED 余像制作的美丽光剑

No.26 旋转灯饰
106页

用 CD 光盘制作的陀螺光带很美!

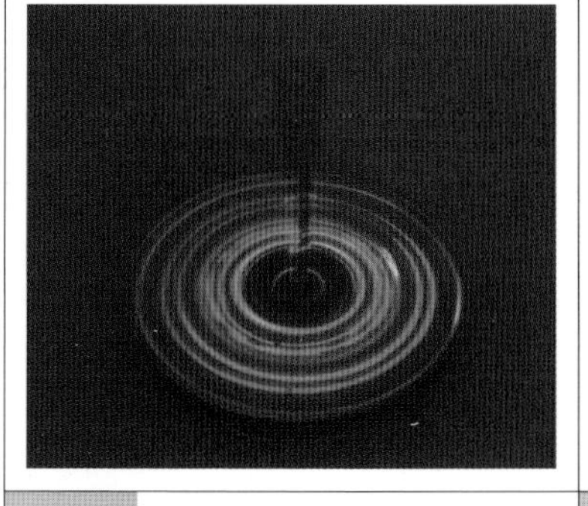

No.27 立体光圣诞树
110页

用五光十色的 LED 制作漂亮的旋转树

No.36 光指挥棒
146页

画出美丽轨迹的 LED 指挥棒
2 个影画交替出现!

No.39 迷你发光树
158页

光线暗下来就亮的小圣诞树
两个影画交替出现!

No.41 4 幅动画
167页

会动的剪影画

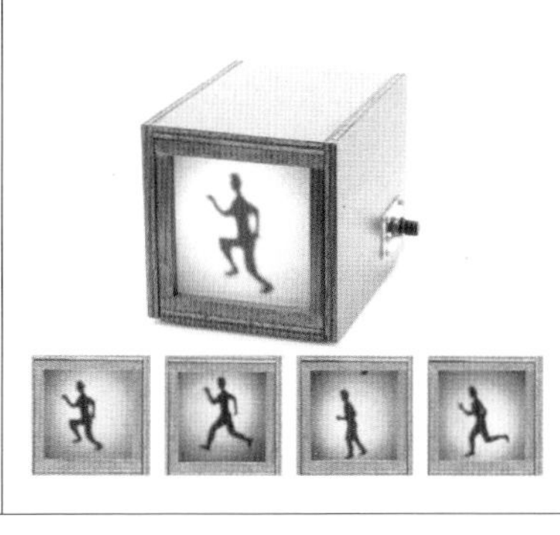

No.45 三色摩天楼
187页

用 LED 红、绿、蓝色的变化，再现美丽的夜景

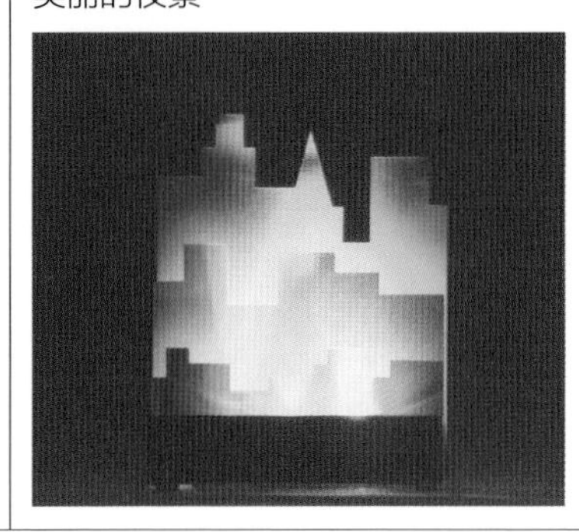

No. 46 声控烟花 1
192页

喊一声烟花就升空！
用万花筒呈现的烟花

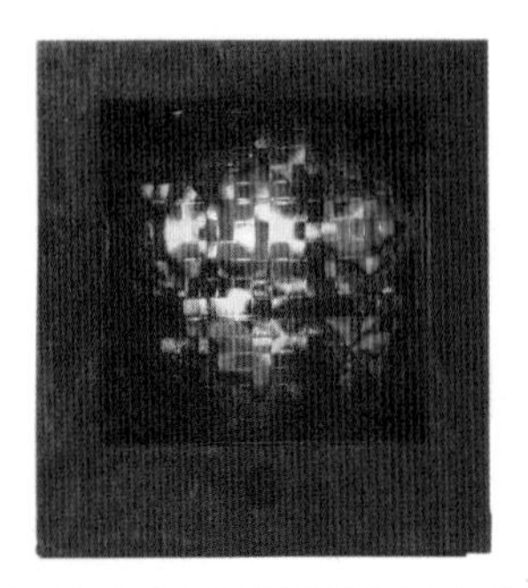

No. 47 声控烟花 2
197页

利用半透镜反射原理模拟
向夜空放烟火

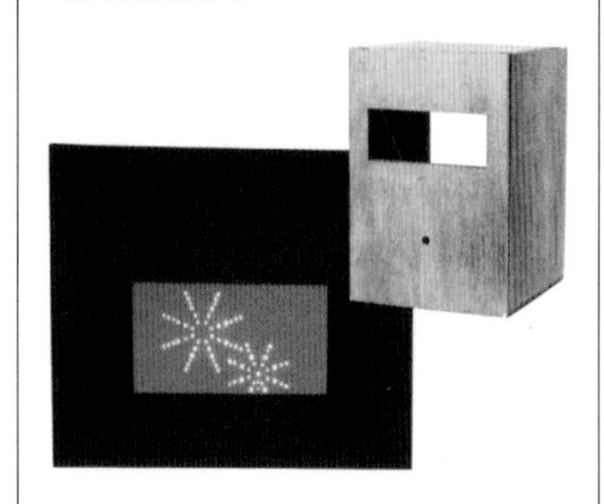

No. 48 大汤勺光
203页

治愈系环境照明装置

No. 52 边缘照明标识灯
222页

暗下来就会亮的时尚线形光

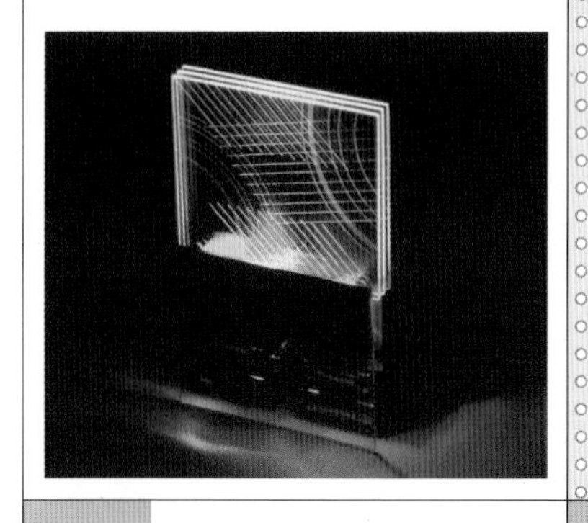

No. 56 流动图案的灯饰
238页

用在圣诞节装饰上
会很棒！是用三根导线制作的灯饰

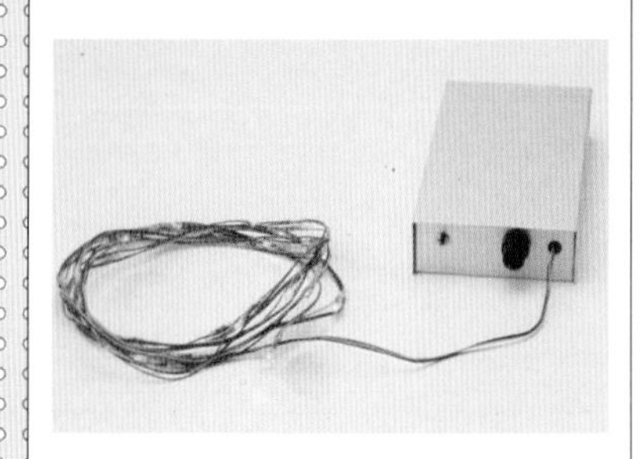

No. 57 LED 闪光灯
243页

闪光灯闪烁，能看到不可思议的动画

No. 58 光剑 2
248页

快速摇动白色光剑，就可以看到
彩虹的颜色！

No. 62 饮料杯垫灯
264页

美丽的光照着玻璃杯，很有情调

No. 72 **镜框内的宇宙**
308页

用两块亚克力镜制作镜框内的宇宙

No. 75 **双色彩灯**
322页

红色和绿色做出的彩灯，用于圣诞节

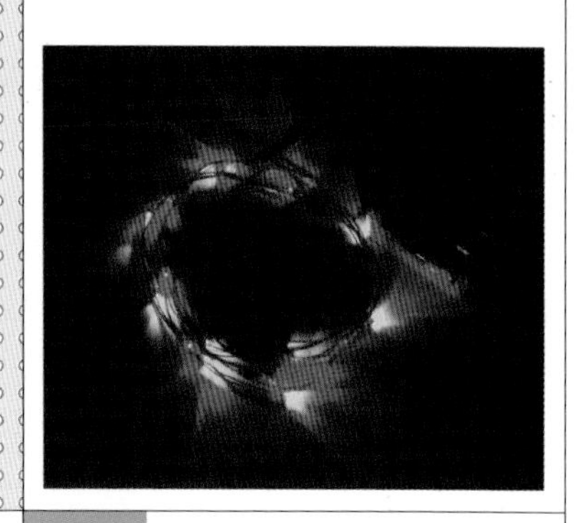

制作并享受声音

No. 18 **铅笔乐器**
76页

用铅笔在纸上画线，会响起各种声音——不可思议的乐器

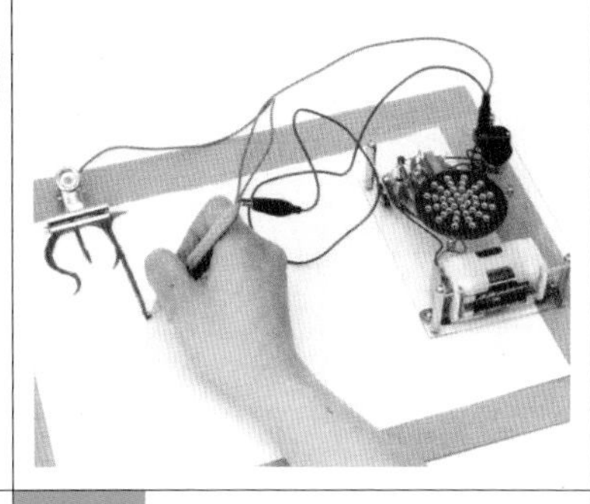

No. 25 **纸带八音盒**
102页

电子八音盒

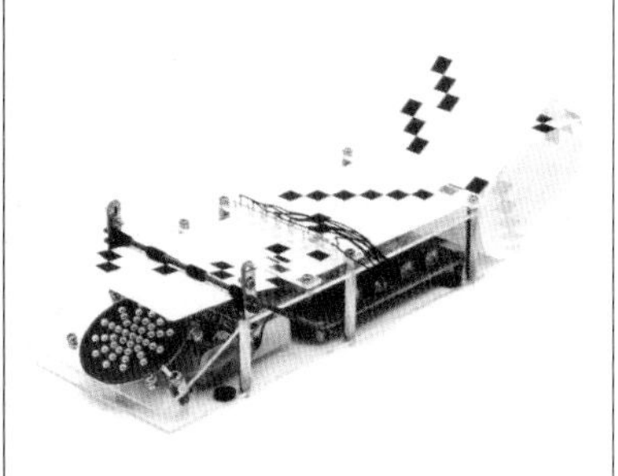

No. 33 **颤音乐器**
134页

做出各种“振颤声音”！

No. 34 **正六面体扬声器**
138页

体积小易于搬运！
电池扬声器

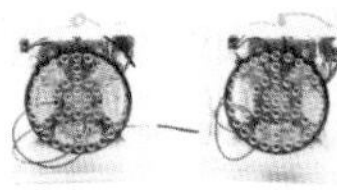

No. 35 **光乐器**
142页

将光变成声音
听一听吧

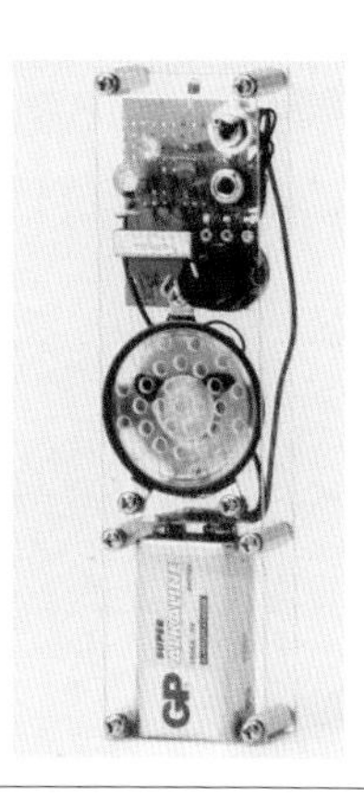

No. 40 迷你吉他
162页

两根弦的小电吉他

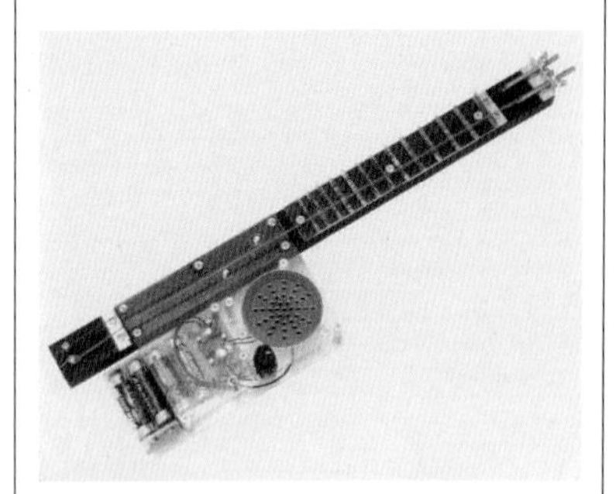

No. 44 八音器
182页

变换 8 个音的节奏，演奏不同的旋律

No. 51 指尖打击乐器
218页

敲击可以发出声音
简单的打击乐器

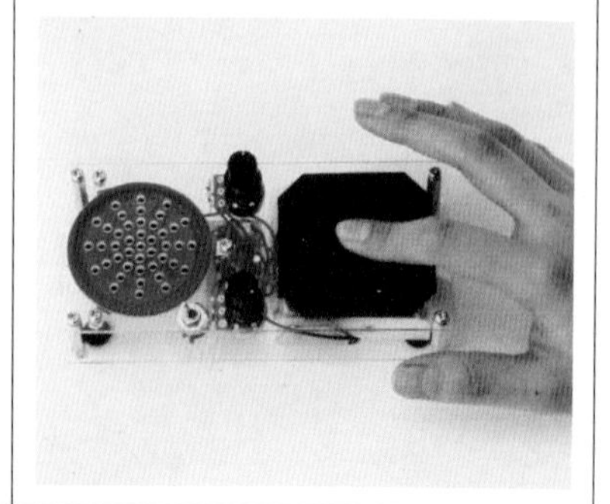

No. 59 光音箱
252页

配合声音的强弱，欣赏
各种各样的光！

No. 60 旋转乐器
256页

圆盘旋转发出不可思议
的声音

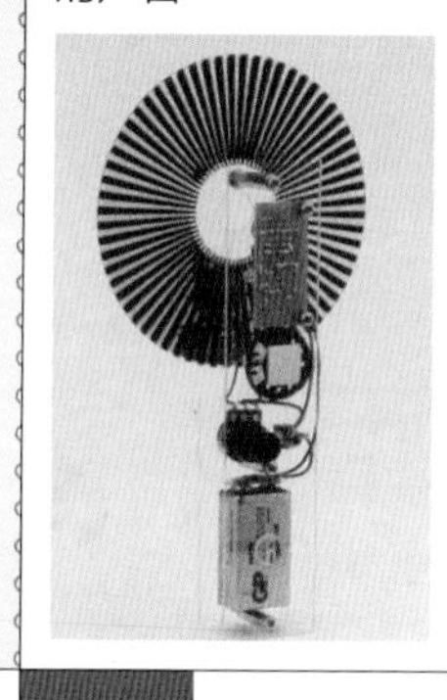

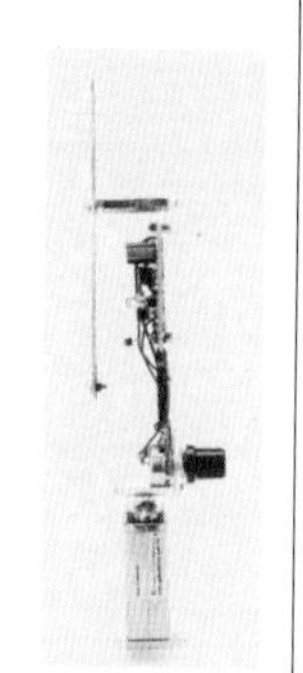

游戏和趣味制作

No. 16 用声光做游戏
70页

按下就发光的游戏

No. 21 AQ 陀螺
88页

不可思议的平衡，永动的
陀螺

No. 24 沿画线行走的自动行驶车
98页

用简单电路做出的自动行驶车

No. 37 圆盘控制车
150页

用笔在圆盘上编程，进行控制的自动控制车

No. 42 红外遥控车
172页

用红外线控制的车

No. 49 两轮沿线追踪器
208页

仅有两个车轮的沿线追踪器

No. 61 轻微颤动的沿线追踪器
260页

用牙刷代替轮胎！沿线滑行的追踪器

No. 63 16 孔游戏
268页

将圆棒插入 16 个孔中，其中一个会发出声音

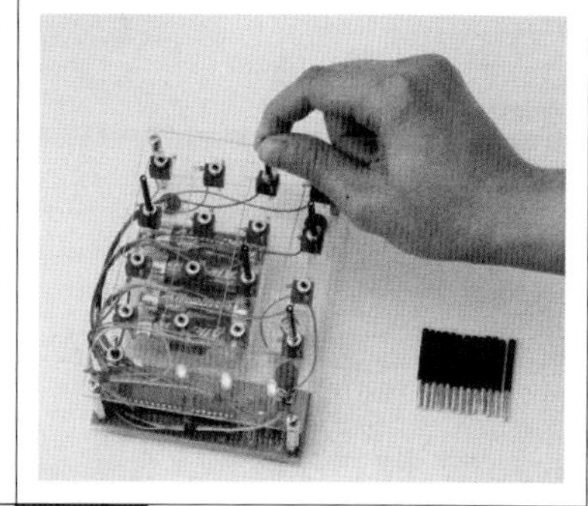

No. 66 16 格轮盘
282页

用光制作 16 格轮盘

No. 70 受惊的盒子
300页

盒子会受惊？听到喊声盒子就会发出轻微震动

No. 73 啪啪履带式车

313页

拍手控制“前进”“右拐”“左拐”“停止”

No. 76 五选一炸弹

326页

用五选一的方法选择击中目标的对战型游戏

便利小制作

No. 20 自行车标识灯

84页

天黑后自动亮灯
放在自行车上防止交通事故!

No. 22 电池荧光灯

91页

野外露营时使用方便!
用干电池点亮荧光灯

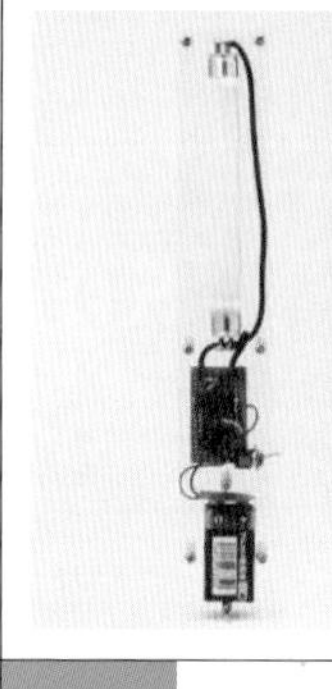

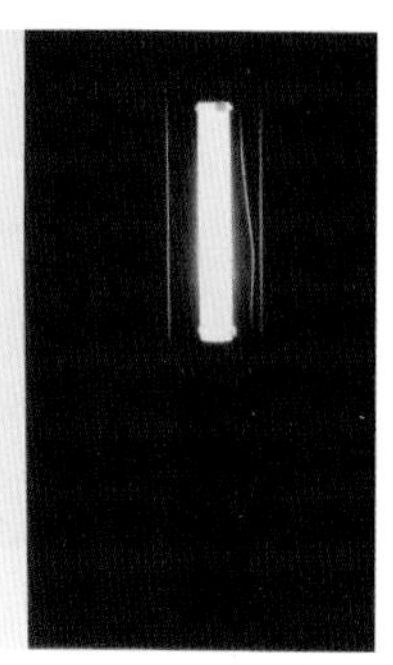

No. 28 任意改变的直流电源

114页

将交流 100V(日本)电源改成任意的直流电源!

No. 29 自动标识灯

118页

自动亮灯 · 自动闪烁
在黑暗的地方作为标识

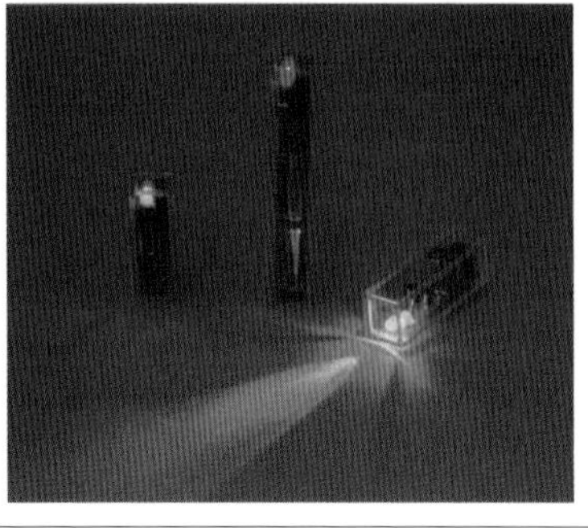

No. 30 转动的节拍器

122页

通过声音和光控制节奏 / 也可以改变速度

No. 32 电光计数器
130页

用光控制 ON、OFF 状态实现计数

No. 38 挪动感知器
154页

挪动就发出声音
防止偷盗

No. 50 微型内部对讲机
213页

房间之间联络的微型对讲机

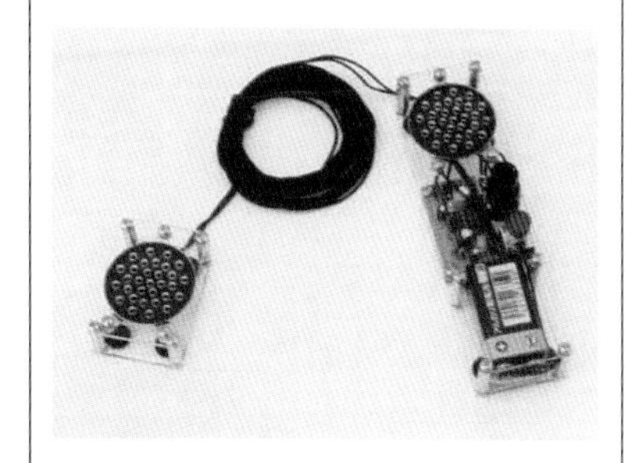

No. 53 二进制定时器
226页

闪光定时

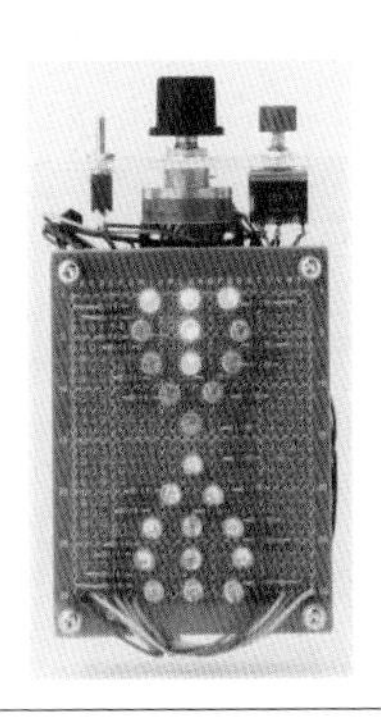

No. 55 便携式电池
234页

用 10 节电池做成便携电源

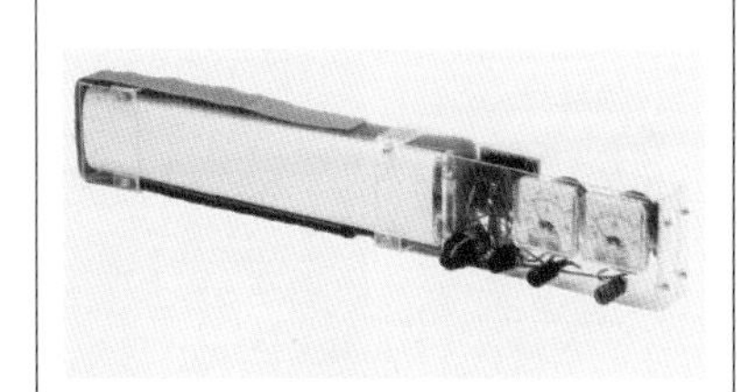

No. 64 定时器开关
273页

可随意调节 100V（日本）家电产品开关用的定时器

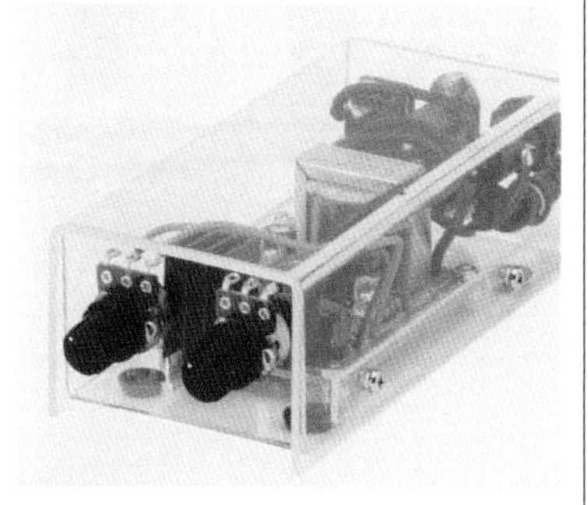

No. 65 小型灯
278页

握住就亮的便携式小型灯

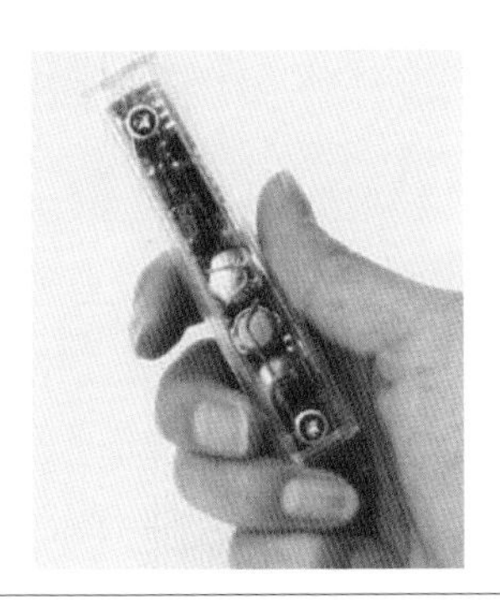

No. 67 自动小夜灯
287页

放置在枕边！光线暗下来时自动亮的小夜灯

No. 69 防瞌睡帽
296页

只要面部朝下，警报声就会响起，防止打瞌睡

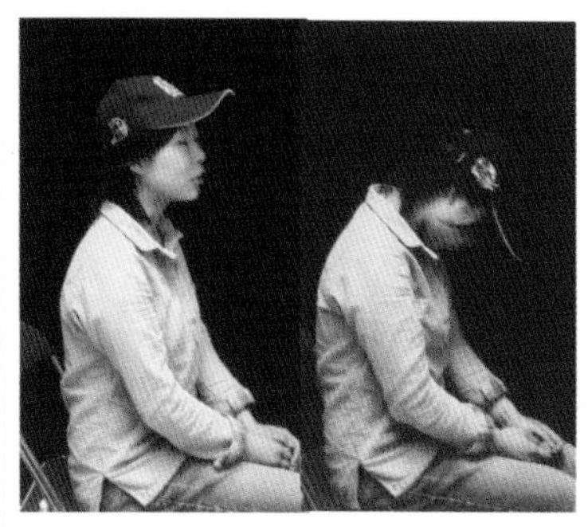

No. 71 干燥显示夹
304页

洗涤的物品干燥后，显示夹从红色变为绿色！

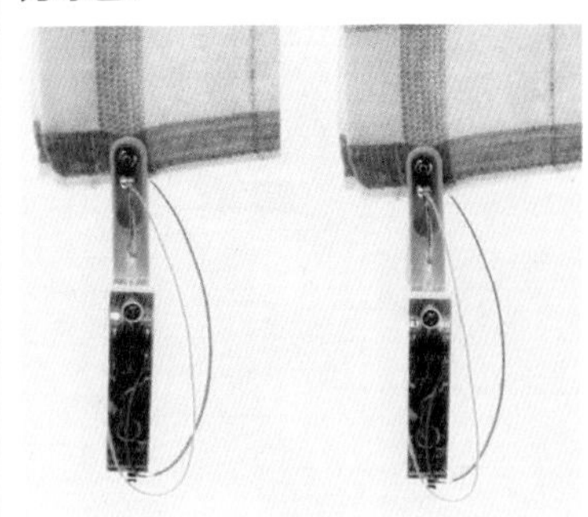

No. 74 遥控器位置显示灯
318页

与遥控器的红外线发生反应发红光，黑暗处也能知道遥控器在哪

No. 77 微型照明板
330页

在黑暗处也能看资料的便利照明板

制作收音机

No. 19 简单收音机
80页

不用电池，只用锗管收音机和一个三极管制作收音机

No. 31 简便收音机
126页

用两个三极管制作的简便收音机

No. 43 IC 收音机
177页

使用专用 IC 制作收音机

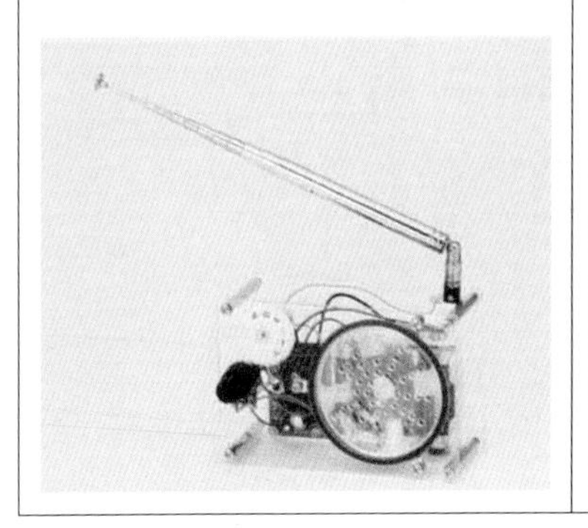

No. 54 小收音机
230页

可以完全放在手掌里的小型收音机

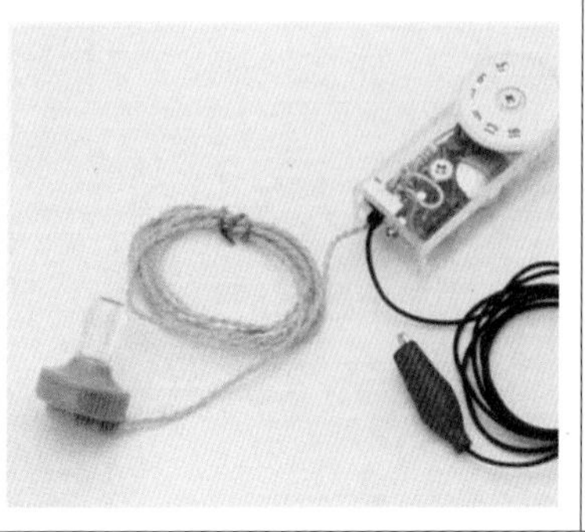

No. 68 板式收音机
292页

用印刷电路板制作的板式收音机

电子电气工程师技术丛书

增補版 電子工作大図鑑
作ってきたえて能力アップ

电子制作大图鉴

（原书增补版）

[日] 伊藤 尚未 著 丛秀娟 译

机械工业出版社
China Machine Press

图书在版编目（CIP）数据

电子制作大图鉴：原书增补版 /（日）伊藤尚未著；丛秀娟译．—北京：机械工业出版社，2020.4
（电子电气工程师技术丛书）

ISBN 978-7-111-65117-8

I. 电… II. ① 伊… ② 丛… III. 电子器件 - 制作 - 图集 IV. TN6-64

中国版本图书馆 CIP 数据核字（2020）第 046438 号

本书版权登记号：图字 01-2018-2527

电子制作大图鉴（原书增补版）

出版发行：机械工业出版社（北京市西城区百万庄大街 22 号 邮政编码：100037）

责任编辑：赵亮宇　　责任校对：李秋荣
印　　刷：大厂回族自治县益利印刷有限公司　　版　　次：2020 年 4 月第 1 版第 1 次印刷
开　　本：185mm × 260mm 1/16　　印　　张：24（含 0.75 印张彩插）
书　　号：ISBN 978-7-111-65117-8　　定　　价：99.00 元

客服电话：（010）88361066 88379833 68326294　　投稿热线：（010）88379604
华章网站：www.hzbook.com　　读者信箱：hzit@hzbook.com

增补版序言

本人曾将月刊《孩子的科学》中自2001年开始的《电子技能对抗赛》栏目中5年的内容汇总后出版了书籍《电子制作大图鉴》，本书是在该书的基础上又增加了新的内容而完成的。

从发布初期的内容到现在已经过了14年，这期间环境和电子元器件都发生了很大变化。由于计算机的普及，电子制作编程成为一项很重要的需求。电子元器件商店和秋叶原电子产品街都发生了变化。生产厂家也停止生产白炽灯灯泡，转而生产LED灯泡，生产的元器件和能够买到的元器件也都不一样了。

这些年来我自己不仅在制作作品，还通过在教室和讲习班教学生电子制作等形式，介绍"制造"的乐趣和技能的作用，并随着时代发展把所有内容进行了改进和创新。

但是，我认为自己在制作中所倾注的理念并没有变，那不只是知识和技术，更是为了激发人类应有的追求方便和好奇的天性。

如果没有元器件，就从制作元器件开始。在制作和教学过程中总在研究，要达到目的有没有其他方法，能不能表述得更有趣一些。为了写成制作方案，还是需要采用标准的元器件。所有制作都是一边自问自答，一边进行的。这里所有的制作都是我自己的习作，希望能给读者以帮助和启发。我期待着读者不只是通过制作而感到满足，而是自己独立思考，将各种新鲜的想法大胆实践，对制作进行改进和提升。

伊藤 尚未

目　录

在使用本书时

※ 制作本书中的案例时，会用到刀具和电烙铁等工具，因此，作业时有可能会受伤。在制作及使用时，要注意安全。
所有的制作案例，都是根据制作步骤，按常规操作完成的。在使用时充分考虑了安全性。但是，万一在制作过程中发生了意外，出版社和作者不承担任何责任。
另外，本书作者对制作案例拥有著作权。除个人制作使用以外，如果有其他用途的话，请提前协商。

No. 01

光和影运用自如

复印电路图并贴在电路板上，按图制作，新手也能成功！

LED 闪烁发光装置

一说到电子制作，很多人首先想到的是“电子制作很难”“没有专业知识做不出来”。其实，电子制作就像做智力测验题和塑料模型一样，是一种有规则可循的非常有趣的过程，不同之处在于电子制作作品通电后能发光或动作。尤其是在制作完的作品具有相应的功能时，制作者会很有成就感。克服畏难心理，开始动手组装吧。

制作之前

准备好工具

进行电子制作需要用到专用工具，这些工具也不是必须到专业工具店才能买到，有的工具在建材超市和百元店也能买到。

在逐渐做得熟练和习惯以后，一般就会想要用更好的工具，但在开始制作阶段只要先备齐容易买到的工具和材料就可以了。

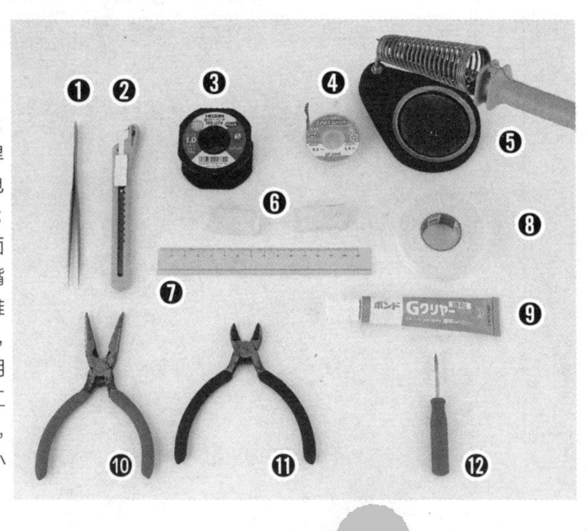

本制作所使用的工具：①小镊子；②美术刀；③焊锡丝（松脂芯软焊料）；④吸锡带；⑤电烙铁和烙铁架；⑥橡皮；⑦金属直尺；⑧双面胶；⑨黏结剂；⑩扁嘴钳；⑪剪线钳；⑫锥子。除上面这些之外，还有本制作时没有用到的成套螺丝刀等工具，再加上这些工具，就可以开始一般的小型制作了。

◆工具的种类和作用

即使是很小的电子零件，也需要有通电用的端子，将这些零件的端子连接起来就组成电路。但在组成电路时，并不只是简单地将端子接起来就可以，需要将焊锡这种金属熔化后将端子连接起来，才能通电。

用于熔化焊锡的工具是电烙铁。电烙铁因为要用来熔化金属，温度非常高，因此使用时要

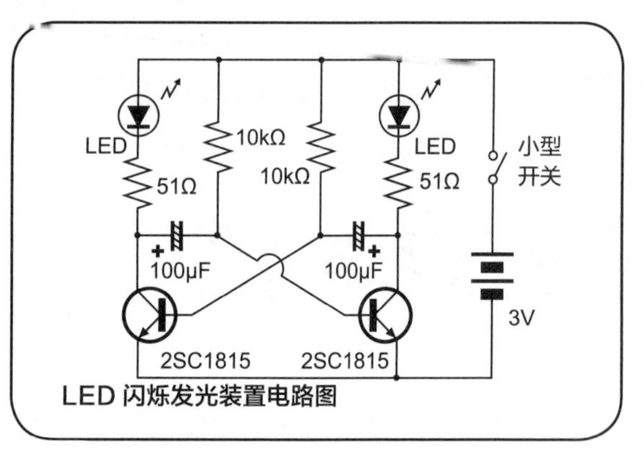

LED 闪烁发光装置电路图

注意不要烫伤。电烙铁使用 20 ~ 30W 的就可以。不使用的时候放在烙铁架上。焊锡用的是金属丝形状的焊锡丝，直径为 0.8~1mm 的焊锡丝比较好用。

在焊接失败时，使用吸锡带把焊锡吸出来。

剪去元器件端子时使用剪线钳，折弯元器件时使用扁嘴钳。

操作时将薄胶合板等铺在桌子上作为操作板使用，这样不会损坏桌子。

因为小元器件很多，准备一个小碟子放这些小元器件会比较方便。

对于焊接时用来放置电路板的台板，可以准备几个同样大小和高度的橡皮，这样焊接时比较方便。

准备好元器件

按照下面的元器件表准备好元器件。电子元器件在专业商店（见 361 页）[⊖]有售，但当附近没有专业商店时，也可以在网上购买。

元器件表

元器件	数量
三极管：2SC1815	2 个
电阻：10kΩ 1/4W（色带：茶黑橙金）	2 个
51Ω 1/4W（色带：茶绿黑金）	2 个
电解电容器：100μF 16V	2 个
LED：红色高亮度 2V 20mA	2 个
滑动开关：小型	1 个
万能板：15×15 孔	1 张
电池盒 & 电池扣：2 个 3 号电池用	1 组
3 号电池	2 个
焊锡丝少许	

⊖ 此处为日文原书中提供的日本商店。——编辑注

电子元器件有不同的类型，有的元器件形状不同但功能相同。在刚开始制作的阶段，参考本书插图和照片，准备相同类型的元器件会比较安全。

电路图是什么

左上图为表示本制作中各个元器件连接方式的电路图。图中的各种符号代表对应的元器件，连接线表示电线的连接。

首先记住有这样的设计图，后面再去理解和记住这个电路图的内容。看懂了电路图以后，就可以进行各种各样的制作了。

万能板

本书的很多示例中使用的都是万能板。万能板在纵向和横向上有一些等间隔孔，可以组成各种电路。可在万能板上焊接三极管和电阻器等电子元器件，制作电子电路。

万能板的孔上，装有称为“焊盘”的圆形铜箔，元器件引脚（导线）被焊接在圆形铜箔上。

根据板子大小和孔的数量不同，有各种各样的万能板，在“闪烁发光装置”示例中使用的是 15×15 孔的简单万能板。

各种尺寸的万能板。本书中根据外壳的空间大小将万能板切割后使用。切割方法与 13 页的亚克力板切割方法相同。

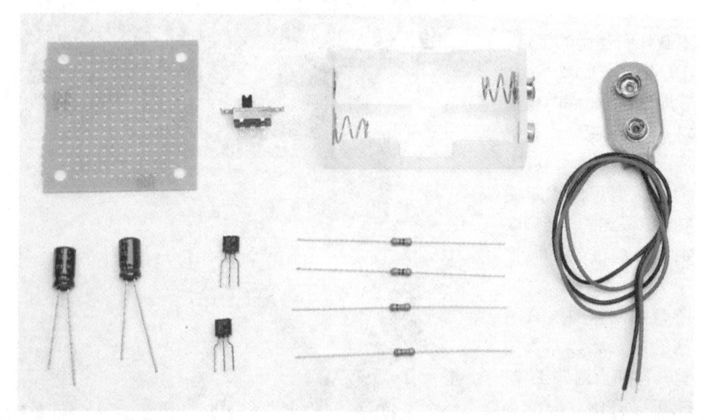
本制作中除了 LED 以外的元器件

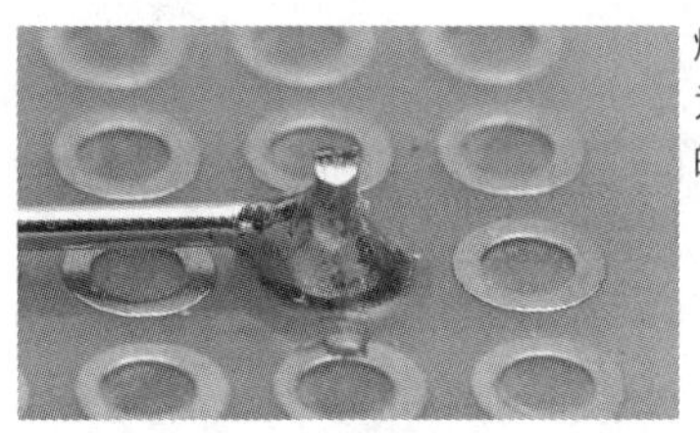

焊接完毕的焊锡以导线为中心，如同富士山般的形状最为理想。

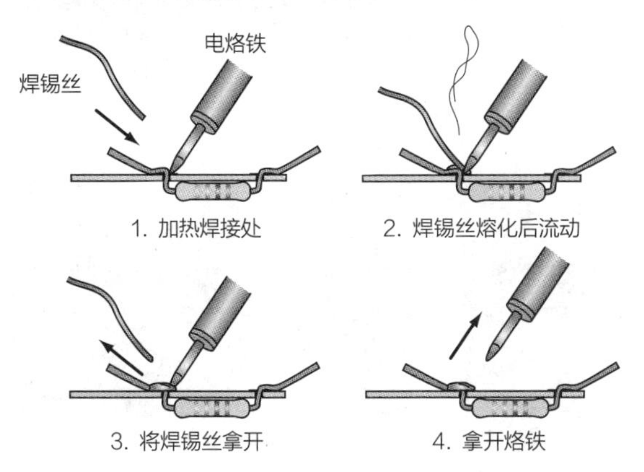

焊接

将元器件端子插入电路板孔中，在有焊盘的那一面进行焊接。

如左图所示，用电烙铁刃口将电路板的焊盘和元器件端子加热，让焊锡丝从烙铁流动到焊点。电路板上的焊锡理想的形状是以元器件导线为中心，形成类似富士山的形状。

电路板布线图

从元器件安装面方向看电路板

电源(+)

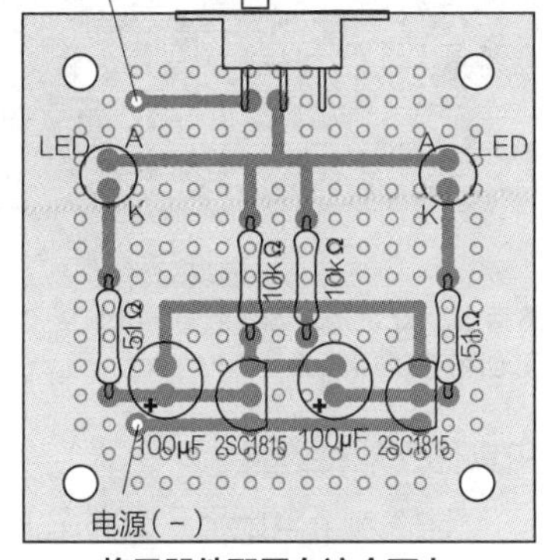

将元器件配置在这个面上

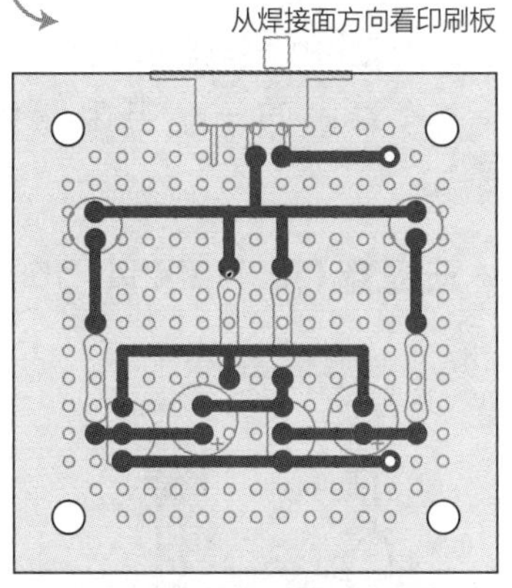

黑线部分是用焊锡和端子连接的部分

LED 闪烁发光装置的制作

元器件和工具准备齐全后，就开始着手组装。这次制作的是由两个LED交替闪烁的LED闪烁发光装置。

根据布线图装上元器件，将这些元器件连接起来就可以了。这里是按照容易操作的顺序介绍的，组装的先后顺序可以略做改变，重要的是应该连接的地方要连接上，不该接上的地方要脱离开。

复印电路板方式

本书推荐采用“复印电路板方式”，即将实物尺寸的电路板布线图复印后贴在电路板上，在上面插入元器件（见4页照片1、2）。

将左边的“电路板布线图”按实物尺寸复印下来，贴在印刷板上，这样各个零件的连接就一目了然，可以防止连接错误。

元器件的安装

◆电阻器（见4~5页照片3~13）

电阻值的标识

电阻器通过表面的色带表示电阻值

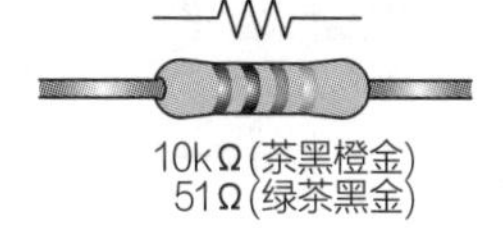

电阻器（固定电阻器）用了两种，要注意它们的安装位置。

将电阻器的引脚（导线）用手折弯，折弯后的引脚长度刚好是电路板五个孔的宽度。折弯时

1 将“电路板布线图”按实物尺寸复印后，用美术刀或剪子切（剪）下

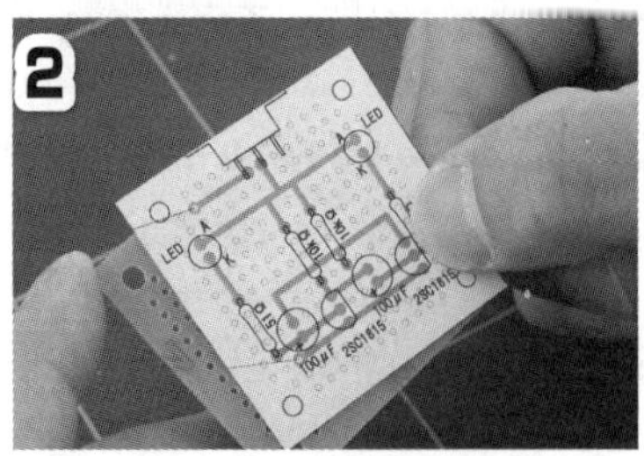

2 与电路板比对，确认图和板子的尺寸

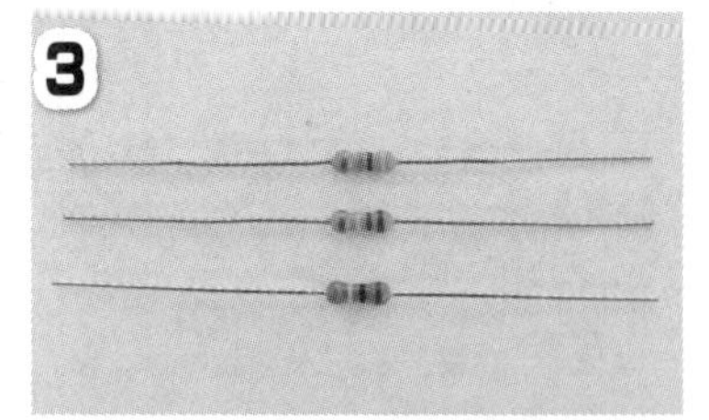

3 固定电阻器的例子。本书中除了一部分例外的情况，其余都是用的 1/4 型的碳膜电阻

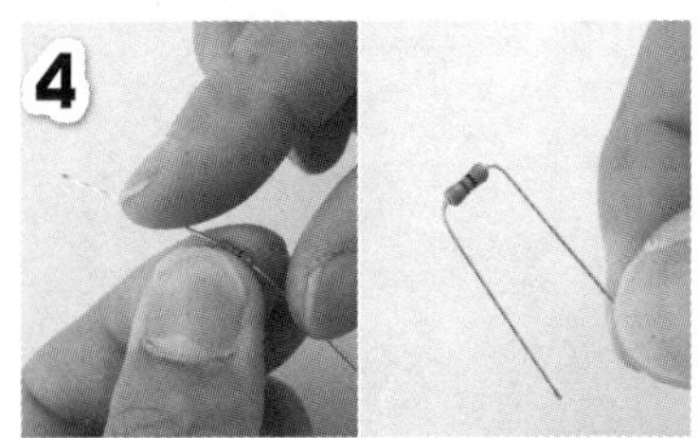

4 电阻器引脚的折弯方法。认真核对电路板布线图，确认好需要几个印刷板孔的距离后折弯

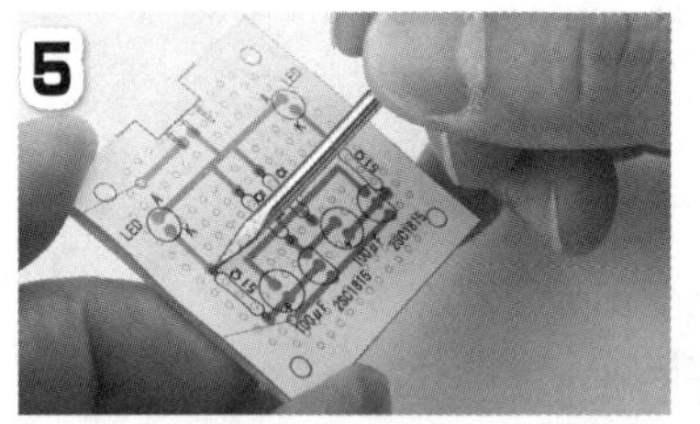

5 将电路板和图重合，用锥子钻开电阻引脚通过的孔。对于其他元器件，也同样在图上钻孔安装

6 将电阻引脚从孔中穿过

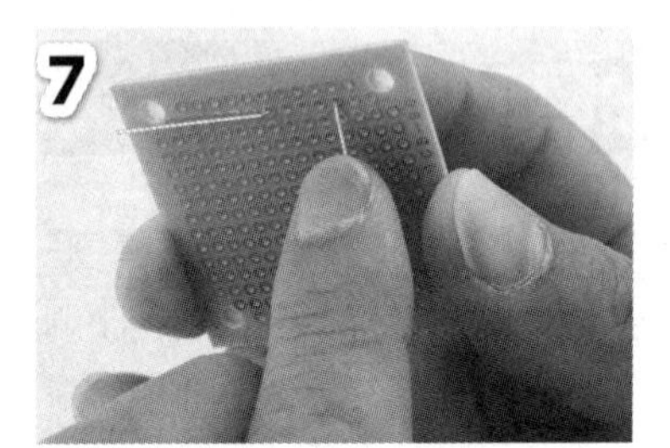

7 看着图将电阻器引脚向图纸指示方向折弯

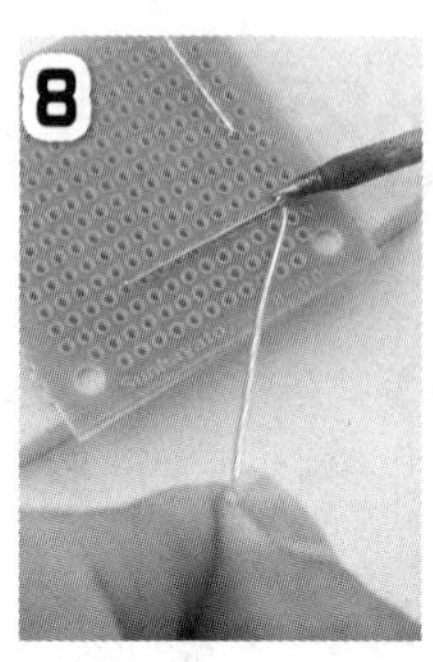

8 焊接电阻器的引脚。安装时，电阻器不紧贴电路板，离开 1mm 左右，这样后面可以容易地把图纸揭下来。在橡皮上放置电路板会比较稳定。目前先不要将电阻器的引脚剪去

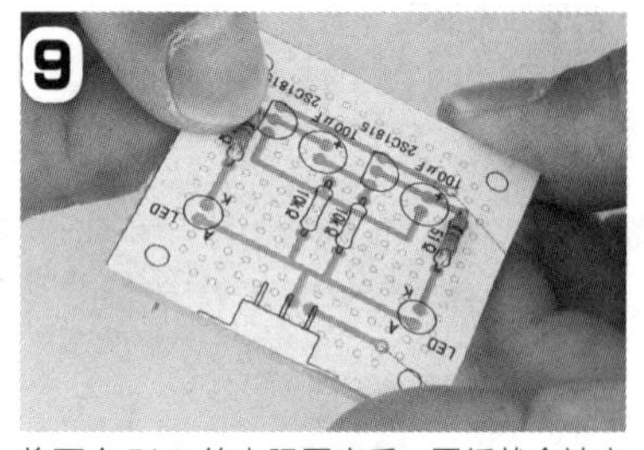

9 将两个 51Ω 的电阻固定后，图纸就会被牢固地固定在电路板上

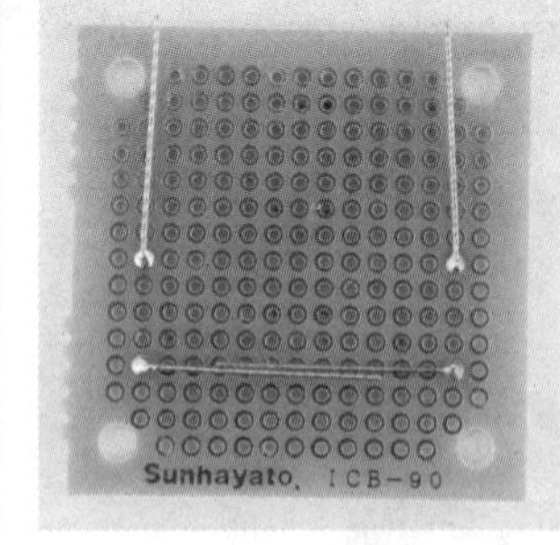

10 安装 51Ω 电阻的位置

轻轻按住引脚根部，这样做出来会更漂亮。

电路板有铜箔焊盘的一面为焊接面，在只有孔的那一面安装元器件。

从这个元器件安装面将电阻器的引脚插入确定好的孔中。插入引脚时要认真核对图纸，不要把位置弄错。

将电阻器引脚插入以后，在焊接面把电阻器引脚向下一步要连接的方向折弯。要用这个引脚和其他元器件连接。

对插入了电阻器引脚的孔的部分进行焊接，将元器件固定。

焊接后的焊锡部分有光泽，形状像富士山一样就可以了。

将其余的三个电阻器也装上。

◆三极管（见5页照片14、15）

三极管的极性

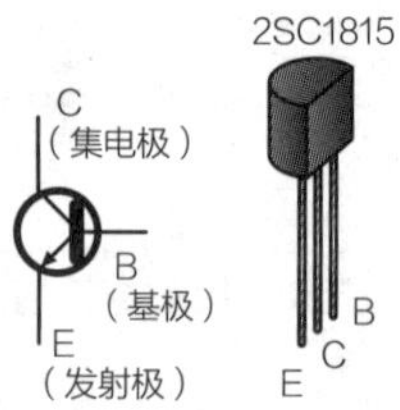

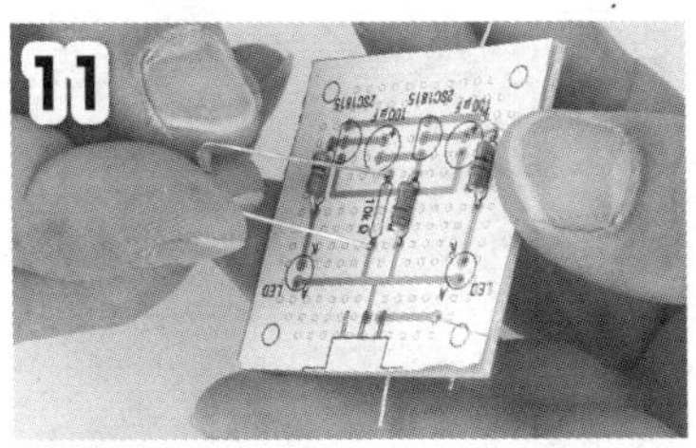

用同样的方法安装两个 10kΩ 电阻器。在这个阶段只是把元器件固定住，并没有进行电气方面的连接

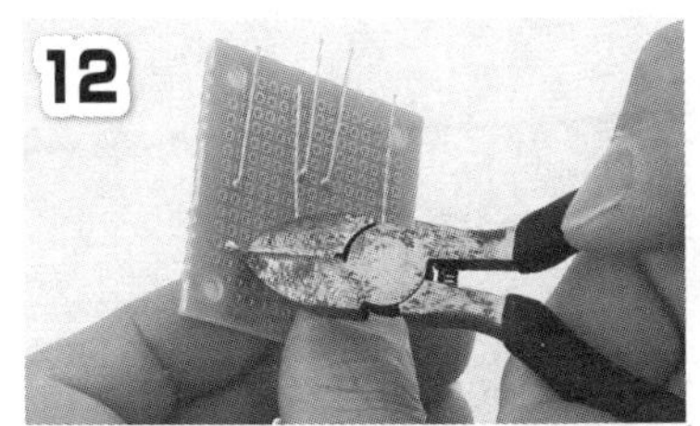

在安装了 4 个电阻器的地方，用剪线钳将电阻器引脚剪去，做成所需要的长度

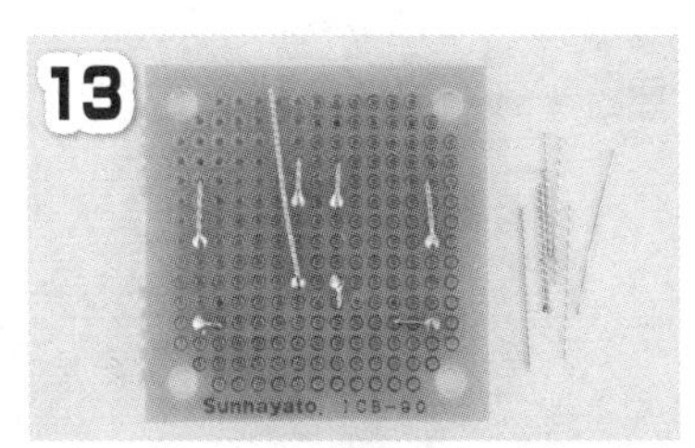

现在还没有进行电气连接。剪下来的导线将作为跳线再次使用，不要扔掉

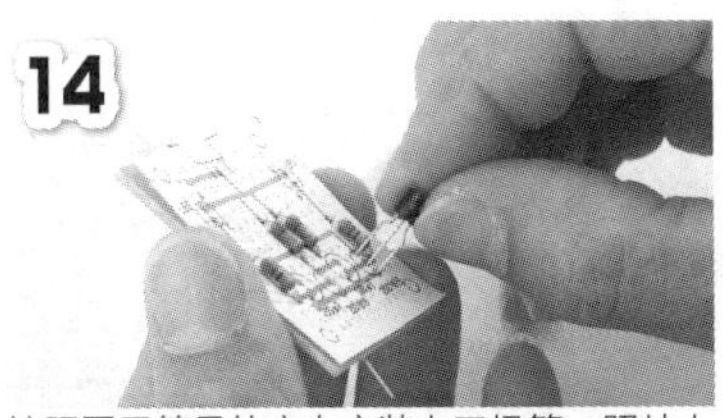

按照图示符号的方向安装上三极管。照片上的三极管引脚是提前调整好形状的，不需要再按照板子孔尺寸将引脚拉开

同样形状的三极管，有的引脚是直的（右），有的引脚是为了用起来方便提前调整好了形状（左）

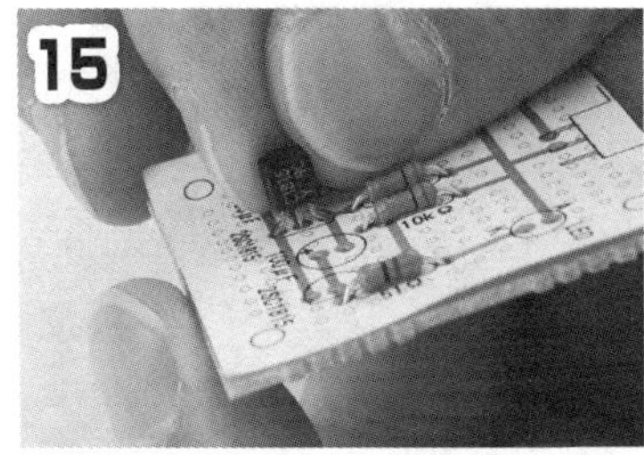

先焊住三极管引脚中的一只，然后调整方向

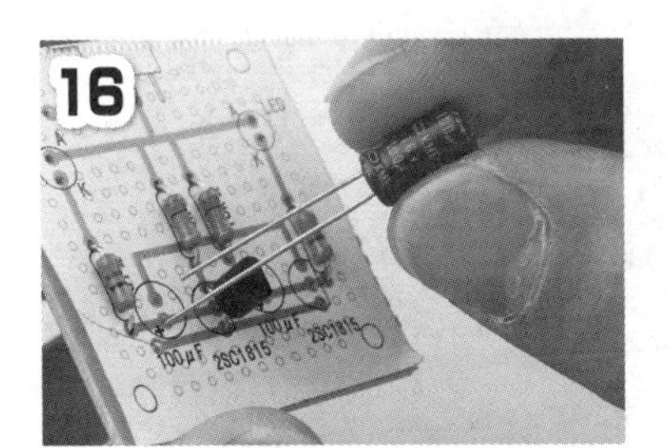

电解电容器引脚长的一方为“+”极

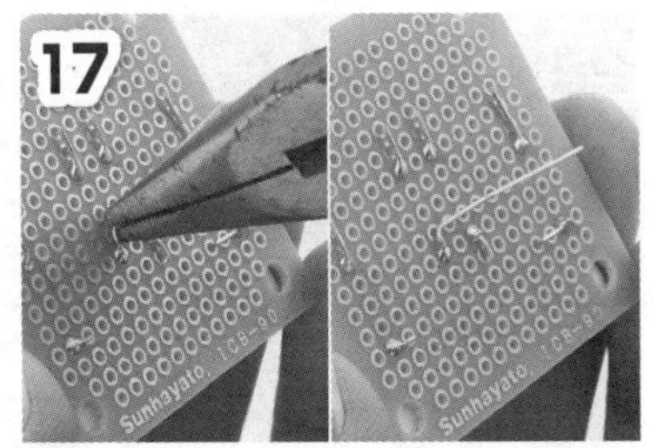

将电路板背面线按照图纸用扁嘴钳尖嘴部分折弯成直角

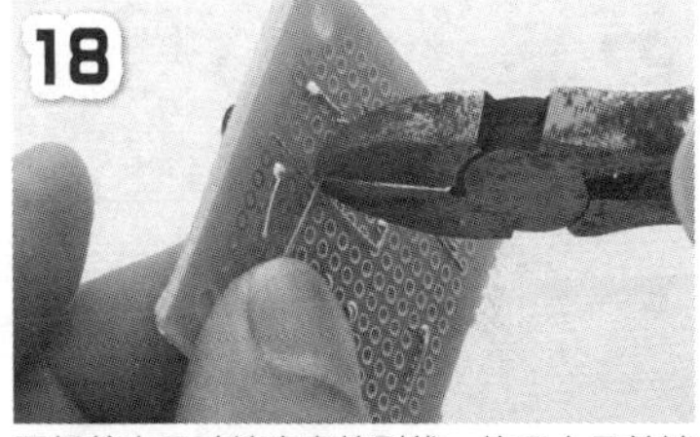

要想剪出尺寸精度高的引线，使用小且前端尖锐的剪线钳比较合适

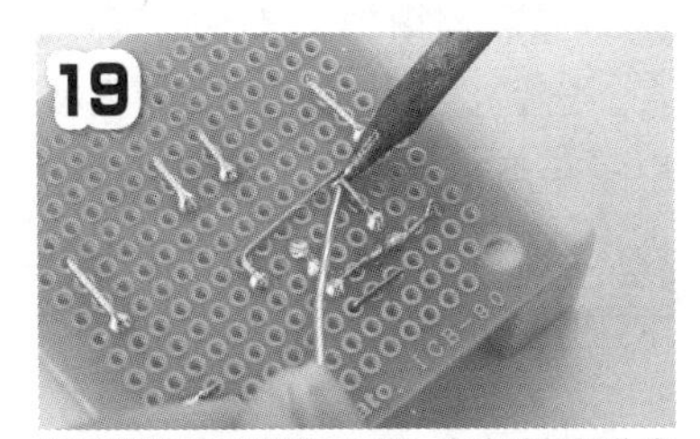

用元器件的引脚进行布线。在电路板操作台上垫上橡皮可以防滑，很好用。准备三块左右的橡皮就可以

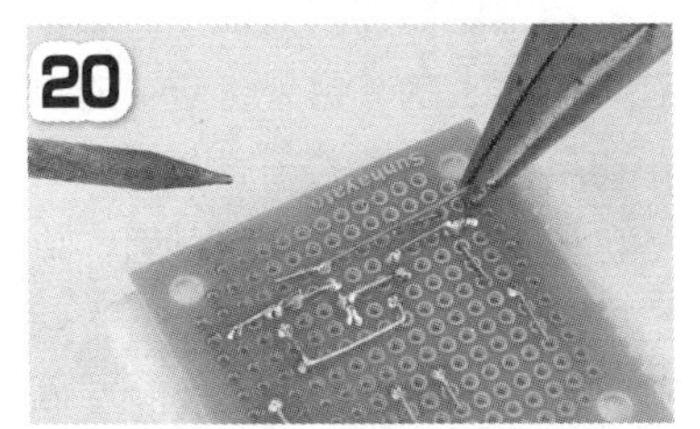

电路板背面线的延长方法。将剪下的电阻器等的引脚用扁嘴钳夹起来焊接

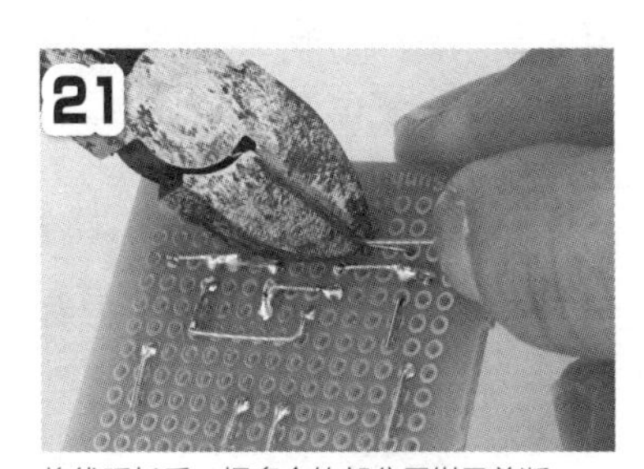

将线延长后，把多余的部分用钳子剪断

一般三极管的引脚间距都比万能板间距窄。为了顺利将引脚从孔中穿过，先将引脚稍微拉宽一些，插入板孔后距电路板面的高度为 4 ~ 5mm。三极管是有极性的，要注意不要把方向弄反。确认三极管平坦的一面是否和图纸上的方向一样。

插入三极管后，先将其中的一个引脚（中间的集电极端子容易操作）朝连接方向折弯，进行焊接。在这里要确认一下三极管是否是直立的，如果是弯的，就用手指扶直。然后，将其他端子朝连接方向折弯、焊接。这

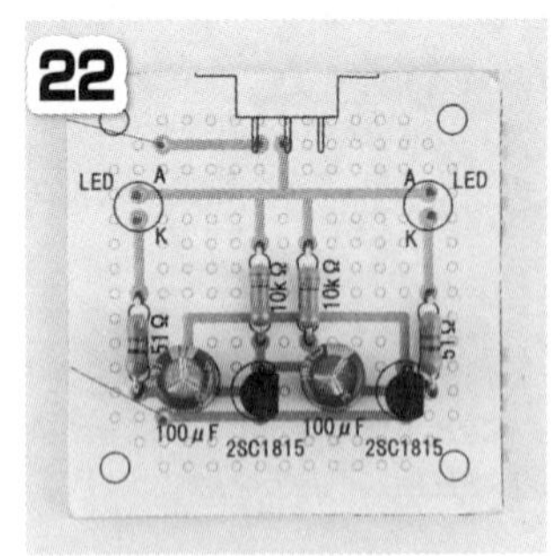

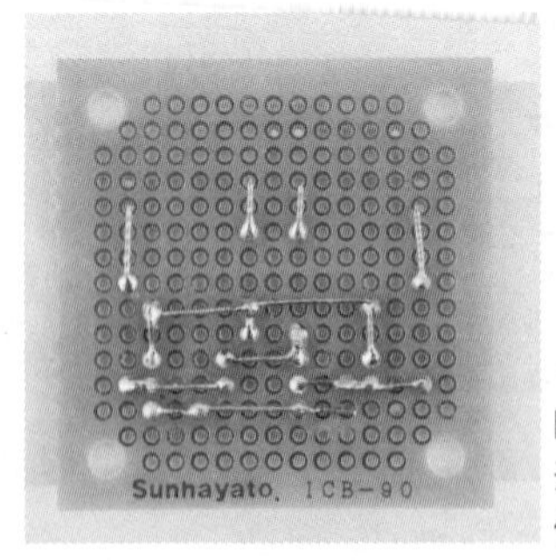

除LED和电源开关以外的元器件都安装完了

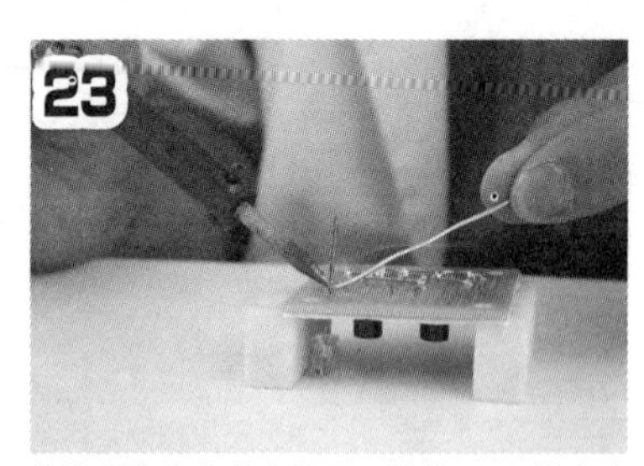

将橡皮作为安装台使用，这样LED的高度就能对齐。先将其中一只引脚焊住

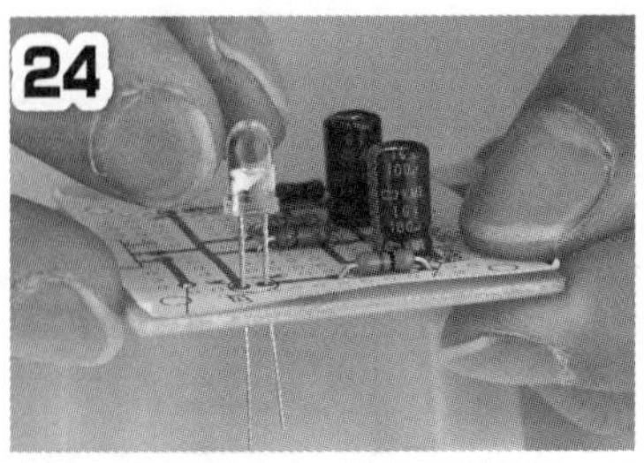

确认LED是否直立，修正后焊住另一只引脚

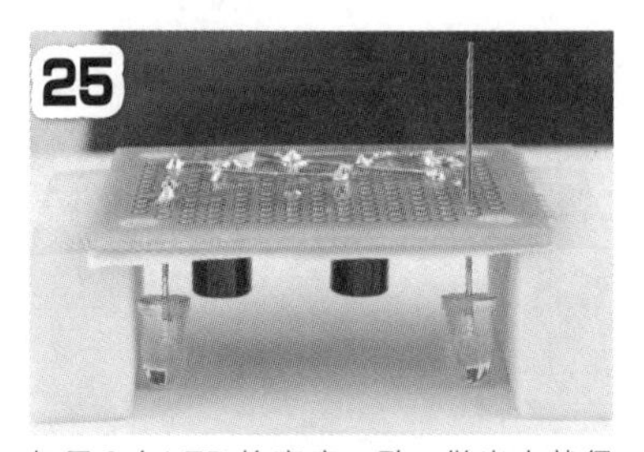

如果2个LED的高度一致，做出来就很美观

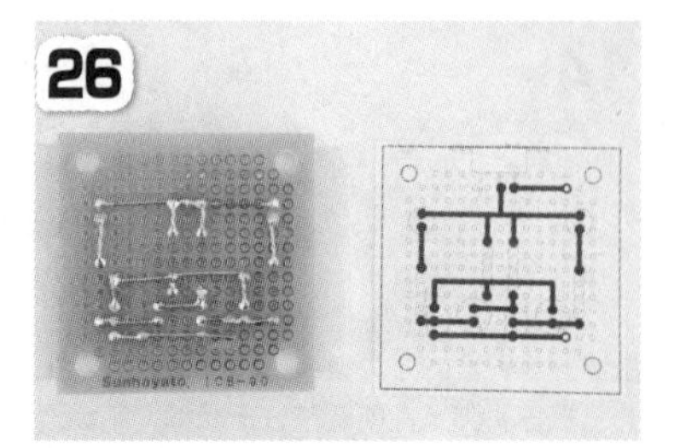

装上LED后，彻底确认极性是否装反和配线是否错误

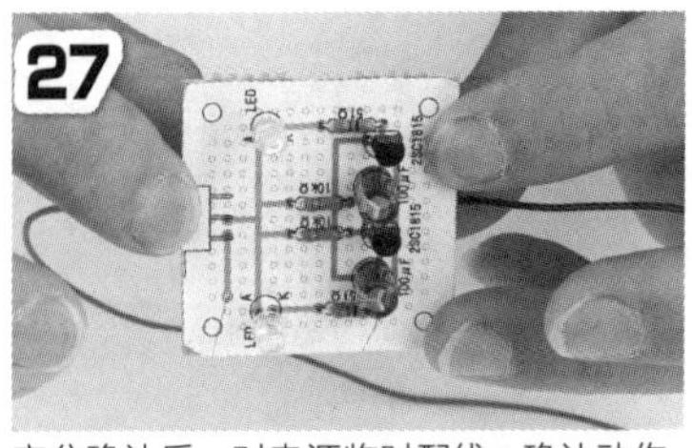

充分确认后，对电源临时配线，确认动作。如果能顺利闪烁，就说明电路板做好了

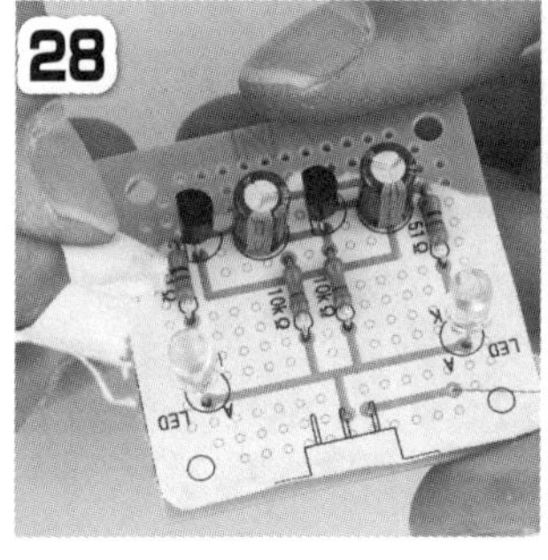

确认电路板动作无误后，揭掉贴在电路板上的电路板配线图。碎纸用前端尖的小镊子更容易揭下

样，三极管就会被直立安装。对另一个三极管也进行同样的焊接操作。

◆电解电容器（见5页照片16）

电解电容器的极性

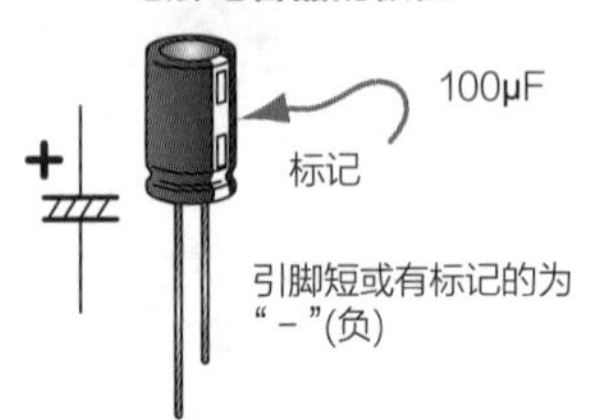

电解电容器是有极性的，安装时不仅要注意安装位置，还要注意安装方向。

电解电容器的极性标识是印在电容器上的。另外，新买的电解电容器引脚长的一端为"＋"。

安装完电解电容器以后，除LED和开关以外的所有元器件就都放到了电路板上，这时要连接三极管和电阻器。

电路板背面的布线

◆线的折弯方法（见5页照片17～19）

在焊接面，要尽可能使用各个元器件的引脚进行布线。

用扁嘴钳将元器件引脚折弯。接到要连接的点时，不要按最短距离将线折弯，即使麻烦一点也要按照电路板布线图中的要求按直角折弯。

◆线的延长（见5页照片20、21）

在焊接面基本上只使用各个元器件的引脚布线。但如果要连接位置相距比较远，有可能引脚长度不够。这时就用剪下来的不要的引脚和镀锡铜线将线延长。

对于要围住整个电路的电源线和接地线等需要长距离连

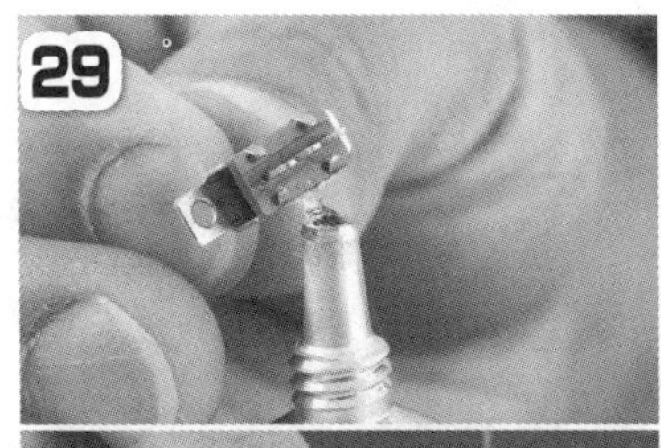
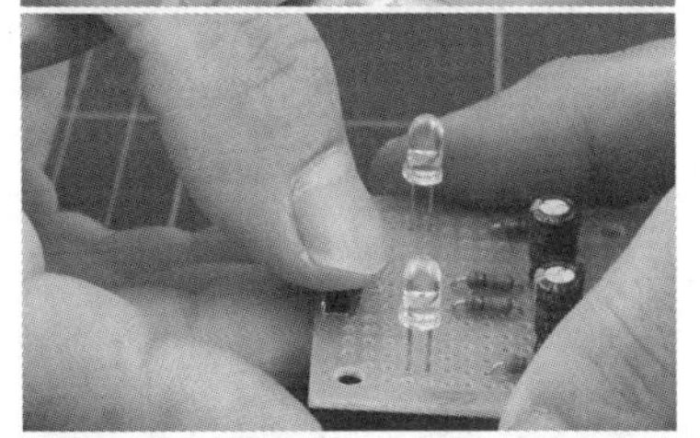

在滑动开关的侧面涂上黏结剂（这次用的是橡胶系列的，实际上只要是适用于金属的都可以），贴在电路板上

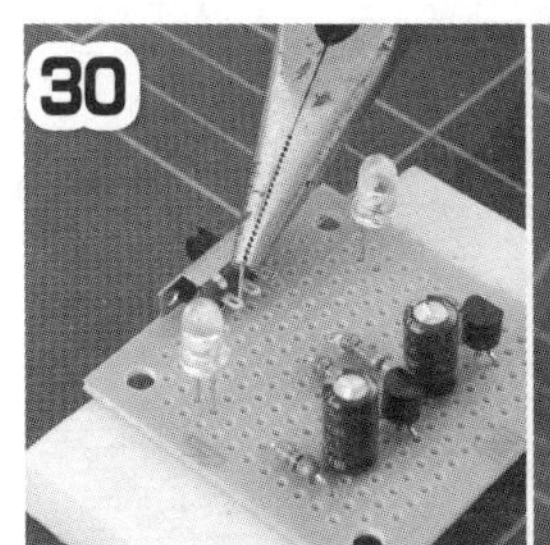
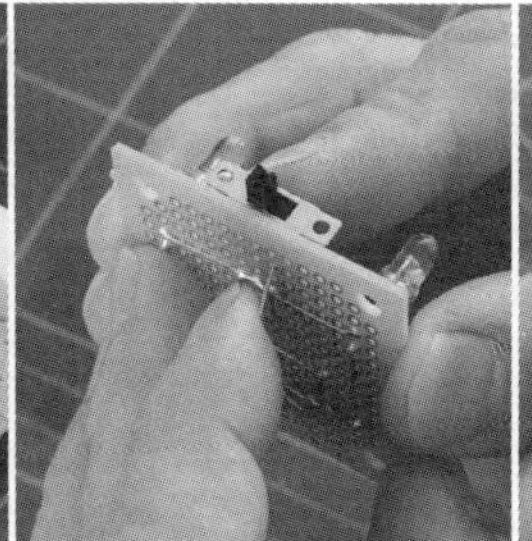
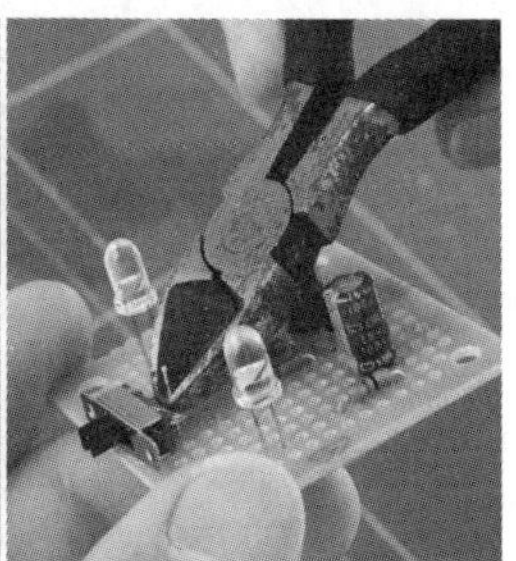

在连接滑动开关和电路板时，使用剪掉的元器件引脚

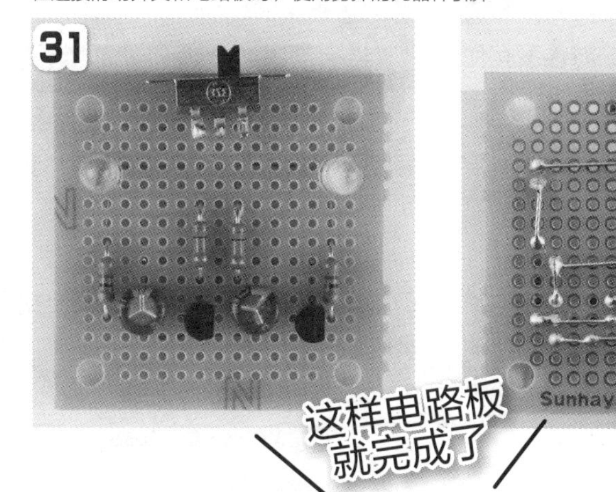

接的情况，最好常备有直径为0.8mm 左右的镀锡铜线。

用扁嘴钳将延长线夹住，再进行焊接，使线得以延长。如果线太短，在焊一边时，另一边会熔化脱落，要注意这一点。

LED 的安装

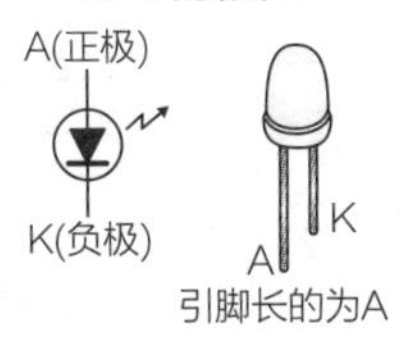

LED 是有极性的，因此，要确认好安装方向，将引脚插入电路板孔中。正极（+）在上，负极（-）在下，最好放在橡皮做的台子上。这时将双面胶贴在操作板上，可以防止操作中出现偏离现象。

确认 LED 是垂直的，保持垂直状态，轻柔地将其焊接在电阻器的端子上。焊接好后，如果 LED 倾斜，就再一次放上电烙铁，用手修正一下。如果有轻微倾斜，就用手直接修正。将另一边端子折弯后焊接，这样就可以做得很漂亮（见 6 页照片 23 ~ 25。）

将另一个 LED 也按同样方法进行焊接，将其与电阻器连接起来。

去掉电路板布线图

电路板做完以后，彻底检查一下布线和元器件的极性有没有弄错，有没有误接的线，有没有忘记接上的线，有没有焊接不良的情况（见 6 页照片 26）。

如果确认没有错误，就临时

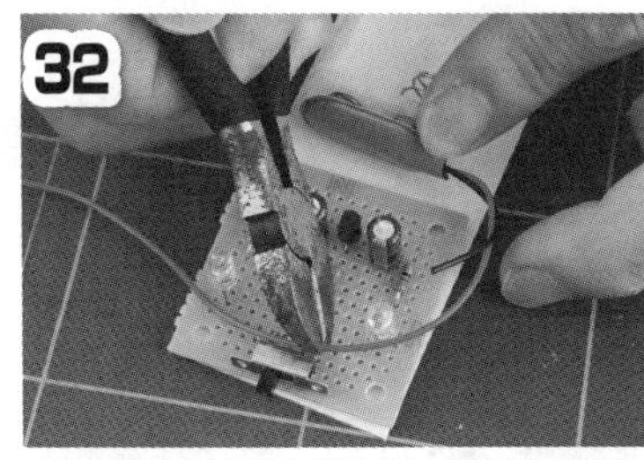

电池扣出来的绝缘导线太长，因此要剪成适当的长度

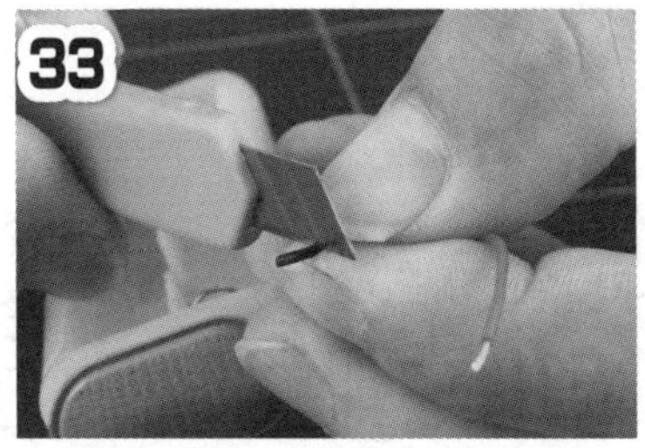

将绝缘细导线的皮用裁纸刀和剥皮钳剥去

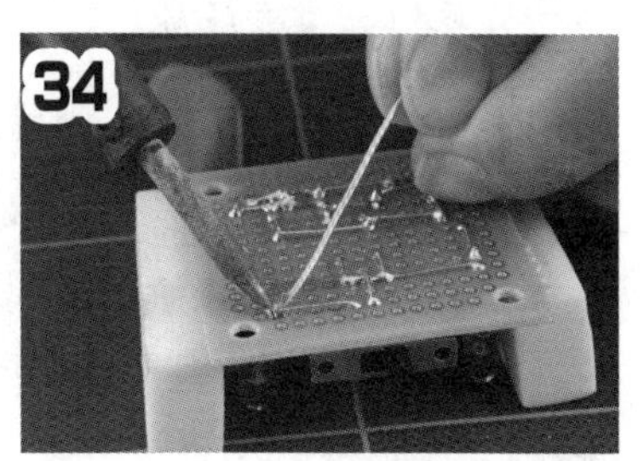

将绝缘细导线的芯线从电路板插入，在铜箔面焊接

接上电源，确认一下效果。如果在这个阶段LED不闪烁，就说明在某个地方还有错误，要再次进行检查。这时也可以对照电路图用万用表测量一下，确认电路有没有接通。

确认LED正常闪烁后，就把贴在电路板表面的电路板布线图揭下来。因为贴的时候没有使用胶水，所以可以很容易地揭下来（见6页照片28）。

滑动开关的安装

电源的滑动开关黏接在电路板上。布线时使用的是被剪掉的多余的元器件引脚。具体做法见照片29、30。

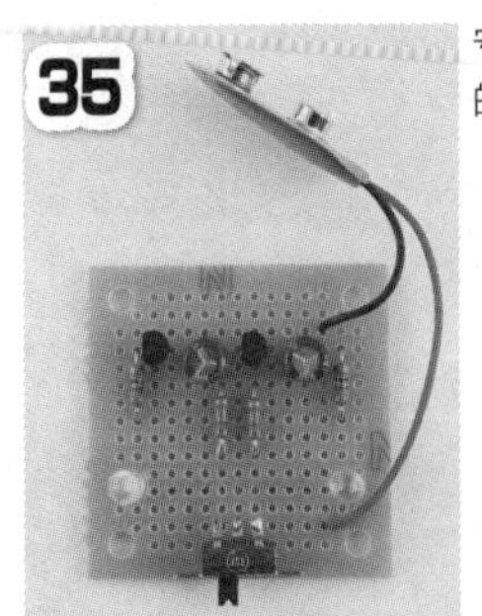

安装了电池扣的电路板

电源布线和电路板的固定

将电池扣的导线接到电路板上，导线的正极为红色，负极为黑色（见7～8页照片32～35）。

将电池放进电池盒，接上子母扣。接入电源后，LED就会交替闪烁。

本制作不需要放入外壳中，而是将电路板和电池用双面胶贴在电路板上使用。

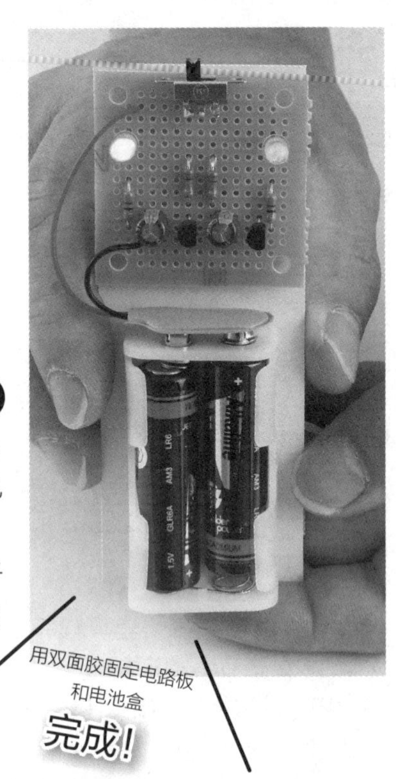

应用取决于构思！

这里所做的电路，被称为非稳态多谐振回路，是由两个电容交替重复充电和放电，从而使两个LED闪烁发光。

通过改变电容容量和连接在三极管基极上的电阻值，可以改变闪烁周期。这样在同样的结构下可以进行各种应用。

应用1　铁道道口警报器模型

本制作只将LED部分引脚通过绝缘导线加长，装在模型报警器灯的部分。LED是有极性的，因此加长时要注意极性。在开关上动动脑筋，实现火车过来的时候，LED能自动开始闪烁，这样就很接近于实际情况了。

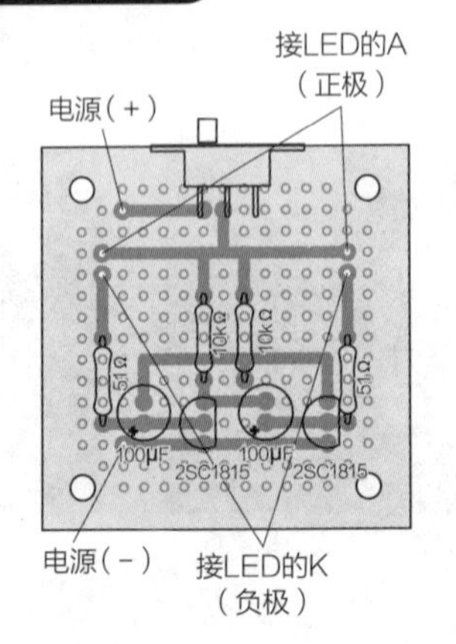

应用2　LED彩灯

增加了LED的数量。使用各种颜色的LED，变成了色彩鲜艳的彩灯。根据流过LED的电流的不同，所连接的电阻值会发生变化。为了稍微推迟一下闪烁的间隔，改变了电解电容器的容量和电阻值。

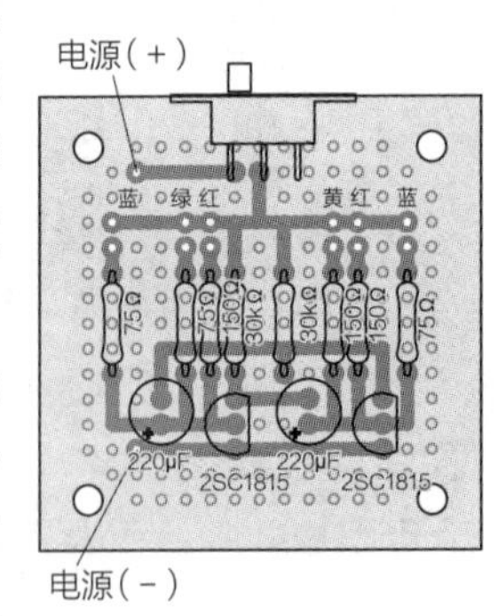

蓝　绿　红　黄　红　蓝
75Ω　75Ω　150Ω　30kΩ　30kΩ　150Ω　150Ω　75Ω
小型开关
220μF　220μF
4.5V
2SC1815　2SC1815

No. 02

游戏和趣味制作

掌握复杂的布线处理方法和亚克力板制作的基础

32 格轮盘

自古就有各种像骰子、占卜、扑克等游戏，从几个选项中选出一个，预测其出现的偶然性。在这里，我们制作一个单纯的电子轮盘，让 32 个 LED 旋转发光，最后停在一个地方。真正的轮盘有 37 个或 38 个球洞，人们可猜测数字、球洞的颜色、偶数 / 奇数，或猜转出来的数字大小。相对于真正的轮盘，本例虽然简单，但是可以进行同样的游戏。我们结合制作过程的照片，来掌握复杂的布线处理方法和亚克力板制作的基础。

结构

按下按钮后，配置在圆周上的 32 个 LED 就旋转起来并按顺序发光，松开按钮后旋转就变得缓慢，最后停止。

我们用了 4 个数字 IC，减少了接在周围的三极管等元器件数量。这 4 个 IC 分别是发出 LED 旋转速度的基本时钟信号 IC（555）和通过二进制计数器配合时钟信号发出 5 位二进制数的 IC（4060），第三种是接收了这个二进制数，顺序输出到 16 个 LED 的两个 IC（74154）。

这两个 74154 通过第五位的二进制数使其中的某一个 LED 动作起来。这样，32 个 LED 就会按顺序发光。

元器件表

元器件	数量	元器件	数量
IC：4060（74HC4060AP）	1个	LED：依个人习惯（1.7 ~ 2.1V 20mA）	32 个
74154（74HC154AP）	2个	开关：小弹簧开关	1 个
555	1个	按钮（只在按下时开）	1 个
IC插座：16脚	1个	万能板：25×30 孔	1 张
24脚	2个	电池盒 & 电池扣：4 个 3 号电池用	1 组
8脚	1个	3 号电池	4 个
三极管：2SA1015	1个	亚克力板：2mm 厚	参照图
2SC1815	2个	盘头螺钉：M3×10mm	4 个
电阻器：1MΩ 1/4W（色带:茶黑绿金）	1个	M3×6mm	8 个
1kΩ 1/4W（色带:茶黑红金）	6个	螺母：M3	4 个
510Ω 1/4W（色带:绿茶茶金）	1个	隔离柱：M3×30mm 双内螺纹	4 个
220Ω 1/4W（色带:红红茶金）	1个	橡胶脚垫	4 个
陶瓷电容器：0.1μF(104)	1个	焊锡、绝缘导线、镀锡铜线、双面胶少许	
电解电容器：100μF 25V	2个		
1μF 16V	1个		

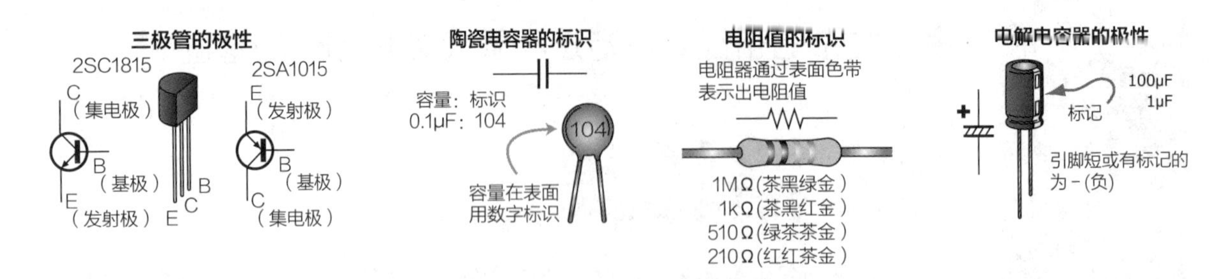

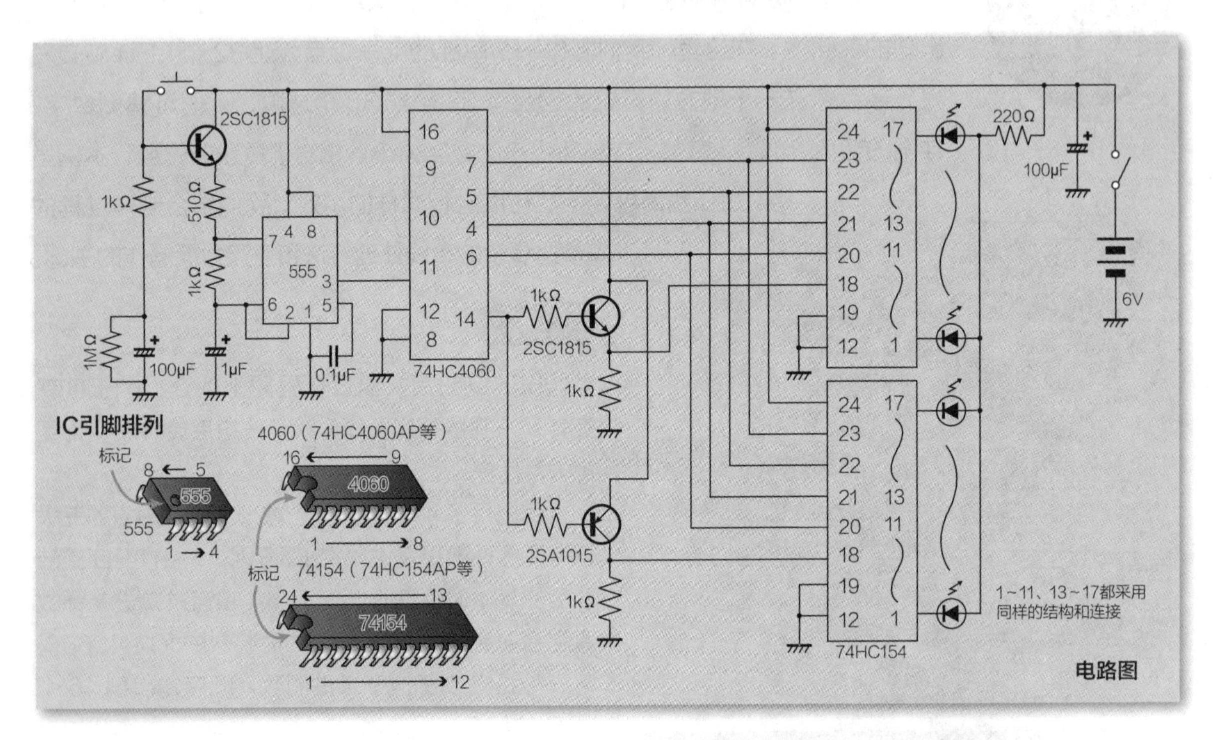

电路

555 是产生周期性波状电气信号的定时器 IC，产生时钟信号。单位时间内完成周期性变化的次数称为“频率”，单位为 Hz（赫兹）。在这个 IC 中，根据接在 6、7 号引脚的电阻和电容大小不同，频率会变化，因此要改变闪烁（光的旋转）速度时，可以变一下这两个元器件试一试。

从 3 号引脚输出的时钟信号，输入二进制计数器 IC4060 中。

4060 按照 11 号引脚的输入内容，向各个引脚输出二进制数。本制作使用 7、5、4、6、14 号引脚的 5 位输出。也就是说每次送入信号时，都是像 00001、00010、00011、00100、00101……这样进行计数输出。

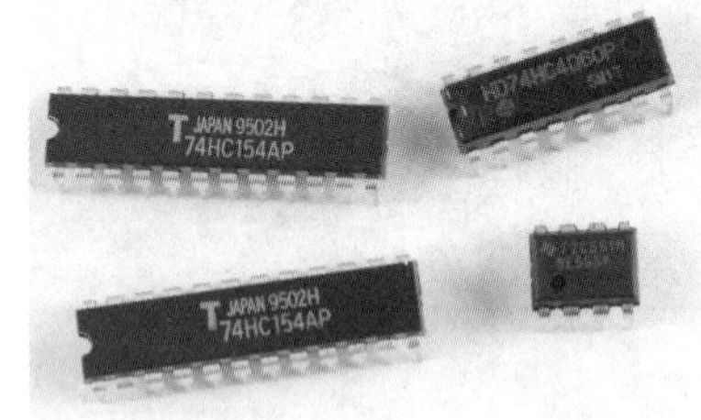

本制作中所使用的 IC。购买和引脚数一致的插座

74154 是被称为译码器的 IC，输入 4 位的二进制数以后，就会输出到所对应的 1 ~ 11、13 ~ 17 号引脚中的一个。使用两个 74154，将第 5 位数的二进制数输入控制启动的 18 号引脚，通过三极管控制输出，可以将两个 74154 中的一个激活。

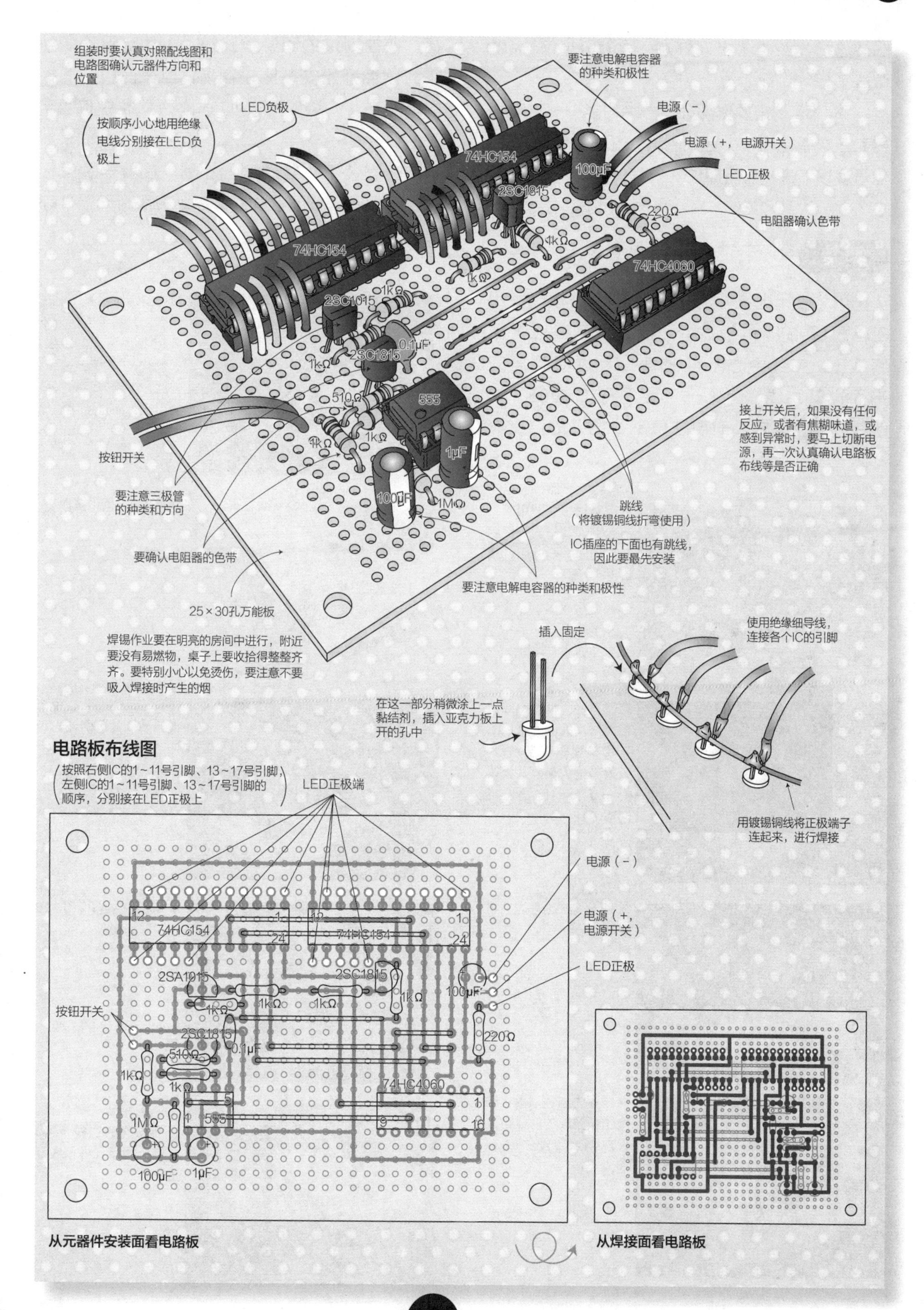
组装时要认真对照配线图和电路图确认元器件方向和位置
LED负极
按顺序小心地用绝缘电线分别接在LED负极上
要注意电解电容器的种类和极性
电源（-）
电源（+，电源开关）
LED正极
电阻器确认色带
74HC154
2SC1815
100μF
220Ω
1kΩ
74HC4060
2SC1015
0.1μF
555
510Ω
1μF
1MΩ
按钮开关
要注意三极管的种类和方向
要确认电阻器的色带
25×30孔万能板
跳线（将镀锡铜线折弯使用）
IC插座的下面也有跳线，因此要最先安装
要注意电解电容器的种类和极性
接上开关后，如果没有任何反应，或者有焦糊味道，或感到异常时，要马上切断电源，再一次认真确认电路板布线等是否正确
焊锡作业要在明亮的房间中进行，附近要没有易燃物，桌子上要收拾得整整齐齐。要特别小心以免烫伤，要注意不要吸入焊接时产生的烟
插入固定
在这一部分稍微涂上一点黏结剂，插入亚克力板上开的孔中
使用绝缘细导线，连接各个IC的引脚
用镀锡铜线将正极端子连起来，进行焊接
电路板布线图
按照右侧IC的1～11号引脚、13～17号引脚，左侧IC的1～11号引脚、13～17号引脚的顺序，分别接在LED正极上
LED正极端
2SA1015
0.1μF
1MΩ
100μF
从元器件安装面看电路板
从焊接面看电路板

这样，32个LED按顺序逐个移动，轮盘就做成了。

在555按钮操作部分有一种功能——将电容器和三极管组合在一起，松开按钮后，555时钟信号就慢下来，然后停住。

组装

用“复印电路板方式”制作电路板，使用25×30孔的万能板，将元器件安装在这个电路板上。布线中心是IC插座，因为IC插座的下面也有跳线，因此一定要先将IC插座下的跳线安装上。安装时要注意不要把孔的位置弄错。在蚀刻过的印刷线路板上，从电阻等各种小元器件开始安装比较容易，但在使用万能板的情况下，安装时是以IC插座为基准将布线展开的。

在安装了跳线、IC插座后，接着安装三极管、电容器。按照这样的顺序，将所有元器件都装上。

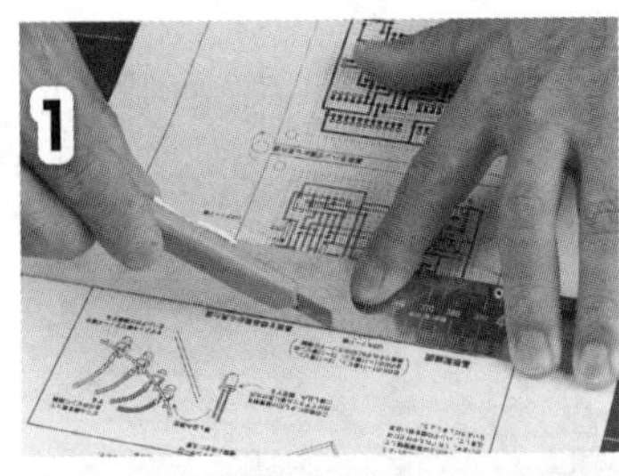

将电路板布线图用美工刀或剪刀裁下。在使用美工刀时，要使用金属直尺

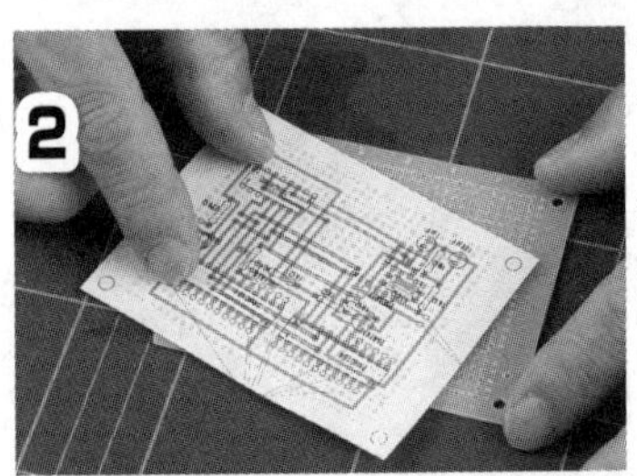

将裁下的图纸和电路板相比对，确认电路板的孔和布线图完全吻合。如果有很大偏差，就改变一下复印比例进行调整

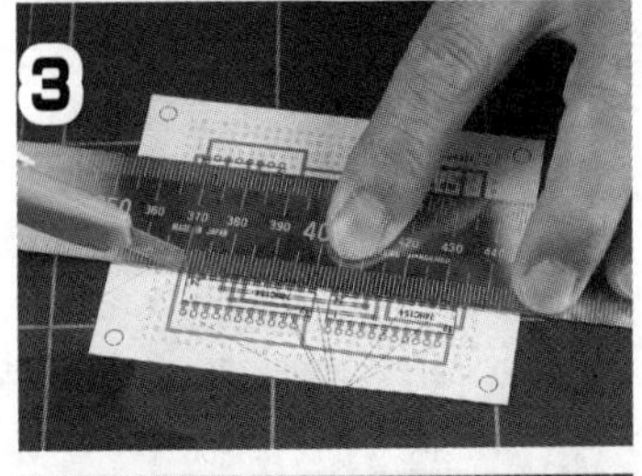

在IC插座部分等位置将图纸划透

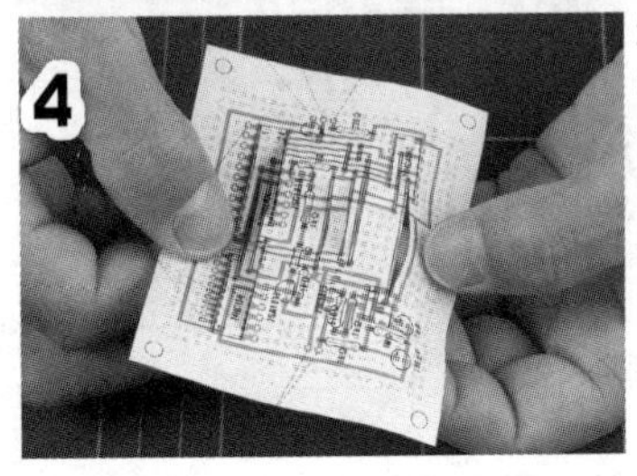

这样预先划透以后，在电路板完成的时候可以很容易地将图纸去掉

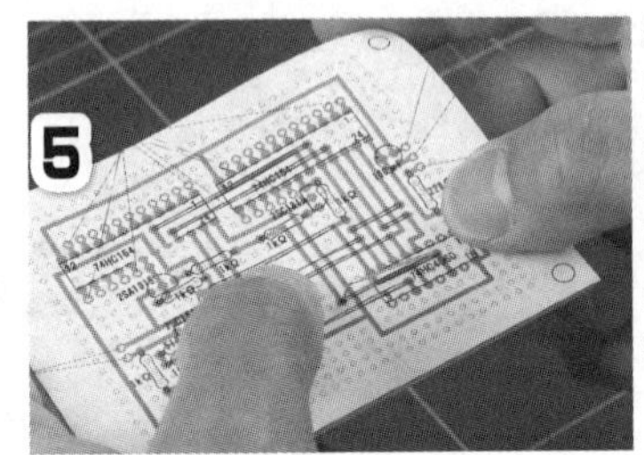

最先安装跳线是不变的原则，尤其不要忘记安装IC插座下面的跳线。本制作的跳线比较长，因此，不用电阻等多余的引线，而是使用镀锡铜线

安装完跳线的电路板

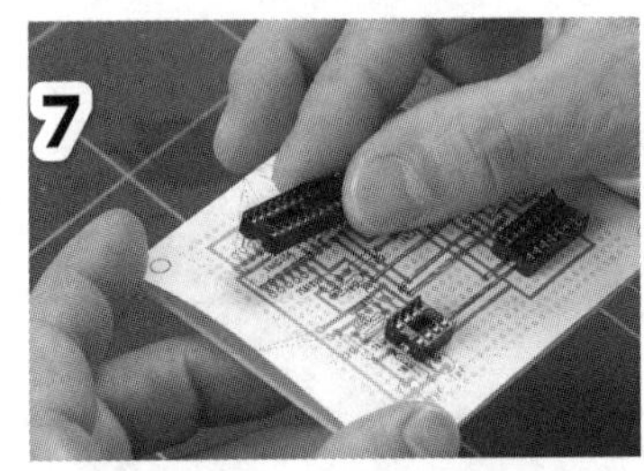

将IC插座焊住后，电路板和图纸就牢固地固定住了

从IC插座的各个引脚布线，是呈放射状的，以这样的感觉将元器件安装上

根据电路板的线路图，将元器件的引线折弯，并进行焊接，将布线连接起来

组合

壳体是厚度为 2mm 的两张亚克力板，呈夹层形状。在正面方向的亚克力板上开出安装 32 个 LED 以及开关、螺钉所需要的孔。下面结合照片介绍一下加工亚克力板的情况。

在 LED 上涂上一些黏结剂，插入孔中固定。这时的配置是正极一面处于外侧，用镀锡铜线将正极连在一起焊接。

把从电路板接到 LED 的绝缘细导线按一定长度焊接好，将电路板临时固定在亚克力板上，对连接电源开关、按钮开关和 LED 的绝缘导线的长度进行调节，一根一根地将导线小心地连接起来。

完成所有连接后，用隔离柱、螺钉、螺母固定，将亚克力板装上，就制作完成了。

亚克力板加工的基础

本书中的很多例子，都是将透明亚克力板加工后用作壳体等。下面以 32 格轮盘为例，介绍一下基本的工具用法和加工顺序。如果用法不当，亚克力板可能会有裂纹或裂开。要按照正确的顺序进行操作。

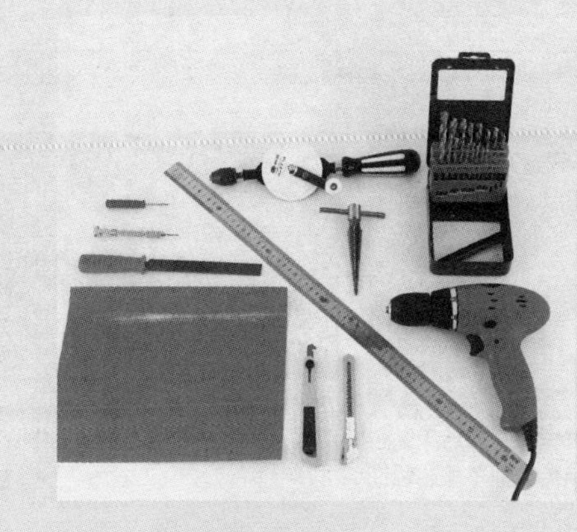

左图为本制作中加工亚克力板所用的工具。手钻和电钻有一个就可以。需要进行折弯加工时，还要再加上加热器，加热可以使亚克力板弯曲

不用去掉亚克力板上的保护膜，直接加工。把尺寸线画在保护膜上

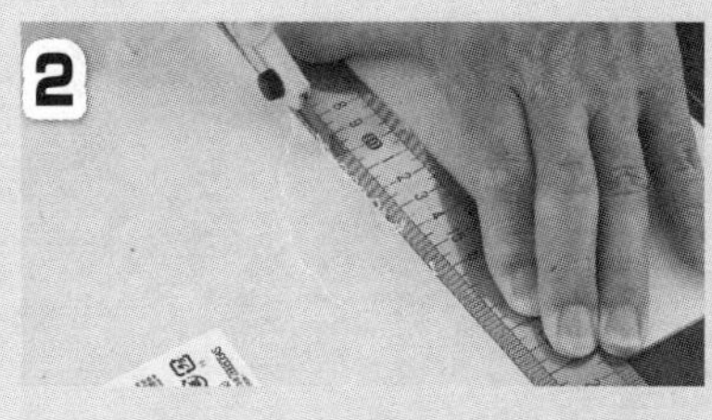

拿金属尺比着，用亚克力板勾刀反复划动，切割亚克力板。为了使切割漕有一定深度，要变换几次亚克力板的方向

至少要划出板子厚度 1/2 以上深度的槽。本来可以在正面和背面都开槽，但如果开偏了就不好了，因此就只在一边开槽

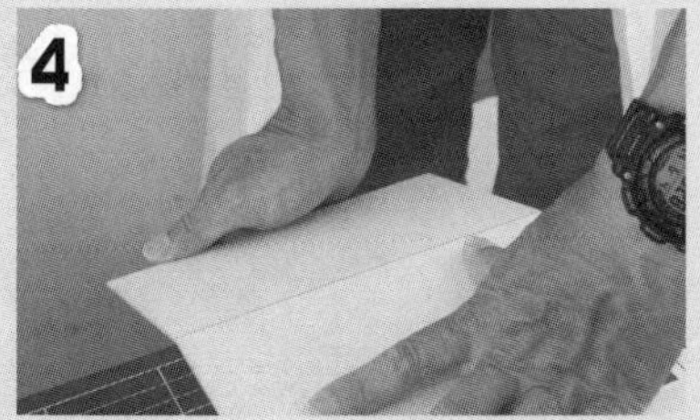

利用操作台的边沿折断亚克力板。将槽面向上，果断地一下将板子折断。这时，如果槽开得浅，板子就不能整齐地断开

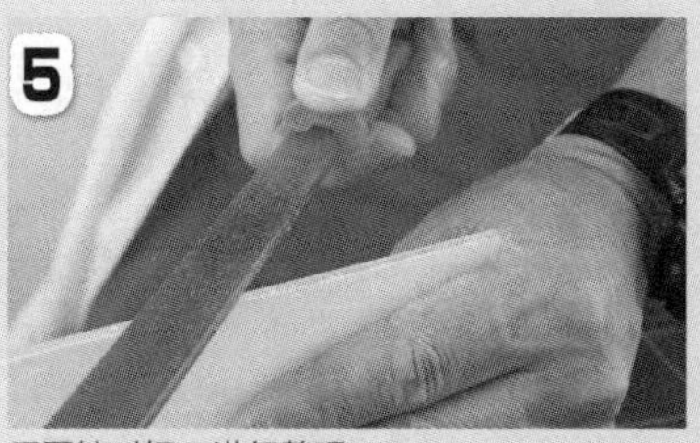

用平锉对切口进行整理

进一步用砂纸将切口打磨光滑。使用 #240 砂纸。打磨时不是让砂纸动，而是将亚克力板放在铺在平台上的砂纸上并来回蹭，这样就能将切口磨平了

亚克力板加工图

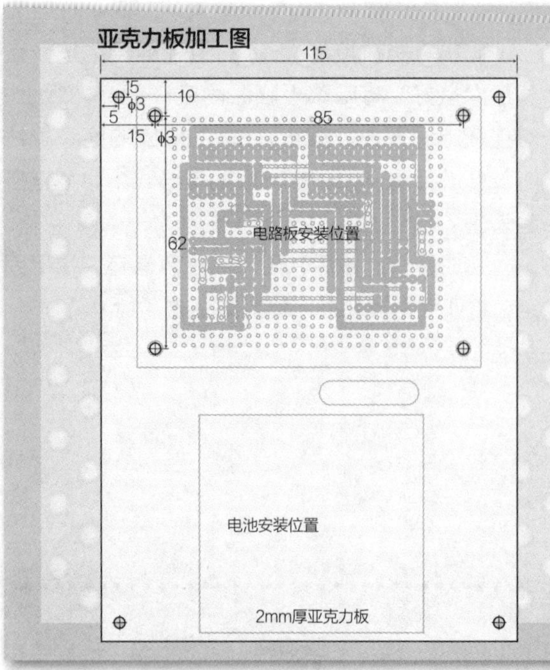

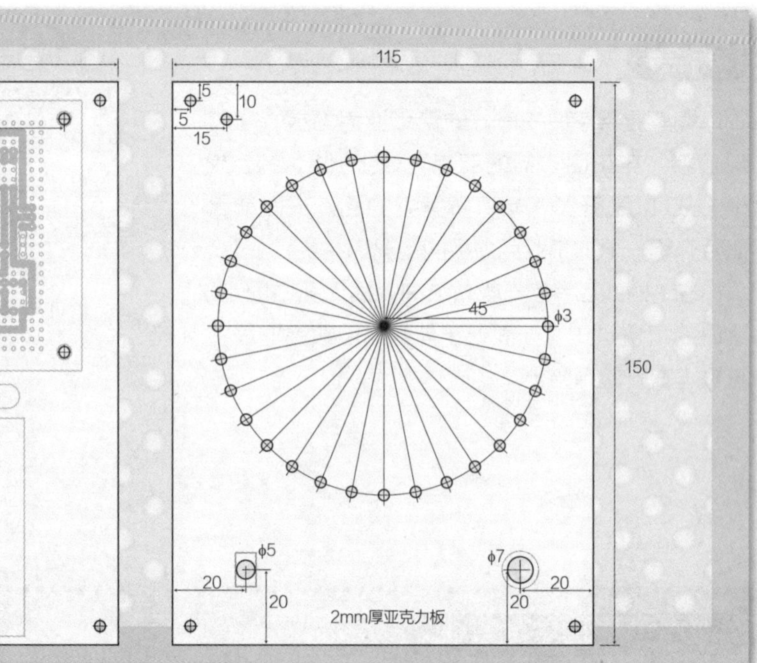

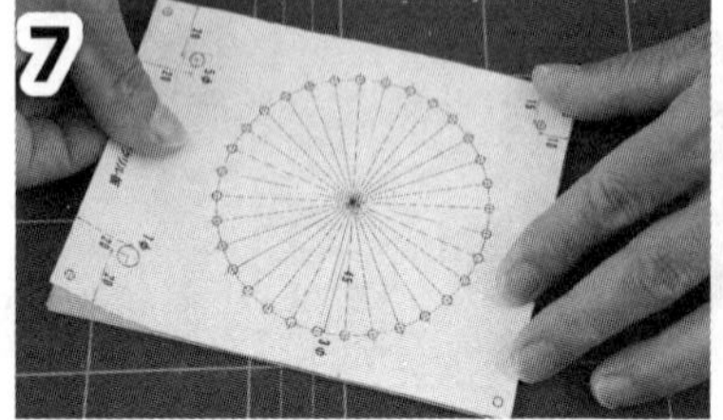
贴上和实物大小一致的纸样，对齐后用黏合剂或透明胶带粘住。所用黏结剂不能腐蚀亚克力板

用锥子等前头尖的工具在孔中心扎上标记

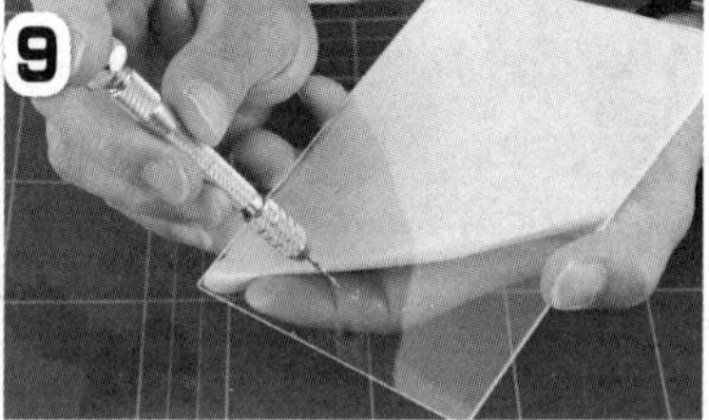
在扎上标记的地方，用带有 φ2mm 钻头的针钳做出凹窝。可以不将孔穿透

准备一块留有孔痕但不影响操作的木板，将要钻孔的亚克力板牢牢固定在木板上。先钻出φ2mm的底孔，然后每次按2mm左右的大小加大孔径。如果一次就开到想要的孔径，容易产生裂纹。钻孔时要保持手钻垂直

电钻也和手钻一样，从 φ2mm 左右开始分阶段将孔开大

用钻头开安装电源开关用的 φ7mm 孔比较困难，因此，用 φ5mm 的钻头开孔，然后用锥形铰刀将孔扩大

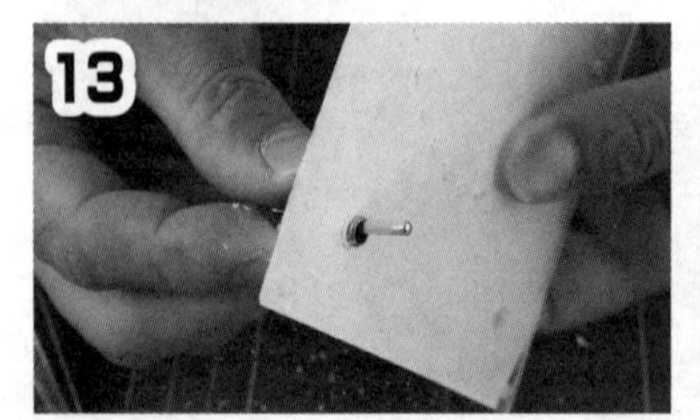
要反复和实物比对，确认孔不会过大

开完孔后，用中性洗涤液洗掉手上的油脂等

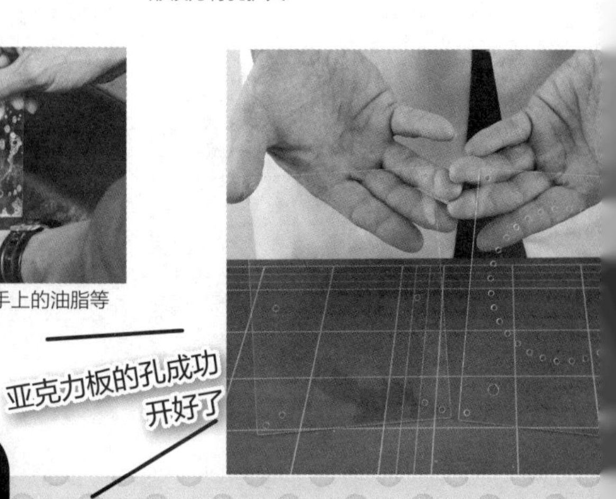

使用方法

接上电源开关后按动按钮。在按住开关时，排列在圆周上的 LED 是在旋转的，如果松开按钮，LED 的旋转就变慢，过一会就停止了。

这个制作首先可以用于猜 LED 所停位置的游戏中。这样不容易看清楚，最好贴上数字和颜色标签。

可以考虑各种游戏方法，例如猜中数字、猜中偶数或奇数，或猜中红色或绿色；再进一步设定数字，猜是比这个数字大还是比这个数字小；按顺序按按钮，往上加数字，加几次超过 100，超过 100 就赢或输，等等。

壳体组装和从电路板布线

壳体做好后，就要进行组装了。本制作中，从电路板上引出的接线很多，LED 也要安装到亚克力板上。本书作品中所需要的技巧几乎都包含在其中。了解了这个顺序后，对于本书中的其他制作就不再会感到困难了！

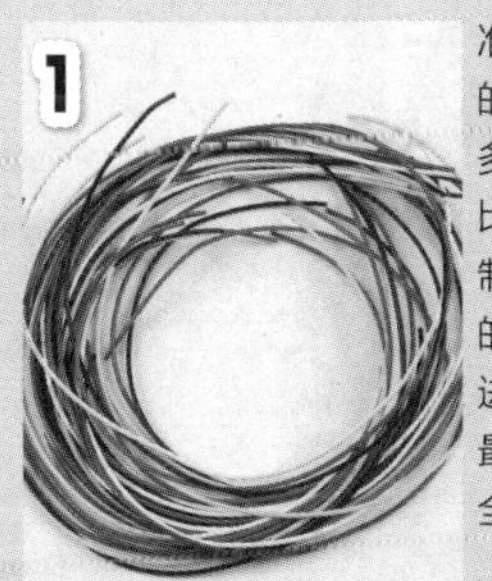

准备 ϕ1mm 左右的绝缘细导线，多股芯线的导线比较好用。像本制作这样接线多的情况下，必须进行颜色分类，最好购买颜色齐全的成套导线

将绝缘细导线剪得稍长一点，焊接到电路板上。如果没做好颜色分类，向 LED 布线时就有可能混淆

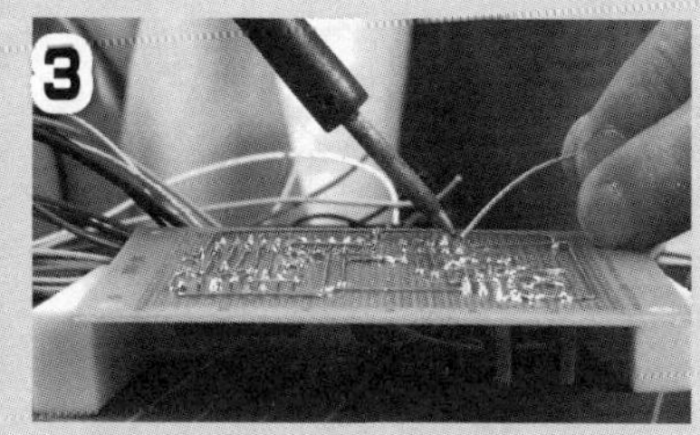

将橡皮作为焊接时的垫台最合适

从电路板引出的布线做完了。在绝缘细导线连接的部分稍微多用一些焊锡

将 LED 固定在亚克力板的孔中。使用的是橡胶系透明黏结剂。不要使用快干胶，会发白、不干净。LED 正极向外，绿色和红色 LED 交错排列。但是，在不通电的时候绿色和红色 LED 外观完全一样，注意不要弄错

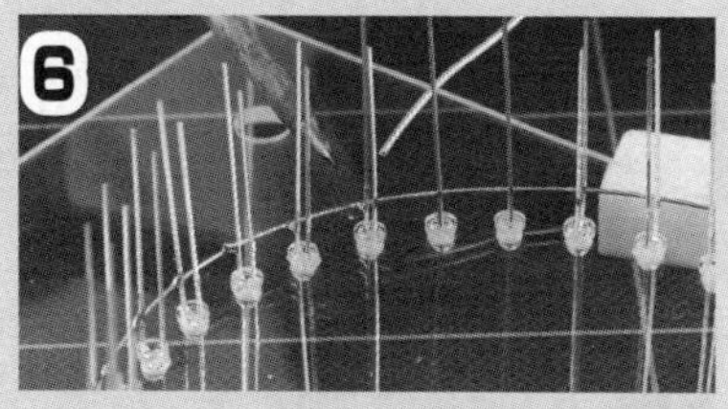

用镀锡铜线将 LED 的正极接起来。买来的镀锡铜线是带着弧度的，利用这个弧度圆滑地将 LED 正极连接起来，就会很美观

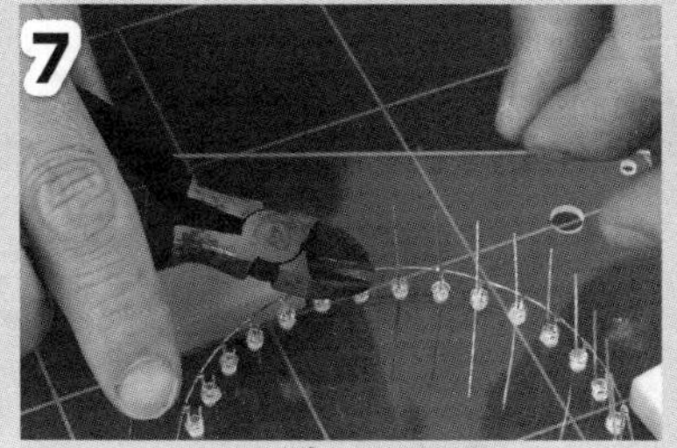

连接完正极后，剪去多余的导线。将负极也剪成同样的长度，对齐

对剪好的负极进行预焊

对电路板接出来的线的前端进行预焊接，接到预焊过的负极上。因为对两者都进行了预焊，因此让两者接触后，只用电烙铁再接触一下就可以牢固地焊住

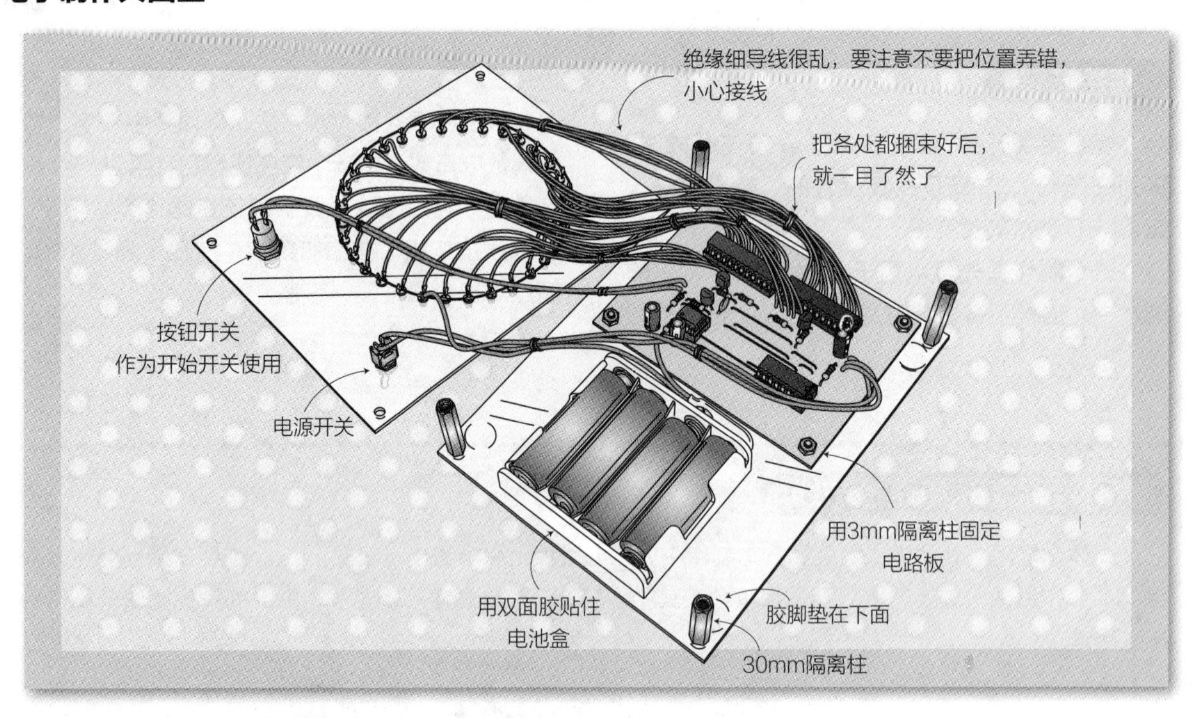

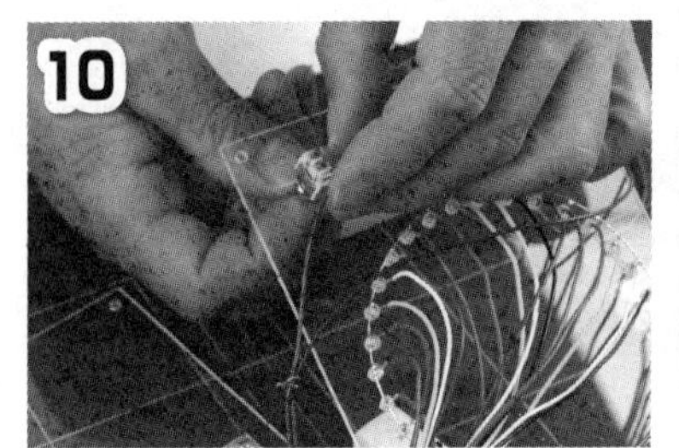

安装开关，布线

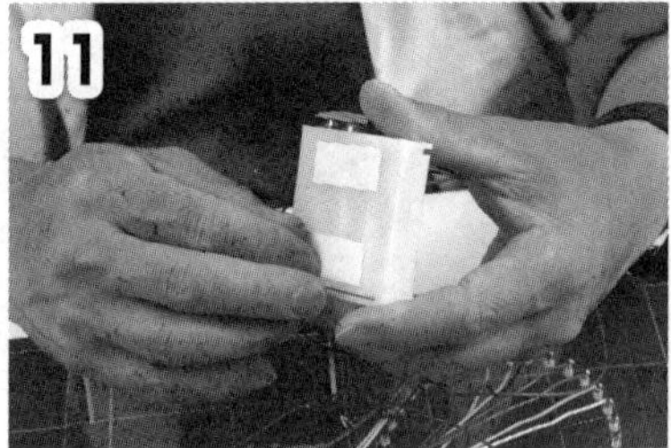

用强力双面胶贴住电池盒

本制作采用透明外壳，因此，复杂的接线在外壳内缠在一起就会很不美观。预先将每几条线捆束起来，检查和维护时就会轻松很多

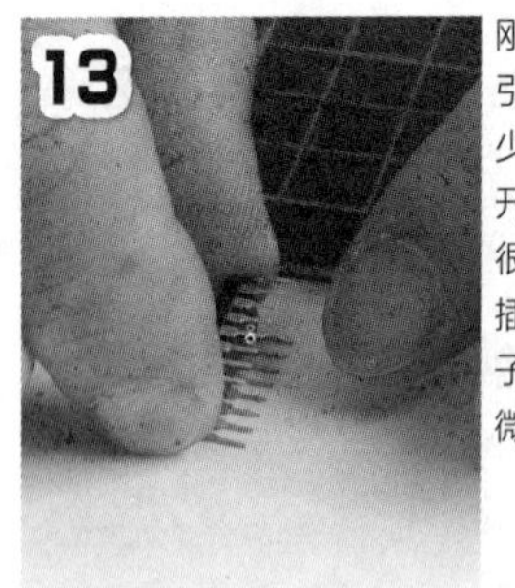

刚买回来的IC引脚，或多或少都会向外拉开一些，这样很难放入IC插座中，在桌子上按压，稍微向内侧折弯

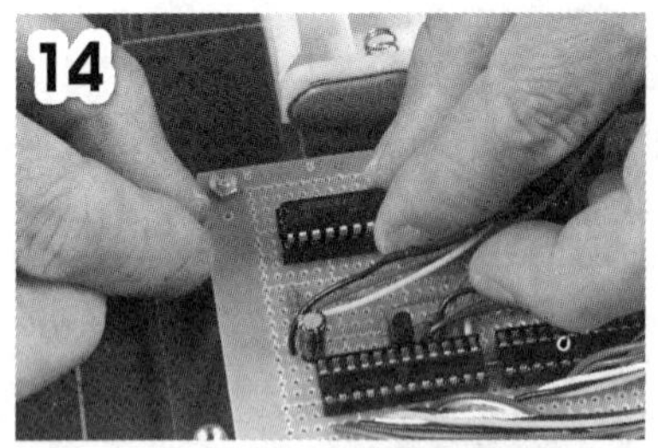

插入IC后，装上电池，进行测试。如果能正常动作的话，这就是最后一道工序了

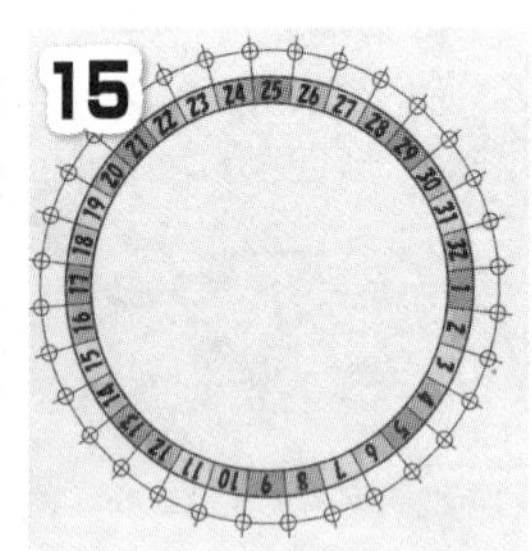

用计算机作出这样的数字盘图样。这里可发挥创造力，从各方面多下点功夫吧

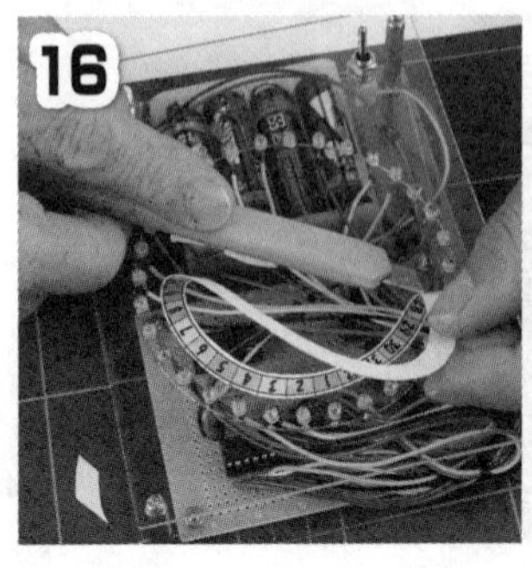

在裁好圆洞的数字盘背面贴上双面胶，贴到外壳上。很难看出中心在哪里，因此就用美工刀刀尖或镊子，尽量巧妙地贴得不歪斜。如果这里用强力双面胶，就不能重贴了，因此，用黏着力一般的办公用双面胶就可以

No.
03
光和影运用自如

像极光一样不可思议的光

极光灯

天空中的不可思议的光——极光，是被称为太阳风的穿越宇宙的带电粒子和地球磁力相互作用产生的美丽自然现象，只在极地附近才产生，并且极少出现。极光飘浮在空中，呈现出不可思议的形状和色彩，非常美丽迷人。

再现真正的极光是不太可能的，但是，如果能够将这个不可思议的光或多或少地再现，也能让我们大饱眼福，因此就试着用 LED 做了这个极光灯。

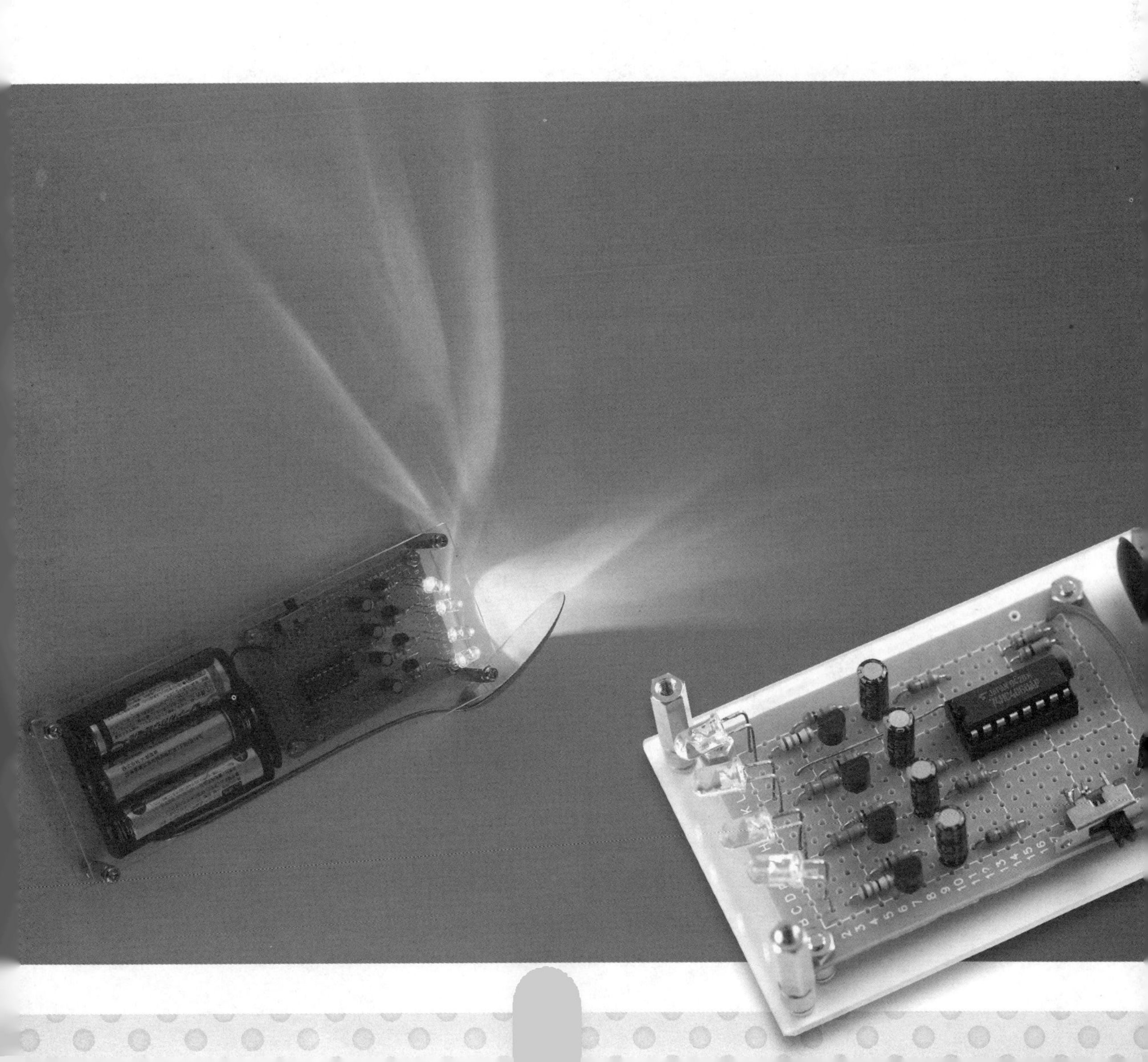

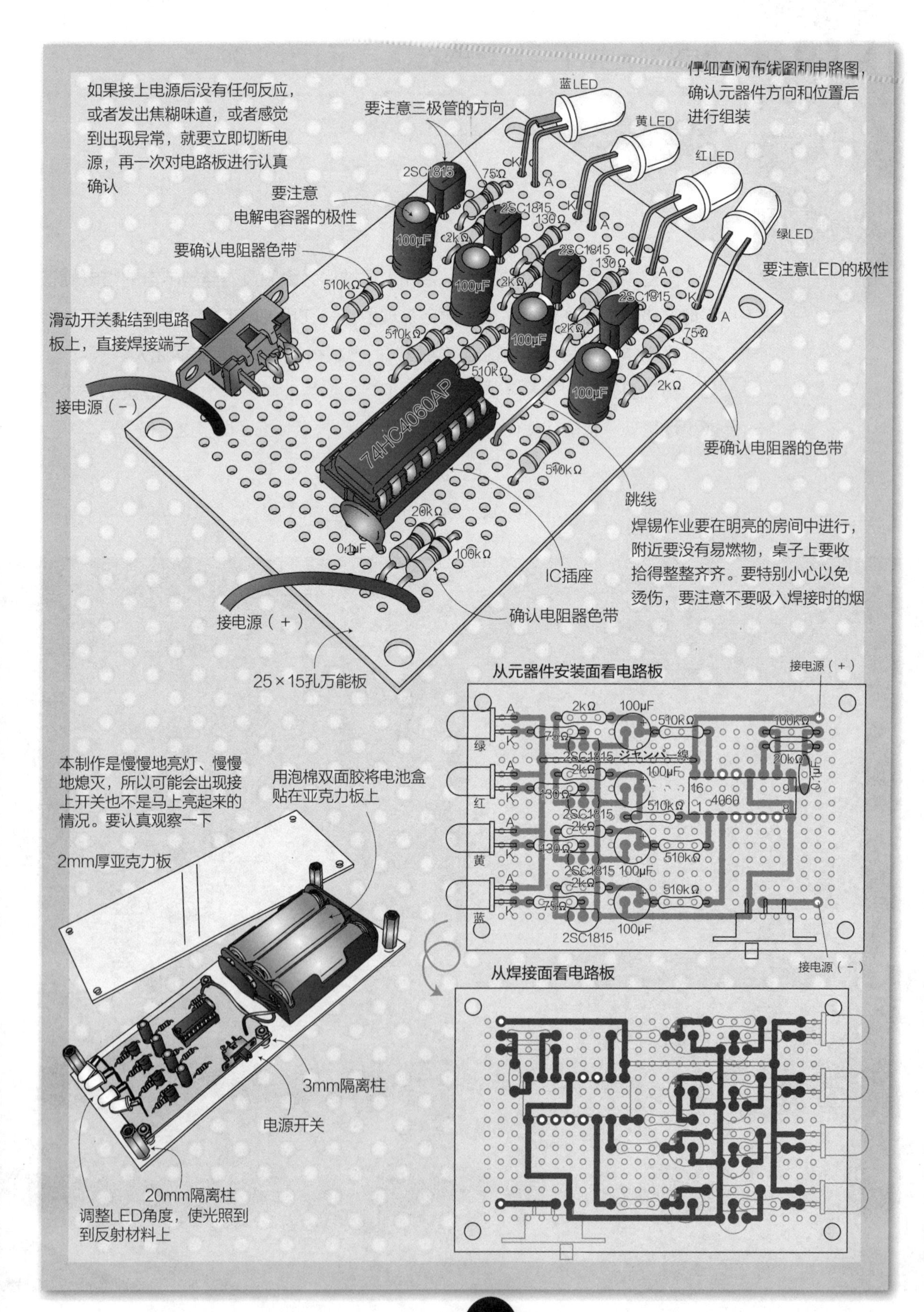
仔细查阅布线图和电路图，确认元器件方向和位置后进行组装
如果接上电源后没有任何反应，或者发出焦糊味道，或者感觉到出现异常，就要立即切断电源，再一次对电路板进行认真确认
要注意三极管的方向
要注意电解电容器的极性
要确认电阻器色带
滑动开关黏结到电路板上，直接焊接端子
接电源（-）
接电源（+）
要注意LED的极性
要确认电阻器的色带
跳线
IC插座
确认电阻器色带
25×15孔万能板
焊锡作业要在明亮的房间中进行，附近要没有易燃物，桌子上要收拾得整整齐齐。要特别小心以免烫伤，要注意不要吸入焊接时的烟
蓝LED
黄LED
红LED
绿LED
74HC4060AP
2SC1815
100μF
75Ω
130Ω
2kΩ
510kΩ
20kΩ
100kΩ
0.1μF
从元器件安装面看电路板
从焊接面看电路板
ジャンパー線
本制作是慢慢地亮灯、慢慢地熄灭，所以可能会出现接上开关也不是马上亮起来的情况。要认真观察一下
用泡棉双面胶将电池盒贴在亚克力板上
2mm厚亚克力板
3mm隔离柱
电源开关
20mm隔离柱
调整LED角度，使光照到到反射材料上

结构

极光的魅力，在于其飘浮在空中的不常见的色彩和不可思议的形状。但要将人工“极光”飘浮在空中是很难做到的，因此，就将光投影到房间的墙壁或天花板上。

有的LED可以再现蓝色和绿色等鲜艳的颜色，这次就使用了这样的LED。想再现的是光随着时间逐渐变化的情况，就用四个颜色不同的LED，分别慢慢亮起，再慢慢熄灭。

如果直接使用LED就形成不了不规则形状的光，那么想办法将光反射到变形的镜子中。用于反射的物品是表面光亮的不锈钢勺子。看一看在勺子上映出的自己的脸，看上去就是变形的，这样就知道光照到勺子上，再反射出去是变形的了。

电路

为了让4个LED分别闪烁而使用了IC 4060。这个IC使用的是14位二进制计数器，14位中有10位是按二进制输出。另外，这种IC还内置有时钟振荡电路，用于设置LED的亮灭周期。通过接到9、10、11号引脚的电容和电阻器，决定变化的时间。

这次制作是想要光慢慢地变化，为此使用了第10、12、13、14位4个输出。这些输出通过由电阻器和电容器、三极管构成的电路，使LED慢慢地亮起或熄灭。本制作中分别是以20s、80s、160s、320s左右的周期控制LED的亮起和熄灭。

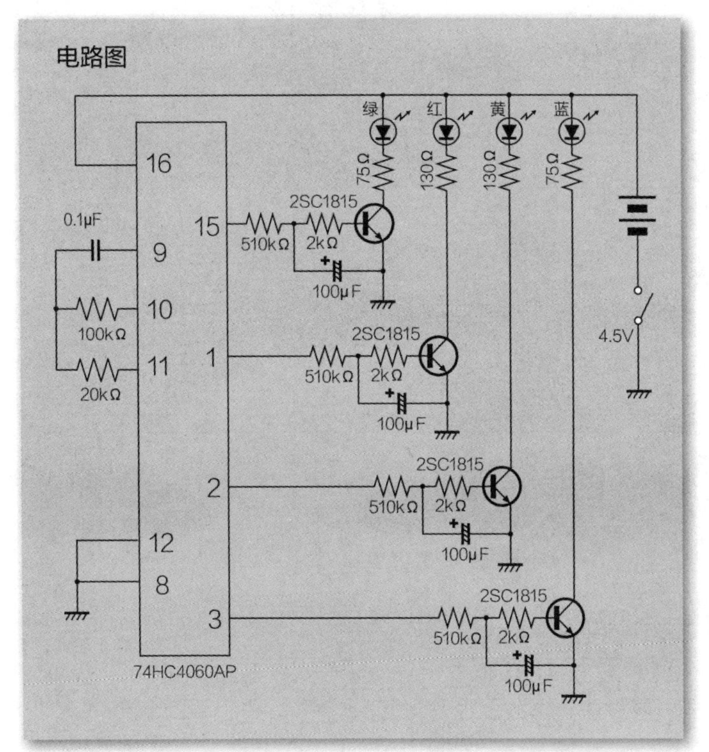

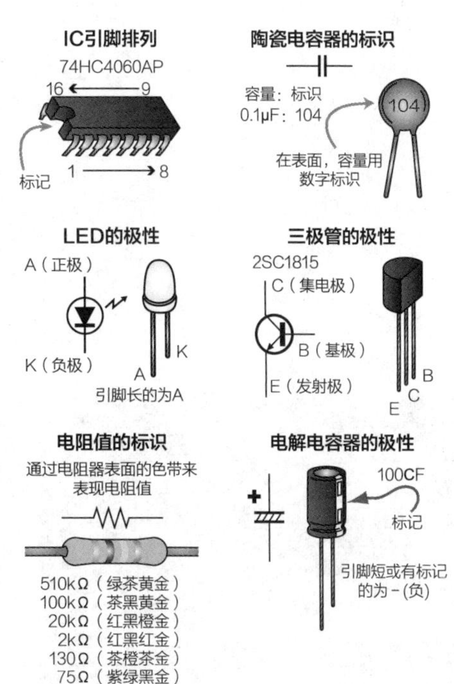

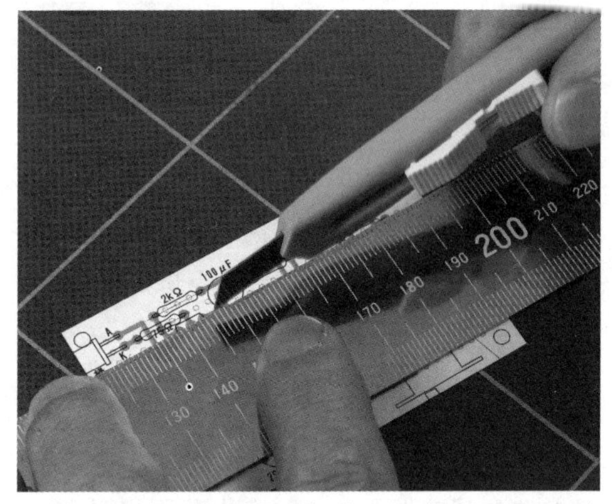

在向电路板上贴元器件安装图之前，为了后面容易把图纸揭下，事先用刀子在纸上划上切线

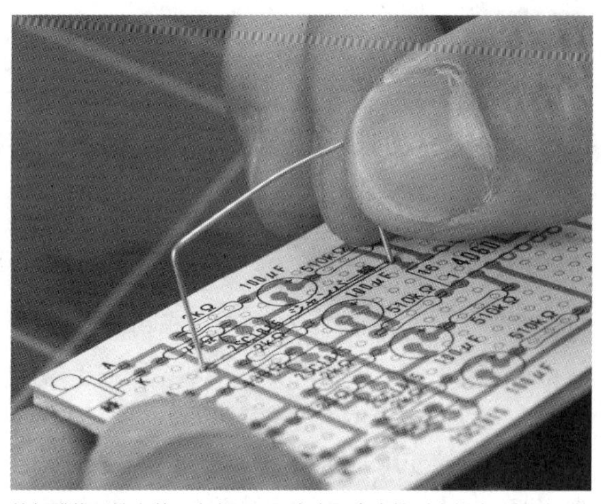

从长跳线开始安装。当电阻器和电容器多余的引脚长度不够时，就使用镀锡铜线

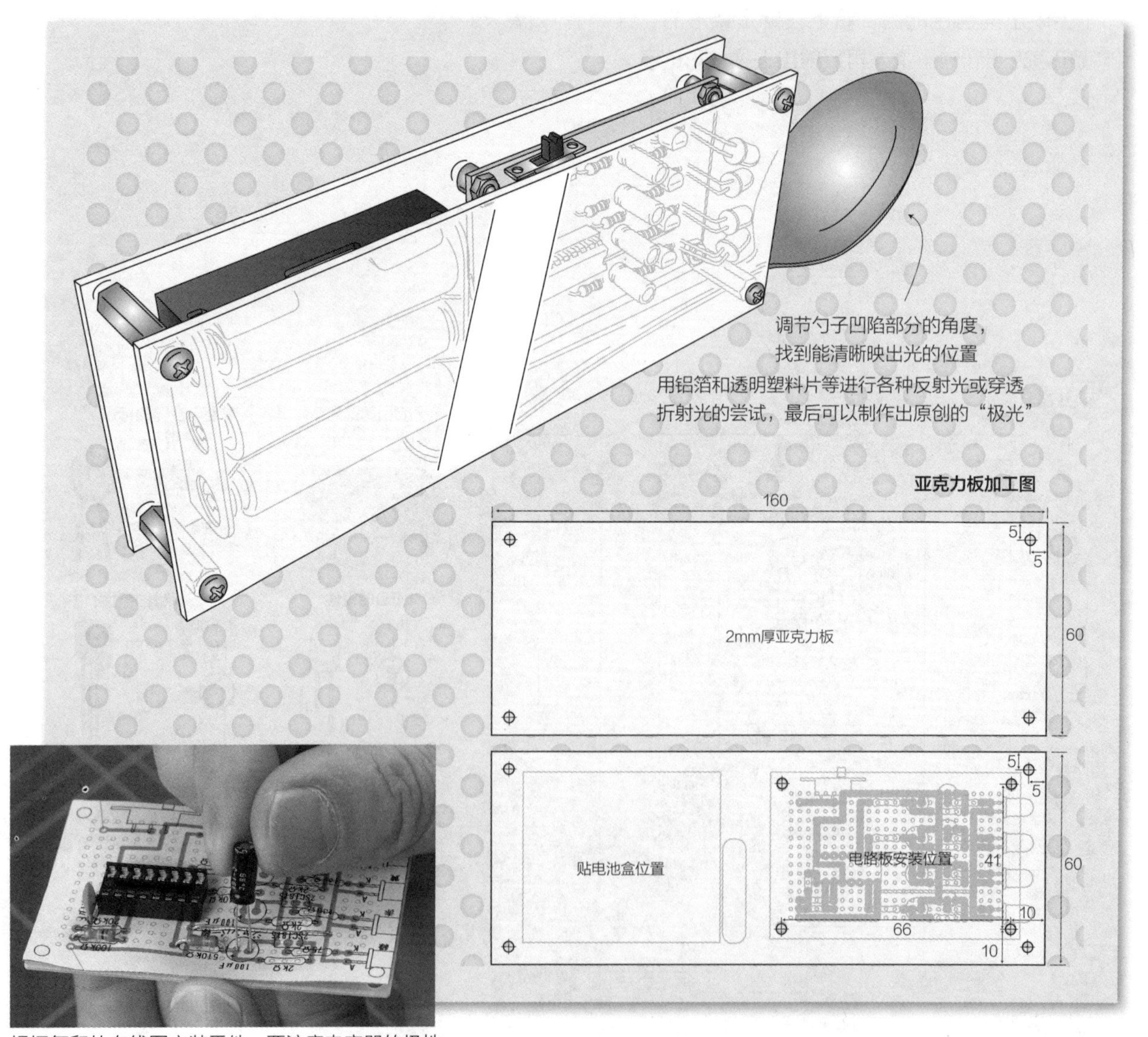

根据复印的布线图安装零件。要注意电容器的极性

组装

将元器件装在 25×15 孔的万能板上。用复印电路板的方式，将元器件布线图固定在电路板上，从小元器件开始焊接。从跳线（镀锡铜线）开始，按照电阻器、IC 插座、三极管、电容器、LED 的顺序更容易操作。以 IC 插座为起点，在 9 ~ 11 号引脚安装上电阻器、电容器，然后安装接在 15、1、2、3 号引脚上的元器件。

LED 是横向放置的，需要预先用扁嘴钳将引脚折弯后焊接。折弯时要注意 LED 的正极（A）和负极（K）的方向。滑动开关先黏结在电路板上，使用剪下来的不要的元器件引脚进行布线。

将 IC 插在 IC 插座上，要注意 IC 的方向。这样电路板的组装就完成了。

组合

使用 2 块厚度为 2mm 的亚克力板和隔离柱，做成了夹层型外壳。用于反射光的勺子置于壳体的外部，这样可以很简单地进行更换。

将电池盒和电路板临时组合起来，调整电池扣的绝缘导线长度，接到电路板上。接一次电源确认是否能够发光。

确认了电路板的动作后，将电路板用隔离柱和螺钉、螺母固定住，用泡棉双面胶带将电池盒贴上。

最后，将正面的亚克力板用螺钉固定在隔离柱上，组合就完成了。

使用方法

接上电源开关后，绿色 LED 开始慢慢地亮起。随后，红色、黄色、蓝色 LED 也慢慢地亮起，按照各自的周期重复闪烁。在 LED 的前面放上勺子等，调整方向将 LED 的光反射在墙壁或天花板上。

可以使用铝箔以及做菜用的大勺子等各种物品作为反射用的道具，得到各种各样的效果，尝试一下吧。

元器件表

元器件	数量
IC：4060（74HC4060AP）	1个
IC插座：16P	1个
三极管：2SC1815	4个
电阻器：510kΩ 1/4W（色带：绿茶黄金）	4个
100kΩ 1/4W（色带：茶黑黄金）	1个
20kΩ 1/4W（色带：红黑橙金）	1个
2kΩ 1/4（色带：红黑红金）	4个
130Ω 1/4W（色带：茶黄茶金）	2个
75Ω 1/4W（色带：紫绿黑金）	2个
LED：超高亮度 绿（3.4V 20mA）	1个
超高亮度 红（2.0V 20mA）	1个
超高亮度 黄（2.1V 20mA）	1个
超高亮度 蓝（3.4V 20mA）	1个
电解电容器：100μF 25V	4个
陶瓷电容器：0.1μF（104）	1个
滑动开关：小型	1个
万能板：25×15孔	1张
电池盒&电池扣：3个3号电池用	1组
3号电池	3个
亚克力板：2mm	参照尺寸图
隔离柱：无螺纹 M3×3mm	4个
双内螺纹 M3×25mm	4个
螺钉：M3×6mm	4个
M3×10mm	4个
螺母：M3	4个
镀锡铜线、焊锡、双面胶、黏结剂少许	

No.
04

与声音一起流动的光

声控电光

光和影运用自如

很多音响装置是有影像显示的，不只给人们带来听觉享受，也带来视觉享受。这种影像并不是重新播放预先做出的影像，多数是通过配合着音乐的强弱同步发光的彩灯呈现的。根据音域不同形成条形图或者像水流或彩虹那样的颜色。做一个这样的声音彩灯，用眼睛也可以欣赏声音。如果过于复杂，制作起来就很难，这次简化设计后，制作出了迤逦的彩灯效果。

元器件表

元器件	数量
IC:555	1个
:74HC164AP（74164）	1个
IC管座:8P	1个
:14P	1个
三极管:2SC1815	2个
ECM（小型）	1个
电阻器:100kΩ 1/4W（色带：茶黑黄金）	1个
:2.4kΩ 1/4W（色带：红黄红金）	2个
:1kΩ 1/4W（色带：茶黑红金）	2个
:75Ω 1/4（色带：紫绿黑金）	9个
LED:高亮度 白（3.2V 20mA）	1个
:高亮度 蓝（3.2V 20mA）	8个
半固定电阻器:100kΩ	1个
陶瓷电容器:0.1μF（104）	1个
电解电容器:220μF 16V	1个
:10μF 16V	1个
:1μF 16V	1个
拨动开关（小型）	1个
万能板:30×15孔	1张
盘头螺钉:M3×6mm	6个
螺母:M3	2个
隔离柱:M3×20mm双内螺纹	2个
电池盒＆电池扣：3个3号电池用	1组
3号电池	3个
角码（小）	2个
橡胶脚垫（小型）	4个
亚克力板（参照图）、双面胶、散光板、镀锡铜线、焊锡，少许	

■ **结构**

将声音信号的强弱转变成光的强弱，这种声音信号不是电流信号，而是扬声器中的音乐，也就是耳朵实际上听到声音。不仅是音响装置播放的音乐，自己的声音和拍手声也可以让灯光变化。将声音转变成电气信号用的是麦克风。麦克风所接收的电气信号变成非常小的交流电，将该交流电放大，使LED亮起来。

为了让光看上去是流动的，这里使用了将信号依次传送的IC。这样光就会根据传入麦克风的声音而变化。为了看上去更有趣，将这个光打在透明亚克力板上。提前贴上接收光的散光膜，就能反射出美丽的光。如果不用散光膜，用针划痕绘出画来也是一种有趣的表现形式。

■ 电路

使用ECM(Electret Capacitor Micro-phone)驻极体电容麦克风，将声音变换成电气信号。将该信号输入三极管2SC1815的基极中放大，为了用得到的信号让白色LED闪烁，再使用一段三极管使开关打开或关闭。以白色LED的闪烁信号为契机，做成依次流动的结构。

IC74164具有“移位寄存器”功能，就是将进入1号引脚的信号依次输出到3、4、5、6、10、11、12、13号引脚。对于依次传递的时间的控制，使用了定时器IC555的定期时钟信号。

改变接在定时器555的6、7、8号引脚的电容器和电阻器的数值，可以改变时间间隔，因此，在需要改变时间速度时可通过改变电容和电阻值实现。时钟信号从3号引脚输出，输入承担74164定时任务的8号引脚。

在要转换到白色LED的位置，将声音信号输入74164触发器的1号引脚。这样，声音被输入进去，白色LED亮起，这时通过移位寄存器，按顺序让蓝色LED亮起。这样电路就做好了。

■ 组装

电路板是将30×25孔的万能板切割成30×15孔制成的。

IC下面有两根跳线，因此，要先将跳线装好后，在跳线上面装IC插座。如果忘记装跳线，先焊接IC插座，过后就只能用绝缘细导线进行布线了，因此要注意这一点。在后面的安装中，从小元器件开始安装容易操作，安装时，要看着图安装，不要将4根跳线、电阻器、电容器、三极管的位置弄错。

在焊接面，有的地方元器件引脚长度不够，这时就要用镀锡铜线接线。将用不着的剪下的元器件引脚作为端子预先焊到ECM上，再将ECM装到电路板上。

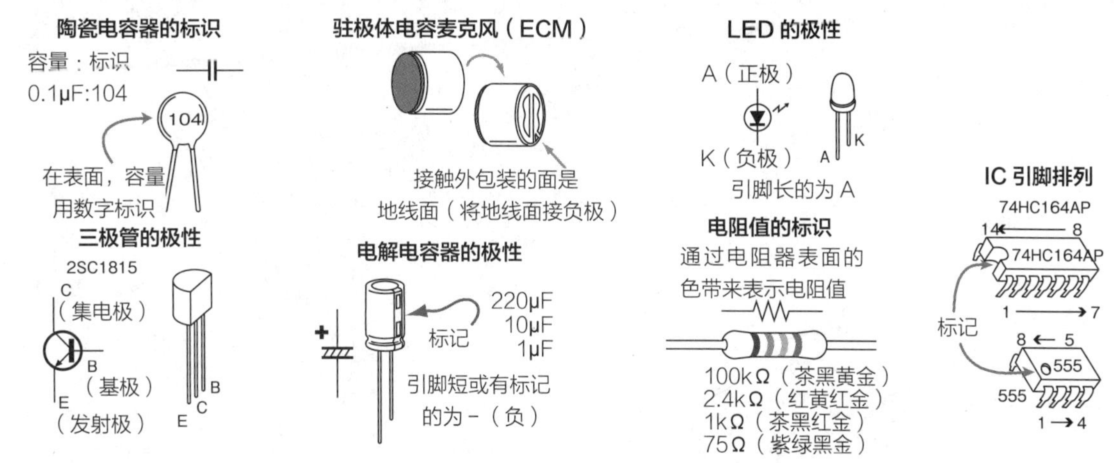

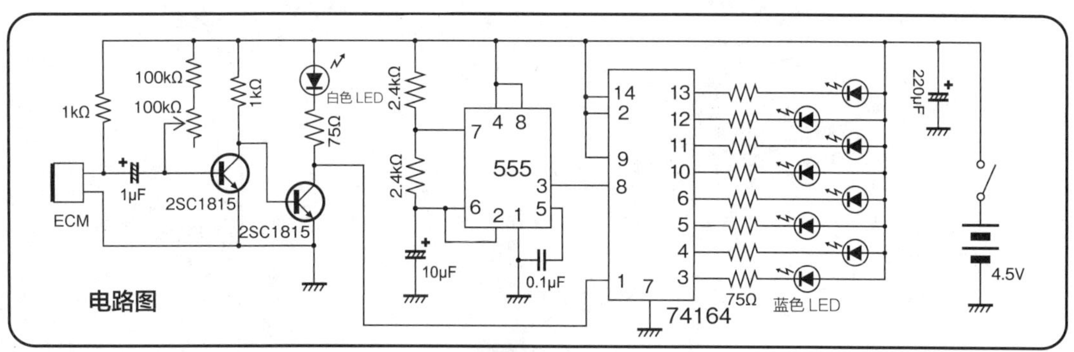

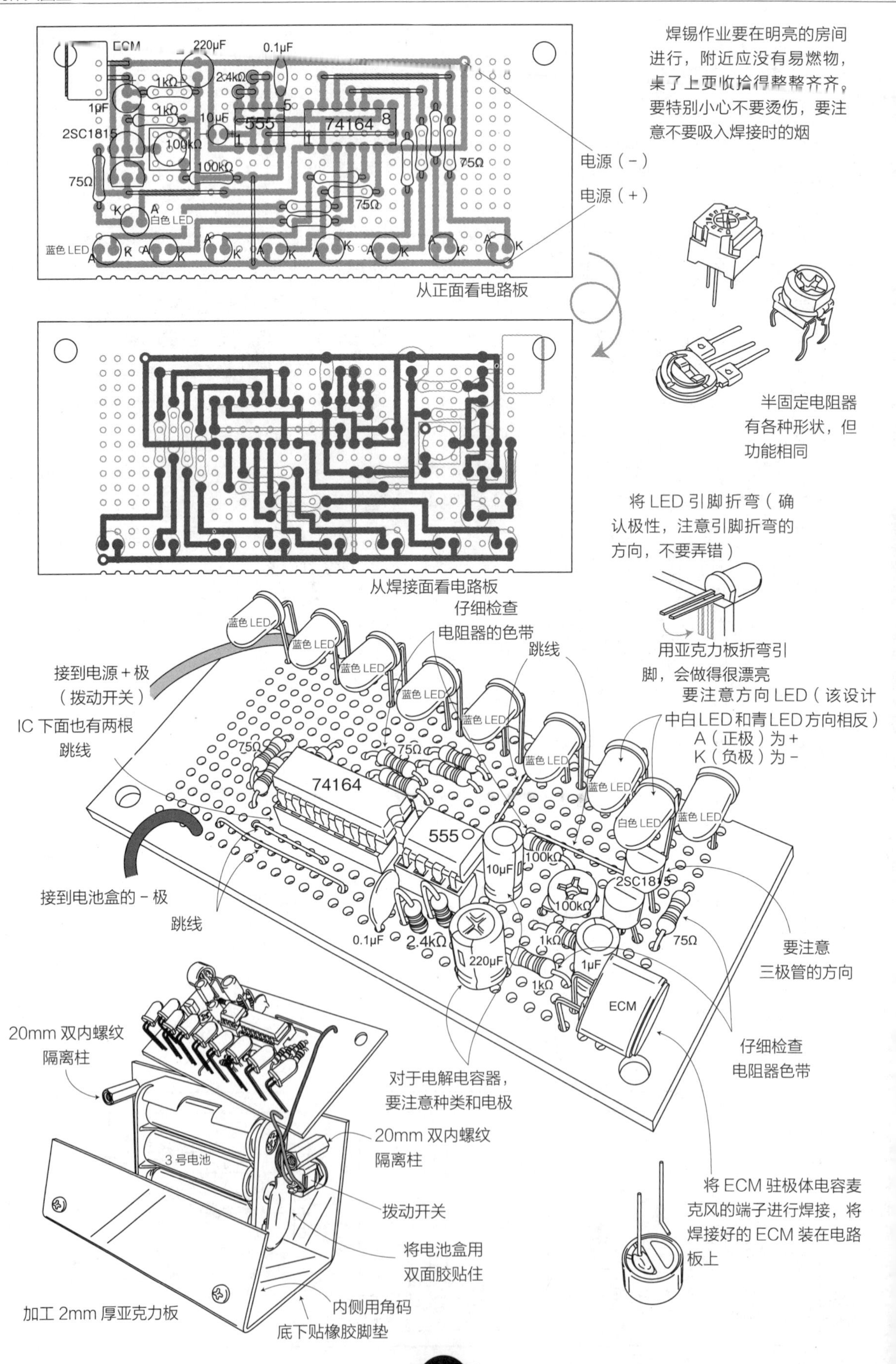
ECM
220μF
0.1μF
1kΩ
2.4kΩ
1μF
1kΩ
10μF
555
74164
2SC1815
100kΩ
75Ω
100kΩ
75Ω
白色 LED
蓝色 LED
A
K
焊锡作业要在明亮的房间进行，附近应没有易燃物，桌子上要收拾得整整齐齐。要特别小心不要烫伤，要注意不要吸入焊接时的烟
电源（－）
电源（＋）
从正面看电路板
半固定电阻器有各种形状，但功能相同
从焊接面看电路板
将 LED 引脚折弯（确认极性，注意引脚折弯的方向，不要弄错）
用亚克力板折弯引脚，会做得很漂亮
仔细检查电阻器的色带
跳线
接到电源＋极（拨动开关）
IC 下面也有两根跳线
要注意方向 LED（该设计中白LED和青LED方向相反）
A（正极）为＋
K（负极）为－
接到电池盒的－极
跳线
要注意三极管的方向
仔细检查电阻器色带
对于电解电容器，要注意种类和电极
20mm 双内螺纹隔离柱
3 号电池
20mm 双内螺纹隔离柱
拨动开关
将电池盒用双面胶贴住
内侧用角码
底下贴橡胶脚垫
加工 2mm 厚亚克力板
将 ECM 驻极体电容麦克风的端子进行焊接，将焊接好的 ECM 装在电路板上

最后将 LED 引脚折弯，焊在电路板上。电路板做完后，最后将 IC 插到 IC 插座上。

■ **组合**

切割黑亚克力板作为台座，并对其进行钻孔、折弯操作。在台座正面的内侧将角码折弯作为显示器板的托架。

将电池盒用泡棉双面胶贴在台座背面的内侧，用 20mm 隔离柱和螺钉将电路板临时固定住。把拨动开关也安装上。

确认电池扣导线的长度，先将电路板拿下来，把电池扣焊接在拨动开关上。

显示板使用的是透明亚克力板，为了能够把光更好地表现出来，将裁成闪电形状的散光膜贴在亚克力板上。

■ **使用方法**

把电池放入电池盒，将电路板固定在隔离柱上。接上开关，对着麦克风喊，或是输入声音，白色 LED 就会发出亮闪闪的光。发光时间和时钟信号一致时，蓝色 LED 就会依次发光。通过半固定电阻器调整麦克风的灵敏度，调整为安静下来时所有 LED 都熄灭。LED 光打在显示板上，你可以根据自己的喜好想出各种有趣的显示方法。显示板只是用角码夹住的，所以如果展开想象对表面的花纹做一些改变，就能得到各种各样的显示效果。

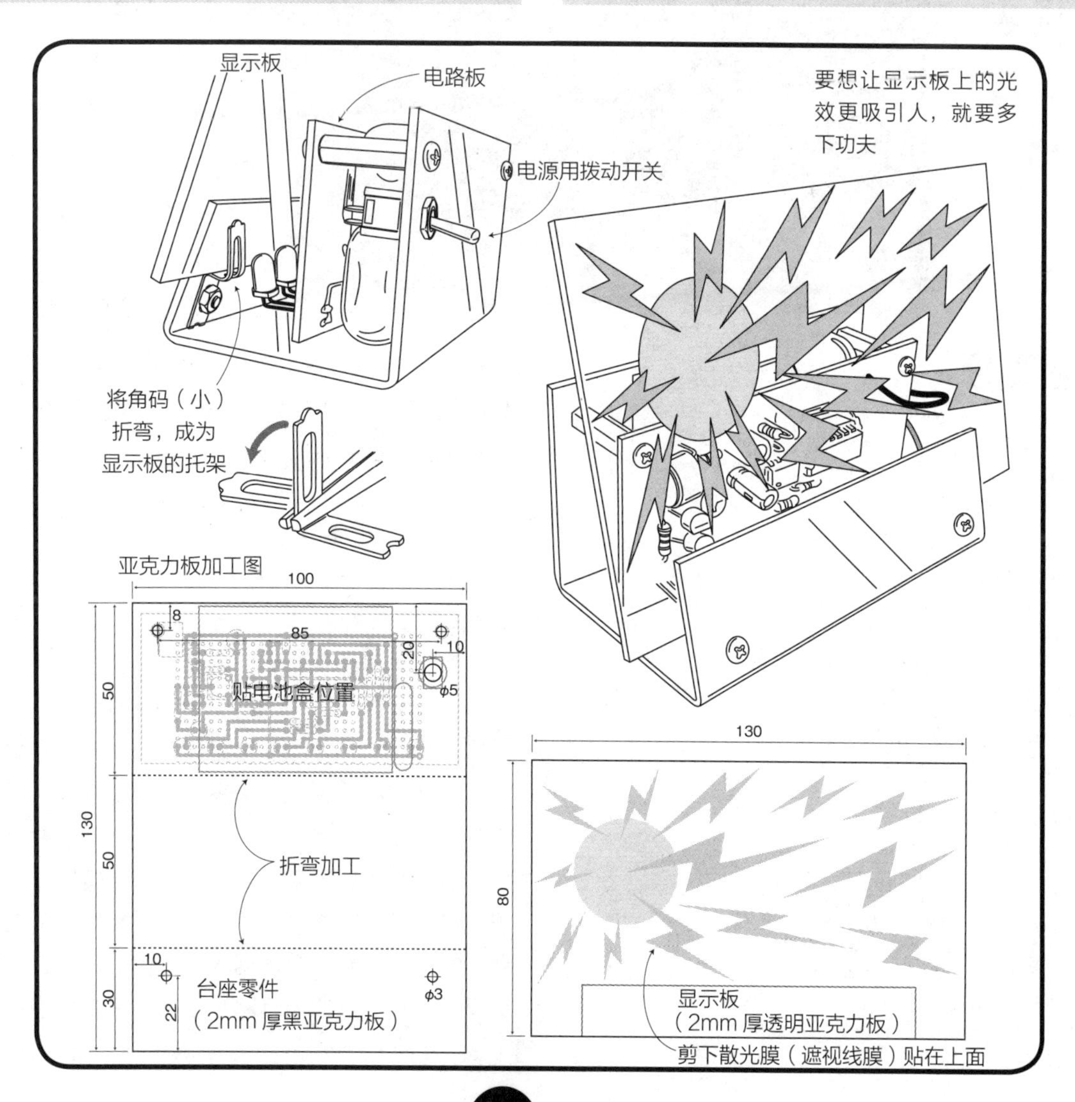

No. 05

游戏和趣味制作

用数字显示的骰子

数字骰子

孩童时期我们是掰着手指数数的。人的左右手共有 10 个手指，现在所使用的十进制大概就是由此发明出来的吧。另一方面，计算机是按 0 和 1 的二进制进行计算的。但这种计算方法很难让人理解，因此，必须有一种容易理解的表述。7 段数码管就是为了表述数字形状而设计出来的接口。骰子是 6 个面的立方体，它的作用就是为了选择从 1 ~ 6 的数字。既然有了十进制，那么就让我们做一个能用来选择从 0 ~ 9 的数字的骰子吧。

元器件表

IC:555 …… 1 个
:7446 …… 1 个
:7490 …… 1 个
IC 插座 :8P …… 1 个
:14P …… 1 个
:16P …… 1 个
三极管 :2SA1015 …… 7 个
电阻器 :1kΩ 1/4W（色带：茶黑红金）…… 1 个
:470Ω 1/4W（色带：黄紫茶金）…… 1 个
:130Ω 1/4（色带：茶橙茶金）…… 21 个
LED（蓝）…… 21 个
陶瓷电容器 :0.1μF（104）…… 1 个
电解电容器 :10μF 16V …… 1 个
拨动开关（小型）…… 1 个
按钮开关（小型）…… 1 个
万能板 :30×25 孔 …… 1 张
盘头螺钉 :M3×30mm …… 4 个
:M3×5mm …… 4 个
隔离柱 :M3×20mm 无螺纹 …… 4 个
:M3×20mm 双内螺纹 …… 4 个
电池盒 & 电池扣 :4 个 3 号电池用 …… 1 个
3 号电池 …… 4 个
橡胶脚垫（小型）…… 4 个
亚克力板（参照图）、双面胶、绝缘导线、镀锡铜线、焊锡少许

■ 结构

在显示数字钟表时间和电梯层数以及计算器中的计算等需要表现数字的情况下，很多时候用的都是 7 段数码管显示方式。这是排列在“日”字形上的柱状显示段的组合，用来表现阿拉伯数字。阿拉伯数字共有 0 到 9 这 10 个数，将这 10 个数用 7 个柱状显示段表现出来。把二进制数字转换成 7 段数码，需要进行非常复杂的处理。这次使用的是转换专用的 IC，显示部分使用的是 7 段 LED 显示器。这次是想做一个大的显示器，为此在每个段中都使用了 3 个 LED，做了一个大的 7 段 LED 显示器。

■ 电路

因为需要产生随机数字，按下按钮后计数将会递增，最终显示松开按钮时的数字。计数递增时的信号使用的定时器是IC555。按住按钮时将产生高速时钟信号。如果按钮开关变成OFF状态，时钟信号就会停止。将这个信号输入计数器IC7490，产生4位的二进制信号。这个IC有二进制部分和五进制部分，所形成的信号是到了10就返回到0的十进制。

7446是将二进制信号变换成7段的IC，接收7490发出的信号，输出到LED部分。7段LED在每个段里使用3个LED，用三极管2SA1015使并联连接的LED亮起来。

■ 组装

电路板用的是30×25孔的万能板。3个IC插座下面有6根跳线，要在一开始就把它们安装好。如果忘记安装跳线，那么在将IC插座焊上后，就需要在焊接面用细导线接线。其他地方还有6根跳线，在电路板上共有12根跳线。建议从小元器件开始安装，这样比较好操作，可以先安装跳线、电阻器、电容器、三极管，最后安装LED，也可以以IC插座为参照物，从其周围开始安装。不管采用哪种安装方法，在操作时都不要把位置弄错。在焊接面上布线时，如果元器件引脚的长度不够，就使用镀锡铜线。将元器件装到电路板上后，将IC插入IC插座，电路板就做好了。

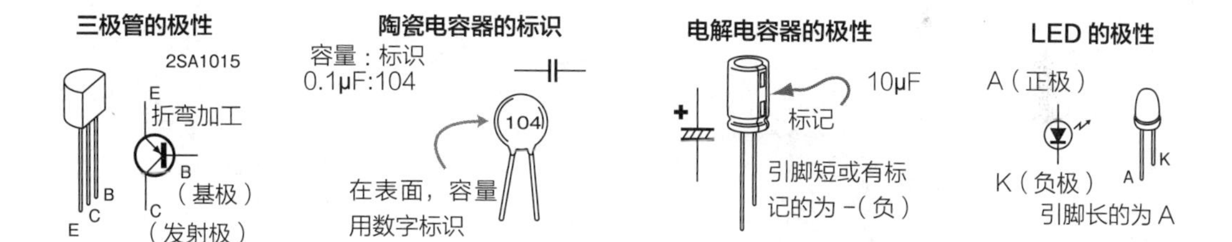

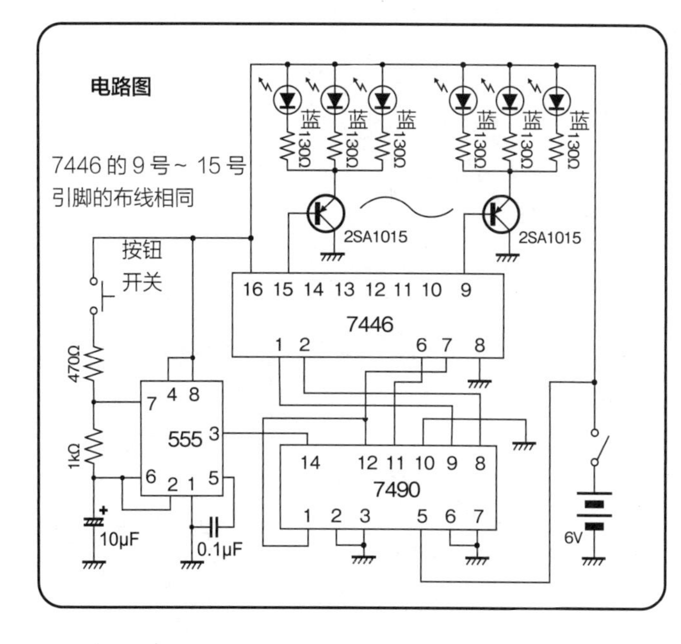

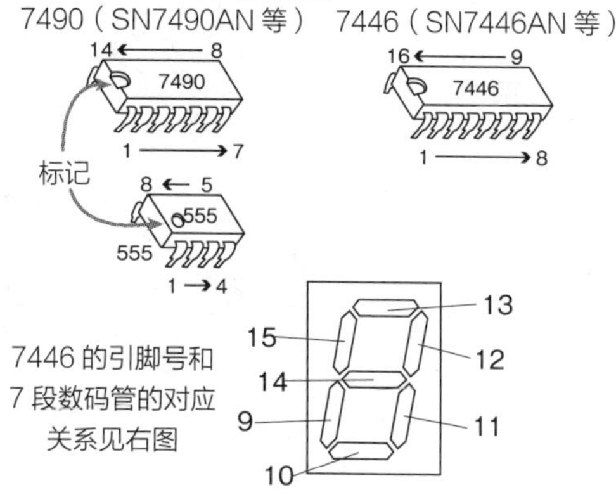

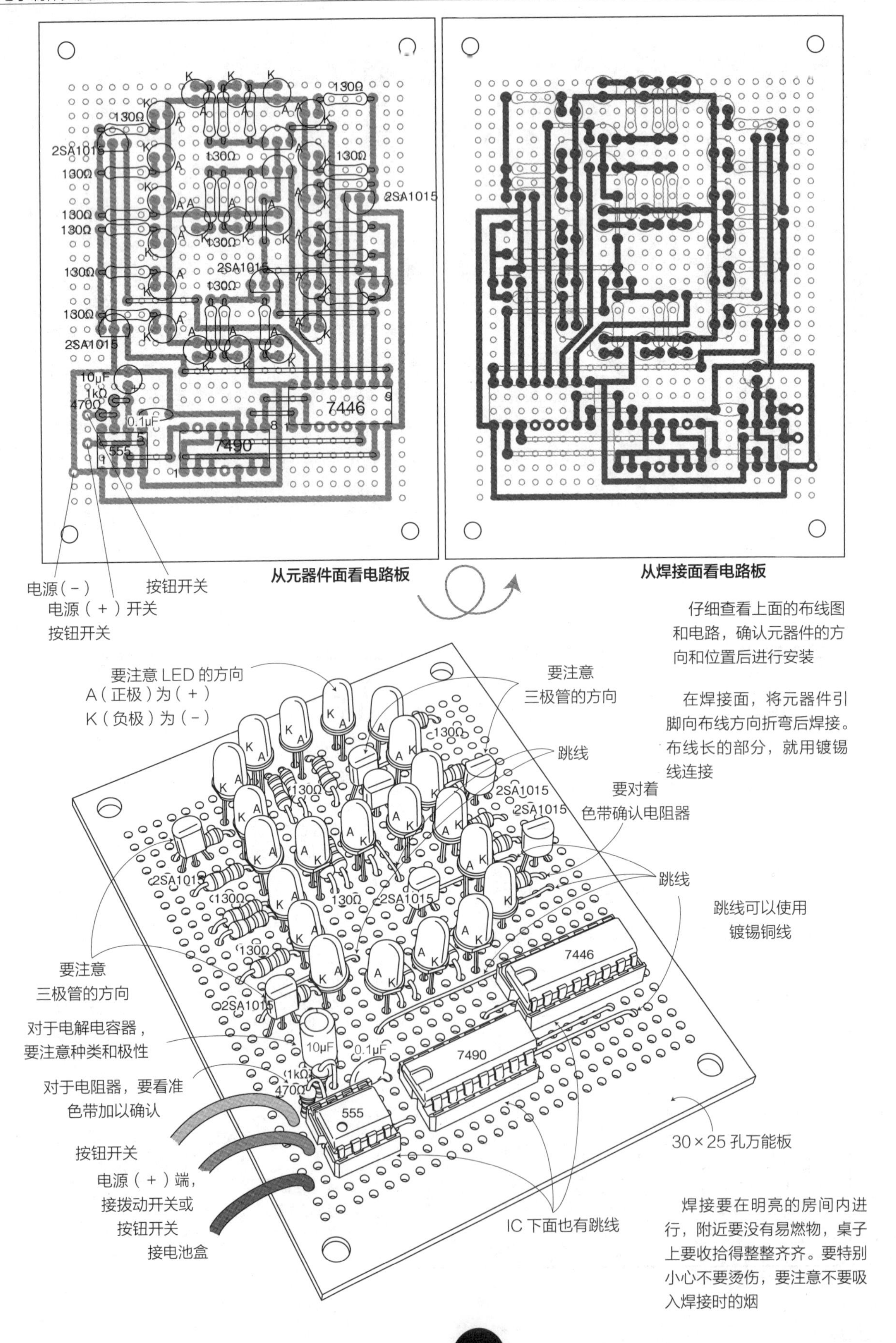

从元器件面看电路板
从焊接面看电路板
电源（－）
电源（＋）开关
按钮开关
按钮开关
130Ω
2SA1015
10μF
1kΩ
470Ω
0.1μF
555
7490
7446
K
A
仔细查看上面的布线图和电路，确认元器件的方向和位置后进行安装
在焊接面，将元器件引脚向布线方向折弯后焊接。布线长的部分，就用镀锡线连接
要注意LED的方向
A（正极）为（＋）
K（负极）为（－）
要注意
三极管的方向
跳线
要对着
色带确认电阻器
跳线
跳线可以使用
镀锡铜线
要注意
三极管的方向
对于电解电容器，
要注意种类和极性
对于电阻器，要看准
色带加以确认
按钮开关
电源（＋）端，
接拨动开关或
按钮开关
接电池盒
IC下面也有跳线
30×25孔万能板
焊接要在明亮的房间内进行，附近要没有易燃物，桌子上要收拾得整整齐齐。要特别小心不要烫伤，要注意不要吸入焊接时的烟

■ 组合

外壳采用的是与电路板大小相同的用两块亚克力板夹住的夹心型结构。将电池盒用双面胶贴在下面的亚克力板上，在上面临时放上电路板。

在上面的亚克力板上装上拨动开关、按钮开关，调节电池扣引脚线长度，安装在电路板和开关上。对接到各个开关、电路板绝缘导线进行焊接。焊接完后，将电路板放在 20mm 无螺纹隔离柱上面，从下面插入 30mm 的螺钉，从上面用双内螺纹隔离柱固定住。再将上面的亚克力板放在双螺纹隔离柱的上面，用螺钉固定住。

最后，用双面胶将长条纸等贴在 LED 能照到的地方，方便看到 7 段 LED 显示器，这样本制作就完成了。

■ 安装

接上电源开关，也可能 LED 的一部分会亮起来。按下按钮就会快速递增数字，但眼睛所看到的只是光在一闪一闪的，不能识别数字。松开按钮后，计数递增就停止了，显示停止那一瞬间所出现的数字。这样 0~9 的数字骰子就做好了。

有了这个骰子，就可以做猜数字等游戏，有各种各样的游戏方法，也可以用作双六游戏的骰子。考虑其他使用方法，又会增加很多乐趣。

高亮度 LED 的光会很刺眼，为了容易看到 7 段显示器，要选择厚一些的纸，并且注意不要近距离长时间地盯着 LED 看。

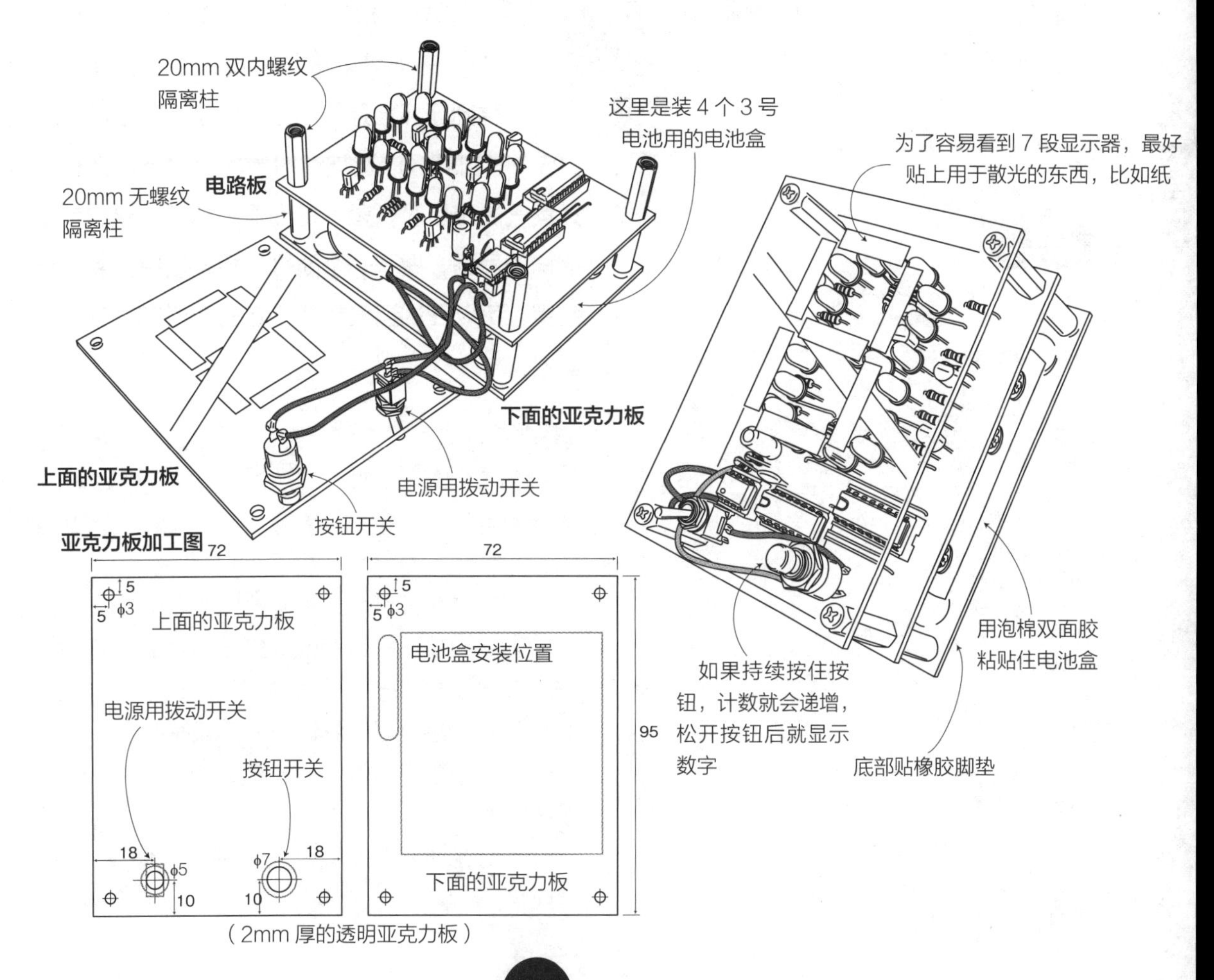

No. 06

随机评星级

五颗星

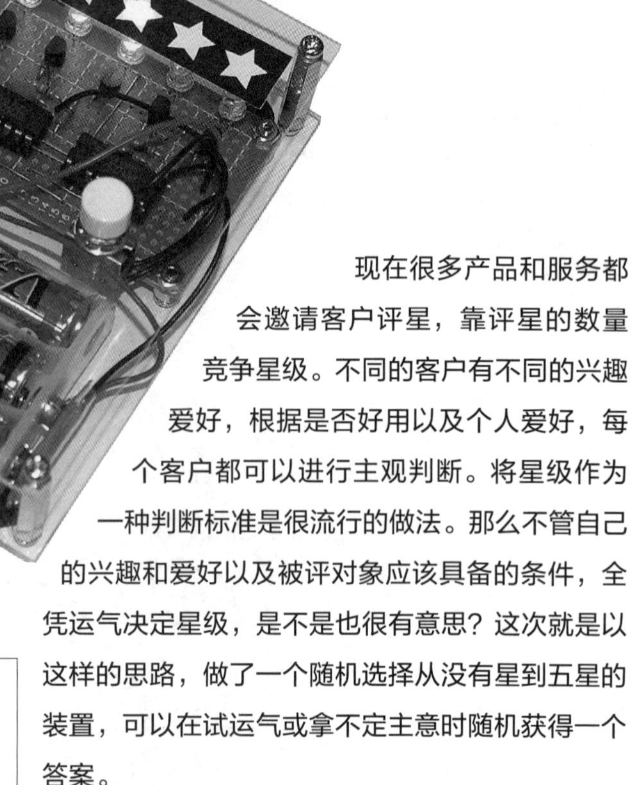

现在很多产品和服务都会邀请客户评星，靠评星的数量竞争星级。不同的客户有不同的兴趣爱好，根据是否好用以及个人爱好，每个客户都可以进行主观判断。将星级作为一种判断标准是很流行的做法。那么不管自己的兴趣和爱好以及被评对象应该具备的条件，全凭运气决定星级，是不是也很有意思？这次就是以这样的思路，做了一个随机选择从没有星到五星的装置，可以在试运气或拿不定主意时随机获得一个答案。

元器件表

IC:7404（74HC04AP 等）……1 个
:74174（74HC174AP 等）……1 个
IC 插座 :14P ……1 个
16P ……1 个
三极管 :2SC1815 ……5 个
电阻器 :100kΩ 1/4W（色带：茶黑黄金）……1 个
:1kΩ 1/4W（色带：茶黑红金）……6 个
:130Ω 1/4（色带：茶橙茶金）……5 组
LED: 高亮度黄色 2V 20mA ……5 个
陶瓷电容器 :0.1μF（104）……1 个
拨动开关（小型）……1 个
按钮开关（双掷型）……1 个
万能板 :15×25 孔 ……1 张
盘头螺钉 :M3×10mm ……4 个
:M3×6mm ……8 个
螺母 :M3 ……4 个
隔离柱 :M3×3mm，无螺纹 ……4 个
:M3×25mm，双内螺纹 ……4 个
电池盒 & 电池扣：3 个 3 号电池用 ……1 组
3 号电池 ……3 个
橡胶脚垫 ……4 个
亚克力板（参照图）、双面胶、绝缘导线、镀锡铜线、焊锡少许

■ 结构

这次制作的构思是将 5 个 LED 排列起来，操作按钮时，从灯全部熄灭到 5 个灯亮起，全都是随机的。

为了做到亮灯位置不分散，考虑从左边开始集中亮起。有按下按钮和松开按钮两种状态，在按下按钮期间，LED 从左边开始顺序亮起，随后全部熄灭，再顺序亮起，像这样进行高速循环。在将松开按钮时，循环停止，这时碰巧亮着的 LED 就还亮着。

在任意时间段按下和松开按钮，随机确定亮着的 LED 数量。

■ 电路

7404是将6个NOT电路封装起来而构成的IC，其中的3个NOT电路与电阻器和电容组合，形成振荡电路，在这个电路中，将振荡信号作为时钟信号使用。

74174是将6个D-FF封装而成的IC，将输出Q输入下一个D-FF的输入D，作为移位寄存器使用。在这里从3号引脚的输入开始，将输出做成下一个D-FF的输入，这样，到12号引脚一共有5个输出。

各个输出都是由三极管基极接收，将集电极和发射极之间的开关打开，让LED亮起来。

15号引脚的输出，经过7404的多余NOT回路，输入74174的清零端子，将所有D-FF清零，让所有的LED熄灭。这样又从开始处循环。

由7404做的时钟信号，只在按了双掷型按键开关时才输入74174，松开时就不输入了，因此时钟信号停止，这时亮着的LED就这样亮着。

■ 组装

制作电路板用的是15×25孔的万能板。IC插座下面有3个跳线，要先安装上。也可以使用切下来不要的元器件引脚做跳线，在跳线长的地方可以使用镀锡铜线。

安装IC插座和其他跳线，安装电阻器、电容器、三极管。对于电阻器，要对照色带进行确认，LED时要注意正极（A）、负极（K）的方向。

在电路板的焊接面将元器件引脚折弯后布线，元器件引脚够不到的地方，可以使用镀锡铜线。

对于LED，用橡皮等做成台座，将高度调一致后焊接，就会焊得很漂亮。

元器件全部安装完后，将连接按钮开关的长10cm左右的导线焊接在电路板上。至此，电路板就做好了。将IC插入IC插座上。

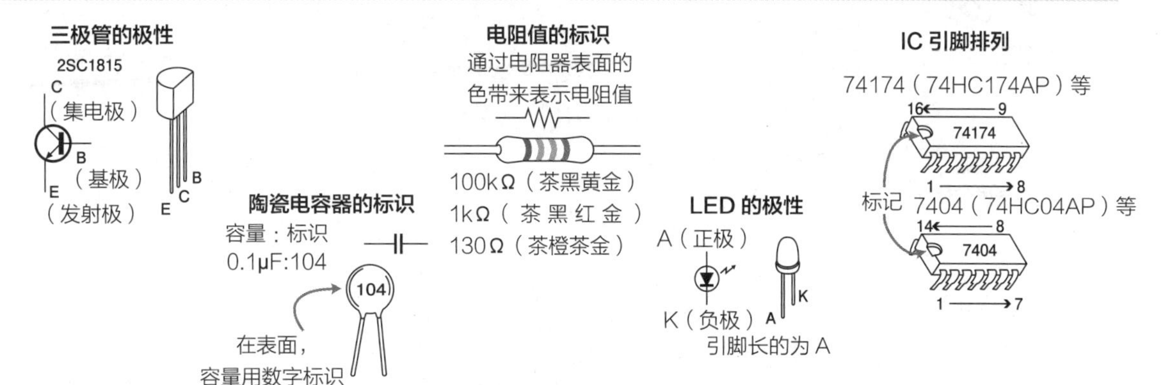

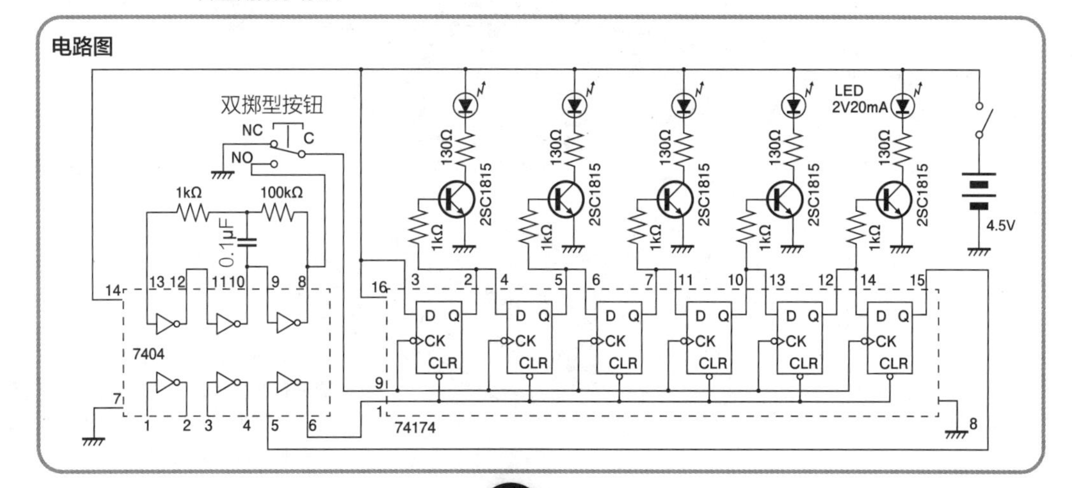

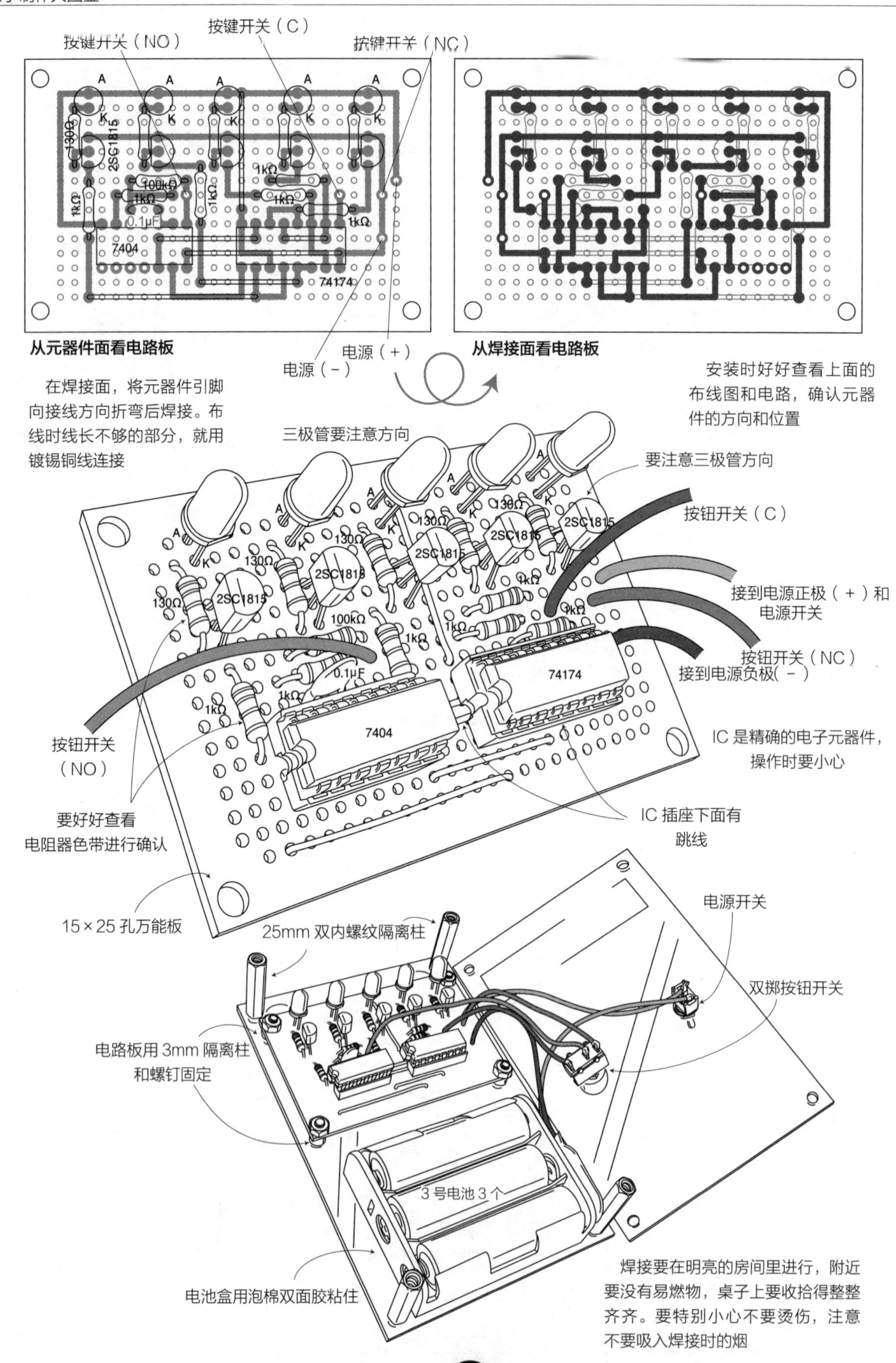
按键开关（NO）
按键开关（C）
按键开关（NC）
A
K
130Ω
2SC1815
1kΩ
100kΩ
0.1μF
7404
74174
从元器件面看电路板
从焊接面看电路板
电源（-）
电源（+）
在焊接面，将元器件引脚向接线方向折弯后焊接。布线时线长不够的部分，就用镀锡铜线连接
安装时好好查看上面的布线图和电路，确认元器件的方向和位置
三极管要注意方向
要注意三极管方向
按钮开关（C）
接到电源正极（+）和电源开关
按钮开关（NC）
接到电源负极(-)
按钮开关（NO）
IC 是精确的电子元器件，操作时要小心
要好好查看电阻器色带进行确认
IC 插座下面有跳线
15×25 孔万能板
25mm 双内螺纹隔离柱
电源开关
双掷按钮开关
电路板用 3mm 隔离柱和螺钉固定
3 号电池 3 个
电池盒用泡棉双面胶粘住
焊接要在明亮的房间里进行，附近要没有易燃物，桌子上要收拾得整整齐齐。要特别小心不要烫伤，注意不要吸入焊接时的烟

■ 组合

壳体用两块亚克力板做成夹心型结构。按照图纸切割亚克力板，并进行钻孔加工。在下面的亚克力板上安装 4 个 25mm 隔离柱，将电池盒用泡棉双面胶贴住。在上面的亚克力板上提前安装上拨动开关和按钮开关，这样便于操作。

临时放上电路板，调整电池扣线的长度，将拨动开关焊接在电路板上。然后，用 3mm 的隔离柱片和螺钉、螺母将电路板固定，将装好的导线焊在按钮开关上。这时，确认 C、NC、NO 的端子没有接错后连接上，很多时候这些名称会表示在按键外面，如果不明白的话，可以用万用表等预先确认一下。

所有的连接做完后，做一次测试，如果没有问题，就用隔离柱和螺钉将上面的亚克力板固定住，装上橡胶脚垫。装上五个星星的标记作为装饰，对于这个星星的造型也可以再加些创意。

■ 安装

接上电源开关后，可能会有一部分 LED 亮起，按下按钮后，LED 就会开始闪烁，松开按钮，闪烁就会停止，从全部熄灭到全部亮起，这期间有几个 LED 是亮着的。

可以把菜品放在前面，然后再随机评价菜品的星级；在犹豫不定的时候，就决定如果出现了 5 个星就去做某件事，还可以多想几种使用方法。

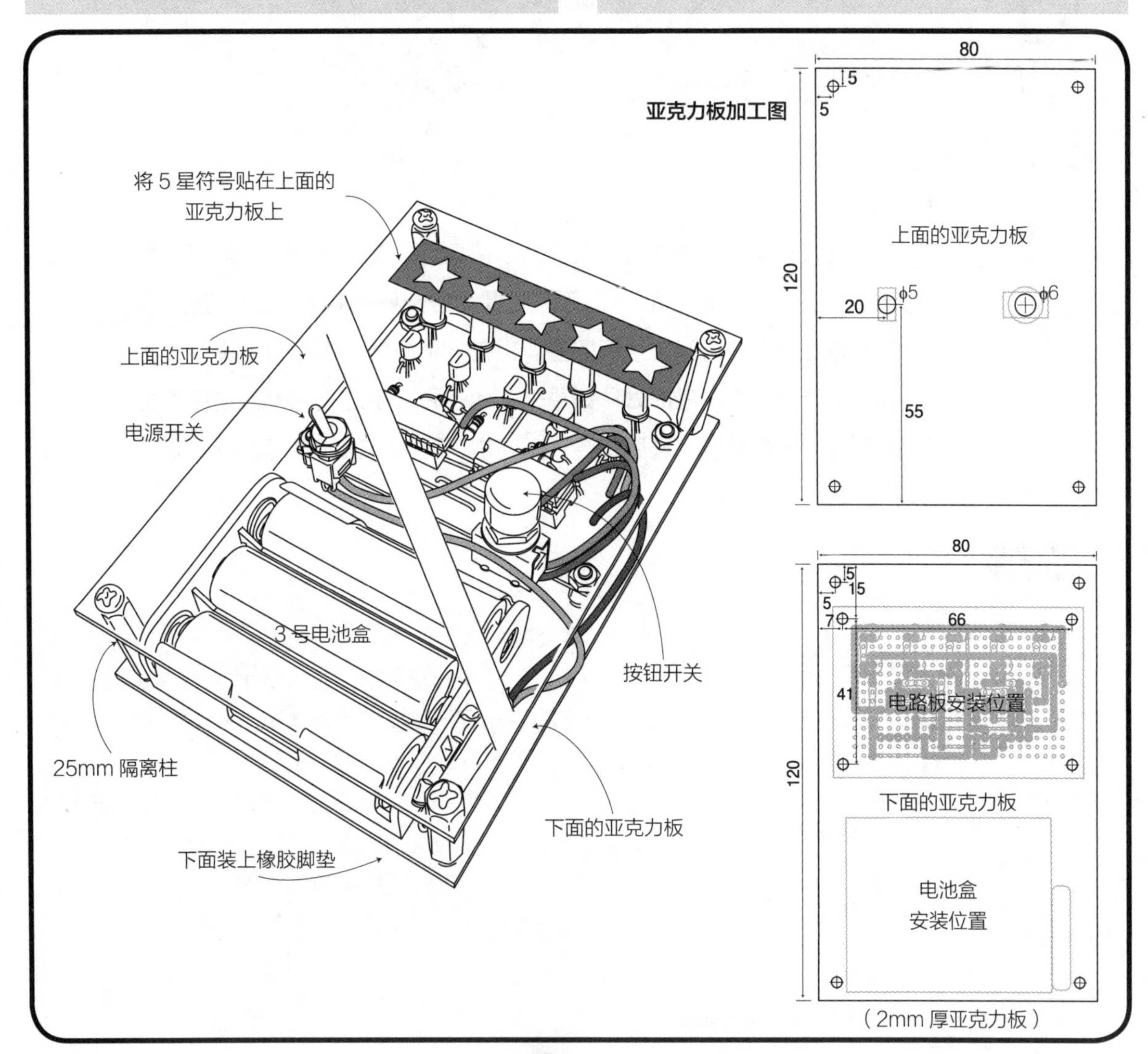

No. 07

使用了继电器的抢答器

按钮式抢答器

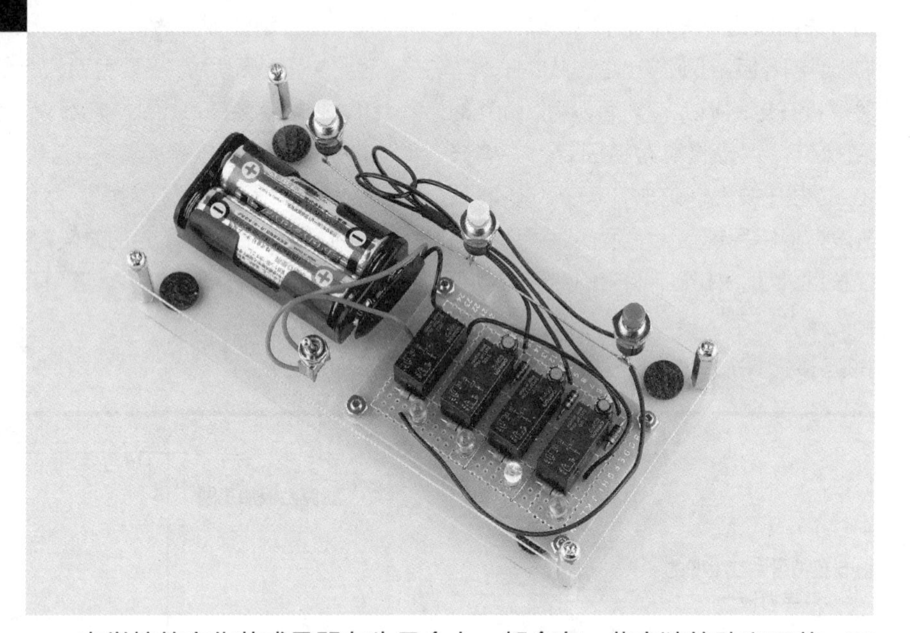

在学校的文化节或是朋友生日会上，都会有一些竞猜的助兴环节，可以出谜语、历史、计算等很多有趣的问题。但规则都是不变的，就是出题，知道答案的人获得回答权后回答。也有一种办法是由回答者举手，出题人指定答题者，但一般的做法都是公平地让先举手的人回答。这种情况下，如果有一个抢答器，场面就会热闹起来。那么，就让我们做一个简单的抢答器吧。

元器件表

继电器 :G5V-2 3VDC ……………… 4 个
二极管 :1N4002 ……………… 3 个
电阻器 : 51Ω 1/4W（色带：绿茶黑金）……………… 4 个
LED : 自己喜欢的颜色 2V 20mA ……………… 4 个
电解电容器：10μF 16V ……………… 3 个
万能板 :25 × 15 孔 ……………… 1 张
拨动开关（小型）……………… 1 个
按钮开关 : 按下 ON 小型 ……………… 3 个
电池盒 & 电池扣：2 个 3 号电池用 ……………… 1 组
3 号电池 ……………… 2 个
隔离柱 :M3 × 3mm 无螺纹 ……………… 4 个
:M3 × 20mm 双内螺纹 ……………… 4 个
盘头螺钉 :M3 × 6mm ……………… 8 个
:M3 × 10mm ……………… 4 个
螺母 :M3 ……………… 4 个
亚克力板（参照图）、镀锡铜线、焊锡、双面胶少许

■ 结构

抢答器的作用就是，每人都有一个按钮开关，在按钮几乎同时被按下的情况下要能提示是谁最先按下了按钮。

可以借助计算机控制和数字电路等方式进行判别，从单纯的结构来说，可以这样做，即某个按钮被按下后，其他按钮再按下也无效。在这里，通过继电器接点的切换实现了这个结构。

■ 电路

本例电路是用 4 个继电器构成的。继电器是用电磁铁来切换接点的开关的，这里用的是双电路的双掷型开关。对按钮开关进行整体控制的继电器用了 1 个，和各个按钮相联动的用了 3 个，回答人设定是 3 人。

下面以 2 人回答的情况为例，说明一下电路的功能。接上电源的时候，如图 1 所示，电流流向电 1、电 2、电 3、电 4，驱动出题人的继电器，流向电 5，使 LED 亮起。

回答人 1 的按钮 B-1 被按下时，就像图 2 所示，从电 6 流向电 7，驱动回答人 1 的继电器。这样电 2 就不流动了，如图 3 所示，通过电 8 流向这个继电器的线圈，因此，即使离开 B-1，也会保持驱动状态，这称为“自我保持”。另外，因为不向电 2 流动，因此按 B-2 按钮也不起作用。而且同时还流向电 9，让 LED-B 亮起，出题人的继电器变得无效，LED-A 熄灭。

回答人 1 要想驱动继电器进行自我保持，就要确实让接点动作起来。但如果这样做的话，在动作做完之前接点上电流就不流动了，会重复这种状况。电解电容器起到的作用就是为这一瞬间进行充放电，使流向线圈的电量增加一些。

继电器内置有双电路开关，其中一个接点作为开关使 LED 亮起。在这里也可以装上电动机和可以发出声音的装置。

图 1

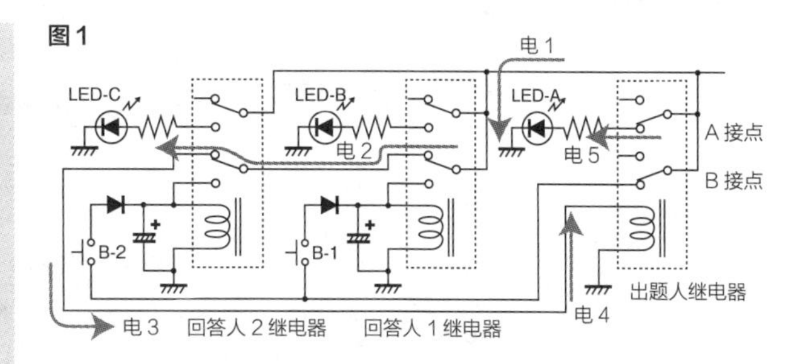

图 2

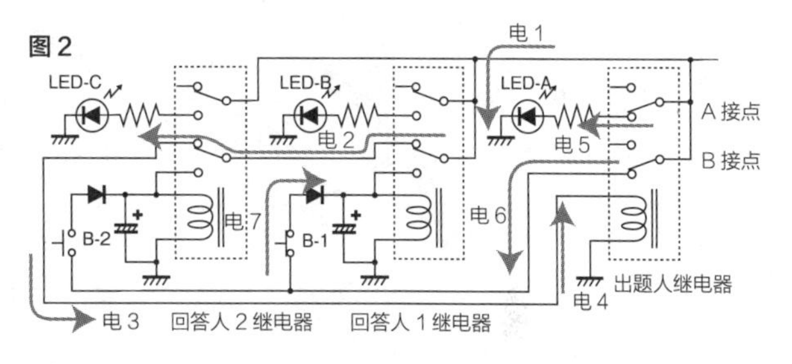

图 3

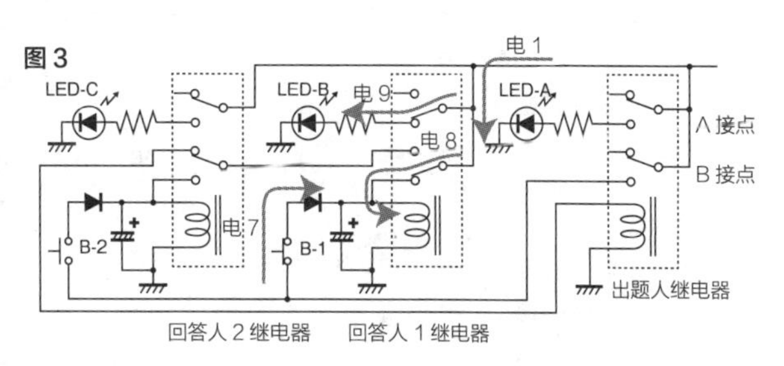

继电器引脚接线

(G5V-2)

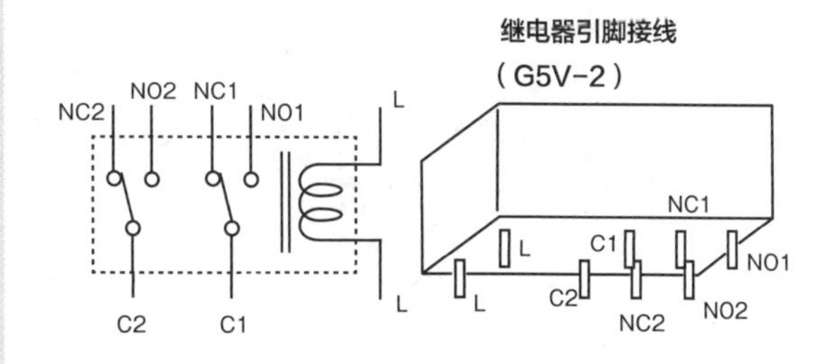

二极管的极性

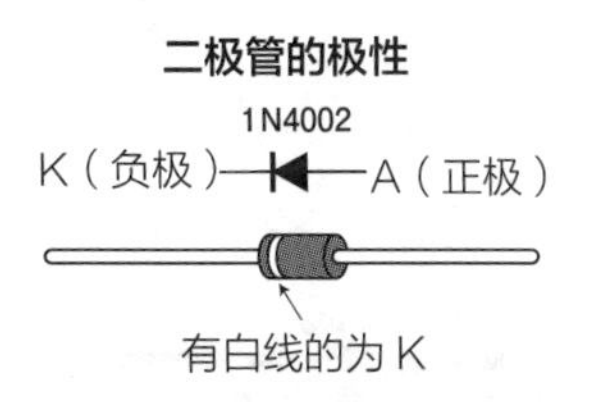

电阻值的标识

通过电阻器表面的色带来表现电阻值

电解电容器的极性

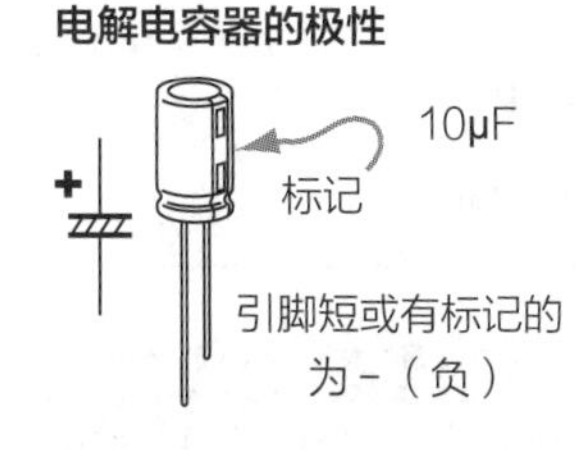

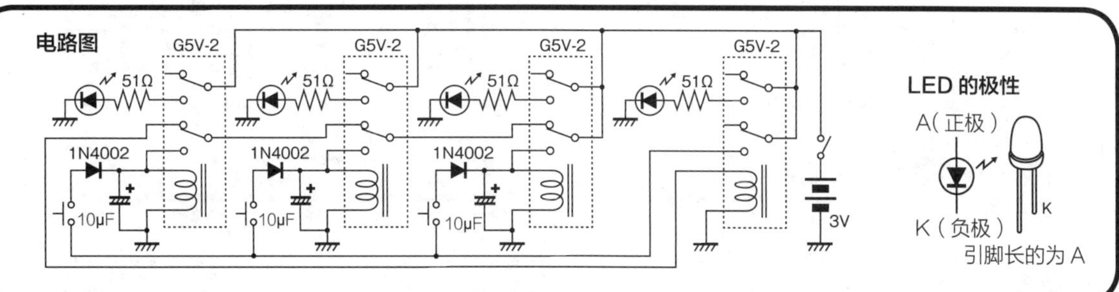

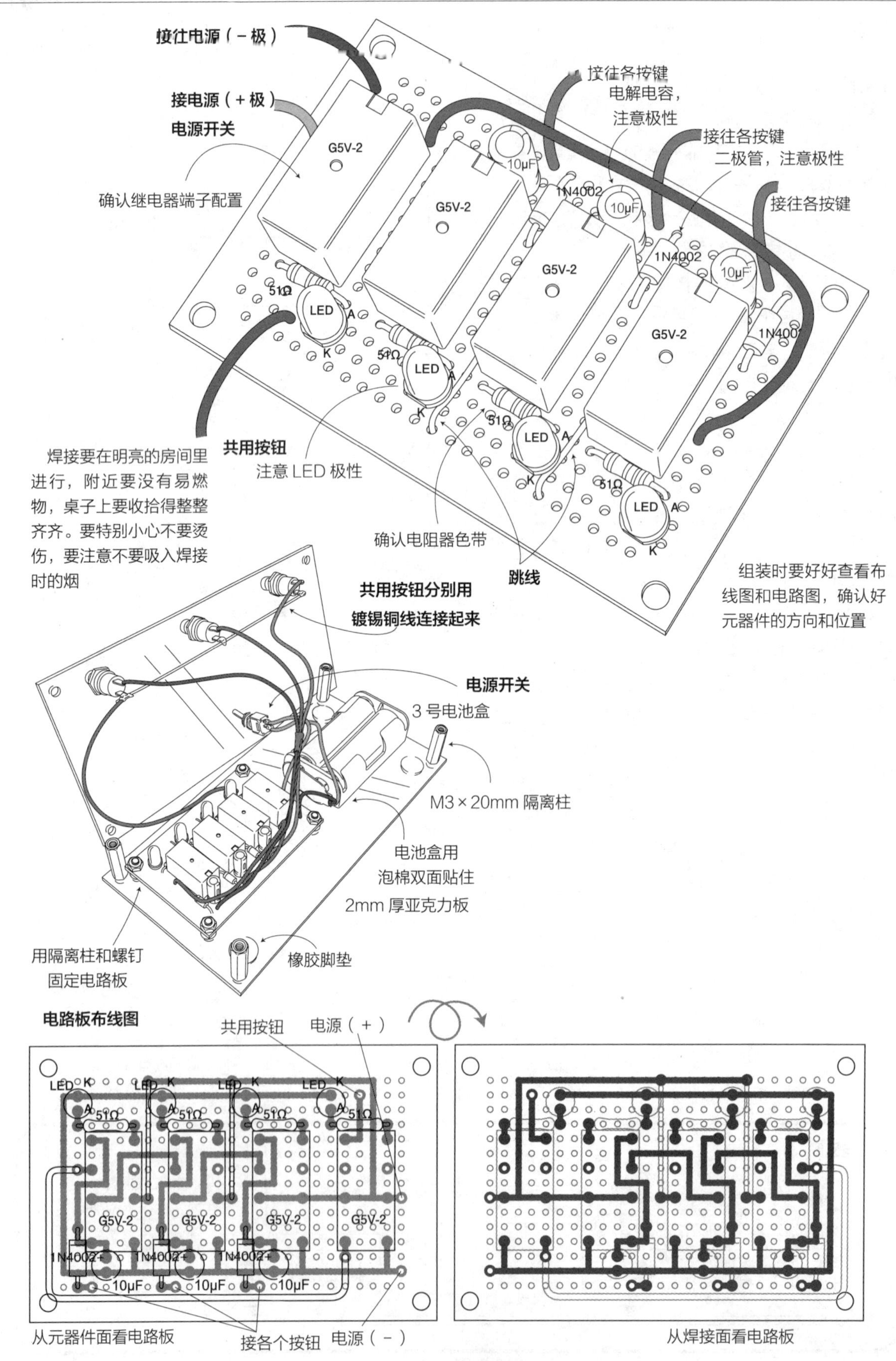

接往电源（－极）
接电源（＋极）
电源开关
确认继电器端子配置
G5V-2
10μF
1N4002
51Ω
LED
A
K
接往各按键
电解电容，注意极性
接往各按键
二极管，注意极性
接往各按键
共用按钮
注意 LED 极性
确认电阻器色带
跳线
焊接要在明亮的房间里进行，附近要没有易燃物，桌子上要收拾得整整齐齐。要特别小心不要烫伤，要注意不要吸入焊接时的烟
组装时要好好查看布线图和电路图，确认好元器件的方向和位置
共用按钮分别用镀锡铜线连接起来
电源开关
3 号电池盒
M3×20mm 隔离柱
电池盒用泡棉双面贴住
2mm 厚亚克力板
用隔离柱和螺钉固定电路板
橡胶脚垫
电路板布线图
共用按钮
电源（＋）
从元器件面看电路板
接各个按钮
电源（－）
从焊接面看电路板

■ 组装

将元器件组装到25×15孔的电路板上。主要元器件只有4个继电器，是很简单的结构，但是，根据继电器产品不同，引脚的位置也会有所不同，在使用有兼容性的产品时需要注意一下。

继电器体积比较大，如果先安装上的话，其他元器件就难以安装了，所以要先从小元器件开始安装。安装跳线、电阻器、二极管，然后安装继电器、电解电容器、LED比较好。

这里LED也安装在了电路板上，在用法和造型上可以再发挥想象。

■ 组合

将电路板和电源安装在亚克力板上，做成了外壳，在亚克力板上安装开关的夹层，可以根据用法考虑出各种方法。将回答人按钮装入各自的盒子内，放在回答人席位，LED灯饰也放在回答人席位，就可以做节目了。只要下点功夫，就可以做出各种各样的抢答器。

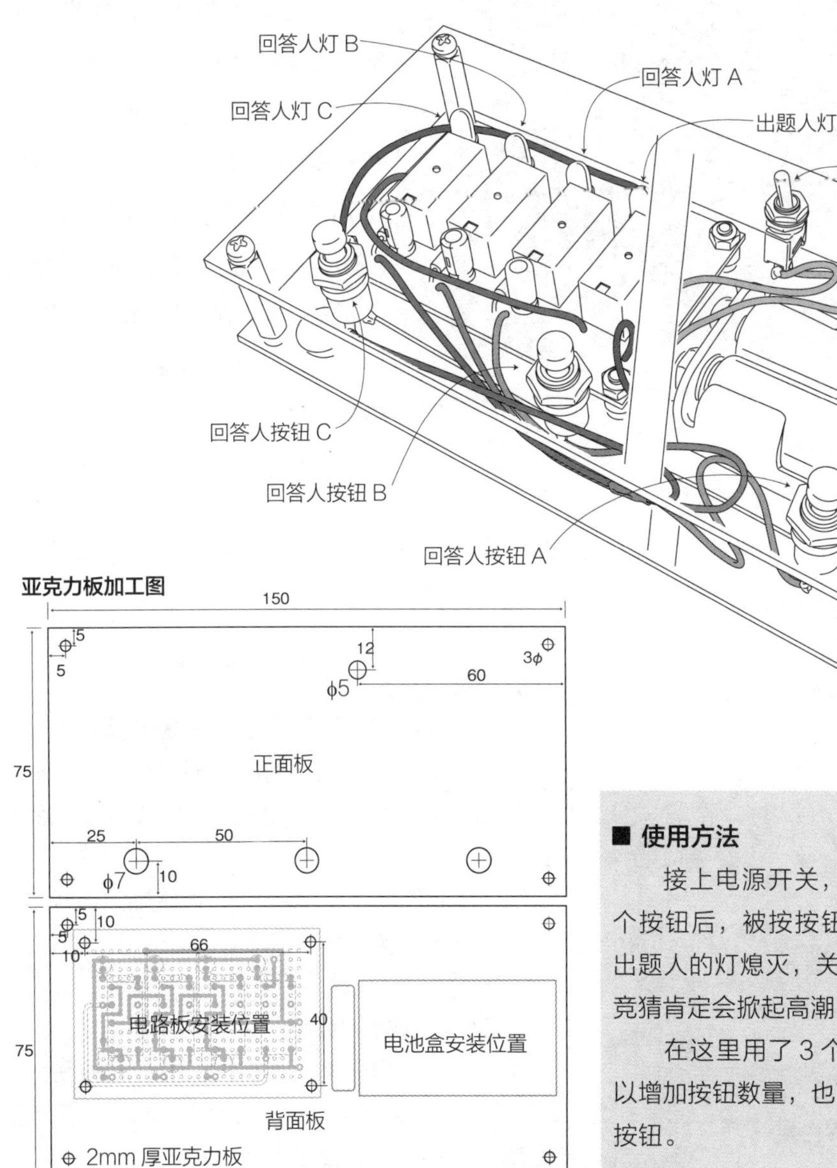

■ 使用方法

接上电源开关，出题人的灯就亮。按了某个按钮后，被按按钮所对应的LED就亮起来，出题人的灯熄灭，关上电源就复位。这样一来，竞猜肯定会掀起高潮。

在这里用了3个按钮，按照同样的结构可以增加按钮数量，也可以按照回答者人数制作出按钮。

No. 08

像风车一样的灯光

旋转灯光

光和影运用自如

被风吹动的风车，带有用日本纸制作的民间工艺品的漂亮色调。对风能加以利用的技术，大家最熟悉的就是风力发电了，在山上和开阔的地面上排列的白色大叶片让人深刻印象。风车的种类和用途也有很多。

风车由风带着旋转，风力强时转得快，风力弱转得慢。我们让LED的光看上去像风车一样旋转，旋转速度和房间的明亮程度相关，亮时旋转得快，暗时旋转得慢，看上去。就像是风车在旋转一样。

元器件表

元器件	数量
IC:555	1个
:74175	1个
IC插座:8P	1个
:16P	1个
光敏晶体管：TPS601A	1个
三极管：2SC1815	4个
电阻器:100kΩ 1/4W（色带：茶黑黄金）	4个
:15kΩ 1/4W（色带：茶绿橙金）	4个
:470Ω 1/4W（色带：黄紫茶金）	2个
:100Ω 1/4W（色带：茶黑茶金）	12个
LED（高亮度）	12个
陶瓷电容器:0.1μF（104）	1个
电解电容器:100μF 16V	1个
:10μF 16V	4个
滑动开关（小型）	1个
万能板:15×25孔	1张
盘头螺钉:M3×25mm	4个
:M3×10mm	8个
螺母:M3	4个
隔离柱:M3×3mm 无螺纹	4个
:M3×15mm 无螺纹	4个
:M3×35mm 双内螺纹	4个
电池盒&电池扣：3个3号电池用	1组
3号电池	3个

亚克力板（参照图）、泡棉双面胶、绝缘导线、镀锡铜线、焊锡少许

■ 电路说明

使用光传感器，通过光的强度使电量发生变化。在光强的时候，流过的电量多，在光弱的时候，流过的电量少。LED旋转速度由于这个变化而发生改变。

制作旋转的叶片时，采用将LED呈圆环状排列，顺序发光的单纯结构，在这里用到了IC。但是，这样发出的光只能简单地闪烁，看上去比较乏味。为此，在结构里增加了在LED亮起和熄灭时营造朦胧感的部分。另外，如果直接看到的就是LED，就没有风车的感觉了，为此在前面贴上了那样旋转的画，这样看上去就很像风车了。

■ 电路

为了能够显示有 3 个叶片的风车的效果，在电路中将 3 个 LED 分成 1 组，4 个电路顺序发光，并且让其中每 2 个电路为一组发光，突出叶片的效果。

这个电路使用了将 4 个 D-FF 电路打包的 IC74175，在将它们像电路图一样封装起来时，把第二段的输出 Q 输入第一段，这样就会两个两个地顺序发光。在输出部分使用三极管、电容器、电阻器，组成慢慢亮起再慢慢熄灭的电路。

顺序送出 74175 的输出所需要的时钟信号，这里使用的是定时器 IC555。时钟信号速度可以通过 7 号引脚和电源（+）之间的电阻值调节，为此，在这里接上光敏晶体管 TPS601A 作为光传感器，调整流过的电量。在明亮的时候，555 的时钟信号很快，LED 旋转变快，暗的时候就会变慢。

■ 组装

选用 15×25 孔的万能板。在两个 IC 插座下面有两根跳线，要最先装上。接着再装小一点的元器件，较大的元器件后面再安装。按照这个顺序安装，操作会更容易。在元器件数量比较多的时候，就先安装 IC 插座，以此为参照再安装周边的元器件，这样孔的位置不容易弄错。

在安装时注意不要将电阻器、电容器、三极管等元器件的位置和方向弄错，以适当长度将连接 LED 部分的导线焊接上。将 IC 插在 IC 插座上，这样电路板部分就做好了。

电阻值的标识

通过电阻器表面的色带来表示电阻值

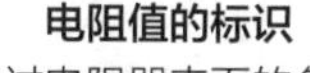

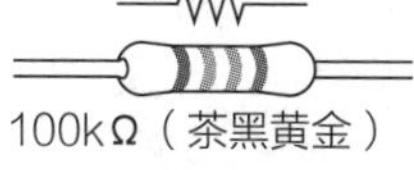

100kΩ（茶黑黄金）
15kΩ（茶绿橙金）
470Ω（黄紫茶金）
100Ω（茶黑茶金）

IC 引脚排列

74175（SN74175N 等）

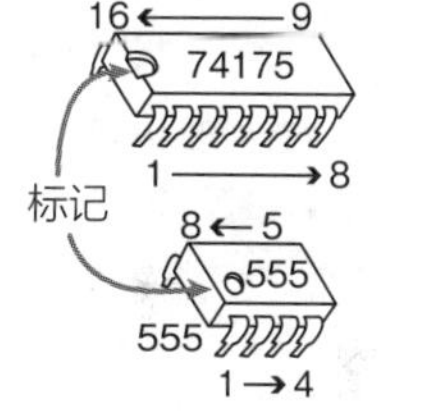

三极管的极性

2SC1815
C（集电极）
B（基极）
E（发射极）
E C B

陶瓷电容器的标识

容量：标识
0.1μF：104
104
在表面，容量用数字标识

电解电容器的极性

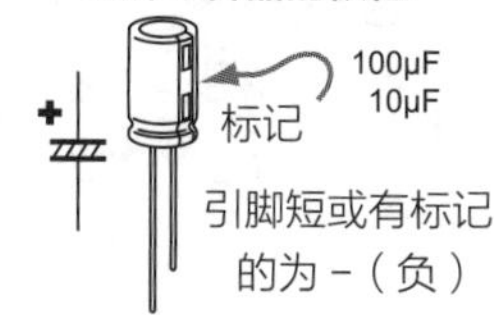

LED 的极性

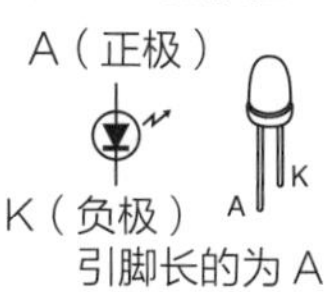

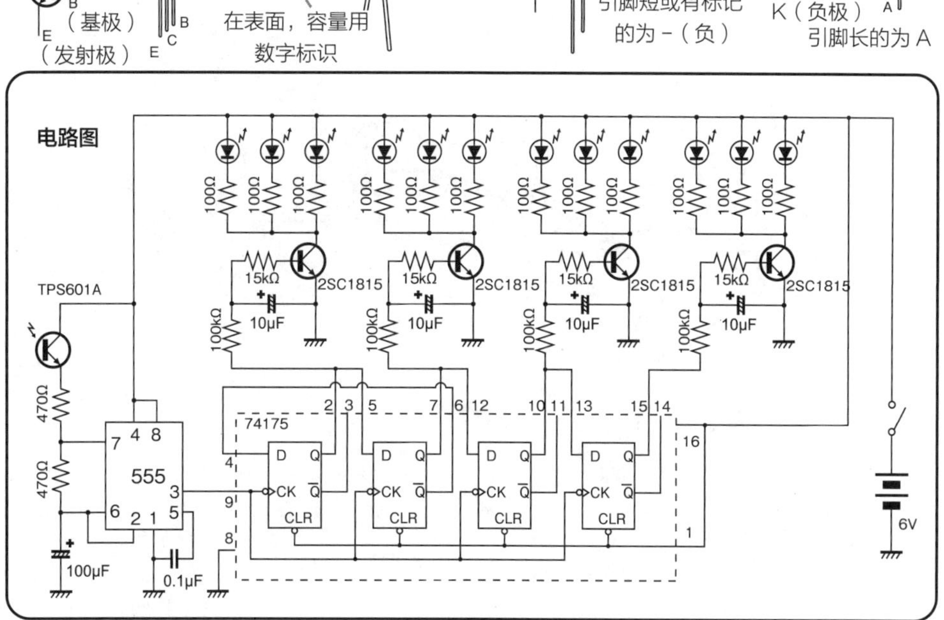

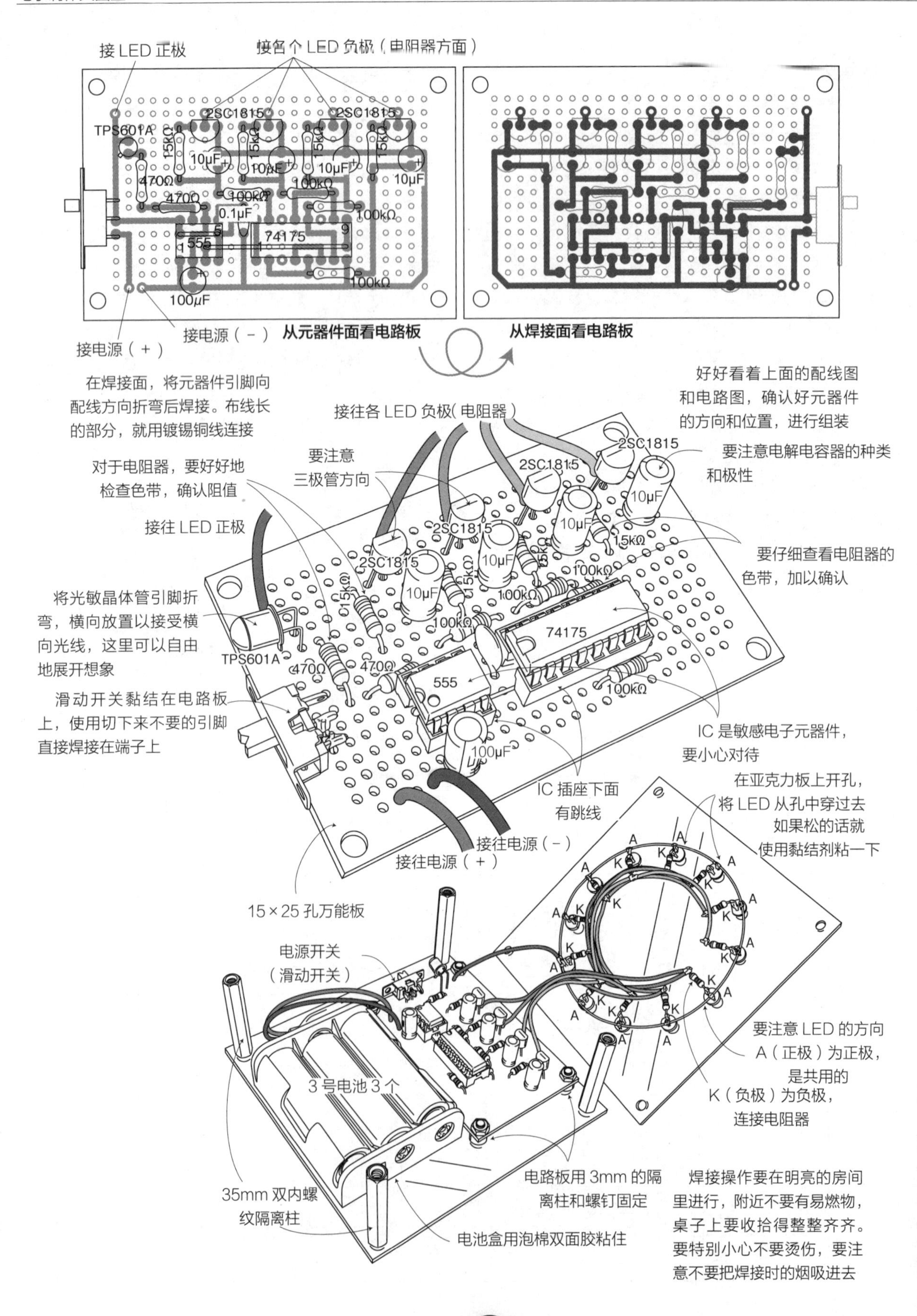

焊接操作要在明亮的房间里进行，附近不要有易燃物，桌子上要收拾得整整齐齐。要特别小心不要烫伤，要注意不要把焊接时的烟吸进去

■ 组合

外壳用两张亚克力板做成了夹心型。用双面胶将电池盒贴在背面的亚克力板上。把电路板临时放在亚克力板上。调整电池扣线的长度，焊在电路板上，用 3mm 隔离柱和螺钉、螺母把电路板固定住。

将前面亚克力板上用于安装 LED 的孔开成圆环形，插入 LED。将所有 LED 共用连接的正极端引脚朝向外侧，将镀锡铜线弯成圆形，在距 LED5mm 左右的地方进行焊接。将 100Ω 的电阻器朝向内侧，焊接在 LED 内侧引脚（负极）上。将电阻器引脚折弯比较容易焊接。将该电阻器内侧引脚剪去 5mm 左右，并将每三个引脚用绝缘细导线接起来。将接在后面亚克力板上的导线焊接到 LED 上，将共用正极端和接在各个电阻器上的端子连接起来，注意不要把发光顺序弄错。最后制作显示面，将绘有风车叶片的纸贴在 PS 板上，将 LED 的光照在这里。在后面的亚克力板上安装 35mm 双内螺纹隔离柱，用 15mm 隔离柱和 25mm 螺钉将前面的亚克力板和显示面的 PS 板固定住，组装就完成了。

■ 使用方法

接上电源开关，一部分 LED 亮起，根据周围的明亮程度，LED 的光也有可能是旋转的。本制作的结构是让 6 个 LED 同时亮起，然后按顺序两个两个地亮起，这样光就是闪烁的。在接上开关时，也有可能有超过 6 个的 LED 亮起。由于 IC 的初期状态不同，这个结果也会有所不同。过一会将和周围的明亮度相吻合，共有 6 个 LED 灯闪烁。

试一试将光敏晶体管朝向光亮处，或将其用手盖住试一试。这时 LED 的闪烁会加快或变慢。考虑各种各样的使用方法也是很有意思的。

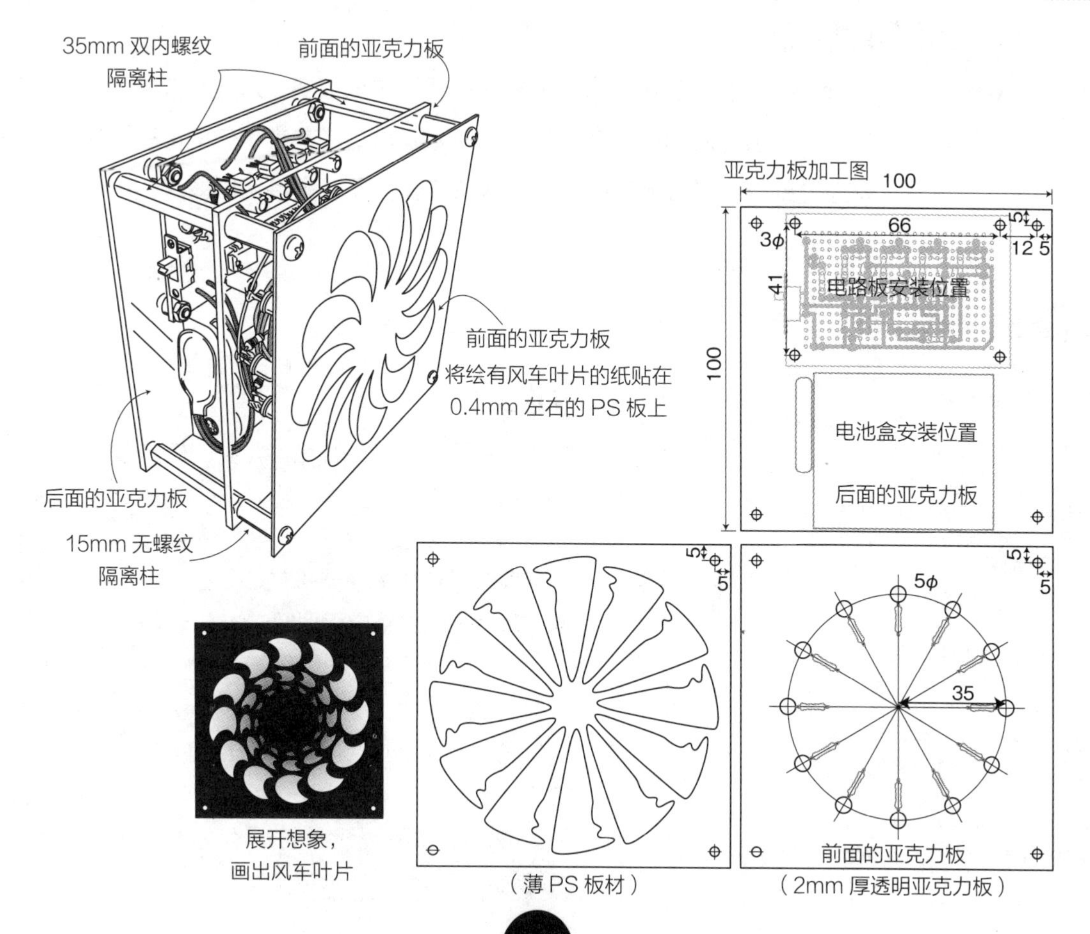

No. 09

制作并享受声音

身体成为乐器

不可思议的乐器

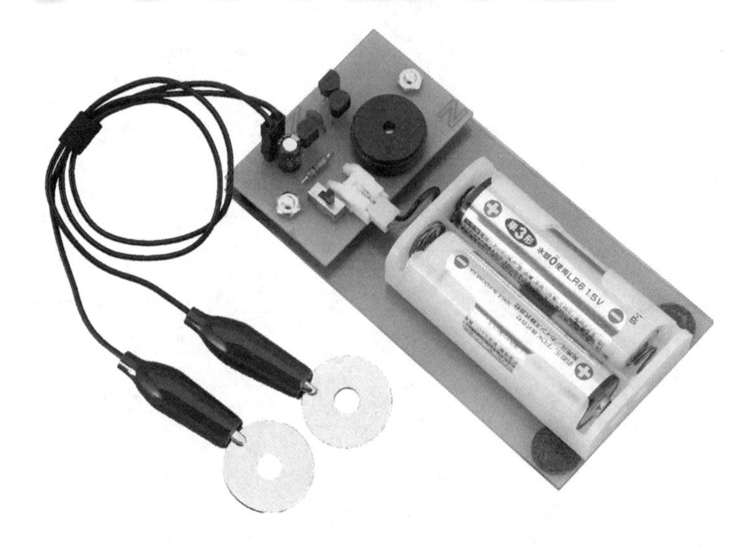

人在快乐、悲伤的时候都会不知不觉地哼唱音乐。这是人类从古代延续下来的一种行为。在祈祷、祝贺、表现喜怒哀乐等时，人们还会加上肢体动作，将身体行为和音乐要素结合起来。

现代社会有很多种乐器，音乐表现的形式和方法很多。通过数字技术，很多有意思的乐器不断被开发出来。在这里，我们做一种结构非常简单的电子乐器。这种乐器不是通过敲打、弹拨琴弦或操作键盘来演奏，而是直接用身体演奏。

元器件表

三极管 :2SC2120 ………… 2 个
　　　 :2SA950 ………… 1 个
电阻器 :100Ω 1/4W（色带：茶黑茶金）………… 1 个
陶瓷电容器 :0.01μF（103）………… 1 个
电解电容器 :100μF 16V ………… 1 个
压电蜂鸣器 : 印刷电路板安装用小型 ϕ17mm ………… 1 个
拨动开关 : 印刷电路板安装用小型 ………… 1 个
排针 & 连接器 :2P ………… 1 组
电源用端子 & 插座（小型）………… 1 组
鳄鱼夹 ………… 2 个
印刷电路板（参照图）………… 1 张
盘头螺钉 :M3 × 10mm ………… 2 个
螺母 :M3 ………… 2 个
隔离柱 :M3 × 3mm 无螺纹 ………… 2 个
电池盒 : 带引线 2 个 3 号电池用 ………… 1 个
3 号电池 ………… 2 个
橡胶脚垫 ………… 4 个
亚克力板（参照图）、泡棉双面胶、绝缘导线、焊锡少许

■ 结构

人耳要想能听到声音，需要空气的振动。空气振动会让耳朵中的鼓膜振动，形成声音传到大脑。将电气信号转变成空气振动的器件称为发音元器件。现在所使用的家电设施等，在很多情况下，使用的是通过电磁感应原理制作的电动式扬声器。

这里所使用的是小型压电蜂鸣器，这类蜂鸣器在腕表、闹钟等中也会用到。可以通过将交流电气信号流到压电蜂鸣器而发出声音。人耳可以将 16 ~ 20 000Hz 的空气振动作为声音加以识别。也就是说可以将电气信号作为这个频率的交流电流动。

■ 电路

要做出用交流电信号控制的振荡电路，使用的是 NPN 型和 PNP 型三极管组合而成的驰张振荡电路，就是下面的电路图中虚线包围的部分，该电路通过 0.01μF 的电容重复充电和放电而振荡。将电阻器接在电极部分，流向电容的电量就发生变化，振荡频率也就随之发生改变。也就是说通过改变电阻值，声音的高低就发生变化。再在 NPN 型三极管 2SC2120 的基极接收该信号，使电流流向压电蜂鸣器。

在电极上连接上变化范围为几兆欧至几百千欧的电阻器，声音会发生很大的变化。在这里接上 1MΩ 左右的可变电阻，旋转按钮，就可以确认声音的变化。本制作中将人的身体作为可变电阻器。可以认为人的身体是有电阻值的电阻器，因此，两手各握住电极一边，人体就可以被当作电阻器了。这时的握法、皮肤的干湿状态都会产生影响，因此，通过增加或减缓力度，音程就会发生变化，就形成了一款不可思议的乐器。

■ 组装

做出印刷电路板，将元器件组装在上面。也可以使用万能板，进行同样的布线。

做出如图所示的光掩模，使用感光电路板进行蚀刻，就可以简单地做出印刷电路板。蚀刻时要认真阅读刻蚀剂说明书。钻完孔以后，印刷电路板就做好了。

从小元器件开始组装比较容易操作，按照电阻器、陶瓷电容器、三极管、电解电容器的顺序组装比较好。使用带 17mm 端子的压电蜂鸣器，放在印刷电路板上进行焊接。如果是带引线的压电蜂鸣器，就将引线焊接在印刷电路板上。

安装在印刷电路板上的端子用于连接电源和电极，但也可以不用端子直接焊接。在使用端子的情况下，电极确定的电源，插入方向是固定的，可以选用不能插反的端子和插座。

对于手持电极，使用鳄鱼夹，用适当长度的导线将鳄鱼夹连接在连接器的五金件上。

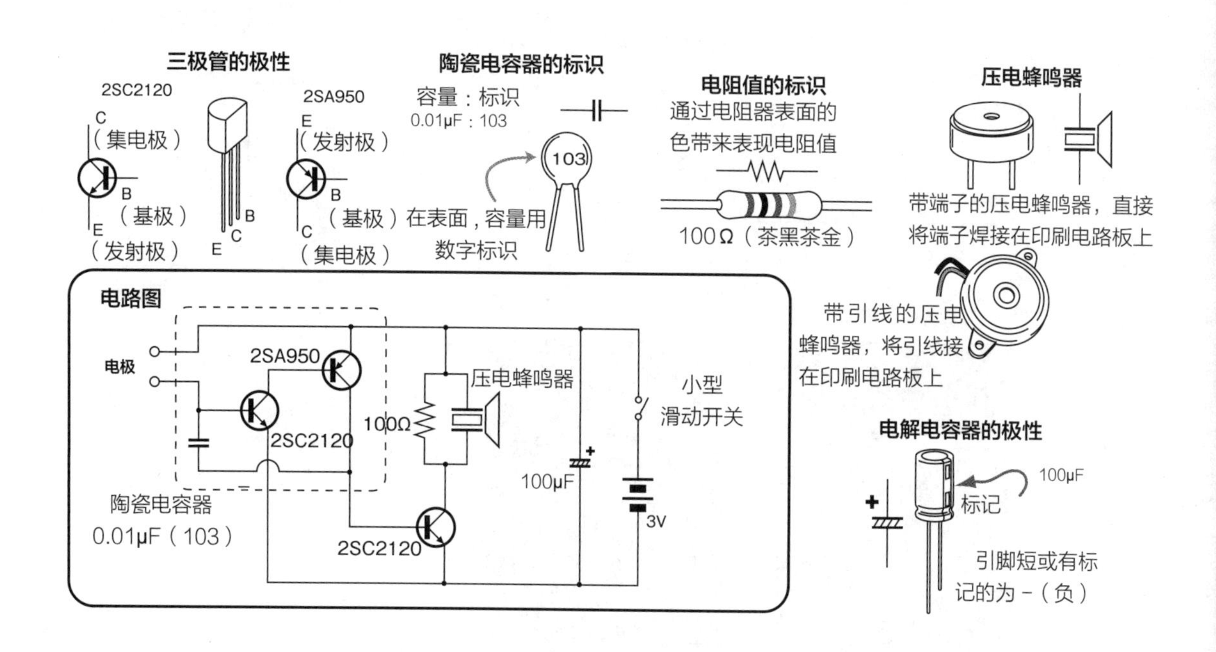

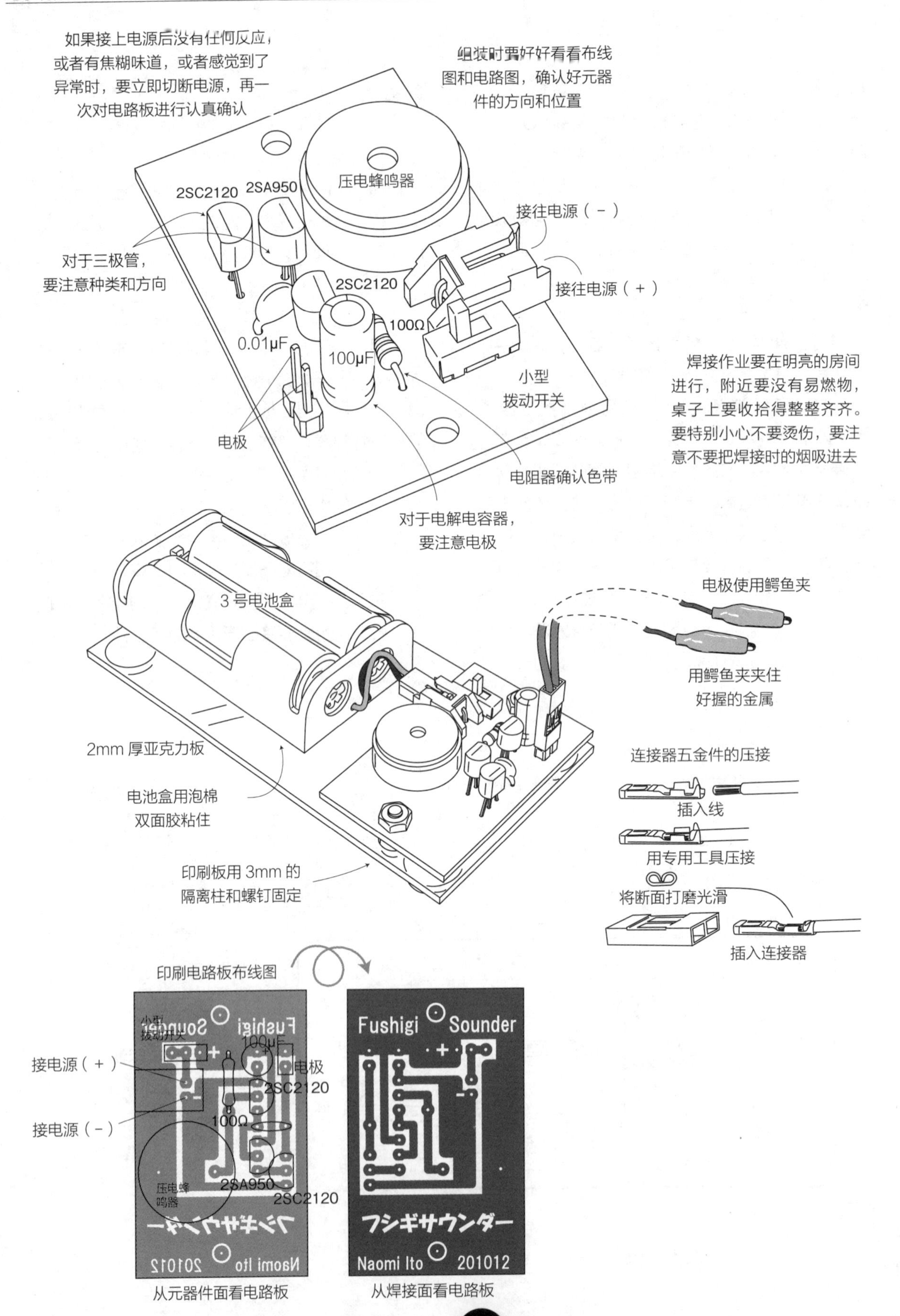

如果接上电源后没有任何反应，或者有焦糊味道，或者感觉到了异常时，要立即切断电源，再一次对电路板进行认真确认
组装时要好好看看布线图和电路图，确认好元器件的方向和位置
压电蜂鸣器
2SC2120
2SA950
接往电源（－）
对于三极管，要注意种类和方向
2SC2120
接往电源（＋）
100Ω
0.01μF
100μF
小型
拨动开关
焊接作业要在明亮的房间进行，附近要没有易燃物，桌子上要收拾得整整齐齐。要特别小心不要烫伤，要注意不要把焊接时的烟吸进去
电极
电阻器确认色带
对于电解电容器，要注意电极
电极使用鳄鱼夹
3 号电池盒
用鳄鱼夹夹住好握的金属
2mm 厚亚克力板
连接器五金件的压接
电池盒用泡棉双面胶粘住
插入线
用专用工具压接
印刷板用 3mm 的隔离柱和螺钉固定
将断面打磨光滑
插入连接器
印刷电路板布线图
小型拨动开关
100μF
电极
接电源（＋）
2SC2120
接电源（－）
100Ω
压电蜂鸣器
2SA950
2SC2120
Fushigi
Sounder
フシギサウンダー
Naomi Ito
201012
从元器件面看电路板
从焊接面看电路板

■ 组合

本制作将一张亚克力板作为底板，将电源和印刷电路板简单地固定在亚克力板上。电极可以用排母代替，因此，可以多准备几种外壳方案，根据使用方法不同，在外壳方面多想办法。

亚克力板按图切割和钻孔。使用 3mm 的隔离柱，将印刷电路板用 M3×10mm 盘头螺钉和螺母固定住。电池盒用泡棉双面胶贴在亚克力板上。

■ 使用方法

使用电极鳄鱼夹夹住像线圈等容易握住的金属，用双手拿着。接上电源后，人体就成了电阻器，压电蜂鸣器将发出声音。根据握力大小，音程会发生变化，可以演奏一下音乐听一听。

除此之外，还可以用铅笔在纸上画线，将这些线作为电阻器使用，也可以使用像 CdS 这样由于光的不同造成电阻值变化的电子元器件，通过光的强弱改变音程，还可以用上可变电阻器等。水也可以导电，因此稍加改装，也可以作为测量水位的工具。

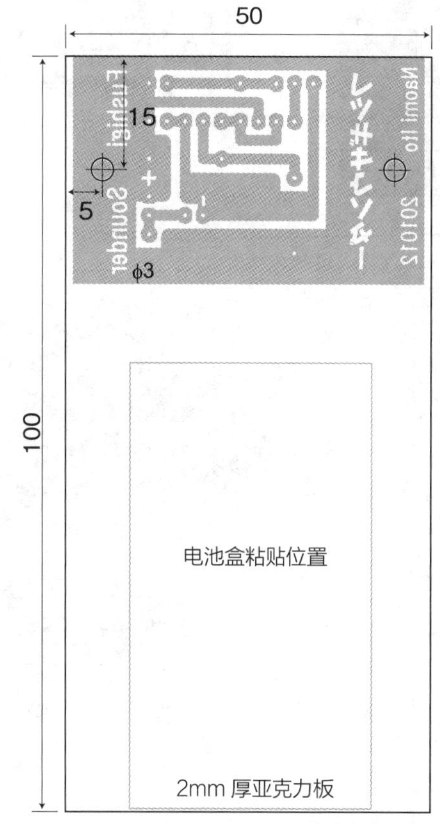

亚克力板加工图

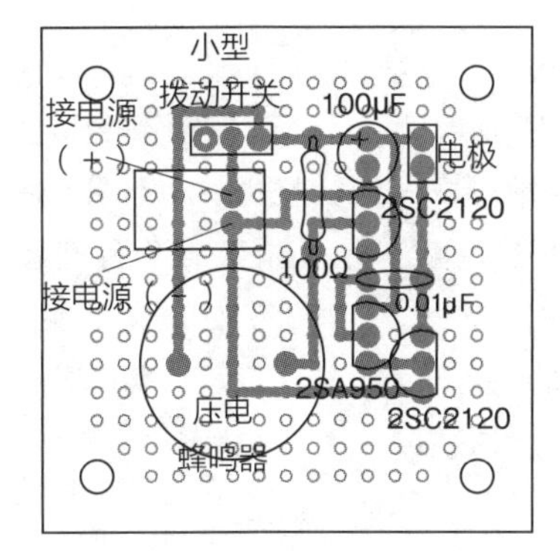

使用 15×15 孔万能板时的电路板布线图（元器件安装面）

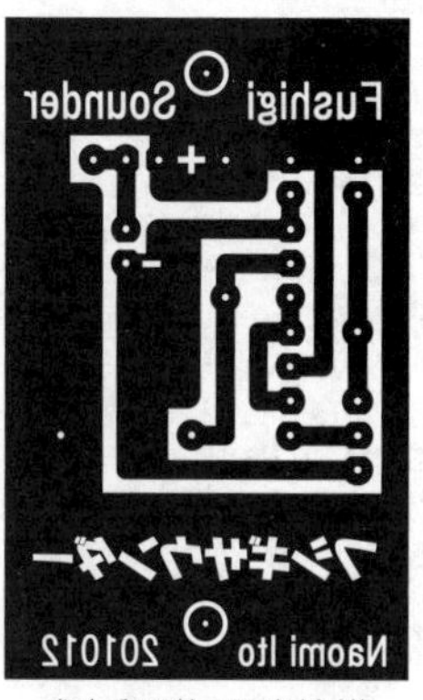

感光印刷板用光掩模

No. 10

可以演奏出快乐的提示音

四音阶声音

制作并享受声音

当设备出现异常时，或者通知用户到了预先设定好的时间和状态时，会有很多种提示音。有代表性的就是闹钟。现在微波炉、电饭煲、洗衣机等很多家电产品中都有这个功能。提示音有像“哔”这样的单一声音，也有更复杂的数字音乐提示音等。在这里，通过简单电路的组合，可以制作出独具一格声音的装置。

元器件表

IC:555 ……………………………………… 1个
:74175（TC74HC175AP）……………… 1个
IC 插座 :8 引脚 ……………………………… 1个
:16 引脚 ………………………………… 1个
三极管 :2SC2120 ………………………… 4个
:2SA950 …………………………… 4个
电解电容器 :100μF 16V ……………… 1个
:10μF 16V ………………… 1个
:1μF 16V …………………… 1个
陶瓷电容器 :0.1μF（104）……………… 3个
二极管 :IS2076A ………………………… 7个
电阻器 :15kΩ 1/4W（色带 : 茶绿橙金）……… 1个
:6.8kΩ 1/4W（色带 : 蓝灰红金）……… 1个
:124kΩ 1/4（色带 : 红黄红金）………… 1个
:1kΩ 1/4W（色带 : 茶黑红金）………… 9个
半固定电阻器 :50kΩ ……………………… 5个
扬声器 :8Ω 0.5W 小型 ………………… 1个
开关按钮（小型）………………………… 1个
万能板 : 切割成 15×30 孔 ……………… 1张
电池盒 & 电池扣：4个3号电池用 ……… 1组
3号电池 …………………………………… 4个
盘头螺钉 :M3×10mm …………………… 2个
:M3×8mm ……………………… 8个
螺母 :M3 …………………………………… 2个
隔离柱 :M3×3mm ……………………… 2个
:M3×20mm 双内螺纹 …………… 4个
橡胶脚垫（小型）………………………… 4个
亚克力板（参照图）、焊锡、镀锡铜线、导线、双面胶 少许

■ **结构**

要想发出“哔－”这样的声音，通过简单的振荡电路就可以做到。改变振荡电路频率，音程也会改变。但是，这样只能有一个音响起。比如像“哔－”和“啵－”的声音，如果让两种音阶不同的声音交替响起，就能发出“哔－啵－哔－啵－”这样的声音。这次增加了2种声音，顺序发出了4个音阶。

将发出声音的振荡电路和将4个电路顺序转换的电路进行了组合，各个音阶可以调整，顺序转换的速度也可以改变，这样就可以做出各种组合提示音。

■ 电路

实现发出声音的是非稳态多谐振荡器电路，利用电容器的充放电，通过三极管转换，产生交流电，就是连接在电路图右侧的部分。为了能根据中央的两个电阻大小改变振荡频率，将半固定电阻器接到 1kΩ、6.8 kΩ 的电阻器上，改变音程。

将 4 个半固定电阻器串联连接的目的是让电顺序流过这些半固定电阻器。打开和关闭这些半固定电阻器用的是三极管 2SA950，打开和关闭顺序由 IC74175 决定。这个 IC 有 4 个 D-FF 电路，如果按图所示连接，就会按照 2、7、10、15 的顺序输出。但是，这样下去，输出就会按顺序增加，因此，将 3、6、11 号引脚的相反输出用二极管输入 4 号引脚，使 4 个引脚端中只有 1 个可以输出。

接到 1 号引脚的三极管电路是连接电源时的简易复位电路。

为了产生依次传送的计时信号，使用的是定时器 IC555。接在 6、7、8 号引脚的电阻值和电容容量决定速度，这里也可以通过半固定电阻器进行调节。

■ 组装

切割 25×30 孔的万能板，做成 15×30 孔的电路板，将元器件安装到这上面。

首先，因为 IC 插座下面有跳线，要最先安装。使用镀锡铜线进行焊接，要注意不要将孔的位置搞错。然后从体积小的二极管和电阻器等开始组装，这样会比较容易操作，但如果元器件数量太多，从端部开始组装则更不容易出错。特别是固定了 IC 插座以后，以此为基准，按顺序组装周边元器件，就不容易出现错误。

注意连接位置和元器件的方向，将电阻器、二极管、电容器、三极管、半固定电阻器等进行焊接后组装。

最后，将 IC 插入 IC 管座。IC 是非常敏感的元器件，插入时要小心并且注意方向。元器件装完后，要将扬声器和电源临时接触，确认一下。

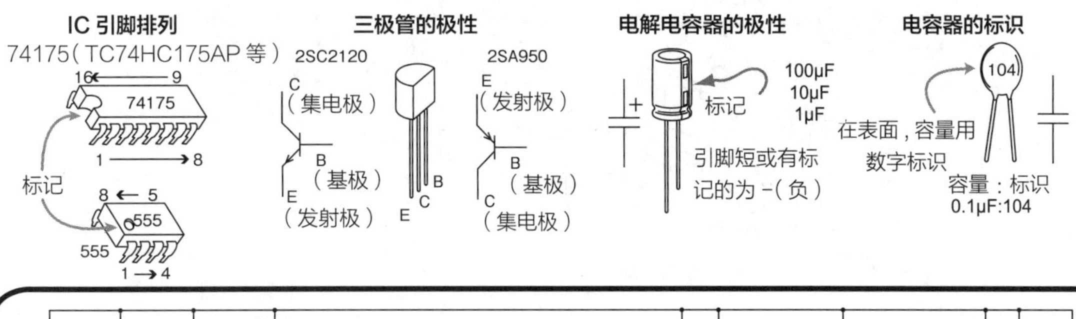

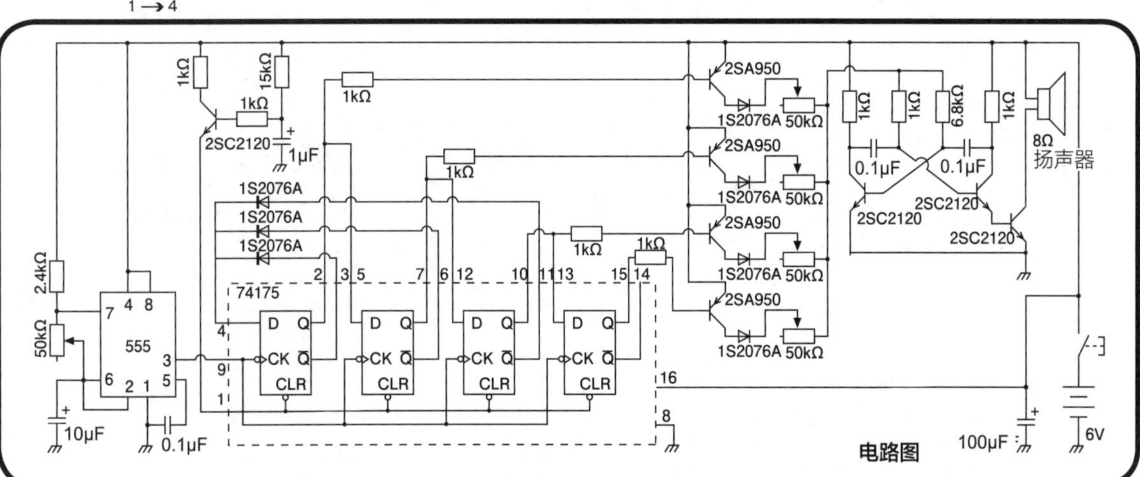

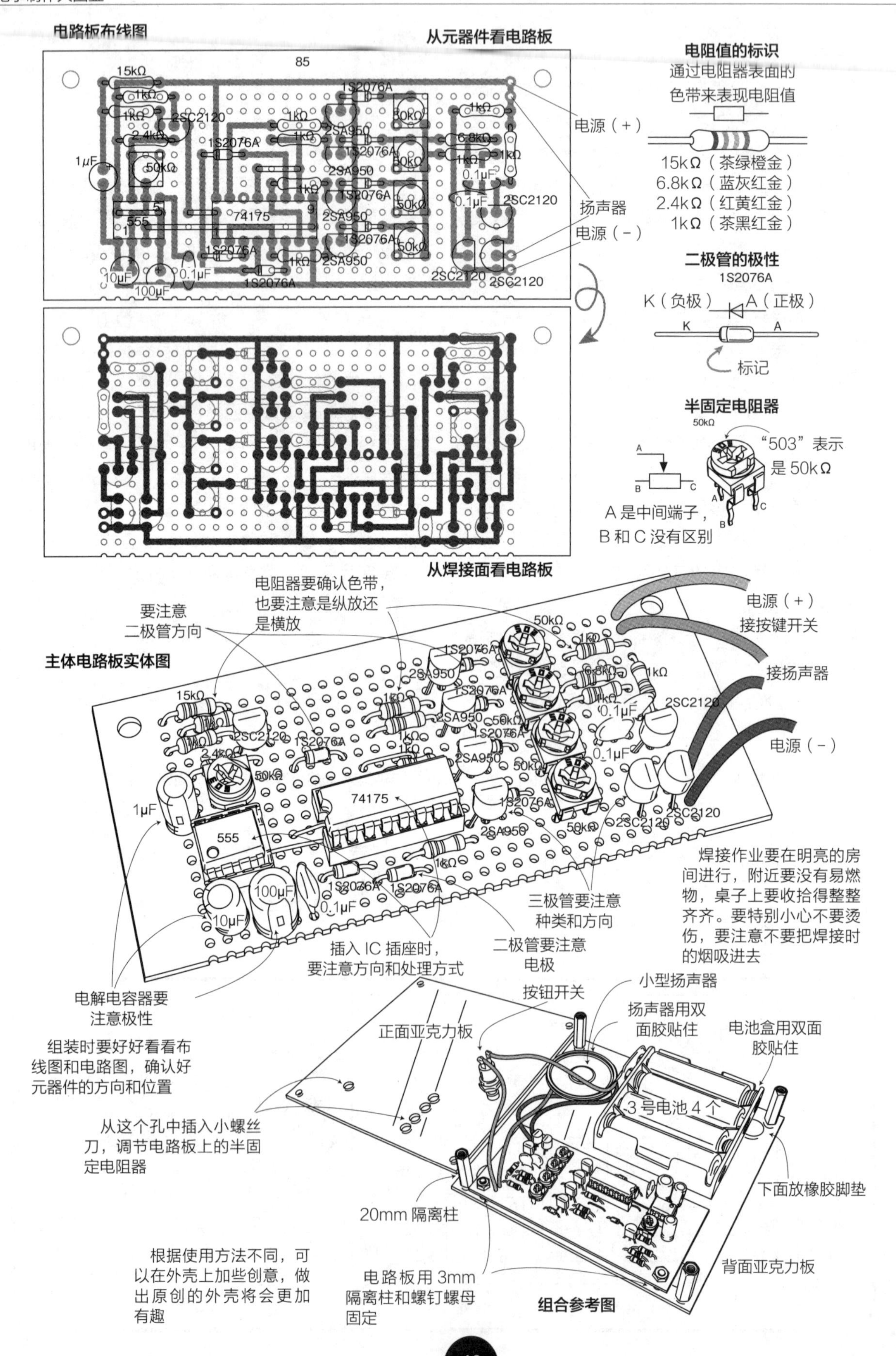

电路板布线图
从元器件看电路板
85
15kΩ
1kΩ
2SC2120
2.4kΩ
1S2076A
1μF
50kΩ
555
74175
10μF
100μF
0.1μF
1S2076A
2SA950
6.8kΩ
0.1μF
2SC2120
电源（+）
扬声器
电源（-）
从焊接面看电路板
电阻值的标识
通过电阻器表面的
色带来表现电阻值
15kΩ（茶绿橙金）
6.8kΩ（蓝灰红金）
2.4kΩ（红黄红金）
1kΩ（茶黑红金）
二极管的极性
1S2076A
K（负极）
A（正极）
K
A
标记
半固定电阻器
50kΩ
“503”表示
是50kΩ
A是中间端子，
B和C没有区别
主体电路板实体图
要注意
二极管方向
电阻器要确认色带，
也要注意是纵放还
是横放
电源（+）
接按键开关
接扬声器
电源（-）
焊接作业要在明亮的房间进行，附近要没有易燃物，桌子上要收拾得整整齐齐。要特别小心不要烫伤，要注意不要把焊接时的烟吸进去
三极管要注意
种类和方向
二极管要注意
电极
插入IC插座时，
要注意方向和处理方式
电解电容器要
注意极性
组装时要好好看看布线图和电路图，确认好元器件的方向和位置
正面亚克力板
按钮开关
小型扬声器
扬声器用双
面胶贴住
电池盒用双面
胶贴住
3号电池4个
从这个孔中插入小螺丝刀，调节电路板上的半固定电阻器
下面放橡胶脚垫
20mm隔离柱
背面亚克力板
根据使用方法不同，可以在外壳上加些创意，做出原创的外壳将会更加有趣
电路板用3mm
隔离柱和螺钉螺母
固定
组合参考图

■ 组合

主体用两块亚克力板做成夹心式结构。按图切割亚克力板，加工拧入螺钉等时所需的孔。然后在亚克力板上装上按钮开关，临时放上电池盒、扬声器，调整连接这些元器件的导线长度，分别连接起来。最后用隔离柱和螺钉、螺母固定，将电池盒、扬声器用双面胶贴上，将表面、背面的亚克力板用 20mm 隔离柱和螺钉固定住。

LED 也是组装在同一个电路板上，可以多设计几种使用方法和造型。

■ 使用方法

按下按钮后，可以奏出“哔啵哩嘞哔啵哩嘞”这样欢快的声音。调节电路板左侧的半固定电阻器，节奏就会改变，调节 4 个串联的半固定电阻器，音程会发生变化。可以和其他电路组合起来，作为报警器使用，也可以直接作为电子乐器使用。将半固定电阻器改成可变电阻器后，也可以用手调节进行游戏。

该设计中 IC 复位状态开始的第一个循环是 4 个半导体电阻器合成的音色。我觉得这种音色也很有意思，这次就直接用上了。可以考虑一下这个优美音色的各种使用方法。

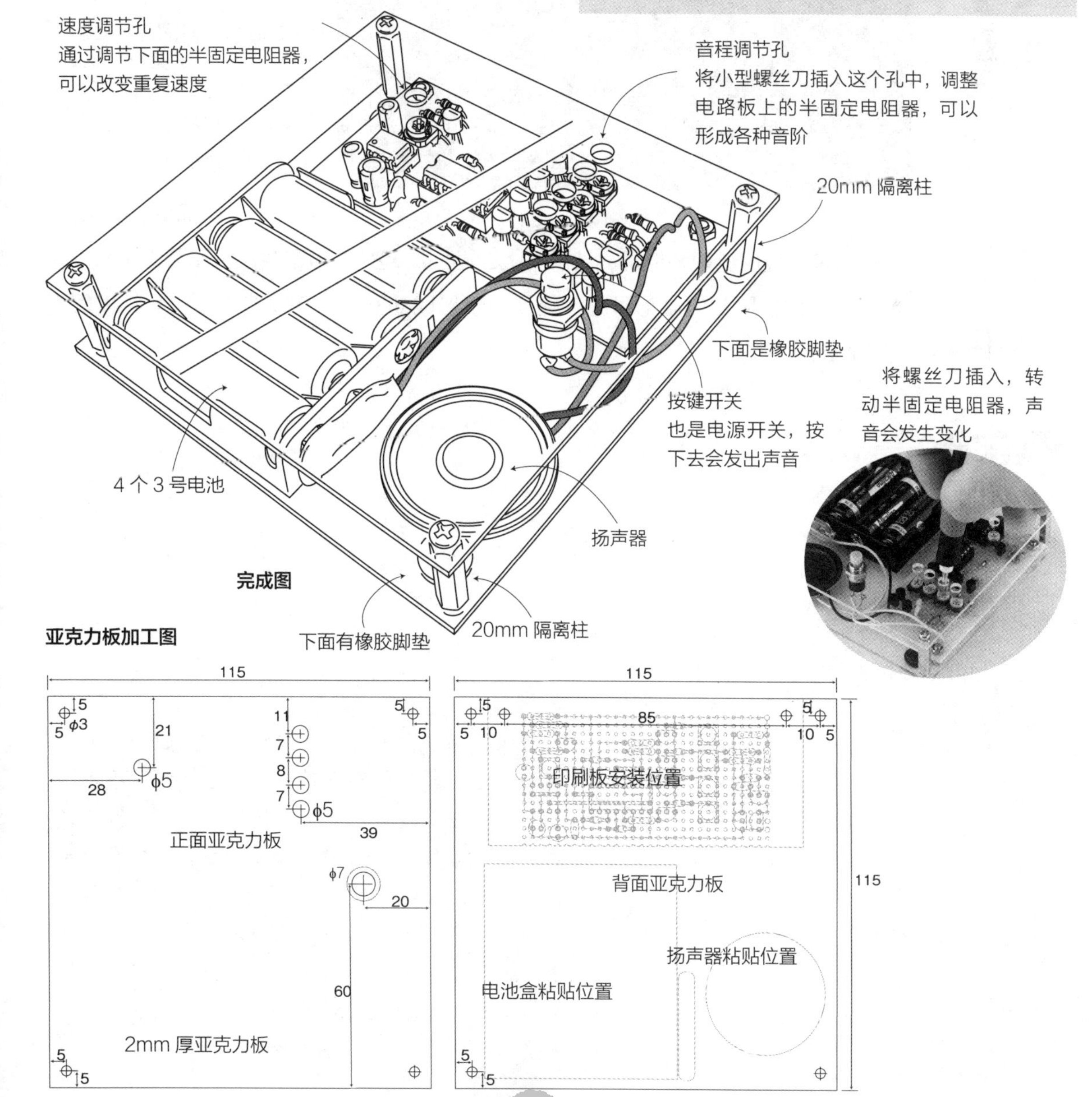

No.
11

光和影运用自如

剪影动起来

投影动画

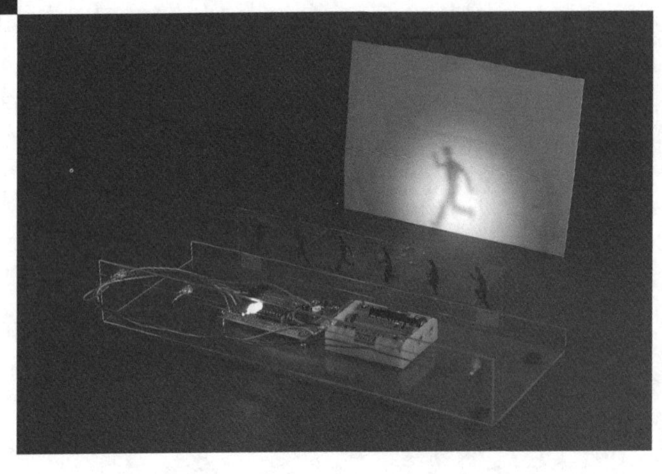

将不同的画一张一张连续显示，原本静止的画看上去就会动起来，形成动画。而投影画是在光源和屏幕之间放置人偶，让人偶动，从而让人偶的投影动起来。应用这两种原理，让屏幕上的画面动起来。电影放映机和数字投影仪显示图像，也要用到光源与屏幕。此处为了形成动画，使用了几个 LED, 将投影画显示成动画。

元器件表

IC:4017（TC4017BP）…… 1 个
:555 …… 1 个
IC 管座 : 8P …… 1 个
:16P …… 1 个
三极管 : 2SC1815 …… 6 个
电阻器 : 10kΩ 1/4W（色带：茶黑橙金）…… 1 个
: 2kΩ 1/4W（色带：红黑红金）…… 1 个
: 1kΩ 1/4（色带：茶黑红金）…… 6 个
: 75Ω 1/4（色带：紫绿黑金）…… 6 个
半固定电阻器 :50kΩ …… 1 个
LED: 超高亮度白色 3.1V 30mA …… 6 个
陶瓷电容器 :0.1μF（104）…… 1 个
电解电容器 :10μF 16V …… 1 个
弹簧开关（小型）…… 1 个
万能板 :25×15 孔 …… 1 张
盘头螺钉 :M3×10mm …… 4 个
螺母 :M3 …… 4 个
隔离柱 :M3×3mm 无螺纹 …… 4 个
电池盒 & 子母扣：3 个 3 号电池用 …… 1 组
3 号电池 …… 3 个
橡胶脚垫 …… 4 个
亚克力板（参照图）、双面胶、绝缘导线、镀锡铜线、焊锡少许

■ 结构

从光源发出的光是沿直线照射到屏幕的，如果光源与屏幕之间有遮挡物，遮挡部分就会形成影子，其轮廓就会投影到屏幕上。光源位置移动时，影子向相反的方向移动。光源和遮挡物以及影子的位置总在一条直线上，因此可以让影子的位置不动，只移动光源和遮挡物的位置。在各个位置放上光源和稍微改变一点形状的遮挡物，在这种状态下，让光源按顺序发光，各个遮挡物的影子将会顺序投影到屏幕上，看上去就像动画一样。

■ 电路

4017 是有 10 个译码输出端的计数器 IC。向 10 个输出顺序发送信号。在这个产品上使用了其中的 6 个输出。第 7 号输出（5 号引脚）输入 15 号引脚的复位中，因此，完成从第 1 号到第 6 号引脚的输出以后，再返回到第 1 号引脚，6 个输出就像这样依次重复。

输出端通过三极管让各个超高亮度 LED 顺序亮起。

依次传送的速度和输入 14 号引脚的时钟信号有关系，这里所使用的是定时器 IC555，可以通过半固定电阻器调整时钟速度，因此，动画动作的速度是可以调节的。

通过调整发光 LED 和遮光物位置，可以看到投影到屏幕上的投影动画。

■ 组装

电路板选用 25×15 孔的万能板。IC 插座下面有 4 条跳线，要最先安装，要注意不要将孔的位置弄错。跳线安装好后，再安装 IC 插座。

然后安装电阻器、半固定电阻器、三极管、电容器等元器件。为了在电路板上也对输出顺序进行排列，设计成按照 3、2、4、7、10、1 的引脚顺序配置三极管。这里 IC 输出和三极管接线是交错在一起的，操作时要注意。

将滑动开关接到电路板，直接焊接到端子上。最后将 IC 插到 IC 插座，注意不要把方向弄错。

■ 组合

外壳使用两张亚克力板制作，加工亚克力板做成夹心型。也可以在考虑好 LED 与遮光物的位置关系后，将其安装到成品外壳上。

将电路板和电池固定在中心位置，把遮光物立起来，在前面配置了 LED 进行照射。临时放上电路板，焊接电池扣上的绝缘细导线。在 LED 引脚上涂少许黏结剂，固定在亚克力板的孔中。这时，要事先将 LED 的正极、负极的方

电解电容器的极性

10μF
标记
+
引脚短或有标记的为 -（负）

IC 引脚排列

4017（TC4017BP 等）

16 ← 9
4060
1 → 8
标记
8 ← 5
555
555
1 → 4

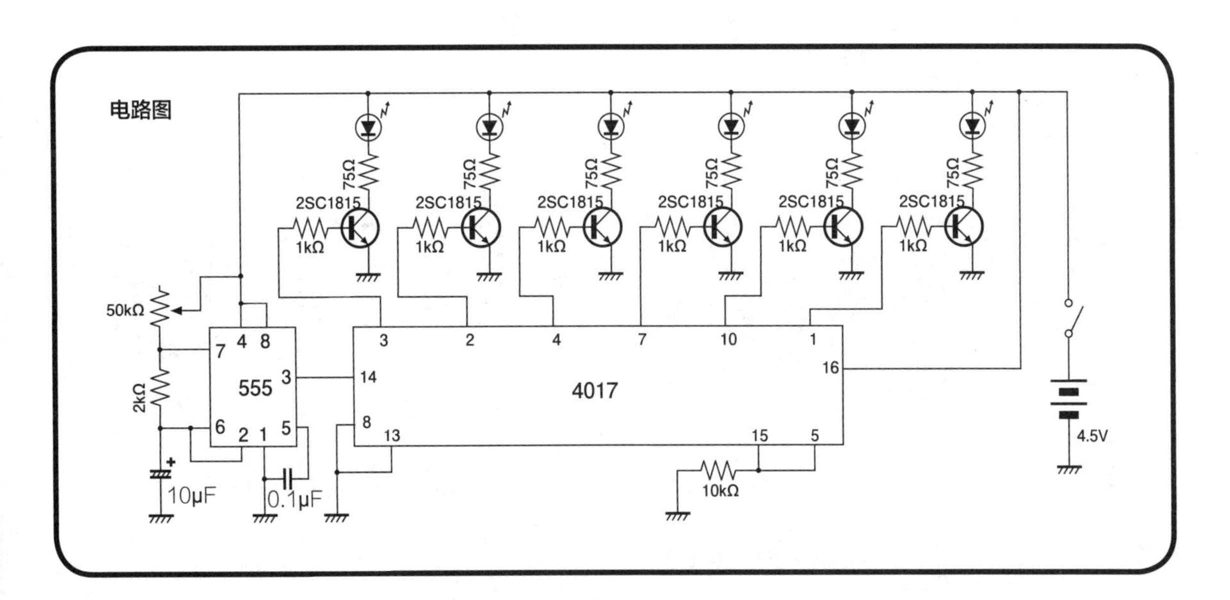

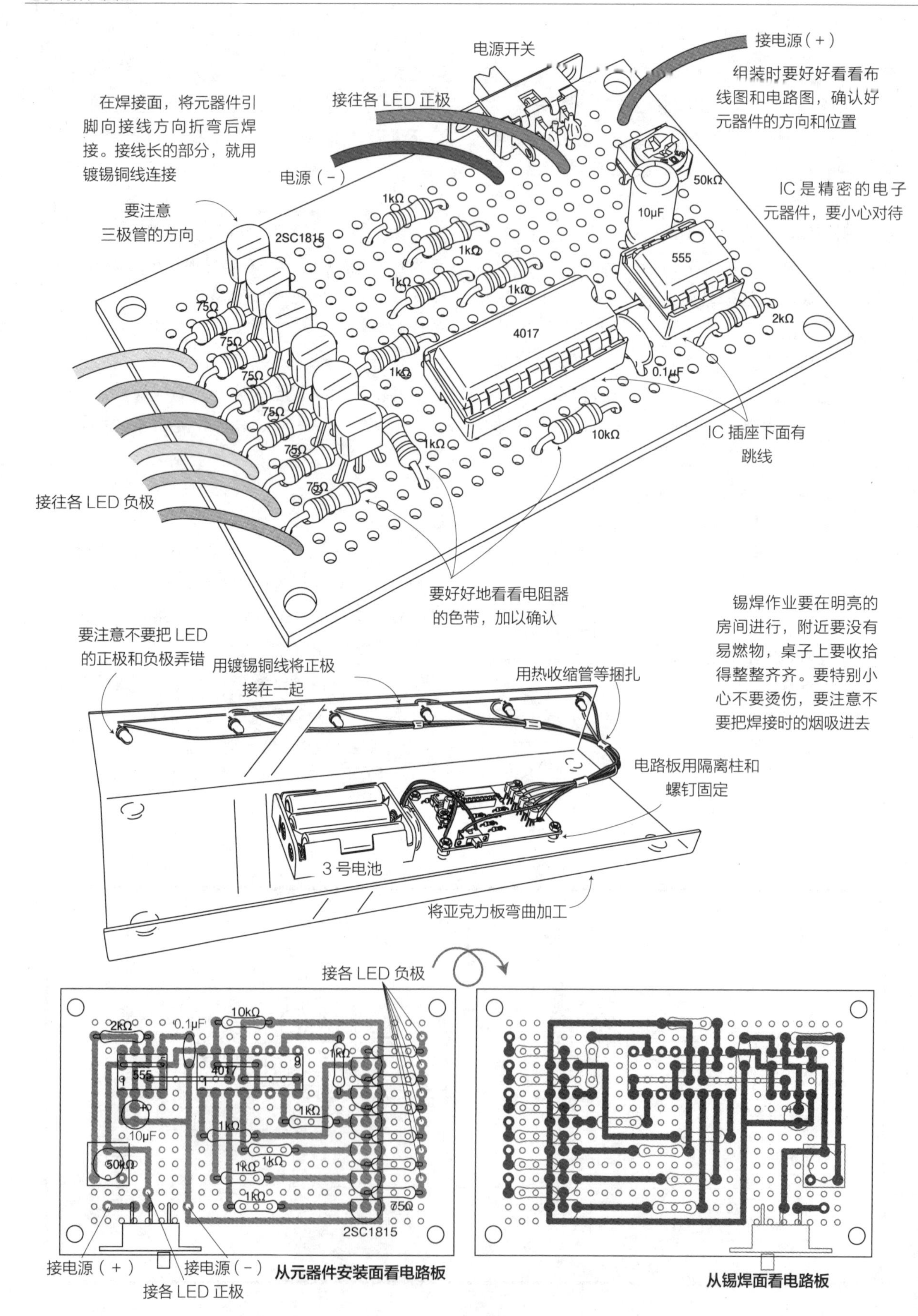
电源开关
接电源（+）
组装时要好好看看布线图和电路图，确认好元器件的方向和位置
在焊接面，将元器件引脚向接线方向折弯后焊接。接线长的部分，就用镀锡铜线连接
接往各 LED 正极
电源（-）
要注意三极管的方向
2SC1815
1kΩ
50kΩ
10μF
555
IC 是精密的电子元器件，要小心对待
75Ω
4017
2kΩ
0.1μF
10kΩ
IC 插座下面有跳线
接往各 LED 负极
要好好地看看电阻器的色带，加以确认
锡焊作业要在明亮的房间进行，附近要没有易燃物，桌子上要收拾得整整齐齐。要特别小心不要烫伤，要注意不要把焊接时的烟吸进去
要注意不要把 LED 的正极和负极弄错
用镀锡铜线将正极接在一起
用热收缩管等捆扎
电路板用隔离柱和螺钉固定
3 号电池
将亚克力板弯曲加工
接各 LED 负极
接电源（+）
接电源（-）
接各 LED 正极
从元器件安装面看电路板
从锡焊面看电路板

向摆好。

考虑到连接到 LED 的导线长度，在将导线焊接到电路板后，可以用隔离柱和螺钉、螺母固定住电路板。用镀锡铜线连接 LED 正极，焊接到连接在电路板上的导线上。将 LED 负极焊接到与各个位置对应的导线上。用热收缩管将细导线分成几组捆扎起来，就会很整齐。

最后，用手指调整 LED 光的方向，使光穿过遮光物照到一个点，并轻轻将引脚折弯。

■ 使用方法

接上电源后，6 个 LED 顺序发光。用油性笔在透明 PS 板上画上画作为遮光物，将影子投影到墙上。在本设计中，距遮光物约 18cm 的位置是放置投影屏幕的最佳位置。

这次做的是 6 格动画，但因为 4017 是有 10 个输出端的计数器，因此是可以做到 10 格的。在这种情况下，如果不考虑好光源位置和遮光物大小就设计的话，会影响动画效果。

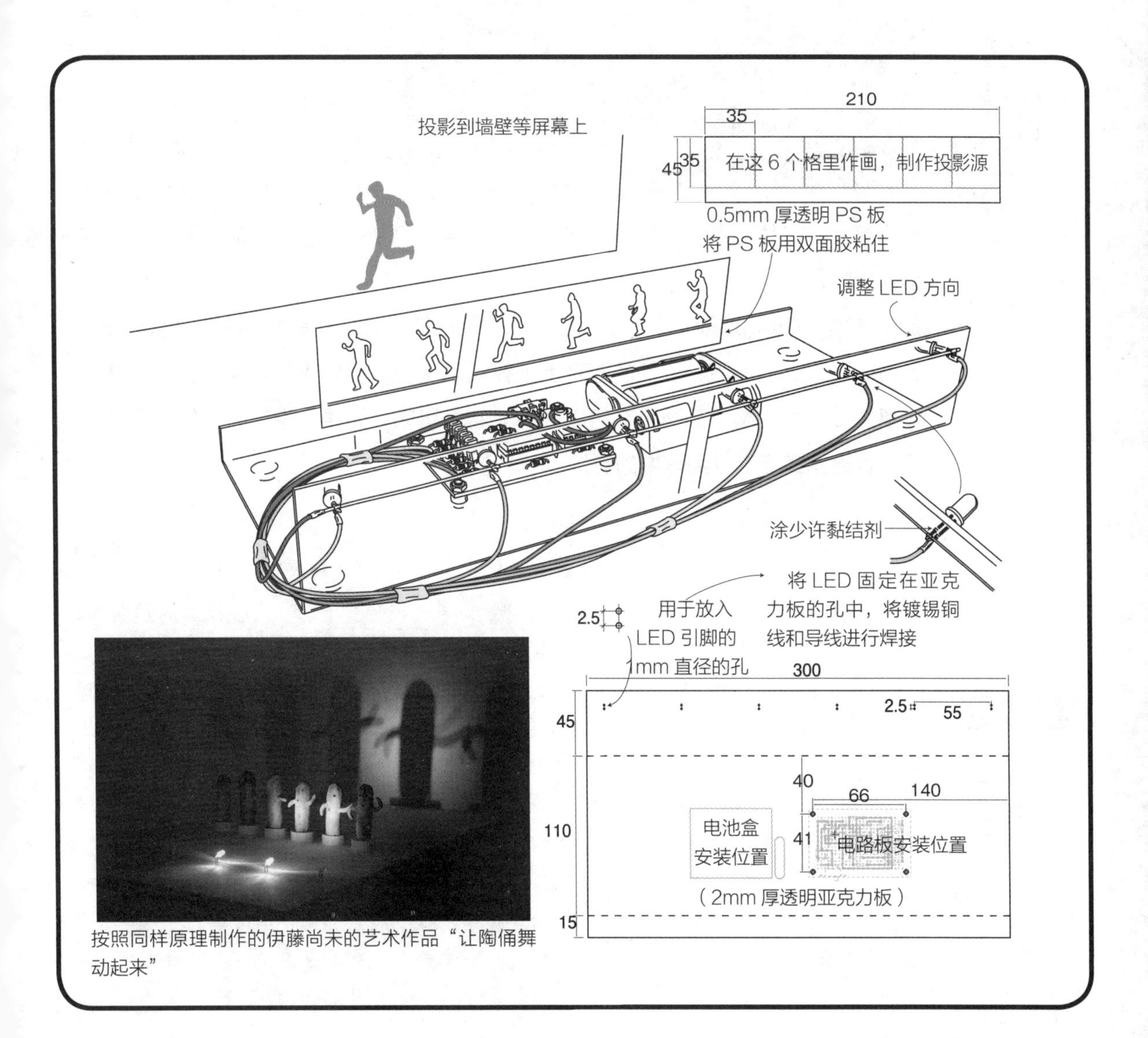

按照同样原理制作的伊藤尚未的艺术作品“让陶俑舞动起来”

No. 12

不可思议

插图灯箱

如今由于互联网、数字电视、智能手机等数据信息的技术革新，生活越来越方便了。但是，这同时也带来了结构和构造的复杂化、黑盒化问题。当然，即使不知道里面的具体内容，也可以充分享受到其带来的便利。但是，现在“修理”这一概念越来越淡化，物品坏了就更换整个零件或重新购买物品，往往不会修理。如果大家都不会自己制作，会对今后的制造业带来很大的影响。

电影和动画的图像技术在1800年就打好了基础，现在应用在电视机和计算机等图像装置上。让原本没动的画看上去在动，这种效果给人们带来的感动在任何时代都仍具魅力。翻书动画大家可以简单地制作出来，如果图像玩具也能自己制作的话，就更能实际感受到其中的奥妙。

元器件表

三极管：2SC1815 ············ 2个
电解电容器：100μF 16V ············ 2个
电阻器：10kΩ 1/4W（色带：茶黑橙金）············ 2个
　　　：75Ω 1/4W（色带：紫绿黑金）············ 2个
LED：高亮度白色广角 32V 20mA ············ 2个
印刷电路板：参照图 ············ 1张
开关：印刷电路板贴片用，小型 ············ 1个
电池盒 & 电池扣：3个3号电池用 ············ 1组
3号电池 ············ 3个
纸板、透明纸、
透明塑料板、焊锡、双面胶少许

■ **结构**

电影是通过光源发出的光将胶卷上的画投影到屏幕上形成的，在瞬间转换无数个画面，因而可以看到动画。也就是说是在看一个一个画面组成的效果。在电影院里，是投影到大屏幕上观看，因此，是长距离将画面放大。

在本制作中，把LED作为光源，用来将胶卷上的画投影到屏幕上的结构则放到了小箱子内。光源、胶片、屏幕排列在一条直线上，通过从不同位置的光源将光投向同一屏幕，可以将几个胶片上的画面投影到同一个位置。在这个制作中使用了让两张画交替投影、交替闪烁的电路。

■ 电路

电路中采用非稳态多谐振荡器，在电子制作中，这是大家比较熟悉的电路。这个电路是通过两个电容交替充放电，使两个三极管交替打开或关闭，使接在各自集电极上的LED交替亮起。LED的光通过胶片，作为剪影画投影到屏幕上，是一种很单纯的制作，因此没有使用镜头。

LED在炮弹形透明树脂外壳中也会有漫反射现象，投影出来的图像多少有些模糊，这是不可避免的，但根据产品不同，有的LED的光直线性比较好，有的映出的图像比较清晰。在可能的范围内，将这些LED产品拿到手后，最好进行各种比较和尝试。

推荐千石电商销售的SG-3900型号的LED。

■ 组装

做出印刷电路板，在这上面组装元器件。如果LED位置相同的话，使用万能板也是可以的。

从小的元器件开始组装会比较容易操作，因此，按照电阻器、三极管、开关、电解电容器的顺序安装，再装上LED，最后将电池扣焊上。

考虑到LED位置和与外壳的装配，印刷电路板设计成了细长型，在焊接的时候，要注意不要让印刷电路板倾倒。

电路图

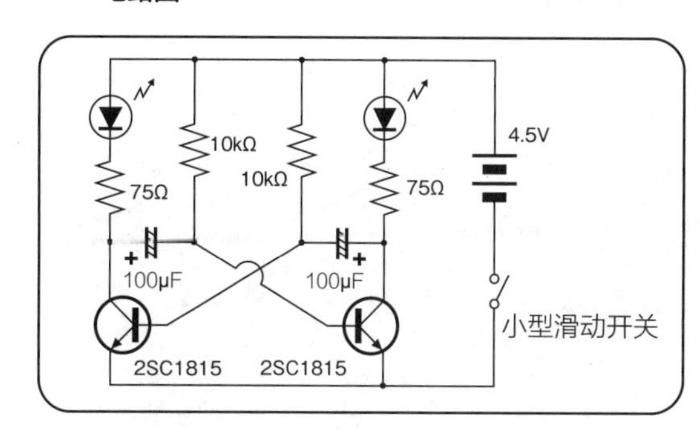

三极管的极性

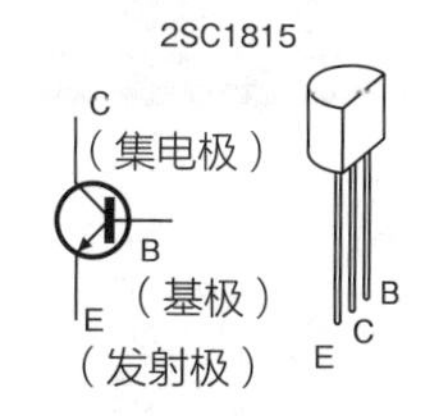

电解电容器的极性

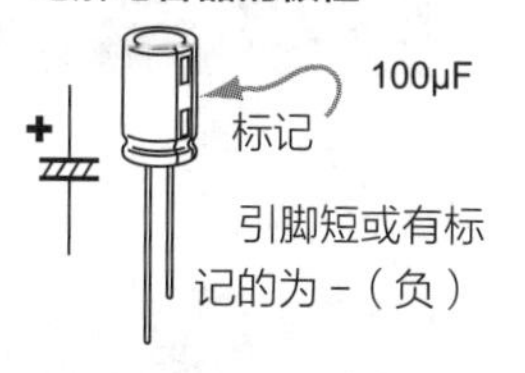

LED的极性

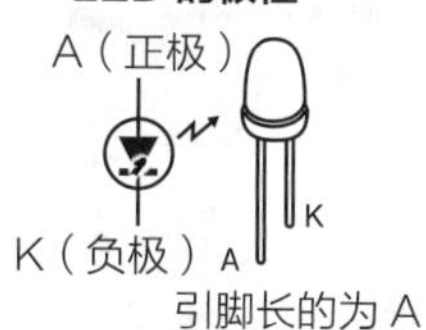

电阻值的标识

通过电阻器表面的色带来表现电阻值

10kΩ（茶黑橙金）
75Ω（紫绿黑金）

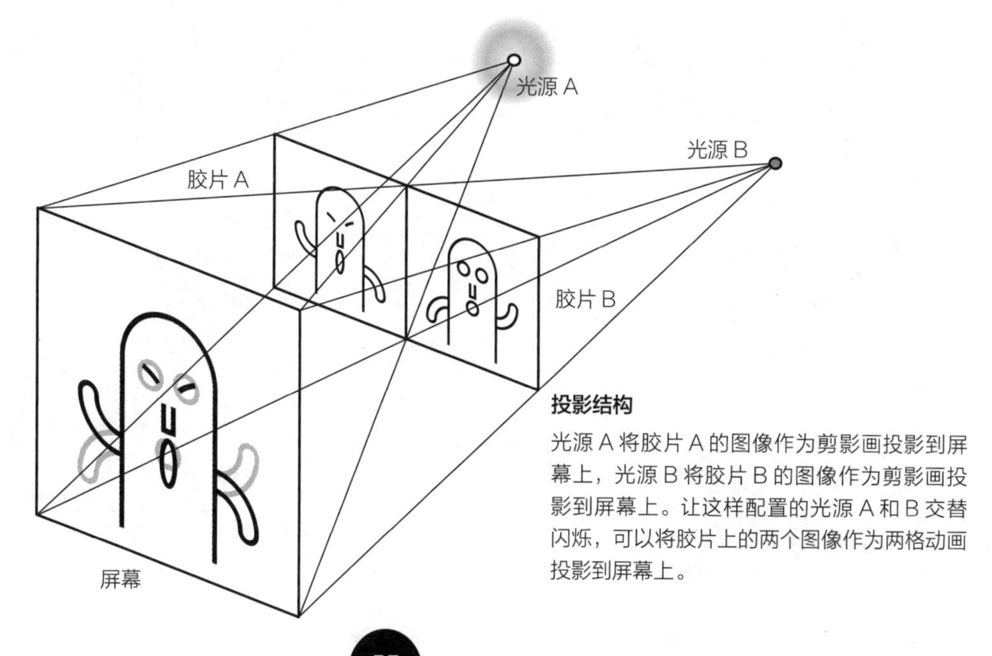

投影结构

光源A将胶片A的图像作为剪影画投影到屏幕上，光源B将胶片B的图像作为剪影画投影到屏幕上。让这样配置的光源A和B交替闪烁，可以将胶片上的两个图像作为两格动画投影到屏幕上。

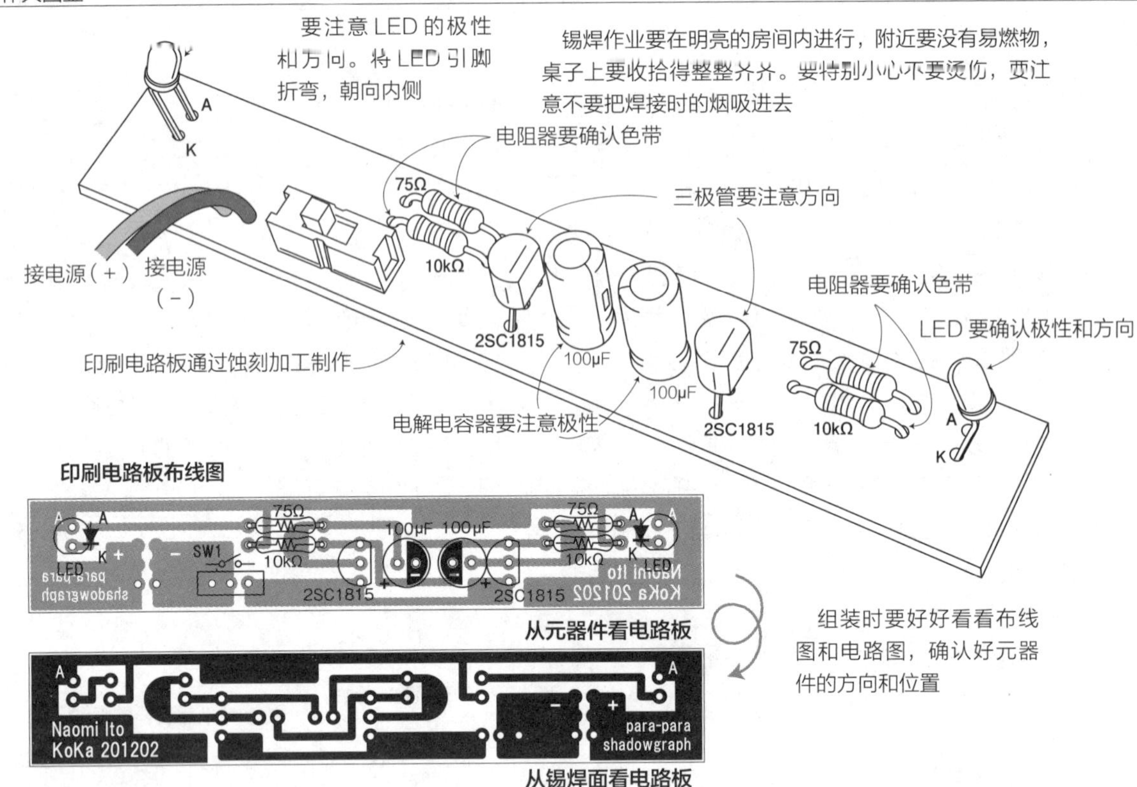

组装外箱

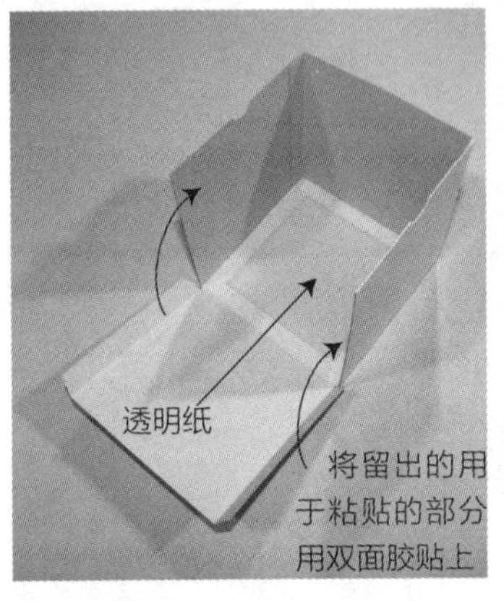

组装内箱

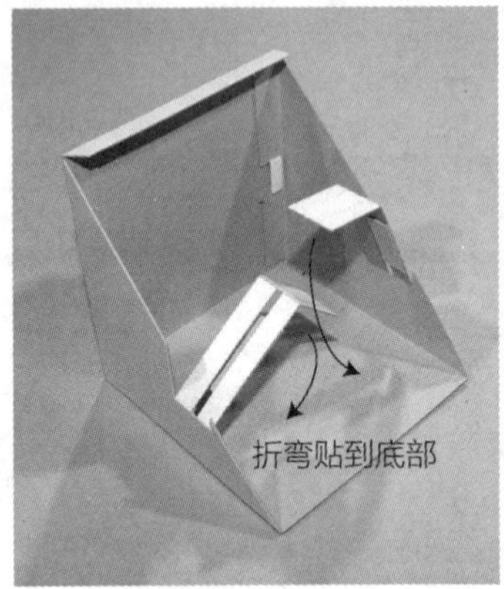

装入印刷电路板

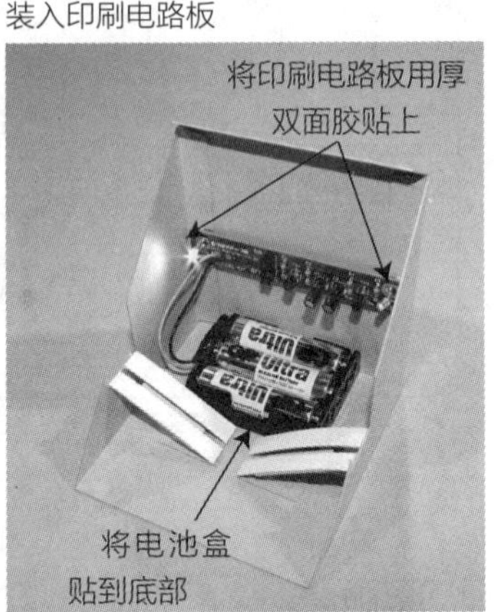

做胶片零件

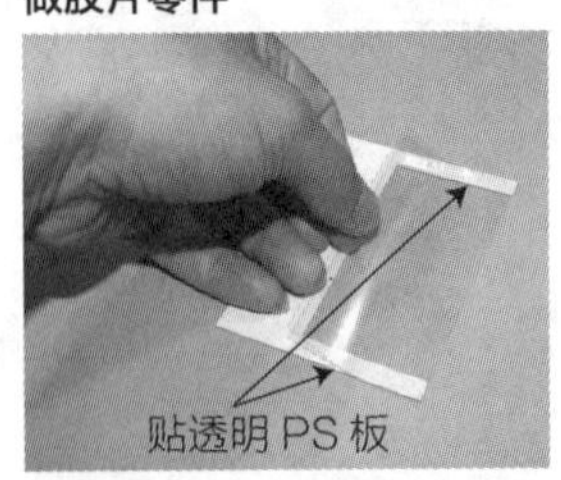

画画

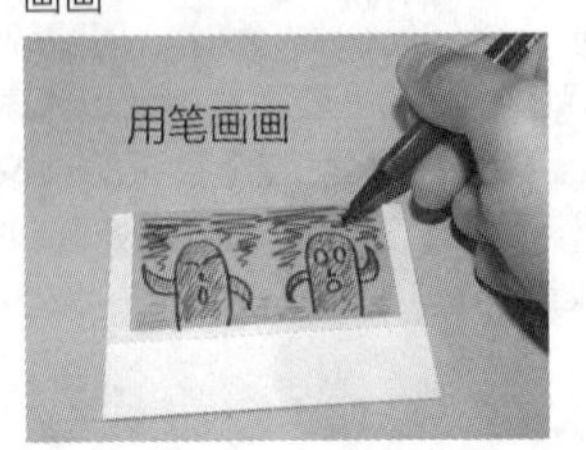

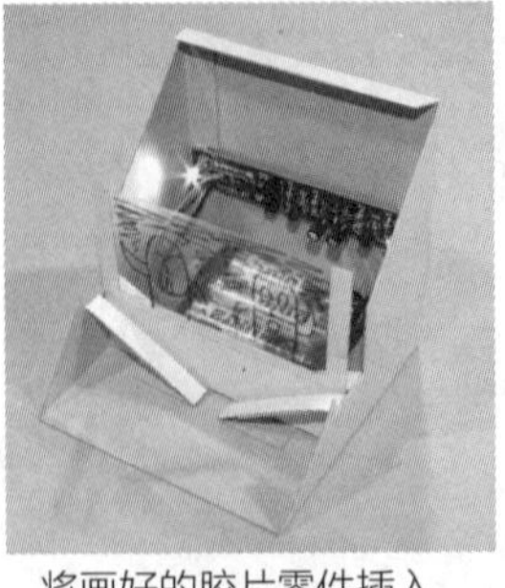

将画好的胶片零件插入内箱的缝隙中

接上电源开关，把内箱插入外箱，就完成了

■ 组合

外壳是用纸板做的长、宽、高均为 10cm 的箱状结构。参照图示进行裁切，在留出的用于粘贴的部分用双面胶或黏结剂贴上。

将外箱上有孔的一面作为屏幕，贴上透明纸，做成箱子形状。和屏幕相对的面空着，从这里将内箱插入。在内箱中，用双面胶贴上印刷板、电池盒，除此以外，还要对插入胶片的缝隙部分进行加工，在制作时要注意。另外，胶片部分的制作是在コ字形的厚纸上贴上透明胶片。

■ 使用方法

接上印刷电路板的电源后，两个 LED 就交替闪烁。在胶片上各画一半，正好 LED 照过来的光将各自的画交替投向屏幕，可以作为两幅动画欣赏。即使是简单的交替闪烁回路，只要应用起来，也可以实现很有意思的效果。

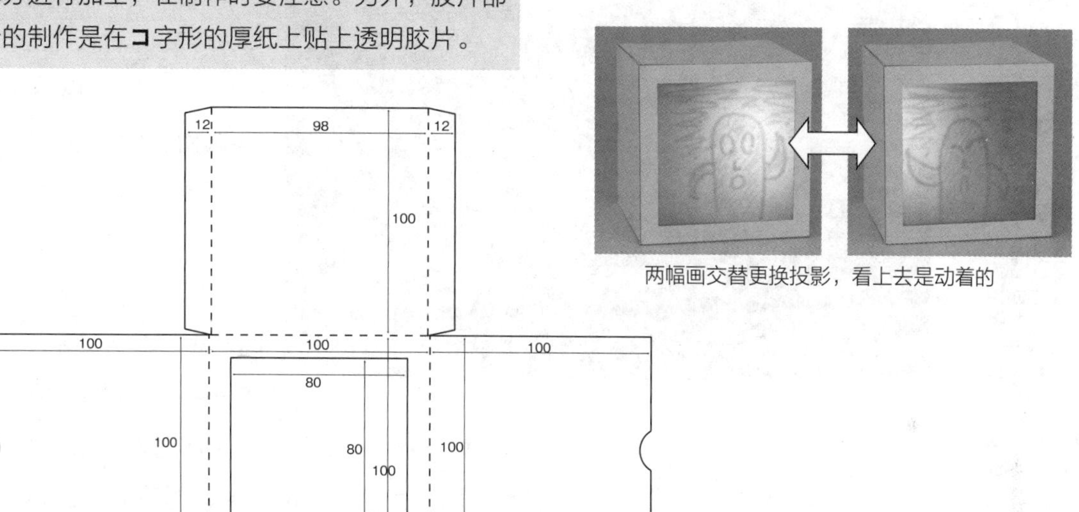

两幅画交替更换投影，看上去是动着的

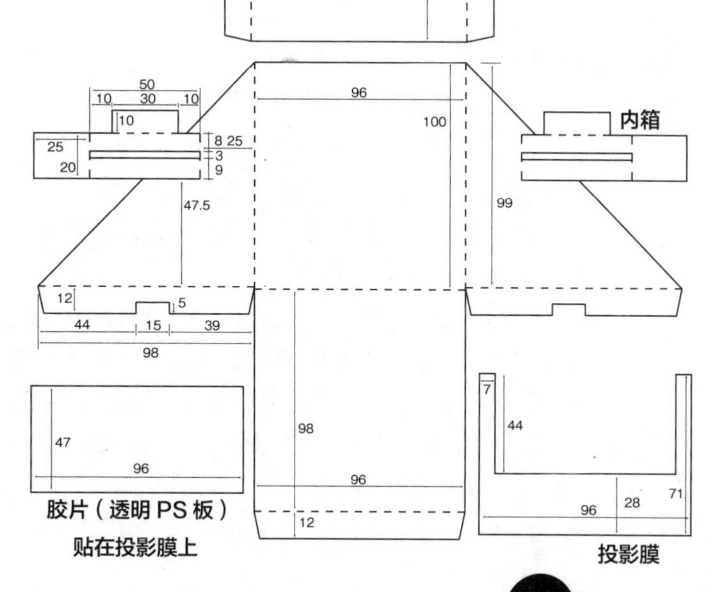

No. 13

夏天的回忆

箱中的海

光和影运用自如

一说到夏天就想到海。随着波浪游泳，或者在沙滩上漫步捡拾贝壳，令人愉快。潜入海底，还有鱼、海草、海葵、贝类等被水面的光照耀着，非常好看。如果潜入水中看会更好看。在水中，无数像聚光灯那样的光线一瞬间发光，然后又消失。水族馆中也是这样，在大水槽里有好多种鱼在游泳，从上部射入的光反射、折射到水面，呈现美丽的景象。对在光中游泳的鱼群怎么看也看不够，我就想能不能把这样的景象简单地做出来，放入桌子上的小箱子里呢。将房子、风景放入小箱子，可以叫作“箱中的庭院”，那么像这样把海放入小箱子，就叫作“箱中的海”吧。

元器件表

IC:555 ······ 1个
:74175 ······ 1个
IC 插座 :8P ······ 1个
:16P ······ 1个
电阻器 :2.4kΩ 1/4W（色带：红黄红金）······ 1个
:150Ω 1/4W（色带：茶绿茶金）······ 7个
半固定电阻器 :50kΩ ······ 1个
电解电容器 :100μF 16V ······ 1个
:10μF 16V ······ 1个
陶瓷电容器 :0.1μF（104）······ 1个
LED: 高亮度白 ······ 4个
: 高亮度蓝 ······ 3个
弹簧开关 ······ 1个
万能板 :25×30 孔 ······ 1张
木制相框 ······ 1个
贝壳等（夏天的回忆）······ 少许
盘头螺钉 :M3×8mm ······ 4个
:M3×4mm ······ 8个
螺母 :M3 ······ 2个
隔离柱 :2mm ······ 4个
自攻螺钉 :M3×10mm ······ 4个
垫圈 :M3 ······ 8个
角码 : 小 ······ 6个
电池盒 & 电池扣：4个立式 3 号电池用 ······ 1组
3 号电池 ······ 4个
亚克力板（透明、黑、镜面 参照图）、
PVC 背胶贴纸、散光膜、半透明反射贴膜
泡棉双面胶、布线导线、镀锡铜线、焊锡少许

■ 结构

为了在箱子中得到无限扩展效果，这次使用了对着摆放的镜子。在箱中的“地面上”铺上沙子，使用黑色亚克力板。在上面的透明亚克力板上贴上散光膜，在观赏面贴上半透明反射镜膜。这样通过上面的照明，就形成了无限扩大的空间。

为了做出海的效果，要用到一些小道具。首先要铺上沙子，配上贝壳等会勾起回忆的小物件。然后就是照明，为了表现出是在水中，使用了蓝色LED，而要表现从水面来的光，则使用白色LED，让这个白色LED闪烁发光。这样简直就像将一部分海“切”下来，放在了箱子里。

■ 电路

首先，为了能形成大空间的效果，用3个蓝色LED作为基本照明。除此以外，还用了闪烁发光的白色LED。这个白色LED使用了IC74175产生闪烁。这个IC中封装了4个D-FF，各个输出端都输出到LED，同时输入到下一个D-FF的D，是依次传递输出的电路。这种组合电路称为移位寄存器。这样4个LED就会顺序发光，但如果最初的输入没有变化，全部LED就会都亮着，为此把第二个D-FF的输出Q做成最初的输入。这样就成了每两个LED按顺序反复闪烁的电路。

进行电路定时时钟控制，选用的是定时器555专用IC。通过改变这个IC的第6、7号引脚之间的电阻值，可以改变闪烁速度，因此，可以接上半固定电阻器，改成想要的闪烁节奏。

■ 组装

选用25×30孔的万能板。首先用镀锡铜线制作IC插座下部的跳线。所有的元器件位置都是根据它确定，要注意不要弄错。接着安装IC插座。IC插座的16个引脚中的3号、11号、14号这里是用不到的，考虑到布线的需要，把这几个引脚去掉。

然后安装电阻器、电容器等元器件，LED最后安装。也可以自己配置LED的位置。这种情况下可能需要改变连接的电阻器的位置，或者用跳线将它们全部连接起来。

设计上是将白色LED集中在一处，蓝色LED分散放置。放入箱子后，最好调整一下LED的角度，让光巧妙地照在贝壳上。

零件全部连接完以后，电路板就完成了。认真确认一下布线有没有错，然后临时接上电池，看一下LED亮不亮。

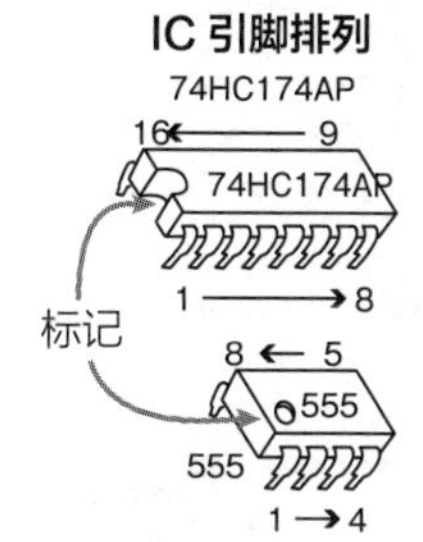

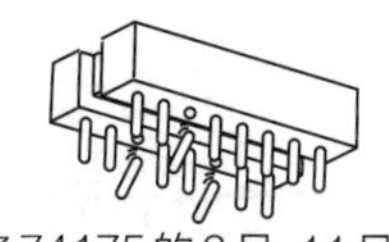

将74175的3号、11号、14号引脚的IC插座引脚切去

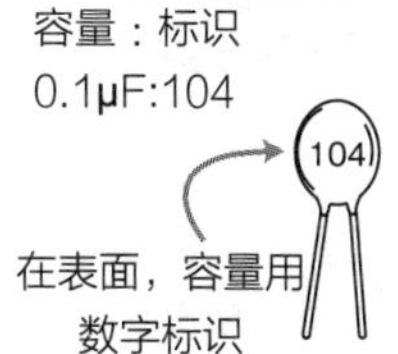

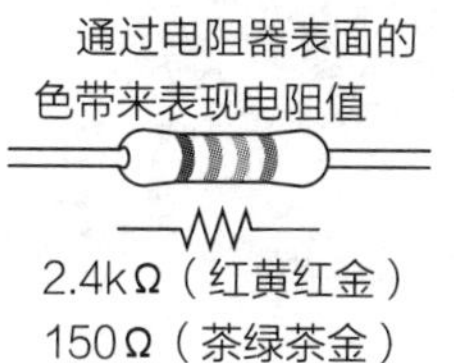

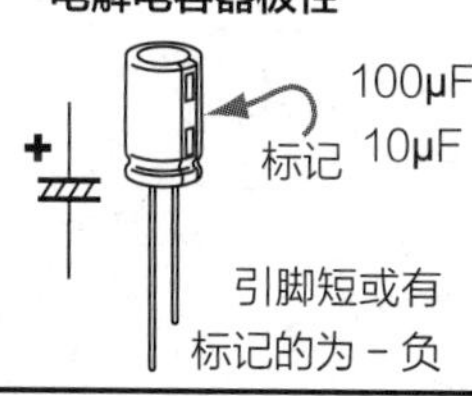

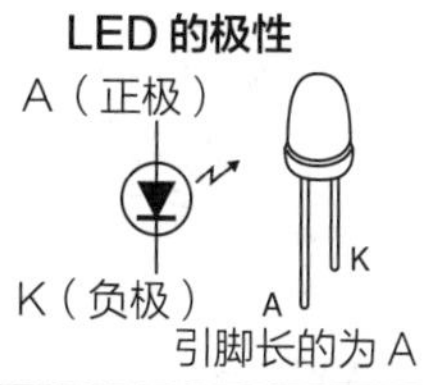

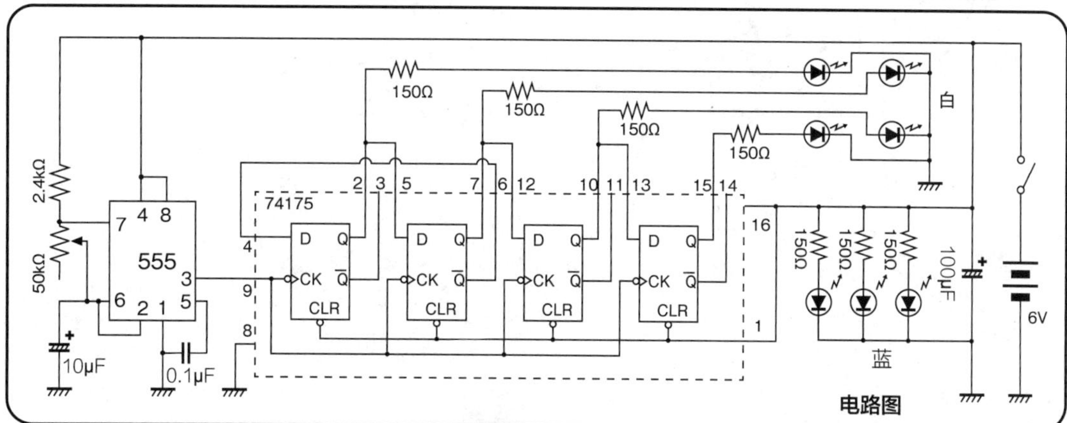

电路图

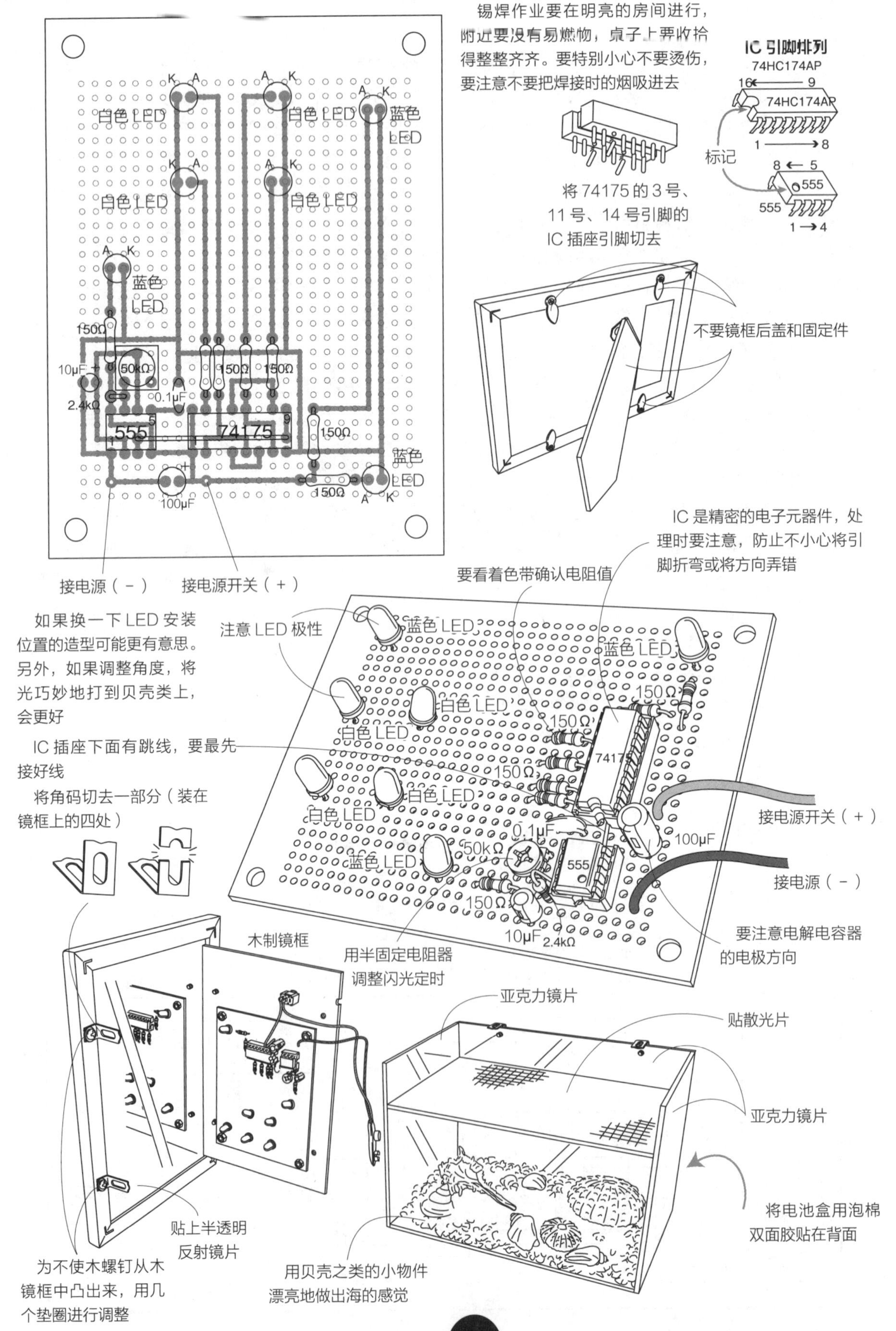
锡焊作业要在明亮的房间进行，附近要没有易燃物，桌子上要收拾得整整齐齐。要特别小心不要烫伤，要注意不要把焊接时的烟吸进去
IC 引脚排列
74HC174AP
16
9
74HC174AP
1
8
标记
8
5
555
555
1
4
将 74175 的 3 号、11 号、14 号引脚的 IC 插座引脚切去
K
A
白色 LED
A
K
白色 LED
A
K
蓝色 LED
白色 LED
白色 LED
蓝色 LED
150Ω
10μF
50kΩ
2.4kΩ
0.1μF
150Ω
150Ω
555
74175
150Ω
蓝色 LED
100μF
150Ω
接电源（－）
接电源开关（＋）
不要镜框后盖和固定件
IC 是精密的电子元器件，处理时要注意，防止不小心将引脚折弯或将方向弄错
要看着色带确认电阻值
如果换一下 LED 安装位置的造型可能更有意思。另外，如果调整角度，将光巧妙地打到贝壳类上，会更好
注意 LED 极性
蓝色 LED
蓝色 LED
白色 LED
白色 LED
150Ω
150Ω
150Ω
74175
IC 插座下面有跳线，要最先接好线
将角码切去一部分（装在镜框上的四处）
白色 LED
白色 LED
0.1μF
50kΩ
蓝色 LED
555
100μF
接电源开关（＋）
接电源（－）
150Ω
10μF
2.4kΩ
要注意电解电容器的电极方向
木制镜框
用半固定电阻器调整闪光定时
亚克力镜片
贴散光片
亚克力镜片
将电池盒用泡棉双面胶贴在背面
贴上半透明反射镜片
为不使木螺钉从木镜框中凸出来，用几个垫圈进行调整
用贝壳之类的小物件漂亮地做出海的感觉

■ 组合

外壳用亚克力板制作。为了体现出深度很深的感觉，在里面和两个侧面使用了镜子，地面使用黑色亚克力板制作，电路板下面是透明亚克力板，用亚克力板黏结剂将它们固定住。粘住以后，贴上和电路板下面透明亚克力板尺寸相同的散光膜，将电路板隐藏起来，光就会变得柔和。在木制镜框中嵌入半透明反射镜。半透明反射镜是把汽车窗户用的贴膜贴在透明亚克力板上做成的。

另外，用 PVC 背胶贴纸剪出岩石的轮廓，贴在亚克力板表面。用于安装电路板的上部亚克力板是黑色的，用 2mm 的隔离柱将电路板固定。把电源开关和电池扣焊接在电路板上。

将角码用螺钉固定在木制镜框上，把放上电路板的上部亚克力板用角码固定，然后在粘好的箱子内部放上贝壳等，小心地将在安装在木制镜框上的角码用螺钉固定住。将电池扣线从上部切口中穿过，用角码固定在箱子上。

■ 使用方法

将箱体静置于桌子上，接上电源。朝里面看会出现蓝光照耀的海底。从“水面”出现的闪闪白光，更能营造出这样的氛围。很深的空间越往远处越暗，这也是身处宽广的水域中的感觉。

这次用的是贝壳类海洋生物，按照这种结构可以再发挥想象力，做出一个原创空间。

如果 LED 不亮，或者什么现象也没出现，或是有焦糊味等时，要马上把电池拿出，对电路进行检查。

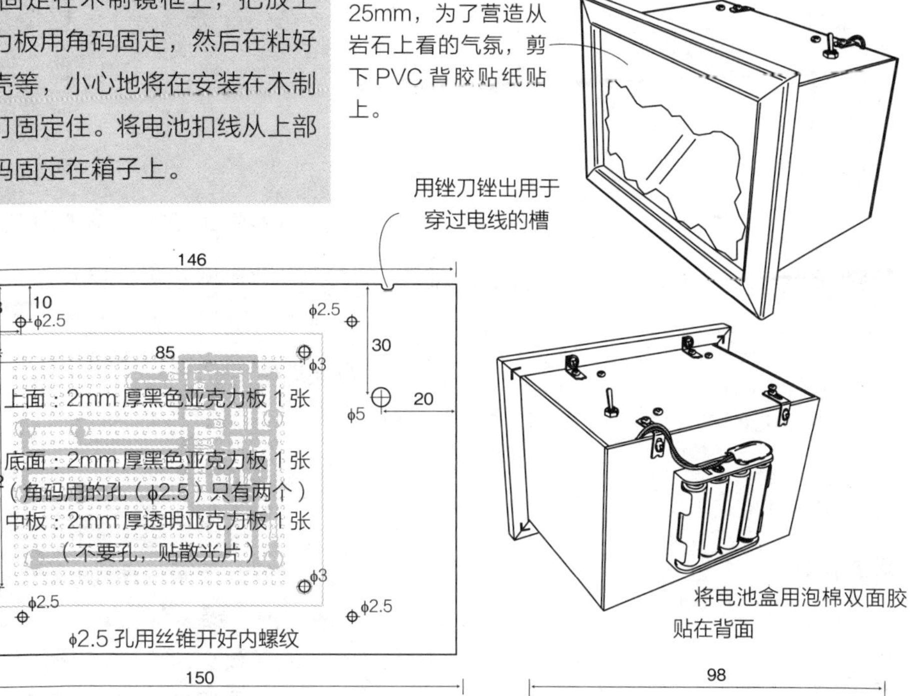

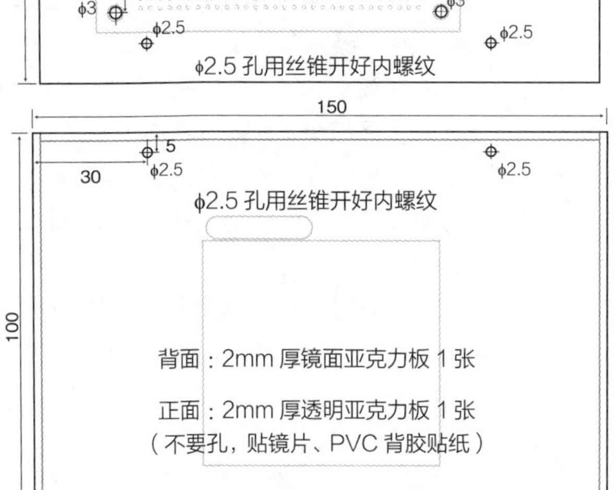

98

100

侧面：2mm 厚镜面亚克力板 2 张

亚克力板加工图

No.
14

小巧便携式小音箱

笔盒式扬声器

制作并享受声音

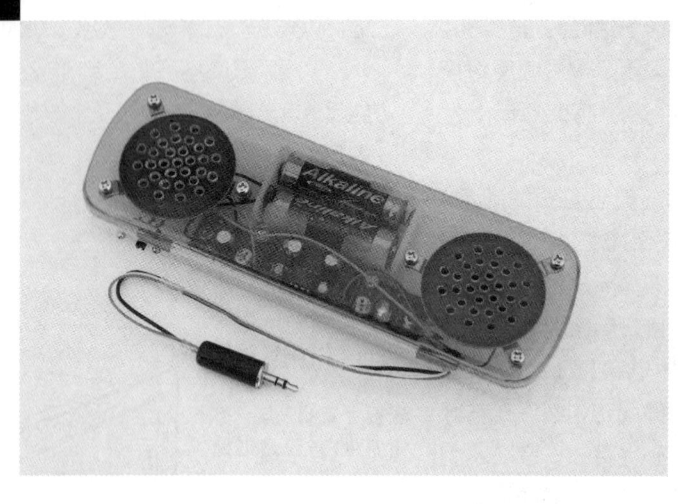

像MP3之类运用数字技术的音频设备现在很流行，存储容量也在不断扩大，体积很小的设备中可以存入几千首曲子，随时可以收听。另外，通过因特网可以下载音乐，就更增加了欣赏音乐的乐趣。但虽然如此，如果不愿意用耳机线，还想轻松愉快地听音乐时，还是用扬声器听比较好。这时就想要制作一个可以轻松地放到包里，也可以在旅行时带着就走的立体声音响。这样，旅行时和在自己的房间里也可以方便地使用。

元器件表

元器件	数量
IC:NJM2073	1个
IC插座:8P	1个
三极管:2SC1815	2个
电阻器:510Ω 1/4W（色带：绿茶黑金）	3个
:1Ω 1/4W（色带：茶黑黑金）	2个
半固定电阻:10kΩ	2个
电解电容器:470μF 10V	3个
:100μF 10V	2个
陶瓷电容器:0.1μF（104）	1个
0.22μF（224）	2个
LED根据个人爱好	3个
扬声器:小型8Ω	2个
滑动开关（小型）	1个
立体声音响微型插头	1个
万能板:裁切成7×30孔	1张
盘头螺钉:M3×8mm	2个
:M3×4mm	6个
:M2×4mm	2个
螺母:M3	8个
M2	2个
隔离柱:2mm	2个
扬声器固定五金件	6个
电池盒：2个3号电池用	1个
3号电池	2个
笔盒（塑料制品）	1个
泡棉双面胶、布线导线、镀锡铜线、焊锡少许	

■ **结构**

耳机端子的输出非常小，通过耳机听声音没问题，但是，要得到音响响起时那么大的音效，就需要使用放大器。

我所设想的结构不需要有组合音响之类的大输出，整体体积小，元器件数量也少。另外，电池对于整体大小也有影响，因此最好用低电压驱动。

想做成一个好挪动的外壳，就想到将音响放在塑料笔盒里。

使用JRC的NJM2073放大器IC，这样，可以用来轻松地欣赏音乐的扬声器就做好了。

■ 电路

NJM2073是一个封装有两个放大电路的IC，最低动作电压是1.8V，为低电压驱动，这样用2个干电池就能驱动，这种IC可以作为立体音响使用。输出虽然不是太大，但一个人欣赏足够了。

NJM2073的2号引脚接电源正极，4号引脚接电源负极，向6号引脚、7号引脚输入信号，就可以得到放大后输出到3号引脚、1号引脚的信号，这两个信号成为电路中立体音响的右声道和左声道。

在输入部分安装可变电阻器，调整各自的音量。这里使用的是半固定电阻器，这是考虑到如果开始阶段调好了，后期只调整输入设备端的旋钮就可以。

■ 组装

将25×30孔的万能板切割成7×30孔使用。为了能装入笔盒中，做成了细长型，在安装两个扬声器的部位新开了固定用的孔。

在中央部位放置8只引脚的IC插座，然后准确无误地安装每个元器件。主要元器件在配置时左右对称，要注意三极管的方向。用作电源显示灯的LED和电源用的电容器装在最外侧。到这里电路板就做完了。认真确认有没有错误，确认无误后，将IC插入IC插座。

■ 组合

本制作的塑料笔盒是在商店买的简单笔袋。请根据你所能得到的笔盒的实际情况进行加工。

在笔盒盖子上开出扬声器固定用孔和声音用孔。在笔盒的主体处开固定电路板用孔，在侧面开滑动开关用孔和输入导线用孔。加工完成后，将音响用专用五金件固定住。

电路板先临时固定，在电路板下部用泡棉双面胶贴住电池盒，再将电路板拿下来，但还是放在那个大致位置，比对着电源开关、扬声器导线长度进行焊接。

预先将导线焊接在立体声音响的微型插头上，从孔中穿过。为防止脱落，将导线打一个结，焊接在电路板上。所有焊接都做完后，将电路板用2mm隔离柱固定在外壳上。这样本制作就完成了。

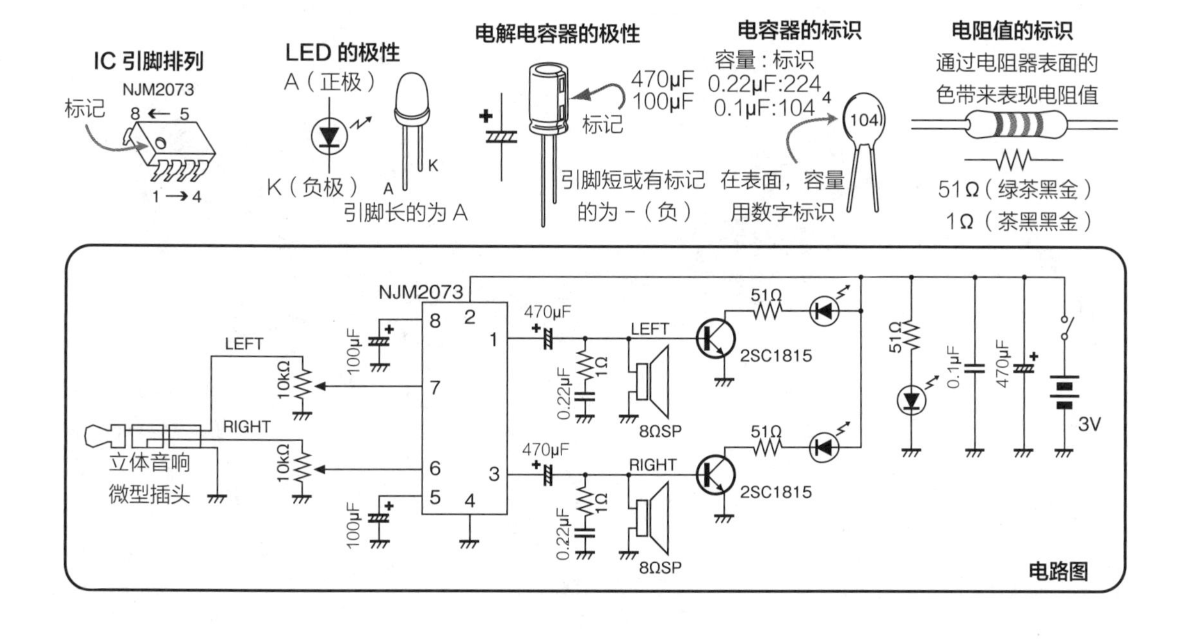

电路图

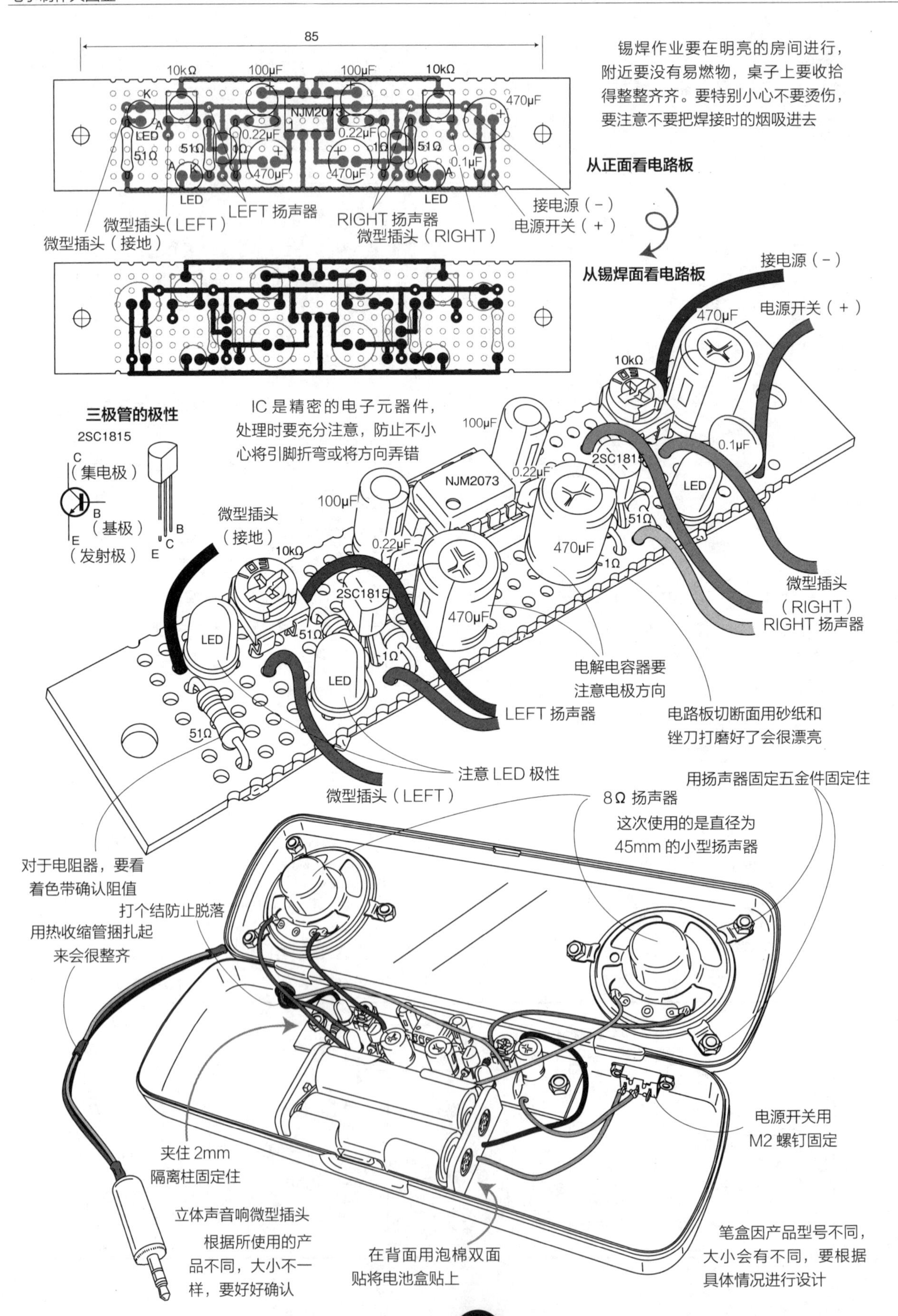
85
10kΩ
100μF
100μF
10kΩ
470μF
NJM2073
LED
0.22μF
0.22μF
51Ω
1Ω
1Ω
51Ω
51Ω
470μF
470μF
0.1μF
LED
LED
LEFT 扬声器
RIGHT 扬声器
微型插头（LEFT）
微型插头（接地）
微型插头（RIGHT）
接电源（-）
电源开关（+）
锡焊作业要在明亮的房间进行，附近要没有易燃物，桌子上要收拾得整整齐齐。要特别小心不要烫伤，要注意不要把焊接时的烟吸进去
从正面看电路板
从锡焊面看电路板
三极管的极性
2SC1815
C（集电极）
B（基极）
E（发射极）
IC 是精密的电子元器件，处理时要充分注意，防止不小心将引脚折弯或将方向弄错
2SC1815
微型插头（接地）
微型插头（RIGHT）
RIGHT 扬声器
电解电容器要注意电极方向
LEFT 扬声器
电路板切断面用砂纸和锉刀打磨好了会很漂亮
注意 LED 极性
微型插头（LEFT）
用扬声器固定五金件固定住
8Ω 扬声器
这次使用的是直径为45mm 的小型扬声器
对于电阻器，要看着色带确认阻值
打个结防止脱落
用热收缩管捆扎起来会很整齐
电源开关用M2 螺钉固定
夹住 2mm 隔离柱固定住
立体声音响微型插头
根据所使用的产品不同，大小不一样，要好好确认
在背面用泡棉双面贴将电池盒贴上
笔盒因产品型号不同，大小会有不同，要根据具体情况进行设计

■ **使用方法**

确认布线无误后，在电池盒里装上电池，扣上盖子，将立体声音响微型插头接在音频播放器上。

打开电源开关，LED 灯就亮起来。将音频播放器打开，就能听到扬声器中播放的声音。将盖子打开，调节半固定电阻器，调成想要的音量后，后面就用音频播放器的旋钮进行调整。音频电平在变成一定音量后就会闪烁，因此没有马上闪烁也不用着急。

如果没有任何反应，或者发不出声音，就将电源拔掉，认真确认一下连接情况。

将 MP3 播放器和这个扬声器放进包里，打开后就能听到音乐，享受快乐的旅途。

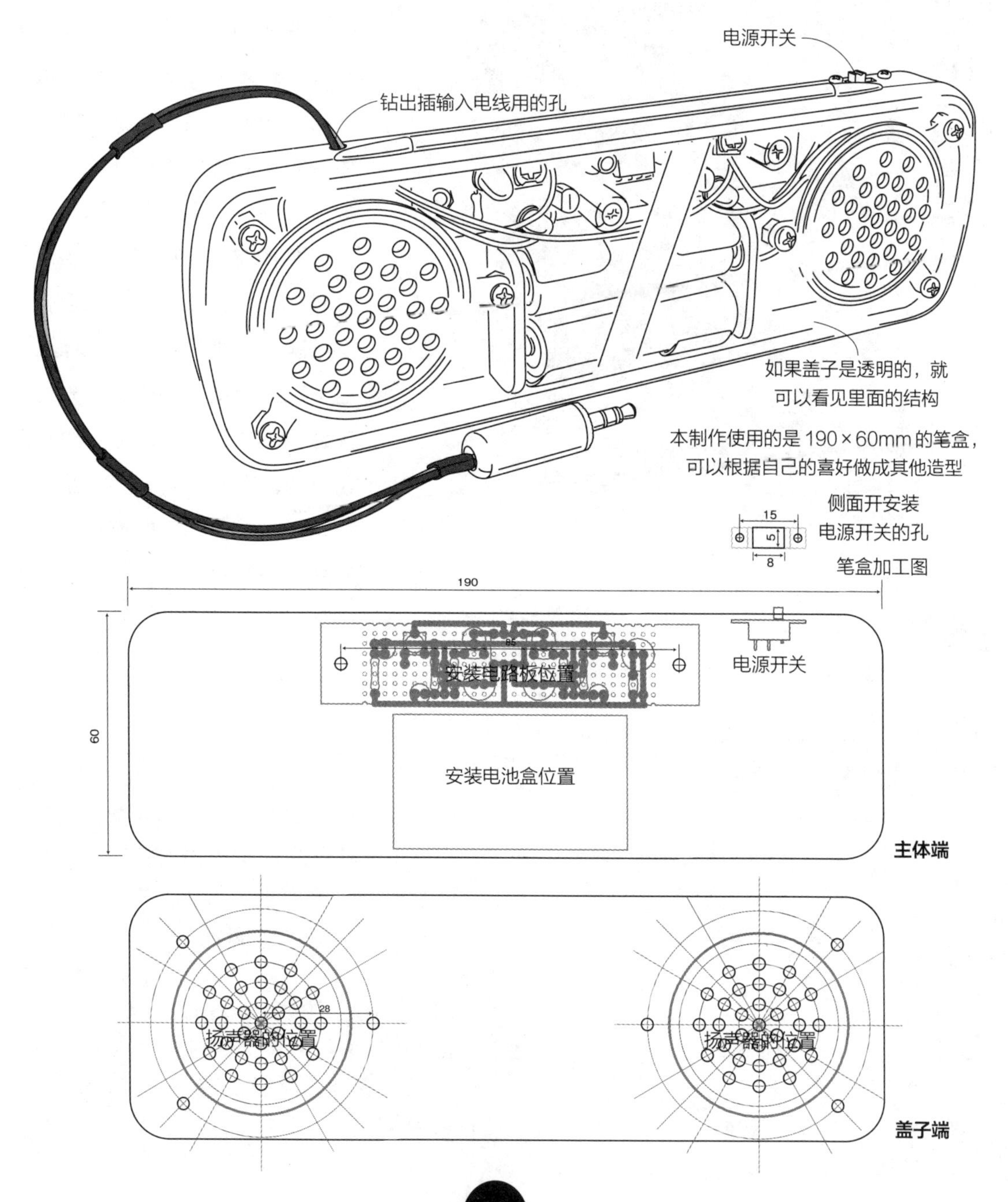

No. 15

简易照度计

读书照度计

便利小制作

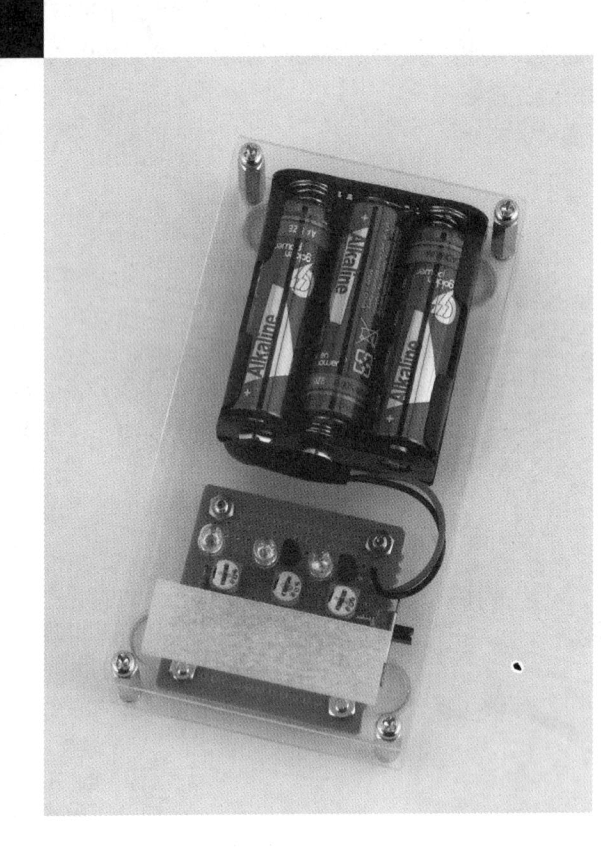

现在，像节电、节能、环保等尽量不浪费能源的活动已经深入人心。在照明方面，使用LED灯泡或使用功耗小的器具，控制不必要的亮度，都可以节省能源。在商店和便利店，即使为降低功耗将店内灯光调得暗一点，在顾客买东西时亮度也是足够的。

即使这样说，在看书和学习时，如果达不到一定亮度，就有可能影响视力。另外，像进行电子制作等精密操作时，光线暗就会看不清楚，也可能导致失败或受伤。光的强度称为光度，计量光度就需要用到照度计。我们就做一个简易照度计来确认一下亮度。

元器件表

三极管 :2SA1015 ······ 1个
:2SC1815 ······ 2个
光敏晶体管：TPS610F ······ 3个
电阻器 :130Ω 1/4W（色带：茶橙茶金）······ 1个
:75Ω 1/4（色带：紫绿黑金）······ 2个
半固定电阻器：50kΩ ······ 3个
LED：红 2V 20mA ······ 1个
：绿 3.2V 20mA ······ 1个
：蓝 3.2V 20mA ······ 1个
开关 : 滑动开关 ······ 1个
万能板 :15×15孔 ······ 1张
电池盒 & 电池扣：3个3号电池用 ······ 1组
3号电池 ······ 3个
盘头螺钉 :M3×6mm ······ 8个
:M3×10mm ······ 4个
螺母 :M3 ······ 4个
隔离柱 :M3×20mm 双内螺纹 ······ 4个
:M3×2mm 无螺纹 ······ 4个
橡胶脚垫 ······ 4个
亚克力板（参照图）、板焊锡、双面胶（少许）
照度计（调整用）

■ 结构

在室内，读书和学习时，桌上的亮度为700lx比较合适，进行精密仪器作业时，亮度为1000lx比较合适。lx读作“勒克斯”，是照度单位。

一般情况下，照度计是将光电池的发电量显示在测量仪表上，但在这里我们使用光敏晶体管，做成可以用LED显示的3个阶段的亮度。为了容易理解，在暗的时候红色LED亮，在亮到某种程度时红色LED熄灭，绿色LED亮。在更亮的时候，蓝色LED亮起。

■ 电路

使用光敏晶体管 TPS610F 作为光传感器，和三极管组合。但在红、绿、蓝 LED 的电路中，改变了三极管种类。

红色电路在明亮的时候从电源过来的电流通过光敏晶体管，流向 PNP 型三极管 2SA1015 的基极，开关变成 OFF 状态。在暗的时候，电流不通过光敏晶体管，而是从半固定电阻器负极输入基极，开关变成 ON 状态，使接在插头上的红色 LED 亮起。

绿色、蓝色 LED 电路使用的三极管是 NPN 型的 2SC1815，和红色 LED 电路相反，在亮的时候，通过光敏晶体管的电流输入基极，处于 ON 状态，各个 LED 亮起。

各个半导体电阻器起到的作用是改变从光敏晶体管流向负极或三极管基极的电量，以此来调整光的灵敏度。也就是说，即使是同样的电路，通过调整灵敏度，可以让元器作分别以不同的亮度动作。

■ 组装

认真看下面的图，将元器件组装到 15 × 15 孔的万能板上。从小元器件开始安装容易操作，但是，也可以从端部开始确认布线、连接，逐个进行组装。光敏晶体管和 LED 很相似，要注意不要弄错，同时，要注意各个元器件孔的位置和端子方向，不要弄错。

红色 LED 电路

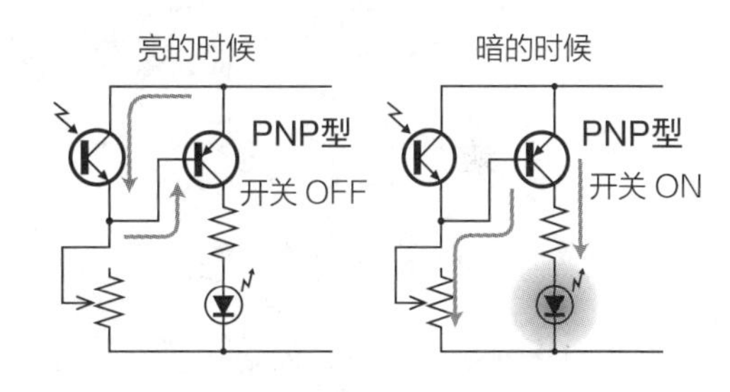

绿色、蓝色 LED 电路

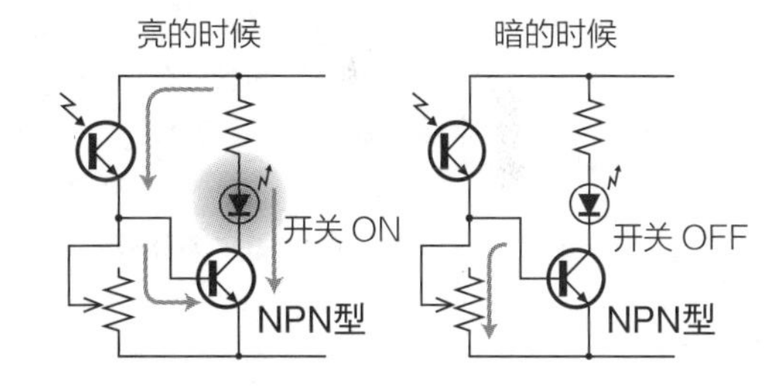

光敏晶体管

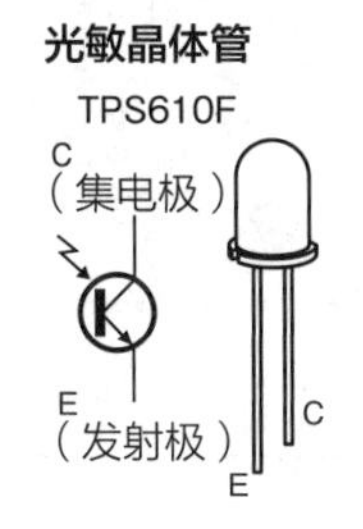

LED 的极性

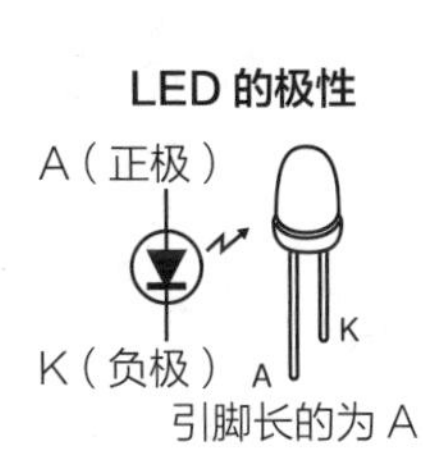

三极管的极性

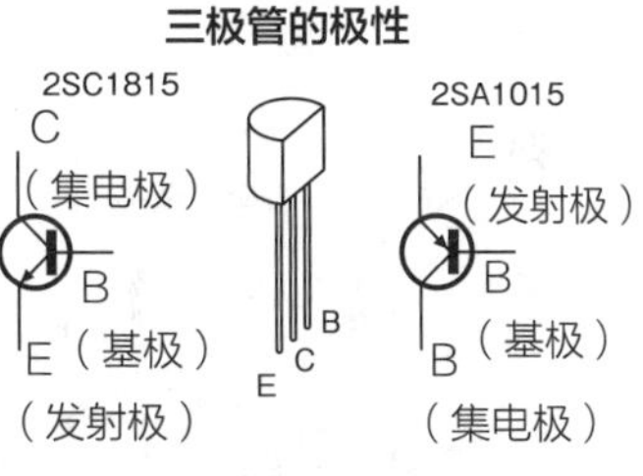

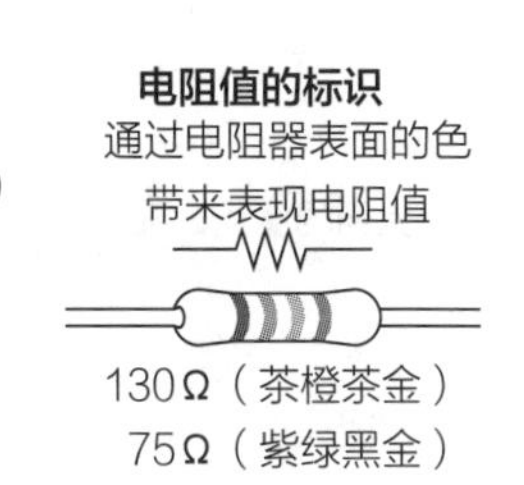

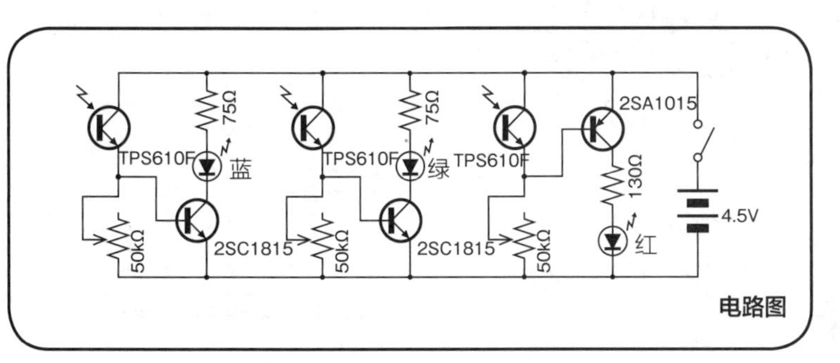

半固定电阻器

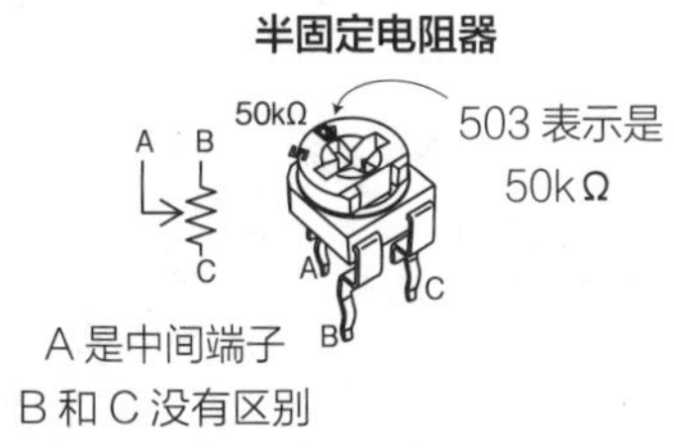

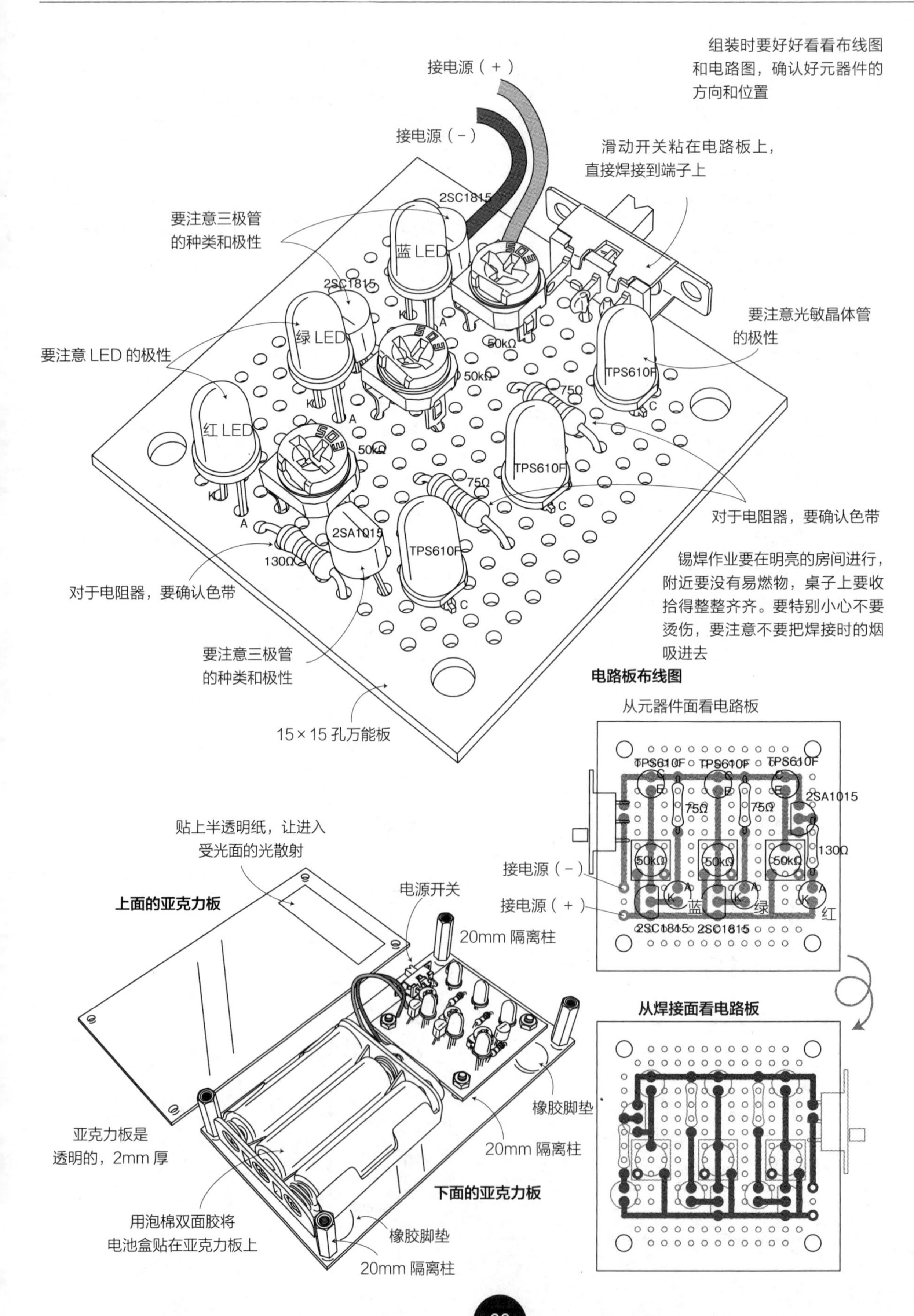

组装时要好好看看布线图
和电路图，确认好元器件的
方向和位置
接电源（+）
接电源（-）
滑动开关粘在电路板上，
直接焊接到端子上
要注意三极管
的种类和极性
2SC1815
蓝 LED
2SC1815
绿 LED
要注意 LED 的极性
红 LED
50kΩ
50kΩ
50kΩ
要注意光敏晶体管
的极性
TPS610F
75Ω
TPS610F
75Ω
对于电阻器，要确认色带
2SA1015
130Ω
TPS610F
对于电阻器，要确认色带
锡焊作业要在明亮的房间进行，
附近要没有易燃物，桌子上要收
拾得整整齐齐。要特别小心不要
烫伤，要注意不要把焊接时的烟
吸进去
要注意三极管
的种类和极性
15×15 孔万能板
电路板布线图
从元器件面看电路板
TPS610F
TPS610F
TPS610F
2SA1015
75Ω
75Ω
130Ω
接电源（-）
接电源（+）
蓝
绿
红
2SC1815
2SC1815
从焊接面看电路板
贴上半透明纸，让进入
受光面的光散射
上面的亚克力板
电源开关
20mm 隔离柱
橡胶脚垫
20mm 隔离柱
亚克力板是
透明的，2mm 厚
下面的亚克力板
用泡棉双面胶将
电池盒贴在亚克力板上
橡胶脚垫
20mm 隔离柱

■ 组合

通过两块亚克力板组成夹心型外壳。也可以使用现有的空箱子和塑料盒子、食品用集装箱等作为外壳。参考右图切割亚克力板，加工好孔以后，用双面胶将电池盒贴在下面的板上，将电路板用2mm隔离柱和M3×10mm的螺钉及螺母固定。光敏晶体管TPS610F因为有受光面指向性要求，要在上面的亚克力板上贴上透明纸，这样可以将光散射一下，抑制由于方向所带来的影响。

最后制作显示面。把画有羽毛的纸贴在PS板上，LED的光照在上面。在后面的亚克力板上安装35mm双内螺纹隔离柱，用15mm隔离柱和25mm螺钉固定住前面亚克力板和显示面PS板。这样就做好了。

■ 使用方法

首先用半固定电阻器调整各个光敏晶体管的灵敏度。将正确的照度计并排放好，在同样的条件下一边测量一边调整，调整为在600 ~ 700lx红色LED熄灭，绿色LED亮起，在900 ~ 1000lx蓝色LED亮起。调好以后，读书的时候如果绿色LED亮，光就合适，精密作业时，蓝色LED亮为最合适。这样就可以一眼做出判断。当然，这只是一种大致判断，但这样就可以避免因工作环境太暗而损伤眼睛。

亚克力板加工图

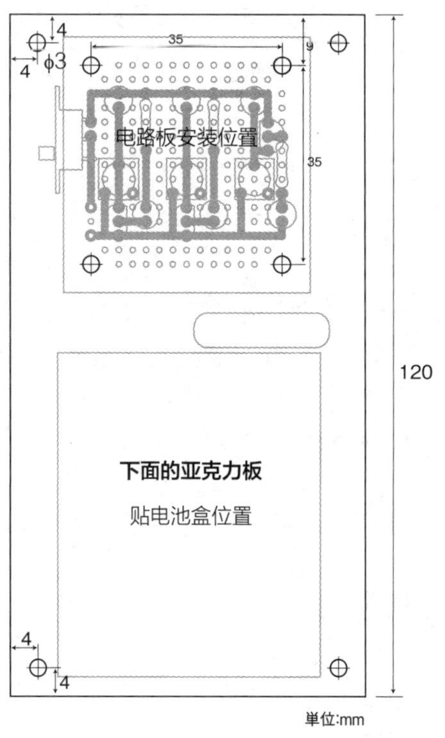

单位:mm

游戏和趣味制作

No. 16

按了就发光的游戏

用声光做游戏

两个人交替按按钮，灯亮了即为输，这是一个很简单的游戏。一开始先通过猜拳决定谁先开始，然后每个选手按顺序从两个按钮中选择一个按下。按下时如果灯亮起，蜂鸣器响起就输了。分出胜负后，随意按一个按钮让其复位。

■ 电路说明

说是电路，实际上只是将所有按钮和电池都和小灯泡串联起来。这里的重点是按钮。按钮按一下为 ON，再按一下为 OFF。每次按的时候都是 ON 和 OFF 重复。另外，按下去的时候，按钮处于被按下的状态，如果一眼看上去就知道是什么状态就没有意义了。在这里用的是日本 MIYAMA 生产的 MS-028 按钮。这个按钮的好处是表面上看不出来到底是 ON 状态还是 OFF 状态。4 个按钮都是如此，正因为如此才能用在这一游戏中。

另外，如果只是让小灯泡亮起来还是没有冲击力，为此又加上了电子蜂鸣器。为检查电池情况，还加上了直接亮起的按钮。如果无论怎样按都不亮，那就是电池没电了。

元器件表

小灯泡 1.5V& 小灯泡用灯座	1 组
电池盒（3 号电池 1 个用）	1 个
3 号电池	1 个
按钮开关 1 ~ 4（MIYAMA MS-028）	1 个
按钮开关 5（按下为 ON 状态的任何品牌都可以）	1 个
电子蜂鸣器（STAR SMB-01）	1 个
橡胶脚垫	4 个
亚克力板 : 厚度 3mm	尺寸参照图
隔离柱 :M3×25mm 双内螺纹	4 个
螺钉 :3×8mm 盘头螺钉（垫片）	8 个
:2×7mm 埋头螺钉和螺母	1 组
:2×7mm 螺钉和螺母	2 组
黏结剂、布线导线少许，焊锡少许	

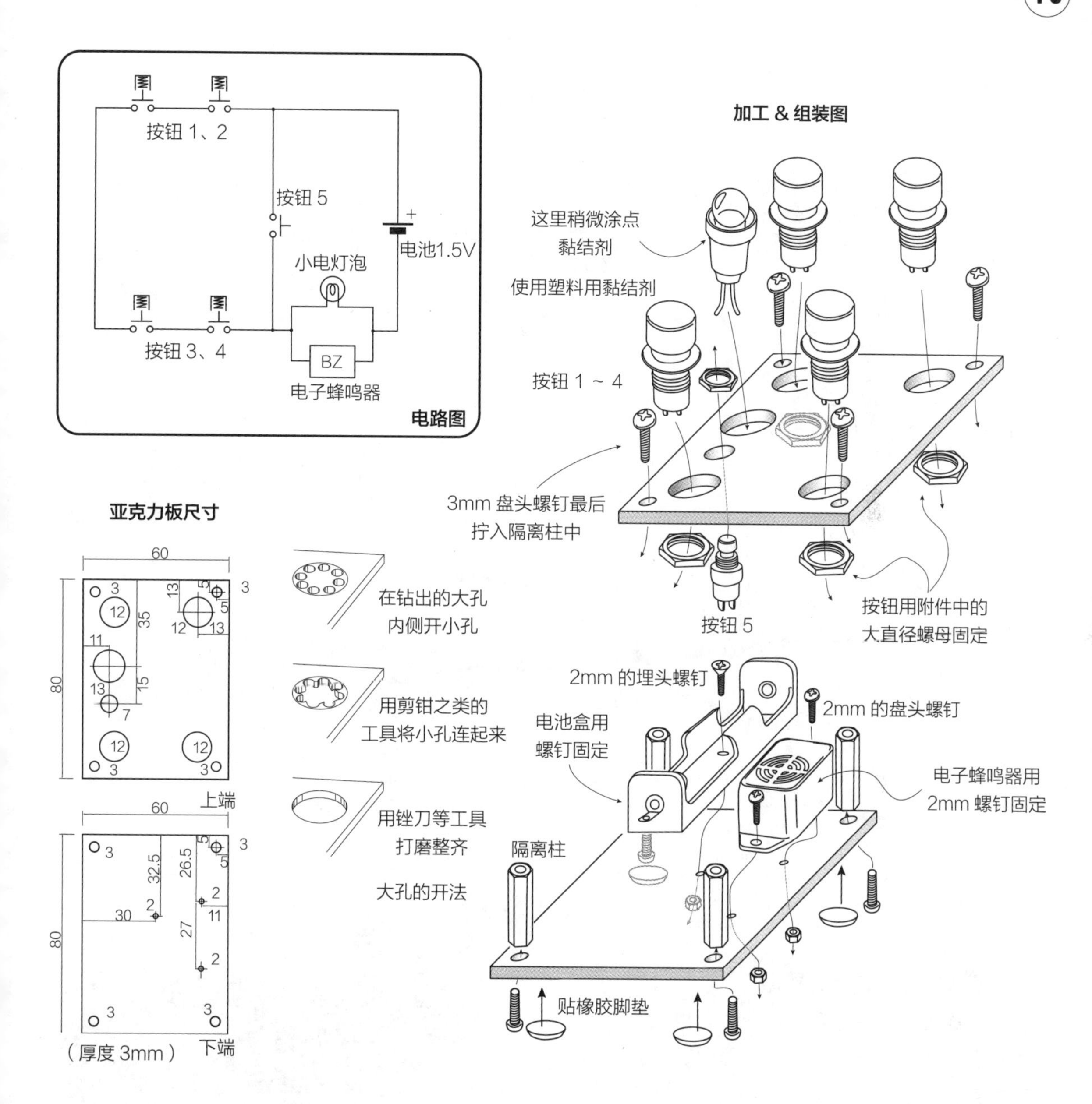

亮过一次以后，适当地再按几下，让人看不出来哪个是 ON 哪个是 OFF，再开始下一次游戏。

■ 外壳加工

这次的电子布线不使用电路板，因此在加工好外壳，安装完元器件以后再布线比较容易。这样就先加工外壳。

将亚克力板按照尺寸切断、钻孔。切断时，使用切割塑料用的勾刀，钻孔时使用钻头。大孔的制作方法是开几个小孔，再将这些小孔连起来，用锉刀一类的工具打磨出来。

■ 组装（布线）

在上端亚克力板上分别安装上按钮、小灯泡座，将小灯泡座用黏结剂固定住。按钮 1 ~ 4 的方向摆好了会很漂亮。按钮穿过亚克力板上的孔，用扁嘴钳将附带的螺母拧紧。用螺钉把电池盒、蜂鸣器安装到下端的亚克力板上。螺钉很小，要注意不要丢失了（也可以用双面贴之类的固定住）。然后开始布线，布线时要注意不要弄错。

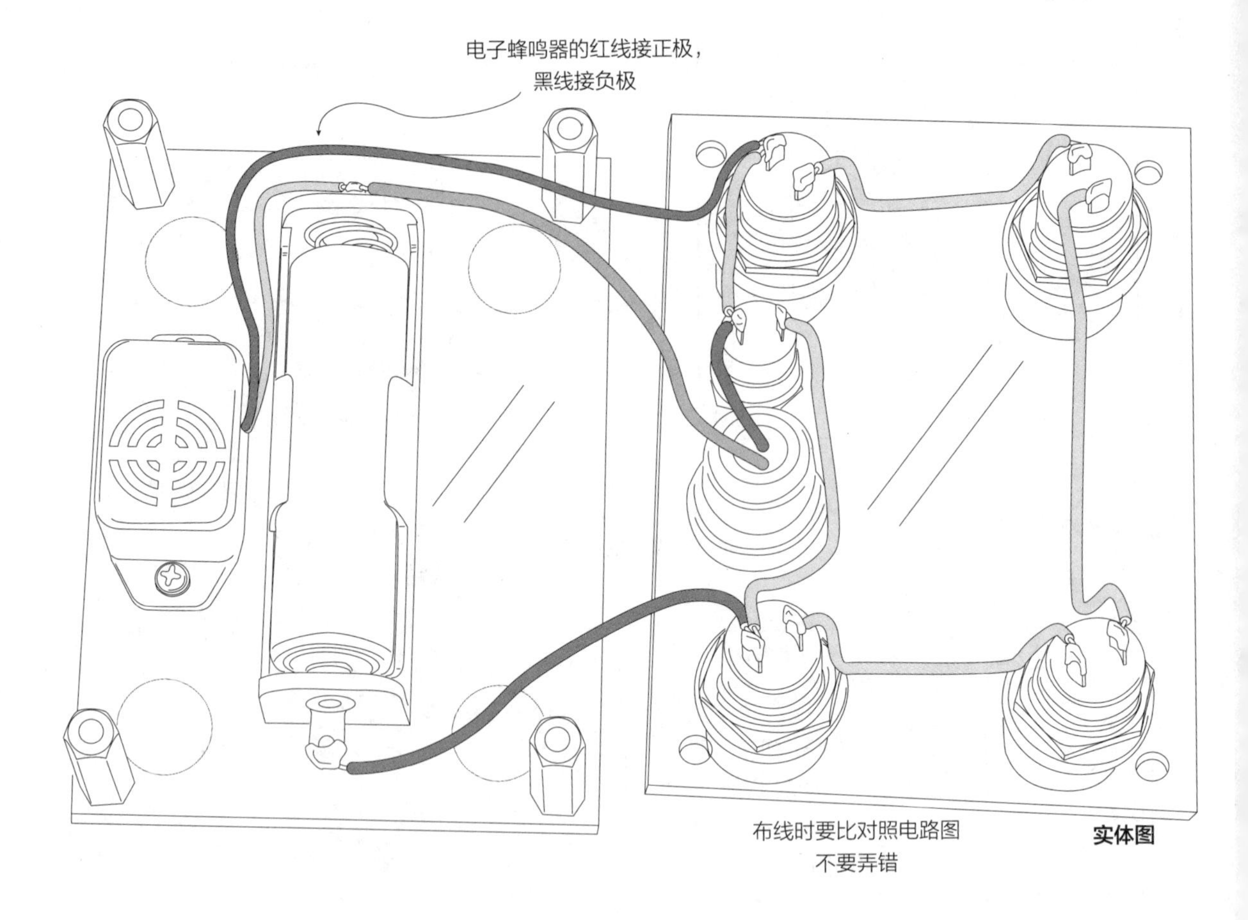

实体图

在焊接时要注意不要烫伤。

布线结束以后，在两块亚克力板的四个角上用四个隔离柱穿过 3mm 的孔固定住。这样就做完了。

■ 使用方法（应用）

所有布线结束以后，组装上外壳，游戏就可以开始了。

首先检查电池。用于检查电池的按钮是按钮 5。按下按钮 5，如果灯泡亮起来，电子蜂鸣器发出声音就可以。如果放入电池的时候，从一开始就发出响声，有可能是碰巧所有按钮都处于 ON 状态。出现这种情况时，按一次任意一个按钮变成 OFF 状态。这样操作后如果还是亮着的话，就有可能是某个地方的接线短路了。好好看看确认一下。特别是需要检查一下焊接部分。

No. 17

2格动画剧场

剪影画剧场

这个制作是让两个小灯泡忽明忽暗，交替进行，让两幅剪影画就像动画一样动起来。用两个三极管做出的非稳态多谐振荡器电路使小灯泡忽明忽暗，做出交替变化的剪影动画。

■ **电路说明**

电路是由三极管、电容器、电阻器组成的非稳态多谐振荡器电路。电容器（C1,C2）充电后，交替重复放电和充电，由三极管2SC1815（Tr1,Tr2）打开或关闭开关。三极管2SC2120（Tr3,Tr4）起到驱动小灯泡亮起的作用。通过改变电容器（C1,C2）的容量和电阻器（R1,R2）的电阻值，可以改变闪烁速度。

对此有兴趣的读者可以尝试一下。

元器件表

三极管（Tr1,Tr2）:2SC1815	2个
三极管（Tr3,Tr4）:2SC2120	2个
电解电容器（C1,C2）:47μF 6.3V	2个
电阻器（R1,R2）330Ω 1/4W（色带：橙橙茶金）	2个
电阻器（R3,R4）15kΩ 1/4W（色带：茶绿橙金）	2个
6P平式接线板	1张
小电灯泡2.5V&小电灯泡灯座	2组
尼龙夹	2个
3号电池用电池盒（2个）	1个
电池扣	1个
3号电池	2个
开关	1个
角码	大2个、小4个
隔离柱（高5mm左右）	2个
螺钉：盘头M3×8mm（螺母、垫圈）	各4个
盘头M2×4mm（螺母）	各2个
圆形不锈钢夹子：宽40mm左右	2个
木螺钉：盘头M3×10mm（垫圈）	6个
：盘头M3×18mm（垫圈）	2个
：埋头M3×10mm	1个
胶合板：150×200mm（12mm厚）	
方木材：10mm×10mm×200mm	2根
：10mm×10mm×130mm	2根
窗户纸：150mm×200mm	
布线导线、焊锡少许	

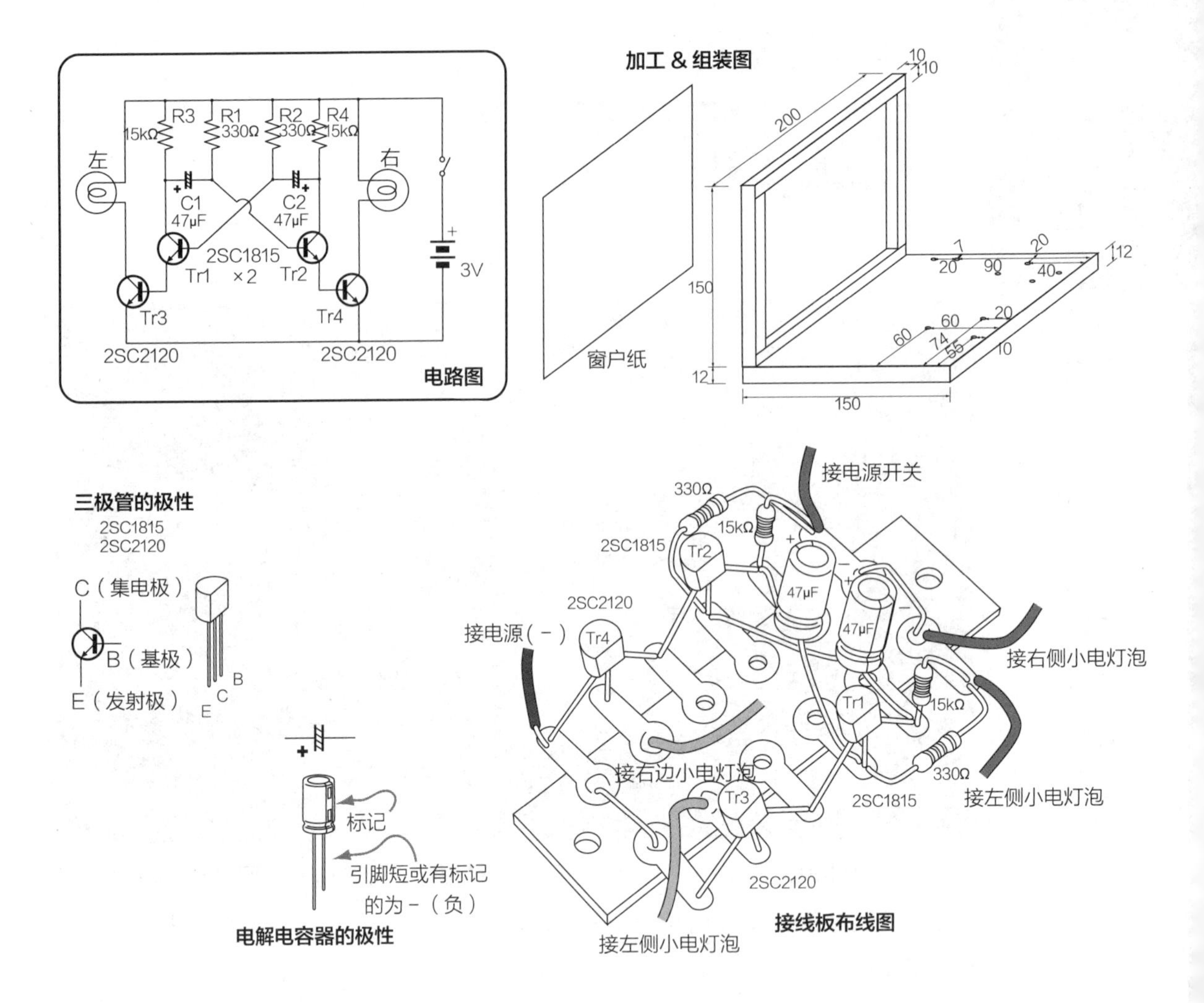

■ 组装（布线）

对照电路图，将三极管、电容器、电阻器等零件的引脚穿过接线板孔。接线板和印刷电路板所不同的是可以从正面焊接，很方便。为防止元器件脱落，在引脚穿过孔后，要将引脚轻轻折弯一点。

下面就焊接元器件。焊接时要注意电阻器色带的标识，三极管、电容器要注意极性，注意不要弄错。在布线时，电容器的引脚要交叉布线，注意不要让引脚之间互相接触。

将各个元器件装到接线板后，把接线板装到台座上。将接线板穿过 5mm 左右的隔离柱，用木螺钉固定在台座上。小电灯泡的灯座用角码固定住，为了以后微调方便，用尼龙夹（钢丝抱箍）固定在角码上。为了不让从两个地方的小灯泡射过来的光影重叠，要将位置确定好（参照图示），用角码将固定剪影画的圆形不锈钢夹用木螺钉固定在台座上。

将 10mm 的方木用黏结剂做成框，再在上面贴上窗户纸做成投影屏幕。这里也可以使用日本纸。将框固定在台座上以后，再将裁好尺寸的窗户纸贴上，这样操作起来会容易一些。

将窗户纸用黏结剂贴在框子上后，用喷雾器喷点水，水干了以后很容易就贴上了。

用角码将电池盒和电源开关固定在台座上，再分别把它们布线到接线板上。

接上电源后小灯泡开始闪烁。如果不亮或亮起来后就不熄灭，有可能是某个地方的线没连好，也有可能是短路了或灯座没有插好。要再核对一下，找出问题。

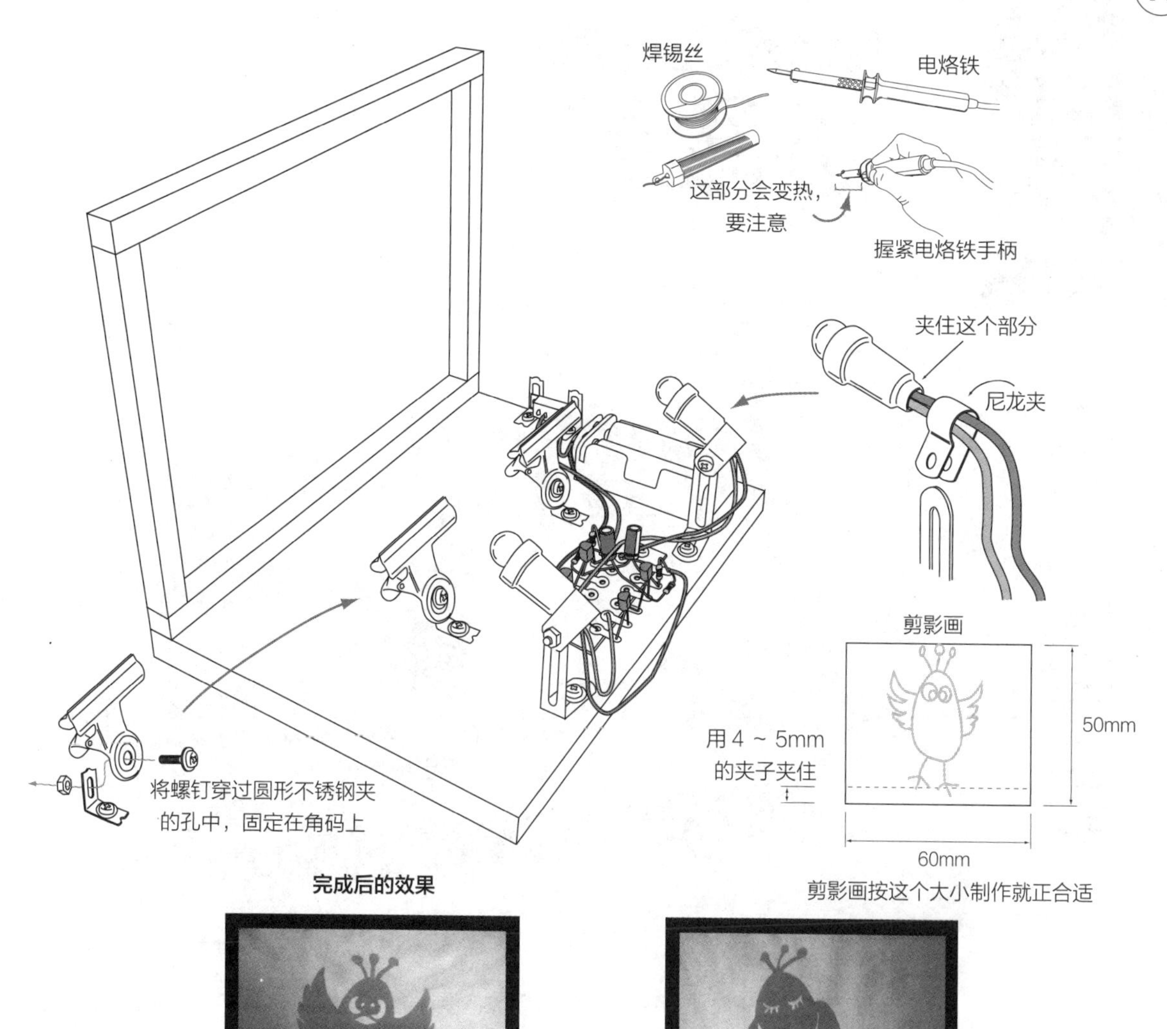

完成后的效果

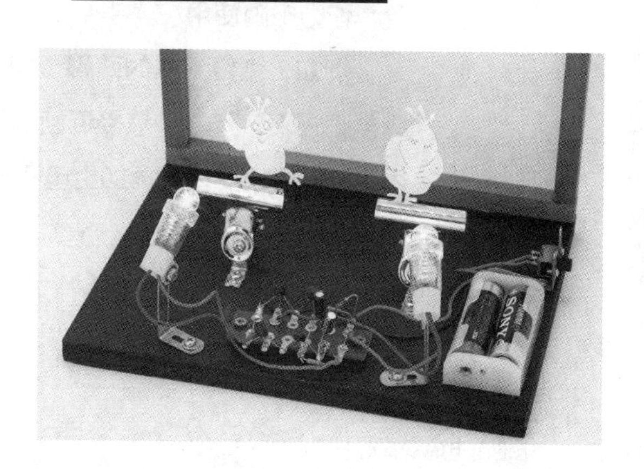

将各种剪影画放映一下试试。用一个纸箱将后面罩住，就成了一个很不错的迷你投影剧院。

■ 游戏方法

将画纸裁好后，按照图的大小制作剪影画。在透明胶片或亚克力板上用油性笔画上带颜色的画，用彩色玻璃纸做剪影画会更加正规。也可以把你身边各种有可能用上的都放上看一看，也许会有新的发现。

做出两种剪影画，分别夹在圆形不锈钢夹子上，配齐成套后，就要开始放映了。将房间调暗，开关打到 ON 状态，在屏幕上就会出现令人开心的剪影画动画。

No.
18

用铅笔做的愉快乐器

铅笔乐器

制作并享受声音

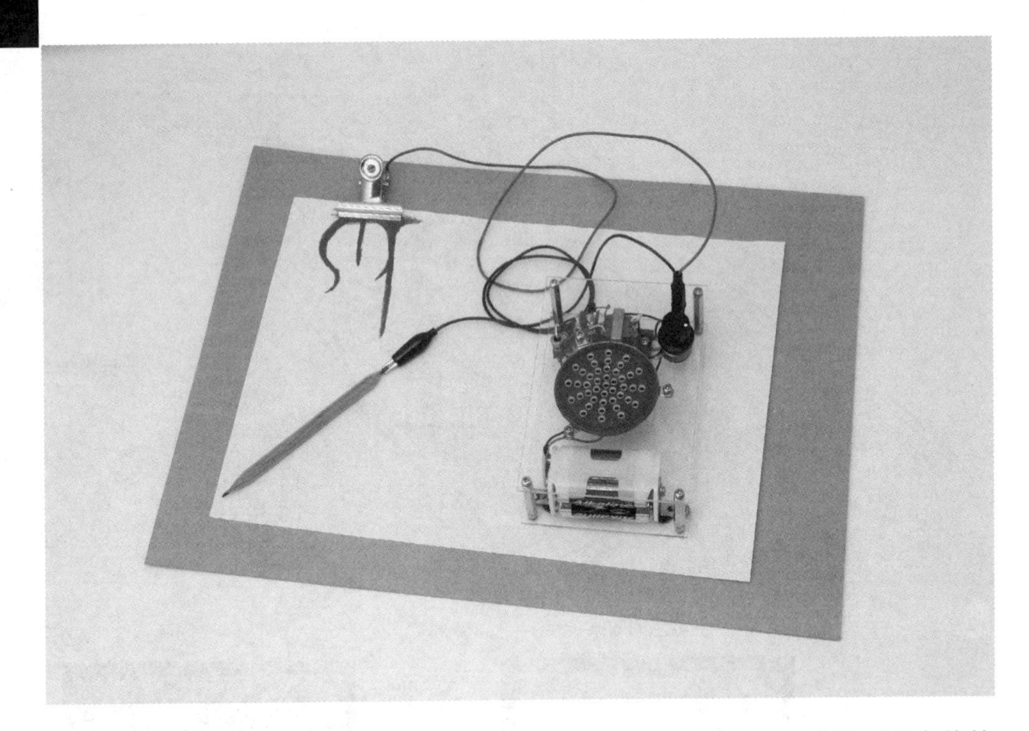

让我们用铅笔制作电子乐器吧。铅笔芯的主要成分是石墨，能起到导电体的作用。用铅笔在纸上画一条线，这条线就成为导体，可以通电。虽然这么说，但铅笔芯并不能和铜线类导线同样使用，可以根据线的深浅、面积、石墨以外所含的成分，作为电阻使用。

例如，削好铅笔的两端，用万用表测试一下，电阻值接近 0，但是在纸上画上线再测一下，万用表笔接近画的线时电阻值很低，离开画的线时电阻值就很高。应用这种电阻值变化，再加上电子高低音，就做成了乐器。

元器件表

三极管（Tr1）:2SC1815 …… 1 个
电容（C1,C2）:0.1μF 50V …… 2 个
可变电阻器（VR）100kΩ …… 1 个
可变电阻器旋钮 …… 1 个
接线板：5p …… 1 张
小型变压器 :ST-32 …… 1 个
3 号电池用电池盒（4 个）…… 1 个
3 号电池 …… 4 个
电池扣 …… 1 个
开关 …… 1 个
微型插座 & 插头 …… 1 个
扬声器 :8Ω …… 1 个
扬声器固定五金件 …… 3 个
角码（中）…… 2 个
橡胶脚垫 …… 4 个
亚克力板 :3mm 厚 90×130mm …… 2 张
圆形不锈钢夹子 …… 1 个
鳄鱼夹 …… 1 个
铅笔 :（B 或者 2B）…… 1 只
隔离柱 :M3×5mm …… 2 个
:M3×35mm …… 4 个
盘头螺钉 :M3×5mm …… 16 个
:M3×12mm …… 4 个
螺母 :M3 …… 14 个
布线导线、焊锡少许

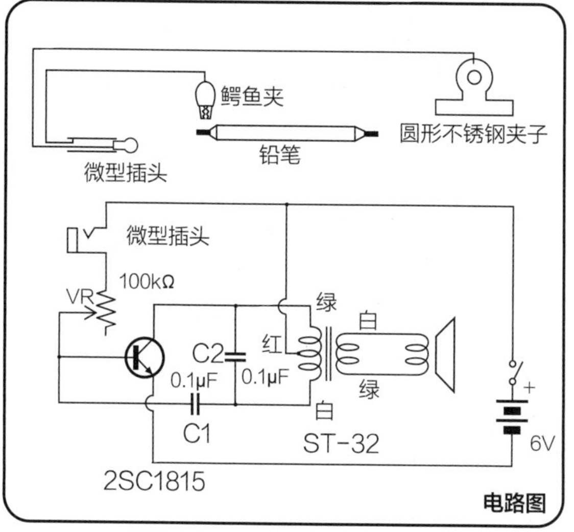

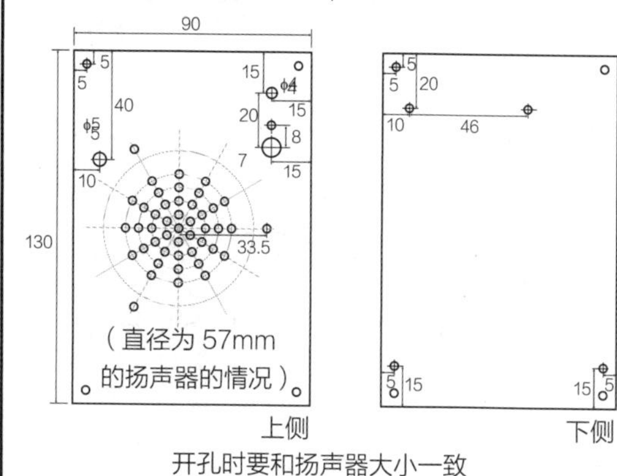

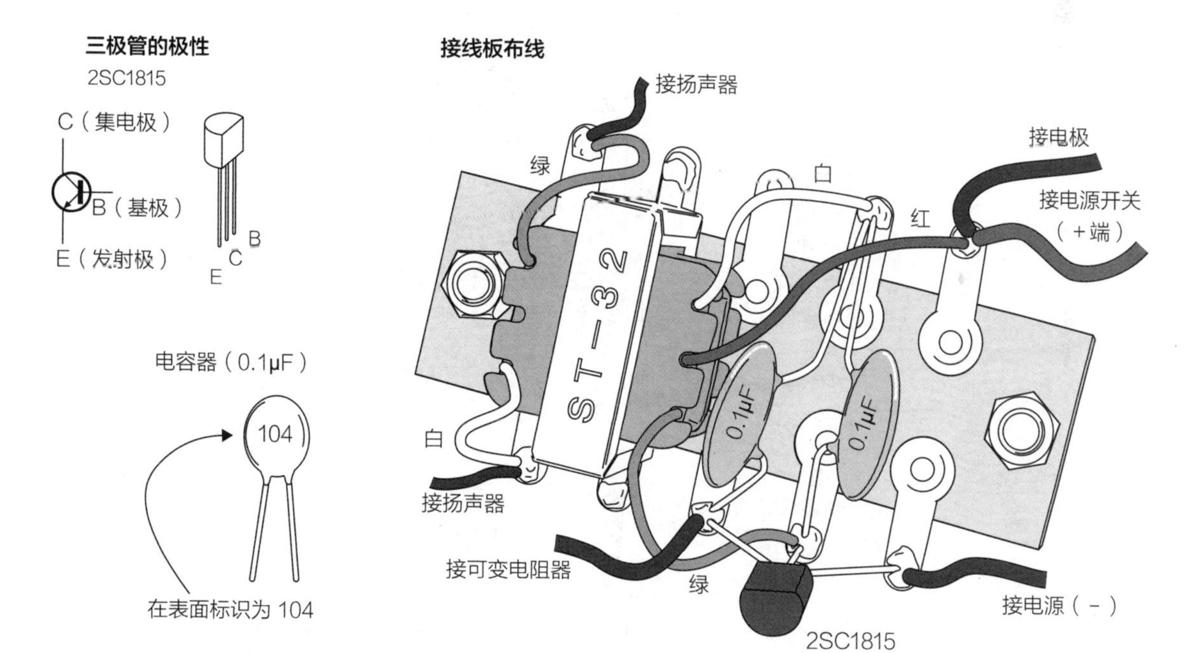

■ 电路说明

本电路是由一个三极管组成的间歇振荡回路。三极管基极电流流动，集电极电流就流动，电流流向变压器线圈。这时，通过变压器另一条线让电容（C1）反向充电。电容器被充电后，三极管基极就变为负，基极电流就不再流动，插头电流也不流动了，电容器放电。电容器放电结束后，基极电流再次流动，插头电流也流动起来，这种动作重复进行就产生振荡。流过该变压器的电流通过次级线圈，由扬声器变成声音。通过改变使基极电流变化的电阻值，改变频率，产生高低声音。这次是用铅笔控制这个电阻部分。

■ 组装（布线）

将三极管、电容器的引脚穿过接线板的孔焊接。将三极管引脚部分向外侧折弯，焊接后固定在接线板上。从变压器接出来的线按颜色区分，这些都是有极性（连接）的，要看着电

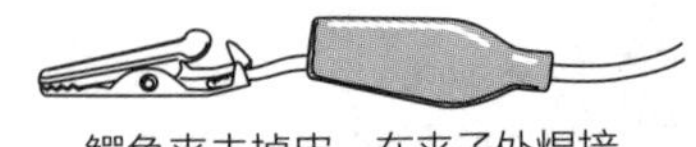

鳄鱼夹去掉皮，在夹子处焊接

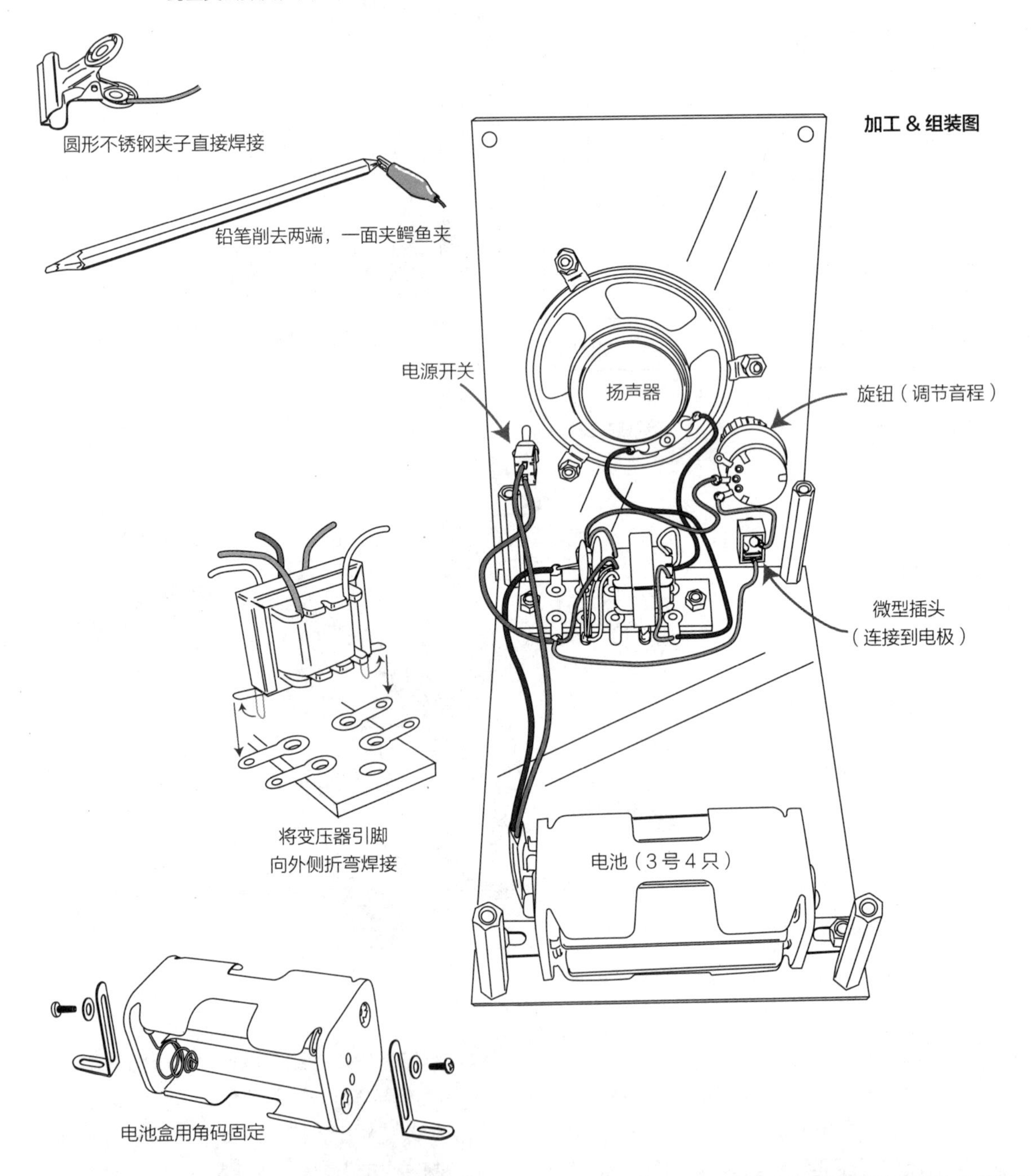

路图接线。接到接线板的零件在安装完以后，用 5mm 隔离柱通过螺钉和螺母安装到外壳上。制作外壳，按照图纸加工 2mm 厚的亚克力板，在上面的亚克力板上安装扬声器、音程调节用旋钮、电源开关、电极用微型插头。安装扬声器要使用专用五金件，用扁嘴钳拧紧附件中的螺母进行固定。用角码将螺钉穿过电池盒上开的孔，将电池盒固定住。

将各个元器件固定在亚克力板上后，对接线板、电池盒、电源开关、微型插头、旋钮进

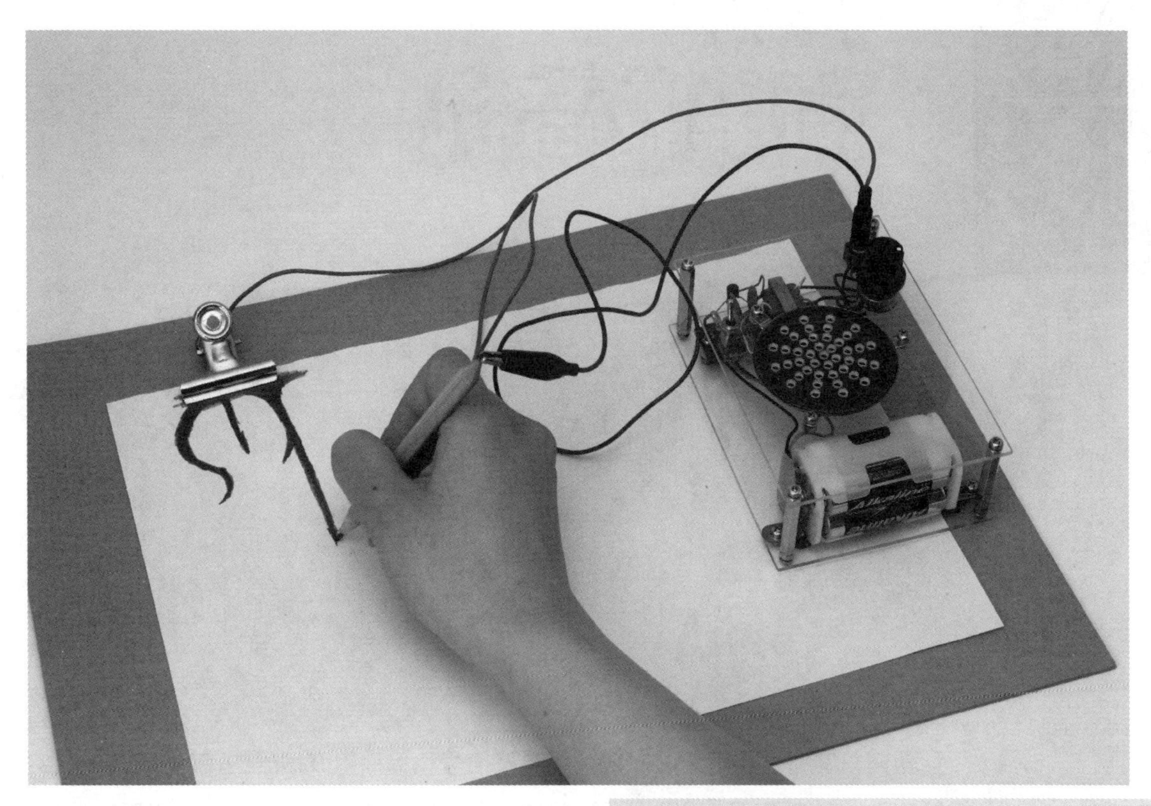

制作例子：筒形乐器

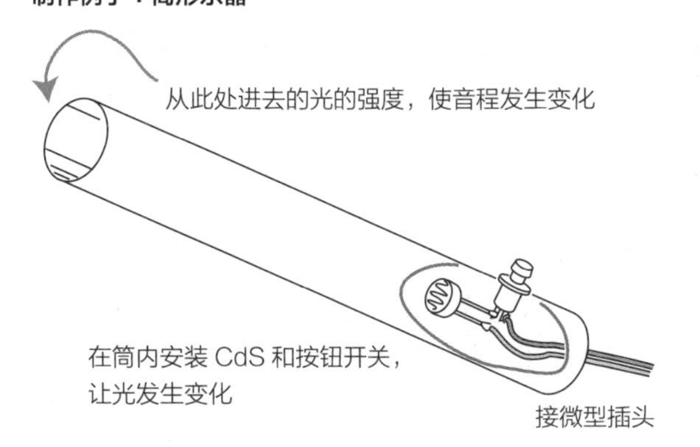

行布线和连接。布线时要注意不要将从接线板到各个元器件的布线搞错。最后，用 35mm 高的隔离柱固定。铅笔成为电极，用鳄鱼夹夹住，用圆形不锈钢夹子夹住纸，将从微型插头处过来的线分别焊接在鳄鱼夹、圆形不锈钢夹子上。

■ 使用方法（应用）

准备铅笔和纸。

削好铅笔的两头，用电极鳄鱼夹夹住铅笔的一端。铅笔笔芯颜色越深越好，可以使用 B 或 2B 型号的铅笔。首先将圆形不锈钢夹子夹住的部分涂黑，要涂得浓一些，用圆形不锈钢夹子将涂过的部分夹起来，准备工作就完成了。然后用铅笔画出喜欢的花纹。将线连接起来就可以欣赏到各种音阶。

如果线画得浓、粗，就出来高音，画得淡、细，就出来低音。通过调整旋钮也可以调节音程。

■ 筒形乐器（左图）

可以改变电阻让音阶发生变化，比如，使用可以通过光改变电阻的电子元件 CdS，按照和本制作同样的结构，可以做成对光有反应的乐器。在筒中放入 CdS，可以在朝向筒的方向改变音阶。如果还有可以改变电阻值的其他物品，也可以用来制作各种各样的乐器。做一做不同的尝试是很有意思的事情。

No. 19

能听见吗

简单收音机

制作收音机

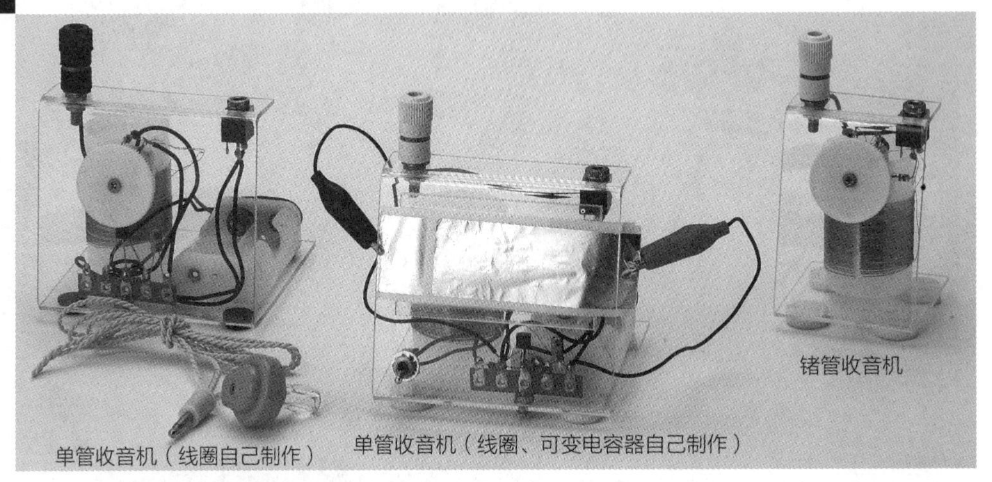
锗管收音机

单管收音机（线圈自己制作）　单管收音机（线圈、可变电容器自己制作）

现在数字通信技术发展得很快，电波信号和传播电波信号的传送接收设备也变得复杂了。在这里，我们做一个简单的、零件数量少的收音机，使用不用电池的锗管收音机和一个三极管来制作。

既然准备自己制作收音机了，就连线圈和可变电容器也自己制作吧。这样做，果真能听得见吗？来确认一下吧。

元器件表

●锗管收音机
漆包线：0.2mm ………… 10mm 左右
锗二极管：1N60 ………… 1 个
有机薄膜可变电容器 & 旋钮 ………… 1 组
晶体耳机 & 微型插口 ………… 1 组
胶卷盒 ………… 1 个
橡胶脚垫（毡脚垫）………… 4 个
亚克力板：2mm 厚 50×140mm ………… 1 张
端子（接天线用）………… 1 个
塑料螺钉 ………… 1 个
布线导线、焊锡少许

●单管收音机
漆包线：0.2mm ………… 10mm 左右
晶体耳机 & 微型插口 ………… 1 组
胶卷盒 ………… 1 个
5P 立式接线板 ………… 1 张
橡胶脚垫（毡脚垫）………… 4 个
亚克力板 ………… 参照尺寸图（4 个零件）
端子（接天线用）………… 1 个
塑料螺钉 ………… 1 个
三极管：2SC1815 ………… 1 个
电解电容器：1μF 16V ………… 1 个
电阻器（R1）：1MΩ 1/4W（色带：茶黑绿金）… 1 个
（R2）：200kΩ 1/4W（色带：赤黑黄金）………… 1 个
电池盒 & 电池扣：2 个 3 号电池用 ………… 1 组
三号电池 ………… 2 个
开关 ………… 1 个
鳄鱼夹 ………… 2 个
布线导线、焊锡、铝箔、纸少许

■ 电路说明

线圈是将电线一圈一圈地绕起来制成的，通直流电时就像电磁场一样产生磁场，能够顺利通电。但是，如果通交流电，就改变了性质，频率越高越难以通电。电容是将两块薄金属板空出间隙并面对面放置的绝缘体，基本上不通直流电。但是，在通交流电的情况下，频率变高就通电流。

空中飘着各种各样的电波，天线中这些电波杂乱无章，但使用了线圈和电容后，就可以做到只收集特定频率的电波信号，这称为“调谐”。

在锗管收音机中，使用可以改变电容器容量的可变电容器实现调谐。在单管收音机中，这种可变电容器我们也可以自己试着制作。将

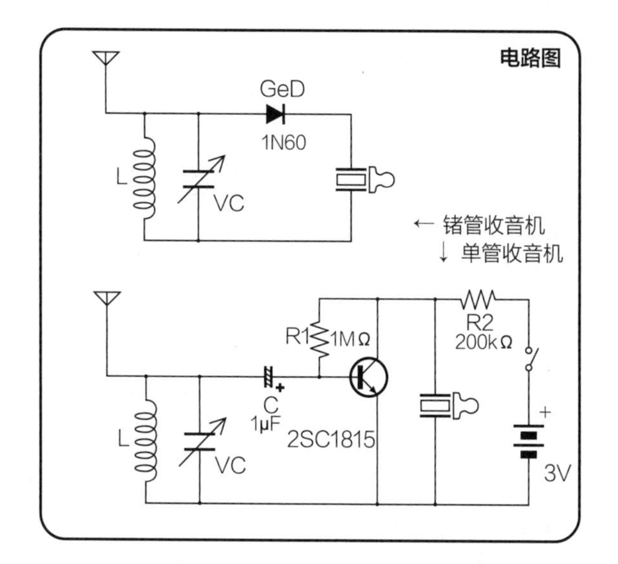

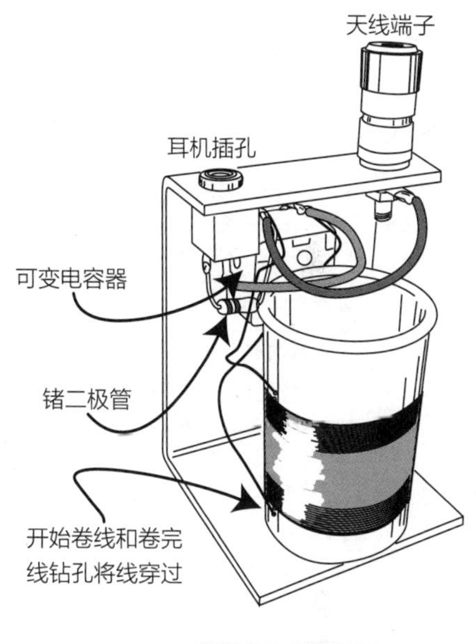

锗管收音机组装图

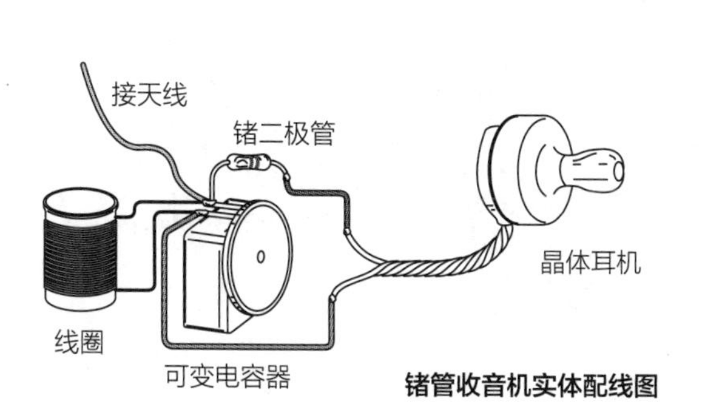

锗管收音机实体配线图

得到的电信号通过锗二极管进行整理，这称为“检波”，然后通过晶体耳机将电流信号变为声音，就可以听得见了。

● **锗管收音机**

将线圈和可变电容器接在一起制作调谐回路，通过锗二极管检波，检波后直接连接到晶体耳机。这就是收音机的基本形式。

● **单管收音机**

锗管收音机输出到耳机的声音很小。随着电波强度不同，输出的声音也会有所变化，但是，总是感觉似乎听得见又似乎听不见。用单管收音机试着将声音放大。

三极管可以将声音放大，因此，既然好不容易听到声音了，那就将这个声音流到三极管的基极，通过被放大的集电极电流使耳机发出声音。但电路图中是没有二极管的，实际上是三极管起放大作用的同时，也在发挥着检波作用，因此，即使从电路中去掉锗二极管，也是可以听到声音的。

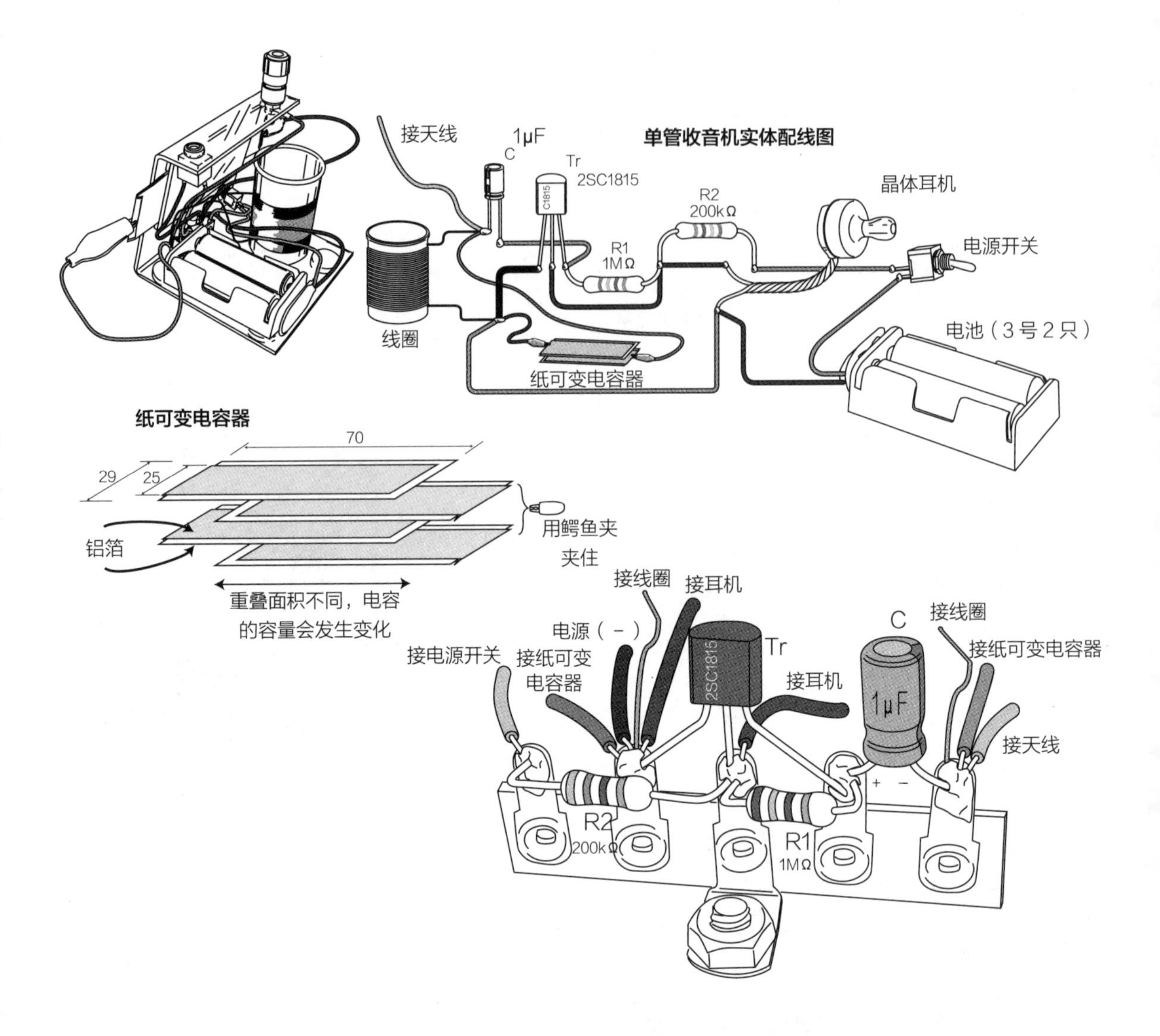

■ 组装

● 锗管收音机

线圈的制作，是在空胶卷盒上将漆包线一圈一圈地缠绕100圈左右。漆包线要密密地对齐绕好，不要产生重叠现象。将10m漆包线在胶卷盒上缠绕完，大概要缠绕100圈左右。

亚克力板按照尺寸切断、钻孔后折弯，这样将会完成得很漂亮。

线圈会对金属产生影响，因此在胶卷盒正中开孔后，用塑料螺钉固定在亚克力壳体上。

将可变电容器固定在壳体上，并将锗二极管、线圈的漆包线直接焊接到可变电容器和微型插口上，端子用电线进行锡焊。

因为不需要电池，所以这样就装完了。

● 单管收音机

单管收音机的线圈和锗管收音机的是一样的。对于可变电容器的制作，是将铝箔黏结在纸的一面，把用同样的方法做好的纸重叠起来，两端用鳄鱼夹夹住，可以滑动。将纸可变电容器插入黏结在壳体上的亚克力零件的间隙中。

放大电路是将三极管、电阻器、电容器焊接在接线板上。

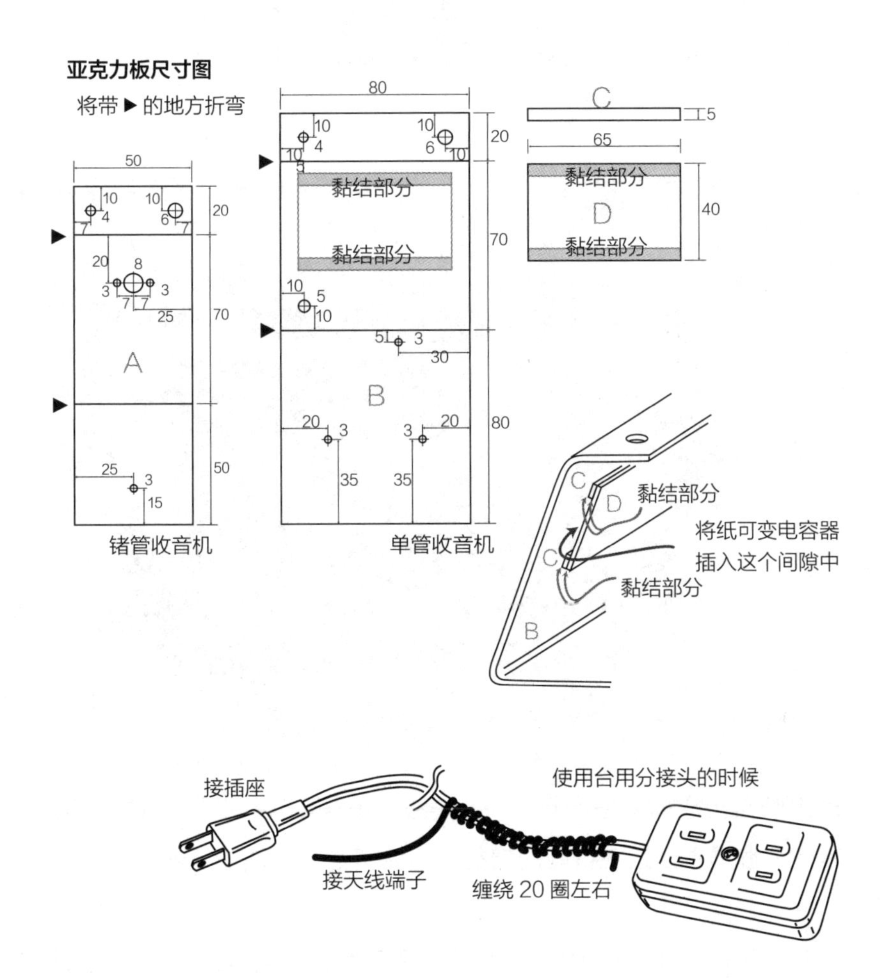

对壳体的加工，是在将亚克力板切断后，开螺钉和端子孔，黏结可变电容器所需要用的亚克力零件，然后进行折弯加工，这样就会完成得很漂亮。

将配线板用螺钉固定在加工完的亚克力板上，安装晶体耳机所用的微型插孔和天线所用的端子，再分别进行布线。

■ 使用方法

连接天线，接上电源开关，将耳机贴在耳朵上，安静地倾听。集中注意力听很重要。分别将锗管收音机的可变电容旋钮和单管收音机的纸可变电容器的夹子捏住，左右安静地滑动，在某个点可以听到音乐和广播。改变纸可变电容器的数量，调谐频率就会发生变化，所听到的频道也将随之发生变化。

在晚上街道上安静的时候，实验效果比较好。这时周围安静，电波状态也相对稳定一些。接收到的电波不强时就有可能听不见，电台天线位置和区域不同会导致出现不同的状态。

用长电线做天线比较好。这里使用了家里的灯线作为长电线。将从家里到外边的灯线接到很高的电线杆上，作为收音机天线是最合适的。只是将电线缠绕在灯线上就足够了，这样就能够收到电波。

No. 20

自动亮灯

自行车标识灯

便利小制作

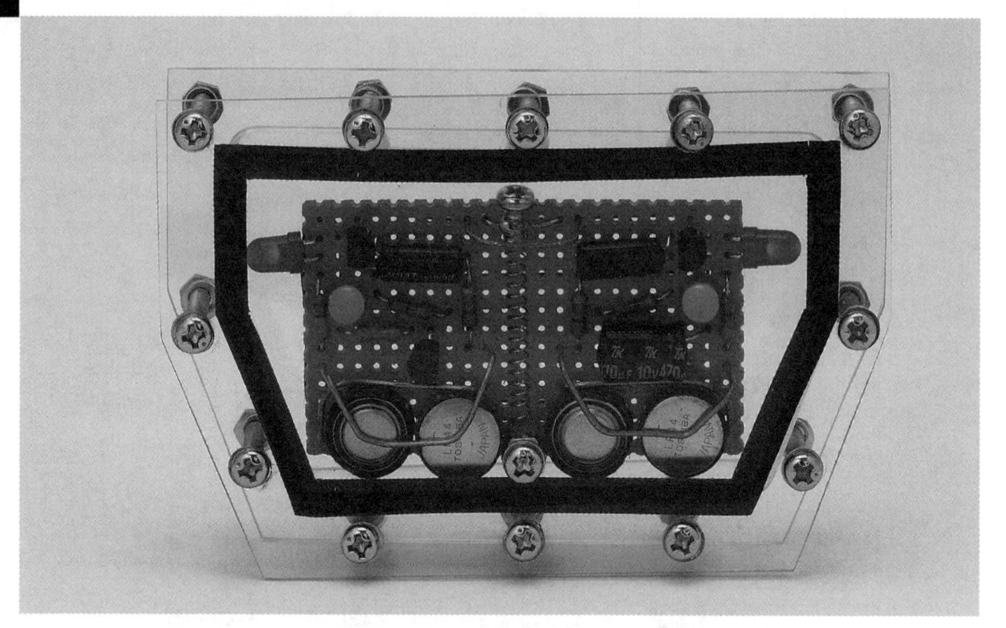

晚上骑自行车时，在街灯明亮的路上骑一般没有问题，但是在黑暗的道路上，其他人很难看到正在行驶的自行车，尤其是从后面或从侧面很难发现，非常危险。

为此，用 LED 做一个闪闪发光的标识灯就显得很实用，并且将自行车的晃动作为信号让灯发亮，避免了每次开关电源的麻烦，非常方便。

元器件表

三极管（Tr1）2SC2120 …… 1个
（Tr2, Tr3）2SA1015 …… 2个
电解电容器（C1）:470μF 10V …… 1个
（C2,C3）:100μF 25V …… 2个
电阻器（R1）:56kΩ 1/4W（色带：绿黄橙金）…… 1个
（R4,R5）:5.1kΩ 1/4W（色带：绿茶红金）…… 2个
（R2,R3,R6,R7）:330Ω 1/4W（色带：橙橙茶金）…… 4个
万能板（切断成 23×13 孔）…… 1张
LED …… 4个
按钮电池 :LR44 …… 4个
亚克力板 …… 参照尺寸图
隔离柱 :10mm 双内螺纹
螺钉、螺母 :M3×25mm …… 12个
弹簧、螺钉 :30mm 左右 …… 各1个
布线用导线、铜线（金属丝）、焊锡少许

■ 电路说明

将两个三极管的非稳态多谐振荡器和电容器放电时间计时器组合在一起。电源开关所使用的振动传感器用弹簧自制。

传感器晃动，接点接触，电容器（C1）就被充电。充上的电通过电阻器（R1）放电，使三极管（Tr1）打开或关闭。电流流过三极管（Tr1）的集电极与发电极之间，使电流进入非稳态多谐振荡器部分的电路中，左右 LED（LED1 ~ LED4）就开电容（C1），放电结束，LED 熄灭，但这时如果传感器摇晃接触，就又

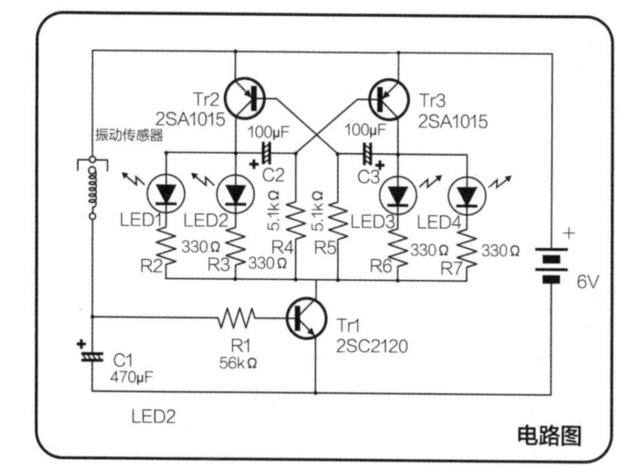

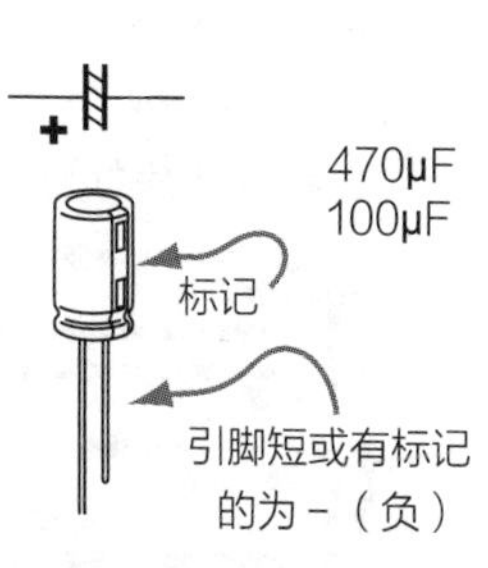

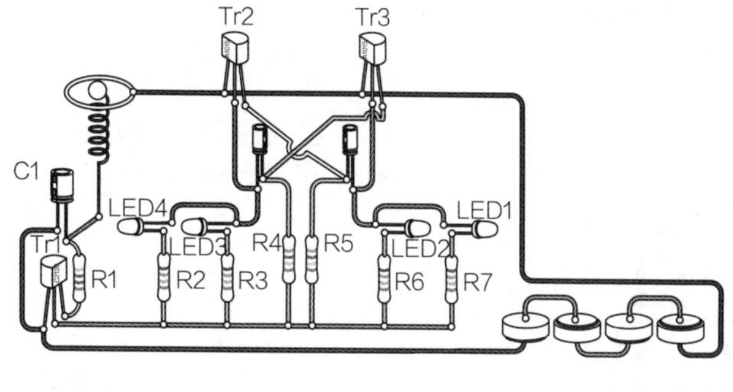

实体布线图

电解电容器的极性

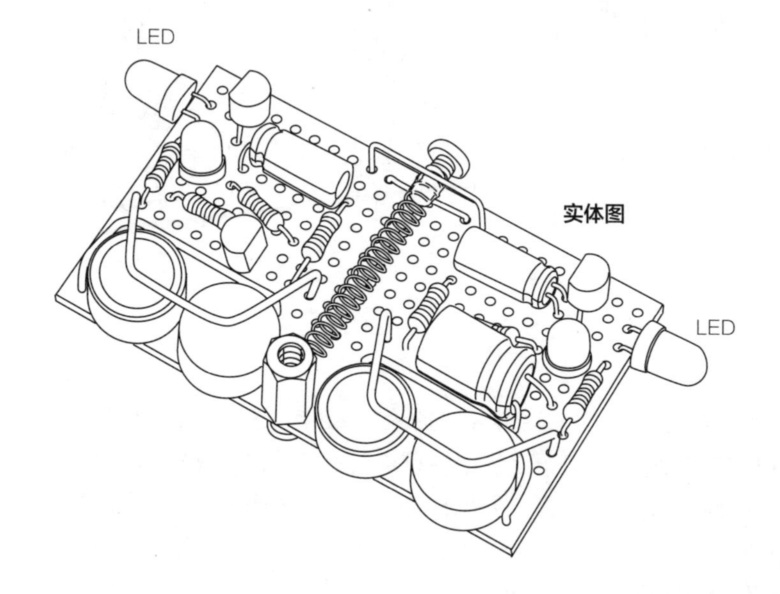

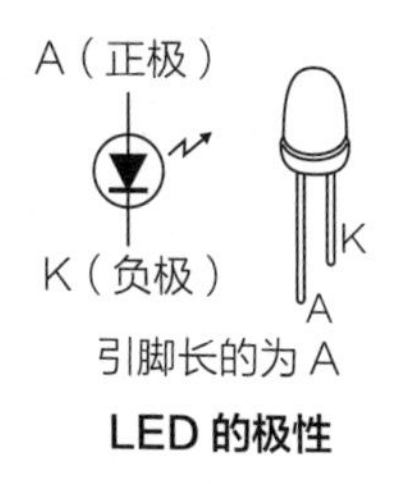

LED 的极性

进行充电，因此在摇晃过程中 LED 就会反复闪烁。如果自行车停住，振荡传感器就不再摇晃，过一会 LED 就会停止闪烁。

■ 组装（布线）

制作电路用的是万能板。这种板是按照 IC 引脚之间的标准间距，每隔 2.54mm 就有一个孔，在每一个孔里有锡焊用铜箔，称为焊盘。

按图安装元器件，不要一次将全部元器件安装完，最好是看着图一点一点地焊接。

这次把电池也装到这一块电路板上，这是

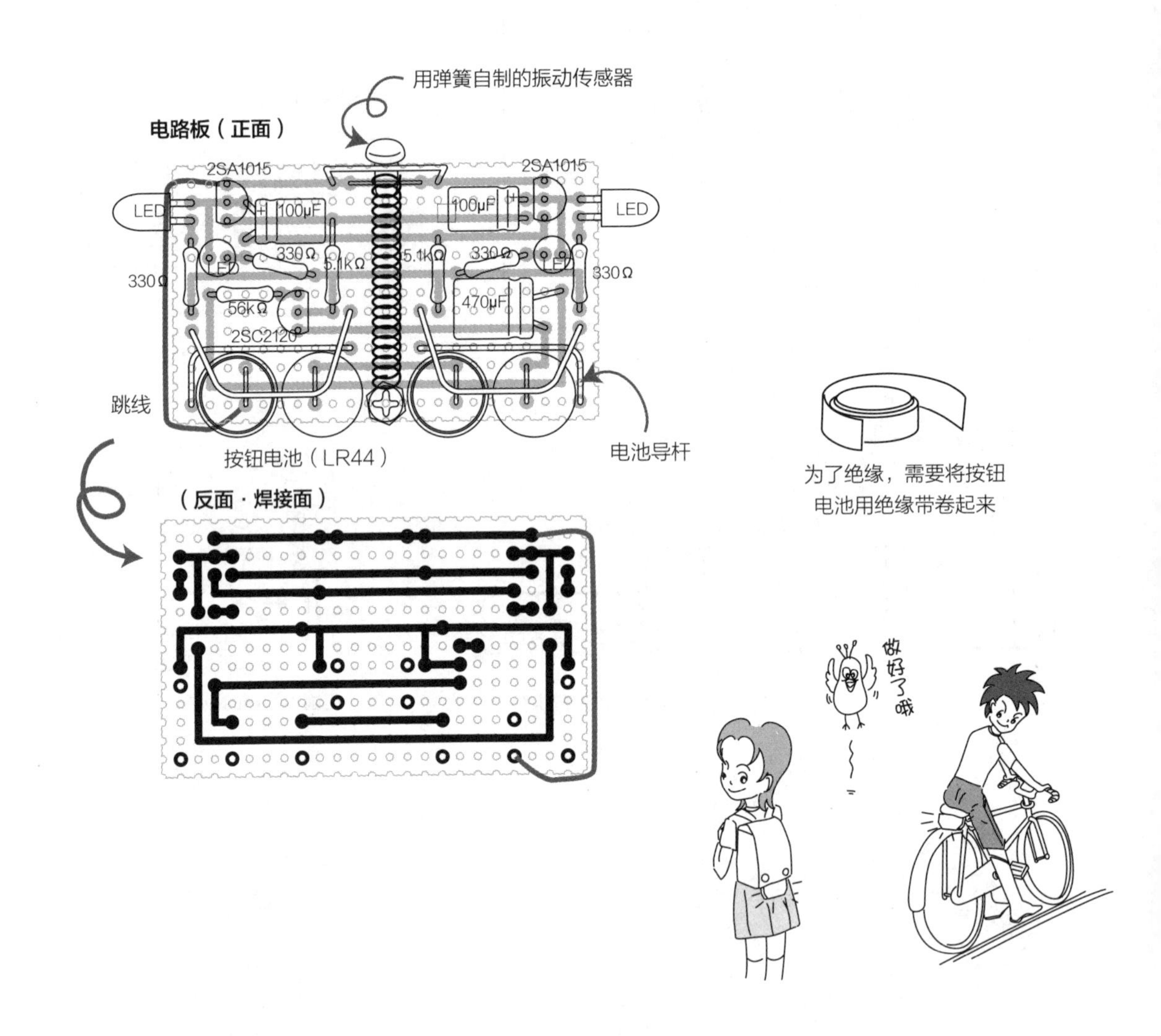

一个比较细致的作业，注意不要弄错。

焊接时将从电路板铜箔面出来的元器件引脚折弯，直接用这个引脚接线。引脚长的时候剪去，短的时候可以利用镀锡铜线或剪下来不用的其他元器件引脚加长。将元器件的引脚折弯以防止元器件脱落下来。可以将引脚剪到所需长度后再进行焊接。

振动传感器是将弹簧的一端拉长，将螺钉穿过对应孔后固定在电路板上。在弹簧的另一端将螺钉焊接住，以达到重量平衡。这样，电路板上就有了能够软弹弹晃动的零件。

在用于平衡重量的弹簧周围缠上金属丝，作为摇晃时接触的接点。这样振动传感器就做好了。平时接点是不接触的，只在振动时才接触。要做到这一点，需要调整弹簧的硬度和长度等，可以按照自己喜欢的状态进行调整。在安装到自行车上的时候，要设定在关闭状态下不接触，否则 LED 就会一直闪烁，这一点要加以注意，按照自己的喜好调整即可。

电池用的是按钮电池，这个电池和 3 号电池不同，外包装上标识出了正极。排起来放会和旁边的电池或其他元器件接触，因此要将电池周围用绝缘胶带卷起来。

安装到电路板上时使用的是铜丝。电路

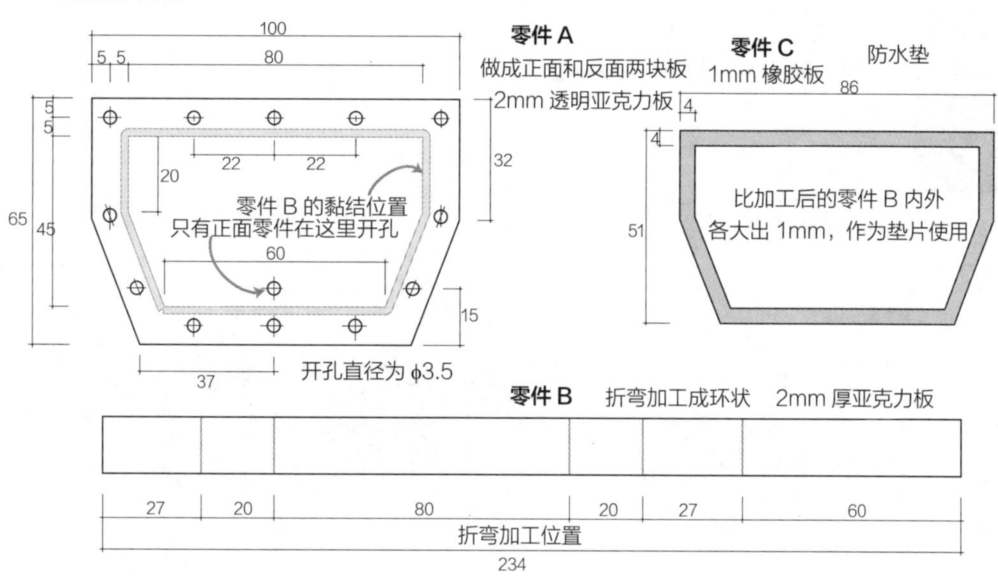

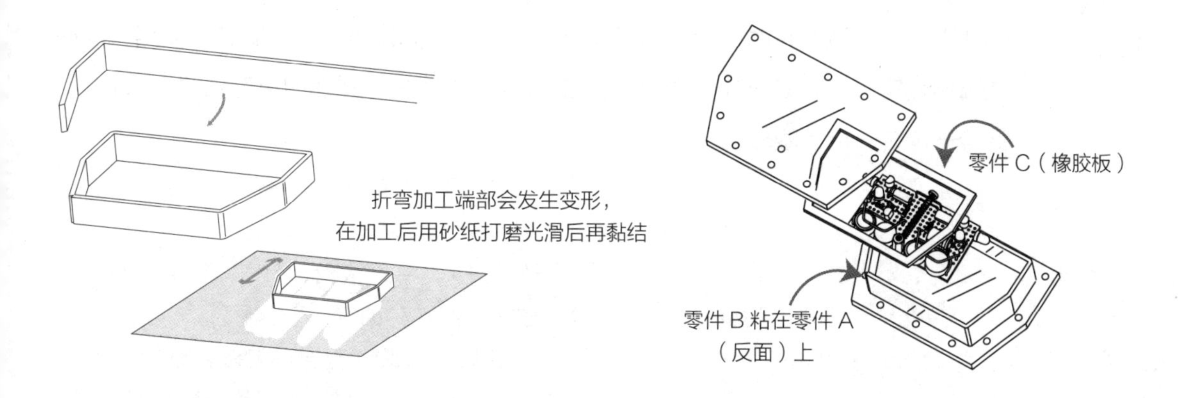

板上预先安装了电极。为了固定电池和起到电极的作用，将铜线加工成按压在电池表面的形状，安装到电路板正面。

为了防止散掉，将按压铜丝也装到电路板上。

■ 外壳的加工和组装

将亚克力板按尺寸切断、开孔。考虑到这次是安装在自行车上，从防水角度考虑，将螺钉的几乎所有部分都放在外边。在造型方面，选用了能让人想起机器和工业零件的紧固螺钉和框架结构。使用黏结剂和橡胶垫，使两块亚克力板 A 的中间夹住折弯了的零件 B，这样做也是为了防水。但是，这样做还不够，在实际使用时，可以用防水性好的箱子和填缝材料进一步进行防水加工。

用螺钉（隔离柱）将电路板的振动传感器部分弹簧固定在亚克力板（零件 A 的正面）上，把剪切好的橡胶垫夹在中间，周边用螺钉固定住。安装在自行车上时，可以用尼龙扎带捆扎在螺钉和自行车之间。

No. 21

永动的陀螺

AQ 陀螺

游戏和趣味制作

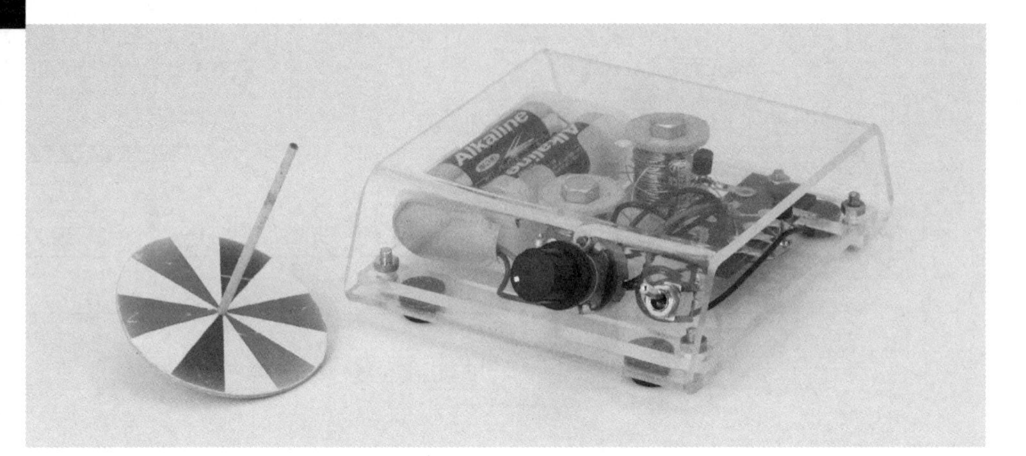

用纸板和牙签制作的简单的陀螺，是一个很有趣的玩具。虽然制作简单，但要保持平衡，并做到长时间旋转还是挺难的。为了让陀螺可以一直旋转，使用了电磁铁和振荡电路。设定一定的时间，通过电磁铁让装在陀螺上的小磁铁吸引或排斥，保持一定转数持续旋转。

■ **电路说明**

本制作中使用了有两个三极管的间歇振荡器。用 NPN 型（Tr1）和 PNP 型（Tr2）的三极管，通过电容（C1）的充放电产生振荡。接入电源后，通过可变电阻器（VR1），电容（C1）开始充电。充电结束后，放电电流向三极管（Tr1）的基极流动，让三极管（Tr2）打开或关闭，使电流流过。电容放电结束后，再次开始充电，将三极管（Tr2）变成 OFF 状态。重复进行这种动作，产生振荡。

在这里，振荡电流通过电磁铁产生磁场。在陀螺上安装上小磁铁，小磁铁被磁场吸引或排斥，陀螺就能一直旋转。

由于陀螺的大小和材料重量等因素的影响，有时候旋转速度和振荡频率不一致。为此，使用了可变电阻器（VR1）调整频率。

元器件表

三极管（Tr1）:2SC1815 ………… 1 个
三极管（Tr2）:2SA950 ………… 1 个
电解电容器（C1）:3.3μF 25V ………… 1 个
电阻器（R1）:1 kΩ 1/4W（色带 : 茶黑红金）…… 1 个
可变电阻器（VR1）:100 kΩ ………… 1 个
4P 平接线板 ………… 半张
电池盒 & 电池扣 : 2 个 3 号电池用 ………… 1 组
3 号电池 ………… 2 个
亚克力板 :3mm 厚 ………… 参照尺寸图
隔离柱 :3mm 无螺纹 ………… 2 个
螺钉 :M3 × 8mm ………… 1 个
:M3 × 12mm ………… 6 个
螺栓 & 螺母 :M5 × 25mm ………… 2 个
漆包线 : 粗 0.4mm × 10m ………… 2 个
电源开关 ………… 1 个
磁铁 : 蓓福磁贴 A（130mT）………… 4 粒
纸板、牙签、布线导线、焊锡少许

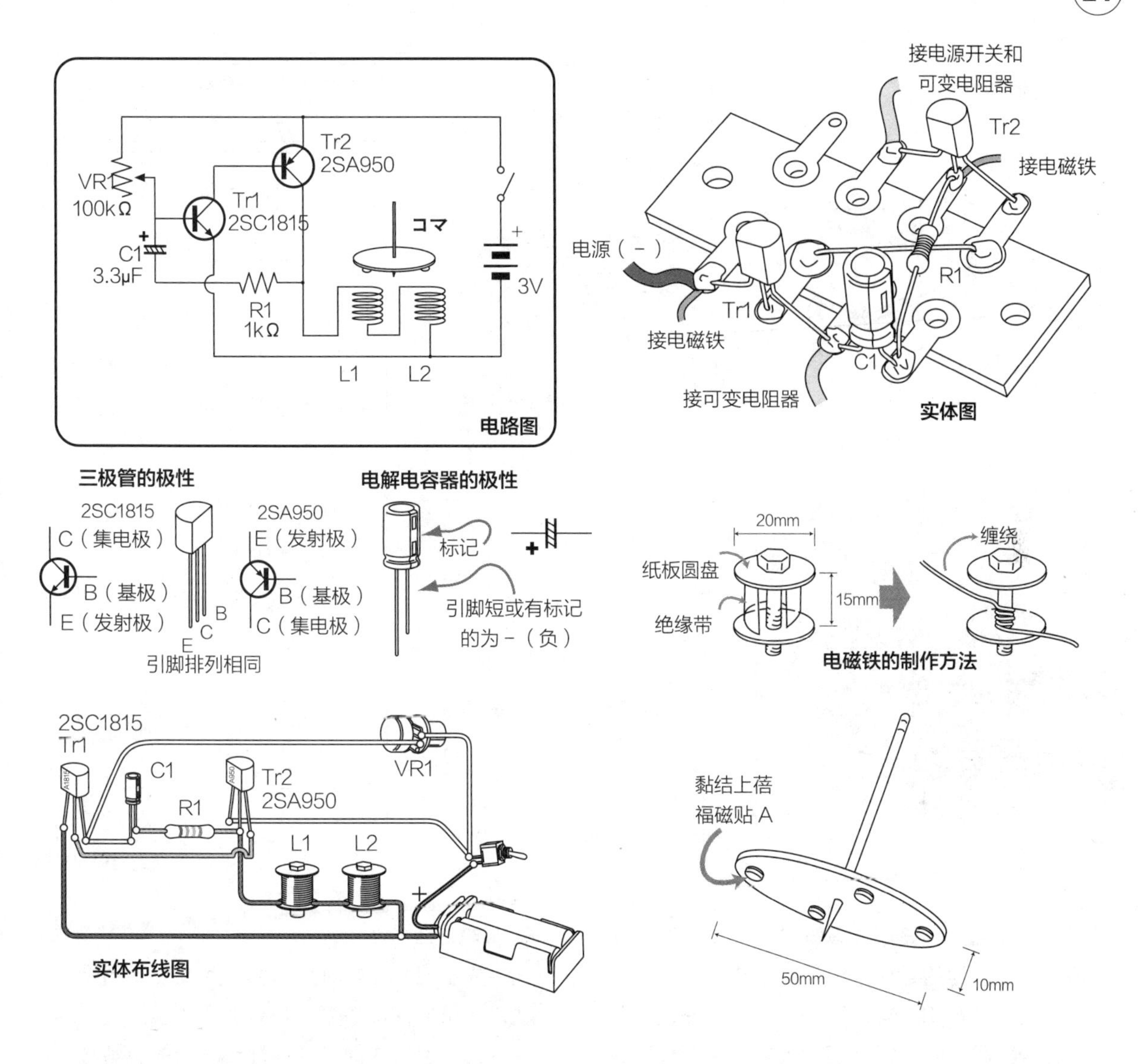

■ 组装（布线）

本电路是在配线板上通过焊接进行固定的。尽管元器件数不多，焊接时也要注意不要弄错。可以在把配线板安装到壳体以后，再连接电磁铁、可变电阻器、电源开关。

■ 电磁铁的制作方法

此处电磁铁铁芯使用的是 M5 螺栓。用纸板做出直径为 2cm 的圆盘，开孔，穿到 M5 的螺栓中。在另一张圆盘上开 15mm 左右的孔后穿到螺钉中。为达到绝缘的目的，用绝缘带缠绕 1 ~ 2 圈，开始缠绕漆包线。从一端开始缠绕到合适的长度。这两个圆盘就是这样缠绕出来的，但要注意的一点是如果缠绕方向错了，N 极、S 极就反了。

缠绕完以后在圆盘上切出线槽，让漆包线从这个线槽中穿过并固定。

■ 陀螺的制作方法

将纸板剪切成直径 5cm 的圆盘形状，用圆规尖在中心开出用于插牙签的孔。圆盘位置容易接受磁力，低一点比较好，为此将牙签插入纸板，作为旋转轴，在距轴尖大约 1cm 的地方固定。这时轴和圆盘如果不垂直，陀螺的平衡度就比较差，要注意这一点。如果想在陀螺表面加上花纹，最好在固定之前就加上。

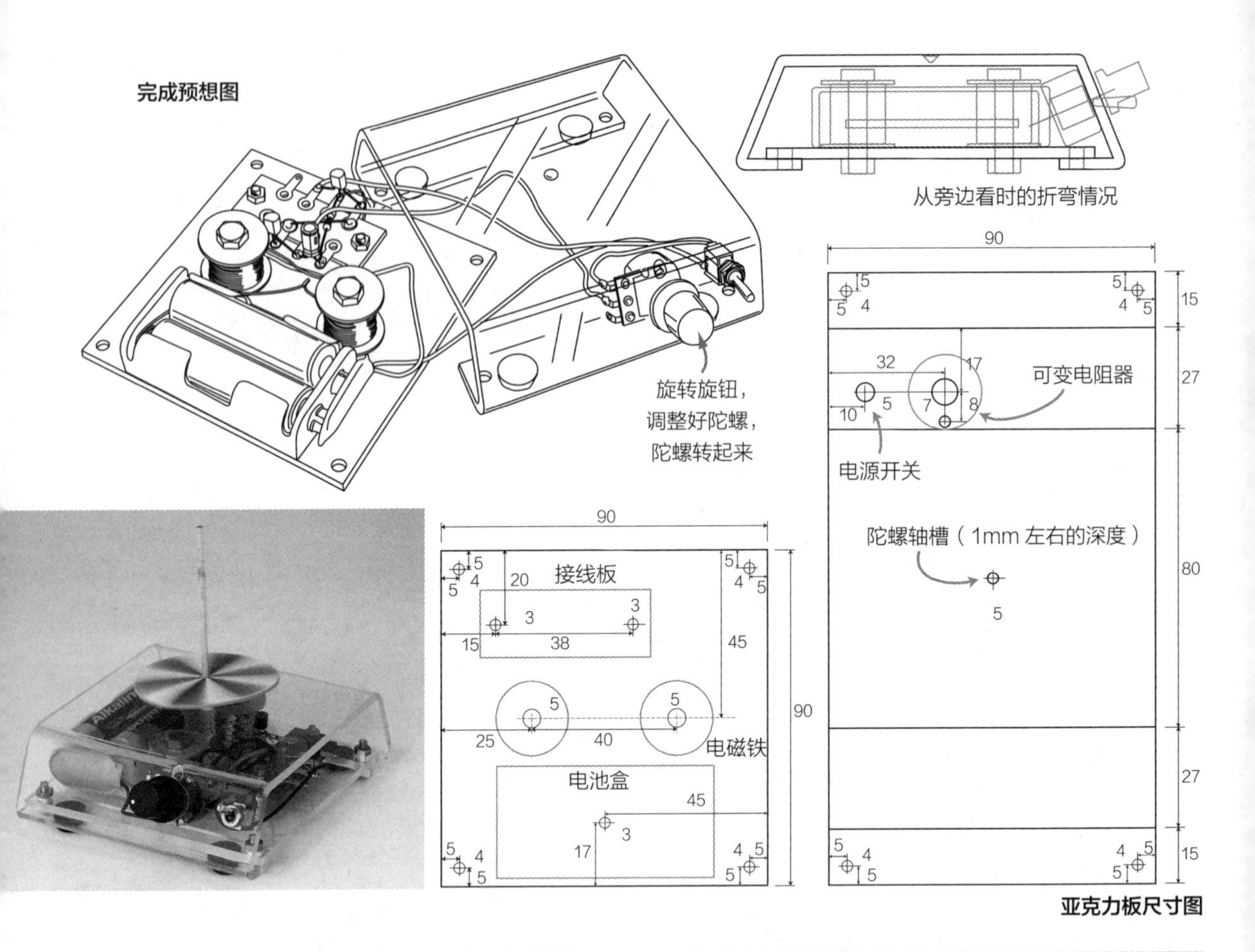

在背面固定磁铁。磁铁要小且具有很强的磁力，这次用的是 130mT 蓓福磁贴 A 的磁铁粒，将磁铁粒用黏结剂贴住。这时，磁铁粒的磁极要相同。为了得到相同极性，将所有磁铁粒都全部黏结上试试，将磁铁粒排起来粘牢，按相同方向贴在纸板上。

■ 组装

将亚克力板按尺寸切断、开孔。折弯加工最好在开孔加工后进行。要想正确地进行折弯加工很困难，因此要进行折弯加工的元器件和其他元器件之间的紧固螺纹孔要稍微做得大一点，留有一些余量。

为了不让陀螺移动，在上面中心部位用钻头开出 1mm 左右深度的轴槽。

■ 游戏方法

先在什么也没有的地方旋转一下陀螺试试。如果平衡度不好，陀螺就会飞出去或者很快就会歪倒。这时，调整轴和圆盘的位置和角度，寻找可以旋转的最佳位置。从侧面看一看，确认轴和圆盘正常旋转后，放到 AQ 陀螺台上，接通电源旋转陀螺。如果转得好，就转动可变电阻器调整，使陀螺继续旋转。我做的实验是调整到距正中心偏左一点（30kΩ ~ 40kΩ）的位置，陀螺一整天一直在旋转。

如果不管怎样做都不旋转，那么将陀螺的磁铁装到相反的地方，或者将电磁铁的接线反接，将磁极反过来可能就行了。另外，圆盘的厚度和重量不同，陀螺的旋转速度也会不一样，可以改变磁铁数量或者将电磁铁做得大一点，做各种实验试一试吧。

No. 22

便利小制作

靠电池发光的荧光灯

电池荧光灯

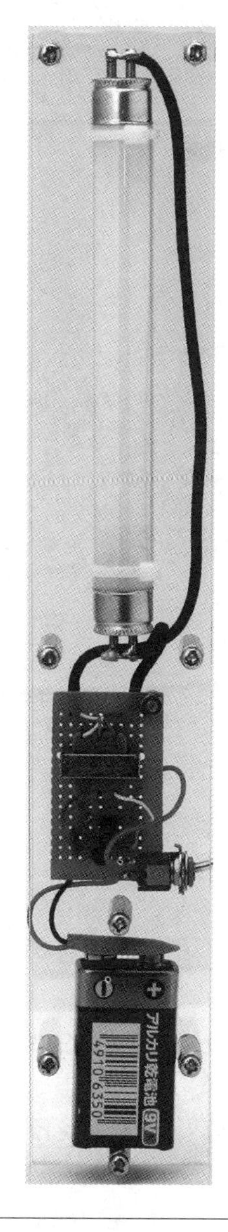

去山上或海边野营，在帐篷中过夜是很快乐的事情。

至于照明装置，使用荧光灯很方便，但是如果电压不高，荧光灯就亮不起来。为此设计了用干电池作为电源的电路，做出电磁式荧光灯，携带方便，适合野营时使用。

■ 电路说明

使用了三极管的间歇式振荡电路。通过调小电容容量产生高频率。

利用电磁感应原理，变压器可以将电压升高或降低，因此也被用在电源装置和很多 AC 插头上。

没有 100V 左右的电压，荧光灯就不会亮。将振荡电流流向变压器，使电压升高，接近 100V，这称为升压，这样就能用干电池让荧光灯亮起来了。

■ 组装（布线）

将万能板按图折弯后安装元器件。尽管元器件不多，布线时也要看着电路图仔细安装，不要弄错。把接触到变压器引脚的孔开大 2mm 左右，将引脚穿过孔后折弯固定。另外，变压器中间抽头的红色线这次用不到，将其剪

元器件表

三极管（Tr1）:2SC2120	1 个
三极管（Tr2）:2SA950	1 个
电容器（C1）:0.1μF 50V（104）	1 个
电阻器（R1）:510 kΩ 1/4W（色带 : 绿茶黄金）	1 个
电阻器（R2）:1 kΩ 1/4W（色带 : 茶黑红金）	1 个
变压器：ST-32	1 个
万能板：（切割成 15 × 25 孔）	1 张
电源开关 : 拨动开关	1 个
电池 & 电池扣：006P（9V）干电池	1 组
荧光灯 :4W（FL4W）	1 个
束线带	2 根
亚克力板 :3mm 厚	参照尺寸图
隔离柱 :20mm 内螺纹	8 个
:M3 × 2mm	2 个
螺钉 :M3 × 5mm	16 个
:M3 × 10mm	2 个
角码（小）	1 个
布线用导线、焊锡、垫圈少许	

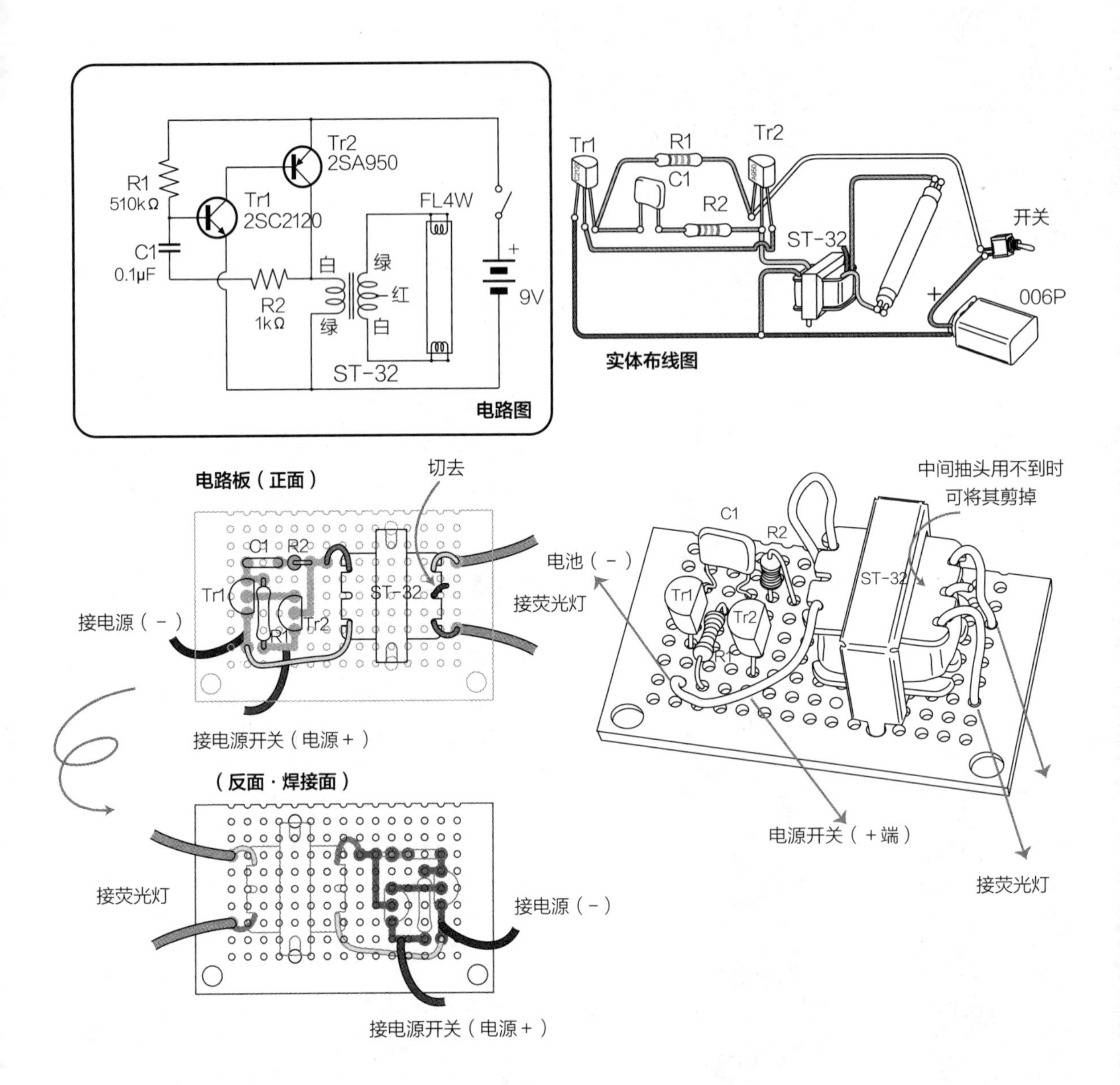

短。荧光灯也可以使用灯座，但这次是直接焊接后接线。这里端子上的电压为 100V，要注意接入电源时不要触电。对于与电池扣、电源开关、荧光灯间的接线，在装入壳体时，将它们排列起来，考虑好如何配置后再焊接，就知道需要用多长的接线了，这样做出来会好看一些。所用的电池是 006P 的 9V 干电池。

■ 组合

将亚克力板按照尺寸切断、开孔。这次使用的是将两块亚克力板用隔离柱夹起来的单纯结构，没有很复杂的加工。在这个亚克力板上，将荧光灯、电路、电池排列起来，看着线的长度布线，就可以避免出现因线过长而不美观的情况。

将荧光灯用束线带固定在亚克力板上。电路板用 2mm 的隔离柱固定。在电路板一端用角码固定电源开关，可以用垫圈调整角码的厚度。将角码孔的一部分切断，以用来安装开关。

电池会发热，因此只用四个隔离柱夹住，这样能接触到空气。如果还有空隙，可以用角码固定。

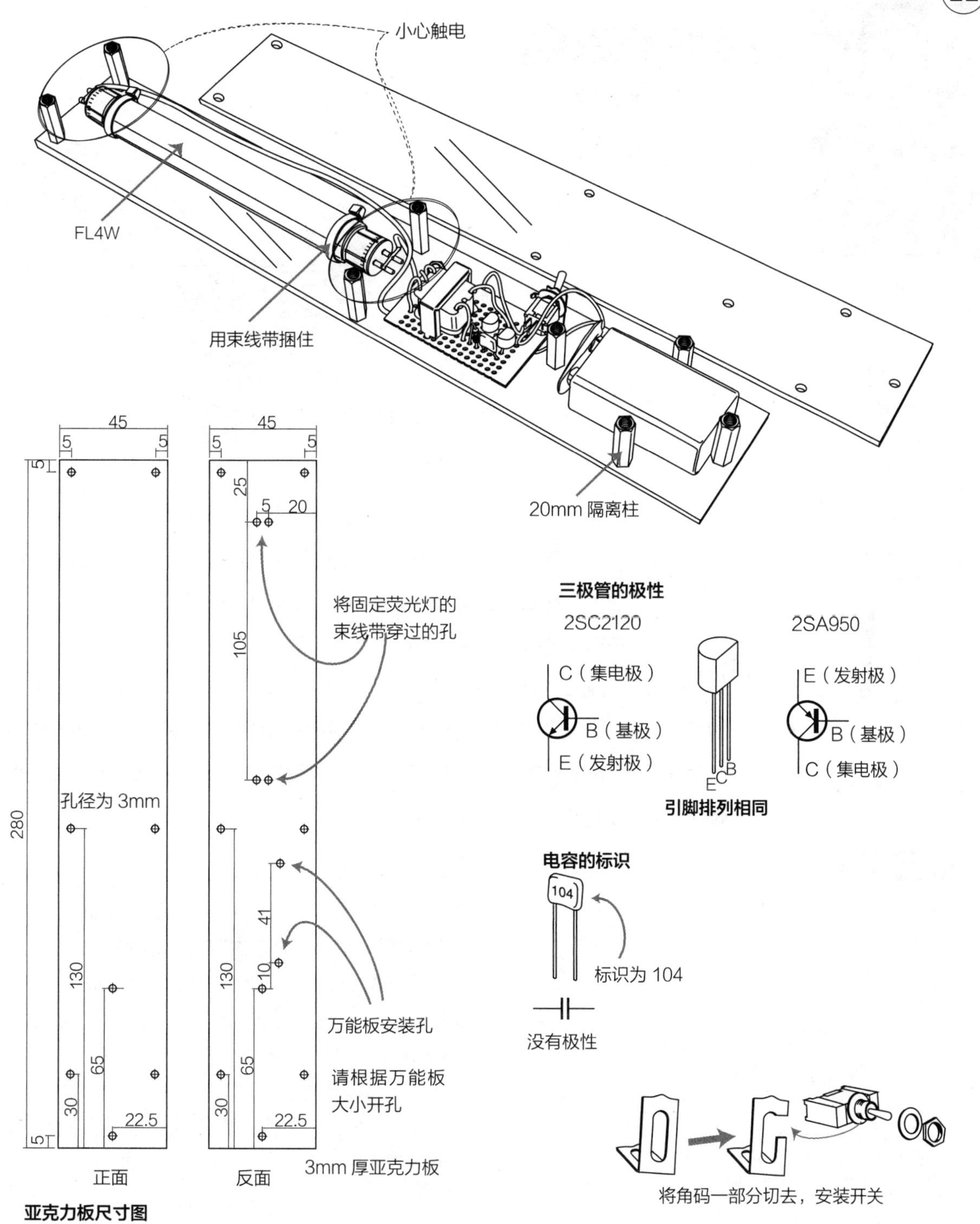

■ 使用方法

完成组装后，接入电源。在荧光灯最初亮灯的瞬间，所需电流比平常状态下更大，因此开始时亮起来可能比较难。如果灯亮不起来，有可能是因为电池电量弱。这次对电池电量的消耗比较大，要使用新电池。如果长时间连续使用可能会造成电池发热，可以停一会再用。

No. 23

光和影运用自如

劈开黑暗的光之剑

光剑 1

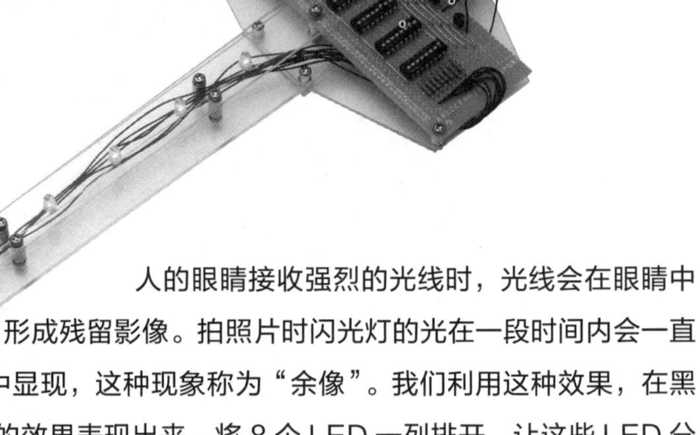

人的眼睛接收强烈的光线时，光线会在眼睛中形成残留影像。拍照片时闪光灯的光在一段时间内会一直在眼中显现，这种现象称为“余像”。我们利用这种效果，在黑暗中将有趣的效果表现出来。将 8 个 LED 一列排开，让这些 LED 分别闪烁，让闪烁的 LED 在黑暗中飞快移动，这样，只有亮灯的部分才能作为余像留下光的轨迹，可以浮现出图形和花纹。通过改变 LED 的闪烁顺序，也可以放映出文字等内容。

元器件表

元器件	数量
IC:74164（SN74LS164N 等）	1 个
:555（NE555 等）	1 个
IC 插座 :8P、14P	各 1 个
三极管 :2SC2120	8 个
电容器 :0.01μF	1 个
电解电容器 :220μF 10V	1 个
:10μF 10V	1 个
电阻器 :2.4kΩ 1/4W（色带：赤红赤金）	1 个
:150Ω 1/4W（色带：茶绿茶金）	1 个
:330Ω 1/4（色带：橙橙茶金）	8 个
二极管 :1N4002	
发光二极管 :ϕ5 高亮度	8 个
双列直插式组件开关 :8P	8 个
万能板 : 切断成 55×40 孔	1 张
电源开关 : 跳动式小开关	1 个
按钮开关 : 双掷	2 个
跳线针 & 跳线帽	1 组
电池盒 & 电池扣：4 个 3 号电池用	1 组
3 号电池	4 个
亚克力板 :3mm 厚、2mm 厚	参照尺寸图
隔离柱 :5mm 双内螺纹 1 个 10mm	6 个
:5mm 5 个 2mm	1 个
:3mm	1 个
螺钉 :M3×20mm 6 个 M3×25mm	1 个
:M3×12mm	13 个
角码（中）	1 个
布线用导线、焊锡、镀锡铜线少许	

■ 电路说明

电路中使用了两个 IC。74164 称为移位寄存器，首先将输入的信号按顺序向 8 个输出端子发送。发送的时间间隔由定时器 IC555 的脉冲确定。开始时将电容充上电，开关被按下的瞬间产生脉冲，形成信号。

74164 的输出信号通过三极管放大，让 8 个 LED 亮起，由双列直插式组件开关选择哪个 LED 亮起。

■ 组装（布线）

电路是组装在万能板上的。元器件数量很多，需要仔细作业，作业时要看着电路图，不要弄错。按图示将万能板切断，在需要的部分开孔。双列直插式组件开关和其相关的跳线使用镀锡铜线进行连接，然后安装 IC 部分，这样会比较好操作。IC 怕热，因此要使用 IC 插

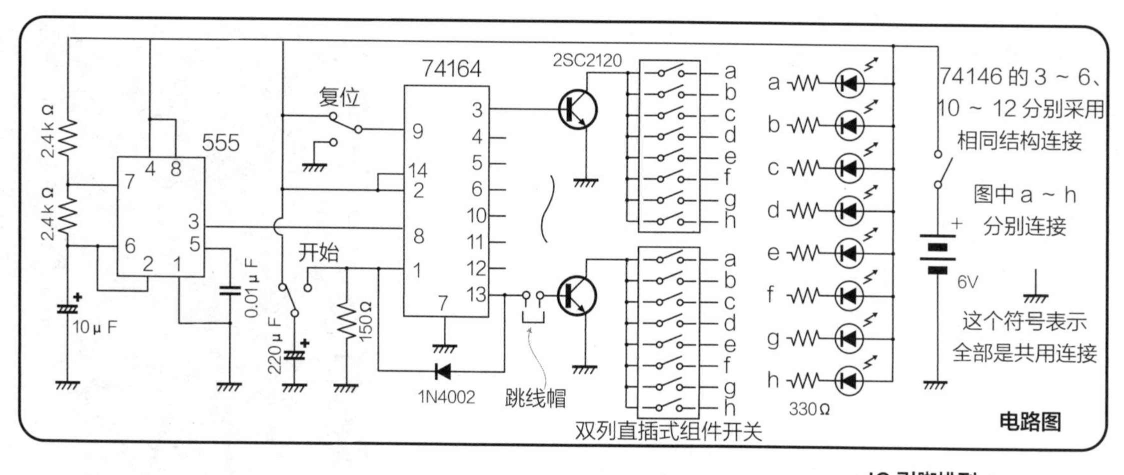

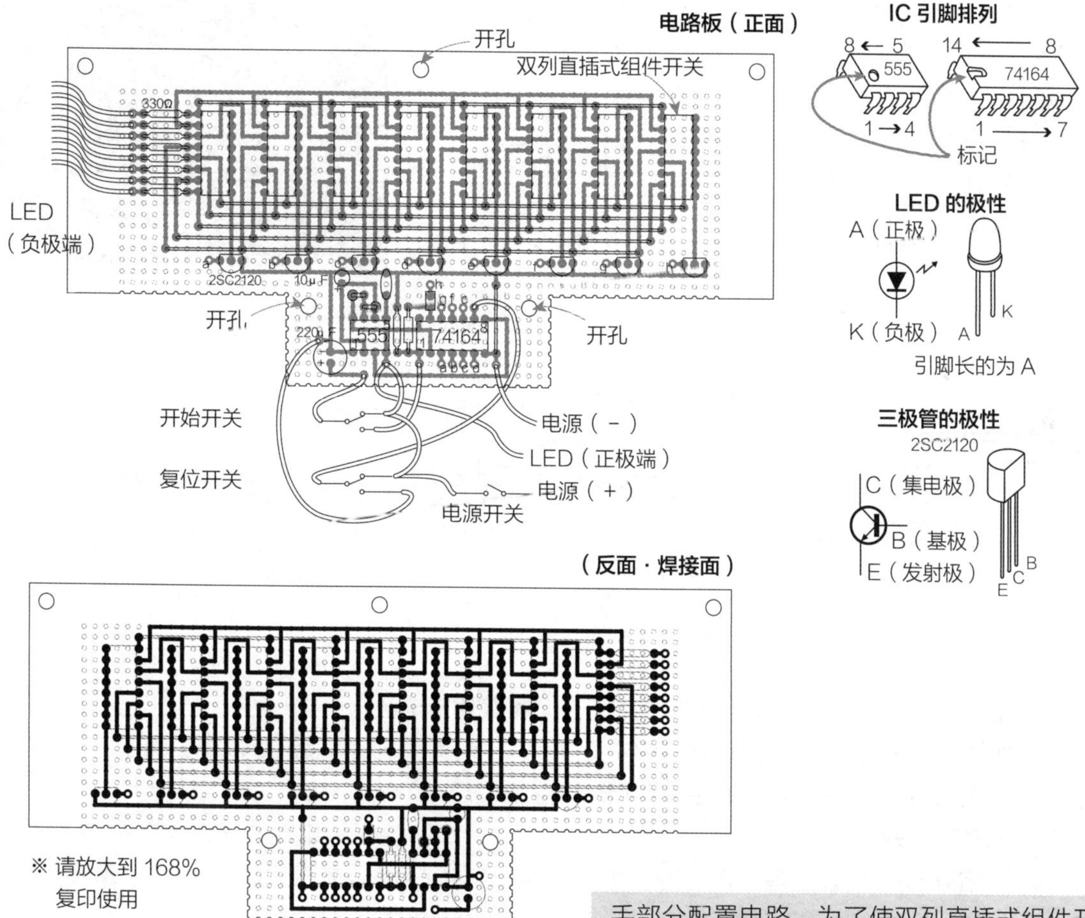

※ 请放大到 168%
复印使用

座，最后将 IC 安装在插座上，注意不要装错。

■ 组合

将剑作为主题图案，将 LED 并列排在剑刃部分，在手柄部分配置上电源和开关，在护手部分配置电路。为了使双列直插式组件开关可以随时切换，没有在前面加罩子。

亚克力板零件也很多，要按图纸加工。零件 A 用于将 LED 穿到孔中，如果容易脱落，可以用黏结剂固定住。LED 的布线是在固定在亚克力板上后，在正极端焊接镀锡铜线，在负极端焊接导线，然后将导线整理好，用隔离柱固定在零件 B 上。

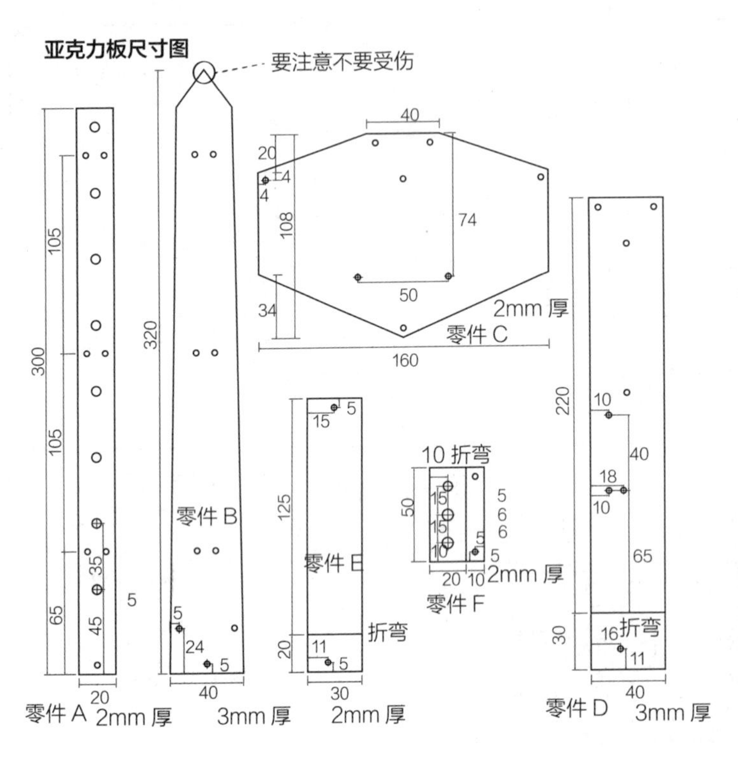

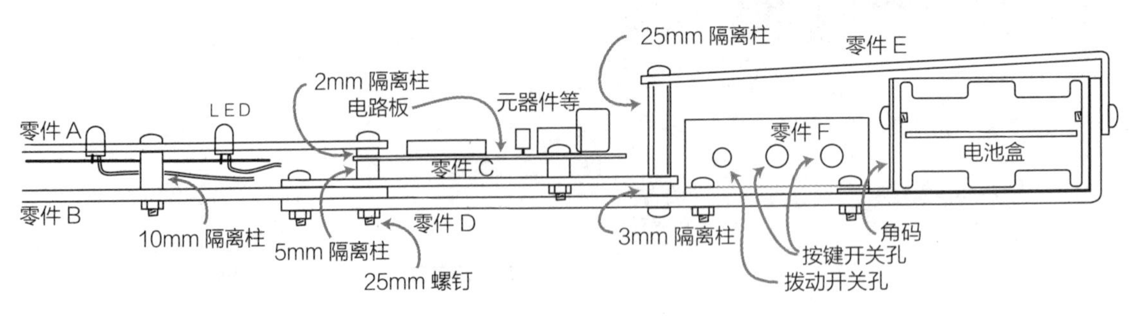

将导线留一点富余长度，然后安装在电路板上。暂时安装上亚克力板，这样电路板的安装位置就清楚了。使用角码将电池盒装在手柄零件 D 上，将开关安装在开关零件 F 上。电池盒、开关、电路板分别连接。电路板要翻过来焊接，因此将导线预留了一定的富余量。

所有的布线做完后，将电路板用 5mm 隔离柱固定在零件 C 上，拧紧固定零件 A、B、C 以及电路板的 25mm 螺钉，最后安装手柄罩子的零件 E。将手柄边上电池盒的固定螺钉穿过零件 E 和 D，拧进电池盒孔中。在零件 C 和 D 之间放入 3mm 的隔离柱，使用 25mm 隔离柱从正面和背面拧紧。

■ 使用方法

认真确认没有装错后，按正确的方向将 IC 装入插座。

将双列直插式组件的开关全部调为 OFF，接上电源开关。如果这时 LED 亮起来，则可以认为有接线相互接触。

下一步要将其中的几个开关调为 ON。一直按住开始开关，如果调为 ON 的地方开始闪烁就成功了。将各种双列直插式组件开关都调为 ON － OFF 试一下。在排线插入排座的状态下，所有的双列直插式组件开关有效，只亮一次。如果拿掉排座会反复持续闪烁，但第八个双列直插式组件的开关将变得无效。另外，

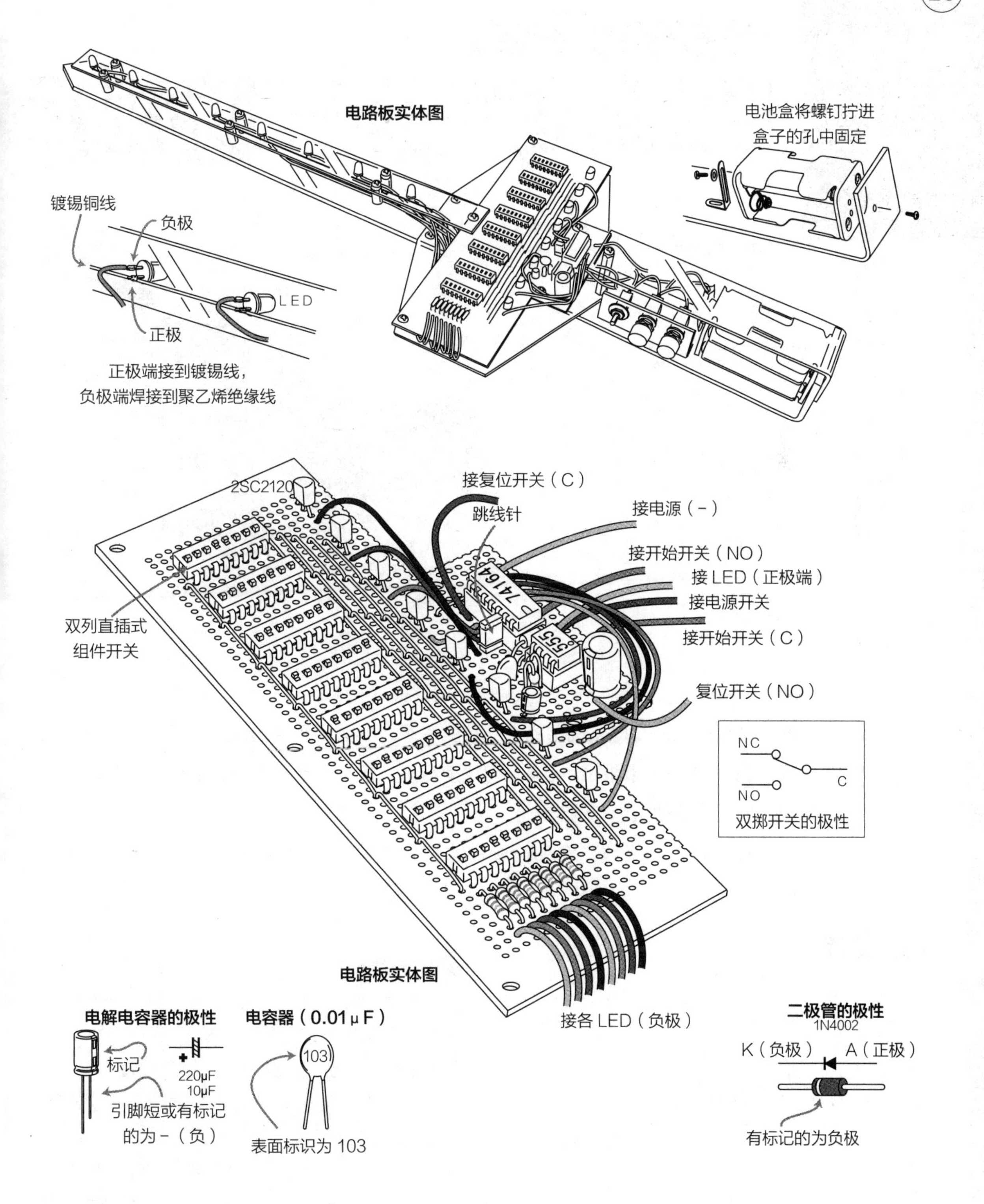

接入电源的时候，如果按复位开关，所有 LED 都熄灭。

另外，即使做成剑的形状，如果大力挥舞，有时也会坏掉，在使用时要谨慎。同时还要注意周围环境，不要伤到人。

No. 24

电路简单的自动行驶车

沿画线行走的自动行驶车

让我们做一个电路简单的自动行驶车吧，不需要复杂的程序软件，而是沿着地板上画好的黑线自动决定前进方向往前行进。这个自动行驶车的结构虽然简单，但是它是工厂自动搬运车的雏形。

在地板上画上线，自动行驶车会在线上移动。保持房间清洁，将线画在大纸上。

元器件表

元器件	数量
三极管：2SC1815	2个
电容器：20pF	2个
半固定电阻器（VR）：50kΩ	2个
CdS	2个
继电器：G5V-1（欧姆龙）	2个
万能板：剪切成15×9孔	1张
电池盒＆电池扣：2个3号电池用	1组
小灯泡2.5V用＆灯座	1组
亚克力板：2mm厚	参照尺寸图
隔离柱：5mm	2个
角码：（中、小）	各1个
排针：4P	3个
连接器：2P	6个
双电动机齿轮箱（日本TAMIYA生产）	1个
卡车轮胎一套（日本TAMIYA生产）	1组
万向轮	1个
螺纹、螺母、垫圈：M3×6mm	9个
：M3×12mm	2个
布线用导线、镀锡铜线、焊锡少许	

■ **电路说明**

检测黑线时所用的传感器中使用了CdS这样一个元器件。CdS具有靠近光时电阻变小，光线暗时电阻变大的特性。从小灯泡发出的光照在大纸上，反射的光由CdS检测到，底板是白色时电流就原样通过CdS，遇到黑线造成电阻变大后，电流流向三极管的基极，使集电极部分的继电器打开或关闭。将这个传感器安装在左右两个车体的前面部位，检测出地上的黑线。将电动机连接到继电器的NC（通常是关的），左右CdS分别反应，电流就被阻断，电动机转动停止。例如自动行驶车朝向线的左

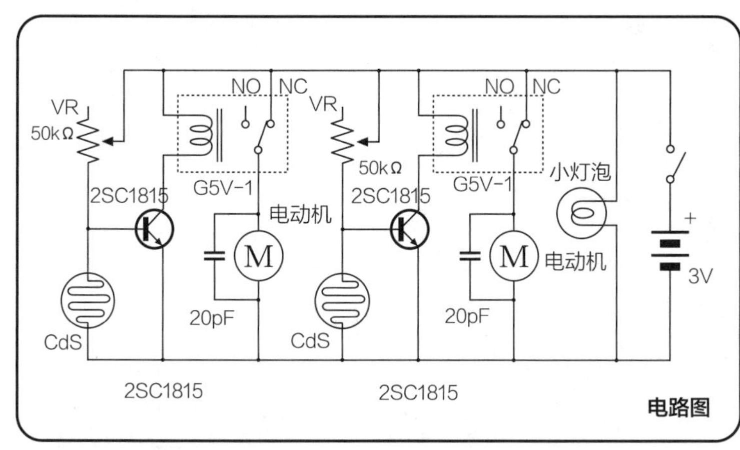

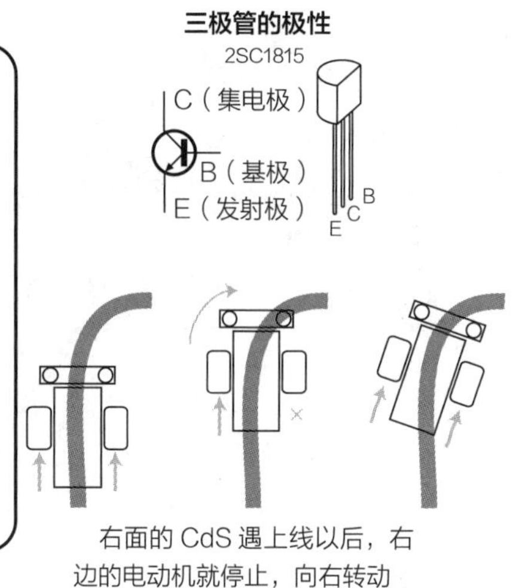

电路板（正面）

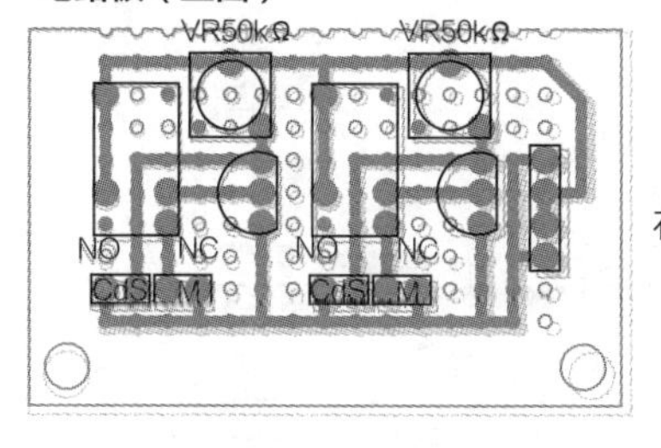

（反面 · 焊接面）

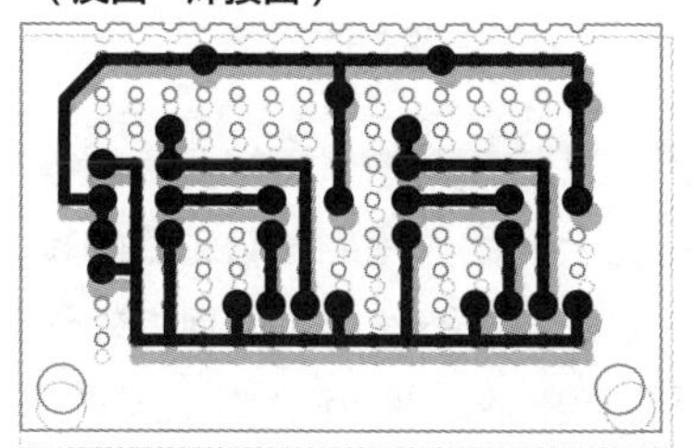

右侧电动机
右侧 CdS
电源（－）
电源开关
（＋）
小灯泡
左侧 CdS
左侧电动机

继电器的极性（G5V−1）

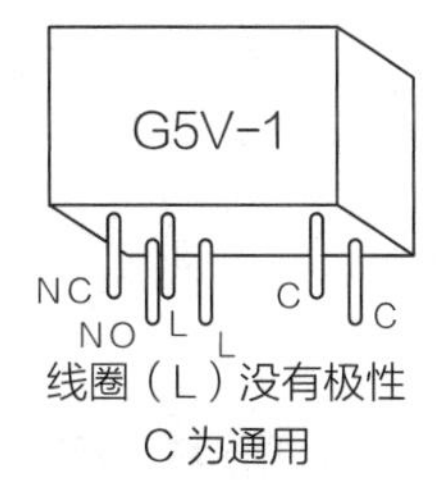

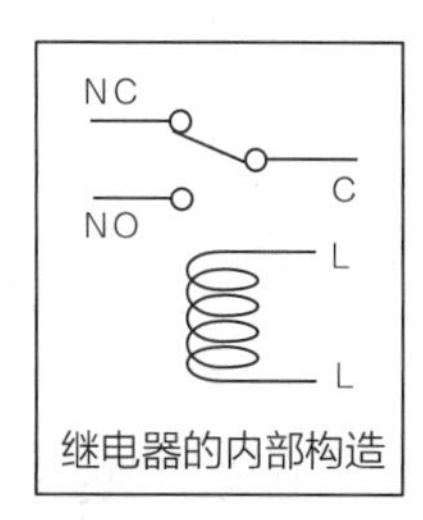

边，右边的传感器做出反应，右边的电动机就停住，只有左边的电动机工作，因此车体向右走。如果朝向右，传感器接触空白面，车体就又开始往前走。

■ 组装（布线）

电路是组装在万能板上的。尽管元器件数量少，但因为是精细作业，要看着电路图操作，注意不要弄错。首先将万能板切断到所需大小，将 15×25 孔的万能板按图所示切断，仔细地将元器件安装齐全。

从小元器件开始安装。向电动机和电源、传感器等元器件接线时，要把连接器接上排针，但如果没有时间等焊锡凝固，也可以把它们直接焊接上。如果使用连接器，就可以拿下来，在组装和改造时会比较方便。连接器的五金件要选用专业的。进行焊接的话，焊锡可能会流到其他地方，造成五金件不能使用，因此

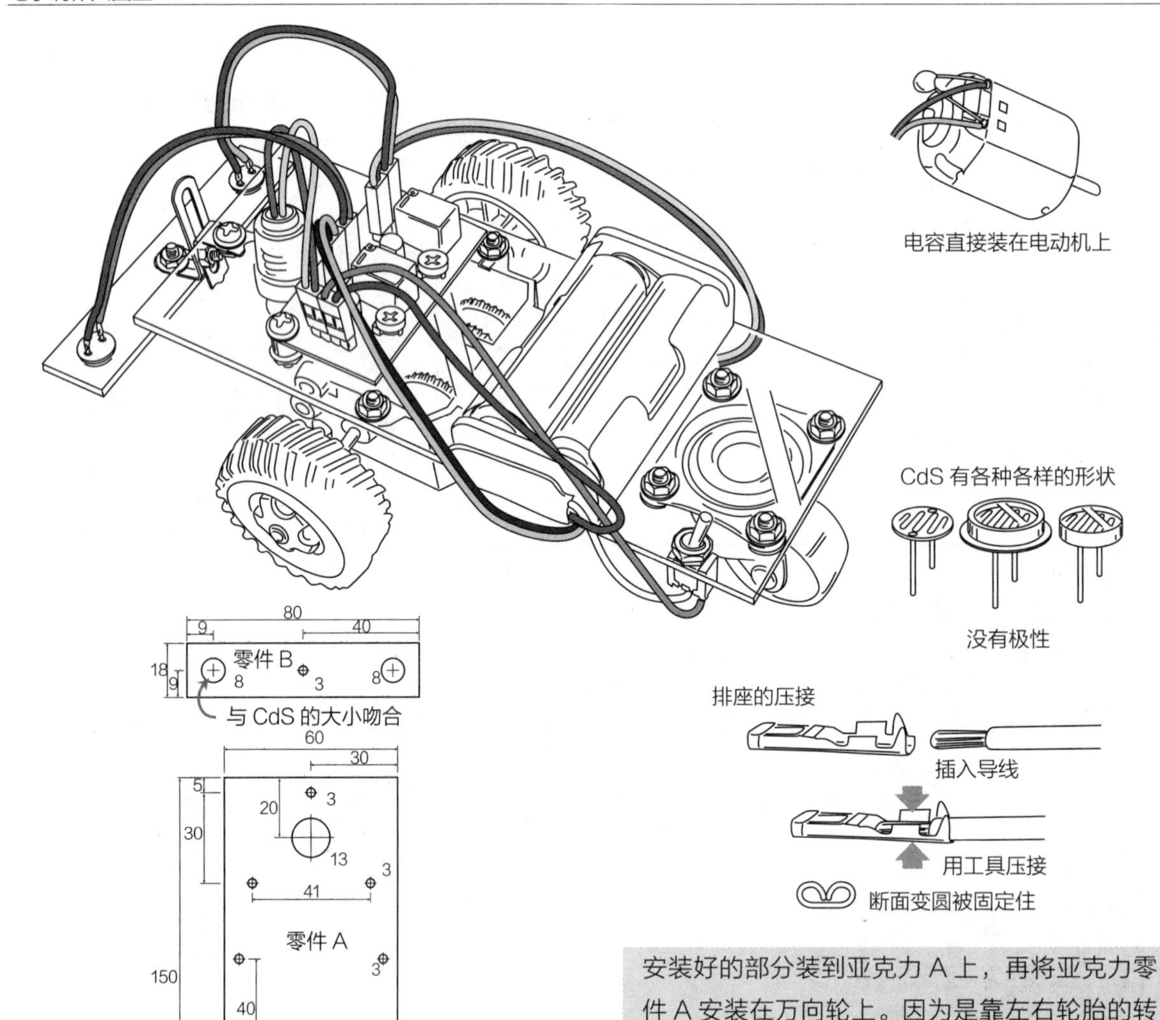

亚克力板尺寸图

不推荐使用焊接的方法。排针如果没有 4P 的，就切断成 4P 后使用。

为了减轻电杂音，在电动机的正极和负极端子之间直接装上电容器。

■ 组装（装入车体）

安装上电动机和齿轮箱，装上轮胎。把齿轮装到低速电动机上。将电容器和导线焊接在电动机上。按照导线长度装上连接器。将上面安装好的部分装到亚克力 A 上，再将亚克力零件 A 安装在万向轮上。因为是靠左右轮胎的转动来决定方向，因此如果不使用可以自由转动的万向轮，就不能自由地改变方向。

将电源开关固定在亚克力零件 A 上，用 5mm 隔离柱固定电池盒和组装好的万能板。

将 CdS 安装在亚克力零件 B 上。CdS 有各种各样的形状，要根据形状加工零件 B。在这里将金属罩用黏结剂固定在亚克力板上。零件 A 和零件 B 用角码紧固，可以调节和地板之间的距离。

将电池扣按照导线长度连接到电源开关、插座上。直接将导线焊接到 CdS 上，导线另一端接插座。如果是在很明亮的房间里，就没有必要用小灯泡了。在需要使用小灯泡时，要将灯座接上。

开始对连接器接线。要注意接线时不要将电源的正负极弄错。小灯泡没有极性，朝哪个方向都没问题。CdS 也没有极性。电动机反转的时候，将电动机的连接器反过来插进去就可以了。

■ **使用方法**

在大纸上画上黑色的线，要领是要画粗、画浓。用油性笔画线有时会将纸的背面染上，要加以注意。

确认没有错误以后，打开车体开关，小灯泡亮起，电动机根据半固定电阻器的转动位置而转动。

转动左右两边的半固定电阻器，放在纸上的时候，将其阻值调节成在白色的地方能让车轮转动，在黑线上让车轮停止转动。把车体拿起来，对到停止之前的位置，让车体跑起来时容易调节。把车体沿着黑线放置，打开电源让车体跑起来。然后观察车体是不是在沿着线跑。

这个制作可能在黑线出现急转弯时不太灵敏，但是它沿着线往前跑的样子，看上去就像小虫一样，也像用程序控制的机器人，是很有意思的。

从背面看

No. 25

电子八音盒

纸带八音盒

制作并享受声音

现在我们制作一个电子八音盒：在细长的纸上写上乐谱，八音盒将奏出音乐。但是这个乐谱不是普通的五线谱，而是根据传感器位置，只将发出数字音的纸带部分涂成黑色。像黑白马赛克那样的花纹居然能变成音乐，很不可思议。在传感器的灵敏度和纸带传送方法、速度等方面多想想办法，还能做出更加有趣的电子八音盒。

元器件表

IC：555 ……… 1个
IC插座 ……… 1个
三极管（Tr1 ~ Tr8）:2SC1815 ……… 8个
（Tr9 ~ Tr16）:2SC2120 ……… 8个
电容器（C1）：0.01μF ……… 1个
（C2）：0.1μF ……… 1个
电阻器（R1）：6.8kΩ 1/4W（色带：蓝灰红金）……… 8个
（R2）：100Ω 1/4W（色带：茶黑茶金）……… 1个
半固定电阻器（VR）:10kΩ ……… 9个（1个为立式）
CdS ……… 8个
继电器：MZ6-HG（TAKAMISAWA）……… 8个
万能板：切断成40×27孔 ……… 1张
电池盒&电池扣：4个3号电池用 ……… 1个
3号电池 ……… 4个
亚克力板：2mm厚 ……… 参照尺寸图
隔离柱 :5mm ……… 6个
:2mm ……… 4个
:25mm双内螺纹 ……… 6个
螺钉 :M3×12mm ……… 16个
:M3×8mm ……… 6个
布线螺钉&螺母 :M2×6mm ……… 2组
用导线、3mm黄铜棒、橡胶管、镀锡铜线、焊锡少许

■ 电路说明

制作音源使用的是定时器IC555。将通过电容器和电阻确定的频率直接输出到扬声器。使用半固定电阻器发出任意音程，因此并不一定局限于哆来咪发索拉西，可以设定成你所喜欢的音程。

8个电阻器中哪个发出声音，是通过传感器读取纸带上黑色色块的位置来决定的。这里使用了通过光反射读取黑色色块或白色色块的CdS光传感器，通过这个CdS感知到黑色色块后电阻值就升高，电流分别流向三极管（Tr1 ~ Tr8）的基极，将起驱动继电器作用的三极管（Tr9 ~ Tr16）打开或关闭，使继电器成为ON状态。这样感知到黑色色块的继电器就产生反应，发出所设定的声音。

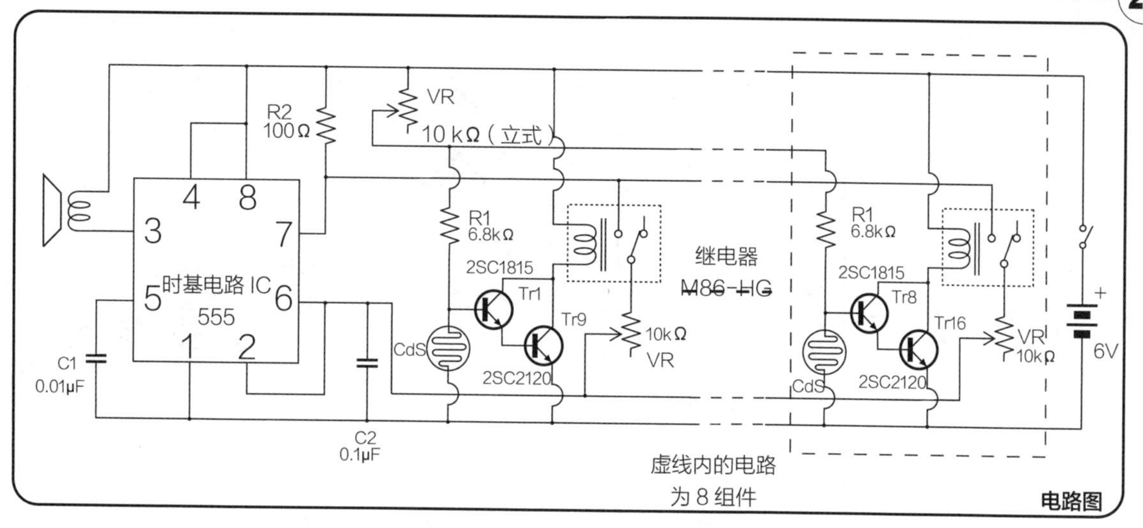

电路图

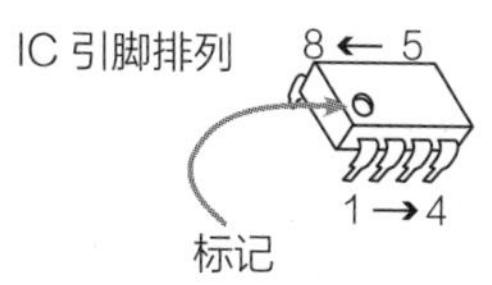

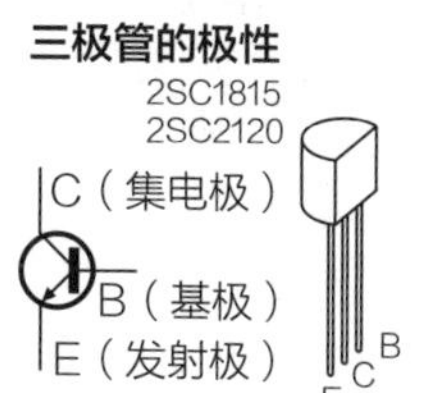

电容器的标识

0.1μF：标识为 104

0.01μF：标识为 103

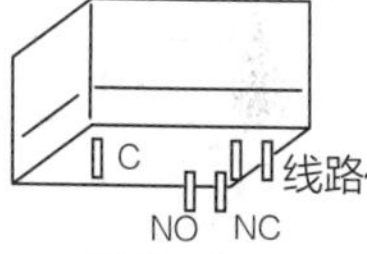

继电器引脚的接线（MZ6-HG）

电路板（正面）

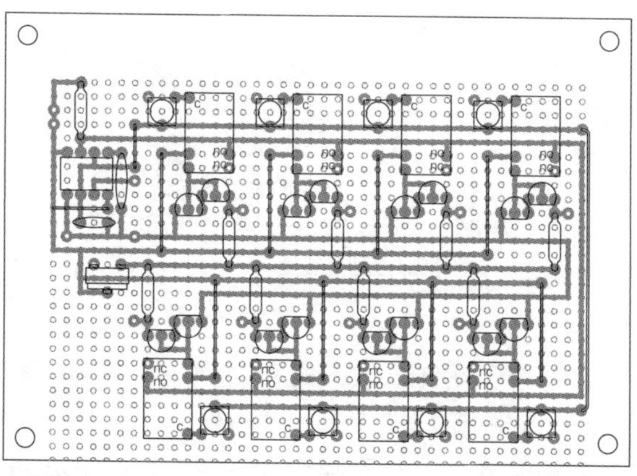

（反面・焊接面）

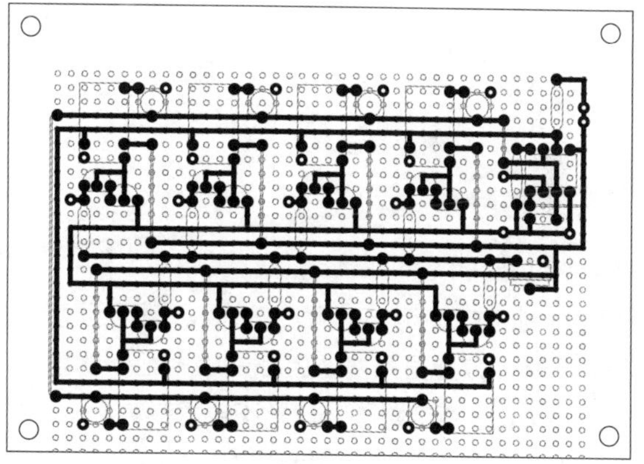

※ 请放大到 156% 复印使用

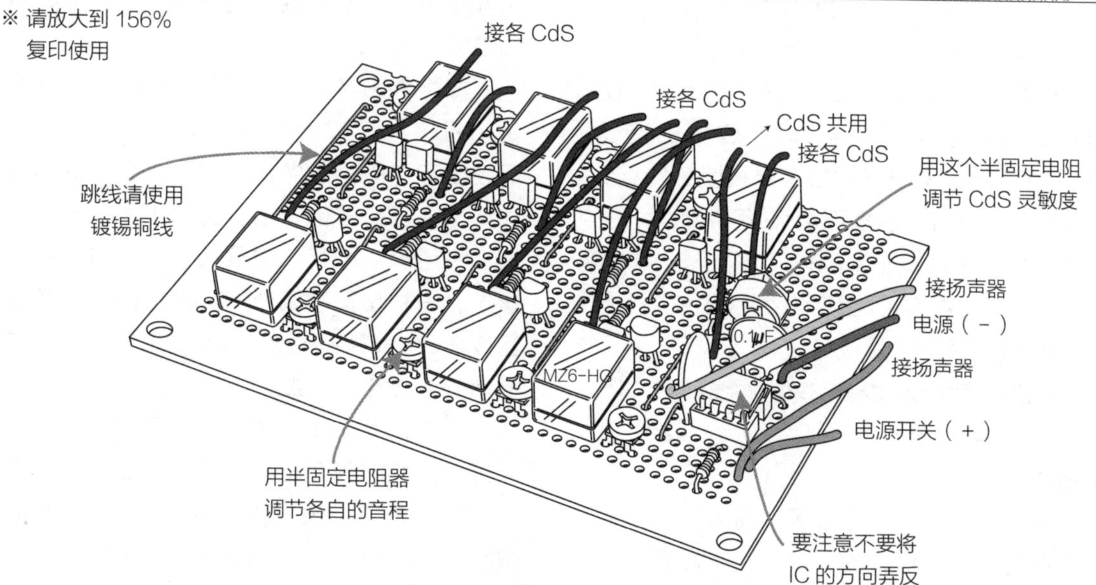

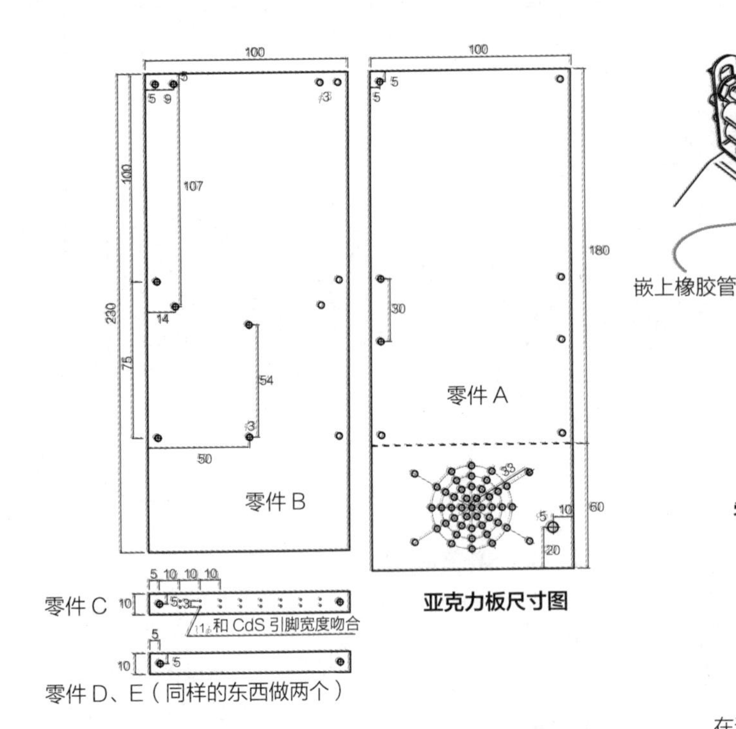

亚克力板尺寸图

加工 3mm 黄铜棒

切去角码（小）

嵌上橡胶管

手柄部分

零件 C 和 CdS 的组装

CdS 用小型的
（CdS 没有极性）

在这里涂上黏结剂
贴在零件 C 上

将引脚剪短，在一端用镀锡铜线进行共用焊接，另一端分别焊接到导线上

■ 组装（布线）

本制作中的电路是将万能板切断后组装的。元器件数量虽然多，但都是相同组合的重复，要认真观查电路图，注意不要弄错。

首先按图将万能板切断成 27×40 孔，开两个螺纹孔后将元器件组装上去。为了不将孔的位置弄错，最好从小元器件开始安装。IC 使用 IC 插座，可以最后安装。接 CdS 的接线时，先将导线留长一些焊接在电路板上，全部装完以后，再将导线接到 CdS 组件上。对于亚克力板零件 C，按照 CdS 引脚尺寸大小开孔，用黏结剂将 CdS 固定，然后用镀锡铜线将一端连起来再进行焊接。

电路板表面的跳线选用镀锡铜线。

■ 组装（外壳）

按图所示加工亚克力板。扬声器用五金件固定在零件 A 折弯的部分，将电源开关也装上。在零件 B 上安装电路板、电池盒，将 25mm 隔离柱安装上，然后将零件 A 装在这个隔离柱上。将零件 D 穿过 2mm 的隔离柱固定住。

将零件 E 穿过 2mm 的隔离柱用螺母固定。将装上了 CdS 的零件 C 穿过 5mm 隔离柱固定，将从电路板过来的 CdS 元件用导线焊接住。在零件 A 扬声器端用角码安装手柄。将角码中小的一边截去一半，用于紧固螺纹，间隙是可以调节的。将手柄穿过橡胶管装在 3mm 黄铜棒上。将橡胶管的长度剪成 1cm 左右，穿几个橡胶管就可以了。

将装上了 CdS 的零件 C 拿下来，接上电源开关，会听到非常高的声音或者是没有声音。将 CdS 朝向光发出声音时，旋转调整灵敏度的半固定电阻器，调到不发音状态。

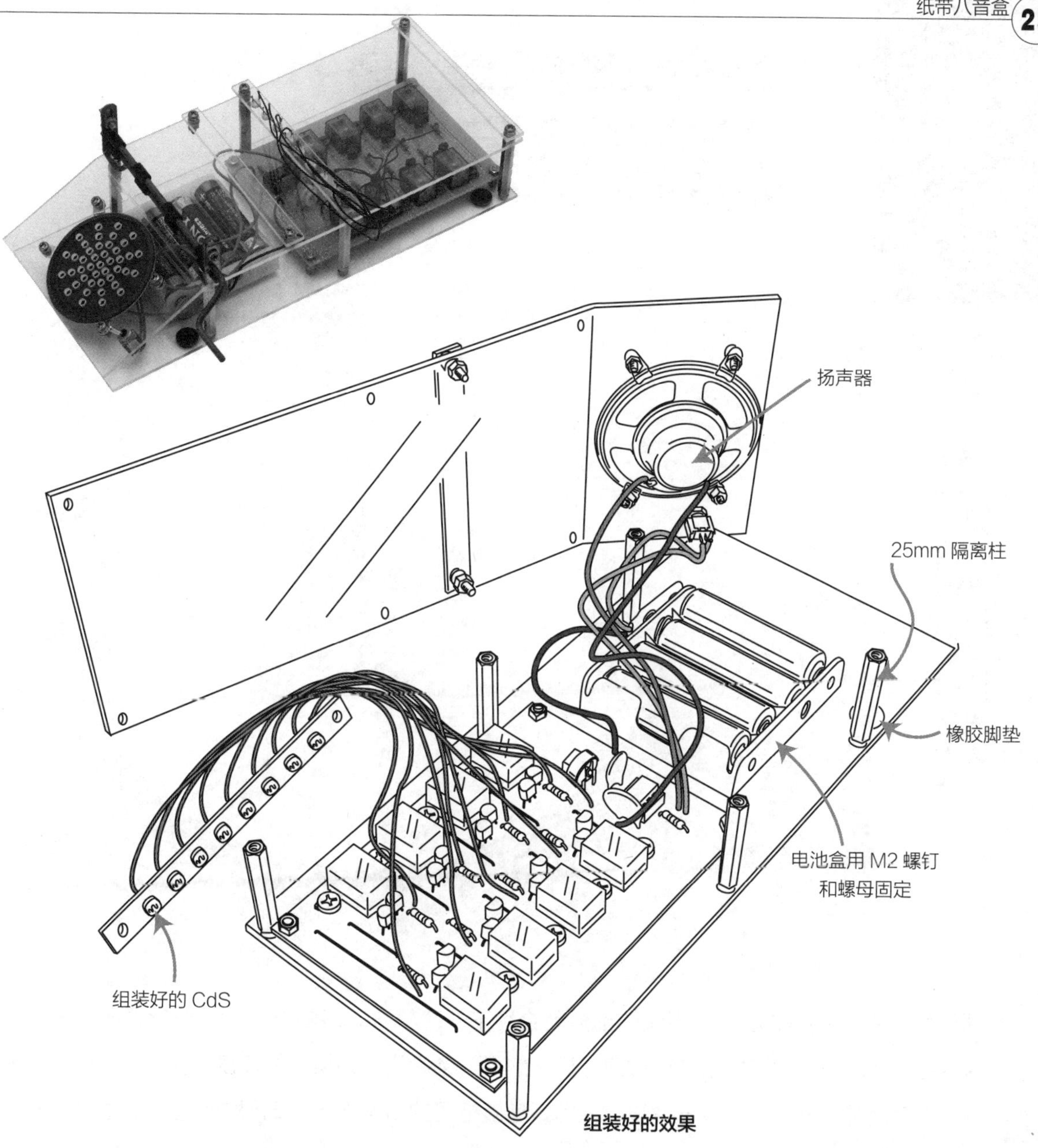

组装好的效果

用手指一个一个地按 CdS，确认该继电器有没有反应，并且旋转该组件的半固定电阻器，设定成所喜欢的音程。将 8 个音程全部设定好。因为有 8 个音程，所以既可以听着哆来咪发索拉西哆调节，也可以设定成所喜欢的音程。

■ 使用方法

做出宽 8cm 的细长纸，将用来发出声音的部分分别涂成 1cm 宽度的黑色。下一步调节传感器灵敏度。将纸带从零件 D 和 A 的间隙穿过并穿过 CdS 的下部，通过零件 E，夹在手柄的磙子部分。

转动调节灵敏度的半固定电阻器，调整为在白色的地方不发出声音，在黑色的地方发出声音。所呈现的效果和房间的明亮程度也有关系，可以根据使用场所不同来调节。另外，还有一种方法是在 CdS 上罩上罩子，或者是更换隔离柱调整与纸之间的间隙。

准备工作做完后，就让我们将手柄转起来试试吧。

No. 26

用一个 IC 做出的简单光造型

旋转灯饰

光和影运用自如

让闪烁的光飞快移动起来，亮过的部分就会留下一段轨迹，没有亮过的部分就是不发光的状态。这是由于人的眼睛看到的是余像效果，显示的是一条虚线。如果闪烁速度很快，看上去就是短虚线，闪烁速度慢，就显示一条长虚线。在闪烁速度相同的情况下，移动得快就显示长虚线，移动得慢就显示短虚线。

这次制作是以陀螺的形式将虚线清晰地表现出来。让陀螺旋转起来，就可以反复地在同一个位置看到闪烁现象。将几种闪烁速度不同的光排列在陀螺上旋转，就可以在陀螺上做出漂亮的灯饰造型。

元器件表

不用的 CD-ROM ………… 2 张
IC:74HC4060 ………… 1 个
电容器 :0.022μF（223）………… 1 个
半固定电阻器（VR）:100kΩ ………… 2 个
电阻器 :200Ω 1/4W（色带：红黑茶金）………… 10 个
:200 kΩ 1/4W（色带：红黑黄金）………… 1 个
万能板：切割成 12×16 孔 ………… 1 张
电池盒 :1 个 5 号电池用 ………… 3 组
5 号电池 ………… 3 个
LED:ϕ3 高亮度（各色）………… 10 个
开关：小型滑动型 ………… 1 个

亚克力板 :2mm 厚 ………… 参照尺寸图
垫片 :120mm 双内螺纹 ………… 4 个
:3mm ………… 2 个
:20mm 内外螺纹 ………… 1 个
螺钉 :M3×8mm ………… 2 个
:M3×5mm ………… 12 个
垫圈 & 长螺钉 :M3×20mm 左右 ………… 1 个
螺母 :M3 ………… 6 个
黄铜棒：内径 3mm×100mm 左右 ………… 1 根
双面胶、导线、镀锡铜线、焊锡少许

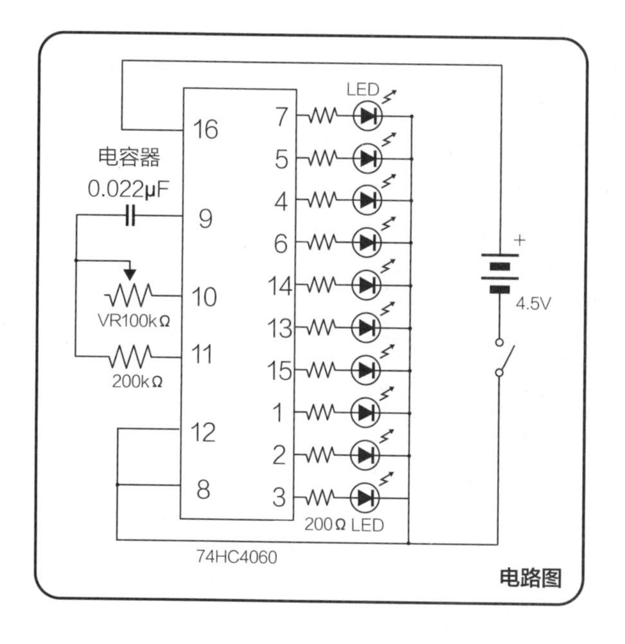

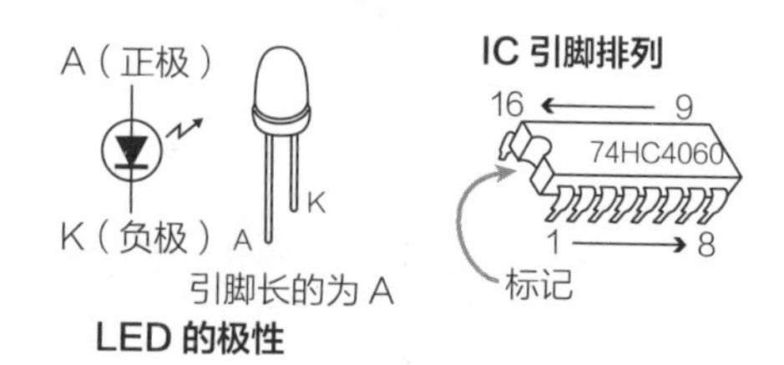

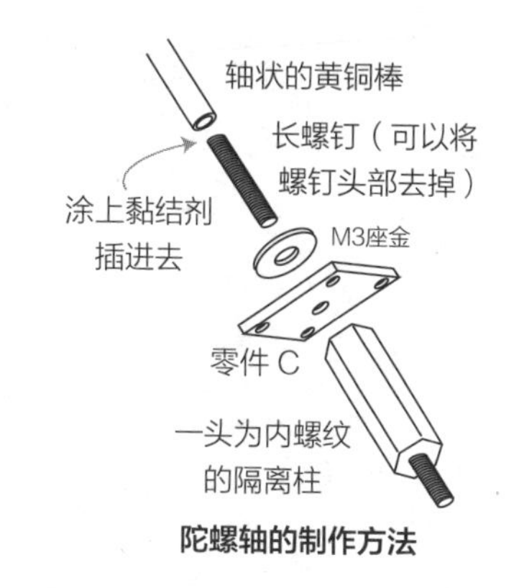

电路板（正面）

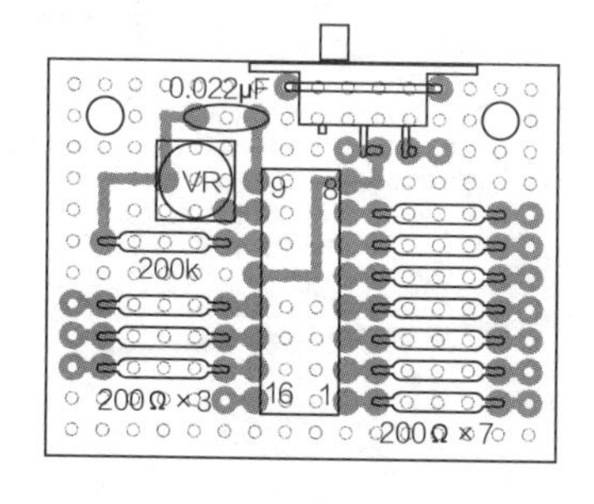

（反面·焊接面）

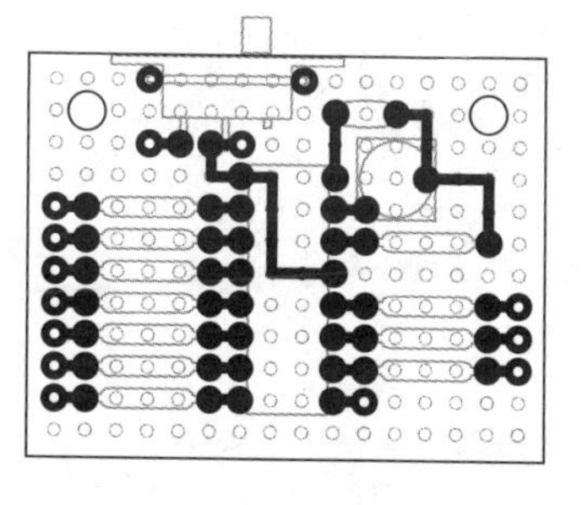

■ **电路说明**

本制作中，电路中使用的是 IC4060，这个 IC 称为二进制计数器，通过二进制计数器计算 14 位的二进制的 1 和 0，但输出的是其中的 10 位。这个 IC 中有振荡电路，因此用到的零件很少，可以直接作为灯饰闪烁电路使用，很方便。

如果只看二进制中的 1 位，那就是在反复闪烁。位数小的闪烁快，位数大的闪烁慢，我们就是利用这个特点让 LED 闪烁。LED 可以按顺序排列，也可以随机排列。随机排列可以显示出更有趣的图案。

■ **组装（布线）**

本制作中的电路是将万能板切断来装配的。用的元器件很少，为了使元器件组装起来体积小，没有使用 IC 插座，在焊接时要注意不要过热。

首先按图所示切断万能板，开 ϕ3 的螺纹孔。要注意 IC 的方向，正确安装上电阻器和电容器。将小型开关装在电路板上时，利用多余的元器件引脚，将开关端子直接焊接到电路板上。将开关粘在电路板上，用镀锡铜线固定。

将导线留出富余长度，将接 LED 的导线和电源线进行布线，这样电路板加工就结束了。

使用直径为 3mm 的小型 LED，在作为陀螺使用的 CD-ROM 表面开孔，将 LED 排成一列，用黏结剂固定。对好正极、负极的方向，

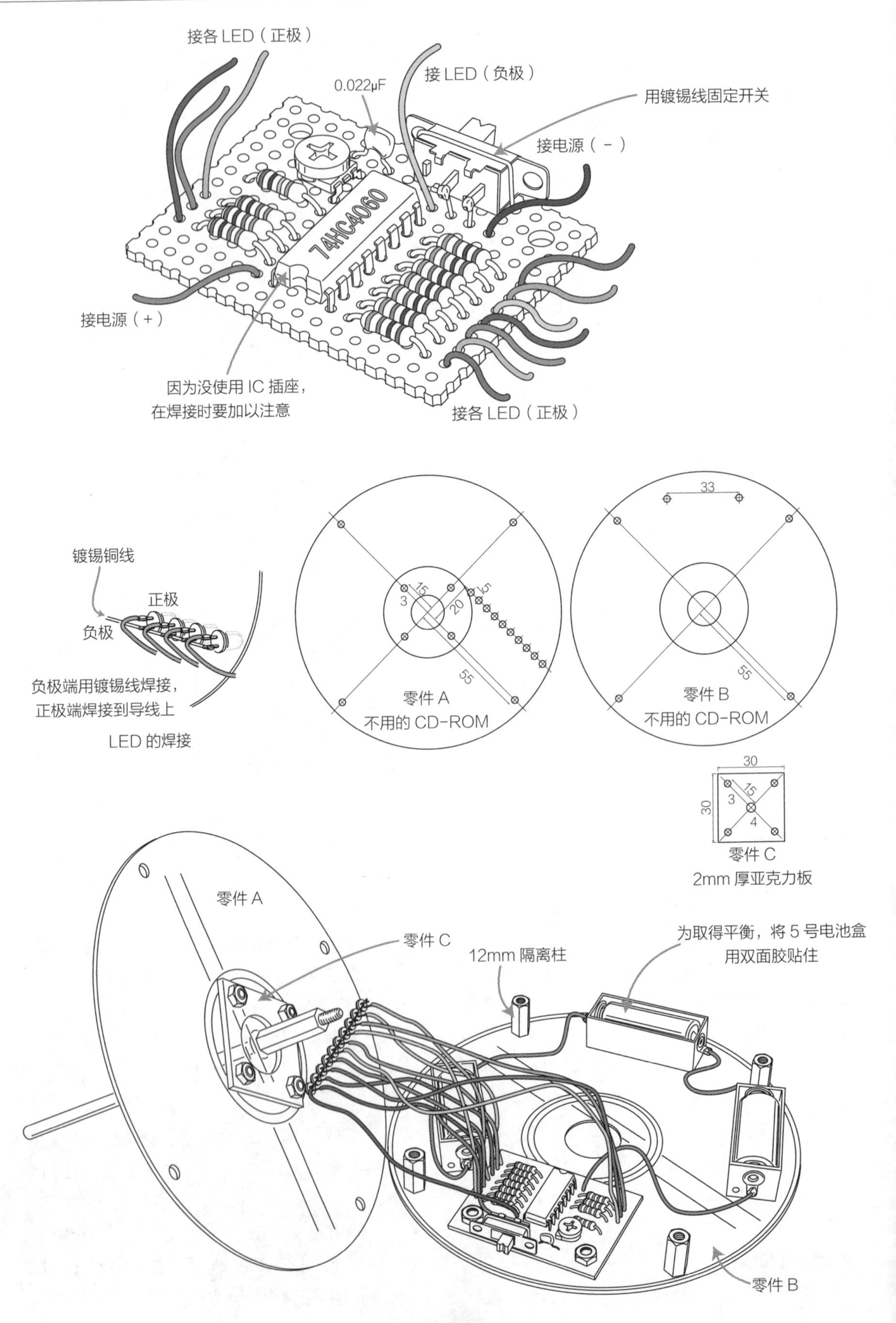

接各 LED（正极）
0.022μF
接 LED（负极）
用镀锡线固定开关
接电源（－）
74HC4060
接电源（＋）
因为没使用 IC 插座，
在焊接时要加以注意
接各 LED（正极）
镀锡铜线
正极
负极
负极端用镀锡线焊接，
正极端焊接到导线上
LED 的焊接
15
3
5
20
55
零件 A
不用的 CD-ROM
33
55
零件 B
不用的 CD-ROM
30
30
15
3
4
零件 C
2mm 厚亚克力板
零件 A
零件 C
12mm 隔离柱
为取得平衡，将 5 号电池盒
用双面胶贴住
零件 B

不要弄错。用镀锡铜线将各个LED的负极连接起来后共同焊接，再将从电路板过来的导线进行焊接，最后将这两个焊接好的部分接好，再用电烙铁烙一下就全部焊接完毕。

■ 组装到外壳

制作陀螺时使用的是用过的两个CD-ROM，电路板和电池固定在这两个CD-ROM之间。亚克力零件C是安装陀螺轴时用的，固定在陀螺上侧的零件A上。轴部分的组装是将直径为M3的螺钉头部切去，再将其插入外径为4mm、内径为3mm的黄铜棒内，并进行黏结固定。按图所示在CD-ROM上开孔，将LED装在零件A上，电路板固定在零件B上，然后将零件A和零件B放在旁边，对LED进行接线。接线时要考虑到闪烁速度，想象着在哪个位置怎样闪烁。IC引脚按照7、5、4、6、14、13、15、1、2、3的顺序组装，闪烁时间会长一些。

接着是对电源布线。这里用的是3个5号电池。准备3个可装一个电池用的电池盒，分别和电路板进行布线。

布线完成后，用12mm的隔离柱先临时将零件A和零件B固定在外侧的四个孔中，调节平衡。放上电池，转动一下试试，从侧面间隙中用棍子将电池盒位置一点一点地移动，以此来调节整体平衡。

大致调好以后，用铅笔画上标记，开始固定电池盒。简单地将电池盒用双面胶固定即可。

■ 使用方法

接上电源后，LED闪烁就可以了。整体的闪烁速度通过半固定电阻器进行调整，可以设定成自己喜欢的闪烁速度。

终于到了要旋转陀螺的时候了。用双手转动轴要比用单手转动持续的时间长。你顺利地让陀螺旋转起来了吗？看见了各种虚线转动形成的圆形了吗？这时如果平衡效果比较差，就再调一下电池的位置，或者因为零件C的轴孔是4mm，比轴径3mm大一点，可以将轴的位置稍微偏离一点，调整一下。

No. 27

光和影运用自如

不可思议的圣诞节灯饰

立体光圣诞树

从透明亚克力板一端照射光时，光会穿过亚克力板的内部，在板的边缘和表面有划痕处透出来。光学纤维就是将光的这一特点应用于光的传播路径而制作出来的。在其他透明物体中也经常能看到这种现象。晚上的喷泉闪着漂亮的光，就是使用了这个原理。

本制作是使用亚克力板和LED做出具有这种效果的灯饰，并且利用了旋转所产生的余像效果，在平面上显示出了立体圣诞树，在此基础上再让LED闪烁，形成更有趣的效果。

元器件表

三极管（Tr1 ~ Tr6）:2SC1815 ……… 6个
电容器（C1）:1μF 50V ……… 1个
（C2 ~ C4）:3.3μF 50V ……… 3个
（C5、C6）:220μF10V ……… 2个
电阻器（R1 ~ R8）:330Ω 1/4W（色带：橙橙茶金）……… 8个
（R9,R10）:15kΩ 1/4W（色带：茶绿橙金）……… 2个
（R11,R12）:5.1kΩ 1/4（色带：绿茶红金）……… 2个
（R13,R14）:100kΩ 1/4（色带：茶黑黄金）……… 2个
（R15）:4Ω 2W（色带：黑黄黑金）……… 1个
LED: 红、蓝、绿、橙 ……… 各2个
万能板 :15×25孔 ……… 2张
电池盒 & 电池扣 :2个3号电池用 ……… 1组
:4个3号电池用 ……… 1组
3号电池 ……… 6个
拨动开关 ……… 2个
亚克力板 ……… 参照尺寸图
隔离柱 :30mm ……… 4个
:5mm ……… 6个
:3mm ……… 4个
角码（中）……… 2个
（小）……… 2个
电动机 :RE-140（MABUCHI）……… 1个
螺钉 :M3×12mm
:M3×8mm
其他：布线用导线、镀锡线、焊锡、双面胶、橡胶脚垫等

■ 电路说明

电路中采用两层非稳态多谐振荡器。电路A和电路B分别让每两个不同颜色的LED闪烁，并通过电路C让电路A和电路B交替驱动。这样，就会交替重复绿色和红色LED的闪烁，以及蓝色和橙色LED的闪烁。闪烁的光是围着树形亚克力板转动的，由于光的余像效果，形成了立体条纹状的树。改变电容和电阻会使闪烁速度发生变化，这样可以做各种尝试，看到不同的效果。

■ 组装（布线）

主要电路组装在15×25孔的万能板上，由3个相似电路组成，要注意不要弄错。电路中所用的三极管全部是一样的，要注意一下这些三极管的方向。电容器有3种，注意不要把

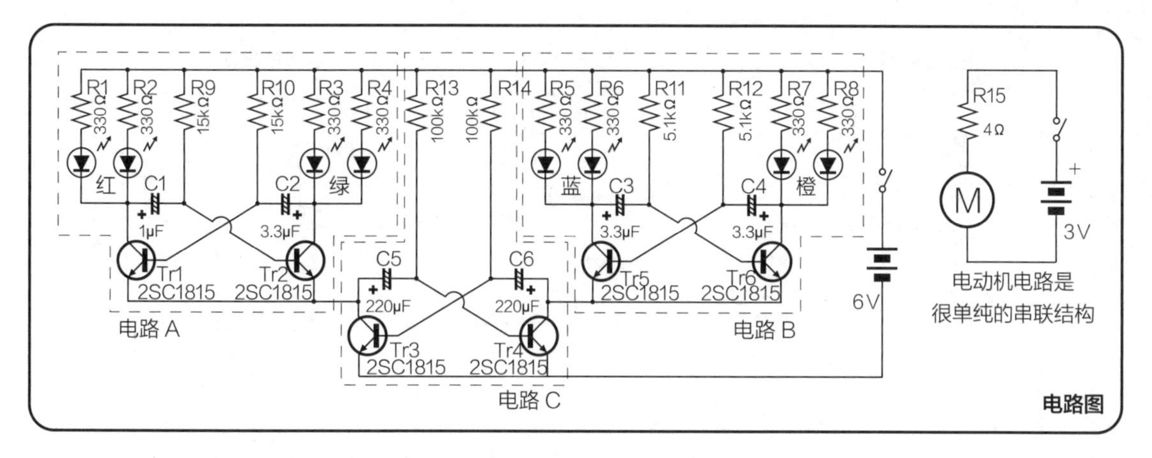

电路图

电路板（正面）

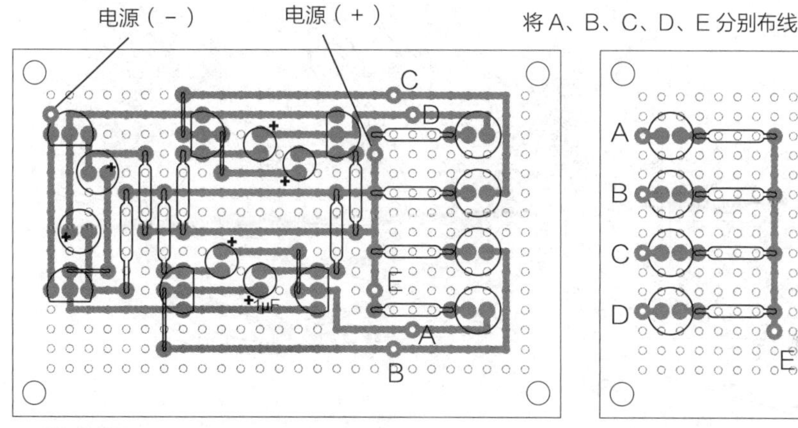

（反面·焊接面）

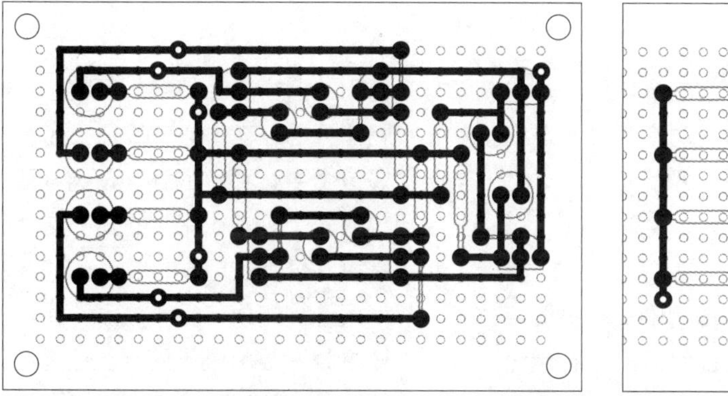

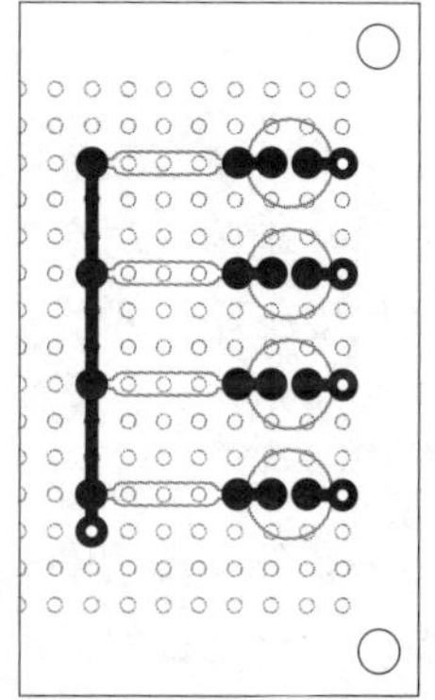

位置弄错。将镀锡铜线和多余的零件引脚折弯成コ形状，作为跳线。

这次制作中最有特点的元器件就是 LED。有 4 个 LED 直接安装在这个电路板上，还有 4 个 LED 是安装在另一块电路板上的。这样做的原因是要在安装完的时候，将电动机夹在中间，从反方向也能够照射到光。在这些电路板之间布线时要尽量用长一点的导线，预先将导线的一端布好，将电路板放置到大致位置，调节导线长度，再将另一端的线布好。这时，不要忘记电路板中间是有电动机的。焊接 LED 时要距离电路板 15mm 左右，这样做的目的是离电动机上方的圣诞树近一些，同时也是为了可以改变 LED 的方向。

在另一个电路中将电池串联连接来为电动机供电，如果不做任何调整，旋转得就太快

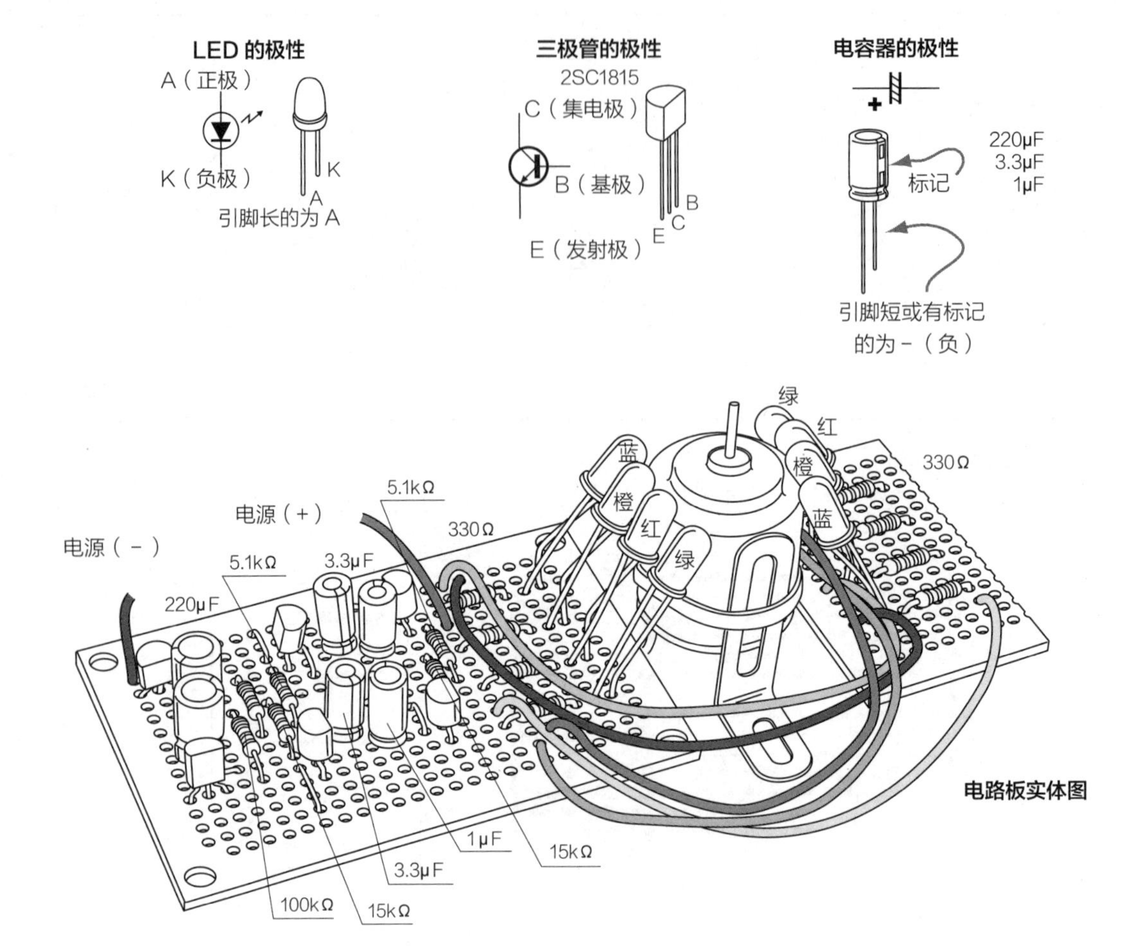

了，因此加入了一个 4Ω 左右的电阻。从电流角度考虑的话，这个电阻的功率为 2W 左右就可以了，将它直接接在开关部分。

■ 组装（外壳）

这次的外壳只是简单地用隔离柱将亚克力板夹起来，如果在外壳上多考虑一下，也可以将本制作安装在各种形式的外壳中。

使用两个角码，用双面胶将角码固定住以后，再在上面用线束带固定，放止滑脱。切去一部分角码，将电源开关固定在角码上。将电池盒也用双面胶简单固定住，这里用的是泡棉双面胶，它可以缓和电动机的振动。

将亚克力板切割成树的形状，像这样不规则形状的亚克力板用亚克力切割刀很难切割出来，为此使用钻头钻出很多孔后再切断，然后再用锉刀打磨。打磨好后将这个树状亚克力板黏结到已经在中心部位开了孔的零件 D 上。对好这个中心部位的孔，在树状亚克力板的下部也开一个 3mm 深度的孔。这个孔一定要开得笔直，否则在电动机转动的时候就会嘎嗒嘎嗒地振动。如果一旦开成了不直的孔，就只能用环氧胶黏结剂进行固定。但是如果在这个阶段就固定住的话就拿不下来了，要在最后的调节做完以后再黏结固定。

在零件 B 上装上电路板、电动机、电池盒、开关等元器件后，调节 LED 的位置。将 LED 引脚折弯，调整 LED 使其朝向电动机轴的上端位置，这样在安装好树状亚克力板以后，正好可以让光照进树的根部位置。这时需要注意的是引脚之间不要接触。

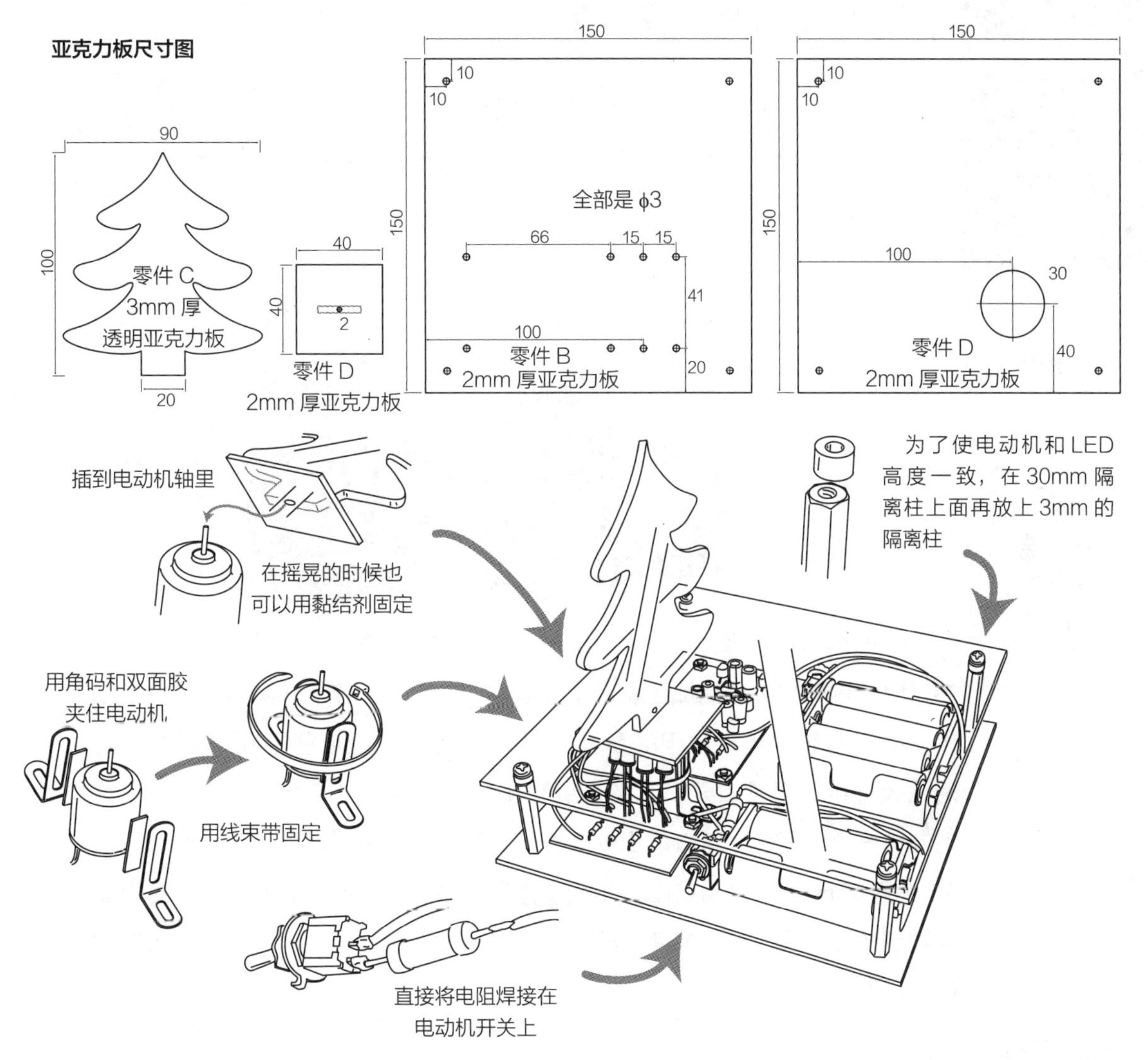

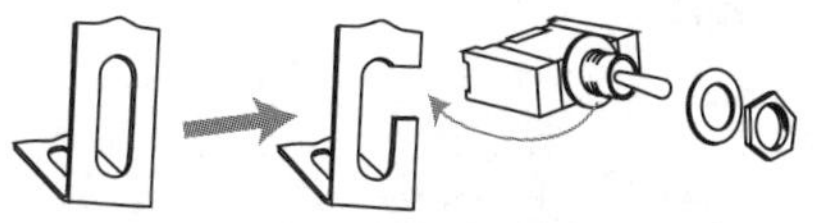
切去角码的一部分，安装开关

■ **使用方法**

首先确认电路有没有接错，焊接时有没有接触到不该接触的部位。然后接上电源开关，将电动机转动起来看一看，只要没有嘎嗒嘎嗒的振动就可以。接入开关后，LED 就开始快速地闪烁，而且如果两组 LED 互相交替转换闪烁，电路就可以使用了。

在黑暗的房间里观看的时候，转动着的树就变成了立体光树，这是余像效果导致的。对亚克力板的加工方法不同，所看到的效果也会改变，比如说如果用锉刀或砂纸在树上画出各种图案的话，也可能会有更加有趣的效果。

No. 28

电压可以自由改变

任意改变的直流电源

便利小制作

家庭用的插座随时在供应100V（日本）的交流电。房间里的灯具、冰箱、电视机等家电产品都是靠这个插座供应的电在工作。和家里用的插座相比，电子制作中经常使用的是1.5V和9V的低电压直流电源（电池）。电池比较好用，但是如果没电了，所制作的电子制品也不能动了。为此，我们制作一个从插座中可以取出低电压直流电的电源装置，而且是一个可以从1.5V到接近20V之间自由变化的实验用电源。这个电源做好后，就可以让各种制作工作起来，但是使用时要注意电压值，否则所做出的作品就可能被破坏。

元器件表

元器件	数量
三端稳压器：LM350T	1个
散热板：适当（大一些为好）	1个
电容器（C1）:4700μF 50V	1个
（C2）:10μF50V	1个
（C3）:0.1μF	2个
二极管:1N4002	2个
桥接二极管:GBU4D	1个
电阻器:120Ω（色带：茶红茶金）	2个
可变电阻器5kΩ	1个
立式接线板:1L6P	1块
LED	1个
变压器:HT202（TOYODEN）	1个
拨动开关	1个
熔丝（1A）& 支架	1组
面板仪表:MRA-45 3A（电流计）	1个
:MRA-45 30V（电压计）	1个
亚克力板·胶合板	参照尺寸图
角码（大）	1个
端子：好用的	2个
螺钉:M3×8mm	1个
木螺钉:M3×10mm	10个
尼龙夹	1个
带插座插头的电线	1根
导线、焊锡少许	

■ **电路说明**

将从插座中取出的交流电通过变压器变压成低电压，为了将交流电变成直流电，需要通过二极管将交流电分成正极部分和负极部分，这称为整流。但是如果就这样不再处理的话，电压就是跳动的，为此，用电容器将电压低谷的地方加以遮盖。通过三端稳压器专用IC控制这个电压。这里使用的是控制幅度可以改变的LM350T三端稳压器，输出电压是可变的，并且在输出部分装上面板式仪表，可以检查电压和电流。

■ **组装（配线）**

开始在接线板上安装元器件。要严格对照电路图，注意不要弄错。

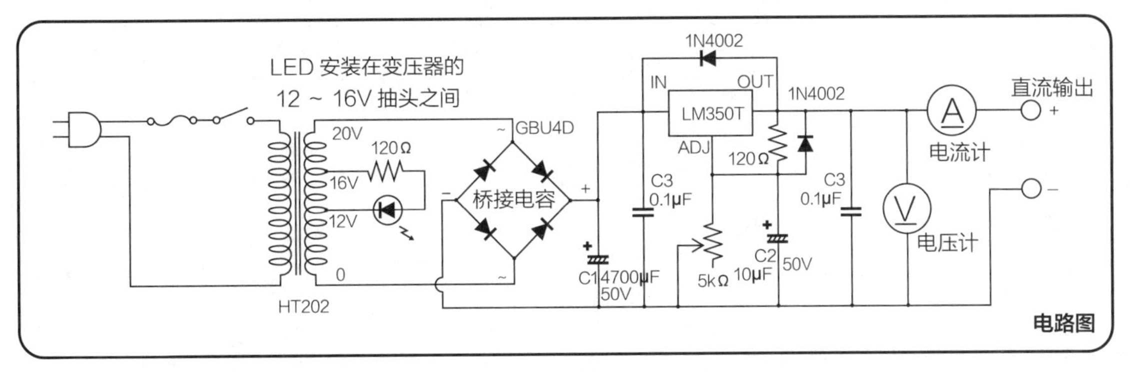

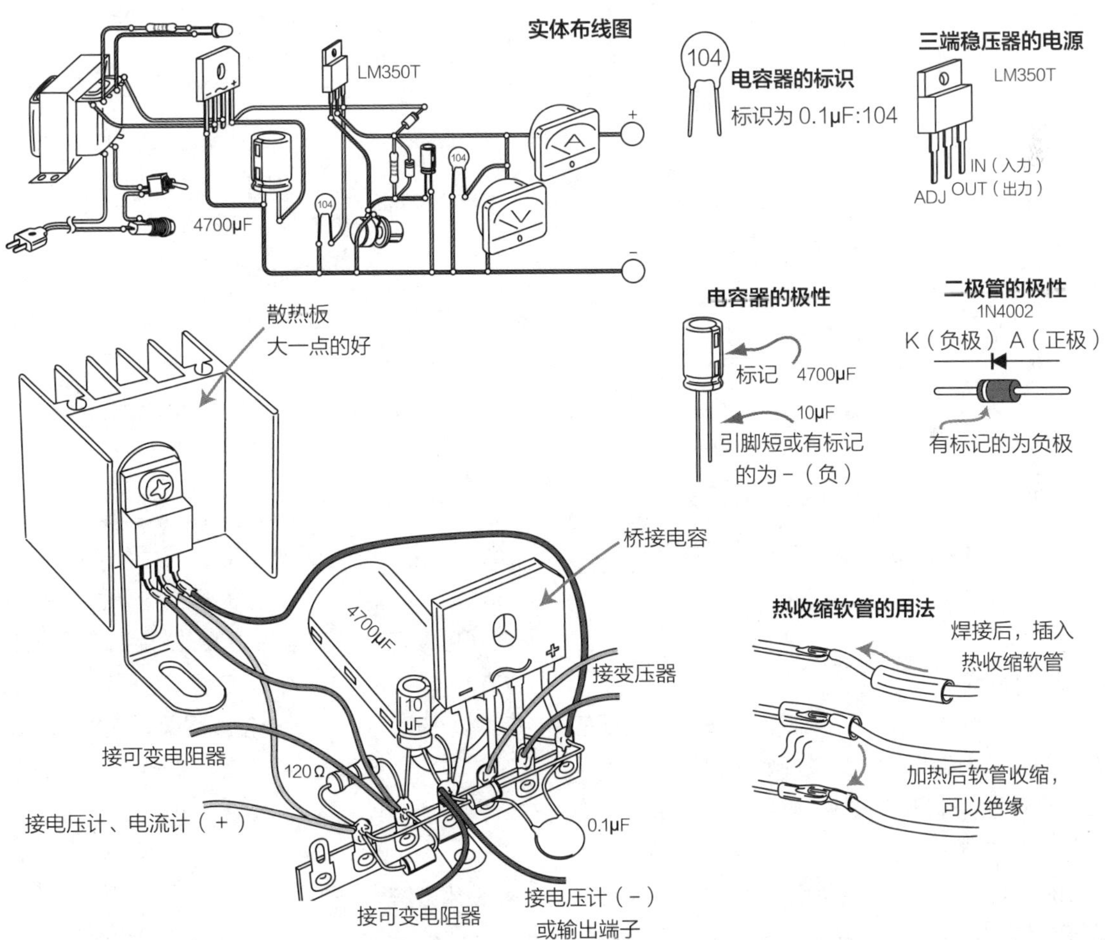

要特别注意，电解电容器、二极管、三端稳压器等元器件的电极不能弄错。另外，用扁嘴钳之类的工具将各个元器件的引脚整齐折弯后进行配置。在配置时不要接触不必要的地方。然后将有一定富余长度的导线焊接在每个需要的端子上。将三端稳压器引脚折弯后接导线，焊接时为了让端子互相不接触，用热收缩软管套起来。另外，三端稳压器会发热，要装上一块散热板。这次在三端稳压器和散热板之间夹了角码，这样就可以固定住了。

LED 是作为电源指示灯使用的，直接接在变压器的其他抽头上。交流电从这里流过，因此 LED 根据交流频率闪烁，但这种闪烁人眼是看不出来的。将电阻器直接装到 LED 引脚

亚克力板尺寸图

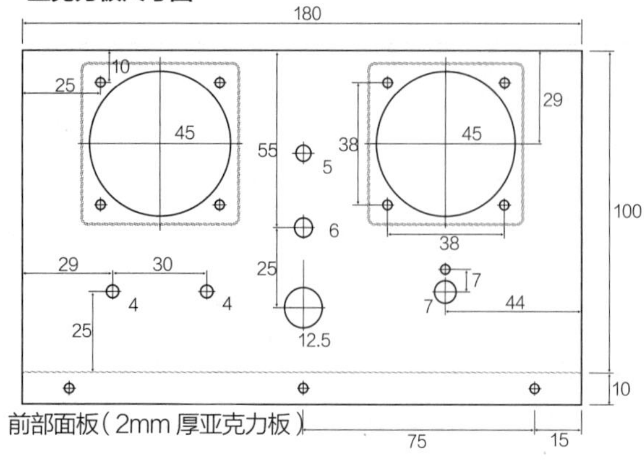

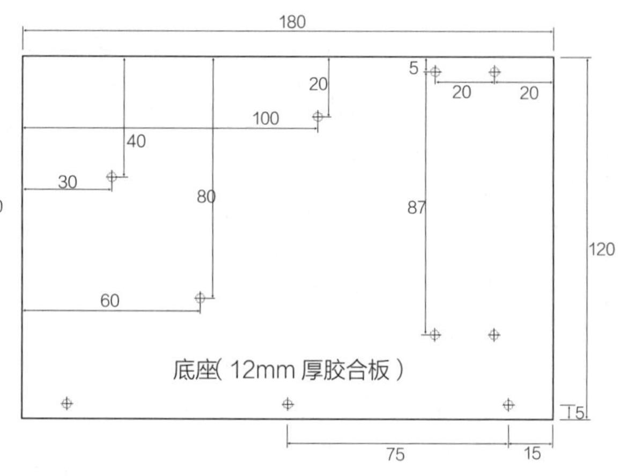

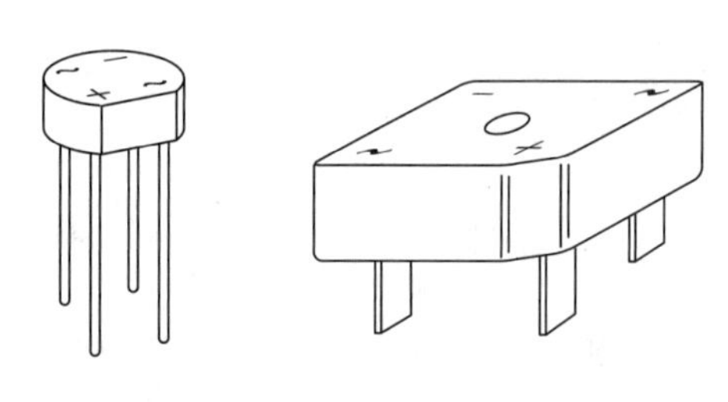

桥接二极管有各种形状

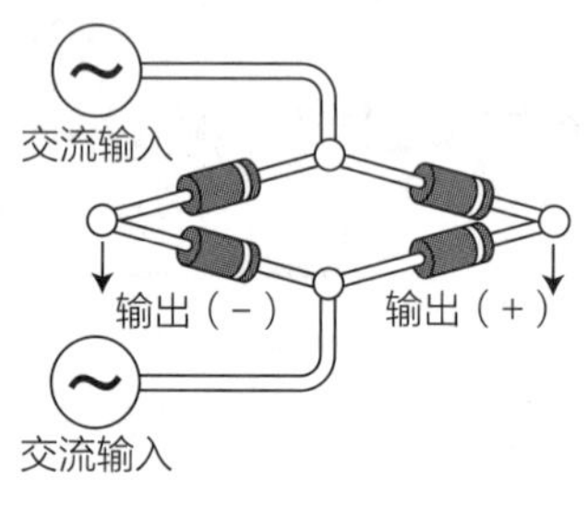

一般整流二极管组成桥接电路以后也有同样效果。1N4002 可以流过 1A 的电流

上，为了避免和周围接触，这里也使用热收缩软管。

■ 组装（外壳）

这次的外壳由用于底座胶合板和用于前部面板的亚克力板组成，比较简单。将亚克力板加工至可以安装面板仪表（电压计、电流计）、端子、可变电阻器、开关、熔丝架、LED，安装到底座的部分要做折弯加工。用木螺钉或自攻螺钉固定到底座上。底座上预先为各个螺钉开好了 2mm 左右的底孔，这样在安装时就比较方便了。

将接线板、三端稳压器、变压器、前部面板安装到底座后，在前部面板上安装各个元器件。将带插头的电线缠绕在尼龙夹上，接到变压器电源、熔丝架等上面，将开关也接上。

下面将安装在接线板上的导线分别接到各个元器件上。电压计和电容器（C3，0.1μF）并联，将它们焊接好，面板上的元器件相互之间也连接起来。最后将 LED 接到变压器的 12 ~ 16V 抽头之间。因为是交流电，所以朝向哪一边都可以。看着布线图确认连接没有错误，组装就基本上完成了。将熔丝装到熔丝架中。

■ 使用方法

此处使用的是 100V（日本）电压，因此要首先确认电路有没有接错，焊接时有没有接触到不必要的地方，然后插入插座。在什么都不接的状态下接通电源，LED 闪烁，旋转可变电阻器，如果电压计动起来就说明没有问题。比如说在开小灯泡的时候是连接到输出端子后接通电源，这时要确认可变电阻器是设定在低电压值状态的。可以在连接小灯泡之前调节，切断电源，再连接起来，这样就能看

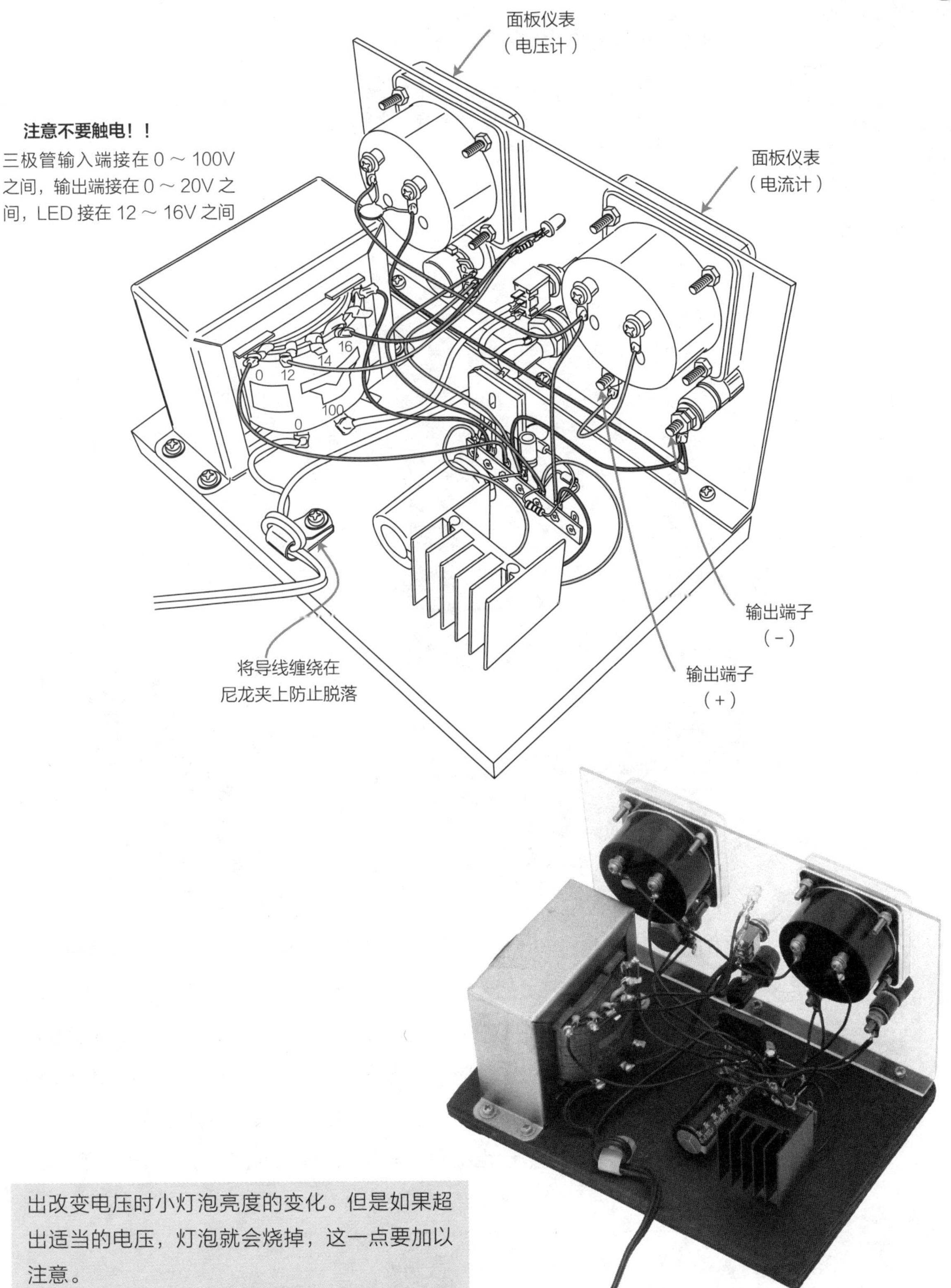

出改变电压时小灯泡亮度的变化。但是如果超出适当的电压，灯泡就会烧掉，这一点要加以注意。

如果加上罩子，或者放入铝制外壳中会更加正规，并且通过改变变压器抽头或面板仪表，也可以使输出电压容易调节。

根据自己的需要多开动脑筋试一试吧。但是，因为使用的是 100V（日本）高压，一定要注意不要触电和发生事故。

No. 29

自动亮灯，自动熄灯
自动标识灯

人们在黑暗中容易碰到墙壁上，在台阶上容易踏空，这样危险的事情有很多。很多人都有过找不到电灯开关的经历。为此，让我们做一个在黑暗处成为地点标识的简单位置标识灯。这个标识灯很小，可以安装在任何地方，并且闪烁时很显眼。将这个标识灯放在电灯开关上和台阶、走廊等地方，就可以避免晚上起来时因看不到而受伤的情况。这款标识灯不仅体积小，在周围暗下来后还会自动开始闪烁，很好用。电路很简单，元器件数量也不多，可以很简单地制作出来。虽然简单，这样的小东西反而很有用。

元器件表

三极管：2SC1815 …… 1个
　　　　：2SA1015 …… 1个
电容：10μF 16V …… 1个
CdS …… 1个
电阻器：200kΩ ~ 500kΩ 1/4W …… 1个
LED：喜欢的颜色 …… 1个
印刷电路板：自己制作 …… 参照尺寸图
亚克力板 …… 参照尺寸图
螺钉 & 螺母：M3 × 22mm …… 1个
电池：LR44 或者 5 号电池 …… 2个
布线用导线、铜线、焊锡少许

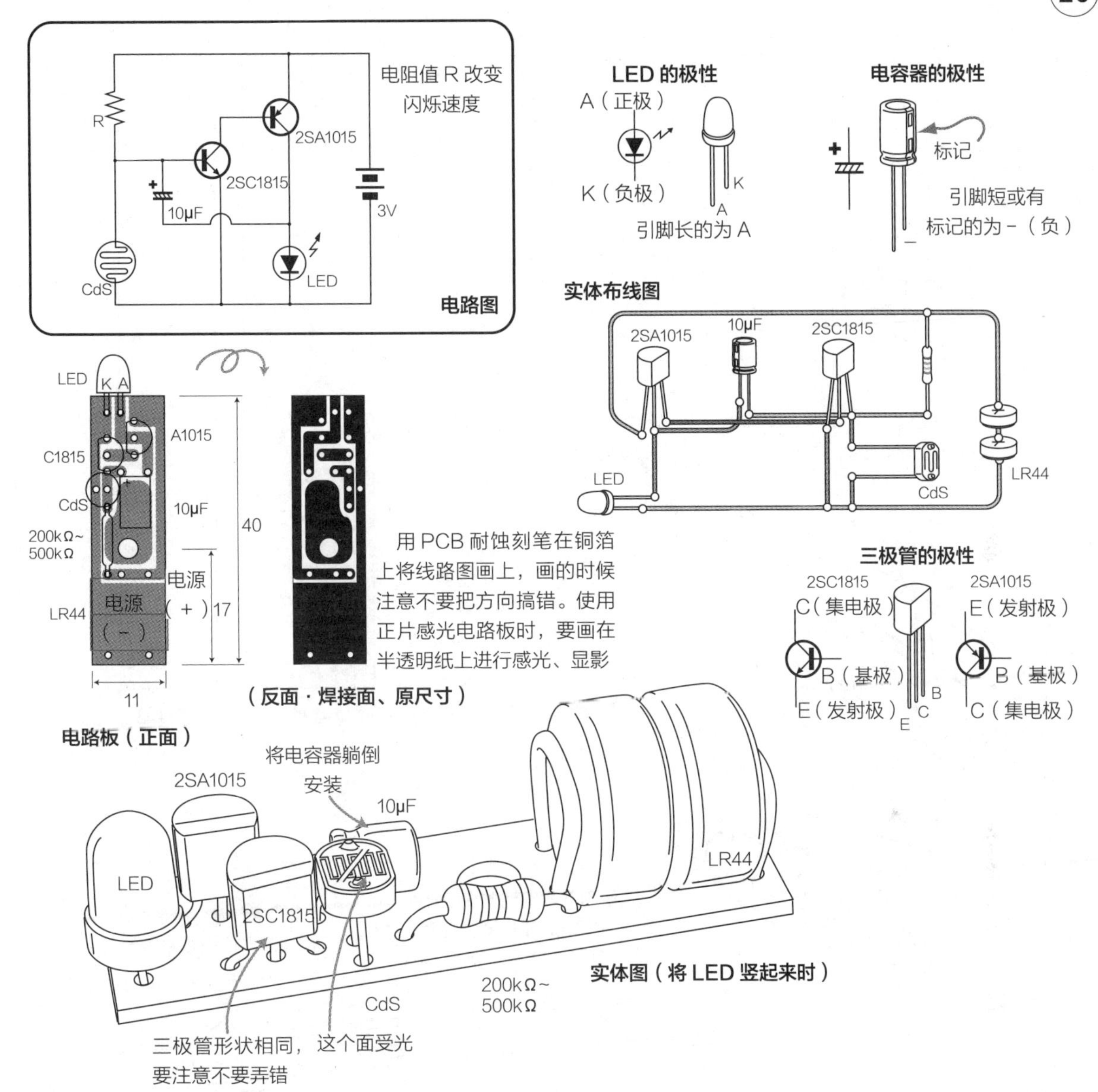

■ 电路说明

CdS 是一种根据光的亮度而发生电阻值变化的元件。闪烁电路中使用了 NPN 型和 PNP 型两个三极管的间隙振荡回路。

明亮的时候 CdS 的电阻值低，电流对三极管不产生影响，但变暗以后，CdS 的电阻值变高，电流流向电容器，电容器充电，充电后将三极管打开或关闭，电流流向 LED，同时电容器放电。反复进行这种动作，LED 就反复闪烁。闪烁间隔由于电容容量和电阻 R 不同而变化，因此可以做一下各种尝试。

为了将标识灯整体做得小一点，电容器使用的也是 10μF 的小电容，如果将容量调大，闪烁周期就会变长。如果将电阻 R 值调大，闪烁周期也会变长，这里使用 200kΩ ~ 500kΩ 比较合适。电源为 3V，为了将体积做小，这里使用了按钮电池，使用普通干电池应该也没有问题。

■ 组装（布线）

这次是用印刷电路板制作。首先将单面印刷电路板截断，看着电路图和布线图在铜箔面上孔的位置处做上标记，用圆规针扎上记号。用专用 PCB 耐蚀刻笔在电路图所需要的铜箔

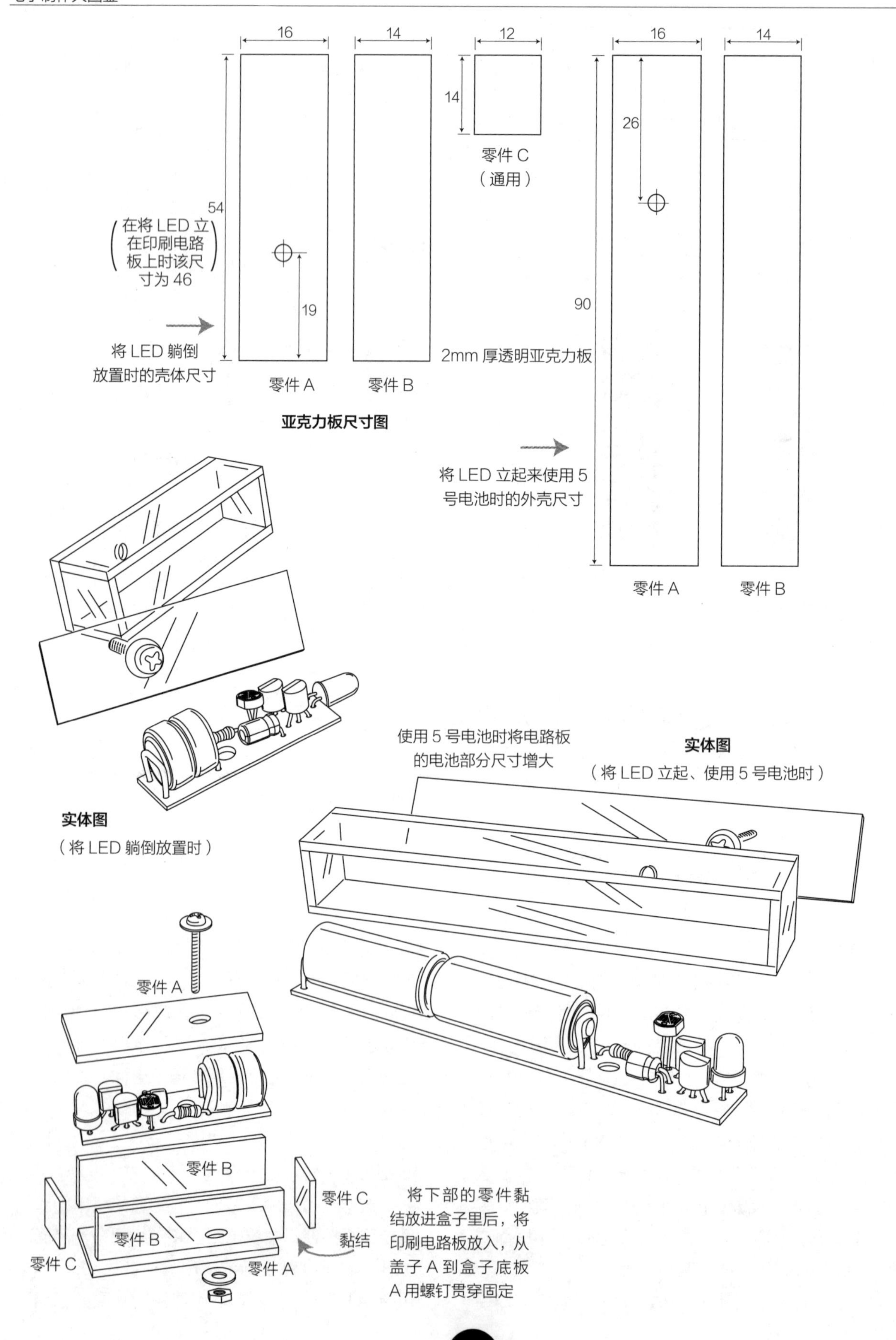
16
14
12
16
14
14
零件 C
（通用）
26
54
在将 LED 立在印刷电路板上时该尺寸为 46
19
90
将 LED 躺倒放置时的壳体尺寸
零件 A
零件 B
2mm 厚透明亚克力板
亚克力板尺寸图
将 LED 立起来使用 5 号电池时的外壳尺寸
零件 A
零件 B
使用 5 号电池时将电路板的电池部分尺寸增大
实体图
（将 LED 立起、使用 5 号电池时）
实体图
（将 LED 躺倒放置时）
零件 A
零件 B
零件 C
零件 B
零件 C
黏结
零件 A
将下部的零件黏结放进盒子里后，将印刷电路板放入，从盖子 A 到盒子底板 A 用螺钉贯穿固定

部分做上标记，用蚀刻液将不用的铜箔溶化。最后在做标记的地方开孔，印刷电路板就做好了。

印刷电路板做好后，剩下的就是安装元器件了。本制作中元器件比较少，注意组装时不要弄错。三极管使用2SA型和2SC型两种，注意不要弄混。

将LED引脚折弯，可以做成横向的，也可以保持竖向的不变。但方向不同，外壳尺寸就不一样，因此在开始阶段就要把方向定下来。

因为体积比较小，细微作业比较多，在焊接时注意不要焊到邻近回路上，另外，引脚比较短，注意不要加热过度。

在焊接完各个元器件以后，就开始制作电池的安装工具。将1mm的铜线折弯，直接焊接到印刷电路板上，将电池夹住。电路制作好后，好好看一下焊接面，充分确认有没有和其他电路紧贴在一起，然后装入电池。在有松动时，将铜线稍微向内侧弯一下，做一下调节。

■ 组装（外壳）

使用2mm厚的亚克力板制作外壳。按图示将外壳组装起来。将A、B、C黏结起来做成简单的盒子，把电路放进去，从另一个零件A穿过螺钉组装起来。因为体积小，所以只用了一个螺钉进行固定。另外，本制作是根据电路和电池的尺寸，做成正好可以将它们放进去的大小，没有特别固定印刷电路板。如果是在室外使用，为了防水，可以在黏结面、盖子、螺钉处使用硅填充剂。

因为体积小，也可以将电路和电池放入胶卷盒和其他合适的小盒子里。在这种情况下，为了防止电池脱落，最好用胶带等将电池固定住。

■ 使用方法

电路做好后，确认一下有没有错误，然后将电池放入。在明亮的房间里装入电池时，如果LED亮了起来，就有可能是某个地方的电路做错了，这时要再次进行确认。将CdS调暗，如果一闪一闪地发亮就表示做好了。可以用手盖住光或在黑暗的房间里试一试。

因为是小的并且简单的方形盒子，可以放在窗户一角，也可以用双面胶之类简单地贴住。用各种颜色的LED制作出几个显示灯，把它们排列起来就变成了好看的灯饰。

No. 30

光线转动刻画节奏

转动的节拍器

便利小制作

音乐的三大要素分别为节奏、旋律、和声。为掌握其中的节奏要素，可以在练习时使用节拍器这样一个周期性刻画拍子的摆锤。这种节拍器是一种电子装置，但如果只是周期性地发出信号，只用振荡电路就可以做到。本次制作是想通过听觉和视觉信号来表现，让 8 个 LED 发光，可以调节音程。速度也可以改变，根据使用方法不同，也可以把它作为定时器使用。希望这个制作能够对你的音乐和乐器方面的练习起到一些作用。

元器件表

IC:74H164AP（74164）	1 个
MCI4078B（4078）	1 个
555	1 个
IC 插座 :8P	1 个
:14P	2 个
三极管 :2SC1815	3 个
:2SC2120	1 个
电解电容器 :22μF 16V	1 个
:1μF 16V	1 个
陶瓷电容器 :0.1μF（104）	3 个
电阻器 :15kΩ 1/4W（色带 : 茶绿橙金）	1 个
:6.8kΩ 1/4W（色带 : 蓝灰红金）	1 个
:2.4kΩ 1/4W（色带 : 红黄红金）	1 个
:1kΩ 1/4W（色带 : 茶黑红金）	5 个
:330Ω 1/4W（色带 : 橙橙茶金）	8 个
可变电阻器：50kΩ	2 个
扬声器：8Ω	1 个
拨动式开关：合适的	1 个
LED：根据喜好	8 个
万能板 : 切割成 30×19 孔	1 张
亚克力板 :2mm 厚	参照尺寸图
螺钉 & 螺母 :M3×6mm	2 组
电池盒：4 个 3 号电池用	1 组
3 号电池	4 个
隔离柱 :20mm 双内螺纹	2 个
橡胶脚垫	4 个
双面胶、导线、焊锡少许	

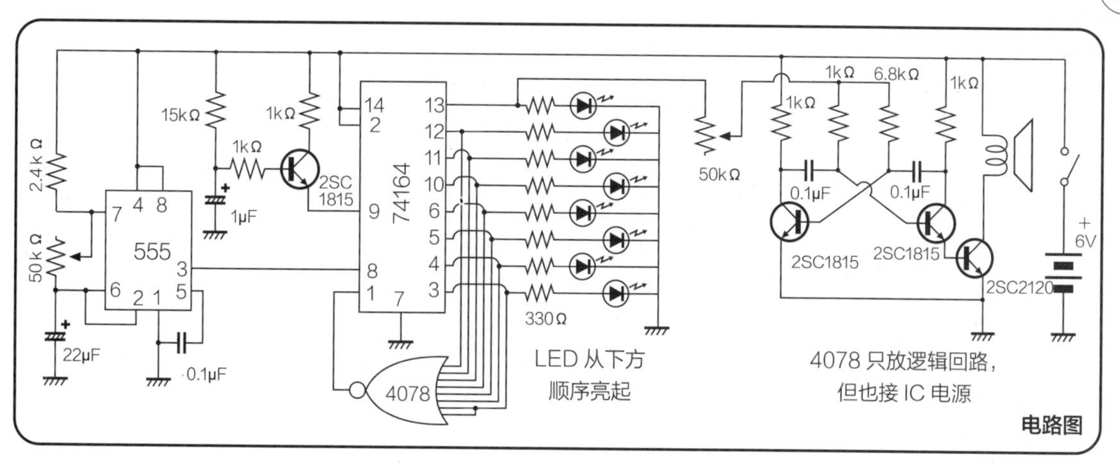

2.4kΩ
50kΩ
22μF
555
7 4 8
6 2 1 5
3
0.1μF
15kΩ
1kΩ
1kΩ
1μF
2SC 1815
14
2
9
8
1
7
74164
13
12
11
10
6
5
4
3
4078
330Ω
LED 从下方
顺序亮起
50kΩ
1kΩ
6.8kΩ
1kΩ
1kΩ
0.1μF
0.1μF
2SC1815
2SC1815
2SC2120
+
6V
4078 只放逻辑回路，
但也接 IC 电源
电路图

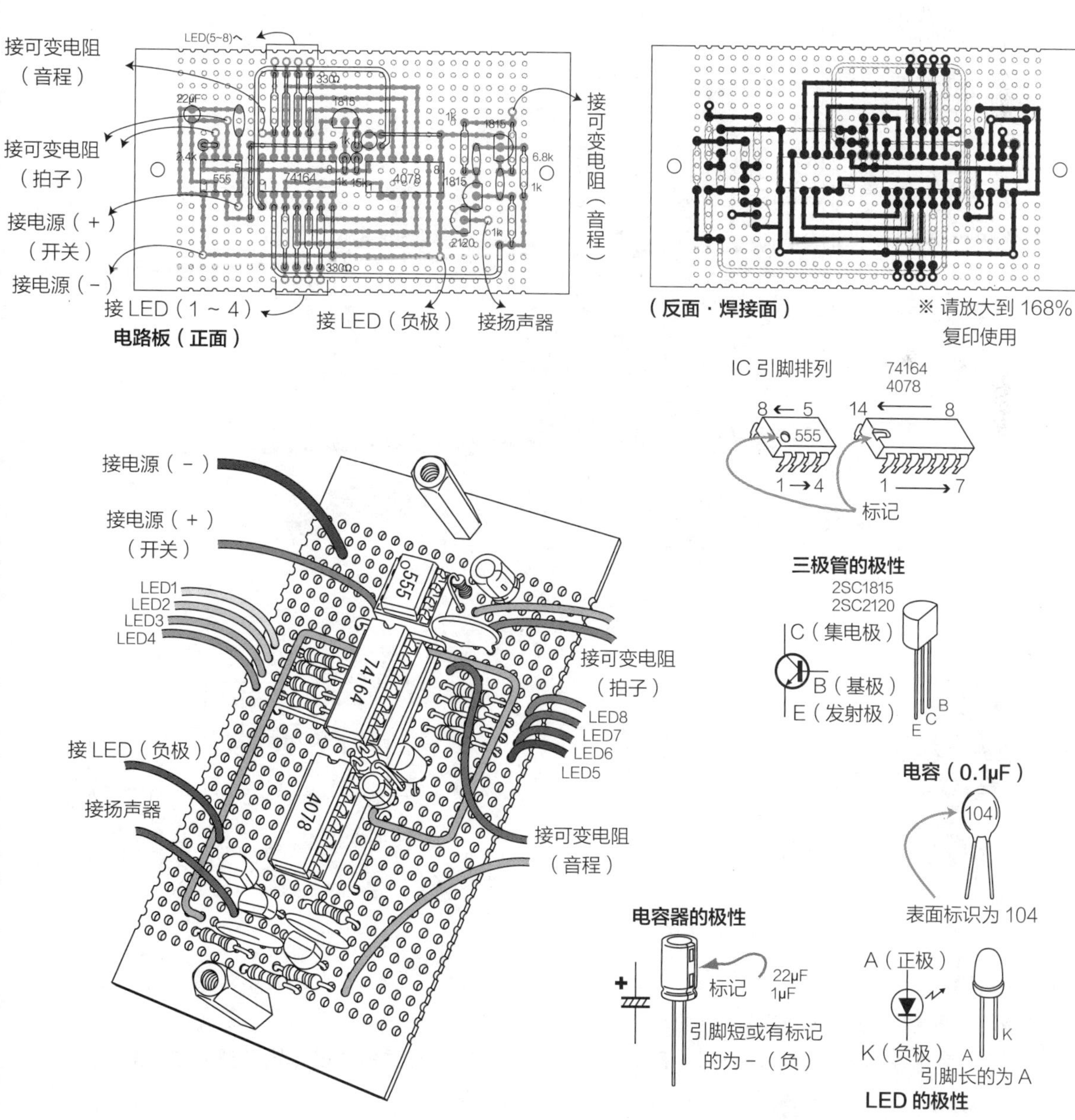

接可变电阻
（音程）
接可变电阻
（拍子）
接电源（+）
（开关）
接电源（-）
接 LED（1 ~ 4）
接 LED（负极）
接扬声器
接可变电阻（音程）
电路板（正面）
（反面 · 焊接面）
※ 请放大到 168%
复印使用
IC 引脚排列
74164
4078
8 ← 5
555
1 → 4
14 ← 8
1 → 7
标记
接电源（-）
接电源（+）
（开关）
LED1
LED2
LED3
LED4
接可变电阻
（拍子）
LED8
LED7
LED6
LED5
接 LED（负极）
接扬声器
接可变电阻
（音程）
三极管的极性
2SC1815
2SC2120
C（集电极）
B（基极）
E（发射极）
E C B
电容（0.1μF）
104
表面标识为 104
电容器的极性
标记
22μF
1μF
引脚短或有标记
的为 -（负）
A（正极）
K（负极）
A K
引脚长的为 A
LED 的极性

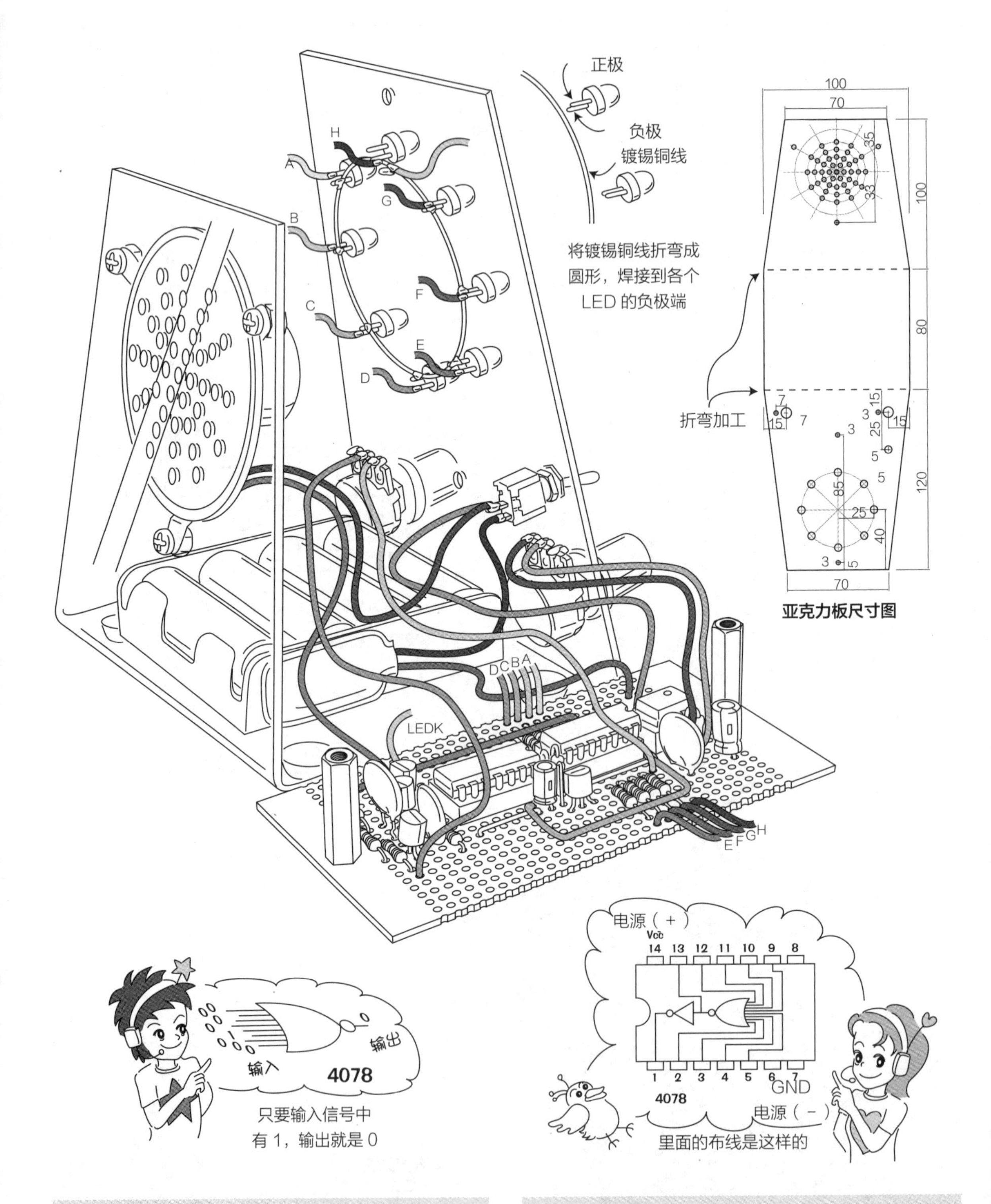

■ 电路说明

使用定时器 IC555 制作定时用的时钟脉冲，通过移位寄存器 74164 依次向 8 个输出端子传送信号，将 8 个输入 NOR 电路的 4078 组合起来，根据 74164 的输出情况输入初期信号。接入电源时，有的时候会出现预期之外的亮法，这种情况下就通过 9 号引脚瞬间复位。音源是通过非稳态多谐振荡器产生振荡，在第 8 个 LED 亮起的时候，将这个输出直接输入音源，让扬声器响起来。

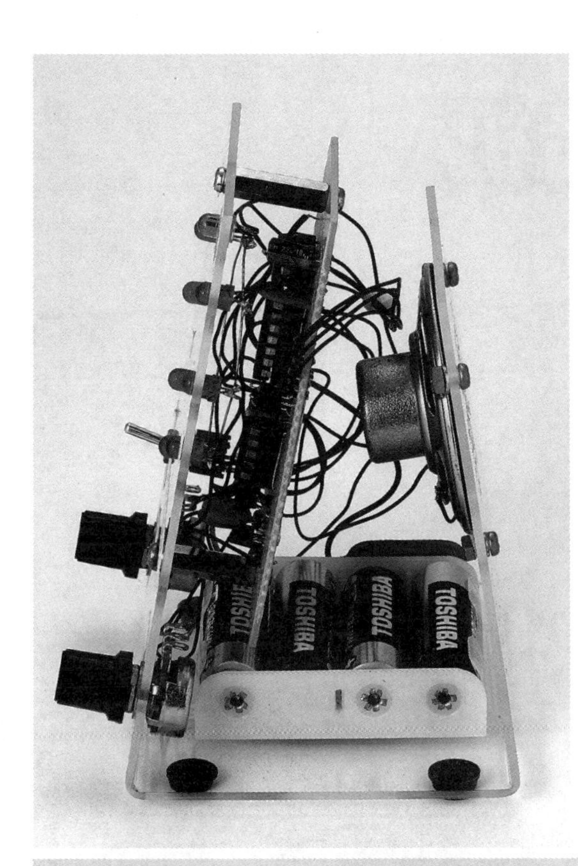

■ 组装（布线）

首先，按图将万能板切断成 30×19 孔的尺寸。将 IC 用 IC 插座安装在电路板上。但在加工电路板时要先把 IC 拿下来，然后再安装各个元器件。在元器件配置方面，电阻有立着放的也有躺着放的，要注意不要弄错。电路板正面的跳线也有交叉的部分，要使用绝缘导线。焊接面接线可以使用切下来的元器件引脚，在达到需要的线长时使用镀锡铜线连接。

在电路图上 4078 只有逻辑符号的标记，但作为电源是接在 7 号引脚 -（负）、14 号引脚 +（正）上。1、6、8 号引脚不接线，因此将插座的这几个引脚剪去，剪下来的引脚可以用在电路板上。

连接电池、可变电阻器、扬声器的导线已经从电路板中引出来了，但是在装到外壳上时，如果导线很长会不太好看，根据需要也可以从背面进行焊接。

各个元器件装完后，从电路板上接上导线，在安装到外壳上时最好是调整着导线长度接线。

最后把 IC 插入 IC 插座中。

■ 组装（外壳）

使用 2mm 厚的亚克力板，按图切断和钻孔。按照图中虚线进行弯折加工，加工时弯折的角度比直角稍微大一点，形成下面宽的有稳定感的结构。

在正面按圆形排列 LED，直接进行焊接。将镀锡铜线沿着 LED 的排列弯折成圆形，直接焊接在 LED 的引脚上。焊接时的烟有时会造成亚克力板发白，这时不要黏结 LED，而是在焊接以后先将 LED 拿下来，用抛光剂等将亚克力板面打磨干净后再将 LED 装上，这样就会完成得很漂亮。黏结的工作最后做。可变电阻器和电源开关安装在正面，扬声器安装在背面。把电路板和各个零件之间的线接上。最后用隔离柱从正面安装电路板。电池盒使用泡棉双面胶固定。

最后也可以在亚克力板上加上本制作的名称或进行一些装饰。

■ 使用方法

电路做好后，核对一下有没有错误，接上电源，确认 LED 亮没亮，是否确实能发出声音。可变电阻器是调节音程和节拍用的，根据自己的需要调整为所喜欢的音程和节拍。

时基电路 IC555 的速度随接在 6、7 号引脚的两个电阻值和电容容量的不同而发生变化。本机是通过可变电阻器变化的。旋转到最大，调为 50Ω 时，8 个 LED 亮一圈大概需要 12.5 秒，响 5 次大约需要 1 分钟，响 15 次大约需要 3 分钟多一点，这样就可以测量大概的时间了。

No. 31

用两个三极管制作

简便收音机

制作收音机

现代信息化社会中通过电视机和收音机、手机等进行各种各样的通信，承担信息传递任务的是电波。电波在空中自由地飞来飞去，所以在很多地方都能看电视、听收音或打电话。由于数字化的推进，信号的内容在不断发生变化，但是接收电波、转成声音、转成图像这些都是信号接收机的工作。为此，我们做一个简单而且元器件少的接收机代表性产品——“收音机”吧。可以用两个三极管简单地做出来，在电波强的地方可以得到出人意料的大音量和清晰的音质。

元器件表

三极管 :2SC1815 ………… 2个
电解电容器 :33μF 16V ………… 1个
:220μF 25V ………… 1个
陶瓷电容器 :0.1μF（104）………… 1个
:0.01μF（103）………… 3个
:0.001μF（102）………… 1个
电阻器 :100kΩ 1/4W（色带：茶黑黄金）………… 1个
:15kΩ 1/4W（色带：茶绿橙金）………… 2个
:470Ω 1/4W（色带：黄紫茶金）………… 2个
扼流线圈 :2mH ………… 1个
变压器 :ST-32 ………… 1个
锗二极管 :1N60 ………… 2个
可变电容器 & 旋钮 ………… 1组
磁棒天线 :AM收音机用 ………… 1个
拉杆天线：合适的 ………… 1个
接地片 ………… 1个
扬声器 :8Ω ………… 1个
拨动开关：合适的 ………… 1个
LED: 根据喜好 ………… 1个
万能板：切割成15×25孔 ………… 1张
亚克力板 ………… 参照尺寸图
螺钉 :M3×6mm ………… 20个
扬声器固定五金件 & 螺母 ………… 3个
隔离柱 :40mm 双内螺纹 ………… 4个
:15mm 双内螺纹 ………… 4个
电池盒 :4个3号电池用 ………… 1个
3号电池 ………… 4个
线束带 ………… 2个
双面胶、导线、焊锡少许

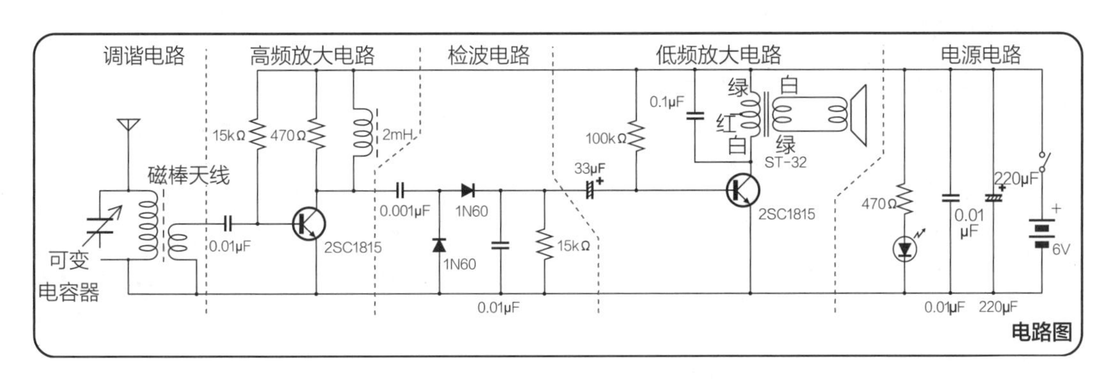

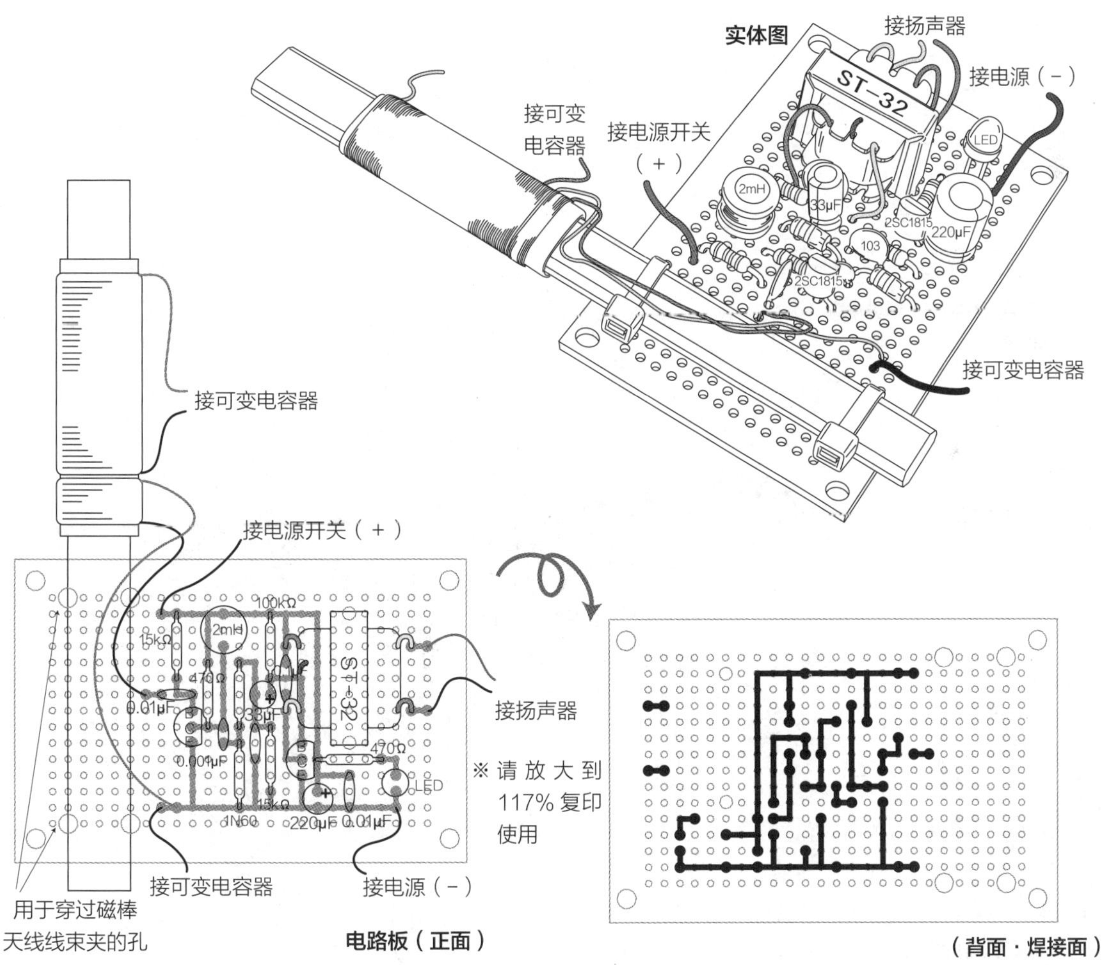

■ 电路说明

电路是用拉杆天线和可变电容器的调谐电路、单个三极管的高频放大电路、锗二极管组成的检波电路、声音信号所需要的低频放大电路所构成的。磁棒天线和可变电容器是 AM 收音机上用的，制作从这里拉长出去的天线时使用的是便携式收音机的拉杆天线。在距离电台比较近或电波很强的地方，这就足够了。电波弱的情况下，使用更长的天线就可以得到足够音量。

■ 组装（配线）

使用 15×25 孔的万能板。从体积小的元器件开始安装比较容易焊接，但是为了不将元

亚克力板尺寸图

130 5 5 25 7 7 25 8 33 80 正面 10 5 25 30 35

130 5 5 5 10 40 10 5 80 66 反面

2mm 厚亚克力板

可变电容器、开关以外的孔都是 ϕ3

磁棒天线有各种形状，但只要是用在 AM 收音机上的磁棒基本上都可以使用。要参考这些磁棒的说明书

接拉杆天线时使用接地片，用螺钉固定

拉杆天线

接磁棒天线

接地片

亚克力板

螺钉

三极管的极性

2SC1815

C（集电极）

B（基极）

E（发射极）

E C B

锗二极管的极性

1N60

A（正极）

K（负极）

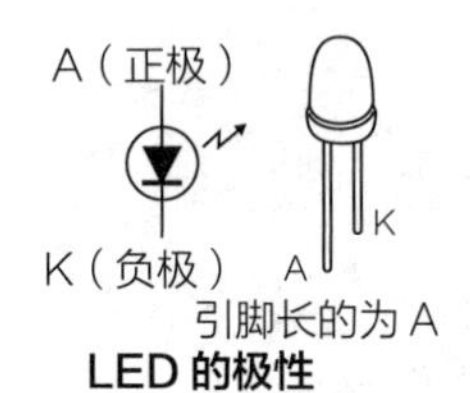

LED 的极性

电解电容器的极性

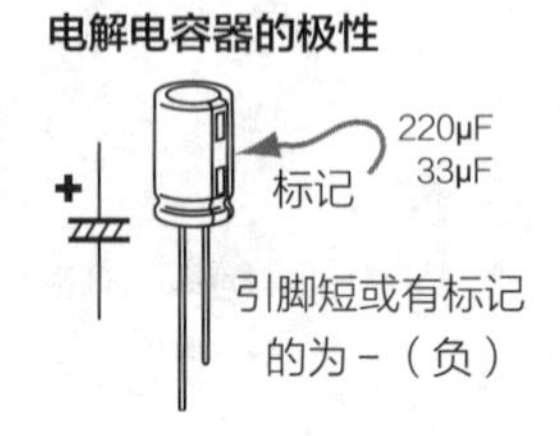

电容器的标识

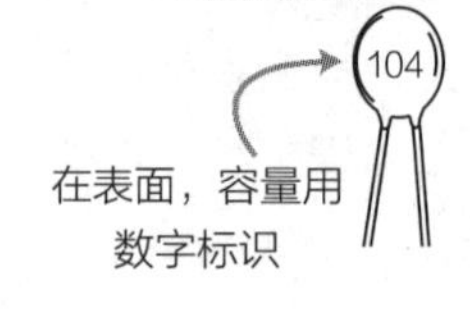

器件的位置弄错，也可以先将变压器这样的大元器件装上，以便有一个参照物。

三极管、二极管、电解电容器都是有极性的，安装时要注意方向。变压器 ST-32 的中间抽头红色导线用不到，将其剪短。焊接电容器之类的零件时要接触电路板，但是由于温度高，有时候会损坏元器件，对于自己的焊接技术不自信时，可以稍微将元器件提上来一点，用散热夹保护着再进行焊接。将电容器、三极管、电阻器等电路板上的元器件安装完后，用线束带将磁棒天线固定，把导线安装到电路板上。只要是 AM 收音机上用的磁棒天线一般都可以用，但因为形状多样，要认真看一下说明图，将导线区分开使用。没有说明图的时候，可以安装一下试试看，或再取下多试几遍，这样虽然比较粗暴，但不失为一种方法。好好辨别一下零件，缠绕圈数多的地方可以理解为是接可变电容器的。

最后，将用在电源和可变电容器、扬声器之间的导线适当留长一些并焊接上，以便在装到外壳上时布线。

■ 组装（外壳）

使用 2mm 厚的亚克力板，参照图纸进行切断、开孔加工。整体结构是在两块亚克力板中间夹隔离柱，就直接这样使用。

将扬声器、弹簧开关、可变电容器等安装在正面亚克力板上。扬声器使用专用工具安装。将可变电容器安装完后安装旋钮。按照旋钮的频率标识在亚克力板上刻上标记，作为调台的大致标准。将电路板用 15mm 隔离柱装在背面亚克力板上，用泡棉双面胶将电池盒固定。使用接地片将拉杆天线用螺钉固定。

亚克力板上的元器件安装完以后，将两块板子横向排列起来，仔细安装上接磁棒天线的导线、可变电容器、电源、扬声器的接线。磁棒天线的导线很细，接线时一定要注意。

焊接完成后，最后用隔离柱将两块板子固定住，整个制作就完成了。

■ 使用方法

电路做好后，核对一下有没有错误。核对无误后装入电池。特别要注意确认焊锡有没有粘到旁边的接线上，是不是凝成了一团或焊得不充分。

将天线拉开，接入电源。LED 是电源的指示灯，即使声音没有出来，只要 LED 亮了，就说明电源没有问题。旋转可变电容器的旋钮试一下，如果能听到广播就成功了。听不见广播的时候，将旋钮多旋转几次，将耳朵放到扬声器上，看是否能听到很小的声音。如果连很小的声音也听不到，就可能是电波弱造成的，这时可以在天线上接上延长线，做个长一点的天线试一试。

建筑物构造和人体结构的影响会造成电波被阻隔，磁棒天线的方向不同，也会造成电波的改变，因此要针对放置场所等因素多试几次。

No. 32

便利小制作

用数字显示计数

电光计数器

在计数的时候，有时我们会掰着手指一个一个地数，但计数这件事正是数码技术所擅长的。数码信息是由1和0组成的，一般人很难理解，为此我们用数字进行表示，让非专业人士也可以看明白。在本制作中，返回到基础内容，将使用7段LED数码管。传感器采用光敏晶体管制作，用光进行计数。

可将本制作装在门上，记下门开关的次数，也可作为统计迷你四驱车和电动遥控轨道赛车行驶圈数的计数器使用，让我们动动脑筋想想各种好玩的用途吧。

■ **电路说明**

使用IC7490计数。这个IC是由二进制计数器和五进制计数器封装的，这样组合起来可作为十进制计数器使用。但是这里所说的十进制在数码上也是用二进制显示为1和0。比如说5就是0101这个数字。十进制中的9用二进制表示是1001，但10并不表示为1010，而是返回到0000，而且是根据实际情况进位。具体说来，就是第4位（最左边的1）下降时，就将十进制的位数升上来。

元器件表

IC：SN74LS90N（7490）………… 2个
：SN7446AN（7446）………… 2个
IC插座 :14P　　2个　16P ………… 2个
7段LED:HDSP-5501（共阳极）………… 2个
三极管 :2SC1815 ……… 2个　2SC2120 ……… 1个
电容器 :220μF 25V ………… 1个
:1μF 16V ………… 1个
:0.1μF ………… 1个
电阻器 :10kΩ 1/4W（色带 : 茶黑橙金）………… 2个
:1kΩ 1/4W（色带 : 茶黑红金）………… 1个
:470Ω 1/4W（色带 : 黄紫茶金）………… 1个
:330Ω 1/4W（色带 : 橙橙茶金）………… 14个
光敏晶体管 :TPS603 ………… 1个
继电器 6V驱动小型继电器（MZ-6HS）………… 1个
可变电阻器 & 旋钮 :500kΩ ………… 1个
按钮开关 : 瞬时的 ………… 1个
拨动式开关 : 合适的 ………… 1个
万能板 : 切割成25×30孔 ………… 1张
亚克力板 ………… 参照尺寸图
螺钉 :M3×6mm ………… 16个
电池盒 :4个3号电池用 ………… 1个
3号电池 ………… 4个
隔离柱 :25mm 双内螺纹 ………… 4个
:40mm 双内螺纹 ………… 4个
橡胶脚垫 ………… 4个
双面胶、导线、镀锡铜线、焊锡少许

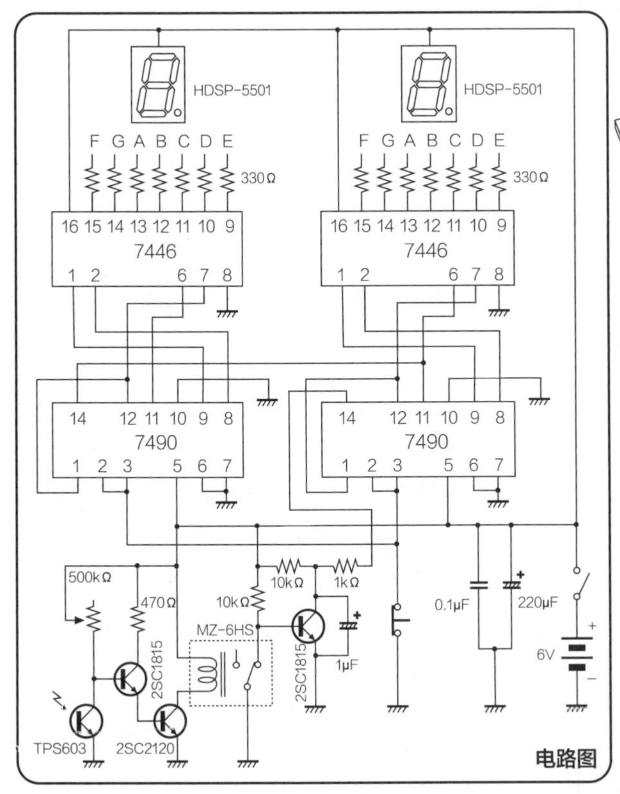

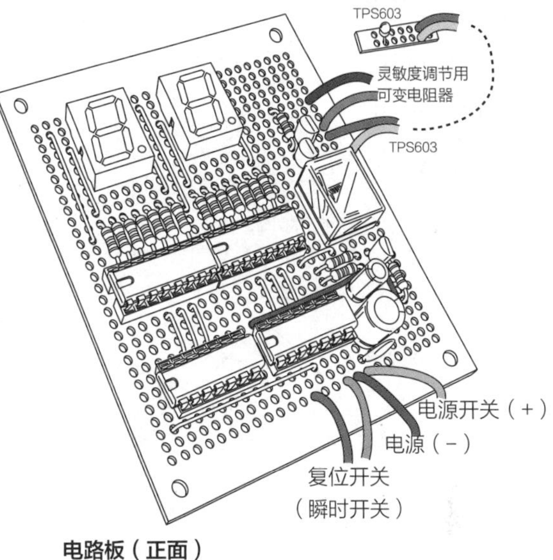

电路板（正面）

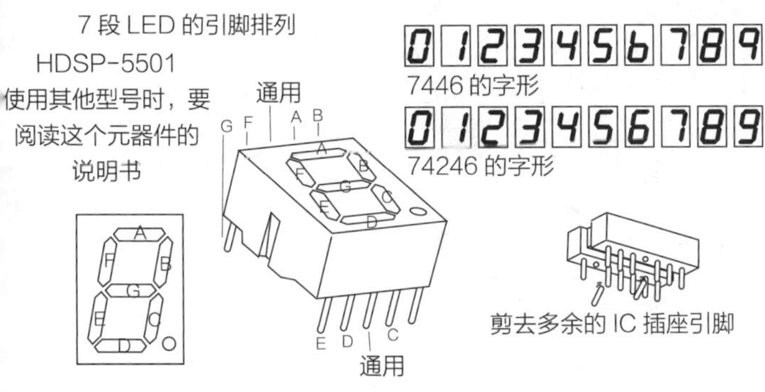

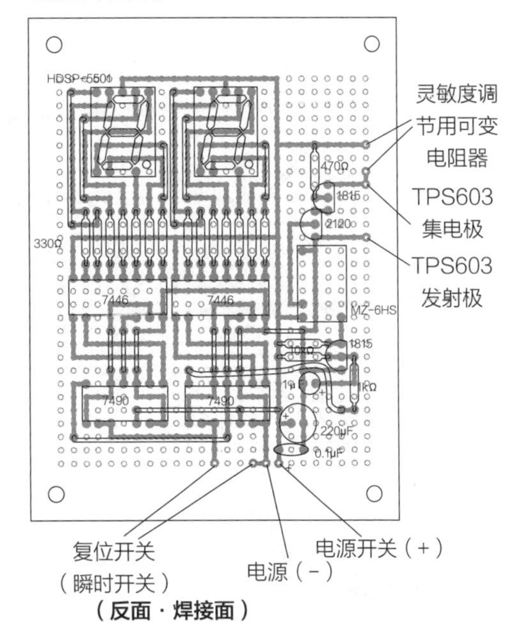

（反面 · 焊接面）

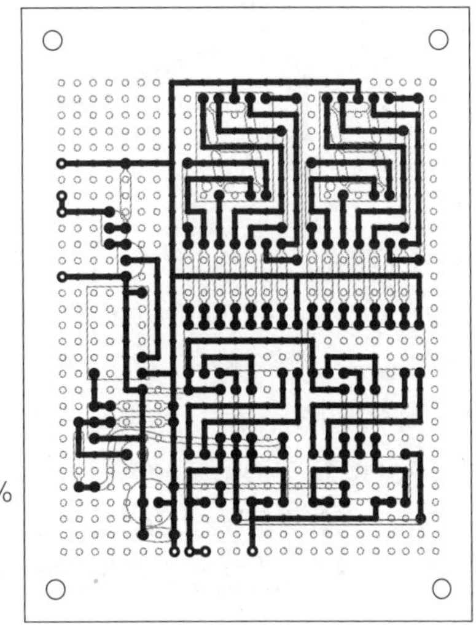

※ 请放大到146%复印使用

7446是用这4位的二进制显示7段LED数码管的专用封装。除此以外也有同样功能的IC，像7447也可以使用。另外，像IC 74246、74247，虽然6、9的字形不一样，但同样可以使用。

7段LED数码管的种类很多，但在使用这些IC时，要使用共阳极的IC。由于元器件不同，引脚排列也不同，因此要仔细阅读说明书。本机中使用了HP的HDSP-5501。

输入时是使用光敏晶体管检测发现光，将光信号放大，驱动继电器。

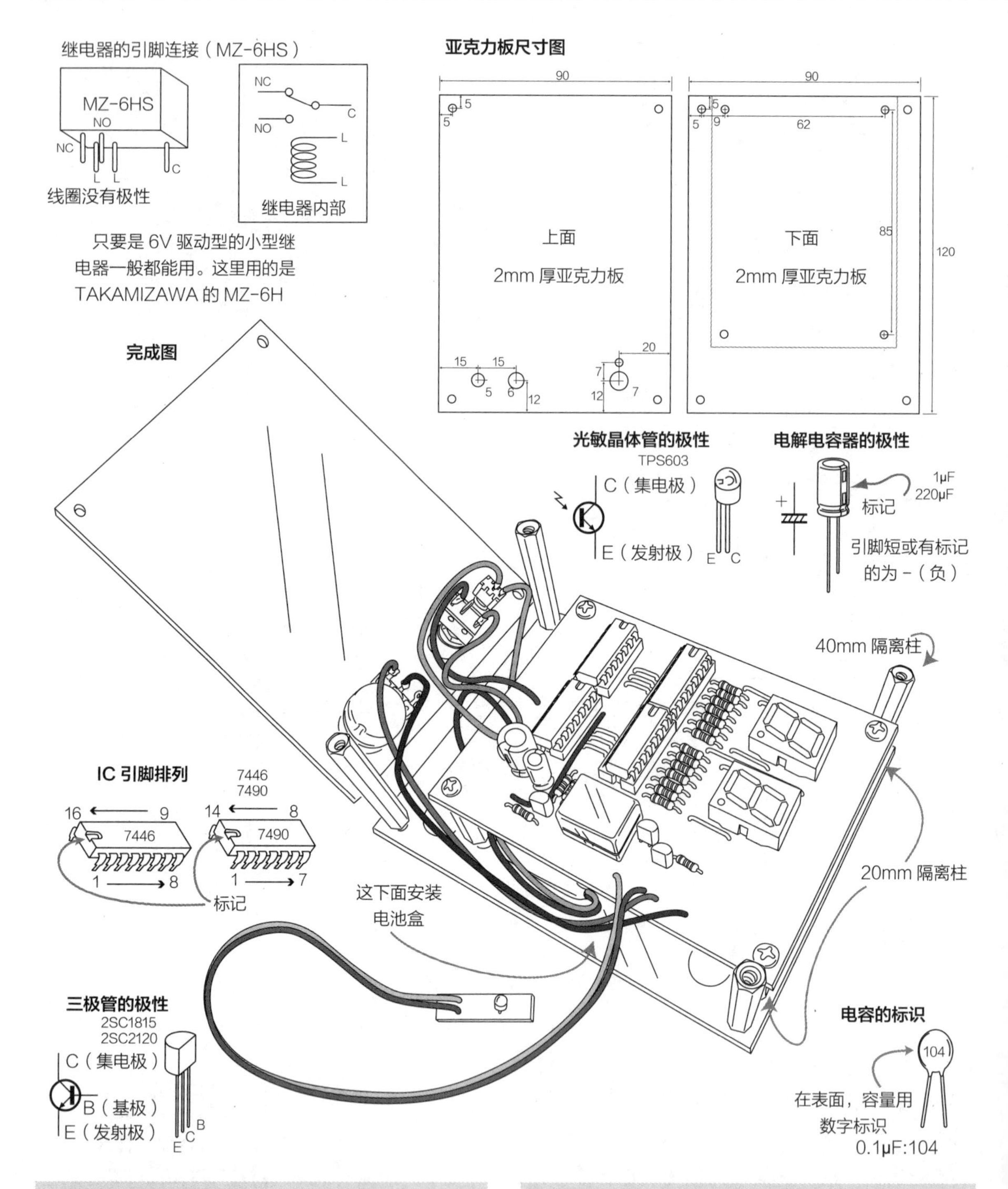

■ 组装（配线）

为有效地使用电路板，将 IC 插座上用不到的引脚剪去，接触 7490 的 4 号、13 号引脚，接触 7446 的 3 ~ 5 号引脚。注意，如果将 IC 自身的引脚剪去就无法补救了，此处剪去的是 IC 插座的引脚。下一步是按照电路板布线图，用镀锡铜线连接接触到 7490 下面部分的跳线。如果不把这部分先做完，后面好不容易装上的元器件将不得不拿下来，要注意这一点。

然后把元器件分别安装上。从跳线之类的小元器件开始组装会更容易操作，但是为了不把位置弄错，最好还是先将 IC 插座插进去。7 段 LED 数码管根据元器件不同，引脚也不一样，布线时需要核对着说明书进行。可以先将

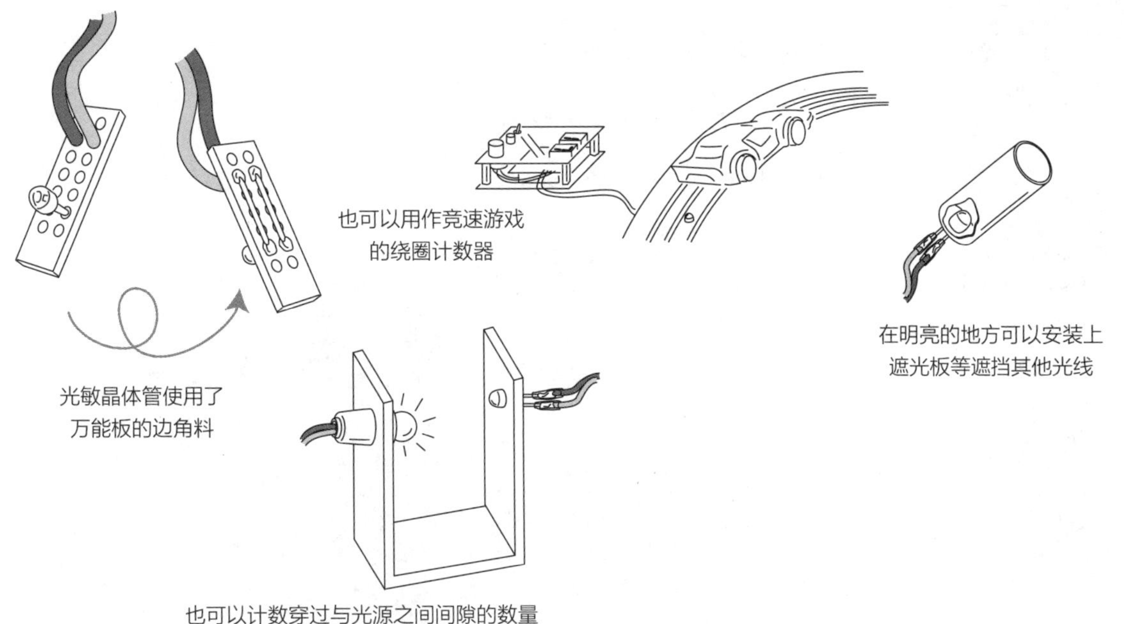

也可以计数穿过与光源之间间隙的数量

计数器电路的IC、LED周边布好线，然后将输入电路的三极管、继电器周边布上线，这样一般就不会弄错。

只要是6V驱动型的小型继电器一般都能用。接点使用C和NC。由于产品不同，引脚排列也不同，因此要确认后再进行布线。

最后把向电源、开关、可变电阻器、光敏晶体管布线的导线焊接上，在装入外壳时接到各个元器件上。由于计数器的使用方法不同，光敏晶体管有各种设置方法，在本制作中，试验性地使用了万能板的边角料。

■ 组装（外壳）

外壳使用2mm厚的亚克力板制作，参照图纸将亚克力板切断、开孔。用双面胶将电池盒贴在下面的亚克力板上，将电路板用25mm的隔离柱固定在亚克力板的上部。在背面装上橡胶脚垫。在上面安装上开关、可变电阻器，将装在电路板和电池盒上的导线安装到各个元器件上。复位开关是瞬时开关，接到标着C和NC的端子上。没有瞬时开关时，也可以使用按下去变成OFF状态的按键开关。光敏晶体管部分根据用法不同也会有各种类型，设置在箱子中这样黑暗的地方时，最好在感知面的背面装入电灯泡和LED等照明设备，设置在比较明亮的地方时，最好装上遮光板，使屏蔽物容易感知到。

■ 使用方法

确认布线是否正确，焊锡有没有接触到不该接触的地方，确认无误后接入电源。7段LED数码管亮起来的话就可以了。有可能会出现很乱的数字，但只要按了复位按钮，就应该显示为“00”。如果不是这样的显示结果，那就说明哪个地方弄错了或者不该接触的地方接触上了，这时就要立即将电源关掉，进行确认。

把手放在光敏晶体管的前面形成影子，旋转可变电阻器的旋钮调节灵敏度。将手放上、拿开，如果数字上升就表示做好了。

这次制作的是2位的计数器，用同样的结构，也可以做出3位以上的计数器——在7490的11号引脚发出进位信号，在14号引脚输入、计数。如果电源、复位引脚都接上了，剩下的就应该是重复同样的电路，需要的话可以挑战一下。但是位数增加后，电流消耗也会增加，可能需要考虑使用专用电源。

No. 33

可以改变各种声音

颤音乐器

制作并享受声音

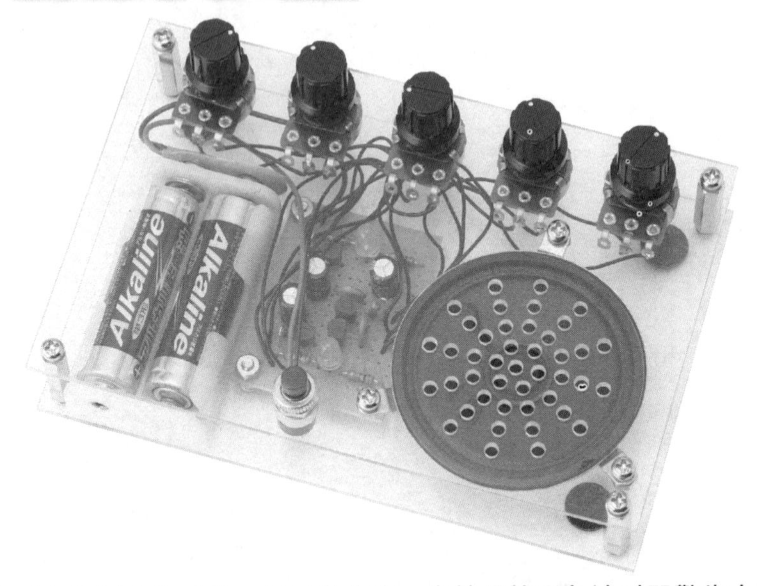

像救护车和警车的警笛、机械警告音、奥特曼的彩色计时器警告音等很多声音，都是通过两种音阶交替鸣响或断续鸣响，有意吸引他人注意的声音。音乐也是这样，在演奏乐器时使用颤音，唱歌时用花腔突出歌曲的韵味，这些方法都能起到吸引注意力的效果。为此，我们制作了一个颤音乐器。

元器件表

三极管（Tr1 ~ Tr3）:2SC1815 …… 3个
三极管（Tr4）:2SA950 …… 1个
电解电容器 :220μF 10V …… 3个
陶瓷电容器 :0.1μF …… 2个
电阻器 :100Ω 1/4W（色带：茶黑茶金）…… 2个
1kΩ 1/4W（色带：茶黑红金）…… 5个
LED: 喜欢的颜色 …… 2个
可变电阻器 & 旋钮 :100kΩ（VR1 ~ VR4）…… 4个
:500kΩ（VR5）…… 1个
按钮开关 : 按下去为 ON …… 1个
扬声器 :8Ω …… 1个
万能板 : 切断成 12×25 孔 …… 1张
亚克力板 …… 参照尺寸图
螺钉 :M3×12mm …… 11个 M3×10mm …… 2个
螺母 …… 5个
扬声器五金件 …… 3个
电池盒 :3号电池2个用 …… 1个
3号电池 …… 2个
隔离柱 :20mm 双内螺纹 …… 4个
:3mm 隔离柱 …… 2个
橡胶脚垫 …… 4个
双面胶、布线用导线、焊锡少许

■ 电路说明

本制作电路由用NPN三极管与PNP三极管组合的间隙振荡电路、用两个NPN三极管组合的非稳态多谐振荡器电路组成。间歇振荡电路是向电容器（C3）反复充电、放电而产生振荡，将其作为基本音源。通过电容容量和电阻值可以改变振荡频率，也就是音程。这次用的电阻器是可变电阻器（VR5），其基本频率是可以改变的。非稳态多谐振荡器电路通过两个三极管和各自的电容器（C1、C2）充放电而交替开闭。也可以通过电容容量和电阻值来改变频率数。这次使用可变电阻器（VR1、VR2）调节各自的阻值。另外，将各个三极管的集电极电流输入音源的间歇振荡电路中，也可以用可变电阻器（VR3、VR4）改变这里的电流。

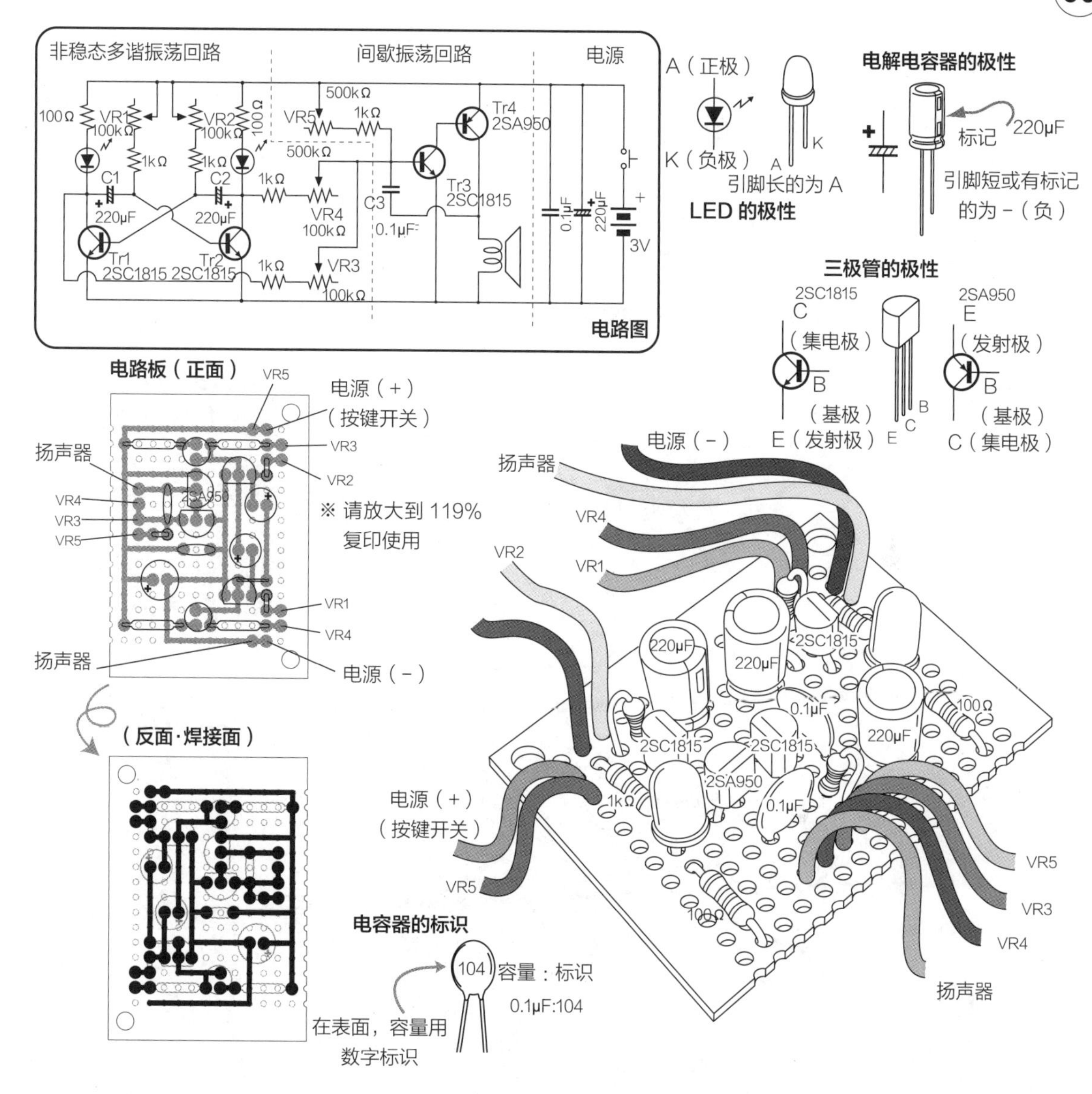

但是反过来，通过这个可变电阻器的电流也影响电容器（C1、C2）的充电，同时对集电极电流也有影响，结果各个电阻值互相对声音频率和颤动频率产生复杂的影响，可以发出各种各样的声音，反过来要找寻想要的声音也很困难，但偶然出现的声音又会让人出乎意料地喜欢。

关于声音的颤动，在非稳态多谐振荡器电路中装上了LED，可以看着LED进行调节。电阻值的组合会出现声音消失或一直鸣响的情况，这时可通过调节其中的某个旋钮来调整好。

■ 组装（布线）

将25×15孔的万能板切断一半，成为12×15孔的电路板。电路板上装的元器件为三极管、电容器、电阻器、LED，元器件数比较少，可以简单组装起来。其中，三极管有2SA型和2SC型两种类型，注意不要弄错。电容器也有电解电容器和陶瓷电容器两种，要加以注意。电解电容器是有极性的，也需要注意。其他特别难的地方就没有了，在组装时要认真核对图纸。需要安装5个可变电阻器，为此分别将它们需要的导线焊接到电路板上，在装入外壳时，将这些导线连接到可变电阻器上。

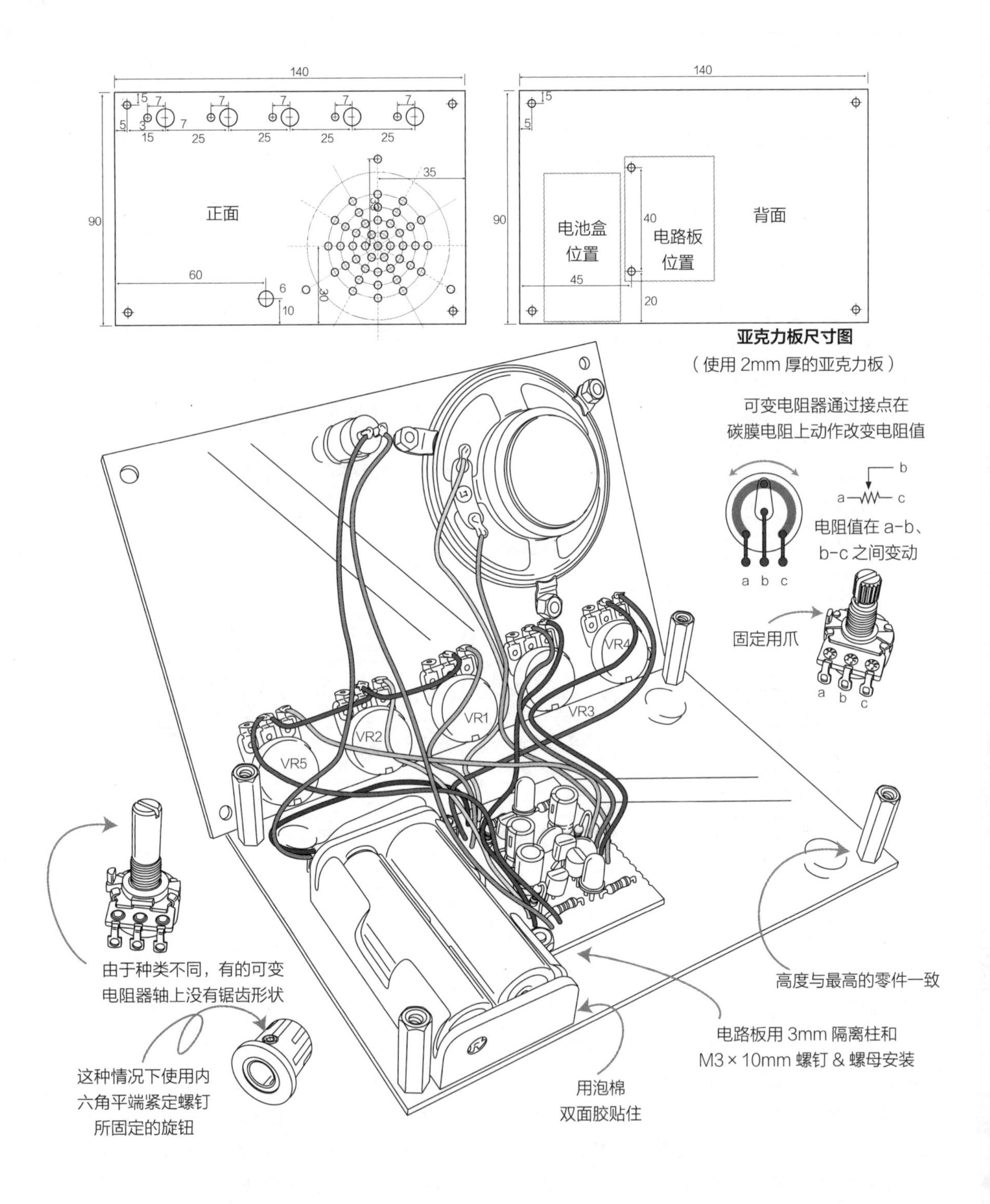

其中只有 1 个可变电阻器是 500 kΩ 的，要注意不要弄错。从电路板到扬声器的导线也预先布好。电源开关为按键开关，只在按下时才打开开关，将这个导线也预先接到电路板上。

■ **组装（外壳）**

这里采用的是用隔离柱夹住两块亚克力板制成的简单外壳。在上面板子上安装可变电阻器（5 个）、扬声器、按键开关。扬声器用专用

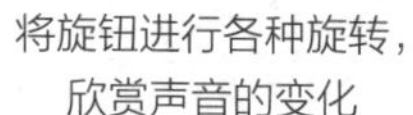

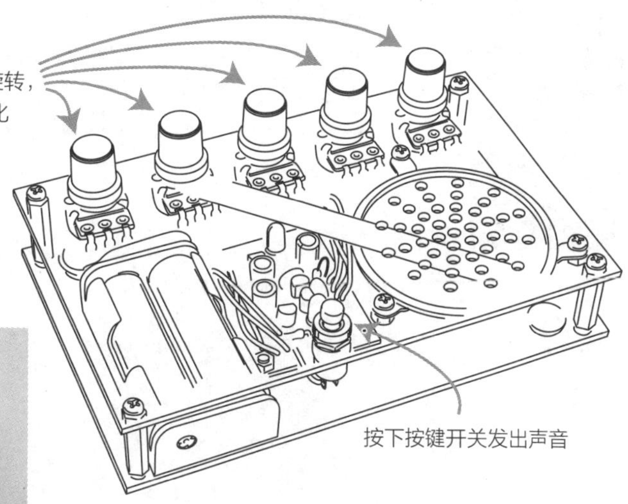

五金件进行三点固定。固定可变电阻器用的爪的孔也要开好。在所有元器件中，按钮开关是所处位置最高的元器件，使用 20mm 的隔离柱还有可能达不到足够的尺寸。在下面的亚克力板上用 3mm 的隔离柱和 M3×10mm 的螺钉、螺母安装电路板。电池盒用泡棉双面胶贴在电路板的旁边，要注意不要接触到固定亚克力板用的 20mm 隔离柱。

将装在电路板上的导线分别进行布线，因为导线很多，要注意不要弄错。可以用多种颜色的导线，看上去五颜六色，颜色好看也会让人愉快，而且不容易出错。可以根据自己的喜好排列可变电阻器的顺序，其中只有 VR5 是 500kΩ，其他都是 100kΩ。实际上总会有各种各样的影响，所以不管按怎样的顺序安装都可以。可以做一下各种尝试。

■ 使用方法

确认布线是否正确，焊锡有没有接触到旁边部分，确认无误后按下按钮开关。如果发出声音就算是成功了。下面就按下按钮，旋转几个旋钮试一试，如果声音有各种变化，就表示完成了。将旋钮进行各种旋转，能够出现各种声音很让人高兴，但如果总是出不来想要的声音，反而也会很有趣。另外，也可以将本制作与其他机器组合使用，将本制作发出的声音作为警告音。如果将可变电阻器改成半固定电阻器，电路就可以做得小一些，用烦了也可以改变，这样改一下也可能会更好。不管怎样旋转都不出声音的时候，可能是哪个地方短路了或者是弄错了，这时要切断电源，再次进行核对并改正。

No.
34

制作并享受声音

小型可携带

正六面体扬声器

有一种称为耳机立体声音响的立体声设备，也就是便携式立体声单放机随身听，后来发展成了CD、MD、MP3——使用数字技术，更小型，更轻，随时随地都可以带着，可以装在口袋里随处走动，在电车上、公园里边走边学习……尽管如此，在几个人同时欣赏时还是需要用到扬声器。在这里，我们做出了小型的、内置放大器的扬声器系统。因为体积小可以拿着走，也因为是用电池驱动，在户外可以使用，还带有通过输出闪光的彩灯装饰。

■ 电路说明

耳机的输出很小，即使直接和扬声器连接起来也不会发出很大的声音。在这里通过放大器将信号放大后输出。本制作用的是音响中的功率放大器LM386专用IC。这个IC体积小，低电压驱动，用电池也足以让扬声器充分发出声音，是一个很方便的音响功放器。基本上这样的一个IC就能成为放大器，体积虽小，却可以得到很大的输出。

元器件表

IC：音响用功率放大器LM386 …… 2个
三极管（Tr1）:2SC1815 …… 2个
电解电容器 :220μF 25V …… 2个
:100μF 25V …… 4个
陶瓷电容器 :0.047μF（473）…… 2个
电阻器 :330Ω 1/4W（色带 : 橙橙茶金）…… 10个
:10Ω 1/4W（色带 : 茶黑黑金）…… 4个
LED: 高亮度 …… 10个
可变电阻器 & 旋钮 :10kΩ …… 2个
开关 …… 2个
小型插头 : 立体声音响用 …… 1个
扬声器 :8Ω …… 2个
万能板 : 切割成12×15孔 …… 1张
亚克力板 …… 参照尺寸图
螺钉 :M3×12mm& 螺母 …… 4个
:M3×10mm 塑料螺钉 …… 24个
:M3 塑料螺母 …… 8个
电池盒 :3号电池4个用 …… 2个
隔离柱 :3mm 隔离柱 …… 4个
扬声器用五金件 …… 8个
橡胶脚垫 …… 8个
双面胶、布线用导线、焊锡少许

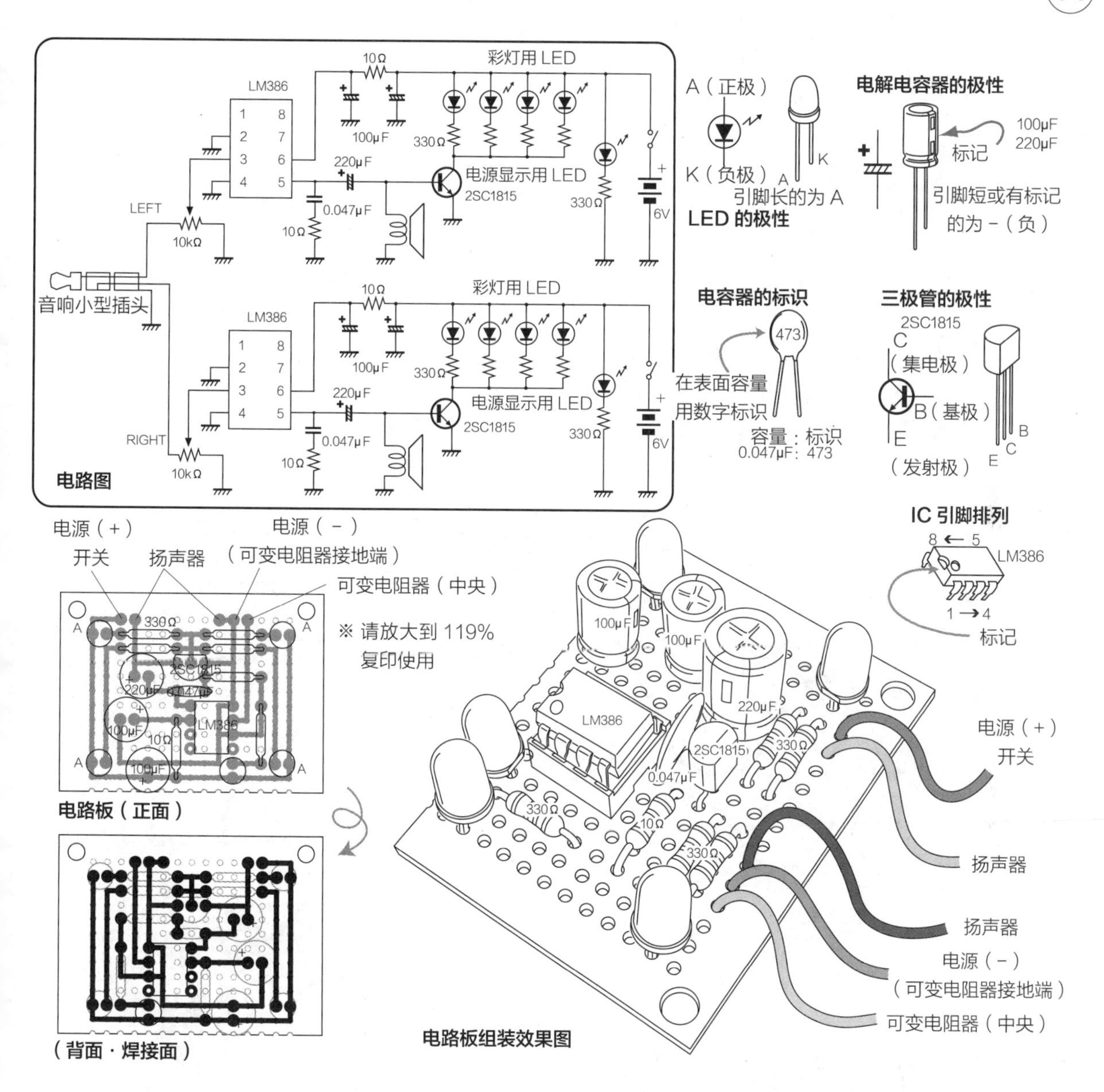

IC 将 2 号引脚作为接地（负连接），将 3 号引脚输入的信号放大，输出到 5 号引脚。这个输出通过扬声器变成声音。可以认为安装 IC 以外的元器件的作用是使信号稳定。

这次将扬声器以外的输出输入到三极管基极，让 LED 亮起。为更加引人注意，可以使用高亮度或超高亮度的 LED。在颜色方面，电源显示灯用橙色，彩灯装饰用蓝绿色，可以根据自己的喜好选择。扬声器上也有彩灯，因此扬声器纸盆用透明薄膜制作，扬声器的规格是 8Ω，0.3W，ϕ70mm。彩灯很漂亮，但将音量调到最大时声音会被截波，为了提高音质，最好选择输入比较大的扬声器。如果是想做出真正的产品，可以去音响店选择好的扬声器，但是好产品价格也都很贵，做实验用的话现在这一种就足够了。因为是立体声音响，要做出两个同样的音响。从功放出来的 L 和 R 输出分别独立发出声音，可以通过改变各自的音量调节左右平衡。

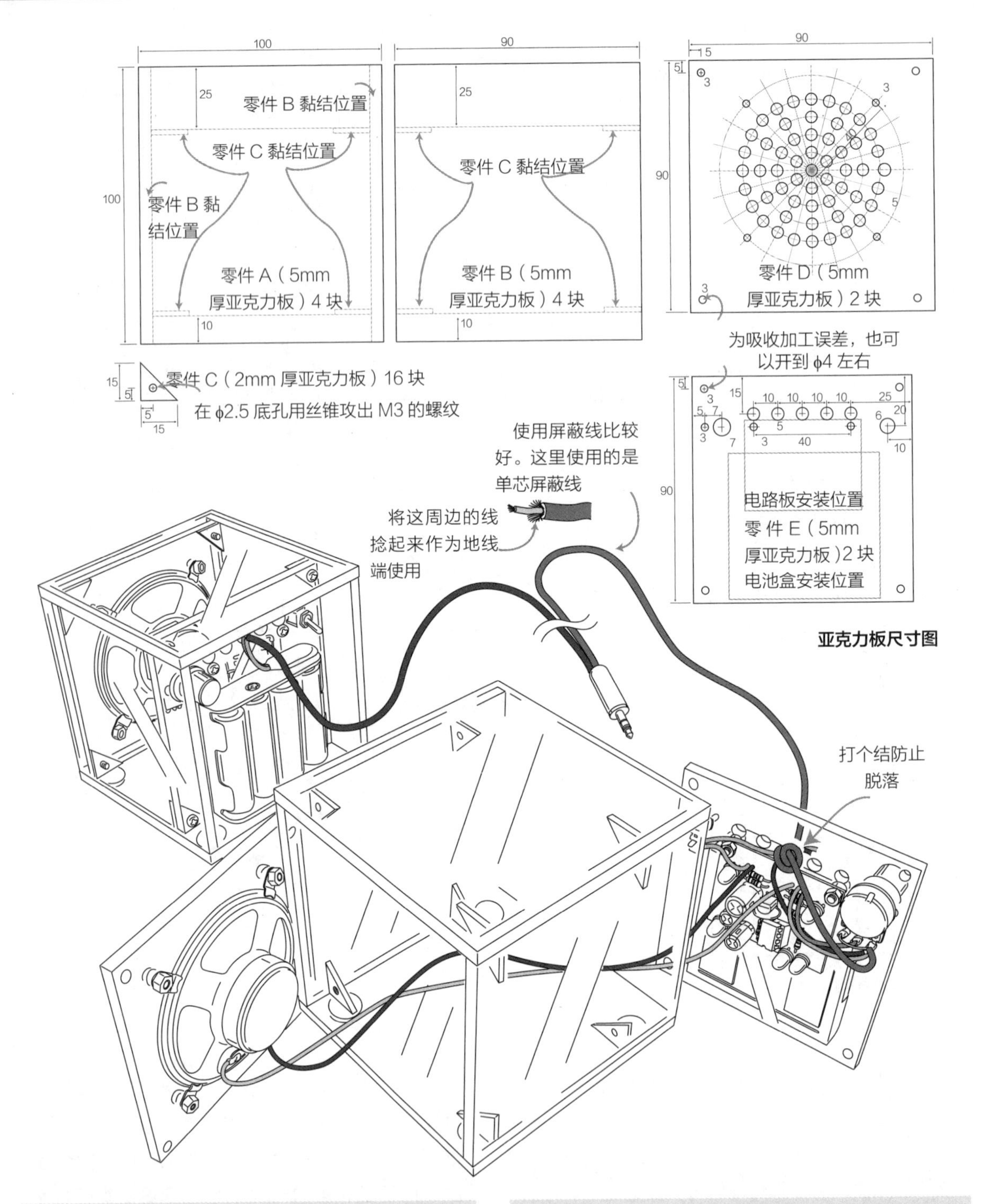

亚克力板尺寸图

■ 组装（布线）

将 25×15 孔的万能板对半切断成 12×15 孔的电路板。因为要做立体声音响的左右两边，要切断成一样的尺寸。

确认 IC 的位置，将 IC 插座配置上，就成了其他元器件安装时的参照，这之后的操作就会容易一些。按照从大到小的顺序，将电阻器、三极管、LED、电容器焊接起来，电解电容器、LED 是有极性的，连接时要核对电路图，不要弄错。元器件数量不多，可以简单地组装起来。制作好一个以后，再做另一个完全一样的，最后将这两个接到一个立体声音响微型插头上。

在电路板上将接到开关和扬声器的导线先装好。

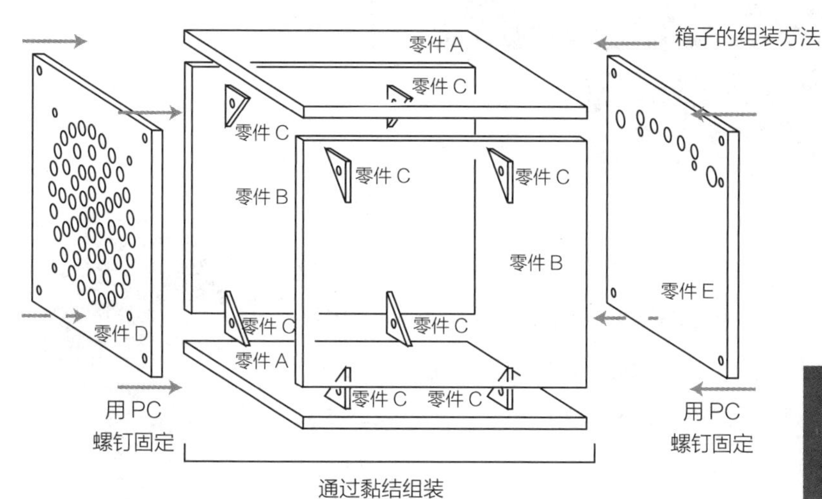

■ 组装（外壳）

此处用透明亚克力板做成了外壳。为了避免不必要的振动，一般会选择厚重的材料，而不愿意用薄材料制作扬声器盒子。这次用的就是5mm 厚的透明亚克力板。参照尺寸图将亚克力板切断，用砂纸将飞边打磨整齐。飞边处理得是否光滑对于黏结得是否整齐有影响，同时因为本制作中使用了彩灯，因此飞边处理对于能否很好地显示彩灯效果也有影响，为了达到这种效果，选用塑料材质的 PC 螺钉。

完成 5mm 厚的亚克力板的切割后，加工前后面固定用的 2mm 厚亚克力板。这个亚克力板比较小，切断时要注意。后面还要黏结，不要忘记处理切断后的飞边。这个亚克力板由螺钉固定前后面，用丝锥加工出螺纹，这是一种很细致的作业，要谨慎地进行。

亚克力板零件加工完成以后就可以进行黏结组装了。准确地对上 5mm 厚的亚克力板，垂直放置，平稳倒入黏结剂，将已经在 2mm 厚的亚克力板上开好螺纹孔的零件 C 粘上。黏结时要注意不要粘歪了。

箱子做好后，用专用五金件把扬声器安装在前面板上。PC 螺钉强度较低，要注意不要拧过力了。将可变电阻器、电源开关朝着背面（箱子外侧）安装在后面板上。用双面胶把电池盒贴在背面。把电路板用 3mm 隔离柱和 M3×12mm 螺钉、螺母固定在正面（箱子的内侧），然后分别对开关、可变电阻器、电池盒接线，最后对扬声器接线。

■ 使用方法

确认接线是否正确，焊锡有没有接触到旁边，将小型插头插入插孔，接上电源。这时，电源显示用的 LED 亮起，如果有音乐在播放的话，就应该能从扬声器上能听到音乐。旋转可变电阻器旋钮调节音量。作彩灯用的 LED 会在适当时机合着音乐亮起。剩下的就是舒服地欣赏音乐了。

我在制作本机时很大方地购买了高亮度蓝绿色 LED 和 5mm 厚的亚克力板。如果再买一个更好的扬声器，也许能听到更美妙的音乐。但是，进行电子制作只要开心就可以了，要根据自己的经济条件量力而行。考虑出与自己实际情况相符的制作方案，也是制作的乐趣之一。

No. 35

将光变成音乐，用耳朵听

光乐器

制作并享受声音

用眼睛可以看到的光是可见光，是电磁波谱中人眼可以感知的光。可见光碰到某种实物后反射进人们眼中，实物被识别出来。耳朵听到的声音是空气振动产生的。16 ～ 20Hz 频率的空气振动刺激人耳鼓膜，形成声音被人耳识别。

这次要制作的是将光变成声音来听一听。当然，像光这样高频率的电磁波是不能变为空气振动的，但是，比如说在家里的电路中流动的电流是交流电，频率是 50Hz 或 60Hz，这样的频率人耳也可以听见。如果荧光灯在这个频率闪烁，应该就可以将这个闪烁转变成声音，反过来通过简单制作也能够做出可以听得见的光。

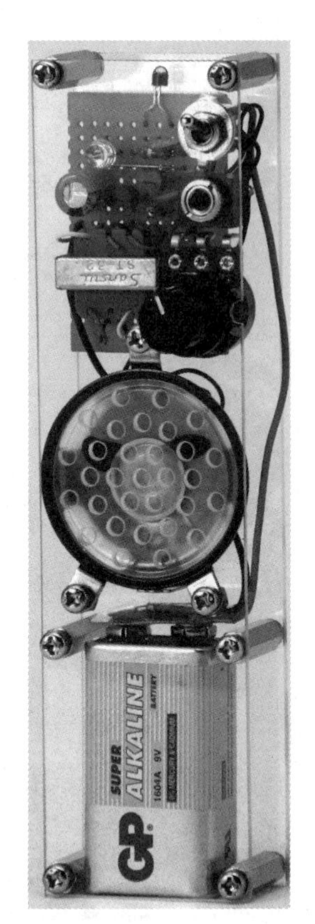

元器件表

三极管 :2SC1815	2 个
光敏晶体管 :TPS603	1 个
电解电容器 :220μF 25V	1 个
陶瓷电容器 :0.1μF（104）	1 个
:0.01μF（103）	1 个
电阻器 :390Ω 1/4W（色带：橙白茶金）	1 个
:470Ω 1/4W（色带：黄紫茶金）	1 个
三极管 :ST-32	1 个
LED	1 个
可变电阻器 & 旋钮 :500kΩ	1 组
开关	1 个
小型插头	1 个
扬声器 :8Ω	1 个
万能板：切断成 10×15 孔	1 张
亚克力板	参照尺寸图
螺钉 :M3×6mm	16 个
:M3×8mm	2 个
螺 :M3	6 个
电池 :006P	1 个
隔离柱 :20mm 双内螺纹	6 个
:2mm 隔离柱	2 个
橡胶脚垫 :3mm 高	1 个
角码（小）	1 个
布线用导线、镀锡铜线、焊锡少许	

■ 电路说明

能接收光的元件各式各样，考虑到容易得到和容易使用，这次选用了光敏晶体管（TPS603）。可以理解为光敏晶体管就是将普通三极管基极部分流过的电流换成了光。也就是说流过的不是电流，我们就称之为光流吧。通过这个光流的大小，让放大电流流过集电极和发射极之间。在这里让两个三极管进行达林顿连接，把流过的电流放大，通过变压器流向扬声器。三极管基极和集电极之间可变电阻器的作用是调节所接受光的灵敏度，调节时要根据光的强弱进行。光弱的情况下听不到，但是光过亮时会产生过反应，因此要对着光进行调节。

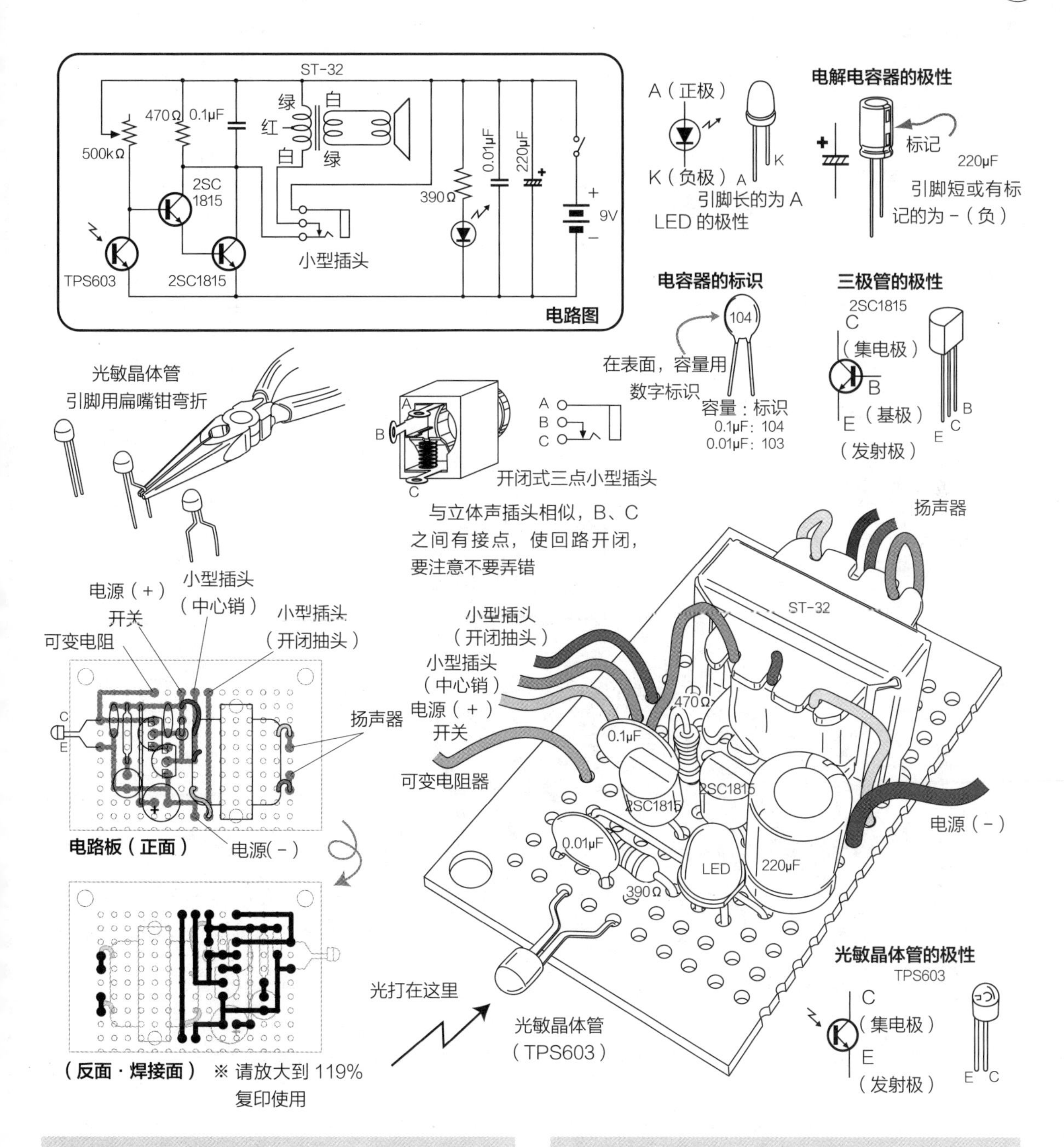

■ **组装（布线）**

将万能板切断成 10×15 孔使用。三极管引脚用的孔开得大一点，到 2.5mm 左右。三极管之类的大元器件会成为安装时的参照物，把它们先装上可以减少安装时的失误。但这种情况下，要注意不要将小元器件在电路板上焊错位了。这次元器件数比较少，可以比较简单地安装上。要注意三极管、电解电容器是有极性的。变压器中心抽头的红色导线这次用不到，要将其剪短。光敏晶体管虽然也称为三极管，但实际上只有两个引脚。因为基极输入的是光，所以用到的是发射极和集电极的引脚。TPS603 装在外侧的是发射极，正中的是集电极。因为元器件很小，要用扁嘴钳将引脚拉开折弯，和孔的位置对应。考虑到和外壳的关系，安装位置控制在距电路板孔的位置 10mm 左右内折弯，并朝向外侧。LED 作为指示灯，小一点也没关系。也可以用这个灯

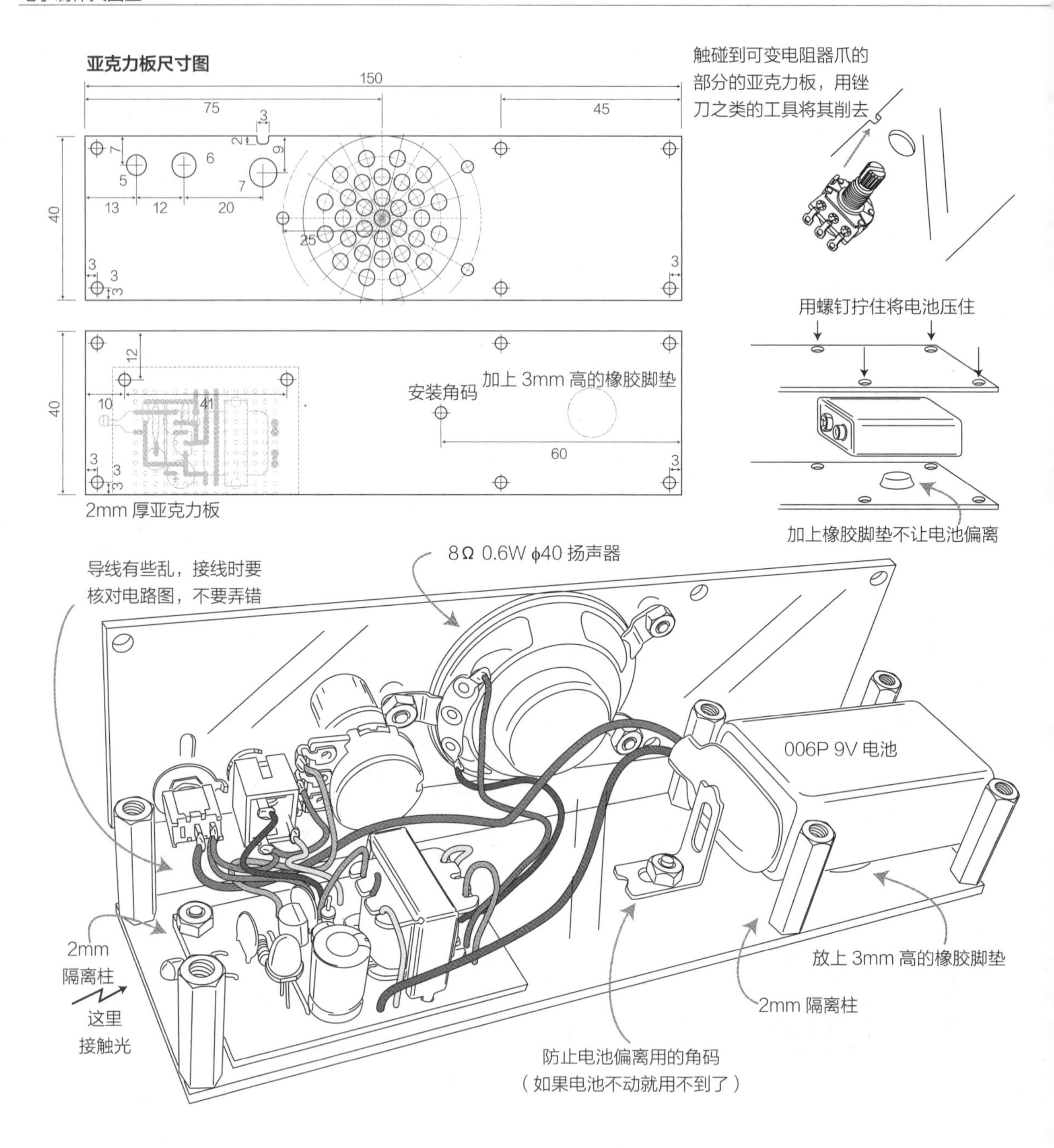

作为光源，发出反射光。连接扬声器、可变电阻用的导线，可以留出一定长度，先装在电路板上。

■ 组装（外壳）

外壳是用隔离柱夹住的夹层式结构，按图加工两张亚克力板。本制作做得很小，单手就可以拿起来，因此开关、可变电阻器、印刷电路板上的变压器等元器件的位置之间的关系就比较微妙了，根据能够买到的元器件情况进行调节。这次用的扬声器直径为 40mm，如实际拿到的扬声器直径大于这个尺寸，外壳也要比现在的大。为了在周围声音嘈杂时可以使用耳机，加上了耳机插孔，所使用的耳机插孔是开关式的，将插头插入这个耳机插孔后，通向三极管的电路就打开了。只用耳机听时就用不到

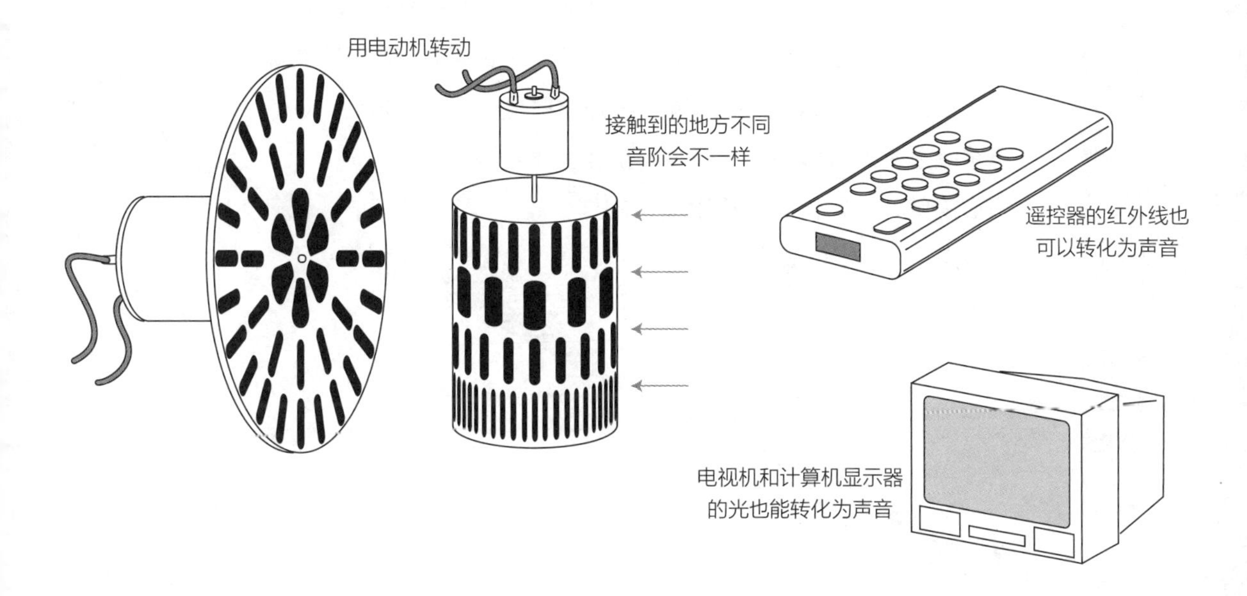

扬声器和电路上的变压器了，这样可以做得更小。电池用的是 9V 的 006P 型，可以用角码固定住，但这次采用的是加上一个 3mm 左右厚的橡胶脚垫，用亚克力板压住电池的方式。为了防止向扬声器方向偏离，使用了一个小型角码，但如果能够将电池压得很好，就不需要这个角码了。如果压过头了，亚克力板也有可能会被弄坏，在上螺丝的时候要注意这一点。这次的制作体积小而且作业精细，但只要慎重操作就可以很容易地组装起来。

■ 使用方法

接上开关 LED 就亮起。首先将光敏晶体管朝向荧光灯试一试。最好不要使用变频方式。如果出现“卟 - ”的声音就表示成功了。朝向电视机之类的电器时，声音会发生变化。例如在供应 50Hz 家用电源的地区，荧光灯每秒钟频闪 100 次，就会发出频率为 100Hz 的声音。白炽灯是发不出声音的。在圆盘或圆筒上画上黑白画，用电动机旋转起来，就可以试验一下各种音阶。

另外，本制作的光敏晶体管 TPS603 也可以感知红外线，如果朝向电视机和空调的遥控器，就能听到很有意思的声音。按遥控器的按钮，就会知道发出了很多次信号，也会意外感受到以前所不了解的现象。

No. 36

闪烁发光

光指挥棒

光和影运用自如

游行和运动会上都会有引人注目的行进乐队指挥。他们不停挥动指挥棒的手势，有力的、有节奏的姿势有一种健康美。我们这次就做一个光指挥棒。说到指挥棒，首先它只是一根棒，将电路装置装入棒里是一个很难的操作。虽然电路很简单，但如何放入棒里面是制作的重点。

■ **电路说明**

电路是简单的非稳态多谐振荡器电路，由两个电容器（C1,C2）交替重复充电、放电，使三极管（Tr1, Tr2）交替打开或关闭，使LED交替闪烁。闪烁速度会随电容（C1,C2）的容量以及电阻（R1,R2）而发生改变，因此最好多试几次。另外，驱动这个非稳态多谐振荡器电路用的是振动传感器，在摇动的瞬间电容器（C3）被充电，通过电阻器（R3）放电，让三极管（Tr1）打开或关闭。放电结束后非稳态多谐振荡器电路就不再驱动，因此LED也熄灭。熄灭之前的时间间隔，可以通过电阻器（R3）和电容器（C3）的容量进行改变。这种组合使LED在摇动指挥棒的瞬间闪烁，放置一会以后LED熄灭。振动传感器是我们自己用弹簧制作的。

元器件表

三极管 :2SC2120	3个
电解电容器 :470μF 16V	1个
:10μF 16V	2个
电阻器 :100kΩ 1/4W（色带：茶黑黄金）	2个
:1kΩ 1/4W（色带：茶黑红金）	1个
:330Ω 1/4W（色带：橙橙茶金）	11个
接地片	1个
LED:ϕ3mm 高亮度	11个
电路板：自制印刷电路板	参照尺寸图
不锈钢管：外径13mm，内径11mm，长600mm	
弹跳球	2个
亚克力圆棒 :ϕ5mm	1根
圆木 :ϕ8mm	1根
4号电池	4个
弹簧：合适的	1个
铜丝、导线、焊锡、透明胶带少许	

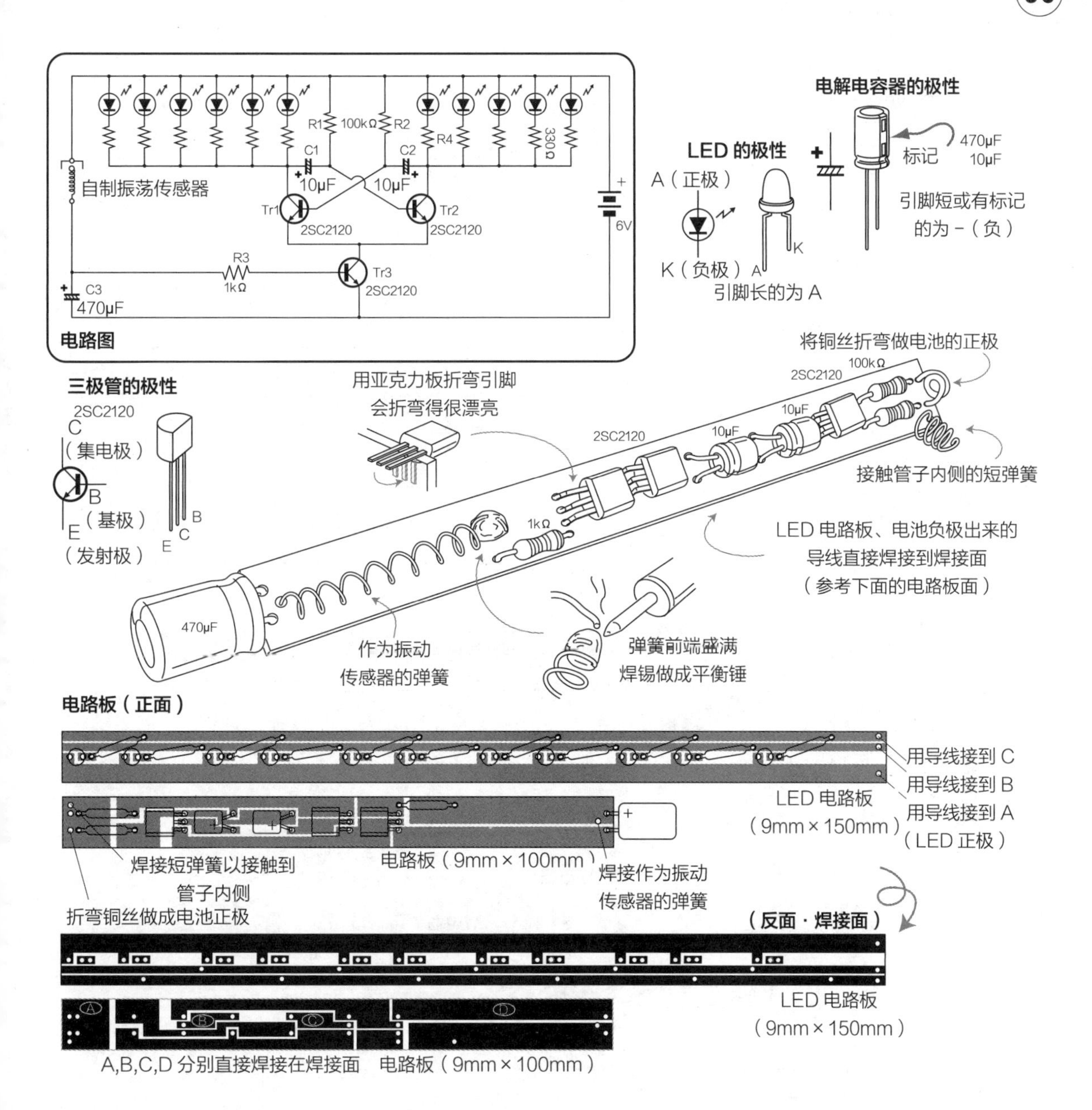

指挥棒轴上用的是不锈钢管，弹簧摇动后接触到不锈钢管内侧就向电容（C3）充电。

■ 组装（布线）

为将电路设备组装到不锈钢管上，我们制作了小电路板，电路部分和 LED 部分是分开制作的。电路板很小，在蚀刻、制作印刷电路板时要按图操作，不要弄错。虽然很小，但如果用心制作的话，是可以用 PCB 耐蚀刻笔画出电路图的，这样也可以不用感光电路板。如果做出元器件纵向排列的印刷电路板，就能想办法收入内径 11mm 的管子中。LED 是收在 150mm 长的电路板之中，因此最好能把印刷电路板的长度做得更长一些。印刷电路板做好后，好好看一下有没有错误、有没有接触到的地方。可以通过亮光或万用表检测。然后将元器件组装上。

将三极管、电容器的引脚弯成直角躺倒安装。这时用 2mm 的亚克力板折弯引脚就会很漂亮。三极管和电容器是有极性的，要注意不

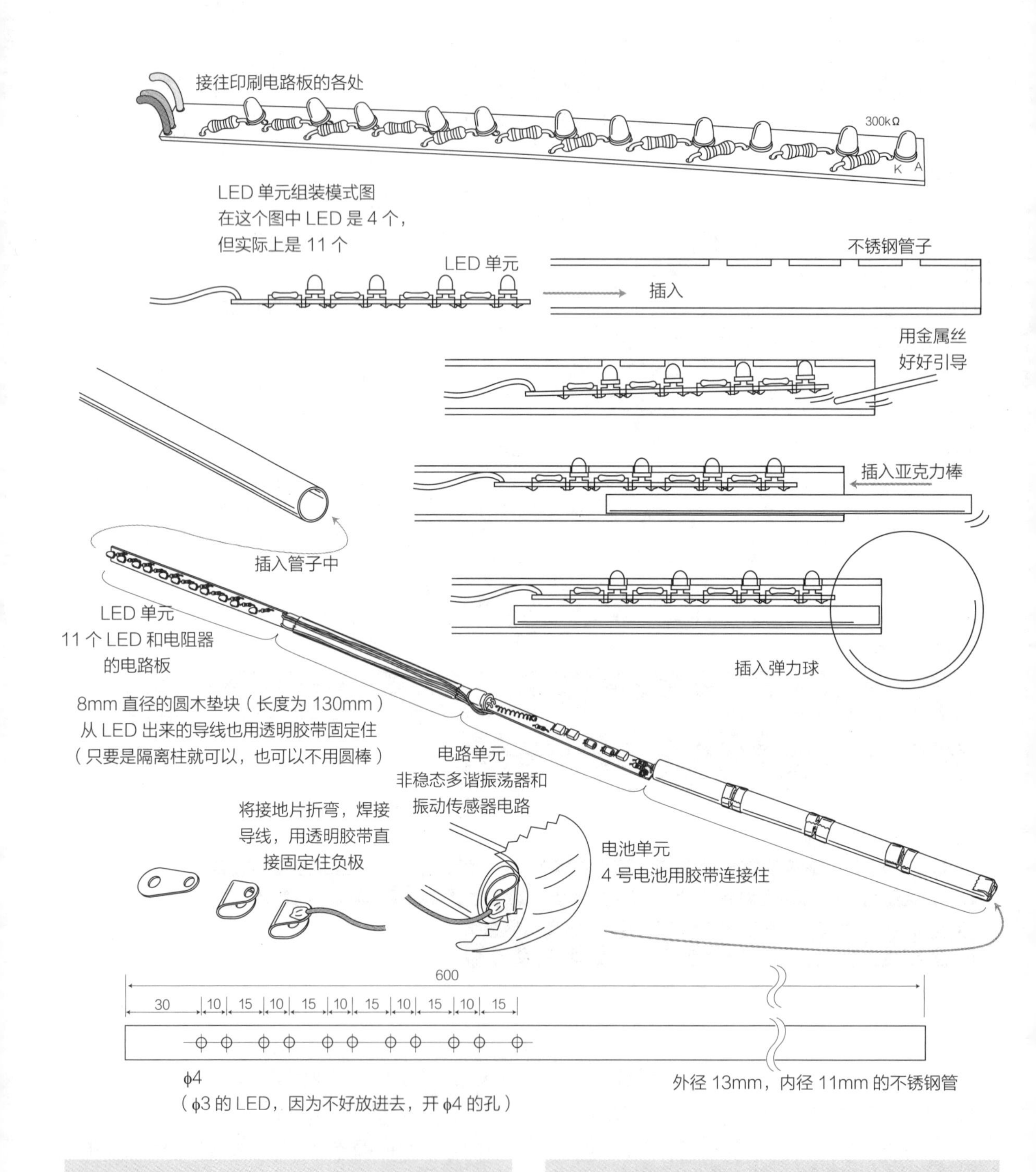

要把方向弄错。LED 使用的是 3mm 直径、高亮度的，也是有极性的，要注意不要弄错。做振动传感器的弹簧长度是 20mm 左右，前端用焊锡做成平衡锤，传感器的灵敏度就是由这个平衡锤和弹簧强度决定的，因此最好多试几次，这样可以做得更好。

安装完之后再想取出来会很麻烦，因此在这个阶段要认真核对一下有没有错误。可以将振动传感器的接触部分接导线试一试，确认一下 LED 是否闪烁。

■ 组装（外壳）

因为要直接收入不锈钢管中，电池也是选用了细的 4 号电池。为了好做一些，将接电路

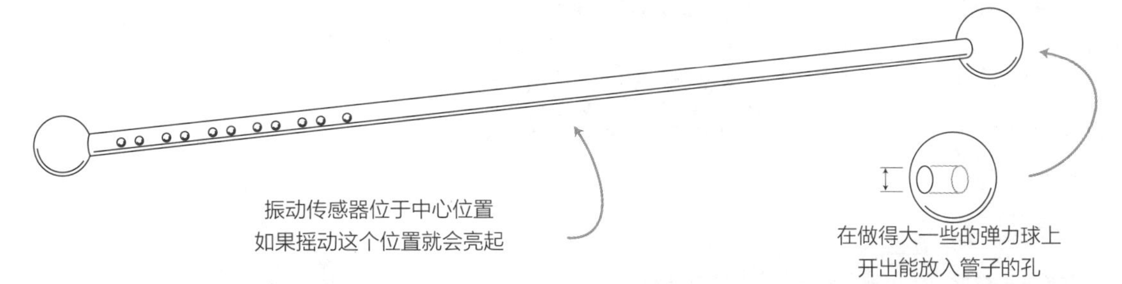

板的正极接点直接用铜丝制作，负极是将接地片折弯接上导线，直接用透明胶带固定到电池上。如果使用绝缘胶布就太厚，最后收不进管子里去。电池之间也要用透明胶带固定住。为了处理好绝缘体和导线，将电路板背面也用透明胶带固定住。将 LED 部分、圆木的隔离柱（130mm）、电路部分、电池和 4 个单元排起来分别布线。将这个单元插入开好了 LED 孔的管子中。为了更容易将 LED 部分装进去，可用金属丝引导着放入。将 LED 收入各个孔里后，从背面插入 ϕ5mm 的亚克力圆棒，压住 LED，不让 LED 掉出来。亚克力棒不太容易放进去，为此用镊子尽可能地压低焊接处凹凸不平的地方，这样就能放进去了。这个圆棒是用于压紧电路板的，只要是绝缘体，用别的也可以。到了这个节点，所有元器件应该都收进去了，但实际上这个单元的插入是很困难的，最好在这四个单元布线之前用 LED 单体试几次。从构造上来说是亚克力棒直接压住焊接面，不能过于用力。

弹力球上已经开好了和管子粗细一样的孔，最后就把两个弹力球拧上，这个制作就做好了。

■ 使用方法

将所有部分都放好以后，只要稍微摇动一下 LED 就会闪烁，安静地放置一会后就会熄灭。如果不是这样，就要把所有部分再从管子里拿出来，对电路进行确认。这时要先将 LED 单元背面的亚克力棒用扁嘴钳取出，然后将所有部分都拿出来。在晚上转动光指挥棒，会由于余像效果而留下光的轨迹，看上去很美丽。不仅是指挥棒，手杖等类似的物品也可以这样制作，会更加有趣。

No. 37

用笔在光盘上编程

圆盘控制车

让我们做一个机器人车吧。预先做好下面这样的程序：直行后右转，快速转一圈再返回来，按照这样设定好的程序运行。

最近也有一些玩具上配置了控制程序。我们这次的程序是用笔画在用过了的圆磁盘上，旋转圆磁盘，通过传感器读取画在圆磁盘上的黑色标记，控制和驱动左右轮胎分别前进、后退、停止。

■ 电路说明。

使用光敏晶体管作为读取光的元件。基极输入不是通过电流而是通过光的强度使集电极和发射极之间打开和开闭。通过两个达林顿连接的三极管将电流放大，驱动继电器。也就是说根据是否有光，由继电器使别的电路开或关。半固定电阻器用于调节光敏晶体管的灵敏度。

元器件表

光敏晶体管：TPS603 …… 4 个
三极管：2SC1815 …… 8 个
陶瓷电容器：0.1μF（104）…… 4 个
：100pF（101）…… 3 个
电阻器：470Ω 1/4W（色带：黄紫茶金）…… 4 个
：330Ω 1/4W（色带：橙橙茶金）…… 8 个
：10Ω 1W（色带：茶黑黑金）…… 4 个
半固定电阻器：100kΩ …… 4 个
继电器：G5V-2（OMRON）…… 4 个
LED：红 高亮度 …… 4 个 橙 …… 2 个
：绿 …… 2 个
拨动开关 …… 2 个
万能板：切割成 14×25 孔 …… 2 张
排针（2P）…… 9 个
连接器（2P）…… 9 个
双电动机齿轮箱（TAMIYA）
直角齿轮箱（TAMIYA）
卡车轮胎一套（TAMIYA）

固定柱：双内螺纹 40mm …… 4 个
：无螺纹 3mm …… 2 个
：无螺纹 5mm …… 2 个
角码（大）…… 3 个
垫圈：M3（外径 8mm）20 个 M3 大（外径 13mm）…… 6 个
螺钉：M3×8mm …… 14 个 M3×12mm …… 1 个
：M3×25mm …… 1 个
螺母：M3 …… 14 个
橡胶管：内径 2mm …… 少许
万向轮 …… 1 个
亚克力板：2mm 厚 …… 参照尺寸图
电池盒：3 号电池 4 个用 …… 1 个
电池扣 …… 1 个
3 号电池 …… 4 个
电池盒：2 号电池 1 个用 …… 2 个
2 号电池 …… 2 个
布线用导线、焊锡、双面胶、不用的 CD 两张

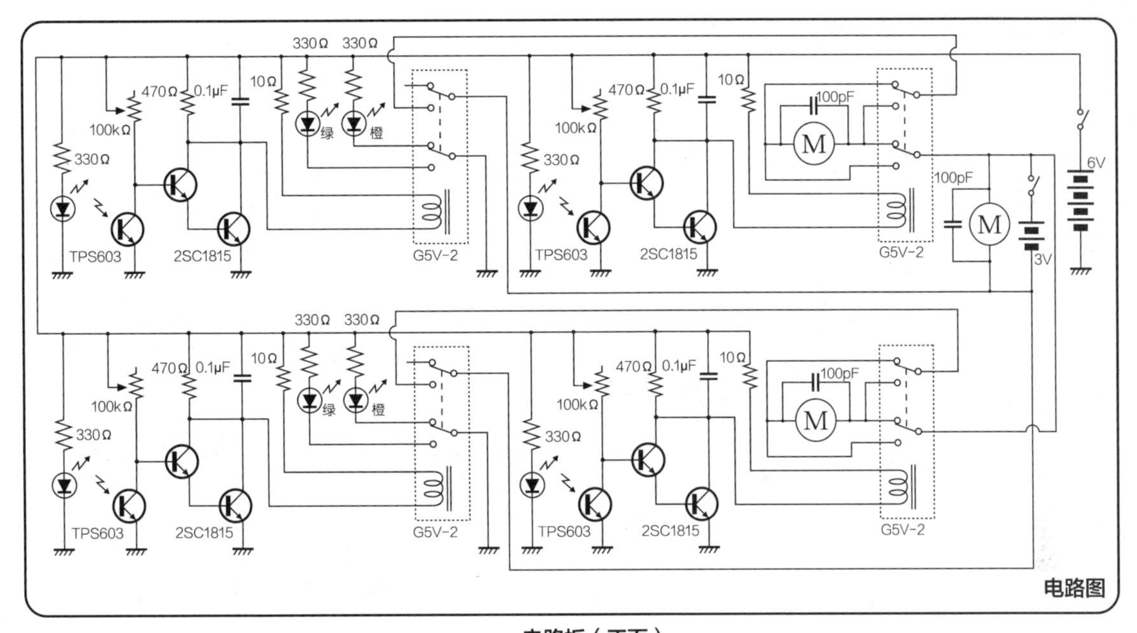

电路图

电路板（正面）

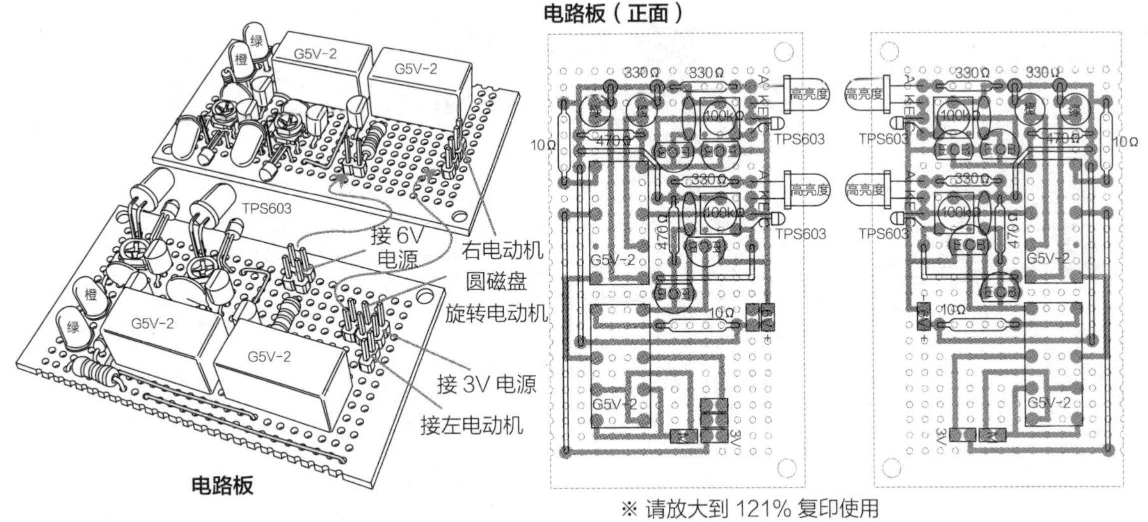

电路板

※ 请放大到 121% 复印使用

将灯光打在用过的 CD-ROM 上进行反射，由光敏晶体管接收光线。

左右电动机中的继电器使电路的状态为 ON-OFF，各组分别有一个相同的电路，让电动机正转和反转。这样的电路共有四个。

让两个 LED 亮起来显示电动机的 ON-OFF 状态。停止的时候为橙色，转动的时候为绿色，这样从视觉上也容易看清楚。

■ 组装（布线）

电路板使用 15×25 孔的万能板制作。为了将万能板做得更小，将边上的一列纵向切断。然后安装元器件，为了容易看清楚，就从输入部分的 LED、光敏晶体管开始安装。这些元器件都是有极性的，安装时要核对着电路图注意不要弄错。然后安装电阻器、半固定电阻器、电容器等，安装继电器、跳线等。跳线可以使用镀锡铜线，但在有可能接触到其他零件时使用绝缘导线。最后安装排针（连接器用的插针）。

做出两个相同的电路板，因为它们是镜像对称的，所以是完全相反的模式。安装时 LED、光敏晶体管的引脚朝向相反，三极管安装方向完全相反，要加以注意。

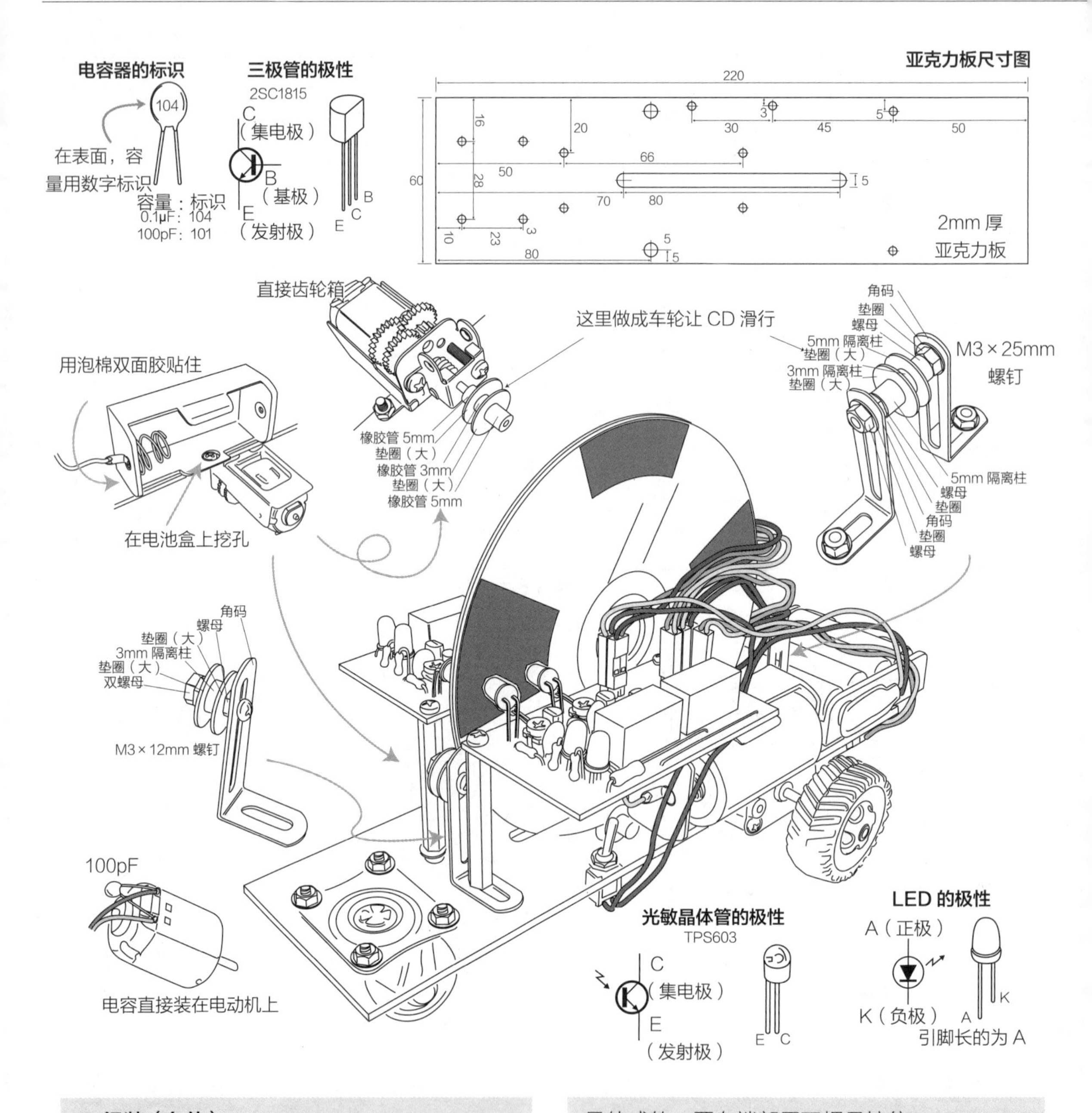

■ 组装（车体）

首先安装双电动机齿轮箱和直角齿轮箱（分别参照各自的说明书），都是低速装置。将一套卡车轮胎中的轮胎安装到双电动机齿轮箱上，将橡胶管和大一点的垫圈夹住安装上，以便将 CD-ROM 盘放进去。

按图加工底盘使用的亚克力板。制作正中间的细槽时，先用钻头开好几个孔，再用刀把这些孔之间划开，让这些孔连起来。用 20mm 螺钉、12mm 螺钉将螺母、隔离柱、垫圈等固定在角码上，作为光盘的车轮。12mm 螺钉是悬伸式的，要在端部用双螺母拧住。

元器件分别安装上以后，在底盘上安装齿轮箱和万向轮、角码、40mm 高的隔离柱。接着安装电池盒，用泡棉双面胶贴住。但是，2 号电池是装在电路板的下部的，直角齿轮箱部分固定齿轮箱的螺钉会碰到电池盒，因此在电池盒的这个地方开 ϕ7 左右的孔，就可以安装了。接着分别安装电源开关。为了做到让传感器正好到光盘中心高度，使用 40mm 高的隔离柱固定电路板。一边因角码厚度又高出一块，为此将另一边夹上两个垫圈，调整为相同

G5V-2 的引脚连接

NO1 NC1 C1

NO2 NC2 C2 L L

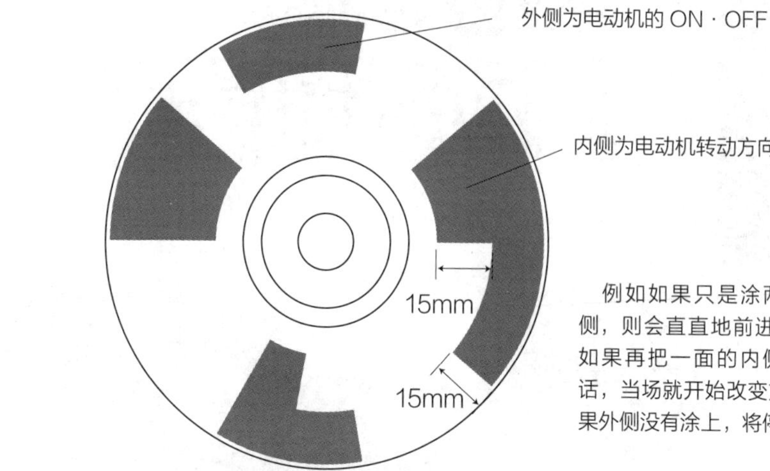

例如如果只是涂两面的外侧，则会直直地前进或后退，如果再把一面的内侧涂上的话，当场就开始改变方向。如果外侧没有涂上，将停住不动

的高度。在电池盒、电动机、开关上分别安装上导线，看着导线长度安装连接器。尤其是 3 号电池的 6V 电源如果布线错了就会造成故障，因此最好是在正极用红色导线，负极用黑色导线，使用不同颜色的导线进行区分。

将电容器直接安装在电动机上。从电路板到电路板的布线要用到连接器，要看好长度先布好线。各种导线可能会缠在一起，因此在几个重要位置要分别用线束扎带捆绑或者将导线捻在一起。注意电源的连接器方向不要弄错。对于电动机，要看着旋转方向，如果反了的话，就将连接器反过来重装一下。

■ 使用方法

将不用了的 CD 或 CD-ROM 的银色面作为外侧，把两个贴在一起，试着将其中一面的一部分用油性笔涂成黑色，或者贴上黑色绝缘胶带做出不反射部分，放入角码的车轮和齿轮的橡胶中。如果不容易放进去或者在车不动的状态下 CD 盘与橡胶没有接触上的话，就调节一下悬伸式角码的高度。接入 6V 电路的电源开关后，应该是在外侧传感器的银色部分橙色 LED 亮起，在黑色部分绿色 LED 亮起。确认好以后，可以再试一下另一面。房间的亮度也会带来影响，可以用能调节灵敏度的半固定电阻器进行调节。在这个节点，如果内侧传感器发出咯吱咯吱的声音就可以了。

下一步接入 3V 电源开关，电动机旋转起来，光盘开始旋转。车放在地板上就会反映到光盘的黑色部分，前进或者后退。但是，这里只是一个面，只有这个面的电动机旋转，车体才开始转动。如果要在两面都确认动作，调节灵敏度以及确认电动机的转动方向，就要事先在光盘上画好图形。

外侧是接电动机的电源开关，内侧是电动机的旋转方向。

这里直角齿轮箱设定的是低速，在本制作中，光盘转一圈需要大约 3 秒钟。如果在这个齿轮箱中使用涡轮，应该可以更加从容地控制，有能力的话可以挑战一下。

No. 38

不想让别人动的东西

挪动感知器

人们都有放在桌上不希望别人随便动的东西。经常用的笔筒和词典位置变了，用着就不顺手，然后就要到处寻找。在这种情况下，如果能安装一个传感器，能知道东西是否被动过了，就会很方便，同时根据情况也能起到一定的防范作用。这次使用磁簧开关判别东西有没有被动过，从音乐 IC 中流出音乐，而且如果东西被动过，即使放回原处音乐也不停止，这样一来想偷窃的人就会害怕，可能就不会偷了。

元器件表

（Type-1）

磁簧开关……1个
音乐 IC:UM66T-19……1个
可控硅 :SF0R3G42（SF5B41 也可以）……1个
电阻器 :15kΩ 1/4W（色带：茶绿橙金）……2个
:1kΩ 1/4W（色带：茶黑红金）……1个
压电蜂鸣器……1个
万能板：切割成 8×13 孔
隔离柱：无螺纹 5mm……1个
：无螺纹 3mm……2个
亚克力板……参照尺寸图
螺钉：埋头小 M3×15mm……1个
：埋头小 & 螺母 M2×6mm……2个
电池：纽扣电池 LR44……2个
铁氧体磁铁……1个
铜丝（金属丝）、绝缘胶布、焊锡少许

（Type-2）

磁簧开关……1个
音乐 IC:SVM7920Q……1个
可控硅 :SF0R3G42（SF5B41 也可以）……1个
电阻器 :1kΩ 1/4W（色带：茶黑绿金）……1个
:15kΩ 1/4W（色带：茶绿橙金）……2个
:1kΩ 1/4W（色带：茶黑红金）……1个
:100Ω 1/4W（色带：茶黑茶金）……1个
电解电容器 :10μF 16V……1个
压电蜂鸣器……1个
万能板：切割成 13×23 孔
隔离柱：无螺纹 5mm……1个
：无螺纹 3mm……2个
亚克力板……参照尺寸图
螺钉：埋头小 M3×15mm……1个
：埋头小 & 螺母 M2×6mm……2个
电池：纽扣电池 LR44……2个
铁氧体磁铁……1个
铜丝（金属丝）、绝缘胶布、焊锡少许

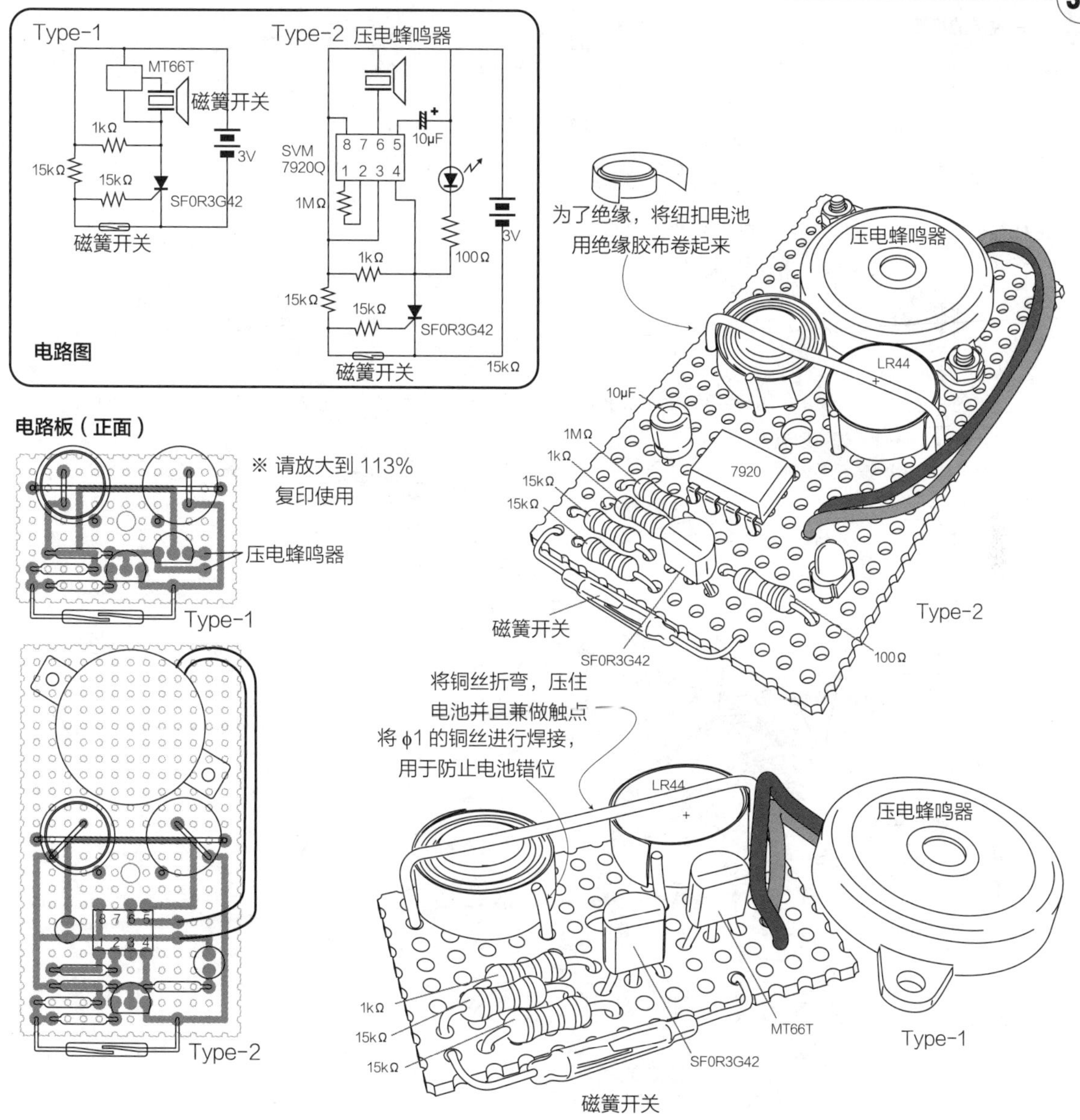

■ 电路的说明

磁簧开关的结构是两片磁簧片密封在玻璃管内成为触点，接近磁铁时将使两片磁簧片接触，电路闭合导通，离开磁铁时触点分开，电路打开。

可控硅是通过半导体开关给门极加电压，从而使阳极和阴极之间打开或关闭。出现一次 ON 的状态后就保持这种状态，是可控硅的特点。

音乐 IC 是已预先存储好音乐，使音乐自动演奏的专用 IC。

这三个元器件组合起来就可以做成这次的传感器。挪动物品，就会离开磁铁，开关打开。这样一来可控硅的门极上就加上了电压，可控硅处于 ON 状态，就会发出音乐。即使再一次将磁铁复位，除非切断电源或者电池没电了，否则可控硅就会一直处于 ON 状态，音乐会一直响。

音乐 IC 有不少种类，在这里做两种试一试。分别是 Type-1 和 Type-2，这两个电路只是和音乐 IC 连接的部分不同，电路本身基本上没有变化。

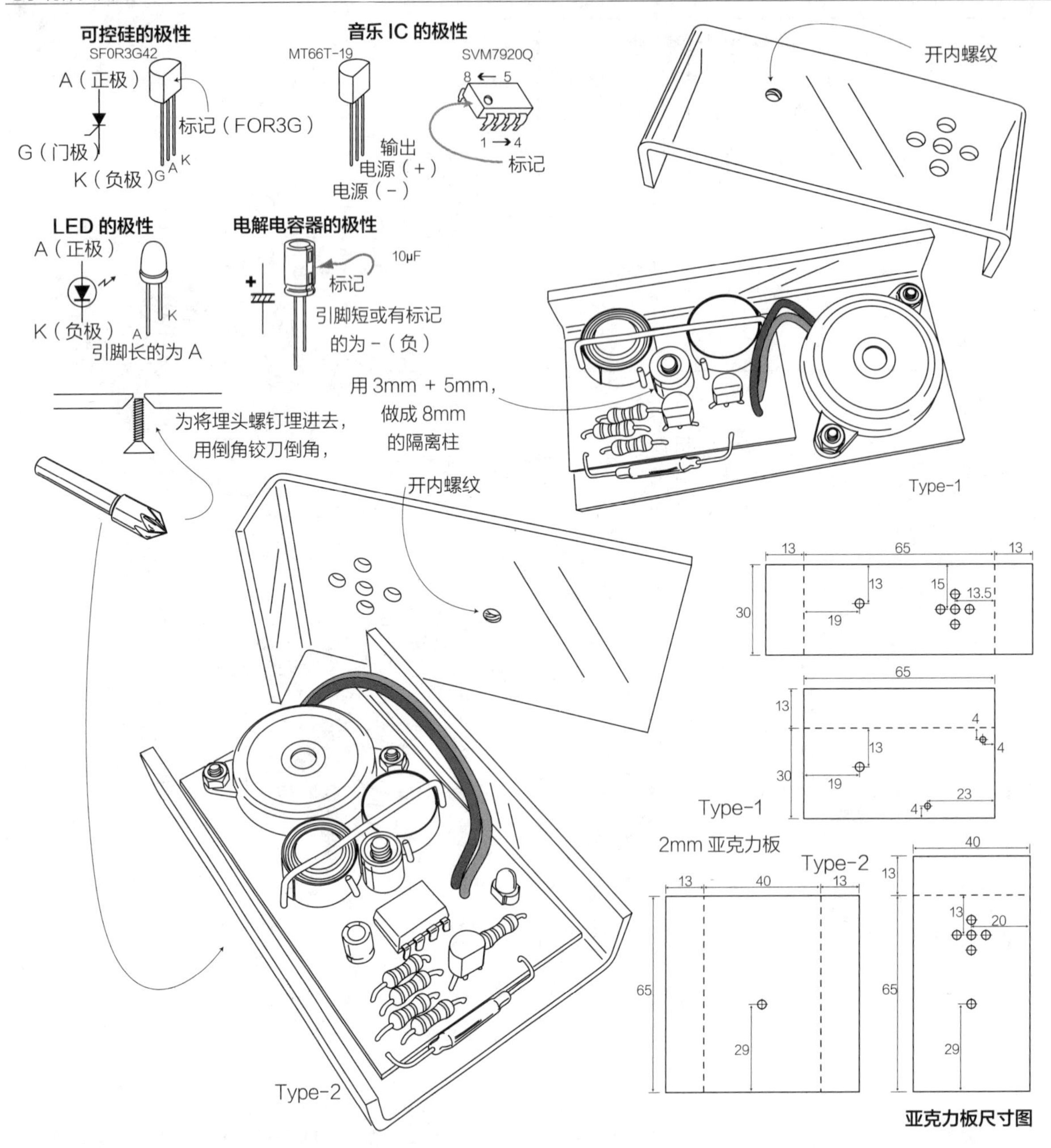

■ **组装（布线）**

首先切断万能板。Type-1 做成 8×13 孔，Type-2 做成 13×23 孔。将固定在电路板正中部位所需要的螺纹孔先开好。Type-2 是将压电蜂鸣器安装在电路板上的，因此，这个安装用的孔也提前开好。

磁簧开关的外面是玻璃，因此用的时候要小心，使用扁嘴钳将引脚折弯。接着安装电阻器、可控硅、音乐 IC 等元器件。可控硅和 Type-1 用的是同样形状的音乐 IC，要注意不要弄错。另外，它们和三极管也是同样的形状，如果放进元件箱里有可能会弄错，在安装时要核对型号标识。Type-2 的音乐 IC 如果使用 IC 插座，在安装的时候可以更安全一些。电路部分装完以后，继续安装电池部分。

电池选用 LR44，这是一个小型电池。在电池的周边卷上绝缘胶布，将侧面绝缘，将 1mm 直径的铜丝折弯，用在电路板上跳线之类的接点和电池压条间接点上。

最后安装压电蜂鸣器。Type-1 放在电路

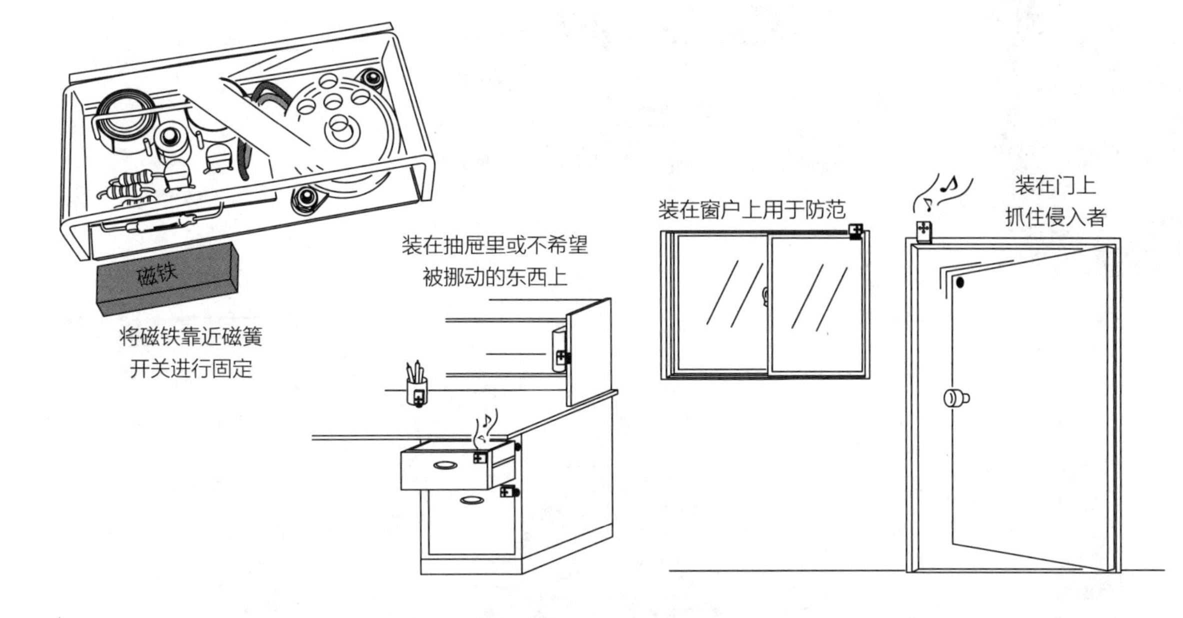

板的侧面，留出适当长度的导线，焊接在电路板上。将Type-2用M2的螺钉安装在电路板上后，根据导线长短再进行焊接。

元器件数量比较少，可以简单地装起来。核对着电路图，注意不要弄错。

■ 组装（车体）

对照尺寸图切断2mm亚克力板。外壳做成四方形，因为磁簧开关要接近磁铁，因此外壳是没有侧面的箱子。如果想用现成的外壳，只要是用薄型材料做成的就可以直接使用。

为了将背面做成平的，使用埋头螺钉，为此在背面孔安装埋头螺钉的地方提前做好倒角。用铰刀做倒角比较容易。在正面除了蜂鸣器孔以外还有一个固定用的孔，这个孔是为了直接从背面固定住外壳，而用丝锥开的螺纹。做成这种结构后可以用双面胶将背面粘住，从正面又不能拆卸开，用于防范。

折弯加工结束以后进行组装。Type-1是用2mm埋头螺钉从背面固定住压电蜂鸣器，Type-2也同样是从背面通过埋头螺钉按照3mm隔离柱、电路板、8mm隔离柱（5mm + 3mm)、表面亚克力板的顺序夹住固定。

■ 使用方法

在不想让人挪动的东西上用双面胶装上传感器以后，在这个东西被挪动时音乐就会一直响。当然，安装也可以是反过来的，要停住的时候，可以在电池和铜丝间隙之间夹上一个很薄的东西将电源断开，也可以拿下外壳取出电池。

音乐IC有很多种类，所以不用局限于这次使用的音乐IC，看好规格布线后就可以使用。也可以单纯用电子蜂鸣器试一下。让Type-2上的LED也亮起来，根据使用方法不同，只将标识部分亮起来也可以。

例如，也可以考虑上面这样的结构，安装在窗户和门上起到防范作用，使用细铜丝，如果细铜丝断了的话音乐就响起。也可以考虑一下其他应用，会很有意思。

No.
39

光线暗就亮起的小圣诞树

迷你发光树

12 月就要过圣诞节了，不管是大街上还是在家里，到处都是圣诞节装饰品。说到圣诞节的装饰品，晚上的彩灯五彩缤纷，闪闪发光，光彩夺目，更加渲染了节日气氛。但是大的彩灯不属于自己，不过，我们可以做一个能放在自己桌子上的小彩灯。

元器件表

三极管 :2SC1815 ………… 3 个
:2SC2120 ………… 1 个
电容器 1:220μF 25V ………… 2 个
:470μF 10V ………… 1 个
电阻器 :51Ω 1/4W（色带：绿茶黑金）………… 14 个
:15kΩ 1/4W（色带：茶绿橙金）………… 3 个
半固定电阻器 :50kΩ ………… 1 个
LED：根据喜好 ………… 14 个
CdS ………… 1 个
橡胶脚垫 ………… 4 个
印刷电路板 :100mm × 100mm ………… 参照尺寸图
电池盒：2 个 2 号电池用 ………… 1 个
2 号电池 ………… 2 只
亚克力板 ………… 参照尺寸图
垫片：塑料材质 10mm ………… 3 个
螺钉 & 螺母 :M3 × 15mm ………… 3 组
:M3 × 6mm ………… 1 个
玻璃用散光膜 ………… 剪成树的形状
布线用导线、镀锡铜线、焊锡少许

■ 电路说明

非稳态多谐振荡器是通过两个电容交替进行充电、放电，使三极管打开或关闭。一方是 ON 时另一方就是 OFF，像这样重复进行。

这次的电路是将非稳态多谐振荡器用三个三极管组成环状。例如在一个三极管是 ON 的时候，就考虑将下一个三极管做成 OFF，这样一来，第三个三极管就成为 ON，也就是说最早的那个三极管下一步就应该变成 OFF，但是实际上第一个三极管是 ON。那么实际上会怎样动作就不知道了。我们实验一下看一看。实验结果是其中的两个灯亮，一个灯不亮，而且这个现象是环状按顺序重复的，仔细看一看闪

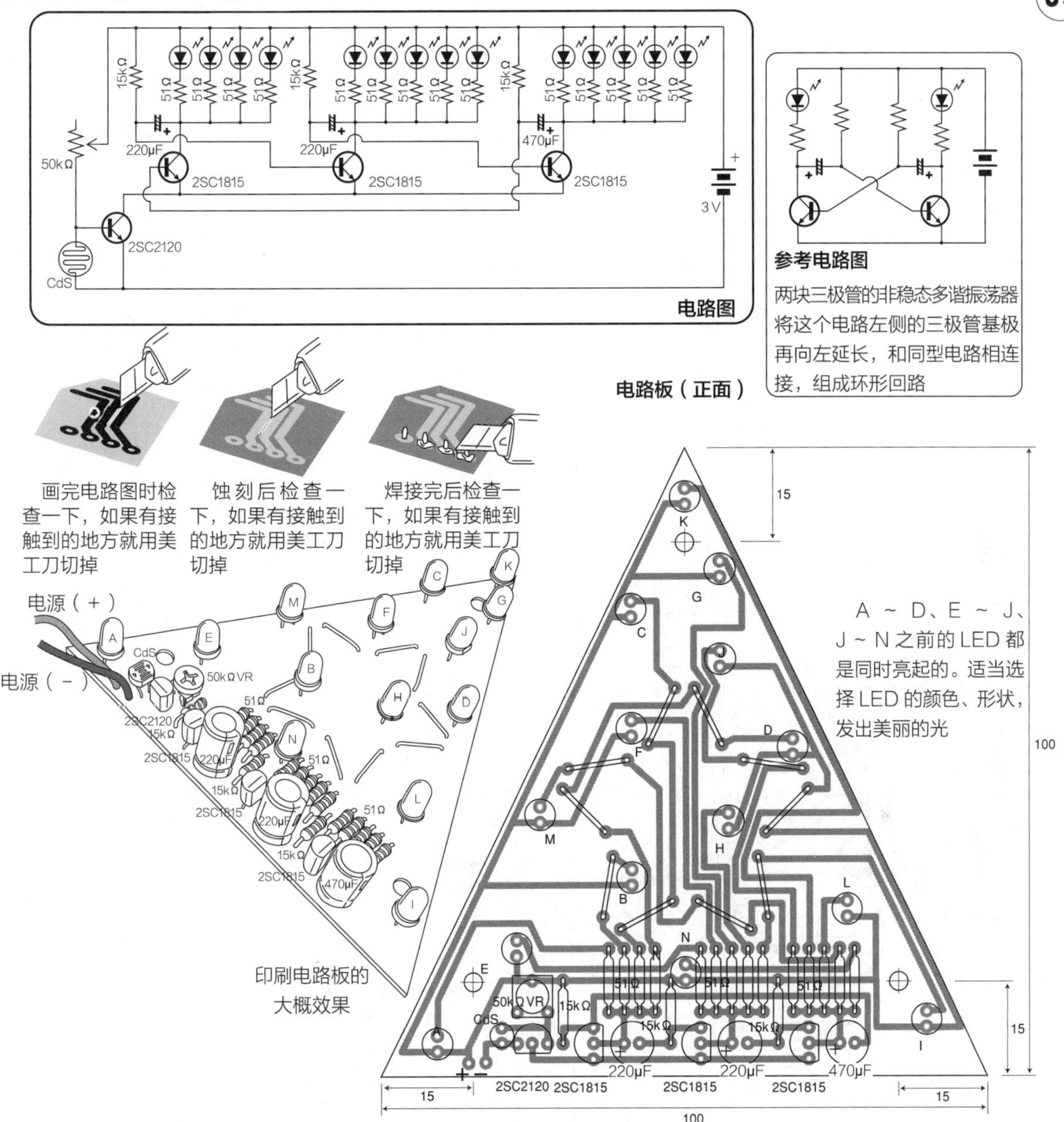

烁瞬间的情形，是发出不稳定的光，与其说是非稳态多谐振荡器，不如说是不稳定多谐振荡器。反过来说，正因为是不稳定的，也有可能会一直亮着不熄灭。为了防止这种现象出现，特意只将其中一个电容器的容量改变，这样即使亮灭状态在一段时间内稳定不变，过一会也会发生改变，开始闪烁。

为了在三个三极管暗了以后进行驱动，这个电路将CdS和起到整个电路开关作用的三极管组合起来，暗下来后自动开始闪闪发光。

■ 组装（布线）

首先制作印刷电路板。印刷电路板将主要零件集中在下部，整体配置LED。LED分成了三个电路，可以将LED巧妙地进行分配，但因为都要装到一张印刷电路板上，无论怎样布线都会有交叉。这时就用镀锡铜线做跳线，但这些跳线从印刷电路板正面是能看得到的，为此将跳线做成了星形。这样背面的电路图形就有一些复杂。如果对形状不是太在意，就不一定非要做成现在这样。

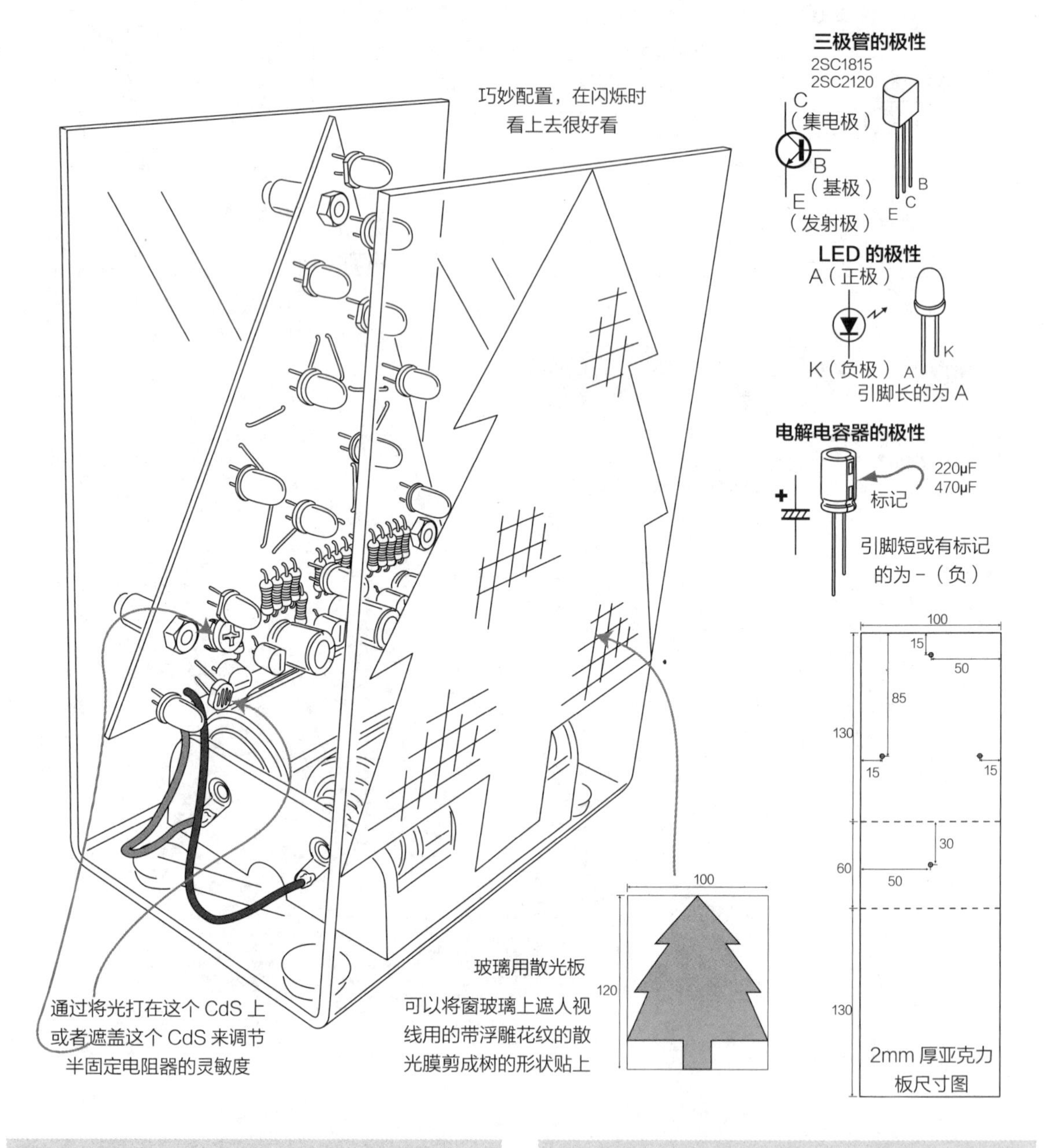

下面就按照图把印刷电路板切断，做成三角形，然后将电路图复制到印刷电路板的铜箔上。电路图是很细微的，在蚀刻时用 PCB 耐蚀刻笔画电路板图时，要注意不要接触到旁边的布线。如果接触到了，可以用美工刀将接触到的部分切去。这里使用感光板会更好一些。画好电路板图后，确认有没有错误，有没有接触到旁边的线路或部件等，然后进行蚀刻。蚀刻结束后也要确认一下电路板图。如果这时有接触到的地方，就用美工刀切去。

元器件引脚孔按 1mm、螺纹孔按 3mm 开孔，表面可以用喷雾器喷点漆，然后安装元器件。

如果元器件的位置没有弄错，焊接时焊得很好，很容易就能装起来。先安装跳线，然后安装电阻器、三极管、电容、CdS，最后安装 LED。所有 LED 都是下侧为正极。另外，将各种颜色、形状的 LED 都组合试一试会很令人开心。

电源导线先装到印刷电路板上，在装入外

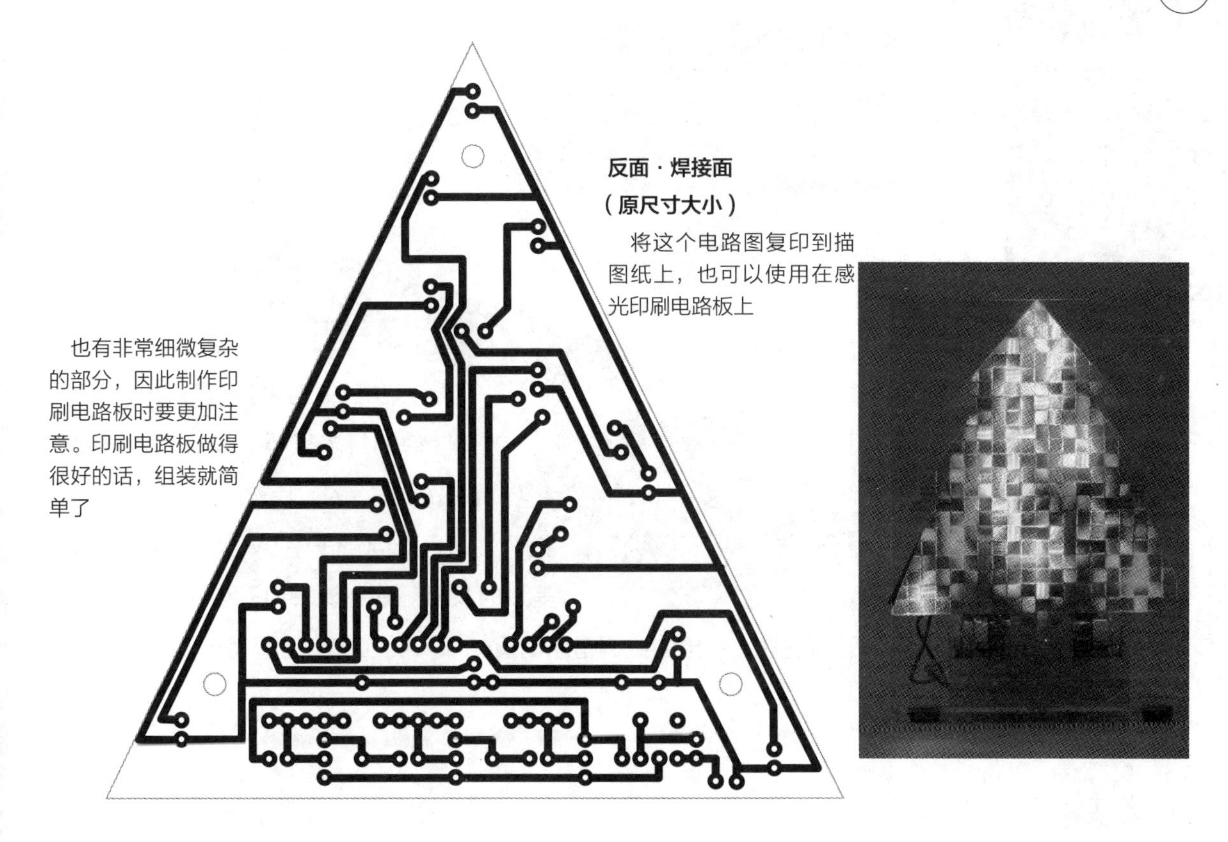

壳时要看着导线长度连接电源盒。在安装到外壳之前，先临时装一下看看。在这里，如果不能好好动作，就再确认一下布线、印刷电路板图。如果有接触到旁边的不合适之处，就用裁纸刀切去。

在装入外壳之前，可以临时接一下电源，检查一下电路情况。

■ 组装（外壳）

外壳很简单地用一块亚克力板弯折做成。按图进行切断、开孔、折弯加工，就能做成外壳。

电池盒用一个螺钉固定。印刷电路板用三个隔离柱和螺钉固定，因为印刷电路板的图形很密集，为避免接触上，使用的是塑料材质的隔离柱。将印刷电路板装到外壳上后，对电源导线进行布线。这样变暗以后 LED 开始闪烁，彩灯就做好了。为了突出圣诞树，在正面的亚克力板上贴上了树形散光膜。至此本制作就做完了。

■ 使用方法

用手遮盖住 CdS，或者是将光照到 CdS 上，确认 LED 能亮起来，转动半固定电阻器调节灵敏度。在房间里的灯亮着时 LED 不亮，在房间里的灯熄灭后 LED 就亮起来，这种程度的灵敏度就可以。

如果完全没有反应，就要立即拿出电池，确认布线情况。在只有一部分 LED 不亮的时候，可能是这部分布线接触到了哪个地方或 LED 极性错了，不管哪种情况，都要再确认一下布线是否存在问题。

No.
40

小却有能量的吉他

迷你吉他

将木头掏空后，敲击它就会发出响声，这样就能做出简单的打击乐器。人类的音乐史就是这样开始的。后来人们用指尖弹弓弦，或向管子中吹气，就可以欣赏到美妙的音乐。现在计算机和电子合成乐器做出的数码音乐简直就像人类创作出的新音乐。

■ 结构

用指尖弹拨吉他弦，琴弦就会振动，以声音的形式传到人的耳朵里，人们就能听到这个声音。普通吉他的壳体是共鸣箱，通过壳体让声音放大，这样普通吉他就能发出很大的声音，大家就可以用吉他演奏。电吉他则是在这个共鸣箱里安装了麦克风，拾取声音，作为电信号由扬声器发出去。这样说也并不准确，实际上电吉他是将琴弦的振动直接转为了电信号。所以电吉他的壳体没有必要做成箱子状，可以采用比较自由的形式进行装饰和造型。

元器件表

音频用功率放大器：LM386	1个
IC 插座 :8P	1个
三极管 :2SC1815　1个　2SC2320	1个
电解电容器 :220μF 25V	1个
:100μF 25V	1个
:10μF 16V	4个
陶瓷电容器 :0.001μF（102）	2个
:0.047μF（473）	1个
电阻器 :10Ω 1/4W（色带：茶黑黑金）	1个
:330Ω 1/4W（色带：橙橙茶金）	2个
:2kΩ 1/4W（色带：红黑红金）	1个
:1MΩ 1/4W（色带：茶黑绿金）	1个
可变电阻器 & 旋钮：10kΩ	1组
扬声器：8Ω（ϕ57）	1个
扬声器用五金件	3个
开关：拨动开关	1个
LED: 根据喜好	2个
万能板：切割成 9×15 孔	1张
电池盒 & 电池扣：4个3号电池用	1个
3号电池	4个
亚克力板、亚克力圆棒	参照尺寸图
漆包线 :ϕ0.2	根据绕圈数
磁铁：磁力强的	2个
14×30mm 方棒料 :400mm	1根
水性漆	根据喜好
10×10mm 铝角码	参照尺寸图
弦：金属丝、钢琴丝	参照尺寸图
长螺钉 :M×50mm	2个
蝶形螺母 & 垫片 :M4	各2组
隔离柱：双内螺纹 :25mm	5个
:15mm	2个
盘头小螺钉 :M3×6mm（电路板用）	2个
埋头小螺钉 :M3×10mm	15个
:M4×20mm	2个
盘头自攻螺钉 :M3×10mm	6个
:M3×16mm	2个
埋头自攻螺钉 :M3×10mm	6个
螺母 :M3（扬声器配件用）	3个
黏结剂、泡棉双面胶、布线用导线、焊锡少许	

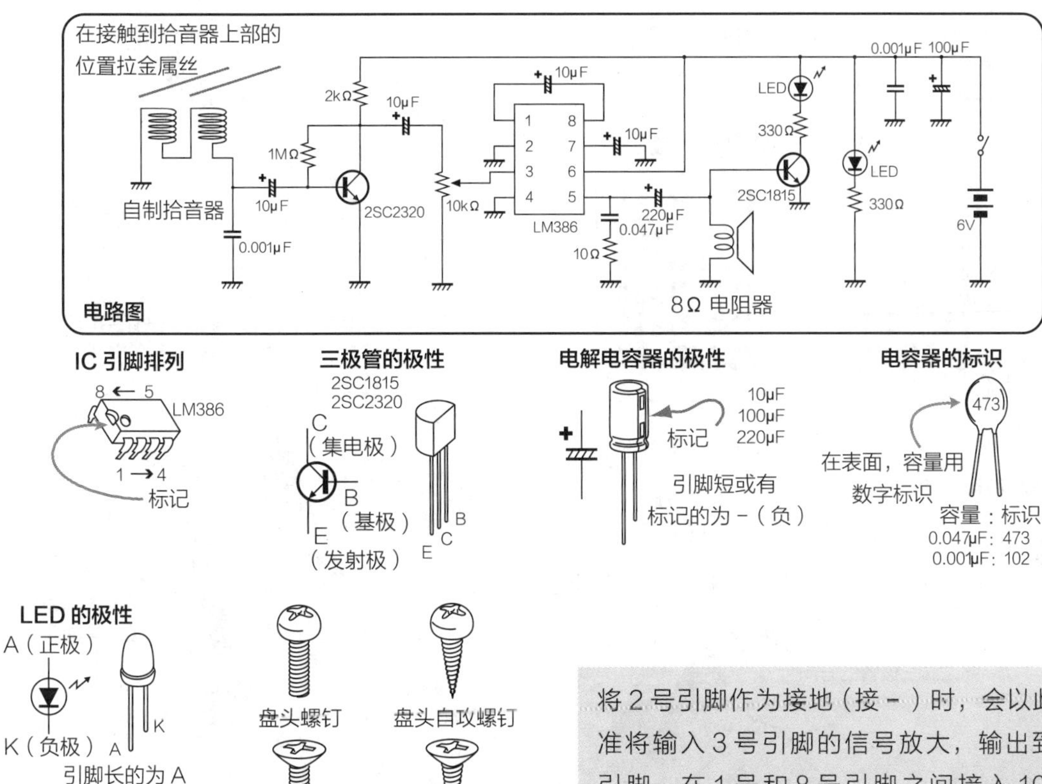

将弦的振动转为电信号的部件称为拾音器，结构很简单，由磁铁和铁心、线圈组成。放置在磁场中的线圈附近，影响磁场的金属片一动，感应电流就会流向线圈。弦作为金属片的取代品会发生振动，这个振动数就成为感应电流的频率，也就是说成了可以直接使弦振动的麦克风。

在这里，拾取到的电信号通过放大器进行放大。

■ 电路

此处的电路只是将信号放大的简单放大器。在拾音器线圈上产生的感应电流先通过三极管放大，然后通过 LM386 音频功率放大器专用 IC 放大后，让扬声器响起。

这个 IC 虽然小，但可以产生很大的输出，并且通过的是低电压，因此用电池电源也可以得到足够用的输出，是一个很好用的 IC。IC 将 2 号引脚作为接地（接 -）时，会以此为基准将输入 3 号引脚的信号放大，输出到 5 号引脚。在 1 号和 8 号引脚之间接入 10μF 的电容，将输出设定为 200。另外，为了用眼睛也可以看得到输出，我们通过三极管装上了 LED。

■ 组装

电路中使用万能板，将 15×25 孔的万能板切断成 15×9 孔。切口用砂纸打磨整齐，然后将元器件准确无误地安装上。先安装 IC 插座，它会成为安装位置的参照物。

电解电容器、三极管、LED 是有极性的，安装时要注意不要把方向弄错。电阻器要立着安装，因此先只把一边的引脚折弯。只要元器件位置和方向没有弄错，就可以很容易地装好。

装上放大器后，重点就是安装拾音器了。以 M4×20mm 的埋头螺钉为轴，将 0.2mm 的漆包线缠绕 500 圈。开始先将埋头螺钉用环氧胶黏剂固定在磁铁上。要用磁力强的磁铁，这次选择了标着“动力是以前的 3 倍”“100mT”“强力系列”之类标记的看上去磁力很强的磁铁。在实际使用以后，感觉强力

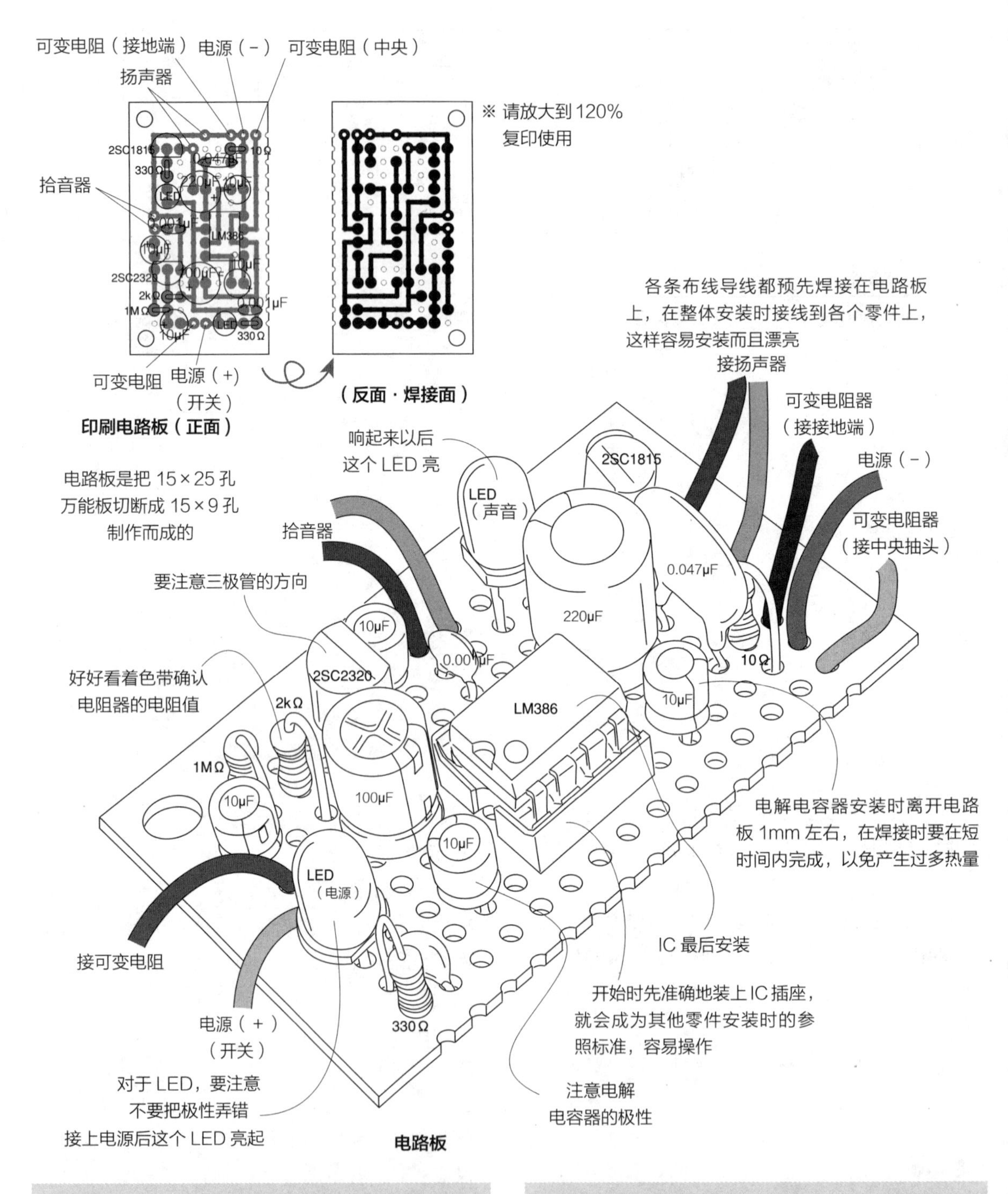

效果很好，推荐使用上面介绍的磁铁。顺便说一下，“mT”标识是表示磁力强度的单位，数字越大，磁力越强。粘上以后，在螺钉上缠一圈纸进行绝缘，再用漆包线密密地缠在上面，稍微露出来一点轴。缠完以后用透明胶带简单固定一圈。这里也可以用黏性更强的黏结剂粘住，但是考虑到螺钉是要插入壳体里的，如果是这样，可以采用能够重新缠绕的形式，即使做失败了，过后也可以修正。

这次使用的是两根弦，拾音器也做得两组相同，在制作时两组线圈的缠绕方向和磁铁的磁极方向都是相同的。

拾音器做完以后，电路部分就算完成了。

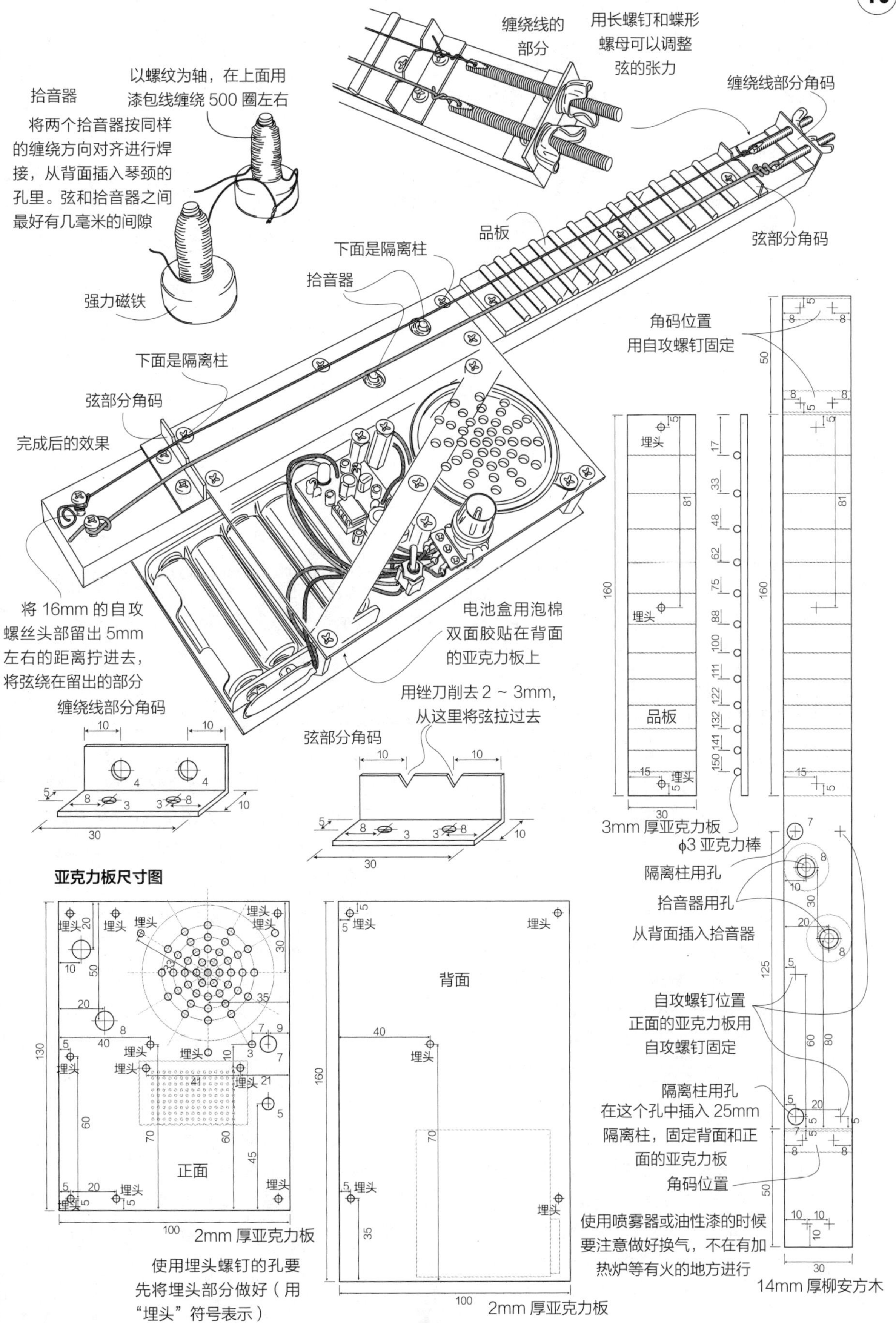

缠绕线的部分
用长螺钉和蝶形螺母可以调整弦的张力
缠绕线部分角码
拾音器
以螺纹为轴，在上面用漆包线缠绕 500 圈左右
将两个拾音器按同样的缠绕方向对齐进行焊接，从背面插入琴颈的孔里。弦和拾音器之间最好有几毫米的间隙
强力磁铁
品板
弦部分角码
下面是隔离柱
拾音器
下面是隔离柱
弦部分角码
完成后的效果
角码位置
用自攻螺钉固定
将 16mm 的自攻螺丝头部留出 5mm 左右的距离拧进去，将弦绕在留出的部分
电池盒用泡棉双面胶贴在背面的亚克力板上
缠绕线部分角码
用锉刀削去 2 ~ 3mm，从这里将弦拉过去
弦部分角码
埋头
品板
3mm 厚亚克力板
ϕ3 亚克力棒
隔离柱用孔
拾音器用孔
从背面插入拾音器
亚克力板尺寸图
背面
正面
自攻螺钉位置
正面的亚克力板用自攻螺钉固定
隔离柱用孔
在这个孔中插入 25mm 隔离柱，固定背面和正面的亚克力板
角码位置
2mm 厚亚克力板
使用埋头螺钉的孔要先将埋头部分做好（用“埋头”符号表示）
2mm 厚亚克力板
使用喷雾器或油性漆的时候要注意做好换气，不在有加热炉等有火的地方进行
14mm 厚柳安方木

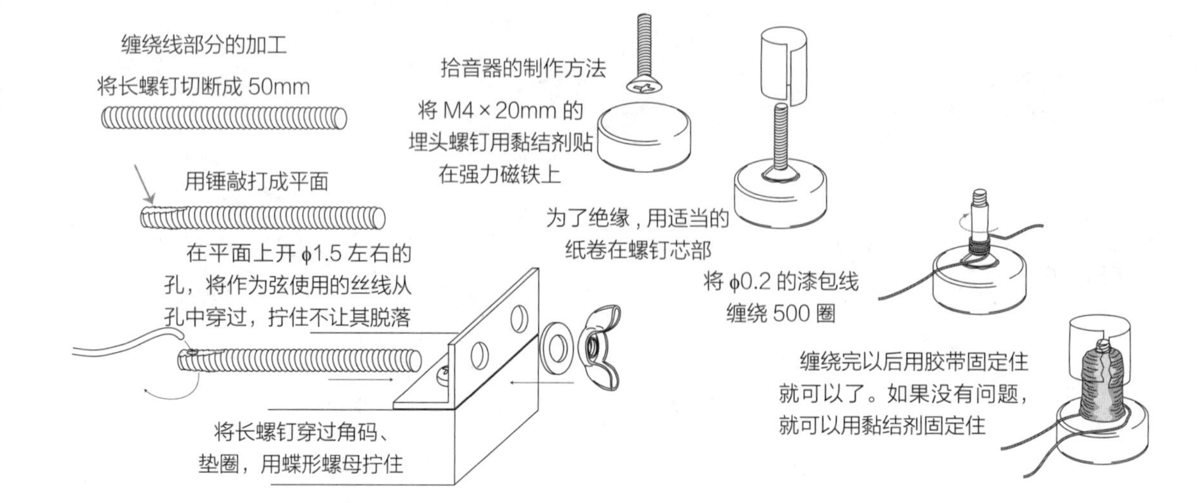

■ 组装

首先组装琴颈，琴弦是在琴颈上拉开的。以 14mm×30mm 的方木为轴，在 10×10 的角码之间把弦拉开。在琴体上将弦固定，在琴头部位用长螺钉和蝶形螺母调节张力。琴颈的方木采用的是简单处理过的上漆柳安木，为了好握，最好将背面削得圆滑一点。

让吉他发出不同音阶需要一个叫“品”的部分。用手指按住弦，触到品就改变音程。在这个制作中，品的间隔是按照平均律（音乐调律法）做出了大致位置，不是准确的位置，请予以谅解。将亚克力圆棒黏结在亚克力板上做成了“品”，用木螺钉或自攻螺钉将其固定到琴颈上。在琴体上开孔，将拾音器从背面穿过。

琴体部分是将放大器和扬声器安装在琴颈上。如果放大器是另外放置的话，琴体做成任何造型都可以，可以按照自己喜欢的形状雕刻木材制作。

为了不让拾音器从背面脱出去，用黏结剂进行了固定，也可以用亚克力板从背面压住。只要是大小合适的孔，插得进去就足够了。

大体组装出形状以后，就开始拉弦。只要是对磁铁有影响的弦都可以。当然也可以使用乐器店销售的正规弦，我们在这里简单使用了钢琴丝和金属丝。用蝶形弹簧调节弦的张力，本制作就做完了。

■ 使用方法

接上电源，LED 亮起就没有问题了。拨一下弦试一试，如果能发出音来就成功了，同时 LED 也应该会发光。如果不出声音 LED 也不亮，就旋转可变电阻器进行调节。如果调节后也没有反应，就将电源关掉，再次确认一下电路。有焊接不良的情况时就不能很好地发出声音。由于磁铁强度的影响，有时候可能只能发出很小的声音。这种情况下切断电源和接上电源时弹奏出来的声音应该是不一样的，好好听听比较一下。有的时候受到周围磁场情况的影响，拾音器会把这些因素捡拾起来，发出杂音。

真正的电子吉他放大器会更加强大，音量也更大，但是原理都是一样的。如果想做真正的吉他，还是要将调律和品的位置等做得更加严密。作为实验，做到现在这样就足够了。

No. 41

光和影运用自如

会动的剪影画

4幅动画

大多数电视机和电影中的动态图像都是由静止图片集合而成。虽然如此，如果只是随便将图片集中起来肯定也是不行的，要认真计算后一张一张地放映出来，才能让图片动起来，例如，一秒钟内拍24幅照片冲洗出来，同样每秒内将24幅照片投影到屏幕上，胶卷上的照片就看上去像是在动一样，这就是电影。其他像手翻书漫画，是将每页书的很少部分一点一点地改变，这样一张一张翻开看时，漫画就像是在动一样。

这些都是动画的表现手法，利用了人类的视觉暂留现象。实际上没有动的东西看上去在动，这本身就是一件很不可思议的事情，而且如果自己画的画在动，这件事本身也会很有趣。

元器件表

IC:74HC175AP（74175）……1个
74HC27AP（7427）……1个
:555……1个
IC插座:8P……1个　14P……1个
:16P……1个
三极管:2SC1815……1个
电解电容器:10μF 16V……1个
:1μF 50V……1个
陶瓷电容器:0.1μF（104）……1个
电阻器:15kΩ 1/4W（色带:茶绿橙金）……1个
:2.4kΩ 1/4W（色带:红黄红金）……1个
:1kΩ 1/4W（色带:茶黑红金）……2个
:150Ω 1/4W（色带:茶绿茶金）……4个
可变电阻器&旋钮:50kΩ……各1个
开关……1个
LED:白色ϕ3高亮度广角……4个
万能板:30×25孔……1张
电池盒&电池扣:4个3号电池用……1个
3号电池……4个
角码（小）……6个　亚克力板……参照尺寸图
塑料板……参照尺寸图
10mm×10mm方木……参照尺寸图
9mm厚胶合板……参照尺寸图
25mm合页:木螺钉一套……2个
橡胶脚垫……4个
螺钉&螺母:M3×6mm……2个
盆头自攻螺钉:M3×10mm……10个
垫圈:M3……6个
窗户纸、涂料、泡棉双面胶、布线用导线、镀锡铜线、焊锡少许

■ 结构

电影是每秒放映出24幅画面，而电视机是1秒钟播放30幅画面。根据每秒出现几幅画面，动画的流畅程度会发生变化。以前的赛璐珞动画大概每秒放映8幅就可以了，但最近动得快时用的画面更多。有一种肖斯康电影系统，每秒放映60幅，是一种细腻的动态表现，这个系统使用的是一种特殊放映机。

这次只制作4幅画面，通过剪影画制作出动画。通常的放映机有一个光源，将胶片卷上去，同时通过快门的打开、关闭使光源的光巧妙地对上每个画面。但这次的4幅画面是使用各自的光源，让这4个光源按顺序闪烁，投影到一个屏幕上。4个方向分别投过来的投影放映到一个屏幕上，要留意光源位置和投影素材的剪影画大小。放映时多少会有一些歪斜和反应滞后的情形，这时就调整一下。试一下看看吧。

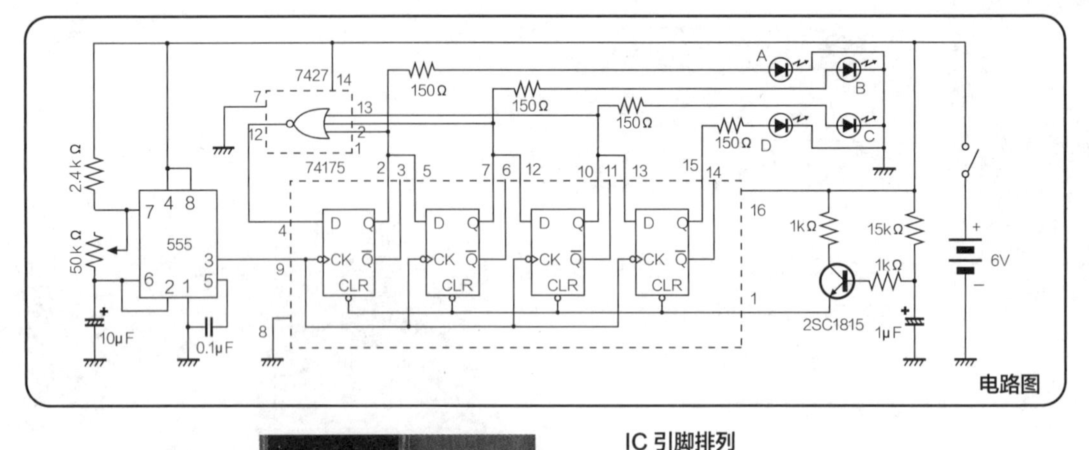

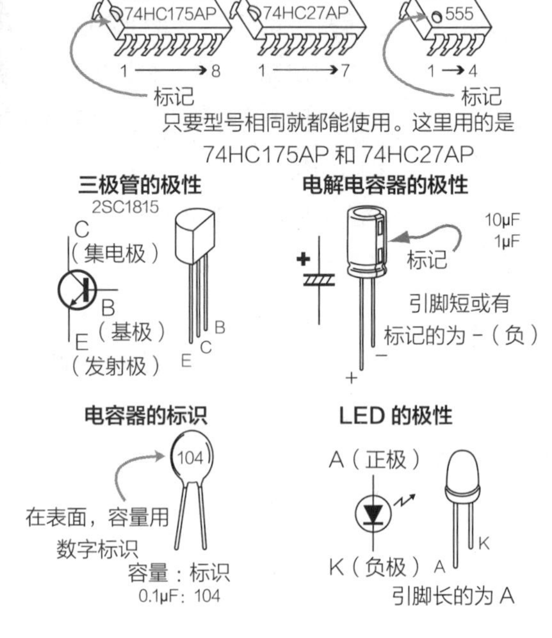

■ 电路

为了让 4 个光源按顺序亮起，就需要用到移位存储器和环形计数器组成的电路，这次使用双稳态多谐振荡器的数字 IC 实现了这个电路。双稳态多谐振荡器电路有很多种，这次用的是 D-FF，将输入的信号和时钟信号配合输出。这次使用的 74175 是将 4 个 D-FF 封装起来的 IC，将这 4 个电路分别连接，构成移位寄存器。但在这里只需要一个输出，因此通过有 3 个输入的 NOR 电路限制输出。7427 是封装有 3 个 NOR 电路的 IC，只使用 3 个电路中的一个。

时钟信号用的是定时器专用 IC 555。可以通过可变电阻器改变时钟速度。将电阻器和 LED 直接连接在 74175 的输出上，一个一个地输出，就能得到足够的光源。三极管是在接入电源时使 IC 复位的电路，从初始状态开始。

■ 组装

将 30×25 孔的万能板竖立着使用。布局是上部装电路，下部配置 LED。

电路中要首先将 3 个 IC 插座排起来确认孔的位置，以此为参照标准就可以准确地配置其他元器件的位置了。对照电路图，核对哪个元器件接到哪个 IC 的几号引脚，准确地进行焊接。

在安装电解电容器、三极管、LED 等有极性的元器件时，要注意不要把方向弄错。根据电路板布局，三极管有的是竖着安装的，有的是横着安装的，而且横着的孔间隔也不一样，要好好核对后再安装。LED 选用了最近流行的白色，并且为了接近于点光源，使用的是小直径（ϕ3）、广角、高亮度的 LED。在电路板上的布局是上面为正极、下面为负极。本制作中

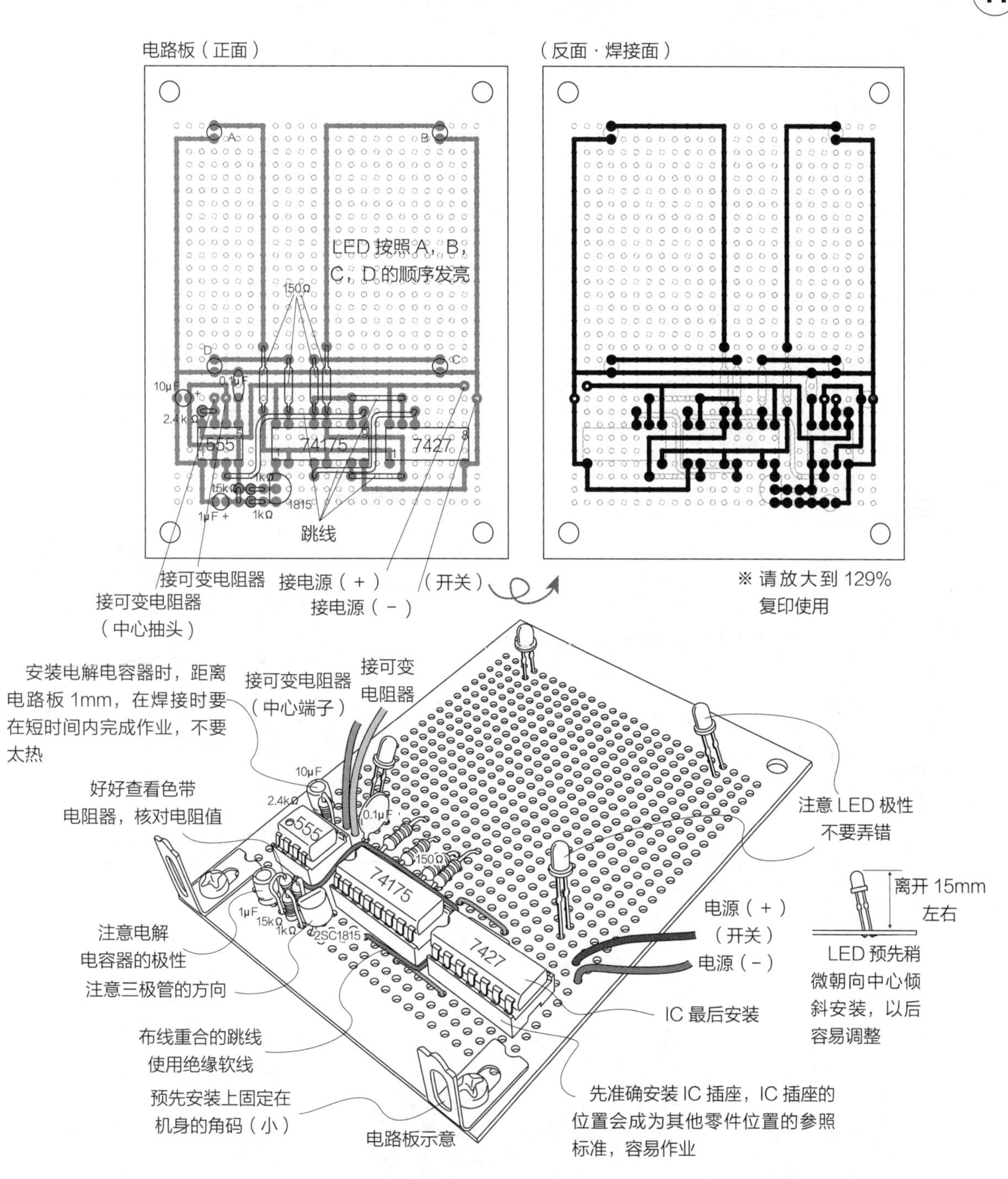

电路板表面的跳线是 4 根，直线连接的部分使用镀锡铜线和不要的元器件引脚，但连接 555 的 3 号引脚和 74175 的 4 号引脚、7427 的 12 号引脚的两根跳线和其他元器件有交错，因此要使用绝缘细导线。

电路大体装起来以后要认真确认一下有没有焊接不良和错误之处，然后将 IC 插入 IC 插座。将电源和可变电阻接一下看看 LED 是否能亮起。转动一下可变电阻器，速度应该也会改变，如果不亮就把电源关掉，再次认真确认。

■ 组合

首先安装作为放映机兼画面用的盒子。这次使用的是复古风的木纹盒子。屏幕部分使用

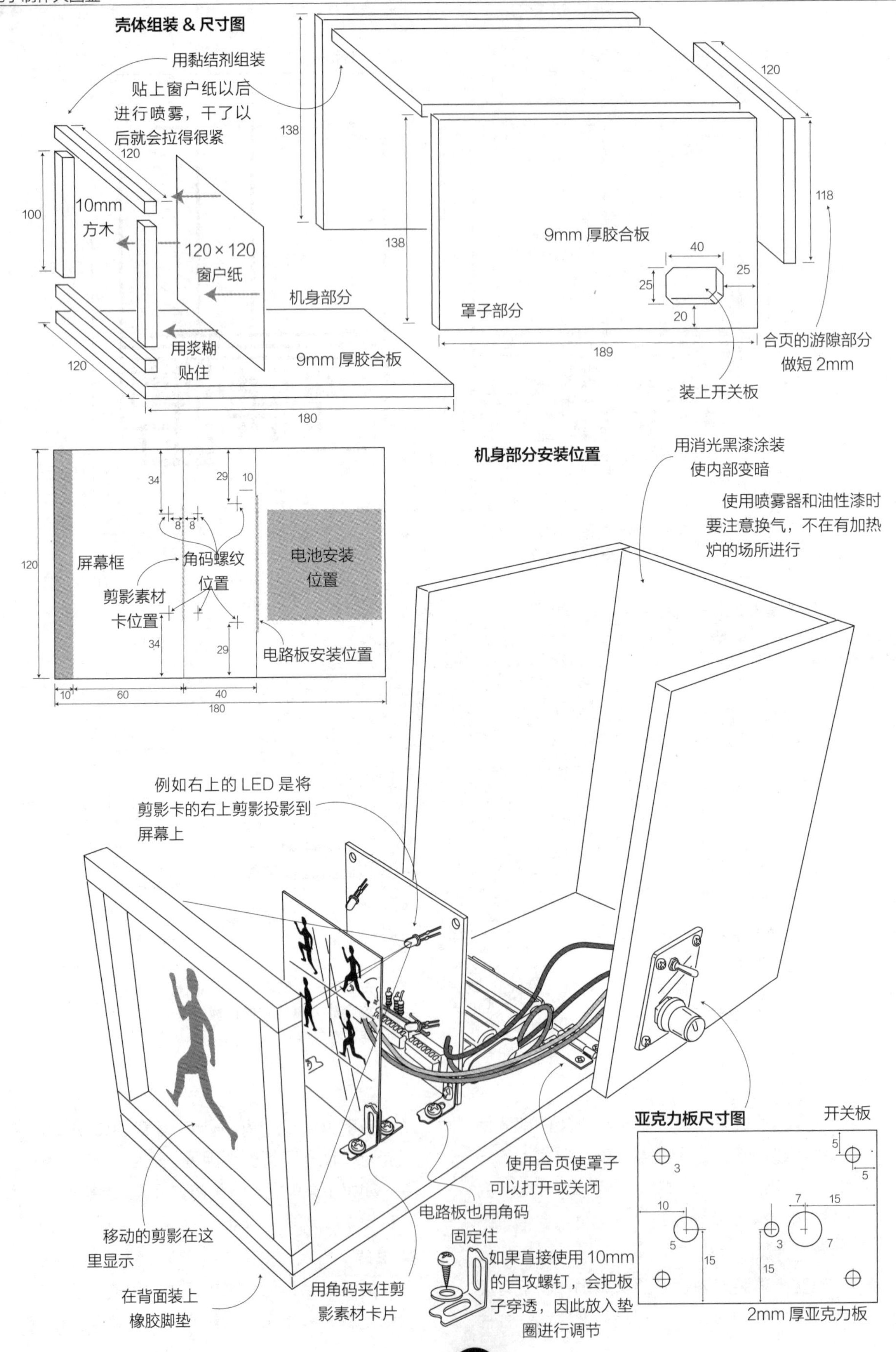

壳体组装 & 尺寸图
用黏结剂组装
贴上窗户纸以后进行喷雾，干了以后就会拉得很紧
120
100
10mm 方木
120×120 窗户纸
用浆糊贴住
120
机身部分
9mm 厚胶合板
180
138
138
120
118
9mm 厚胶合板
40
25
25
20
罩子部分
189
合页的游隙部分做短 2mm
装上开关板
34
29
10
8
8
屏幕框
角码螺纹位置
剪影素材卡位置
电池安装位置
电路板安装位置
120
34
29
10
60
40
180
机身部分安装位置
用消光黑漆涂装使内部变暗
使用喷雾器和油性漆时要注意换气，不在有加热炉的场所进行
例如右上的 LED 是将剪影卡的右上剪影投影到屏幕上
亚克力板尺寸图
开关板
5
3
5
10
7
15
5
3
7
15
15
2mm 厚亚克力板
使用合页使罩子可以打开或关闭
电路板也用角码固定住
如果直接使用 10mm 的自攻螺钉，会把板子穿透，因此放入垫圈进行调节
移动的剪影在这里显示
在背面装上橡胶脚垫
用角码夹住剪影素材卡片

剪影素材卡

在 0.5 ~ 1mm 的透明塑料板上贴上用厚纸做的 4 个剪影画，按①②③④的顺序动

10mm 的木材做出内部尺寸为 10cm 的框，其他部分使用 9mm 的胶合板。

按图所示切断木材并分别用黏结剂固定住。黏结剂选用的是环氧树脂五分钟硬化产品。因为硬化快，可以很快作业完毕，但是如果速度太慢，黏结剂就会变硬，因此要快速作业完毕。装完以后就要涂装了。

为了营造安定的气氛，使用了胡桃色水性彩色漆，为了将内部变暗，使用了黑色消光涂料。

下面贴屏幕纸。最好用窗户纸或日本纸之类的透光薄纸，将纸用浆糊从内侧贴在组装好的框上。用角码将电路板固定住。将电池盒用泡棉双面胶固定在后侧。将安装了可变电阻器、电源开关的亚克力板从外侧固定住。

放映盒和机身通过合页固定，看着导线长度，分别将电池盒、开关、可变电阻器、电路板用导线连接上。最后安装插入投影素材卡片的角码。

■ 使用方法

因为已经试过了电路动作，因此接入电源就应该是亮的。如果不亮的话就要再次进行确认。在亮着的状态下调节各个 LED 的方向，让光打在屏幕上。因为 LED 的引脚做得比较长，所以可以用手指将引脚轻轻折弯，一点一点进行调节。

按本制作的设计，剪影素材卡片的每一幅画面都画在边长为 3cm 的正方形上，将 4 幅画面排列起来。用厚纸等遮光材料做出素材形状，配置在塑料板上部 6cm 的地方粘牢。LED 是对着剪影素材向右循环亮起，因此剪影素材配置时也是向右循环运动的。

剪影素材卡片做好后夹在机身的角码上。将盒子关上，打开开关，剪影就会动起来。LED 朝向不同，剪影素材做法不同，看到的画面就会发生变化，所以多动脑筋试一试吧。

因为想做成复古风格，所以开关和可变电阻器的板子部分如果用黄铜板制作也许会更好。

No. 42

红外线控制

红外遥控车

环视一下家中，电视机、空调、照明装置都可以用遥控器进行操作。不光是开关的 ON-OFF 状态，像频道、音量、亮度等都可以用遥控器控制。这些都是通过数字信号进行通信，而信号的传输渠道就是红外线。被称为 PDA 的小型电子记事本和计算机也可以通过红外线进行数据通信，现在红外线广泛应用在各个领域中。

■ 电路说明

电视机和空调遥控器所处理的信号是数字信号，所有红外线都是通过亮或灭（为 1 或 0）的脉冲组合所控制的。最近很多这种信号可以存储在小小的芯片上进行编程，因此像这样的遥控器应该也可以做到。

用数字信号进行处理会非常复杂，因此在这里所进行的制作只是单纯地做一个是接受还是不接受红外线的遥控器，用单纯的信号遥控车做前进、右转、左转、静止这四个动作。

为了实现只用一个按钮就能进行这些动作，采取了按一下按钮各个功能就循环顺序动

元器件表

IC:74HC112AP ······ 1 个　74HC04AP ······ 1 个
IC 插座 :14P ······ 1 个　16P ······ 1 个
三极管 :2SC1815 ······ 4 个　2SC2120 ······ 1 个
　:2SA1015 ······ 1 个
电解电容器 :220μF 25V ······ 1 个
　:33μF 16V ······ 1 个
　:1μF 50V ······ 2 个
陶瓷电容器 :0.01μF(103) ······ 2 个
电阻器 :1MΩ 1/4W(色带 : 茶黑绿金) ······ 1 个
　:15kΩ 1/4W(色带 : 茶绿橙金) ······ 1 个
　:1kΩ 1/4W(色带 : 茶黑红金) ······ 3 个
　:100Ω 1/4W(色带 : 茶黑茶金) ······ 2 个
　:51Ω 1/4W(色带 : 绿茶黑金) ······ 5 个
LED: 红外线 LED TLN105B ······ 4 个
　: 电源用 (根据喜好) ······ 1 个
光敏晶体二极管 : TPS705 ······ 4 个
开关 : 电源用拨动 ······ 2 个
　: 双掷按键 ······ 1 个
继电器 :G5V-1 DC5V ······ 3 个
排针 & 连接器 :2P ······ 3 个
双电动机齿轮箱 (TAMIYA) ······ 1 个
卡车轮胎一套 (TAMIYA ······ 1 个
万向轮 : ϕ25mm ······ 1 个
万能板 : 切割成 14 × 25 孔 ······ 1 张
　: 切割成 12 × 15 孔 ······ 1 张
电池盒 & 电池扣 :4 个 3 号电池用 ······ 1 组
　:2 个 3 号电池用 ······ 1 组
电池盒 :2 号电池 2 个用 ······ 1 个
3 号电池 ······ 6 个
2 号电池 ······ 2 个
亚克力板 ······ 参照尺寸图
隔离柱 :20mm 双内螺纹 ······ 6 个
　:35mm 双内螺纹 ······ 2 个
　:2mm 双内螺纹 ······ 2 个
螺钉 :M3 × 6mm ······ 20 个
　:M3 × 10mm ······ 4 个
螺钉 & 螺母 :M3 × 10mm ······ 8 组
垫圈 :M3 ······ 8 个
双面胶、布线用导线、镀锡铜线、热收缩管、焊锡少许

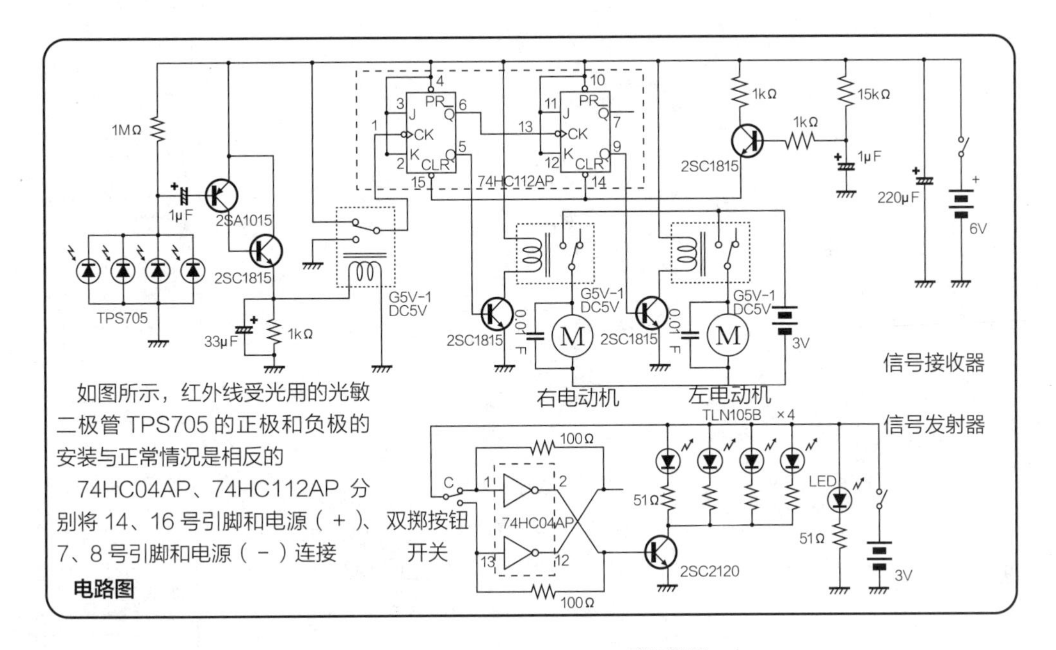

LED 的极性

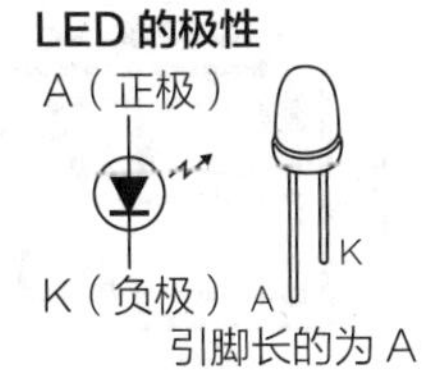

电解电容器的极性

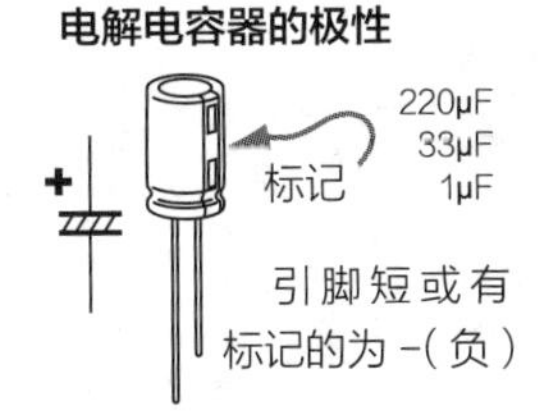

IC 引脚排列

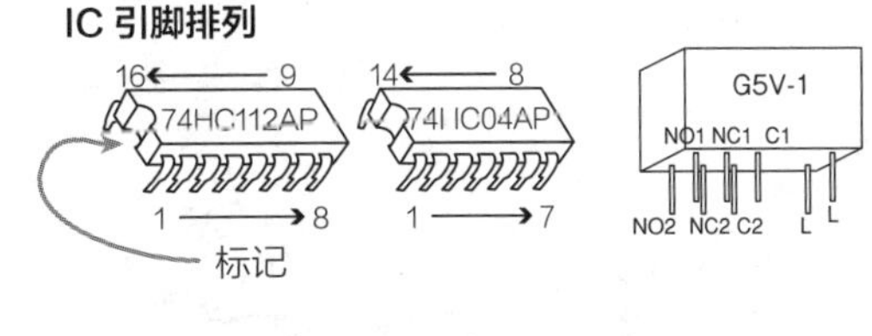

电容器的标识

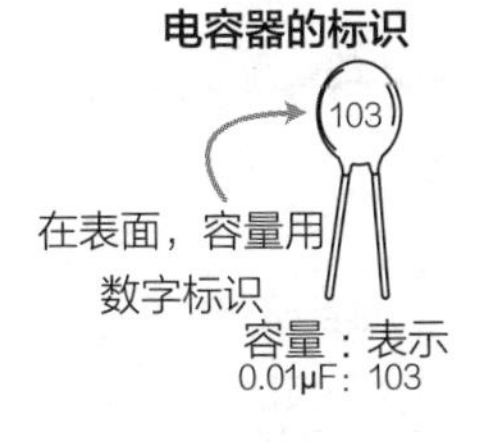

三极管的极性

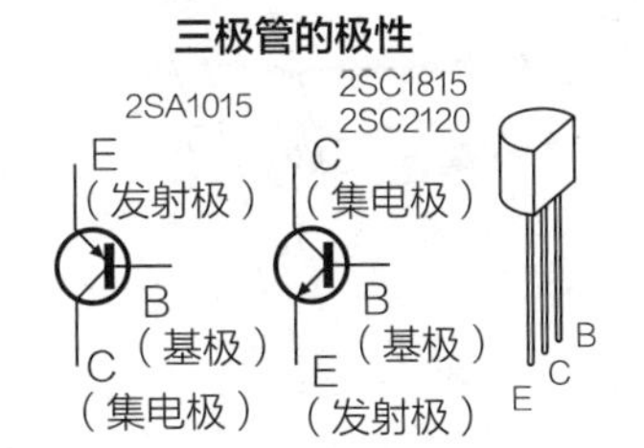

作的方式。左右两个轮胎的控制，可以通过两个继电器的ON/OFF实现，控制继电器使用的是双稳态多谐振荡器电路。

■ 电路

信号发射器（遥控器）只是单纯地按动按钮就可以让LED=TLN105B发亮，通过OR电路组成RS-FF，抑制按钮的振动。按钮采用的是双掷式按钮开关，输入IC，通过三极管控制输出，让四个LED发亮。用四个LED只是为了更明亮一些，因为红外线是肉眼不可见的，这样就不知道电源是不是已经接上，为此装上了电源显示用LED。

信号发射器（遥控器）是由接受紫外线的光敏二极管接收，通过两个三极管的达林顿连接将信号放大，驱动继电器，通过继电器控制两个JK-FF的输入。这个制作中为了让JK-FF像T-FF那样动作，连接J，K，作为CK信号输入。第一段的FF在每次CK输入时，就更换输出$\bar{Q}$-Q，第二段的FF通过第一段的$\bar{Q}$替换$\bar{Q}$-Q。这些输出通过三极管驱动继电器，作为通向左右电动机的电源开关。

■ 组装

信号发射器是将25×15孔的万能板切断一半，成为12×15孔。开始时将IC插座准确地安装上去，就成为参照标记，后面就容易组装了。然后将三极管、电阻器、LED等进行焊接。将发射红外线用的TLN105B在距LED主体5～6mm处用扁嘴钳夹住，将引脚折弯。如果在折弯引脚时将方向弄错，正极和

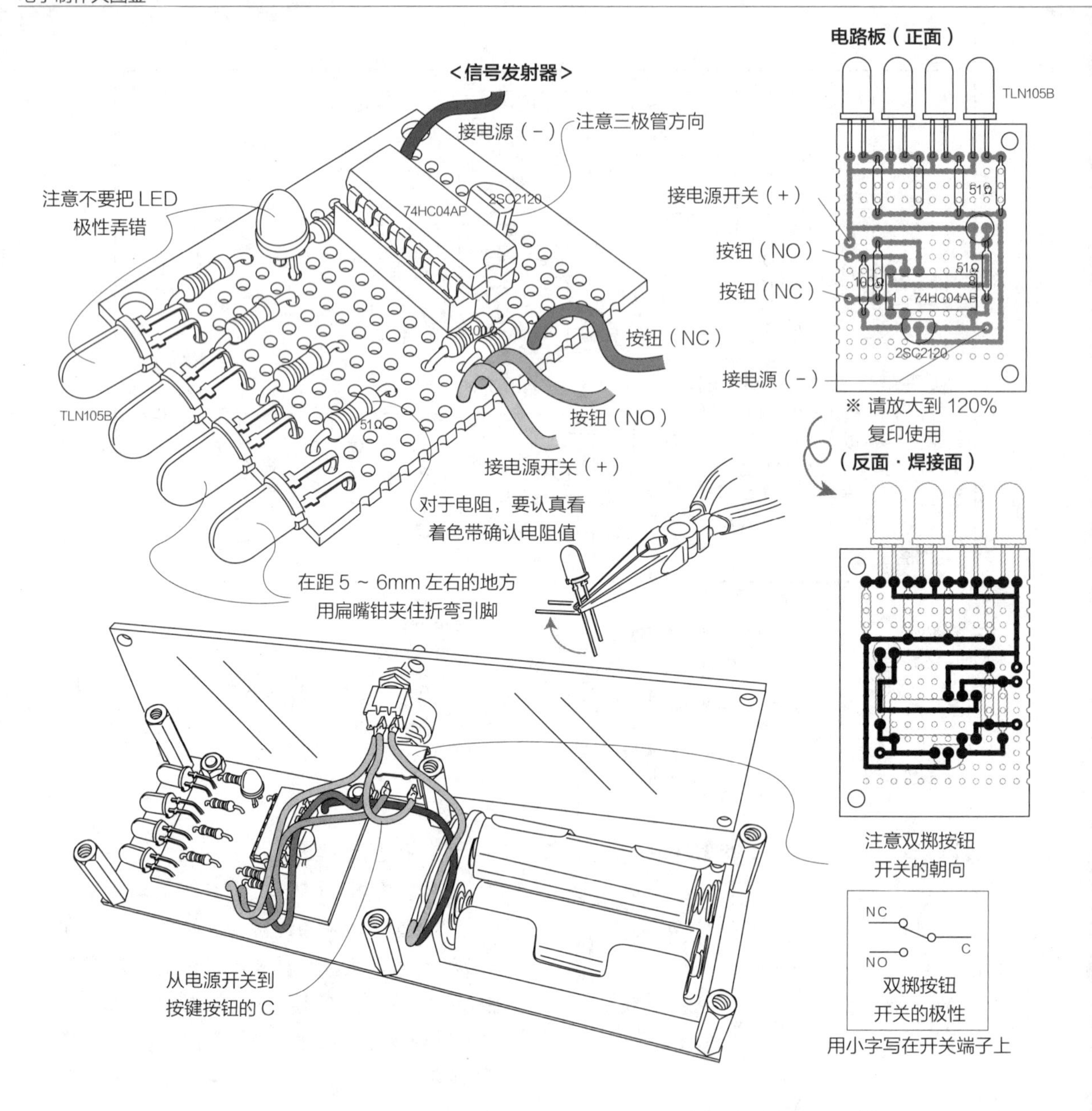

负极就反了，要加以注意。组装完以后，将 IC 插入 IC 插座。

信号接收器是将 30×25 孔的万能板切断一半，成为 14×25 孔。这也同样是开始时将 IC 插座配置上，其他元器件的位置就好找了，容易操作。然后将其他元器件焊接上。

TPS705 最后安装，想让这个元器件在焊接时保持一定高度，为此把电路板反过来将角搭在高出部分的台子上面，确认 TPS705 是不是立着的，从旁边进行焊接，然后用导线进行布线。这个元器件圆的一面可以接受光，因此将这面朝向外侧，这样从哪个角度都可以接收到光。

电池配置在电路板的下部。考虑到以后换电池方便，使用了排针和连接器做电池和电动机的布线。组装完以后将 IC 插入 IC 插座。

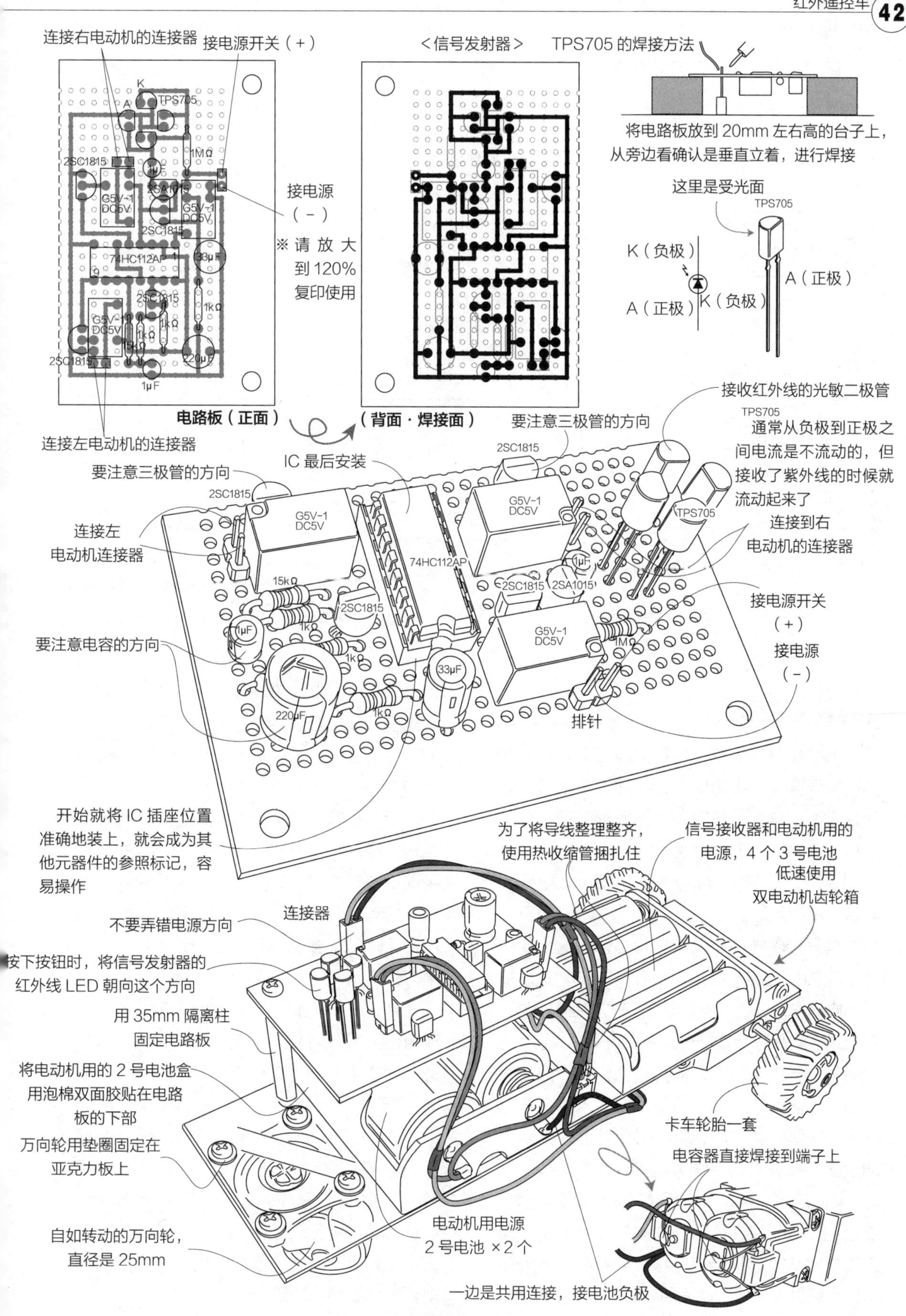
连接右电动机的连接器
接电源开关（+）
K
A
TPS705
1MΩ
2SC1815
1μF
2SA1015
G5V-1
DC5V
2SC1815
74HC112AP
33μF
9
1kΩ
15kΩ
220μF
1μF
接电源
（-）
※请放大到120%复印使用
<信号发射器>
TPS705的焊接方法
将电路板放到20mm左右高的台子上，从旁边看确认是垂直立着，进行焊接
这里是受光面
TPS705
K（负极）
A（正极）
K（负极）
A（正极）
电路板（正面）
（背面·焊接面）
连接左电动机的连接器
要注意三极管的方向
接收红外线的光敏二极管
TPS705
通常从负极到正极之间电流是不流动的，但接收了紫外线的时候就流动起来了
IC最后安装
要注意三极管的方向
连接左
电动机连接器
连接到右
电动机的连接器
接电源开关
（+）
接电源
（-）
要注意电容的方向
排针
开始就将IC插座位置准确地装上，就会成为其他元器件的参照标记，容易操作
为了将导线整理整齐，使用热收缩管捆扎住
信号接收器和电动机用的电源，4个3号电池
低速使用
双电动机齿轮箱
连接器
不要弄错电源方向
按下按钮时，将信号发射器的红外线LED朝向这个方向
用35mm隔离柱
固定电路板
将电动机用的2号电池盒用泡棉双面胶贴在电路板的下部
万向轮用垫圈固定在亚克力板上
卡车轮胎一套
电容器直接焊接到端子上
自如转动的万向轮，直径是25mm
电动机用电源
2号电池 ×2个
一边是共用连接，接电池负极

亚克力板尺寸图

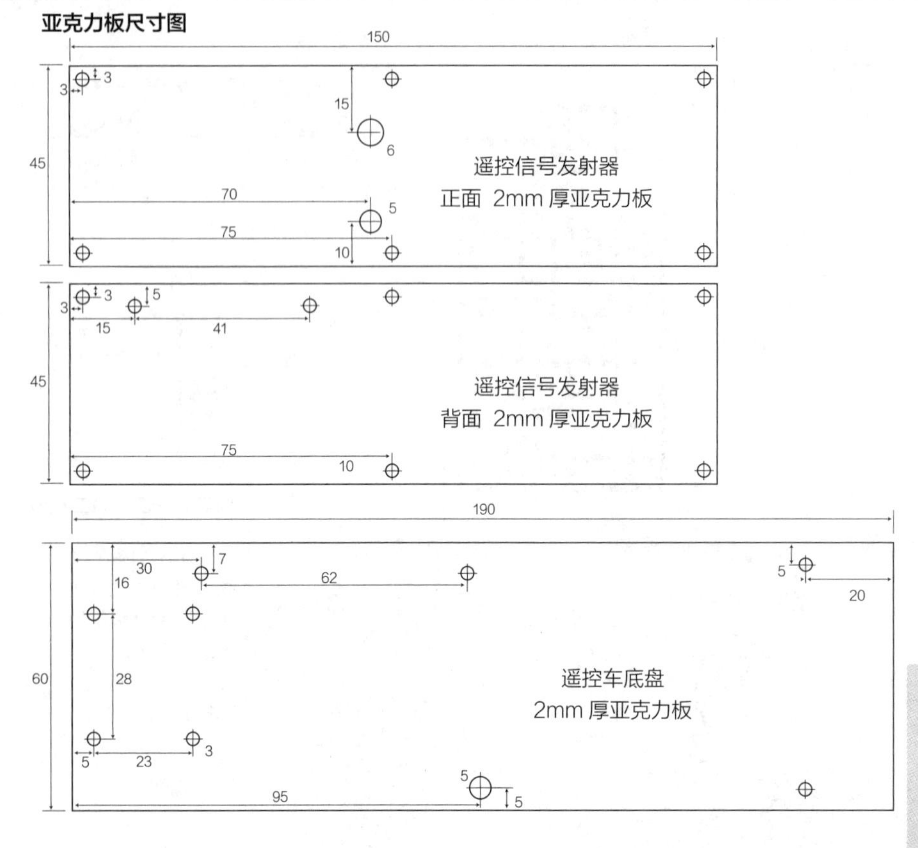

■ 使用方法

信号发射器接入电源后LED就亮起。按了按钮后红外线LED就发光，但这是看不见的。如果有数码相机或摄像机，使用了CCD画像元件，通过它们可以看LED的前端，按着按钮的时候，应该是能看得见光的。

信号接收端首先要装上电池，然后安装电路板，电动机应该是静止的没有动起来。如果电动机在这个地方动起来了，就应该是某个地方布线有错误，或者是继电器动起来了，要再次进行确认。接上电源应该也是不动的，但如果对白炽灯或太阳光起反应也会动。用手遮住受光部位，如果不动就没问题。将红外线LED朝着受光部位，按一下按钮试试。按一次为前进，两次为左转（或右转），三次为右转（或左转），四次为停止。

因为红外线用眼睛看不到，所以处理起来很困难。本制作在有荧光灯的房间里用还可以，但是不适合在有白炽灯和太阳光线强烈的房间中使用。而且这次的电路在距离为20～30mm时才有反应，但就像是带着小狗散步一样，很有意思。

■ 组合

信号发射器是单纯地用两块亚克力板夹住的。电源开关、按钮安装在正面，电路板、电池盒安装在背面。按键开关是双掷开关，按了后以C为中心，NO成为ON，松开后NC就变成ON。开关端子部分的标识很小，要好好看看，不要弄错。

信号接收端首先组装齿轮箱。在这个制作中设定的是低速。然后将0.01μF的电容直接装到电动机端子上。电动机端子一边是共用的，直接焊接，从另一边端子上将每个导线焊接住。在亚克力板底盘装上万向轮、齿轮箱，把安装电路板的隔离柱装上。用泡棉双面胶将2号电池盒贴在隔离柱之间，将3号电池贴在电动机的上面，开关面朝下安装。将电路板安装上以后，看着各个导线的长度安装排针和连接器，安装完以后，将连接器插入排针就完成了。插入排针时从电动机出来的导线朝着哪个方向都可以，只是不要把电源线的＋和－弄错。

No.
43

制作收音机

用专用IC做的

IC收音机

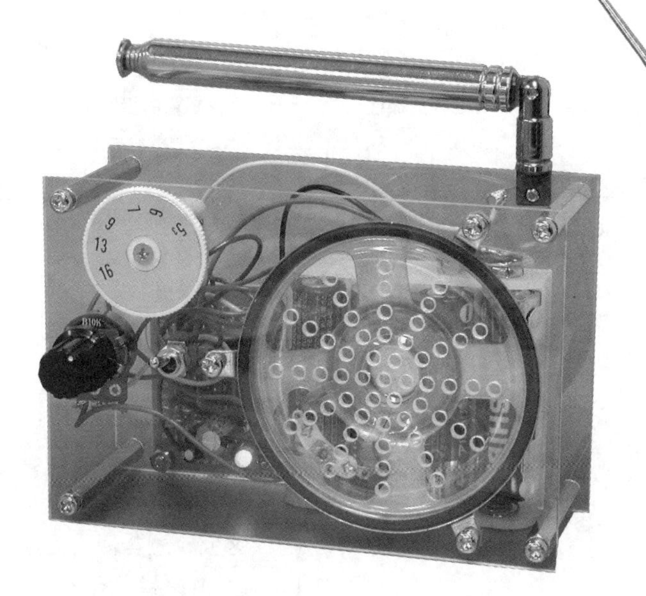

功能多了元器件也多，装置就会不断变大，但是世界上的电子仪器在不断地小型化，这是由于将电子元器件IC化成为可能。以往必须用大装置才能做到的事情，现在用能放在小指头上大小的小元器件就可以做到了，想一想就会为科学技术的进步感到吃惊。在这个领域，纳米技术也发展起来，将来非常值得期待。

这次我们使用的是收音机专用IC。LMF501是以低电压驱动的AM专用IC，可以由线圈和可变电容器以及不多的元器件组成收音机。本制作中加上了放大器，使扬声器响起来。

元器件表

IC:LMF501 …… 1个 LM386 …… 1个
线圈：轴向导线线圈270μH …… 1个
可变电容器&旋钮：AM收音机用 …… 1组
IC插座 :8P …… 1个
三极管 :2SC1815 …… 2个
电解电容器 :220μF 25V …… 2个
:10μF 16V …… 3个
陶瓷电容器 :0.1μF(104) …… 2个
:0.01μF(103) …… 2个
:0.001μF(102) …… 1个
:0.047μF(473) …… 1个
电阻器 :100kΩ 1/4W(色带：茶黑黄金) …… 2个
:15kΩ 1/4W(色带：茶绿橙金) …… 2个
:6.8kΩ 1/4W(色带：蓝灰红金) …… 1个
:330Ω 1/4W(色带：橙橙茶金) …… 1个
:240Ω 1/4W(色带：红黄茶金) …… 1个
:10Ω 1/4W(色带：茶黑黑金) …… 1个
可变电阻器&旋钮：10kΩA型 …… 1个
LED：电源用(根据喜好) …… 1个
扬声器 :8Ωϕ70mm …… 1个
开关：拨动开关 …… 1个
万能板：切割成15×25孔 …… 1张
接地片 …… 1个
拉杆天线 …… 1个
电池盒&电池扣 :4个3号电池用 …… 1组
3号电池 …… 4个
亚克力板 …… 参照尺寸图
隔离柱 :40mm双内螺纹 …… 4个
:3mm …… 2个
螺钉 :M3×6mm …… 11个
:M3×10mm …… 3个
螺母 :M3 …… 2个
扬声器固定五金件 …… 3个
双面胶、布线用导线、镀锡铜线、焊锡少许

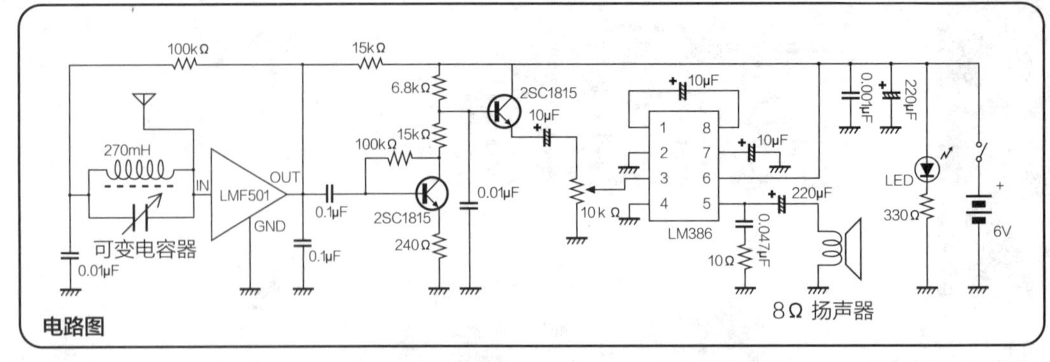

电路图

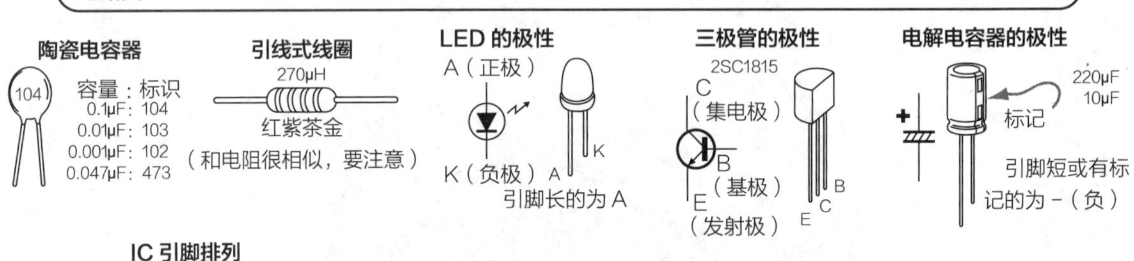

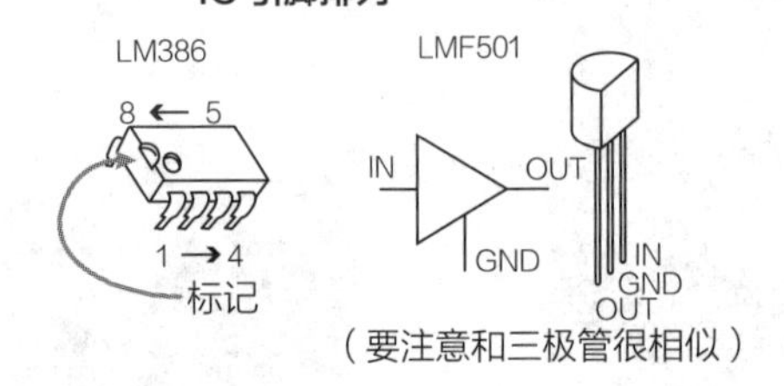

■ 结构

LMF501 是一个以 1.5V 工作的 AM 收音机专用 IC，其形状和三极管很像，有三个引脚，一个是输入，一个是输出，另一个是接地（负极）。输入是安装线圈和可变电容器的调谐电路，输出则用于输出在所选择台的播放信号。选用 AM 收音机上用的可变电容器和引线式线圈。调谐电路只要装起来就可以了，因此只要是扼流线圈就可以。只是输出的信号声音太小，要将这个输出声音放大使扬声器响起。这里使用了三极管，再加上放大器使扬声器响起。

根据电波状况和环境不同，有的时候很难收到信号，需要加上天线。本制作中使用了便于携带的拉杆天线，长一些的绝缘软线也可以使用。

■ 电路

LMF501 是以 1.5V、0.3mA 的电源驱动的，可以视作 5kΩ 的电阻，用 15kΩ 的电阻将 6V 的电压分压，相当于 1.5V 就是这个 IC 的电压。输出的信号通过两个三极管放大，再通过放大器使扬声器响起。

这个放大器使用的是音频用的功率放大器 LM386，这是一个小型、低电压驱动、虽然小却可以得到很大输出的功率放大器。将 2 号引脚作为接地（接 - 极），将输入 3 号引脚的信号放大，输出到 5 号引脚。这个信号通过扬声器变成了声音。输出大小设定为这个放大器性能用满的 200 倍。根据情况不同，如果声音过大，造成“咔啦咔啦”的杂音，难以听清的时候，将电阻器串联接在 1 号引脚和 8 号引脚的电容器上，输出就会降下来，这样虽然输出降低了，但是可以解决难以听清楚的问题。如果将这个电容拿掉的话，输出就变成 20 倍，变小了。可以多试几种方法。

另外，在电源显示部分加上了 LED。

■ 组装

将万能板切断成 11×15 孔的大小。将 IC 插座放在指定的位置，作为参考标记，后面的元器件就容易安装了，安装电解电容器、LED、三极管时注意不要把极性弄错。电阻是立着安装的，因此要预先将一边的引脚弯折。因为要安装在同样的位置，因此安装时要核对

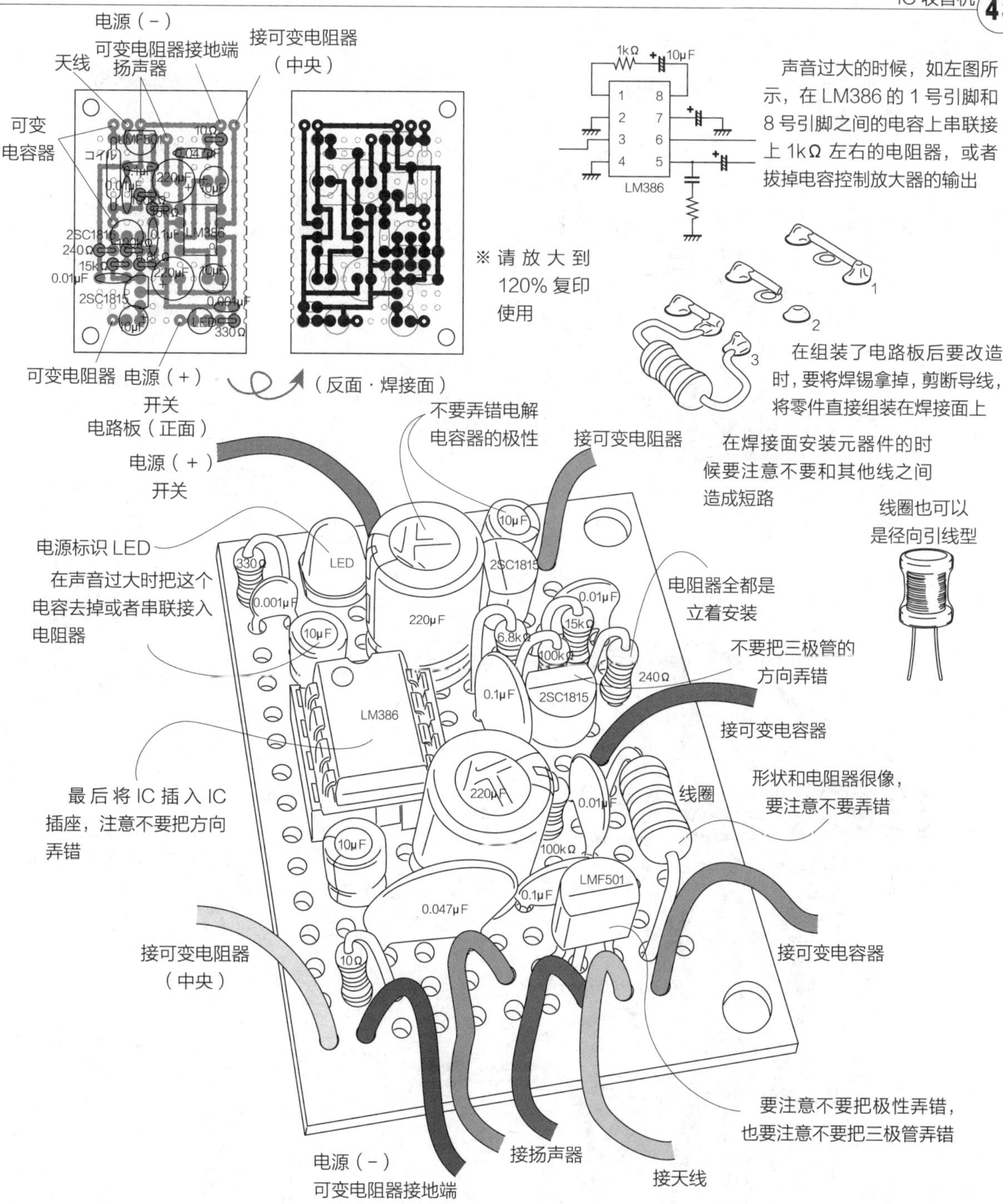

着色带，注意不要弄错。陶瓷电容器尽管没有极性，但为了以后可以确认，最好在安装时将标识面朝向外侧。LMF501 和三极管外形是一样的，一定要注意不要把极性弄错。另外，引线型线圈也和电阻器相似，也要加以注意。这次的元器件多，又密集，安装时要细心、多注意。安装完以后，将各个布线用的导线留出一定长度，进行焊接。将从电池引出来的－极端导线直接安装在电路板上，因此，这也要按照长度预先进行焊接。最后，将 LM386 插入插座，电路板加工就结束了。

■ 组合

这次的壳体采用了单纯用两块亚克力板

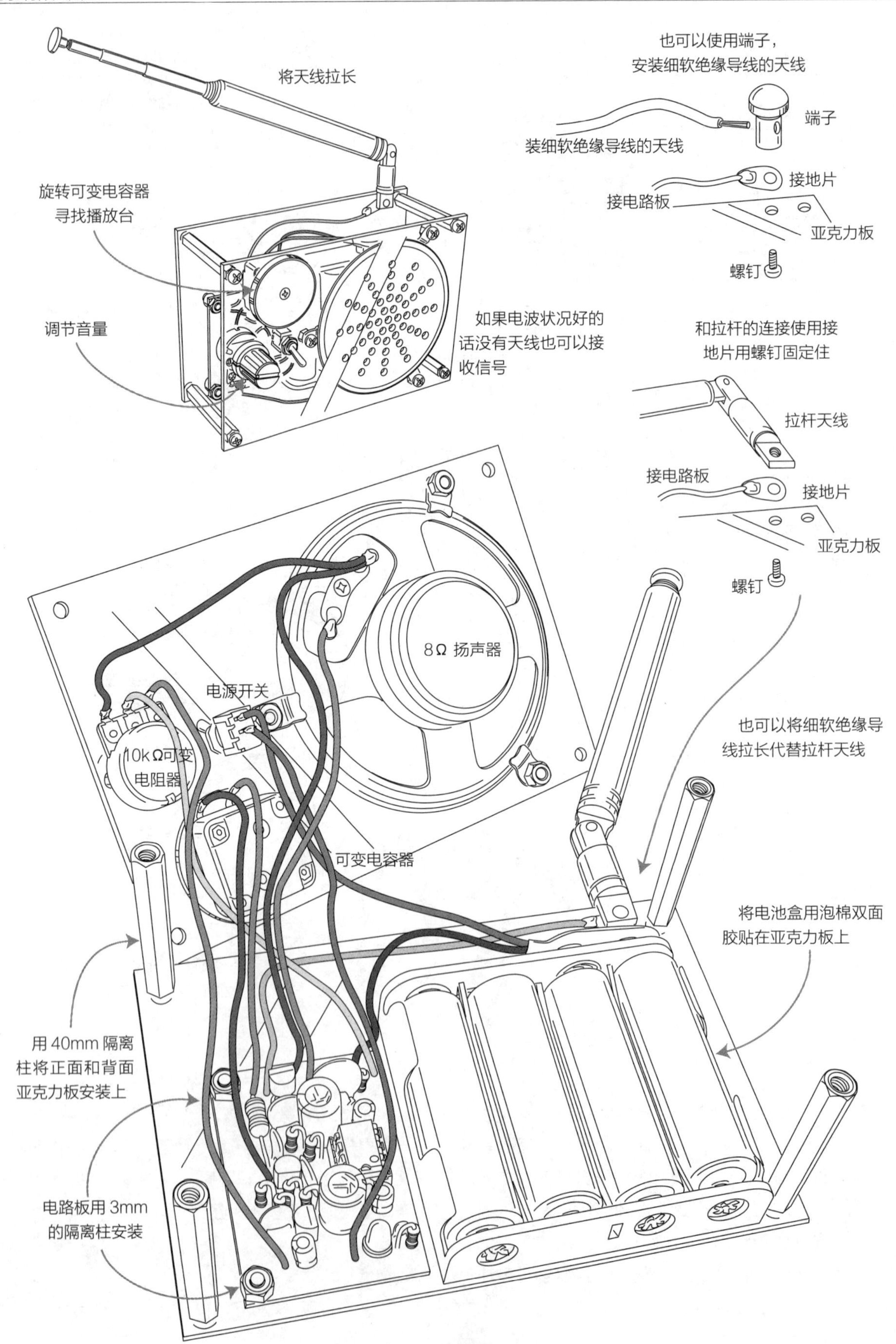
将天线拉长
也可以使用端子，
安装细软绝缘导线的天线
端子
装细软绝缘导线的天线
接地片
接电路板
亚克力板
螺钉
旋转可变电容器
寻找播放台
调节音量
如果电波状况好的
话没有天线也可以接
收信号
和拉杆的连接使用接
地片用螺钉固定住
拉杆天线
接电路板
接地片
亚克力板
螺钉
8Ω 扬声器
电源开关
10kΩ可变
电阻器
也可以将细软绝缘导
线拉长代替拉杆天线
可变电容器
将电池盒用泡棉双面
胶贴在亚克力板上
用 40mm 隔离
柱将正面和背面
亚克力板安装上
电路板用 3mm
的隔离柱安装

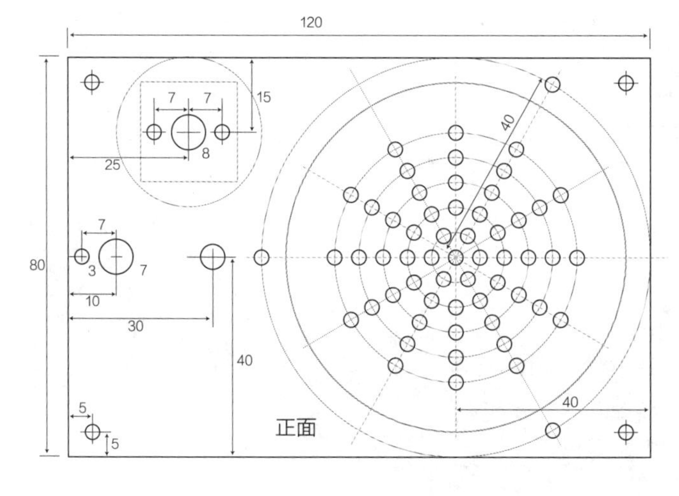

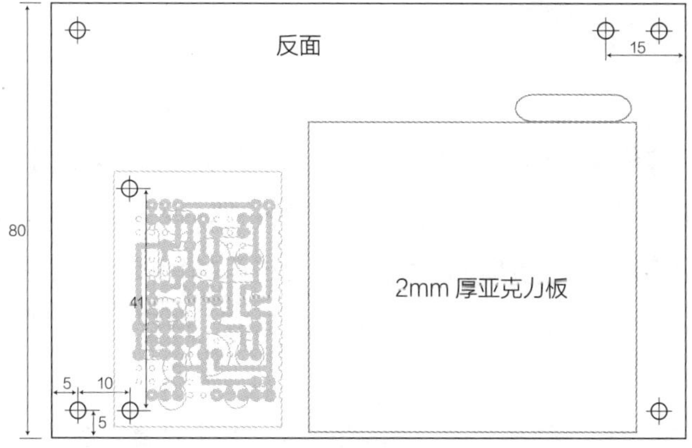

亚克力板尺寸图

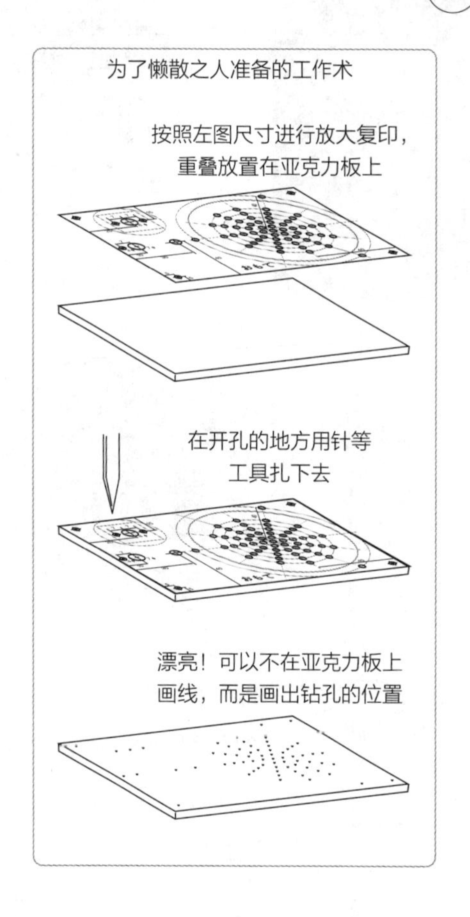

夹住的形式。在反面亚克力板上用泡棉双面胶贴上电池盒，将电路板用 M3×10 的隔离柱固定。用固定五金件将扬声器固定在正面的亚克力板上，安装电源用的拨动开关、可变电阻器、可变电容器。将这些元器件排列起来，根据安装在电路板上的导线长度，分别将可变电容器等元器件进行焊接。将可变电阻器一端的一根导线装到扬声器的负极，做成共用的。向天线布线时，先将接地片焊上，再安装拉杆天线的位置，将天线和接线片用螺钉一起固定住。认真确认各个布线是否有错误，确认无误后，将各个亚克力板用 40mm 的隔离柱固定住。

■ 使用方法

将布线和电路板的焊接面好好确认一下，看看有没有错误、是否有接触到的地方，确认无误后接上电源看一下。

只要 LED 亮起的话就可以了。拉出天线转动一下可变电阻器，或者转动一下可变电容器，寻找可以听见声音的地方。如果有噪声或者什么都听不到的话，就马上切断电源，再次进行确认。有可能是哪个地方弄错了。

由于播放基地离得远或者电波的原因，也有可能找不到播放频道。这时，拿着收音机在外边走着转一转，找到了能收听信息的地方，是一种很开心的事情。在天线方面动动脑筋也是一种办法。反之，如果电波过强，声音过大，有时候也会产生“咔啦咔啦”的声音，造成听不清楚的情况。这时，就要改造放大器部分或者调节天线长度，可能就可以听到了，可以多做些尝试。

No. 44

原创旋律器

八音器

制作并享受声音

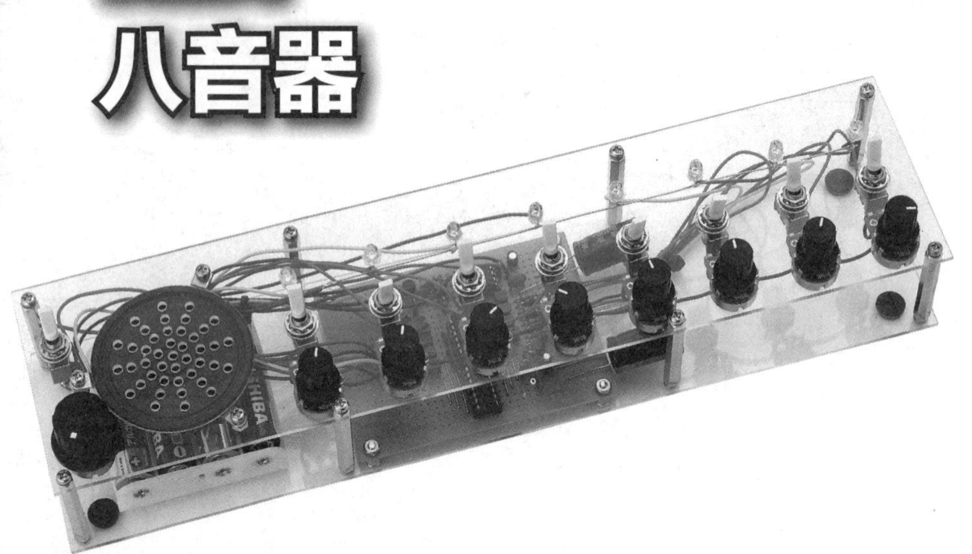

最近，音乐也有各种各样的制作形式，比如用电子音乐合成器和 DTM(计算机音乐)这种在计算机中全部做好的系统。不出错误的节奏、好听的和声也可以简单地制作出来，并且可以自动演奏出所设想的音乐。通过采样等技术，数字音也可以再现实际乐器的声音，MIDI 等音乐也有了专用的标准，并已经有了各种应用。

我们在这里做一个结构简单的节奏器，八个音顺序响起，可以选择发音点，调节音程。

■ 结构

在本制作中，为了能演奏出节奏，发出周期性重复的声音，只发出一个音会很没意思，因此发出八个音。对这八个音可以分别选择开关，在你喜欢的时间响起声音。音源使用了有两个晶体管的非稳态多谐振荡器，通过可变电阻器改变音程。分别准备八个改变音程的部分，按照时段顺序响起来。为了把顺序做出来，使用了移位存储器，通过改变时钟脉冲的速度来调节节奏。到时 LED 会亮起来，就能

元器件表

IC:74HC164AP(74164) …… 1个
:74HC4078AP(4078) …… 1个
: 555 …… 1个
IC 插座 :8P …… 1个　14P …… 2个
三极管 :2SC1815 …… 11个　2SC2120 …… 1个
二极管 :1N4002 …… 8个
电解电容器 :4700μF 10V …… 2个
:10μF 16V …… 1个
:1μF 16V …… 1个
陶瓷电容器 :0.1μF (104) …… 4个
电阻器 :15kΩ 1/4W(色带 : 茶绿橙金) …… 1个
:6.8kΩ 1/4W(色带 : 蓝灰红金) …… 1个
:2.4kΩ 1/4W(色带 : 红黄红金) …… 1个
:1kΩ 1/4W(色带 : 茶黑红金) …… 5个
:330Ω 1/4W(色带 : 橙橙茶金) …… 8个
可变电阻器 & 旋钮 : :50kΩ …… 9组
半固定电阻器 :500Ω(501) …… 1个

LED: 喜欢的颜色 …… 8个
扬声器 : 8Ω ϕ57mm …… 1个
开关 : 拨动开关 …… 9个
万能板 :30×24 孔 …… 1张
电池盒 & 电池扣 :4个3号电池用 …… 1组
3号电池 …… 4个
亚克力板 …… 参照尺寸图
隔离柱 :40mm 双内螺纹 …… 8个
:5mm …… 4个
螺钉 :M3×6mm …… 16个
螺钉 & 螺母 :M3×12mm　4组 M3×10mm …… 3组
扬声器固定五金件 …… 3个
橡胶脚垫 …… 6个
泡棉双面胶、布线用导线、镀锡铜线、焊锡少许

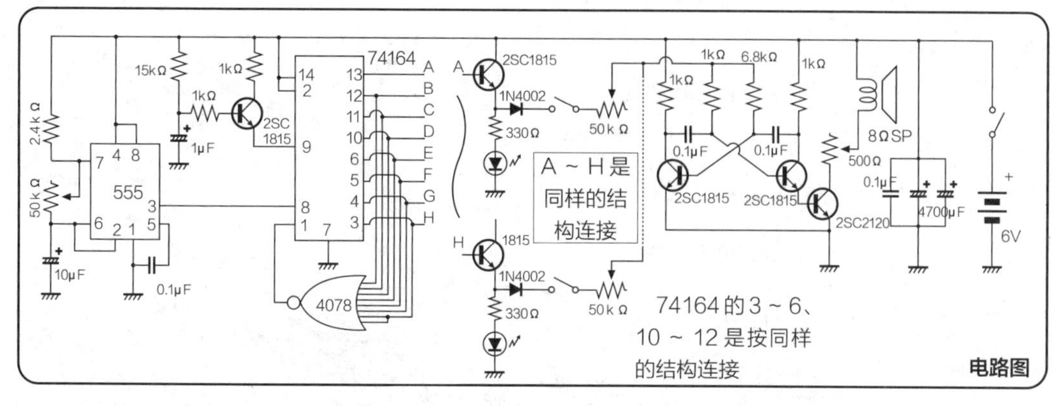

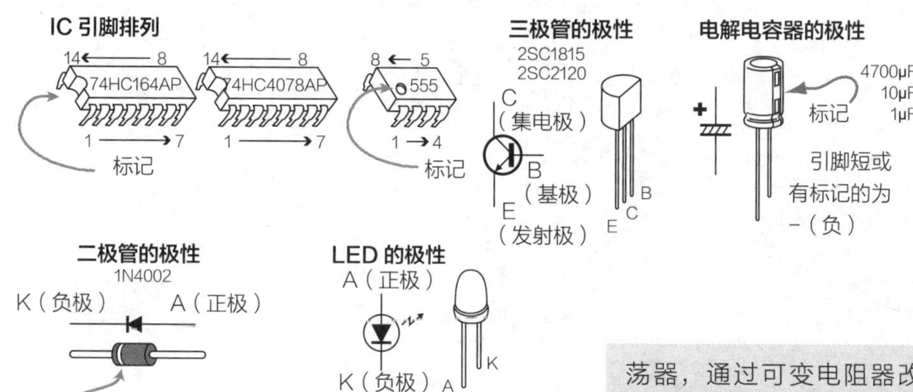

知道是到了哪个时间段了，这样就成了制作节奏的参考标记。

■ 电路

该制作结构是在八个输出上将音合成再顺序响起，为此使用了74164移位存储器。这个存储器是将八个输出顺序传送，一开始信号输入后和时钟脉冲搭配在一起传送到下一个输出。接收了这个输出后，再把信号传送给下一个输出，合计传送到八个输出上。具体说来就是1号引脚为输入，按照3、4、5、6、10、11、12、13号引脚的顺序输出，通过4078的8输入NOR电路来限制输入，只有一个被输出。时钟脉冲使用了定时器IC555，可以通过6号引脚和7号引脚之间的可变电阻器改变脉冲速度。76164的9号引脚是复位用的，三极管和电容构成复位电路，在接入电源的瞬间复位。

音源是由两个三极管组成的非稳态多谐振荡器，通过可变电阻器改变音程。从74164输出的信号通过三极管后会使LED亮起，同时通过这个音源的可变电阻器发出声音。这些都可以通过开关控制开或关，并且可以在各个时间段发出声音。另外，如果在本该发出声音的点没有声音，就是有更多的电流流过，导致555的时钟脉冲时间段混乱所造成的。为了解决这个问题，开通和电源并联的大电容，弥补这一缺陷。

考虑到不会过于频繁地改变音量，就将半固定电阻器串联到扬声器上进行了简易处理，这样在需要进行音量调节时就可以应对了。

■ 组装

使用30×24孔的万能板。这次不用连接IC 4078的1、6、8号引脚，所以开始就将IC插座的引脚剪断。这样做的目的是使电路板上其他引脚之间的布线简单化。而且先将这三个IC插座的位置确定，就可以作为一个参考标记，后面的元器件就容易安装了。

下面安装跳线。这里使用的是镀锡铜线，但是连接74164的1号引脚和4078的13号

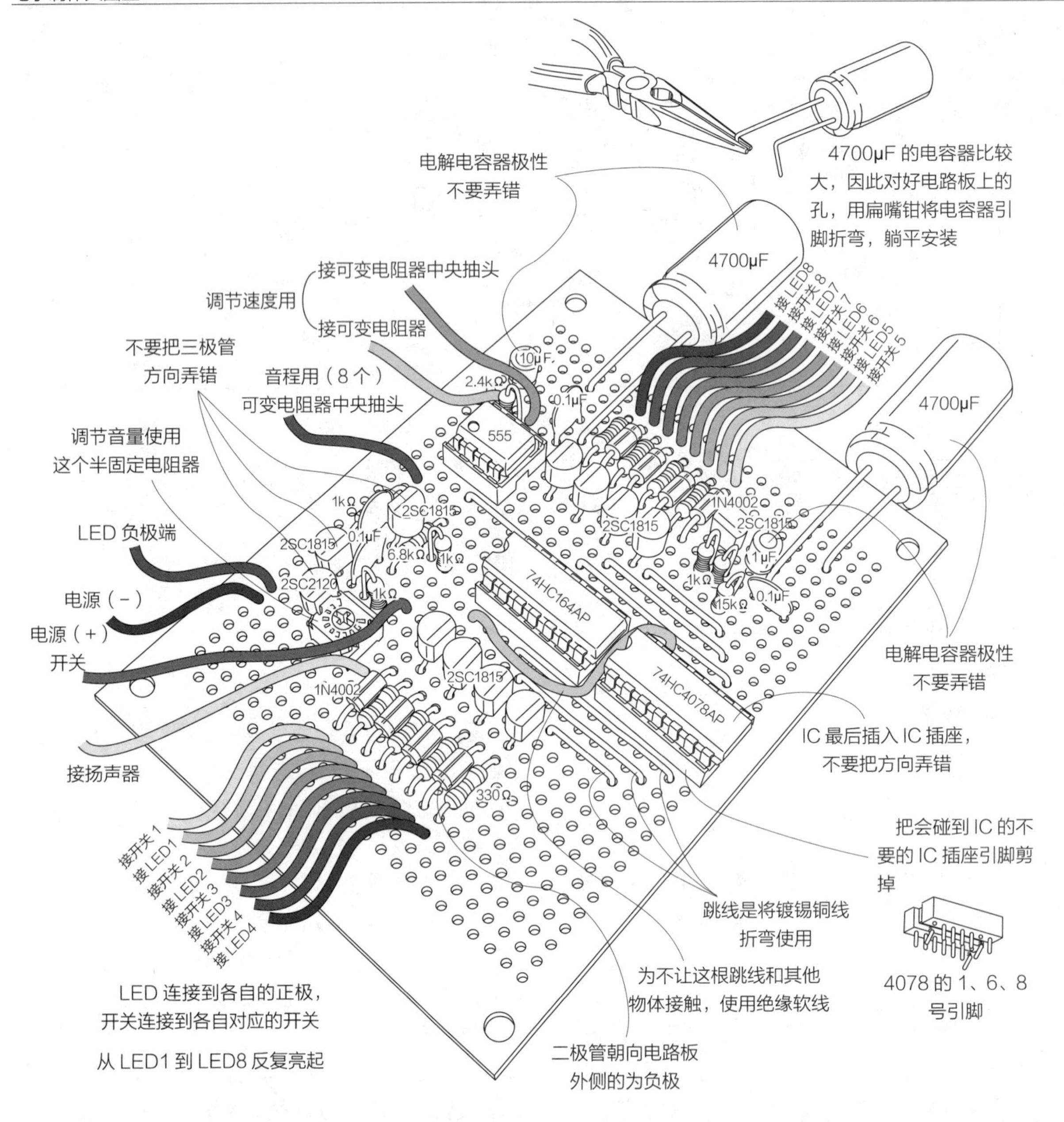

引脚跳线时，和其他线产生了交错，因此就使用了绝缘细导线。然后安装三极管、电阻器、电容器等元器件。为了将整体做得薄一些，就把最大的电解电容器（4700μF）躺平安装。最后进行这个安装，这样比较容易操作。

因为元器件数量比较多，安装时要注意观察电阻器的色带，注意三极管的朝向，确认电容器的容量，不要把电极弄错。

■ 组合

壳体是将所有部分用两块亚克力板夹起来制成的。因为体积稍微大一些，就用八个隔离柱进行了固定。在背面亚克力板上用泡棉双面胶贴住电池盒，用 M3×12mm 的螺钉和 5mm 隔离柱固定住电路板。在正面亚克力板上用固定件固定住扬声器，安装拨动开关、可变电阻器等元器件。把八个开关和可变电阻器的一端分别连接，可变电阻器的中央是共用的，这样就把所有的都连接完了。

LED 首先将正极、负极的方向对好，然后将引脚竖向插入亚克力板孔中，这时可以稍微涂一些黏结剂固定在亚克力板上。然后将负极

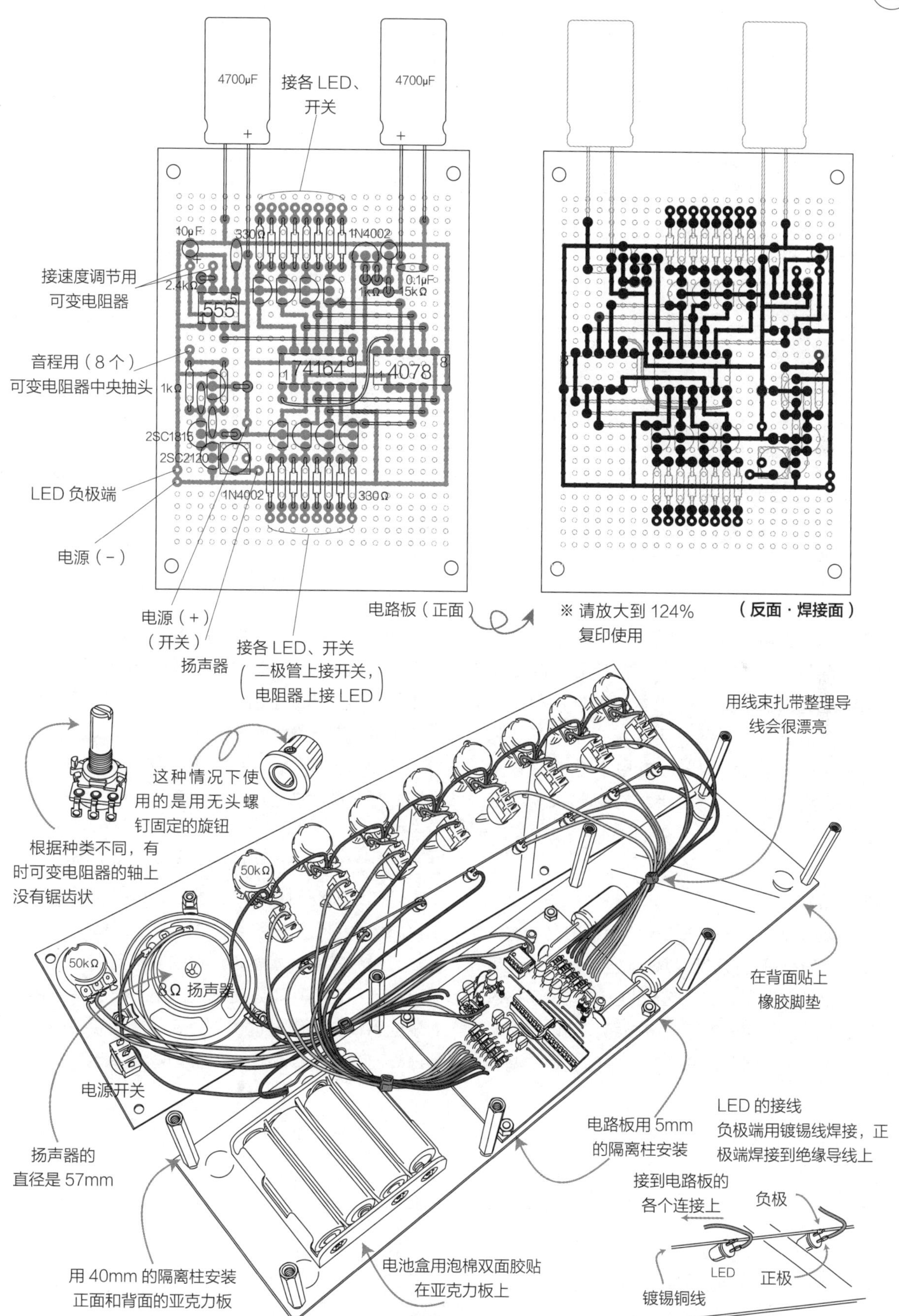
4700μF
4700μF
接各 LED、开关
10μF
330Ω
1N4002
接速度调节用可变电阻器
2.4kΩ
0.1μF
1kΩ
15kΩ
555
音程用（8 个）可变电阻器中央抽头
74164
4078
1kΩ
2SC1815
2SC2120
LED 负极端
1N4002
330Ω
电源（－）
电源（＋）（开关）
扬声器
接各 LED、开关（二极管上接开关，电阻器上接 LED）
电路板（正面）
※ 请放大到 124% 复印使用
（反面 · 焊接面）
用线束扎带整理导线会很漂亮
这种情况下使用的是用无头螺钉固定的旋钮
根据种类不同，有时可变电阻器的轴上没有锯齿状
50kΩ
50kΩ
8Ω 扬声器
在背面贴上橡胶脚垫
电源开关
电路板用 5mm 的隔离柱安装
LED 的接线
负极端用镀锡线焊接，正极端焊接到绝缘导线上
扬声器的直径是 57mm
接到电路板的各个连接上
负极
LED
正极
镀锡铜线
用 40mm 的隔离柱安装正面和背面的亚克力板
电池盒用泡棉双面胶贴在亚克力板上

亚克力板尺寸图

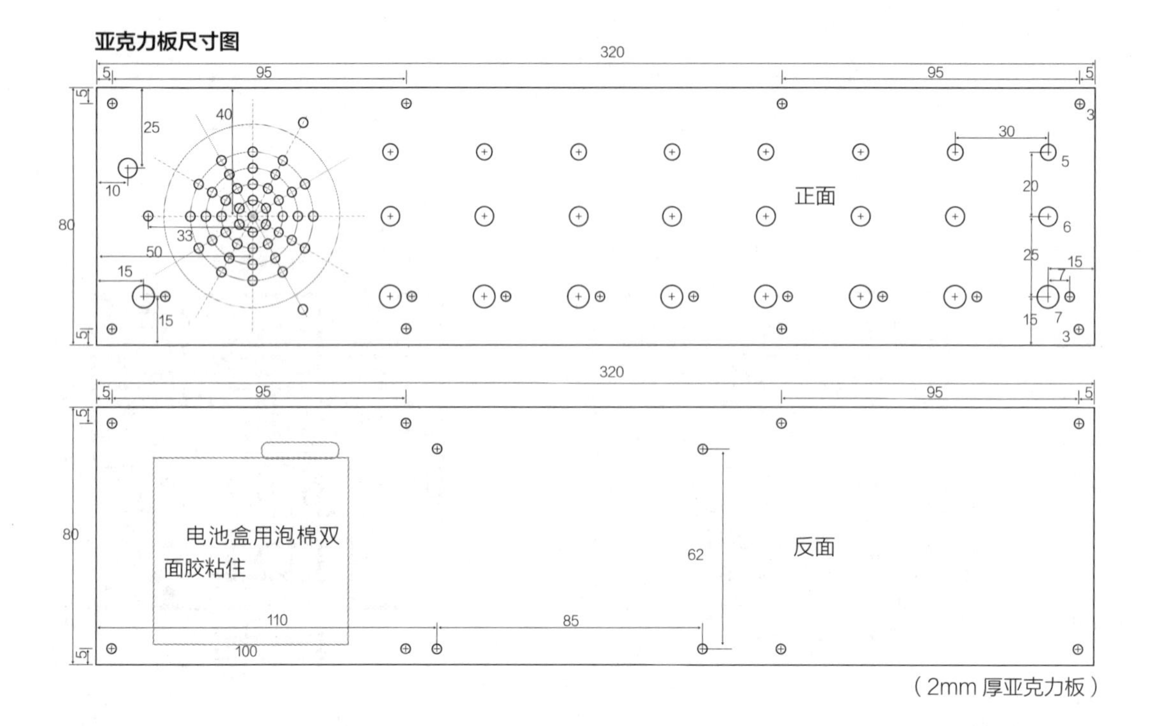

（2mm 厚亚克力板）

全部用镀锡铜线焊接，对齐引脚并剪短。

将各个导线焊接到电路板上，将正反面的亚克力板放好，比对着长度连接电源开关、扬声器、调节速度用的可变电阻器，将八个开关、可变电阻器、接 LED 的布线连接上。导线比较多，用线束扎带扎起来就好看多了。

■ 使用方法

好好确认一下布线和电路板情况，看看有没有错误，是否接触到其他地方，确认无误后接上电源看一下。首先 LED 应该是顺序亮起的。转动控制速度的可变电阻器，确认速度是否发生变化，然后将八个开关中的一两个调到 ON 看一下，LED 的光到达那个位置时，如果声音响起就成功了。将所有开关都确认一下，如果有不亮的或不出声音的，就要马上切断电源，再次进行确认。

通过电路板上的半固定电阻器调节音量。音量过大或过小时，都要将其设定为适当的值。

在这次设计中，电阻值方面，可变电阻音程低的部分有时候听不到声音，可以尝试改变音源部分的电阻值和电容值。

当今社会有着各种各样的数字音响，但是自己动手制作可以发出声音的电子产品是很快乐的事情，同时通过调节时间、音程等各种方法奏出令人开心的节奏，也是一种新享受。

光编织的幻象
三色摩天楼

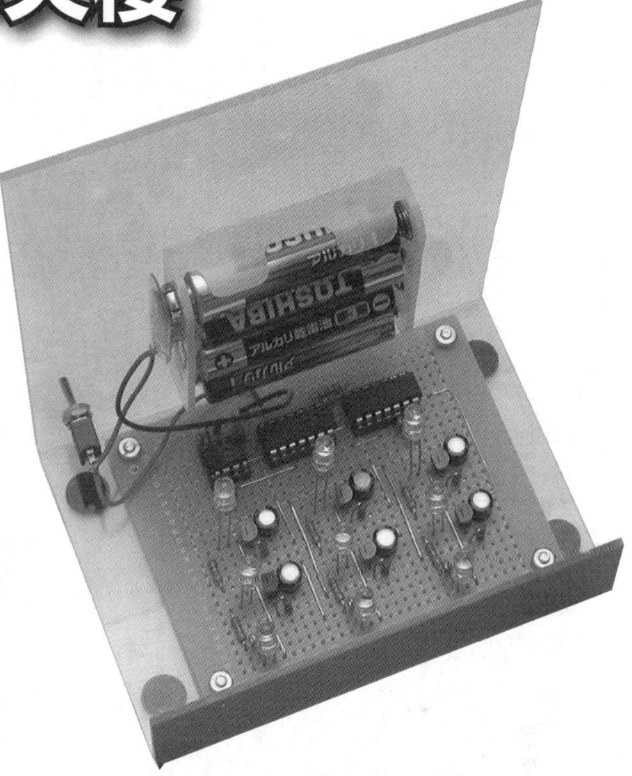

在被晚霞映红的美丽天空中，清晰地浮现的摩天大楼的轮廓，或者是远山和森林里的树木轮廓，非常引人遐想，让人们强烈感受到大自然的美丽和壮观。

蓝色LED被开发出来已经有很长时间了，由于这个发明，光的三原色RGB(红、绿、蓝)就齐全了，用LED显示全色彩成为可能。尽管不能和真正的大自然媲美，但是这次我们使用三色的LED制作一个有各种色彩变化的显示器。其构成是重叠的摩天大楼，有三个层次。不只局限于楼群，像山、森林也可以，你可以想出各种形象，做做试一下，这是一件很快乐的事情。

元器件表

IC:74HC74AP(7474) ······ 2个
:555 ······ 1个
IC插座:14P ······ 2个
:8P ······ 1个
三极管:2SC1815 ······ 6个
电解电容器:47μF 25V ······ 6个
:10μF 16V ······ 1个
陶瓷电容器:0.1μF (104) ······ 1个
LED:高亮度(红、绿、蓝) ······ 各3个
电阻器:510kΩ 1/4W(色带:绿茶黄金) ······ 7个
:5.1kΩ 1/4W(色带:绿茶红金) ······ 6个
:2.4kΩ 1/4W(色带:红黄红金) ······ 1个
:200Ω 1/4W(色带:红黑茶金) ······ 3个
:150Ω 1/4W(色带:茶绿茶金) ······ 6个
开关:拨动开关 ······ 1个
万能板:30×25孔 ······ 1张
电池盒&电池扣:4个3号电池用 ······ 1组
3号电池 ······ 4只
亚克力板 ······ 参照尺寸图
厚纸:肯特纸等 ······ 参照尺寸图
隔离柱:3mm ······ 4个
橡胶脚垫 ······ 4个
螺钉&螺母:M3×10mm ······ 4组
黑色薄片:PVC贴纸(绝缘胶带等)
双面胶、布线用导线、镀锡铜线、焊锡少许

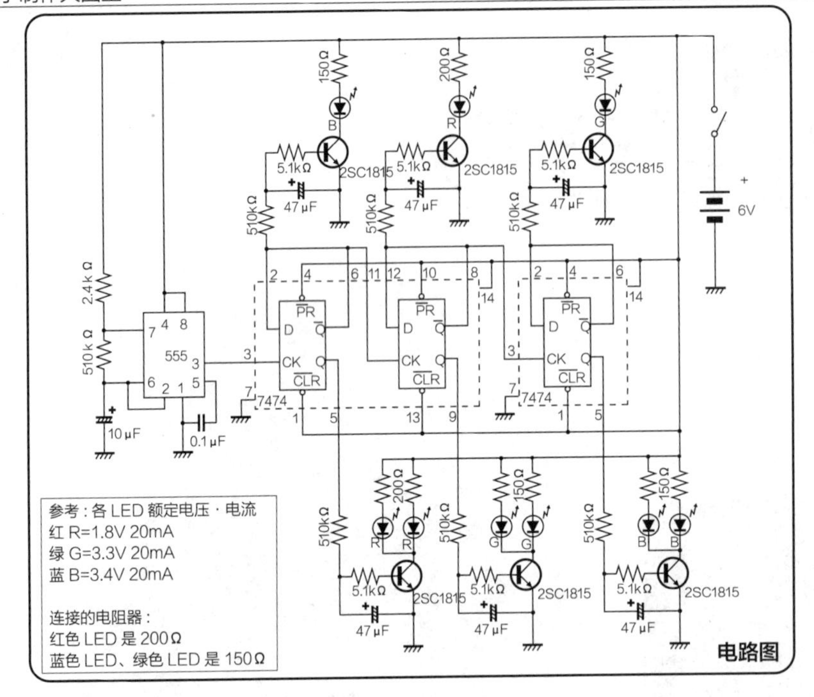

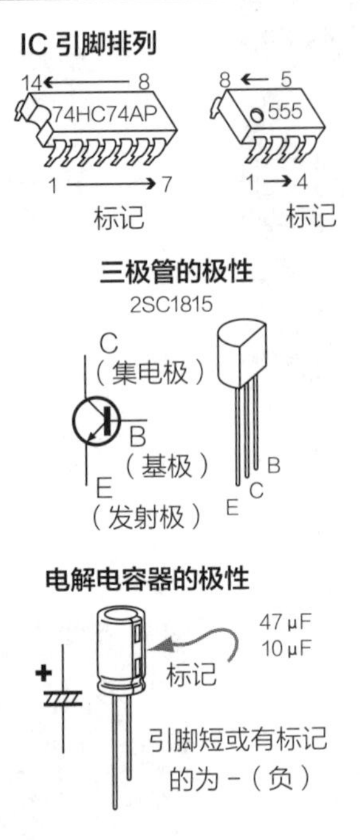

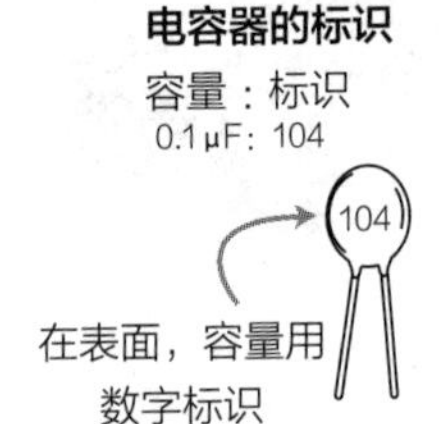

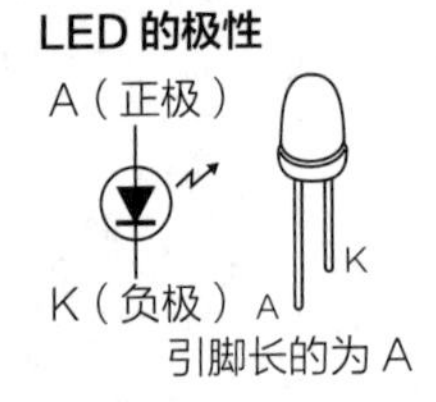

■ 结构

将三色LED光打在三层进深的厚纸轮廓上，可以采用肯特纸或厚图画纸。每一层分别用三色配置，所以一共要用9个LED。如果全部一起闪烁也不好玩，因此是最前面和最后面的LED同时闪烁，中间的是以不同颜色在亮。慢慢地亮起，慢慢地熄灭，营造出一种很舒适的氛围。每次闪烁如果只是单纯依次传递也不好玩，因此使用二进制计数器使闪烁看上去像是随机的。实际上是按照二进制法则闪烁的，但是因为亮着的时间长，反而看不出来。由于轮廓的裁剪方法、有凹凸纹的纸质，或者由于折弯，可以看到各种不同的场景。

■ 电路

此处选择的是借助D-FF（双稳态多谐振荡器）的二进制计数器而发光的LED。IC7474封装了两个D-FF，但这次要用到三个D-FF，因此两个IC中的一个D-FF是不连接的。D-FF的CK接收定时器IC 555所输出的脉冲，将Q输出送到下一个CK，构成二进制计数器。如果只是直接输出Q，就会只呈现二进制，为此，Q、$\bar{Q}$两方的输出都使用，并将发光的LED配置也稍微改变一下，看上去就有点像是随机的。

为了让LED慢慢地亮起，慢慢地熄灭，使用电容器和电阻器，D-FF有了输出，就慢慢地向电容器充电，没有了输出以后，就慢慢地放电。三极管接收到充放电以后就打开或关闭。

这次使用了三个颜色的LED。由于LED额定值不同，多少会有些差距，大体上红色是2V时亮，蓝色和绿色是接近3.5V时亮，因此分别连接的电阻值是不同的。但是，与以前就有的橙色接近的绿色和红色同样都是2V。要将光打在厚纸轮廓上，因此照明比显示还要重要，为此选择的是高亮度、超高亮度的明亮LED。现在也有了在一个封装结构中放入三种颜色的全色彩LED，也可以用这样的LED试一试。

■ 组装

采用30×25孔的万能板。在IC插座下

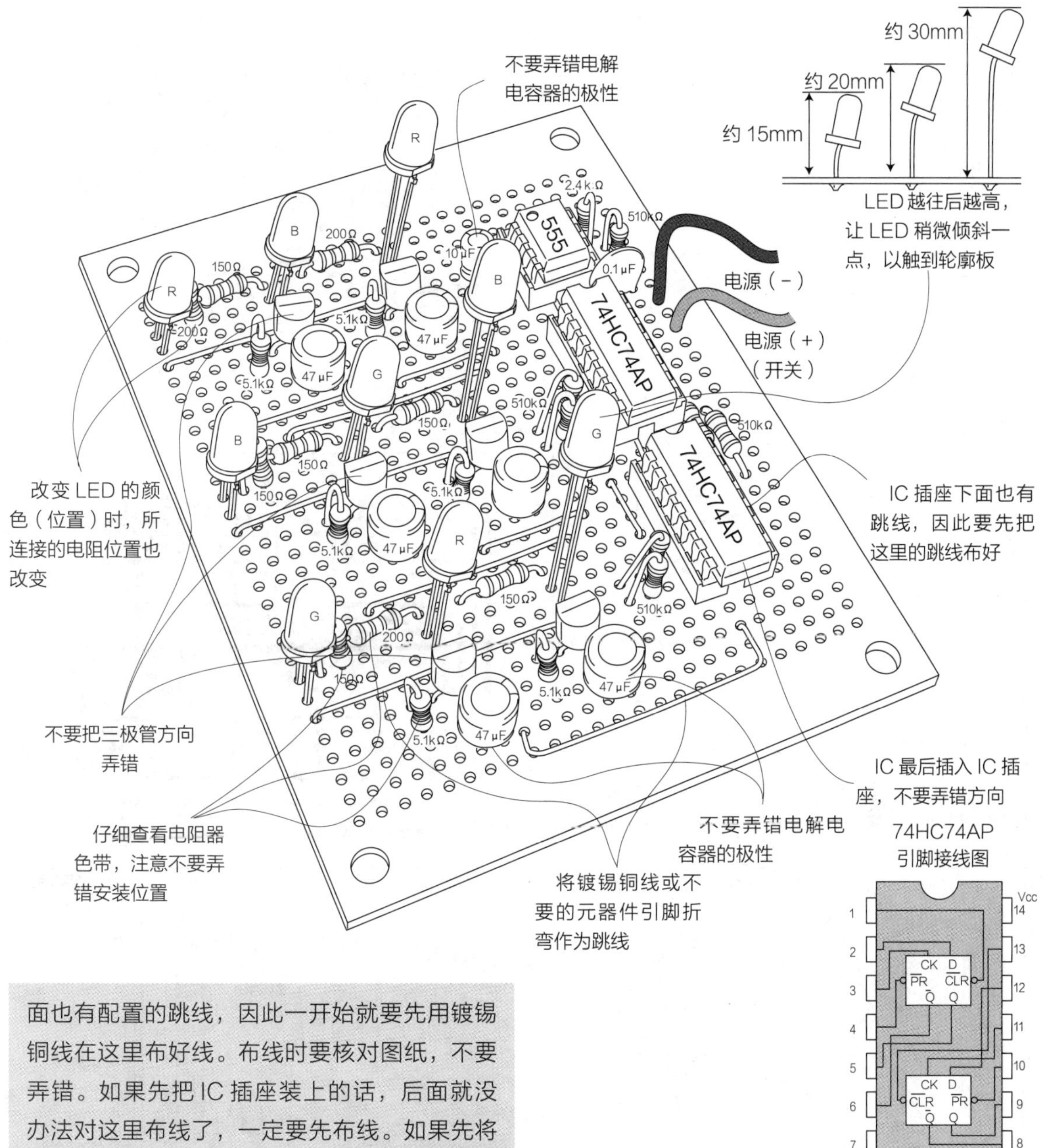

面也有配置的跳线，因此一开始就要先用镀锡铜线在这里布好线。布线时要核对图纸，不要弄错。如果先把 IC 插座装上的话，后面就没办法对这里布线了，一定要先布线。如果先将 IC 插座安装上了的话，就使用细软绝缘导线将跳线安装在焊接面，从防止短路的角度来说，这不是一个好方法。

将跳线位置准确无误地布好后，安装 IC 插座，再安装各个元器件。先布好 IC 周围的线，再将 LED 周围的元器件从边上开始顺序将三极管、电容器、LED 装起来，这样容易操作。本制作中 LED 的位置很重要，跳线也多，元器件数量也多。有的部分电路相同，注意不要弄错。红色、蓝色、绿色 LED 所用的电阻器是不同的，要加以注意。

另外，LED 的高度根据所在的列而变化，因此要先装上低处的，再将电路板离开一点进行焊接。

■ 组合

壳体是将一块亚克力板折弯做出的。考虑到美观，电源开关是朝着背面的。为了隐藏

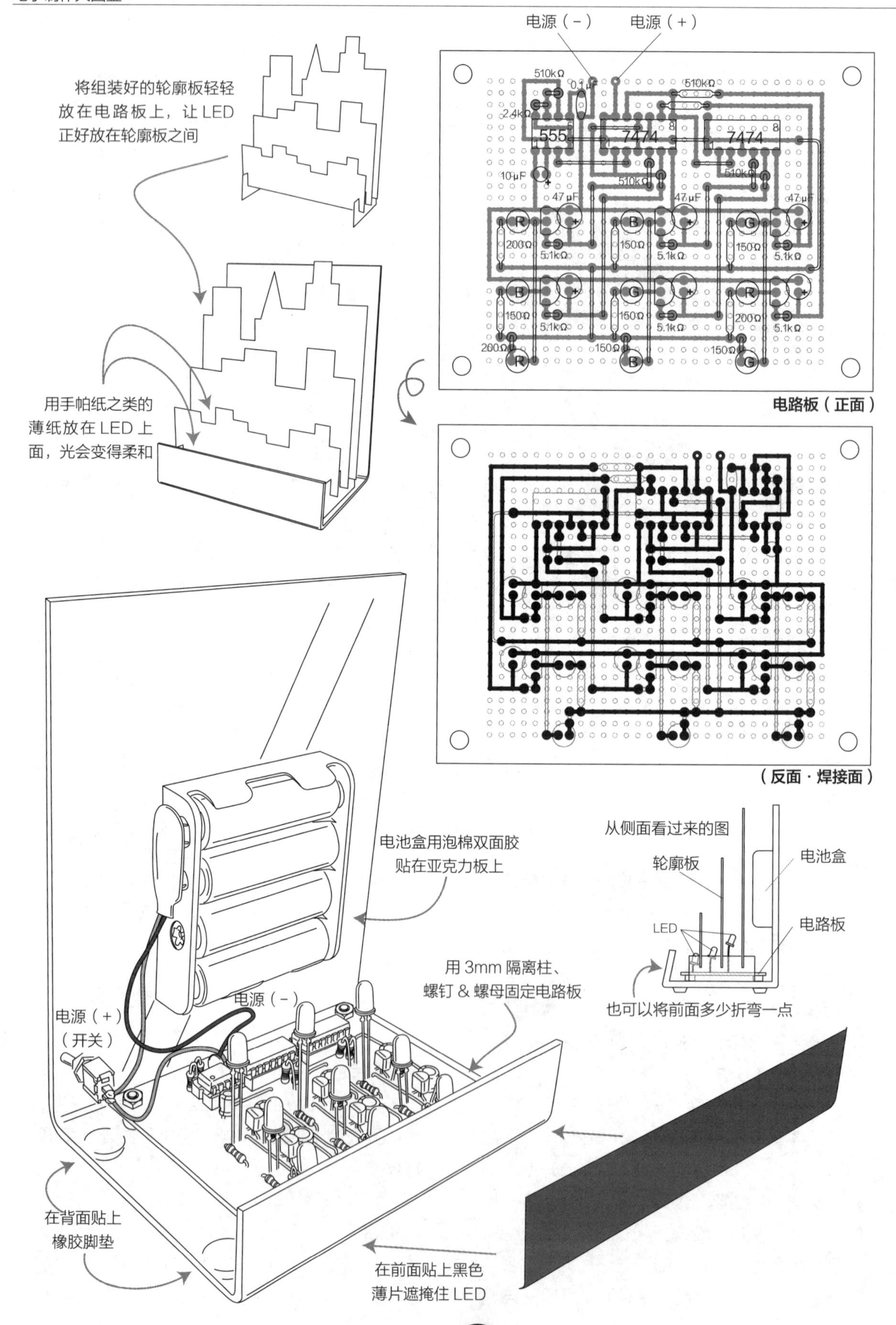

电源（-）
电源（+）
将组装好的轮廓板轻轻放在电路板上，让LED正好放在轮廓板之间
用手帕纸之类的薄纸放在LED上面，光会变得柔和
510kΩ
0.1μF
510kΩ
2.4kΩ
555
7474
7474
10μF
510kΩ
510kΩ
47μF
47μF
47μF
R
B
G
200Ω
150Ω
150Ω
5.1kΩ
B
G
R
150Ω
150Ω
200Ω
200Ω
150Ω
150Ω
电路板（正面）
（反面·焊接面）
从侧面看过来的图
轮廓板
电池盒
LED
电路板
也可以将前面多少折弯一点
电池盒用泡棉双面胶贴在亚克力板上
用3mm隔离柱、螺钉 & 螺母固定电路板
电源（-）
电源（+）（开关）
在背面贴上橡胶脚垫
在前面贴上黑色薄片遮掩住LED

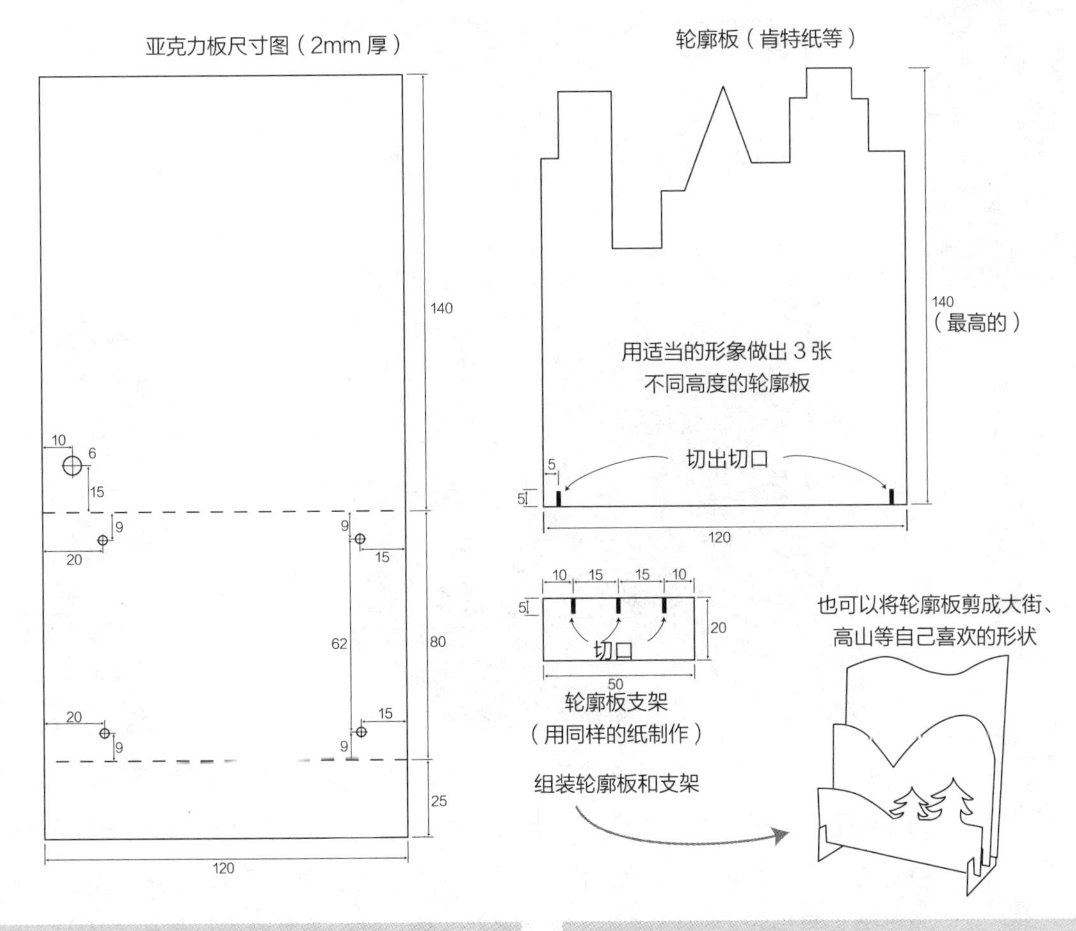

LED，正面部分用黑色薄片进行遮光。将电路板用 3mm 隔离柱固定在下面部分，这部分用厚纸轮廓板遮掩住。

壳体上安装电路板、开关、电池盒以后，制作让摩天大楼浮上去的轮廓板。这是用纸制作的，可以做出各种图案。如果纸太薄就会透光，因此用厚一些的肯特纸等制作比较好。轮廓板剪好以后，顺便将轮廓板的支架也用同样的纸做出来，而且是将轮廓板夹在支架的切口上，让轮廓板自己立起来。

■ 使用方法

仔细确认一下布线和电路板，看看有没有错误，是否接触到其他的地方，确认无误后打开电源开关看一下，LED 中的一个应该慢慢地开始亮起来了。如果无论怎样也不亮，就要切断电源，再次进行确认。

可以试一下各种形状的轮廓板看看效果，会很有意思，楼群、山脉、几何学类的图案都可以。将板子折弯一点，将纸改为带浮雕图案的纸，会更进一步丰富要表达的内容。

No. 46

用万花筒原理做出的立体彩灯

声控烟花 1

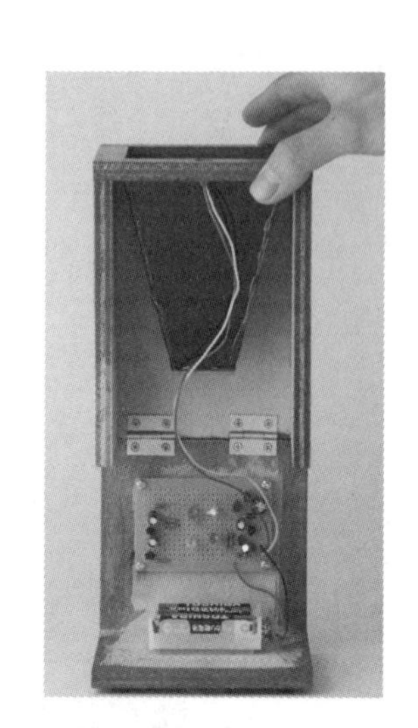

我们做一个焰火效果的彩灯。但如果仅仅只是闪闪发光也没有意思，这次制作的效果是自己一喊“乒！”“咚！”，烟花就飞上去了。一般情况下，焰火绽放后我们才会听到“咚”的声音，这次我们让焰火先发声音再发光，可以说是声速超过了光速，而且因为是自己发出的声音，竟然比光还快，想一想就会感到是一次不可思议的互动。

■ 结构

要通过声音使电路开关打开或关闭，会用到声音传感器，这个传感器使用了电容麦克风。电容麦克风是电容器的一种，其动作原理是，声音信号是由空气振荡所产生的电容量的轻微变化转换而来的，而且这次做的是一个非常简单的电路，就是用这个电容麦克风来控制让 LED 闪烁的电路的打开或关闭。

LED 前面贴着散光膜，形成灯光闪烁的氛围，但是仅仅这样还不能形成烟花。这里又运

元器件表

三极管 :2SC1815	6 个
二极管 :IN4002	1 个
电解电容器 :470 μF 16V	1 个
:10 μF 16V	2 个
:3.3 μF 16V	2 个
电阻器 :10mΩ 1/4W(色带 : 茶黑蓝金)	1 个
:56kΩ 1/4W(色带 : 绿蓝橙金)	2 个
:5.1kΩ 1/4W(色带 : 绿茶红金)	1 个
:1kΩ 1/4W(色带 : 茶黑红金)	1 个
:100Ω 1/4W(色带 : 茶黑茶金)	2 个
LED: 红、橙、黄、黄绿	计 4 个
电容式麦克风 (ECM)	1 个
万能板 :15×25 孔	1 张
电池盒 & 电池扣 :4 个 3 号电池用	1 个
3 号电池	4 个
PVC 板 : 黑	参照尺寸图
亚克力板：透明	参照尺寸图
镜面膜 : 贴在 PVC 板上	参照尺寸图
散光膜 : 贴在亚克力板上	参照尺寸图
隔离柱 :M3×5mm	4 个
自攻螺钉 :M3×12mm	4 个
橡胶脚垫	4 个
合页	2 个
木螺钉	8 个
胶合板	参照尺寸图
黏结剂、双面胶、布线用导线、镀锡铜线、焊锡少许	

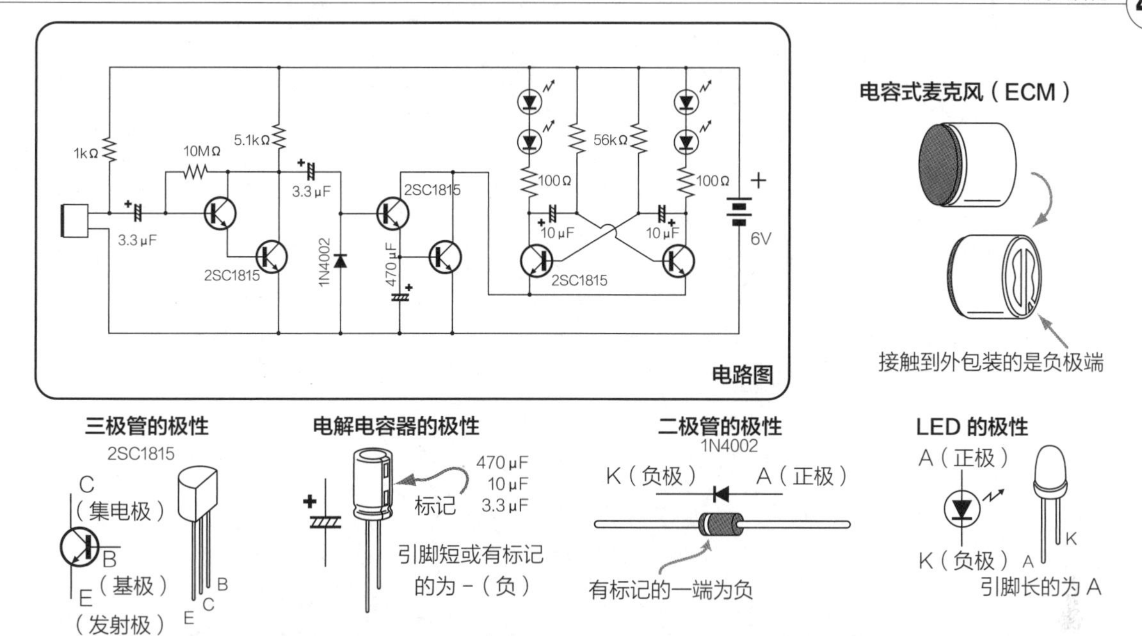

用了万花筒原理，制作出了虚拟的立体形状。万花筒的制作方法是将几个镜子合起来，做出无限反射的空间，欣赏重复图案的变化。这是古代就有的玩具之一。这次我们将 4 面镜子对接起来，带有一定角度，做成漏斗形状，使图案不是扩展成平面形状，而是扩展成球形，虽然这只是由于球面反射形成的球状效果，但也稍微有一点像烟花了。

■ 电路

电容式麦克风所收到的是非常小的电信号，因此用两只三极管进行达林顿连接将电信号大幅度放大，成为使 LED 闪闪发亮的非稳态多谐振荡电路的开关。在第二段接入了 470μF 的电容器，使得在声音终止后，LED 也继续闪烁一会进行充电。

非稳态多谐振荡器是将两个 LED 分别连接起来。这次做的是小型烟花，颜色选的是在 2V 电压下发光的红、黄、橙、黄绿色 LED。使用蓝色和白色 LED 时将串联电阻值做成 51Ω 就可以了，但是当里面有 2V 和 3.5V 的 LED 时，就不能形成闪烁节奏稳定的光了。

■ 组装

使用 15×25 孔的万能板。没有很复杂的元器件，将电阻器、三极管、电容器和其他元器件分别安装到电路板上。请注意不要弄错三极管、电容器、二极管的极性。另外，将电阻器这样的小元器件先装上比较容易操作。最后安装 LED，可以将 LED 引脚直着安装。方形排列的光也很像烟花，为此将引脚稍微弯折一下或稍微改变一下高度，做一些改变，看上去会更像焰火。只要极性不弄错就没有问题。但如果太高的话，在装入壳体时就会碰到壳体，或者造成散光效果变差，高度在 15mm 左右就可以。

■ 组合

先做出产生虚拟立体形状的万花筒部分。按图所示将镜面加工成漏斗形，接合部分用黏结剂进行固定。用玻璃加工成镜子比较困难，塑料镜子也不容易得到，就用了汽车窗上贴的膜做镜面。因为这是有透光性的镜膜，为了去掉透光性，将镜膜贴在黑色 PVC 板上。贴的时候只要注意不要留有气泡，就能做得很好。将贴上散光膜的透明亚克力板用环氧胶黏结剂固定在漏斗形中窄的那一边，也可以使用透明 PVC 板。用黏结剂固定时先用胶带临时固定起来，再用黏结剂固定住。看的时候是看漏斗的内侧，这些黏结面是看不到的，所以即使不漂亮也没关系。组装壳体，使用的是 9mm 厚

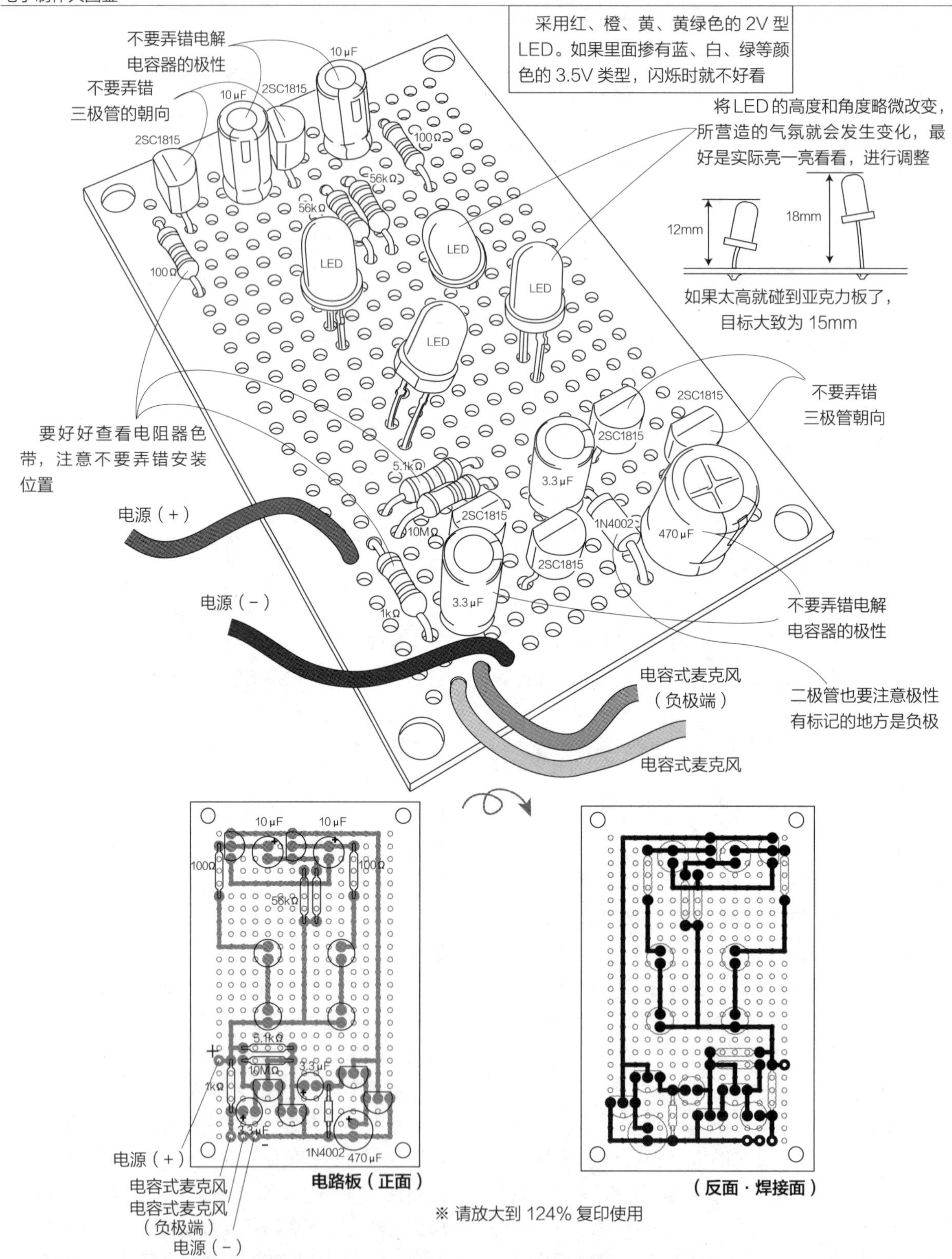

的胶合板。按照图纸进行切断，不要弄错各处的配合，用黏结剂固定起来。这样壳体就变成了 2 个零件，在这个阶段，如果用漆加工一下会好看一些。在使用油性涂料的时候，一定要注意防火及做好换气。

黏结剂凝住以后，散光膜看上去扩展成了球状。壳体装好以后，将用 PVC 板做好的万花筒黏结在挖成矩形的部分。这时，固定万花

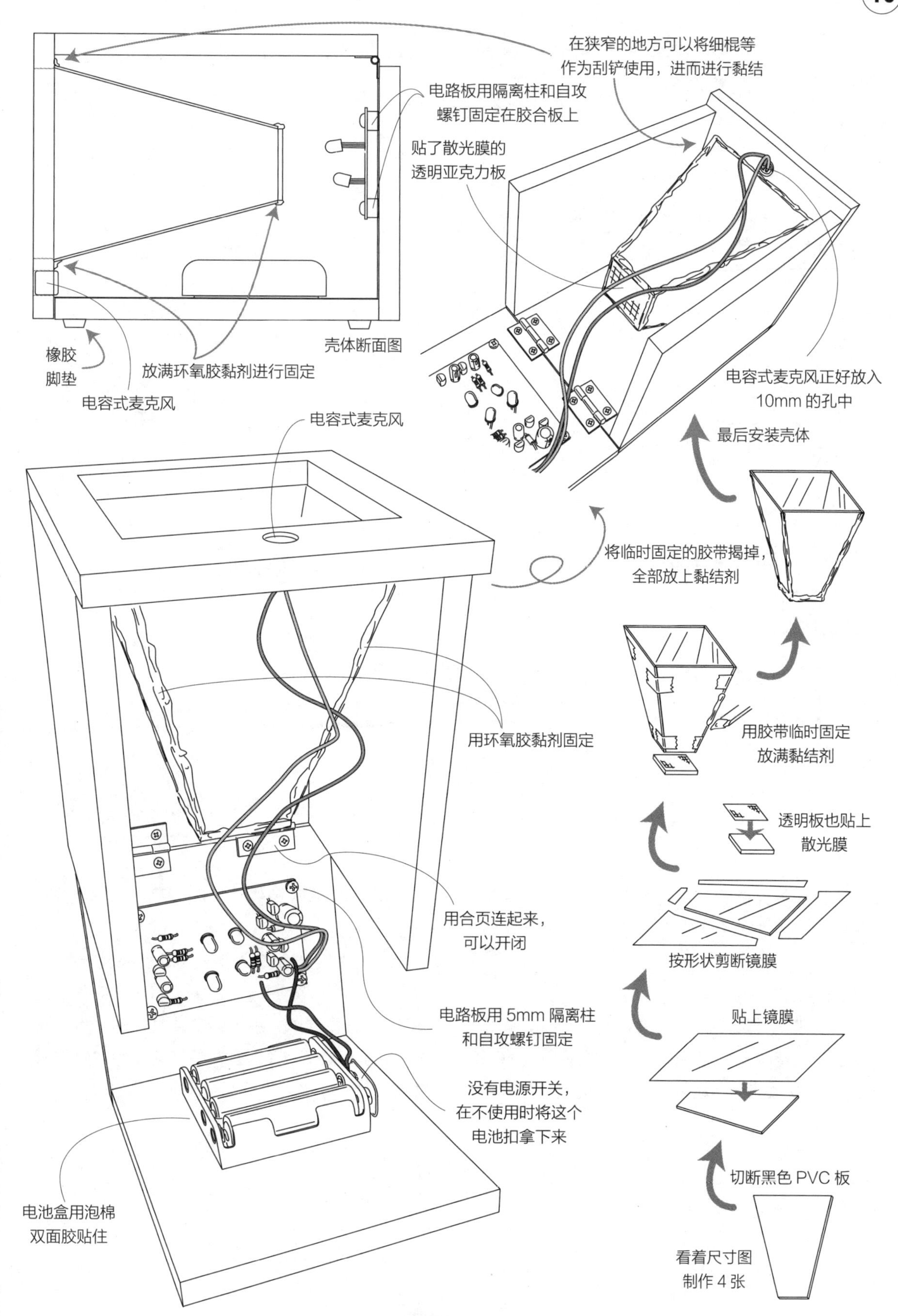

在狭窄的地方可以将细棍等
作为刮铲使用，进而进行黏结
电路板用隔离柱和自攻
螺钉固定在胶合板上
贴了散光膜的
透明亚克力板
橡胶
脚垫
放满环氧胶黏剂进行固定
壳体断面图
电容式麦克风
电容式麦克风正好放入
10mm 的孔中
最后安装壳体
电容式麦克风
将临时固定的胶带揭掉，
全部放上黏结剂
用胶带临时固定
放满黏结剂
用环氧胶黏剂固定
透明板也贴上
散光膜
用合页连起来，
可以开闭
按形状剪断镜膜
电路板用 5mm 隔离柱
和自攻螺钉固定
贴上镜膜
没有电源开关，
在不使用时将这个
电池扣拿下来
切断黑色 PVC 板
电池盒用泡棉
双面胶贴住
看着尺寸图
制作 4 张

筒用的黏结剂要多涂一些。在窄的地方涂黏结剂时，用削尖的筷子或细长的物品作为刮铲，放上并涂满黏结剂。

电池盒用泡棉双面胶简易固定。用 5mm 隔离柱、自攻螺钉、木螺钉固定住电路板。电容式麦克风插入 10mm 的孔中正好，没有专门用黏结剂固定。

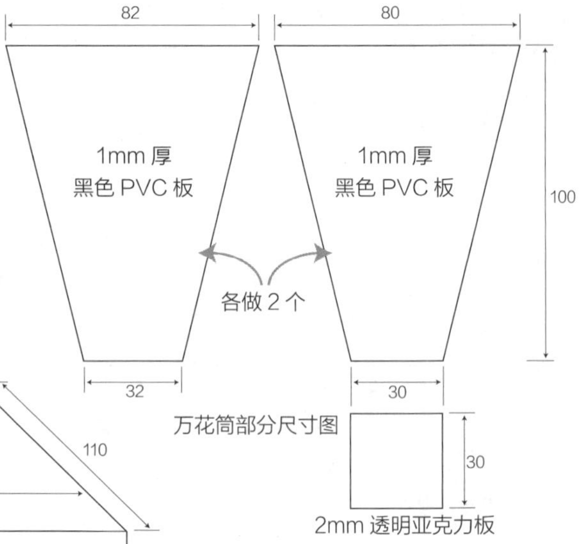

82
80
1mm 厚
黑色 PVC 板
1mm 厚
黑色 PVC 板
100
各做 2 个
32
30
30
30
2mm 透明亚克力板

万花筒部分尺寸图

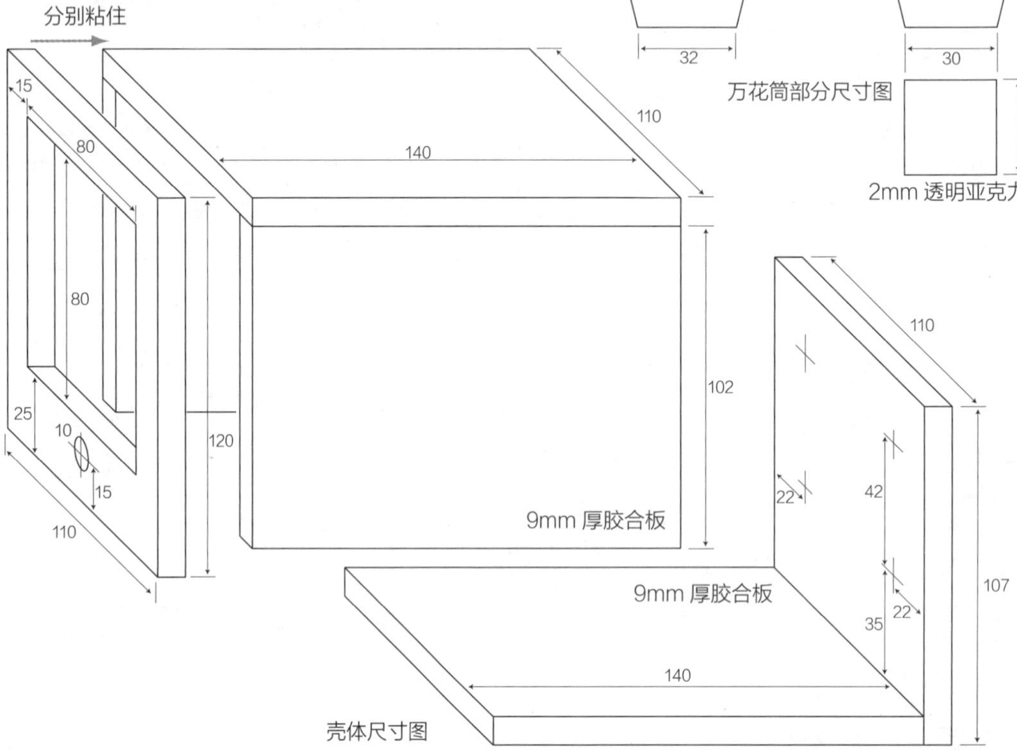

分别粘住
15
80
80
25
10
15
110
120
140
110
102
9mm 厚胶合板
110
22
42
9mm 厚胶合板
22
35
140
107

壳体尺寸图

最后将壳体的两块亚克力板用合页连接起来，LED 正好放到万花筒的散光膜部分。

■ 使用方法

为使外观简单一些，我们没有加电源开关。放上电池对着麦克风发出“咚——”的声音，LED 就应该亮起来。将壳体闭合，看看万花筒里面，假想球体在闪闪发亮。拍拍手或者吹吹气也会有反应。完全不亮的时候，就拔下电池扣，将电路板拿下来，再认真检查一次。

万花筒部分的镜子，由于对起来时的角度不同，假想球体大小也会变化，同时根据镜子数量的多少，形状也会发生变化，可以多试几种情况。

放到夜空！

声控烟花 2

夏天快乐的焰火，就像夜空中绚丽灿烂的花雨，像升往天空的璀璨群星，以响亮的声音点缀着夜晚的天空。让我们做一个升往天空的焰火吧。当然不是制作真实的焰火，而是使用 LED 模拟焰火的效果。

这是一种将 LED 排列成圆形，顺序亮起来的简单结构，但是这样做的话只是一种常见的结构，没什么特别之处，我们要做的是以自己的喊声作为发射信号——可以模仿焰火绽放时“咚”“嘭”的声音，也可以很帅气地喊出“发射”来发射焰火。

但是，只是按排列好的顺序发光也没意思，我们要把焰火发射到特定区域。

那么，我们要怎么做呢？

■ 结构

通过麦克风接收促使发射的声音，让排列好的LED按顺序发光。为了将LED的光投影到“夜空”，利用半透明反射镜原理制作出盒子，向盒子里看，把LED烟花投影到“夜空”中。就好比想从明亮的窗外透过窗户看到很暗的室内，但因为外边的风景映照在玻璃上，就看不到室内，反过来从室内看窗外时，就可以看到。也就是说由于所处的环境不同，透过同一面玻璃看到的效果就会发生变化。隔着玻璃并且一边明亮，一边黑暗时，明亮的一边会出现反射，而从黑暗的一边可以看见明亮的一边。

这次制作不使用半透明反射镜，而是单纯地用一张亚克力板来实现。透过45°倾斜的亚克力板向外看，在黑暗的空间将LED排列起来，光反射到亚克力板，LED的光就像浮现在明亮的空间那样映照出虚像。

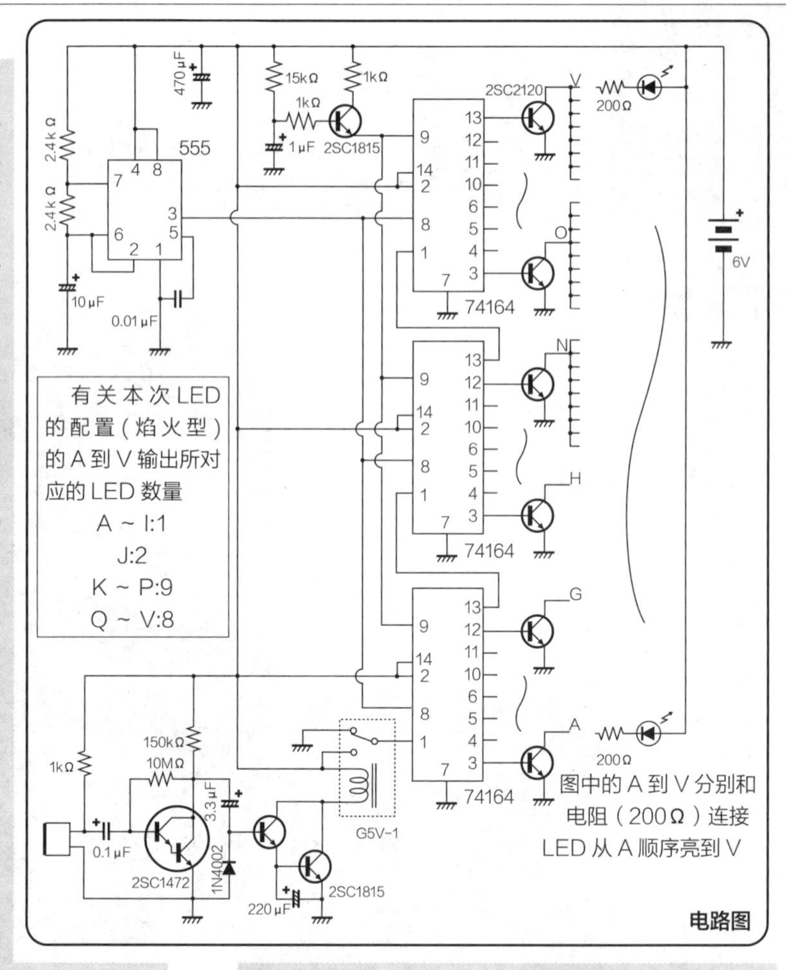

电路图

■ 电路

通过电容式麦克风拾取声音，通过三极管进行两段放大。第一段是使用1个内部达林顿连接的三极管2SC1472，第二段是将2个达林顿连接的三极管2SC1815进行继电器驱动。驱动继电器后，开始的一点是亮起的起点，随后由74164移位存储器一个接一个

元器件表

IC:555 …… 1个
:74AC164P(74164) …… 3个
三极管:2SC1472 …… 1个
:2SC1815 …… 3个
:2SC2120 …… 22个
二极管:IN4002 …… 1个
电解电容器:470μF 10V …… 1个
:220μF 25V …… 1个
:10μF 16V …… 1个
:3.3μF 50V …… 1个
:1μF 50V …… 1个
陶瓷电容器:0.1μF (103) …… 1个
:0.01μF (104) …… 1个
电阻器:10MΩ 1/4W(色带:茶黑蓝金) …… 1个
:150kΩ 1/4W(色带:茶绿黄金) …… 1个
:15kΩ 1/4W(色带:茶绿橙金) …… 1个
:2.4kΩ 1/4W(色带:红黄红金) …… 2个
:1kΩ 1/4W(色带:茶黑红金) …… 3个
:200Ω 1/4W(色带:红黑茶金) …… 113个
LED:ϕ3 喜欢的颜色 …… 计113个
电容式麦克风:ECM …… 1个
继电器:G5V-1 5V …… 1个
万能板:30×25孔 …… 1张
IC插座:8P …… 1个
:14P …… 3个
电池盒&电池扣:4个3号电池用 …… 1组
3号电池 …… 4个
亚克力板:透明 …… 参照尺寸图
隔离柱:15mm …… 4个
:5mm …… 4个
自攻螺钉:M3×12mm …… 4个
:M3×25mm …… 4个
橡胶脚垫 …… 4个
阻尼铰链 …… 3个
胶合板:椴木皮胶合板9mm厚 …… 参照尺寸图
双面胶、布线用导线、镀锡铜线、焊锡少许

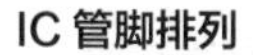

IC 管脚排列

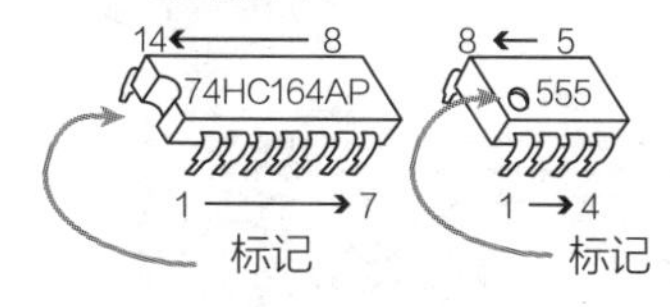

电解电容器的极性

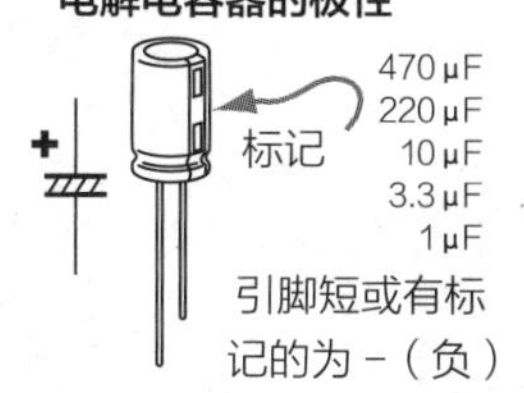

电容器的标识

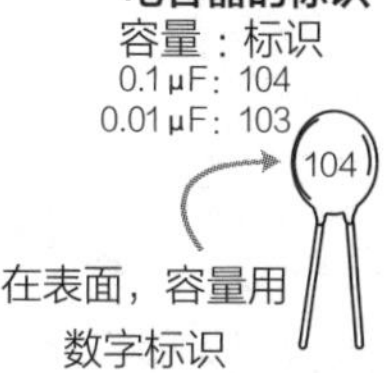

电容式麦克风（ECM）

三极管的极性

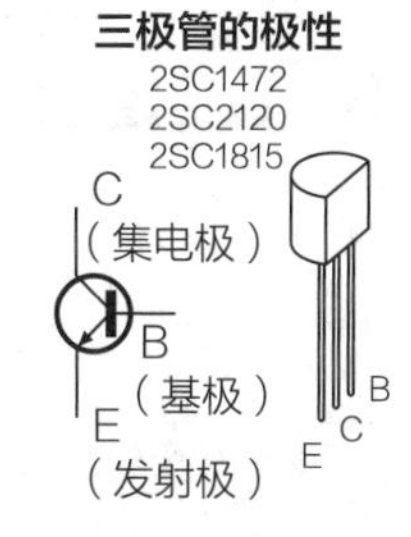

二极管的极性

1N4002

K（负极） A（正极）

有标记的一端为负

LED 的极性

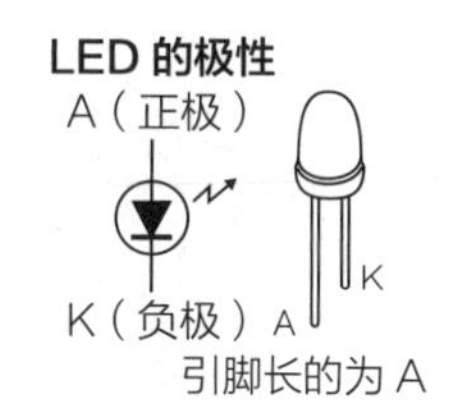

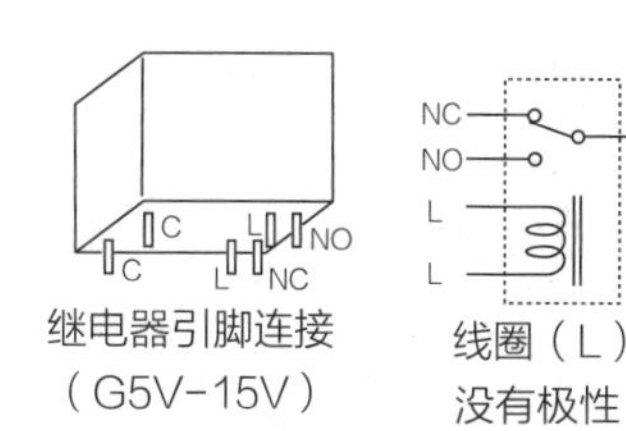

地依次传送亮起。依次传送的速度依据定时器 IC555 发出的时钟脉冲确定，分别和 74164 的时间对应。74164 的 1 号引脚输入使 3、4、5、6、10、11、12、13 号引脚顺序亮起，第一段、第二段的 13 号引脚用于向下一个 IC 传送信号，因此，本制作的 3 个 IC 合计是让 22 个电路的 LED 发光。输出的信号通过三极管打开或关闭，让 LED 发光。

■ 组装

使用 15×25 孔的万能板。在 IC 插座下面也有跳线，因此一开始先安装跳线。如果这个位置错了，后面就不能修正了，因此要注意不要弄错。然后安装 IC 插座，安装三极管、电容器、电阻器等元器件。先从小元器件开始安装更容易操作，但是从位置、布线准确的角度来讲，从一端开始按顺序安装比较好。

要注意有极性元器件的方向，另外，有 3 种相同形状的三极管，注意不要弄错。同时将其他跳线也安装上。本制作中元器件数量比较多，在焊接面将元器件引脚弯折，或用镀锡铜线布线，情况比较复杂，安装时对每一种情况都要加以注意。74164 的 13 号引脚接到旁边 1 号引脚的跳线时要跨过其他跳线，因此这个地方使用了绝缘细导线。

■ 组合

烟花部分的制作则是按图在亚克力板上开孔，将板的表面涂上可消光的黑色，LED 穿过孔用黏结剂固定住。颜色方面，升上去时为红色，散开时为各种颜色的混合，这样看上去会更像烟花。另外，安装时将正极和负极分别朝着同一个方向，这样后面布线时会容易一些。

下面将 LED 引脚剪短 5mm 左右，将正极端用镀锡铜线进行共用焊接，将 200Ω 的电阻器引脚也剪短，焊接在负极端。然后将绝缘导线焊接到各个电阻上。将导线分成几种不同的颜色，在安装到电路板时就会一目了然，容易分辨。要非常仔细，同时注意不要让线条和旁边接触。

参考着图用 9mm 厚的胶合板组装盒子。透视孔是长方形的，在下面开了一个孔，可以嵌入电容麦克风，在内侧粘上胶合板，把透明亚克力板巧妙地夹住。在后面隐藏的部分安装电池和电路板。为了变暗，将内侧涂上黑色。用 3 个阻尼铰链对盖子进行固定，将插入端安装到盖子上，接收端安装到机身上，然后

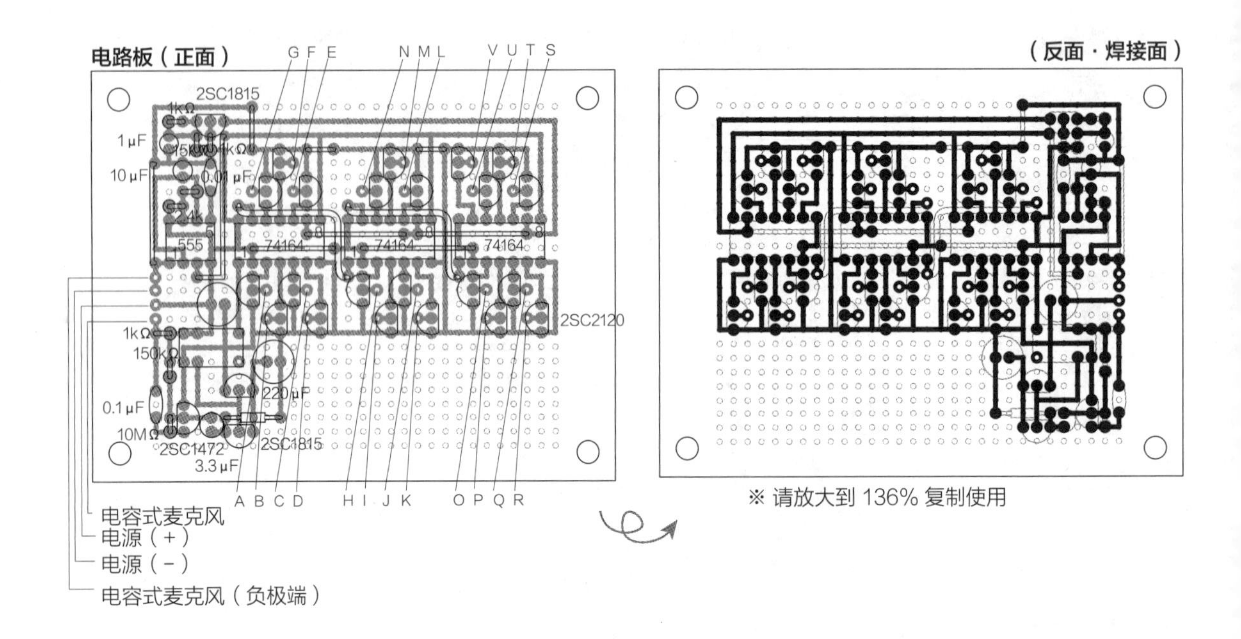
电路板（正面）
G F E
N M L
V U T S
2SC1815
1kΩ
1μF
15kΩ
1kΩ
10μF
0.01μF
2.4k
555
74164
74164
74164
2SC2120
1kΩ
150kΩ
220μF
0.1μF
10MΩ
2SC1472
2SC1815
3.3μF
A B C D
H I J K
O P Q R
电容式麦克风
电源（+）
电源（-）
电容式麦克风（负极端）
（反面 · 焊接面）
※ 请放大到 136% 复制使用

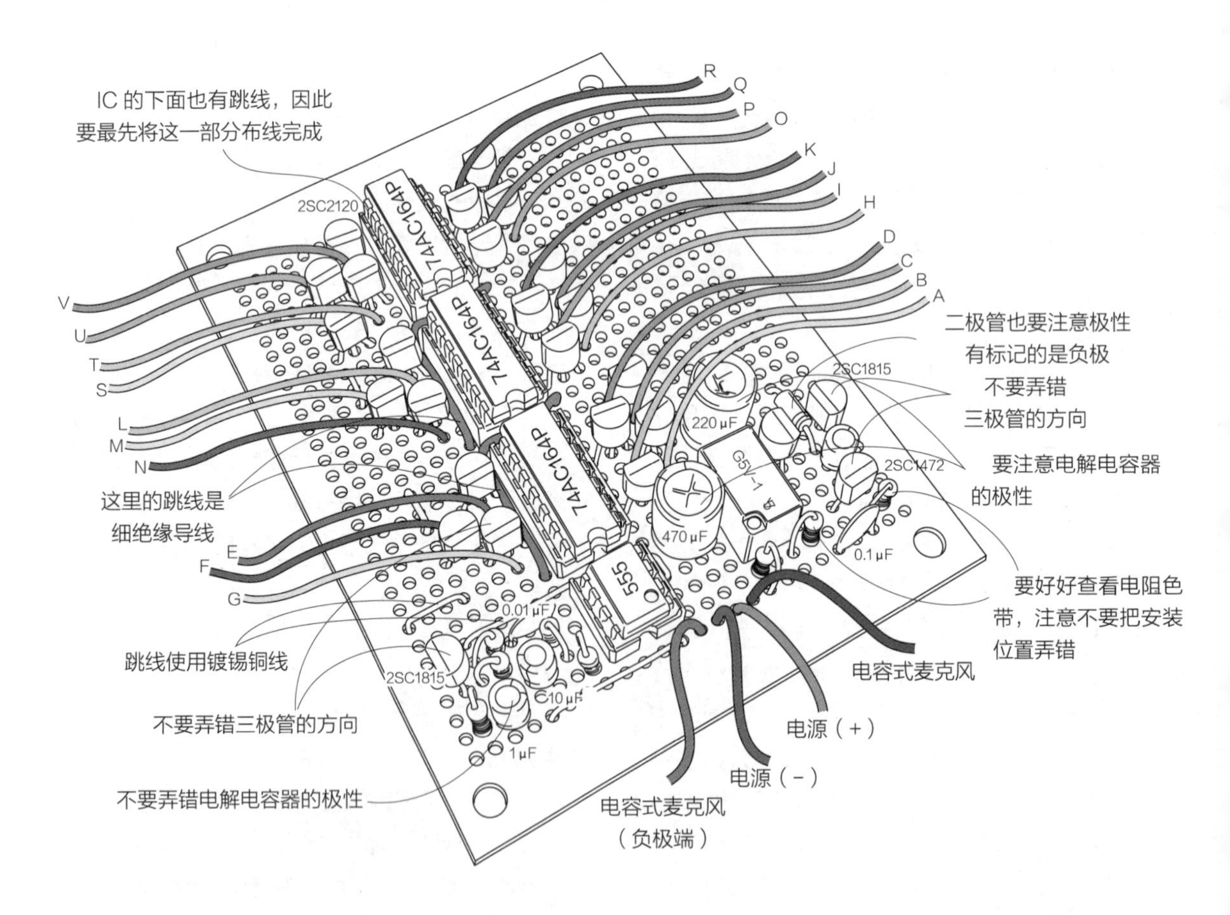
IC 的下面也有跳线，因此
要最先将这一部分布线完成
2SC2120
74AC164P
74AC164P
74AC164P
R
Q
P
O
K
J
I
H
D
C
B
A
V
U
T
S
L
M
N
二极管也要注意极性
有标记的是负极
不要弄错
三极管的方向
2SC1815
220μF
2SC1472
要注意电解电容器
的极性
这里的跳线是
细绝缘导线
470μF
0.1μF
E
F
G
555
0.01μF
要好好查看电阻色
带，注意不要把安装
位置弄错
跳线使用镀锡铜线
2SC1815
10μF
电容式麦克风
不要弄错三极管的方向
1μF
电源（+）
电源（-）
不要弄错电解电容器的极性
电容式麦克风
（负极端）

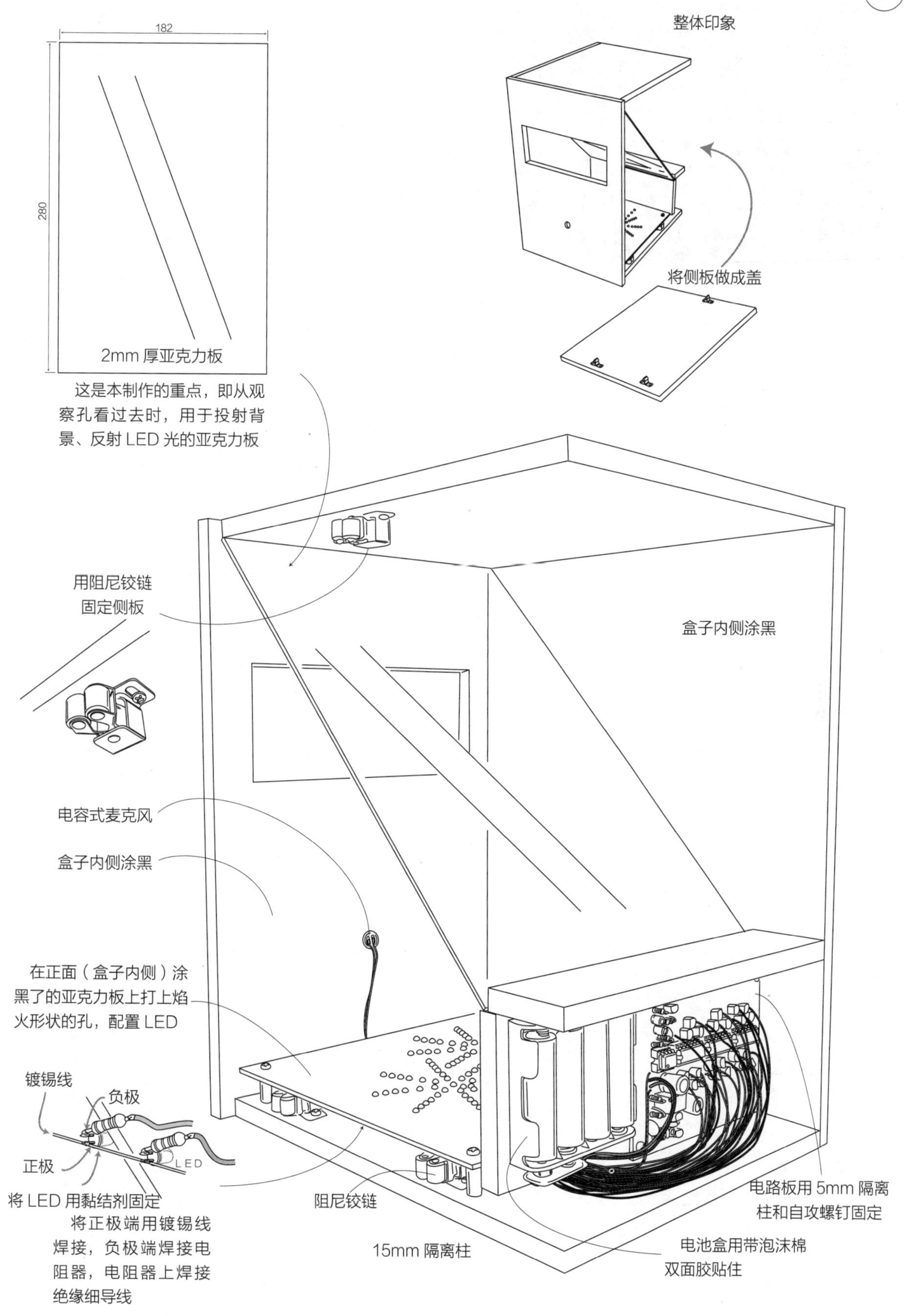
182
280
2mm 厚亚克力板
这是本制作的重点，即从观察孔看过去时，用于投射背景、反射 LED 光的亚克力板
整体印象
将侧板做成盖
用阻尼铰链固定侧板
盒子内侧涂黑
电容式麦克风
盒子内侧涂黑
在正面（盒子内侧）涂黑了的亚克力板上打上焰火形状的孔，配置 LED
镀锡线
负极
正极
LED
将 LED 用黏结剂固定
将正极端用镀锡线焊接，负极端焊接电阻器，电阻器上焊接绝缘细导线
阻尼铰链
15mm 隔离柱
电路板用 5mm 隔离柱和自攻螺钉固定
电池盒用带泡沫棉双面胶贴住

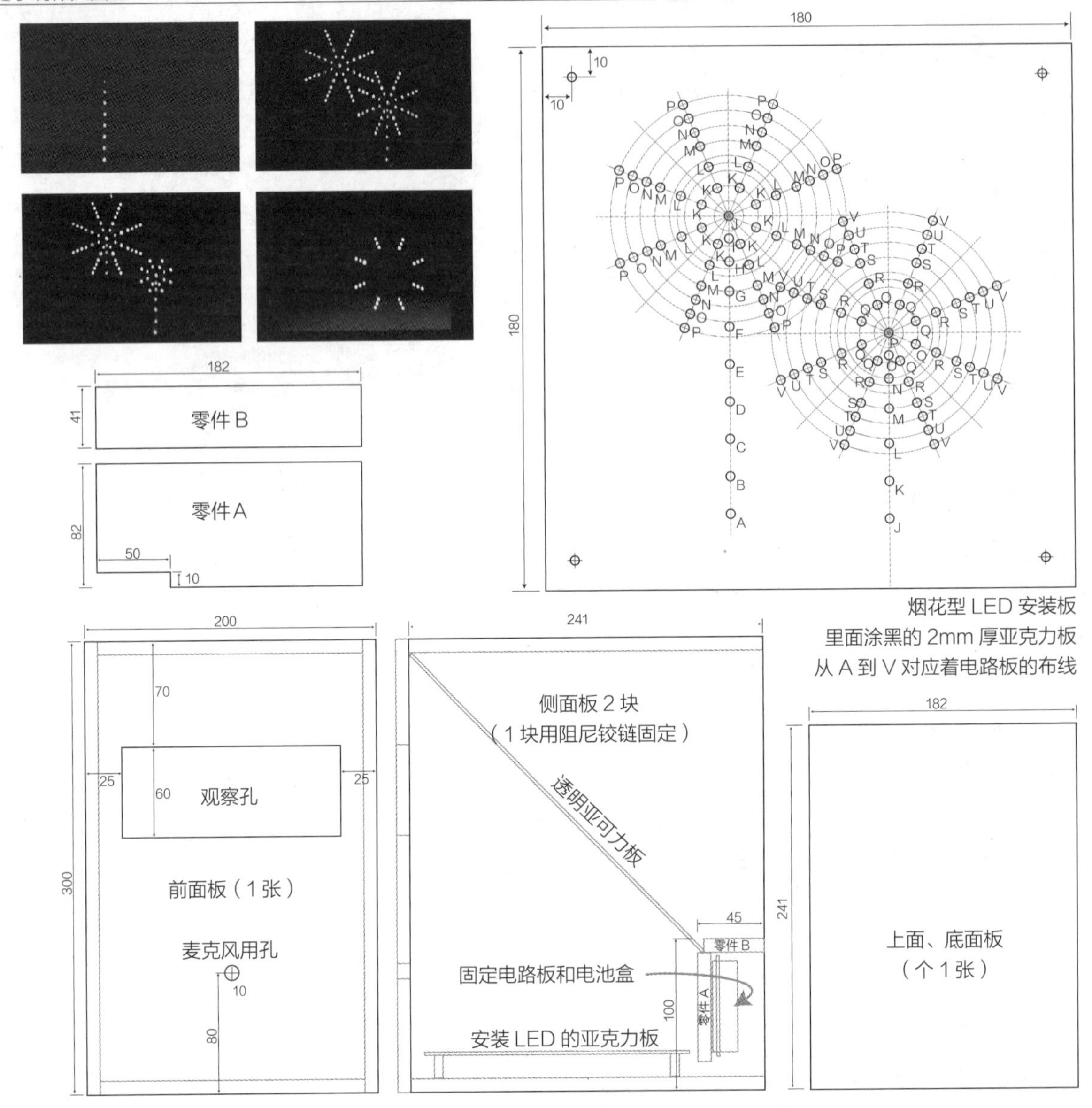

将装入了 LED 的亚克力板用 15mm 的隔离柱和 25mm 的自攻螺钉固定在下部。将从各个 LED 引出的绝缘导线整理到一起，拿到后面有电路板的地方，向这个电路板布线。先焊接麦克风和电源，再调节各个 LED 的导线长度，长度合适后进行焊接。

■ 使用方法

布线完成以后接入电源，向麦克风大声喊出信号，如果 LED 顺序亮起就大功告成了。如果不能很好地运转，就再次检查一下布线。中途如果灯一直亮着，就切断电源进行复位。本制作没有电源开关，因此直接将电池盒拿掉即可。

将盖子关上，朝着傍晚的天空，从观察孔中看着空中叫一下试试，应该会看到很大的“焰火”。

No. 48

治愈系环境照明装置

大汤勺光

光和影运用自如

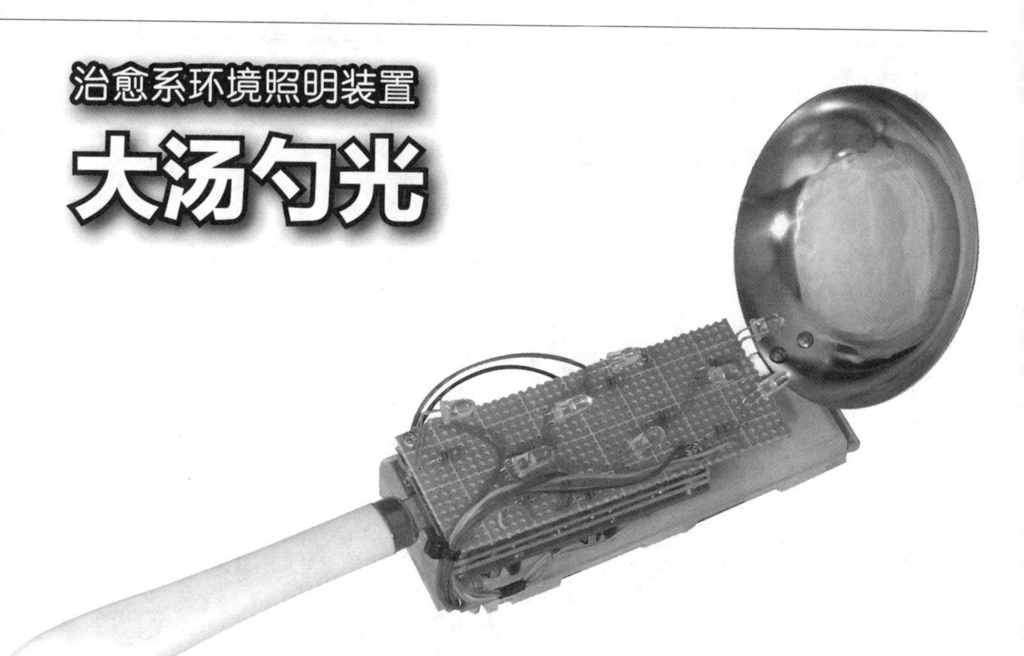

最近一些“治愈系”商品的销路很好，这反映出现代社会人们的压力很大。治愈系商品的品类很多，据说这类商品能够使人心情平静，身心都能得到放松，比如香薰、按摩，和机器宠物玩耍也可以让人心情愉悦。

我们做一个为此营造气氛的亮光吧。这个亮光既不是单纯地通过照射形成，也不是简单地进行投影，而是一种慢慢变化的不可思议的光。

元器件表

元器件	数量
IC:74HC74AP（7474）	2 个
:555	1 个
三极管 :2SC1815	8 个
电解电容器 :100 μF 16V	8 个
:10 μF 16V	1 个
陶瓷电容器 :0.1 μF（104）	1 个
电阻器 :510kΩ 1/4W（色带：绿茶黄金）	9 个
:5.1kΩ 1/4W（色带：绿茶红金）	8 个
:2.4kΩ 1/4W（色带：红黄红金）	1 个
:100 ~ 200Ω（和 LED 额定值相配）1/4W	8 个
LED: 超高亮度（各种）	8 个
万能板：切断成 38 × 15 孔	1 张
印刷电路板	参照尺寸图
电池盒 & 电池扣 :4 个 3 号立式电池用	1 组
3 号电池	4 个
亚克力板	参照尺寸图
亚克力合页	1 个
隔离柱 :M3 × 3mm	8 个
螺钉 & 螺母 :M3 × 18mm	4 组
平垫圈 :M3	8 个
泡棉双面胶、布线用导线、镀锡铜线、焊锡少许	

■ 结构

这里使用做菜用的大汤勺。将光反射，投影出虚幻的形状。球面、闪亮的不锈钢勺面本身就很漂亮，它真正的用途是从锅中将热汤舀上来。这里我们要将聚光灯打在这样的大汤勺上。

好好看一下大汤勺的内侧，自己的像会被上下颠倒地映在上面。例如，如果将手指沿着中心部位接近大汤勺，手指就会越来越大，到了某个位置时大汤勺内侧显示的可能全是手指的像。如果想专门寻找这样有意思的反射镜可能并不容易，但却出乎意料地在我们身边就有类似的物品。将这个大汤勺作为反射镜并打上光，由于光源位置不同，反射的光就会显现出各种各样的形状。利用这一点，将光源的位置

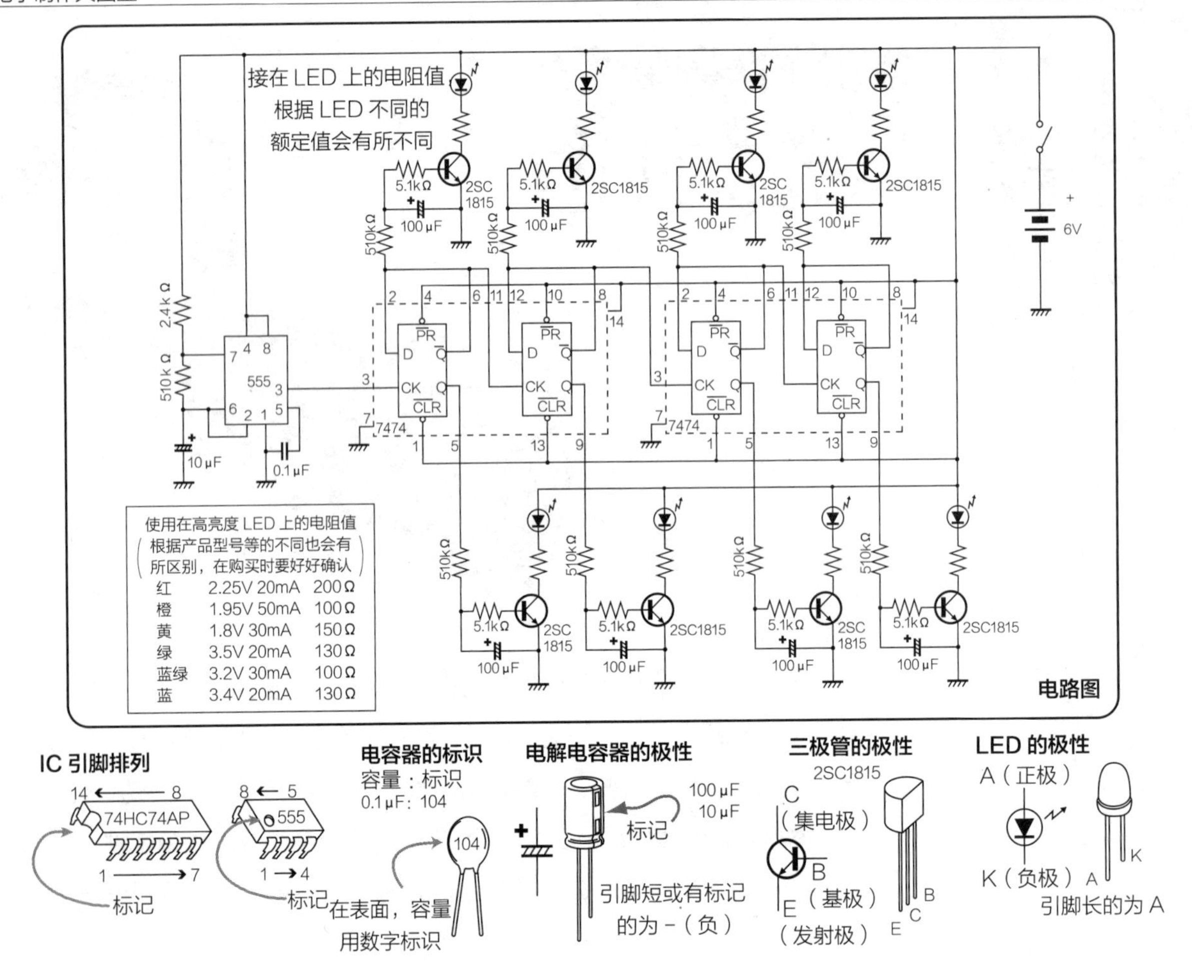

变化一下再进行反射，再照射各种颜色的光，做成可以展示各种变化的灯光效果。

■ 电路

使用封装有 2 个 7474 D-FF（D 双稳态多谐振荡器）的 IC，构成 4 段二进制计数器。用 Q、$\overline{Q}$ 两者的输出，让 8 个 LED 亮起。使用定时器 IC 555 控制时间，但因为周期比较长，看上去就是随机亮起的。可以根据自己的喜好选择各种色彩的 LED，形成令人愉快的灯光效果。

如果瞬间转换发光方式的话，就不能很好地营造气氛，因此要慢慢亮起，再慢慢熄灭，通过三极管接收 7474 传过来的信号。中间使用电容器，开始亮时通过电阻器慢慢地向电容器充电，没有信号以后，将通过电阻器慢慢地控制三极管的输出。

可以使用各种各样的 LED，根据自己的喜好选择。因为是想欣赏反射光，所以最好选用超高亮度的 LED。另外，由于颜色和规格不同，LED 的额定电流也不一样，因此连接的电阻值也不一样，要确认 LED 的额定值。另外，由于功率消耗不同以及个体差异，发光方式也会有一些微妙的变化，因此所营造的氛围会有所差异。

■ 组装

这次使用两块电路板。主体部分是制作的印刷电路板，光源部分使用万能板，这样可使位置适当改变。首先，主体部分是将印刷电路板切断成 75mm×40mm，按图制作印刷电路板。也可以使用感光电路板，直接用 PCB 耐蚀刻笔画出电路板图。

钻好用于插入元器件的孔以后，就要进行

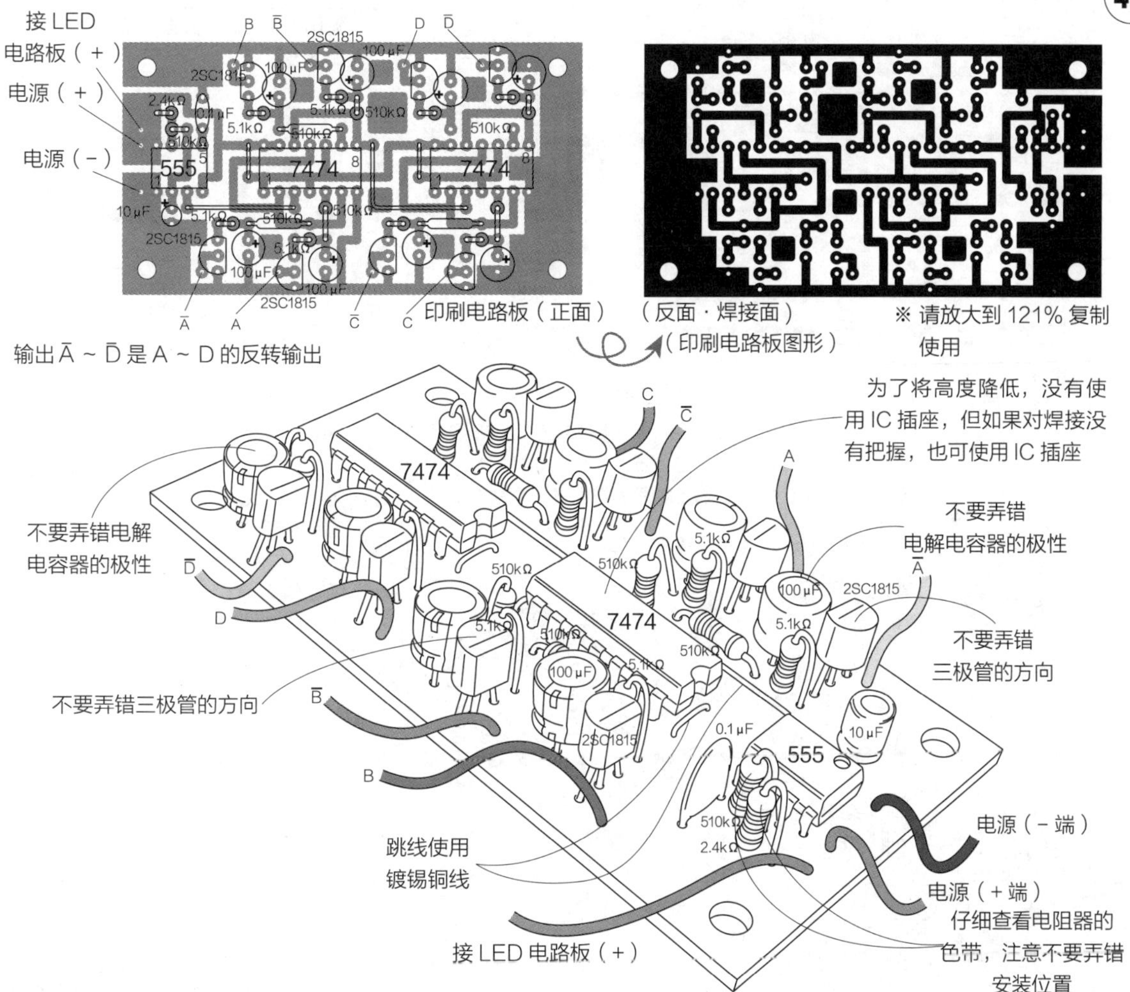

安装了，安装时不要弄错元器件位置。按照先小后大的顺序，先安装上跳线、横放的电阻器等元器件，之后就容易操作了。为了把整体高度降低，我们使用了小电容，这里也可以用普通电容，但是用普通电容时，要将亚克力板合页位置和电容高度对好，这点要注意。

在设计上，电路板角上的一个电容器接近安装用的螺钉，因此安装时要将电容器从电路板上稍微离开一点。将元器件装完以后，主机印刷电路板就做完了。

光源部分的电路板是由万能板切断成的15×38孔制成的。由于距大汤勺距离以及左右摇动情况不同，反射出来的形状会有很多变化，因此不用拘泥于图上的内容，可以自己动脑筋做做看。

电源导线接到主体端，把一根正极导线从主体电路板接到光源电路板上。将LED用绝缘细导线连接到主体，考虑LED的位置、颜色和二进制计数器的输出顺序，自行安排。

将导线用线束扎带整理好。

■ 组合

使用亚克力板制作框架。将框架分别固定在光源电路板和主机电路板的焊接面上，用亚克力板夹住大汤勺把手部分。将主机端一部分折弯，粘上亚克力合页，将安装了电池盒的亚克力板粘在这个合页上，这样就可以立起来或靠在墙壁上了。

本制作没有安装开关，需要关闭电源时要将电池扣拿下来。

■ 使用方法

好好检查布线和电路板，看是否有错误或接触到其他部件。特别是印刷电路板，如果

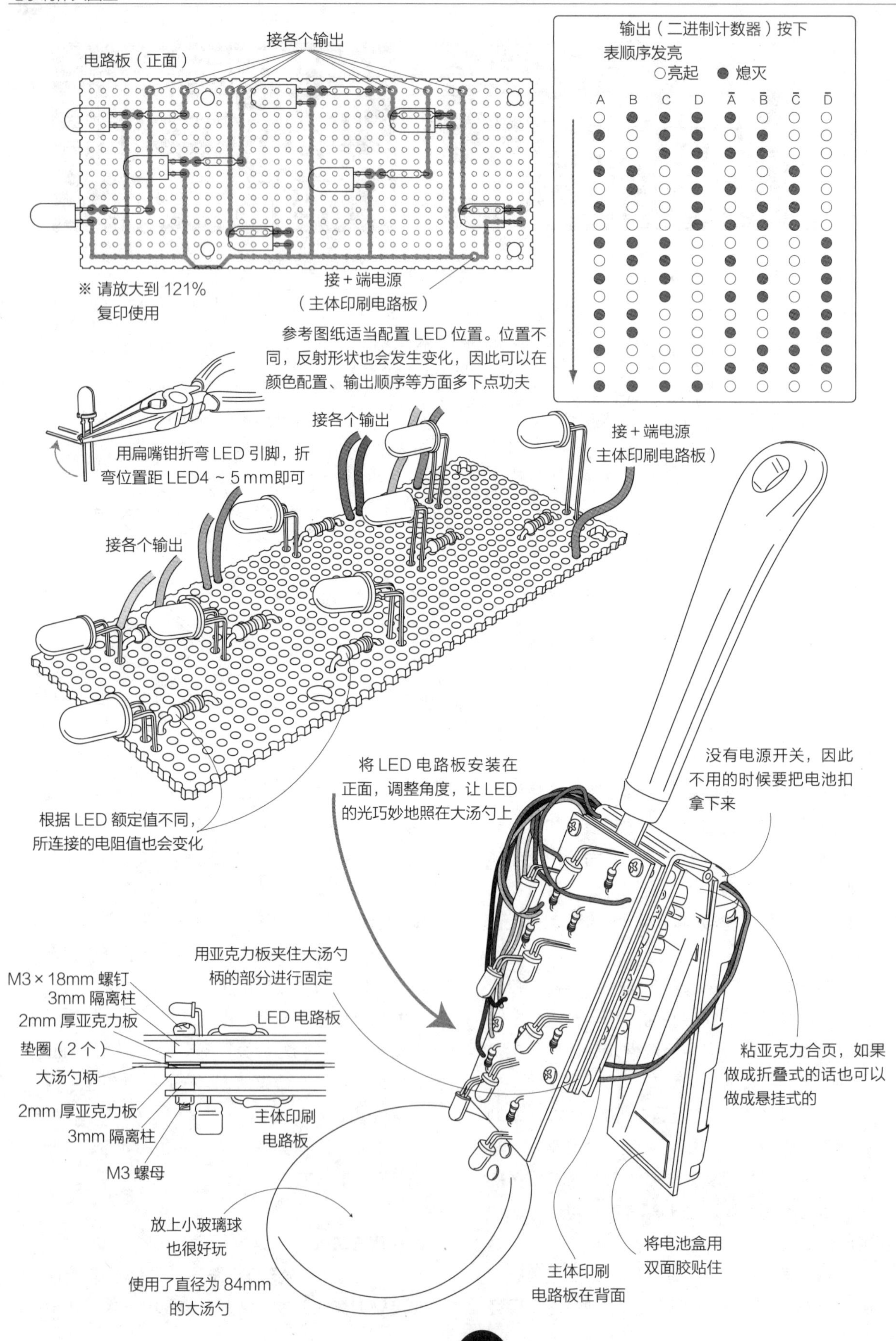

A	B	C	D	$\bar{A}$	$\bar{B}$	$\bar{C}$	$\bar{D}$
○	●	●	●	●	○	○	○
●	○	●	●	○	●	○	○
○	○	●	●	●	●	○	○
●	●	○	●	○	○	●	○
○	●	○	●	●	○	●	○
●	○	○	●	○	●	●	○
○	○	○	●	●	●	●	○
●	●	●	○	○	○	○	●
○	●	●	○	●	○	○	●
●	○	●	○	○	●	○	●
○	○	●	○	●	●	○	●
●	●	○	○	○	○	●	●
○	●	○	○	●	○	●	●
●	○	○	○	○	●	●	●
○	○	○	○	●	●	●	●
●	●	●	●	○	○	○	○

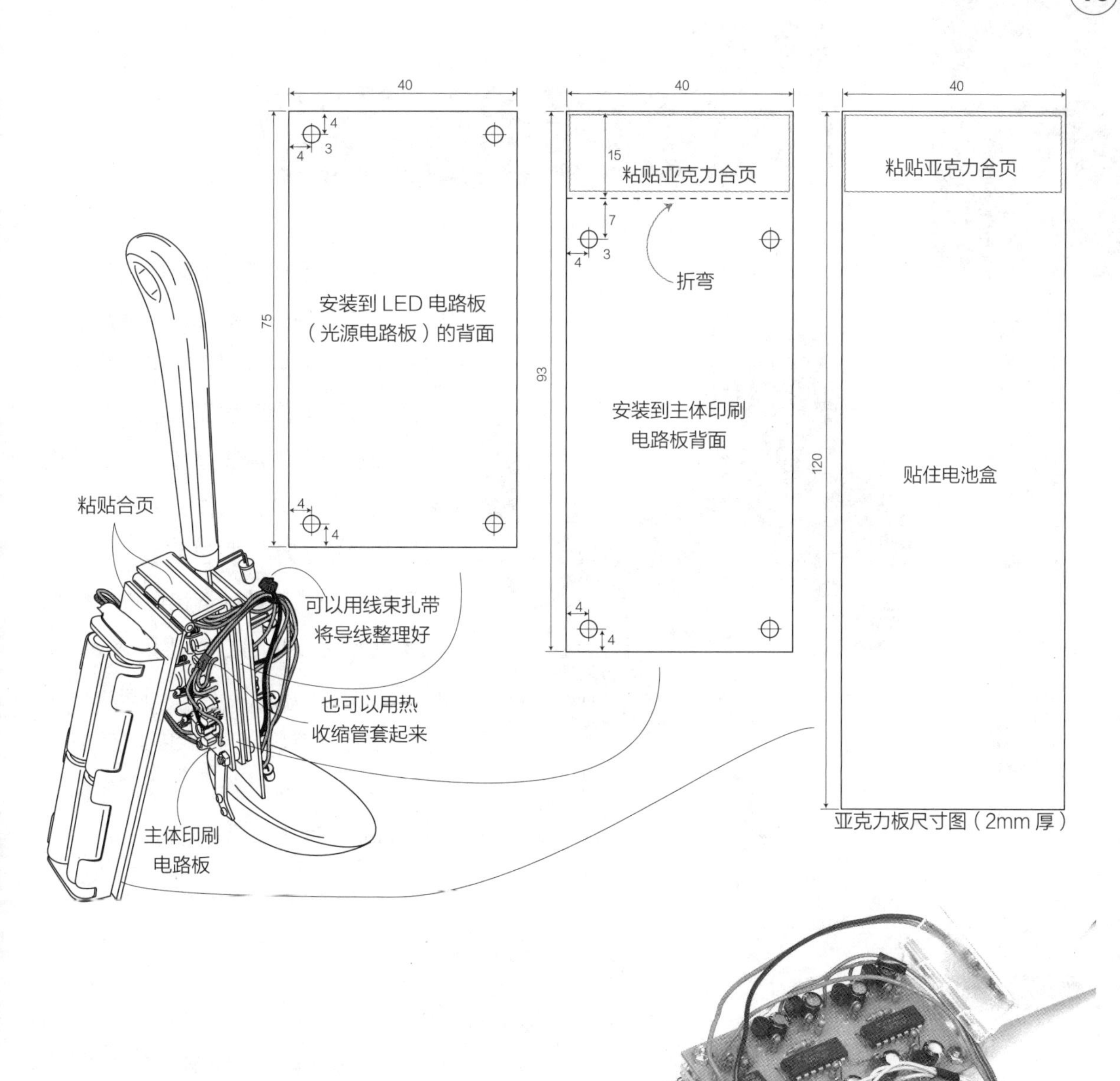

有蚀刻失误，就会造成短路或不能达到预期效果，因此要仔细核对。如果发现有蚀刻失误的情况，可以用美术刀削去。

将电池扣嵌上看看。稍微过一会后应该就会有几个 LED 慢慢地亮起来。如果总是不亮，就要把电池拿下来再次检查一下。

将大汤勺立起来，把光投向墙壁，或者将大汤勺挂在墙壁上向天花板投影，是一种自由的形式。在黑暗的房间里看着慢慢变化的光也是一种享受。将铝箔揉成团放进大汤勺里或将小玻璃球和透明塑料块放进去，也会很有意思。

印刷电路板是裸露着的，千万不要在这个状态下用这个大汤勺舀汤。

No. 49

游戏和趣味制作

车轮追线

两轮沿线追踪器

有一种沿线追踪器可以沿着线动作，比如追踪一条黑线。这种沿线追踪器进一步发展就成了在工厂中使用的无人搬运车，应用范围是很广的。

很多情况下沿线追踪器是三轮构造。其中两轮分别动作，另一个轮子通过万向轮或万向球的控制自由转弯。本来这次做成这种结构也可以，但我们还是特别一点，试着只用两轮动作。和三个轮子的相比，两轮的稳定性不好，但因为传感器部分也是在动的，所以也能很好地动作。让我们做做试试，成功了就鼓掌喝彩吧。

元器件表

三极管 :2SC1815 ········· 4 个
电解电容器 :470 μF 10V ········· 1 个
陶瓷电容器 :0.1 μF(104) ········· 4 个
:0.01 μF(103) ········· 1 个
电阻器 :51Ω 1/4W(色带 : 绿茶黑金) ········· 3 个
光敏晶体管 :TPS603 ········· 2 个
LED: 高亮度 ϕ5 ········· 2 个
: 高亮度 ϕ3 ········· 1 个
继电器 :HY1Z-3V ········· 2 个
半固定电阻器 :100kΩ ········· 2 个
万能板 : 切断成 15 × 15 孔 ········· 1 张
齿轮箱 : 四速曲轴齿轮箱一套 ········· 2 个
电池盒 :1 个 2 号电池用 ········· 2 组
2 号电池 ········· 2 个
拨动开关 :2 个电路用 ········· 1 个
亚克力板 ········· 参照尺寸图
胶合板 :9mm 厚 ········· 切割成直径 230mm 的圆形 2 张
排针 :2P ········· 2 个
连接器 :3P ········· 1 个
隔离柱 :3mm ········· 2 个
螺钉 & 螺母 :M3 × 10mm ········· 2 组
自攻螺钉 :M3 × 10mm ········· 4 个
泡棉双面胶、布线用导线、焊锡少许

■ 结构

做两个大轮子并横着排列起来，在这之间是作为底盘的亚克力板，将电路和驱动系统全部装在亚克力板上。将电池等重的元器件都集中到一边，将重量加在轮胎轴上，这样重的部分就会在下面，即使轮胎转起来，重的部分也总是在下面，这样就会整体移动。

两个轮胎都向同一方向转动的话就会前进或后退，一边轮胎停止，就会朝向停止的轮胎方向运动。如果一边反转，追踪器就会开始转动。这里我们做成了反转电路。

电动机部分是没有固定的，因此在移动的时候以轴为中心摇晃着动作，传感器部分也动起来，感知部分也不稳定，因此不能实际应用，但是两个轮子的动作很有趣。

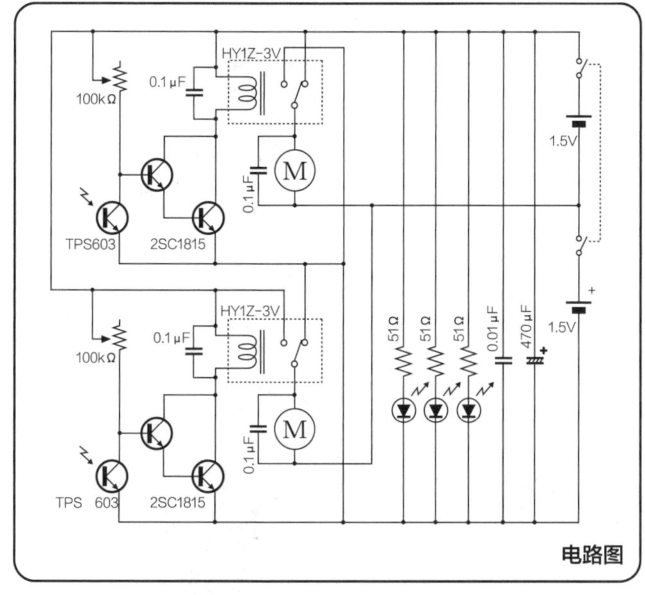

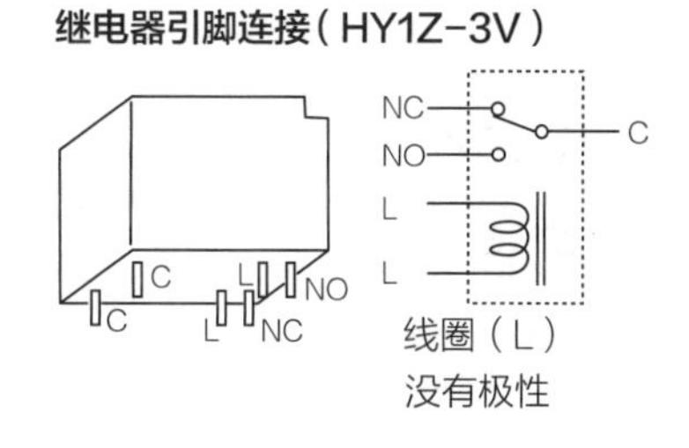

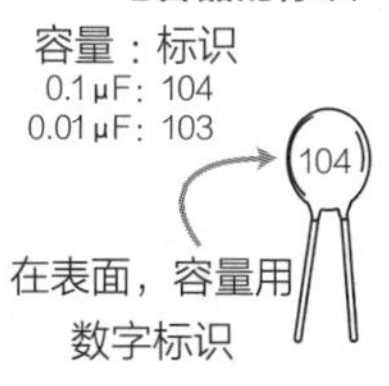

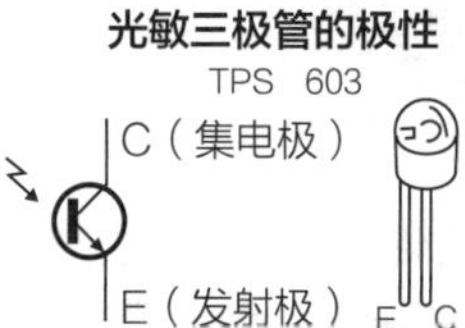

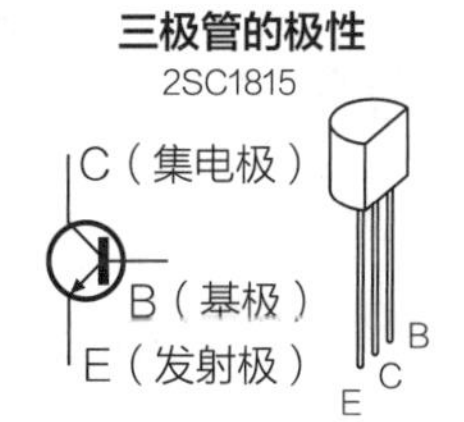

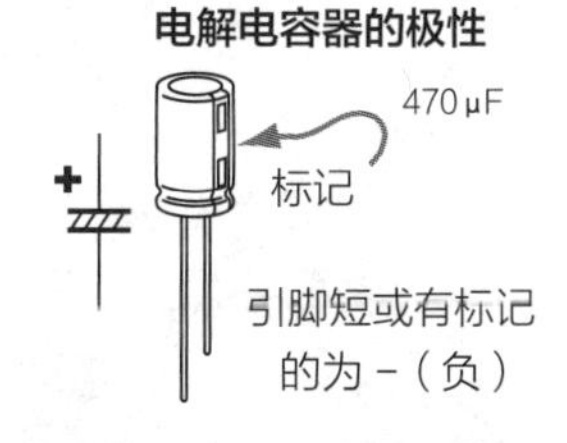

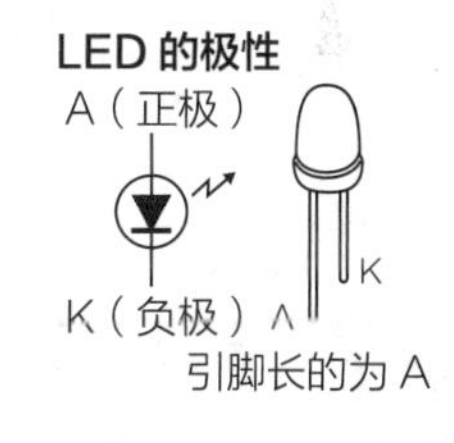

■ 电路

为了感知到线而使用了高亮度的 LED 照明，通过光敏三极管 TPS603 读取这个反射光，然后通过达林顿连接的三极管放大，驱动继电器，是一个单纯的电路。TPS603 感知到白色部分时，电流流过 TPS603，感知到黑色部分时，电流不流向 TPS603，而是流向达林顿连接的三极管基极，驱动继电器。半固定电阻器的作用是通过调整流过的电流来调节传感器的灵敏度。

做成两个这样的电路并左右布置，分别让电动机打开和或关闭。为了把电路电源和电动机电源做到一起，将两个电池分开处理，在电路上加 3V，电动机上分别加 1.5V，在继电器驱动反转时，电池和极性是调换过来的。

这些电路是在 15×15 孔的小电路板上制作的，因为电路板上还有空间，就加上了一个 LED 作为电源指示灯。

由于电动机内部刷子等构造，会产生电噪声，为此直接安装电容减轻电噪声。

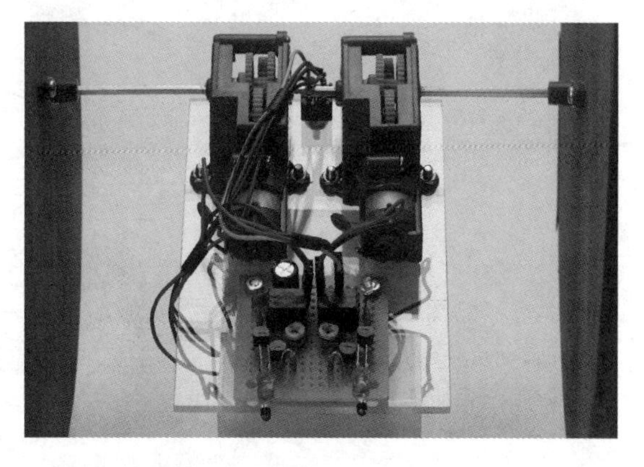

■ 组装

电路部分使用的是 15×15 孔的万能板。先用尖嘴钳将照明用的高亮度 LED 和制作传感器用的光敏晶体管的引脚折弯。光敏三极管有两只引脚，将其中一只拉开，和电路板孔距一致。LED、光敏三极管的引脚都是在约 10mm 的地方折弯。光敏三极管可直接焊接，LED 则要向上离开 10mm 左右焊接。因为 LED 和光敏三极管都是有极性的，要注意不要弄错极性。本制作的电路是左右对称的，因此内侧就分别成为负极和正极。

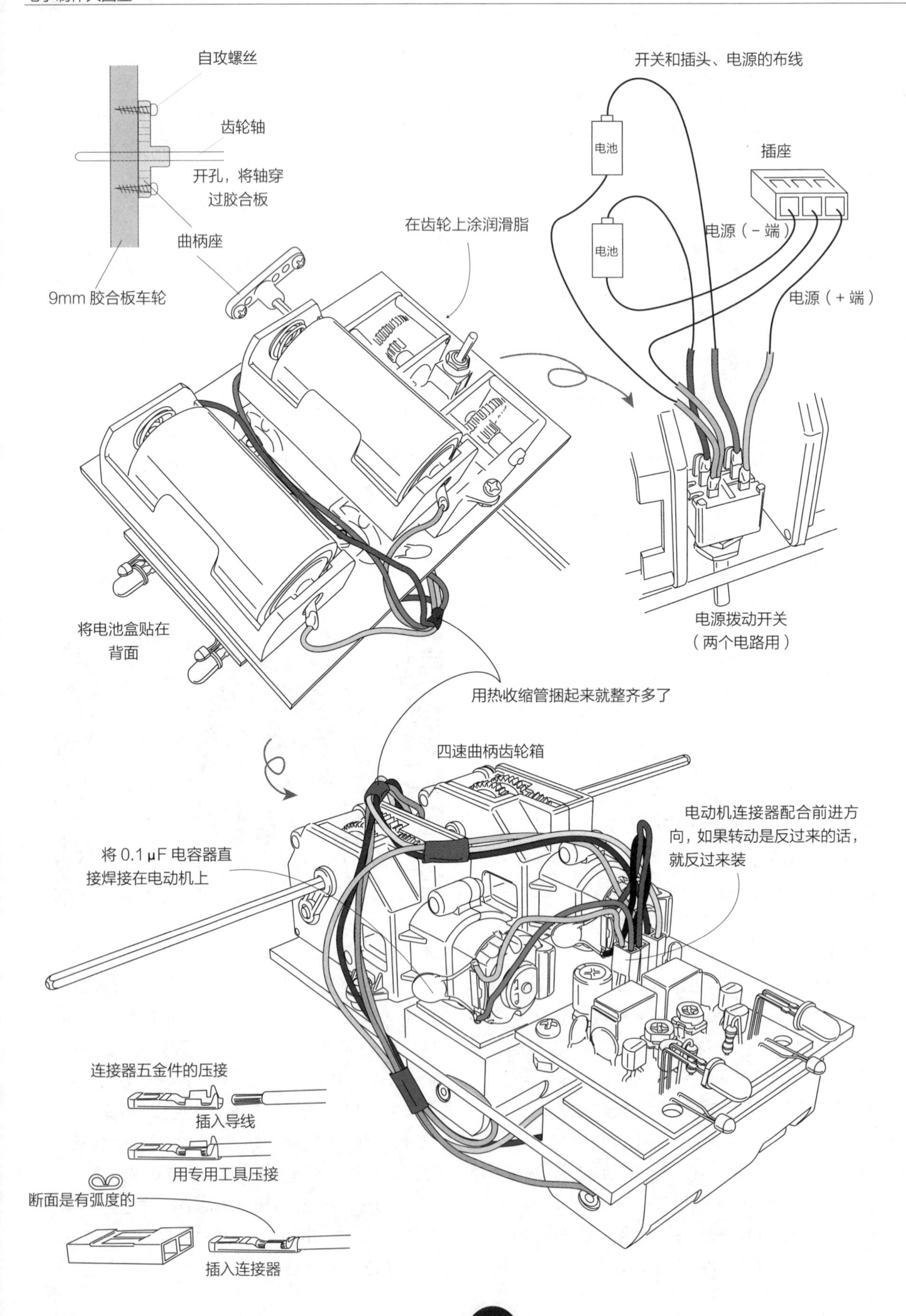

自攻螺丝
齿轮轴
开孔，将轴穿过胶合板
曲柄座
9mm 胶合板车轮
在齿轮上涂润滑脂
开关和插头、电源的布线
电池
电池
插座
电源（－端）
电源（＋端）
电源拨动开关（两个电路用）
将电池盒贴在背面
用热收缩管捆起来就整齐多了
四速曲柄齿轮箱
电动机连接器配合前进方向，如果转动是反过来的话，就反过来装
将 0.1 μF 电容器直接焊接在电动机上
连接器五金件的压接
插入导线
用专用工具压接
断面是有弧度的
插入连接器

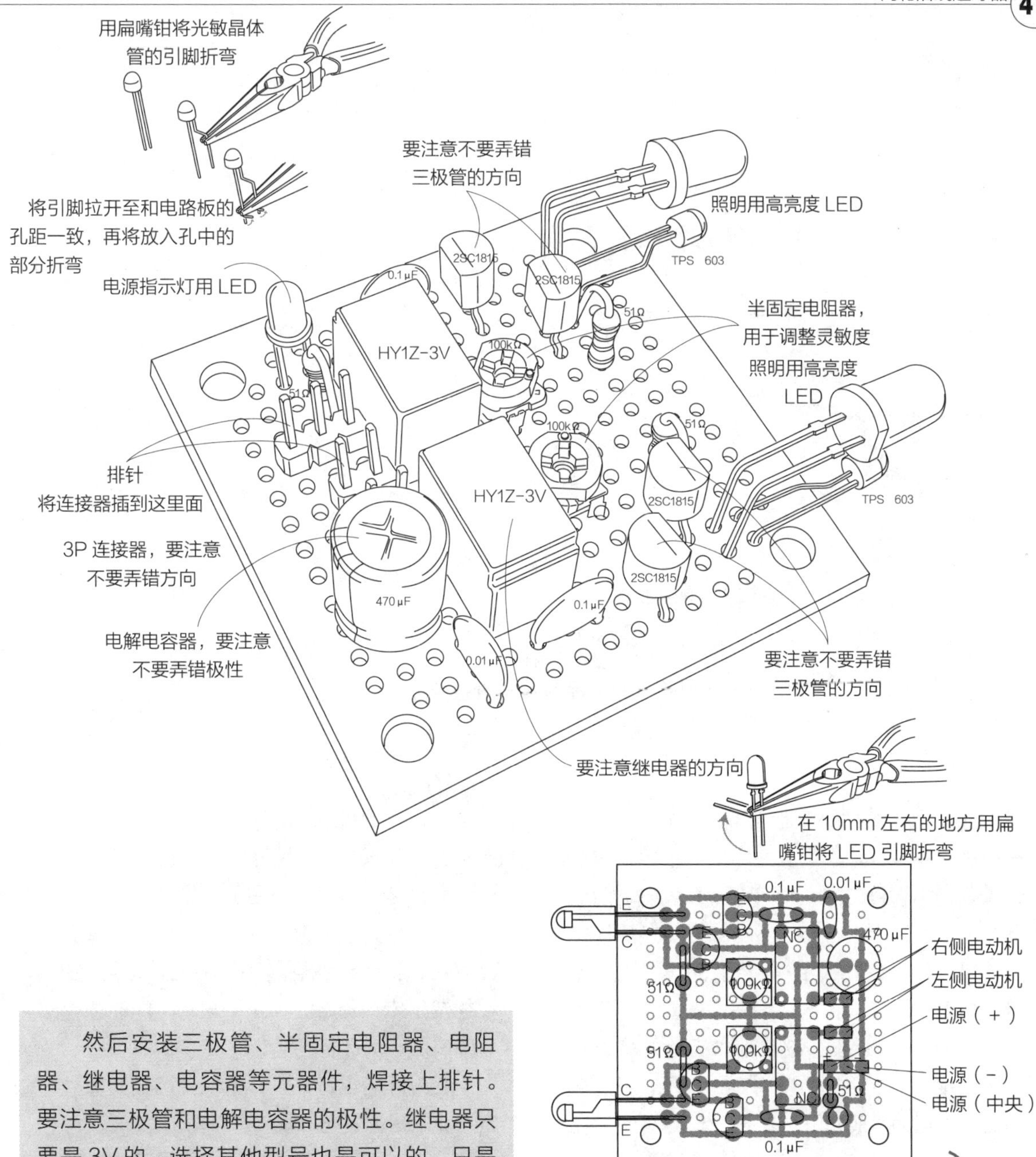

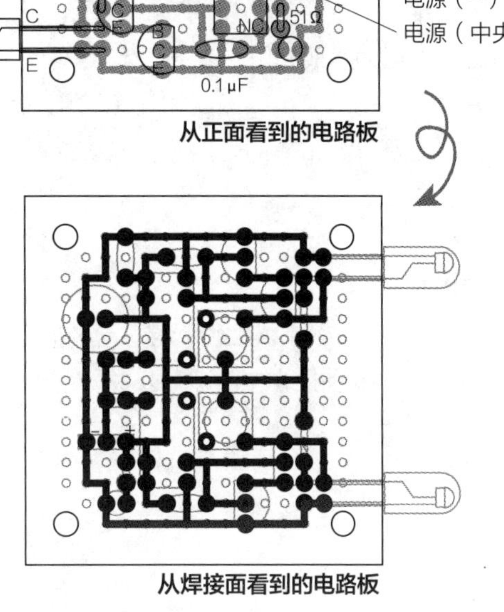

从正面看到的电路板

从焊接面看到的电路板

然后安装三极管、半固定电阻器、电阻器、继电器、电容器等元器件，焊接上排针。要注意三极管和电解电容器的极性。继电器只要是 3V 的，选择其他型号也是可以的，只是厂家和产品不同，引脚排列会有不同，要注意这一点。

■ 组合

首先安装齿轮箱，这里用的是一套 TAMIYA 生产的四速曲轴齿轮箱。这个齿轮箱支持选择四级齿轮比，因此将齿轮比调成了 1543:1，这样可以放缓动作。安装两个齿轮箱，因为是安装在相同方向上，因此左右轴出来的方向是不同的。

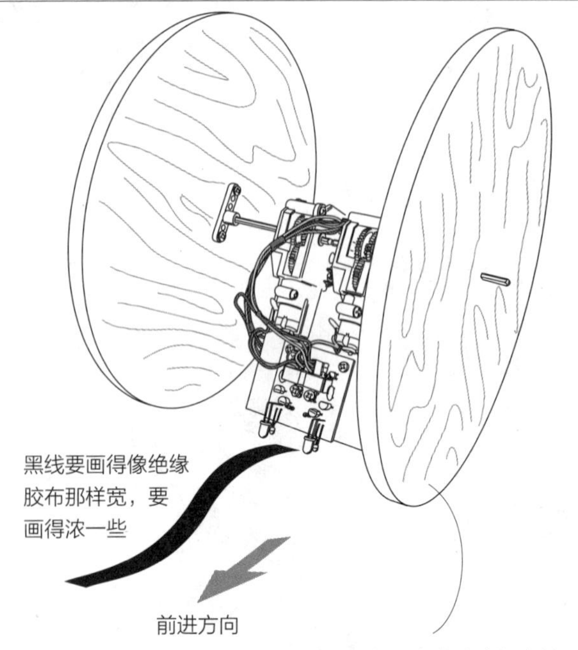

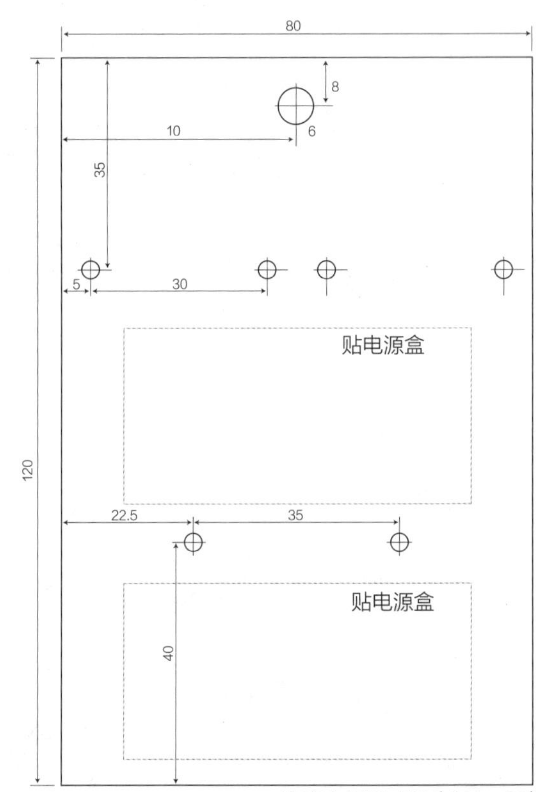

亚克力板尺寸图（3mm 厚）

底盘用 3mm 厚的亚克力板制作，将电路板和齿轮箱装在这上面。将两个电路用的拨动开关装在齿轮箱之间，用泡棉双面胶将电池盒贴在背面，分别进行布线。将电容直接焊接在电动机上，将装好了 2P 连接器的导线进行焊接。将电池盒和开关连接起来，连接时不要弄错。安装 3P 连接器。这些都做完后，将连接器插到排针上。用钢丝锯将 9mm 厚的胶合板加工成直径为 230mm 的圆形，作为车轮，在中央开孔，孔的大小要满足能将齿轮箱的轴放进去。最后将齿轮箱的附件曲柄座安装在车轮上，这样就做好了。

■ 使用方法

仔细检查布线和电路板，看是否有错误或接触到其他部分的地方。打开开关，照明用的 LED 和电源用的 LED 就会发亮，电动机发出声音并开始转动。提前在大白纸上画上黑线，在这种状态下调整传感器的灵敏度。调整到机器主体一直到纸的最边缘，在黑线处反转。做完以后，实际动动看一下。把主体放到纸上，让线位于传感器之间，两个车轮之间的驱动部分应该是“吱呀吱呀”地响，车轮会动起来。

这跟环境也有关系，有一种调节灵敏度的方法，就是用遮光罩限制传感器部分。

让沿线追踪器动作好的要领是将线画得粗一些，以使传感器更容易感知到，或者是将转弯角度做得平缓。另外，速度设定得不快也是实现正确感知的要领，但是这次追踪器本身是摇晃的，有可能运动得不是那么顺利，但是只有两个轮动作，本身就显得很可爱。

小对讲机

微型内部对讲机

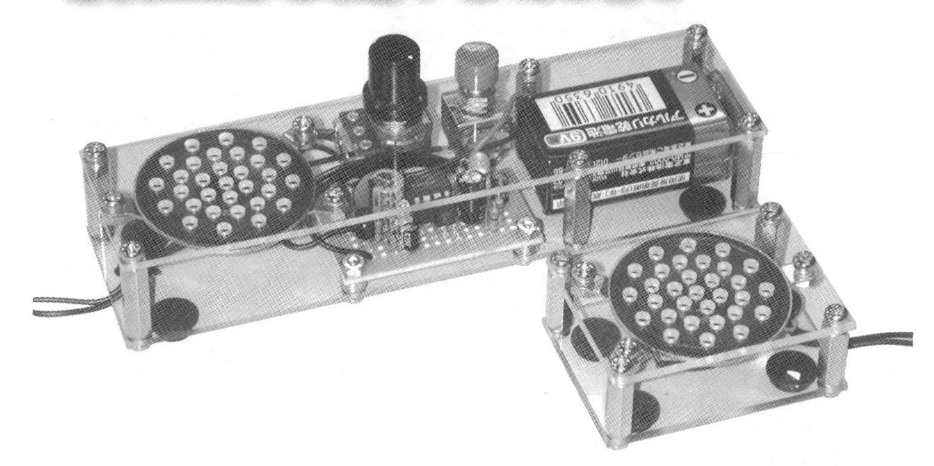

在不同的房间之间或在门外面与房间内的人通话时，经常用到的设备是对讲机。这是一种有线设备，因此一定是要用到电话线的，但是和电话不同，它不是由通信公司提供服务，不需要花电话费。可以自己制作一个试一下，根据不同用途，它可以成为非常实用的工具。比如分别设置在一楼的厨房和二楼的房间内，可以立即询问饭做好了没有。如果家中有婴儿的话，设置在婴儿所在的房间，如果婴儿哭了，马上就能听到婴儿的哭泣声。也可以作为间谍游戏中的道具。

这次的电路也很简单，扬声器选用的也是小型的，体积很小。根据使用方法不同，可以带来很多乐趣。

■ 结构

几乎所有对讲机都是由母机和子机两部分组成。由麦克风接收子机信号，通过母机听到，通过按钮进行转换，反过来也可以。但实际上几乎是不用麦克风的，而是将扬声器兼作麦克风使用。这样元器件数量少，能构成一种高效的回路。

一般的电动扬声器是让电流流向磁场中的

元器件表

音频用功率放大器 :LM386	1 个
IC 插座 :8P	1 个
三极管 :2SC1815	2 个
电解电容器 :220 μF 16V	1 个
:100 μF 16V	1 个
:10 μF 16V	2 个
陶瓷电容器 :0.001 μF(102)	2 个
:0.047 μF(473)	1 个
电阻器 :10Ω 1/4W(色带 : 茶黑黑金)	2 个
:330Ω 1/4W(色带 : 橙橙茶金)	2 个
:2kΩ 1/4W(色带 : 红黑红金)	1 个
:1MΩ 1/4W(色带 : 茶黑绿金)	1 个
可变电阻器 10kΩ & 旋钮	1 组
扬声器 : 8Ω(ϕ40)	2 个
扬声器五金件	6 个
按钮开关 : 双回路瞬时	1 个
LED:ϕ3	1 个
LED:ϕ5	1 个
万能板 : 切断成 8 × 15 孔	1 张
电池 & 电池扣 :006P(9V)	1 组
亚克力板 :2mm 厚	参照尺寸图
隔离柱 : 双内螺纹 20mm	6 个
: 双内螺纹 15mm	4 个
: 无螺纹 3mm	2 个
螺钉 :M3 × 6mm	26 个
:M3 × 10mm	2 个
螺母 :M3	8 个
橡胶脚垫 :9 个	9 个
布线用导线、焊锡少许	

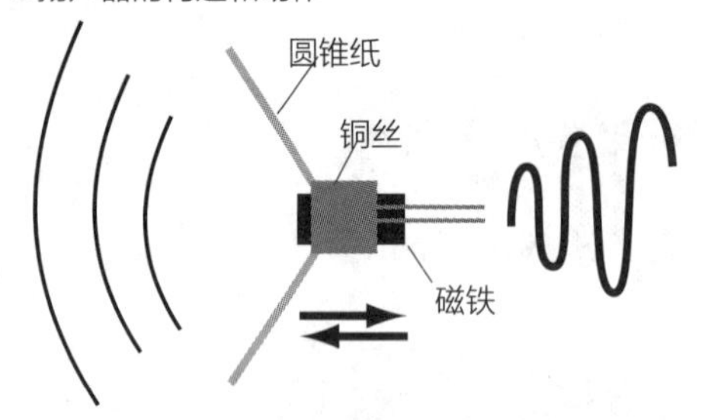

电流流过铜丝，铜丝就和电流波形配合动作，圆锥纸让空气振动（声音）

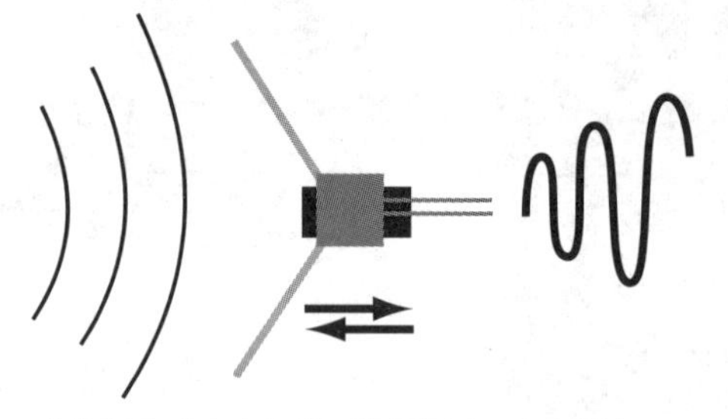

空气振动（声音）使圆锥纸振动，在铜丝上产生和振动同样波形的电流

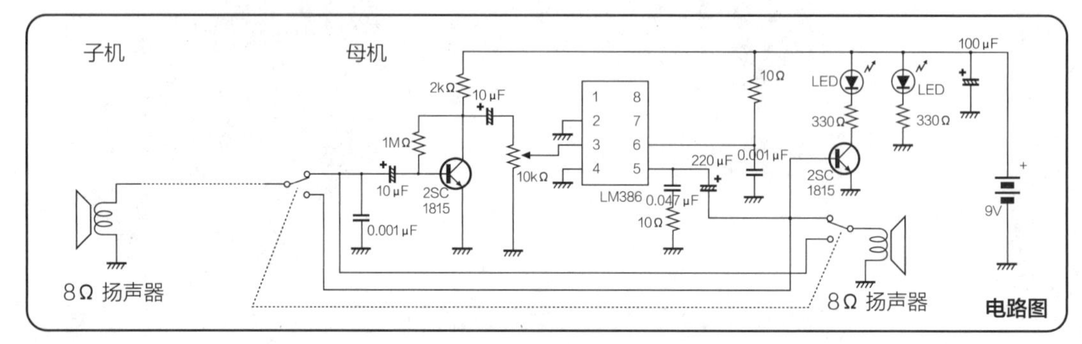

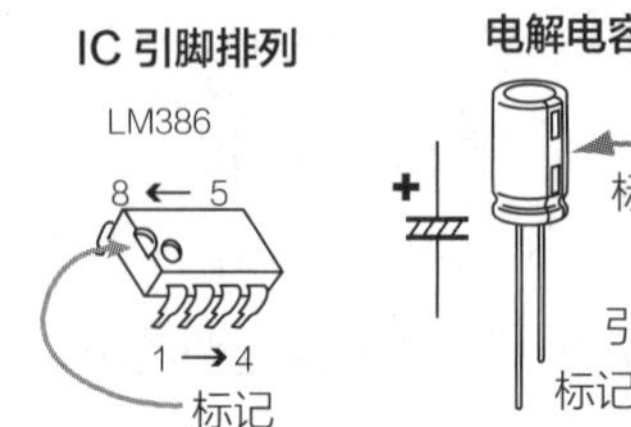

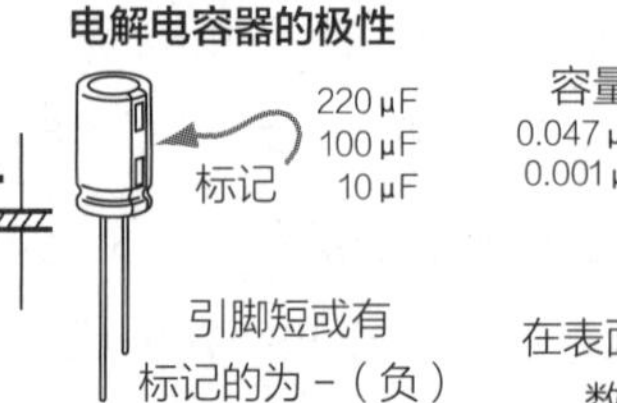

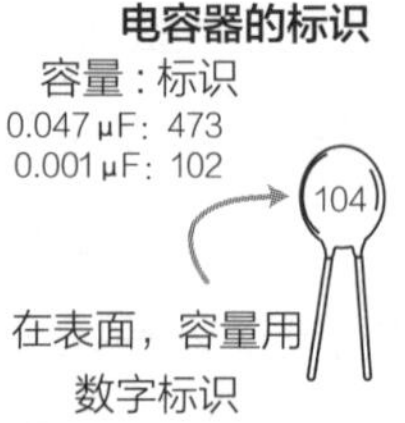

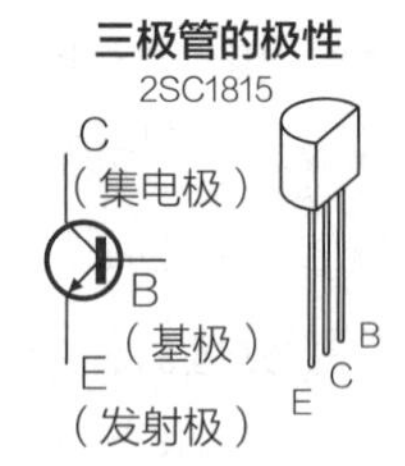

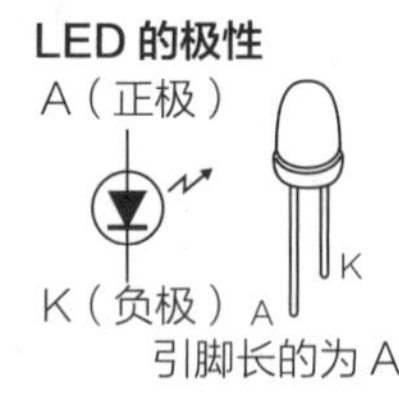

铜线而使铜线动起来，进而通过锥形纸使空气振动，转换成声音。电动麦克风则是反过来，由振动板接收空气振动，让磁场中的铜丝振动而产生电流，也就是说构造是完全相同的，因此扬声器是可以兼作麦克风使用的。

将母机连接上麦克风，将子机接收到的声音信号放大，通过母机的扬声器转换回声音信号，通过双电路中用的按钮开关改变母机和子机扬声器的连接，进行麦克风功能和扬声器功能的转换，通过这个转换，可以实现相互通信。

■ 电路

将通过子机麦克风功能得到的声音信号用三极管放大，输入 LM386 中。LM386 的特点是小型，低电压动作，通过电池电源就可以使扬声器响起，是一个很宝贵的声音放大器 IC。将 2 号引脚作为负端（- 连接）的时候，以此为基准将输入 3 号引脚的信号放大，输出到 5 号引脚。从 5 号引脚出来的输出通过电容器再通过扬声器将声音再生。除了扬声器以外，这个输出还输入三极管的基极，使一个 LED 发光。这样有人说话时 LED 就会亮起，简单明了。

母机和子机使用按钮式双电路瞬时开关进行转换。看看电路图就可以明白，将两个扬声器打开和关闭，以进行输入和输出的转换。

这些电路都集成在 8×15 孔的小电路板上，因为还有空间，所以在电路板上加了一个 LED 作为电源指示灯。

■ 组装

将纵向 15 个孔的万能板切断，制作成 8×15 孔的万能板，切口用砂纸打磨整齐。首先将 IC 插座装上，这会成为安装其他元器件

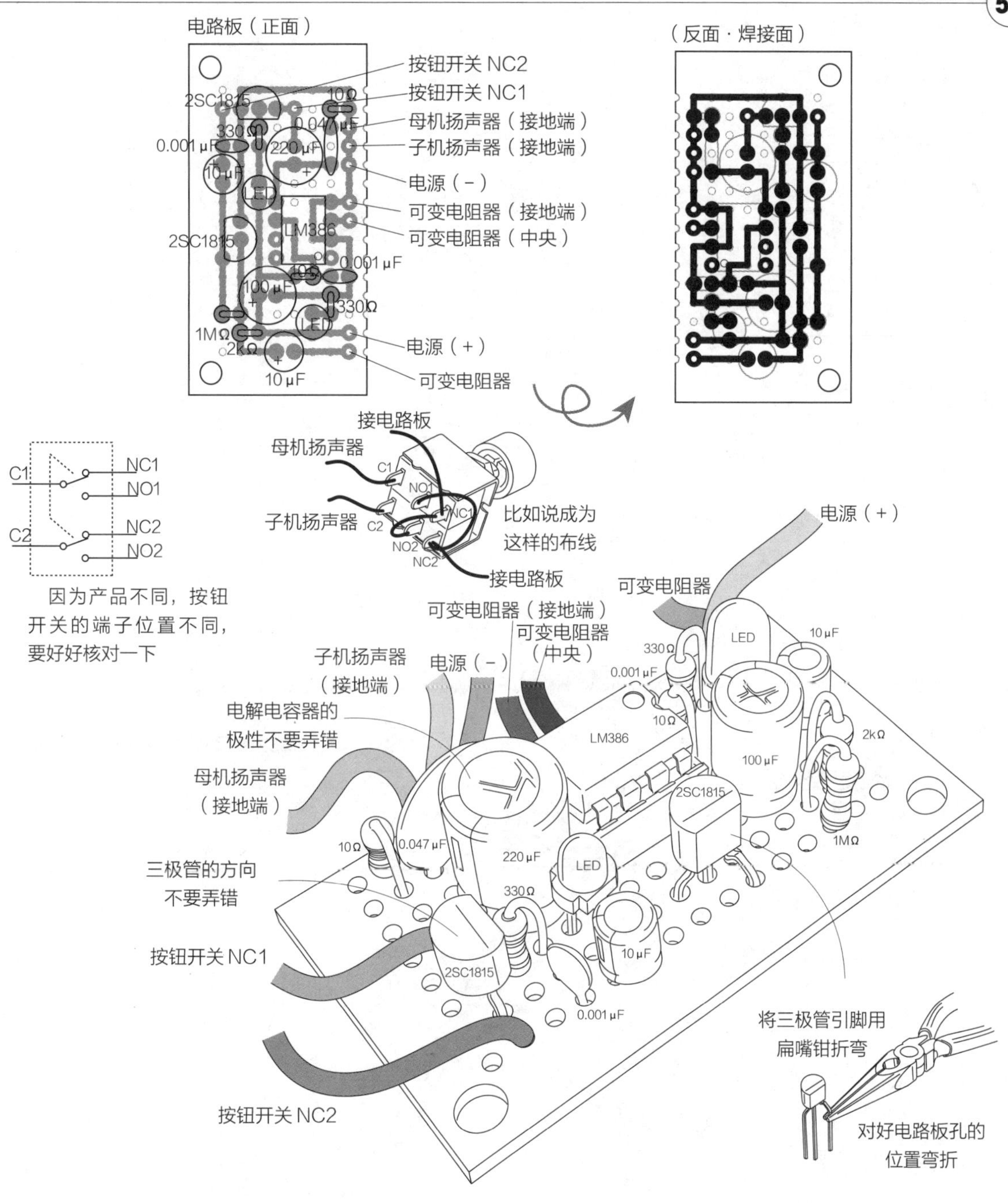

的参照物。继续将其他元器件陆续安装上，注意电解电容、三极管、LED 等元器件是有极性的，要注意方向。另外，要将三极管基极的一个引脚向不同方向折弯，预先用扁嘴钳弯折好。电阻器是立着安装的，因此也要预先将引脚折好。只要元器件的位置和方向没有弄错，安装就会很简单。考虑到电路板的空间，这次的 LED 一个用了 ϕ3 型，一个用了 ϕ5 型，可以根据个人的喜好选择。

按顺序安装后，确认一下布线有没有错误，然后将 LM386 装到插座上，这时要注意不要把引脚位置弄错。

■ 组合

在母机上装入电路板、扬声器、电池等元器件，子机上只装上扬声器。先参考着图将亚

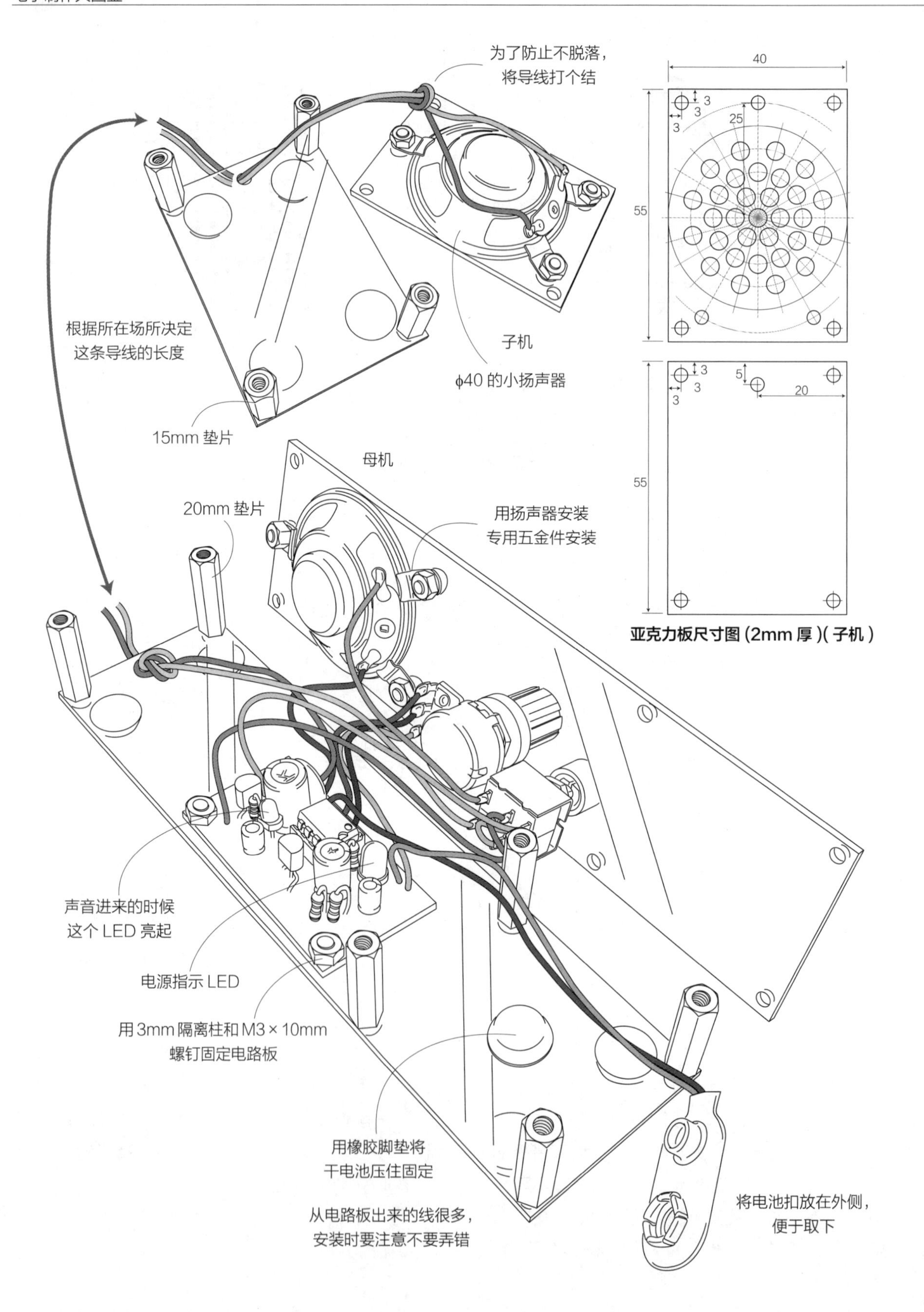

亚克力板尺寸图（2mm 厚）（子机）

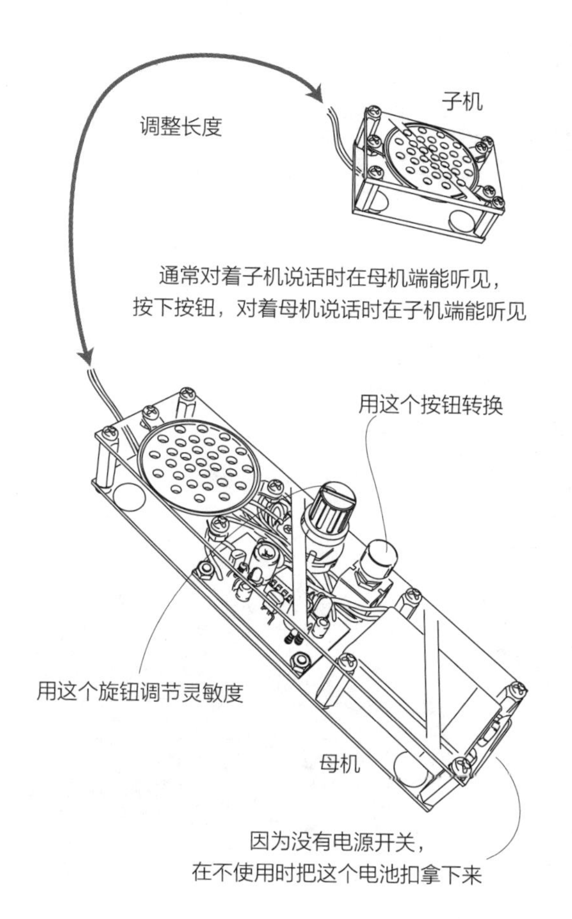

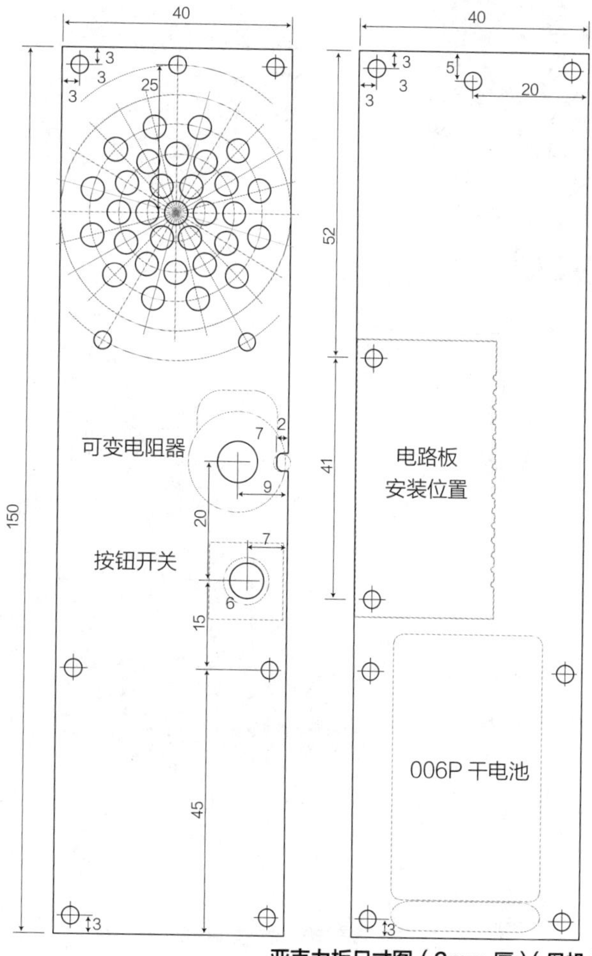

亚克力板尺寸图（2mm 厚）（母机）

克力板切断，开好安装元器件所用的孔。

使用 ϕ40 的扬声器使整体小型化，用三个安装五金件固定住。将子机导线穿过背面的孔，打一个结防止导线脱落，焊接在扬声器上，用 15mm 隔离柱固定住，加上橡胶脚垫，子机就做好了。

母机中除了扬声器外，将可变电阻器、按键开关安装上再进行布线，注意不要把各个元器件弄错。和子机一样，将导线从背面亚克力板孔中穿过，打一个结，向电路板布线。看着开关端子进行布线，使按键开关部分的双电路可以转换。电池扣安装完以后，将橡胶脚垫贴在背面。电池是用一个橡胶脚垫和亚克力板夹住固定的，用上 20mm 的隔离柱正好合适。

■ 使用方法

仔细检查布线和电路板，看是否有错误或接触到别的地方。这次没有装开关，因此直接将电池扣插上电源就是 ON 状态了。可以根据需要加上开关。ON 状态下电源用的 LED 将亮起。对着子机说话，从母机端应该听得见这个声音，另一个 LED 也会配合声音亮起。听不见声音或出现异响的时候（发出“哔—”的声音），就旋转一下可变电阻器旋钮，调节灵敏度。如果不起作用，就拿掉电池，再次进行确认。

根据使用方法的不同，这类装置可以用在多种地方，可以多想想哪些地方能用，会很有意思。

No. 51

制作并享受声音

与指尖的轻快节奏合拍

指尖打击乐器

经常会有这种现象：没有什么特别的理由，就会哼唱起突然想起来的旋律，熟悉的旋律飘过时，就会不自觉地用手指去打拍子。身体会无意识地对音乐产生反应是不可思议的，但这也正是音乐的力量。仅仅用食指“咚咚”地敲打桌子也能奏出各种节奏，这可能是最简单的“乐器”了。

既然用到手指了，就想着用其他小电器取代桌子，如果能发出声音，会更有意思，于是做了一个用指尖敲打就发出声音的简单乐器。当然不局限于手指，用正规的槌敲打也可以，轻松随意，只要是小型的、敲击时能够发出声音的物体就可以。

元器件表

三极管 :2SA1472 ……… 1 个　2SC2120 ……… 2 个
:2SA1015 ……… 1 个　2SC1815 ……… 1 个
电解电容器 :220 μF 16V ……… 1 个
:10 μF 16V ……… 2 个
:3.3 μF 16V ……… 2 个
:1 μF 16V ……… 1 个
电阻器 :1MΩ 1/4W(色带 : 茶黑绿金) ……… 1 个
:5.1kΩ 1/4W(色带 : 绿茶红金) ……… 1 个
:2kΩ 1/4W(色带 : 红黑红金) ……… 1 个
:1kΩ 1/4W(色带 : 茶黑红金) ……… 1 个
二极管 :1N4002 ……… 1 个
可变电阻器 10kΩ 和旋钮 ……… 2 组
万能板 :15×7 孔 ……… 1 张
压电蜂鸣器 ……… 1 个
扬声器 : 8Ω ……… 1 个
电池盒 & 电池扣 :4 个 3 号电池用 ……… 1 组
3 号电池 ……… 4 个
螺钉 :M3×6mm ……… 11 个　M3×6mm ……… 2 个
:M2×6mm(埋头螺钉) ……… 2 个
螺母 :M3 ……… 5 个　M2 ……… 2 个
隔离柱 :M3 双内螺纹 25mm ……… 4 个
:M3×2mm ……… 2 个
扬声器安装五金件 ……… 3 个
亚克力板 ……… 参照尺寸图
橡胶脚垫 ……… 4 个
橡胶板 ……… 1 张
泡棉双面胶、镀锡铜线、布线用导线、焊锡少许

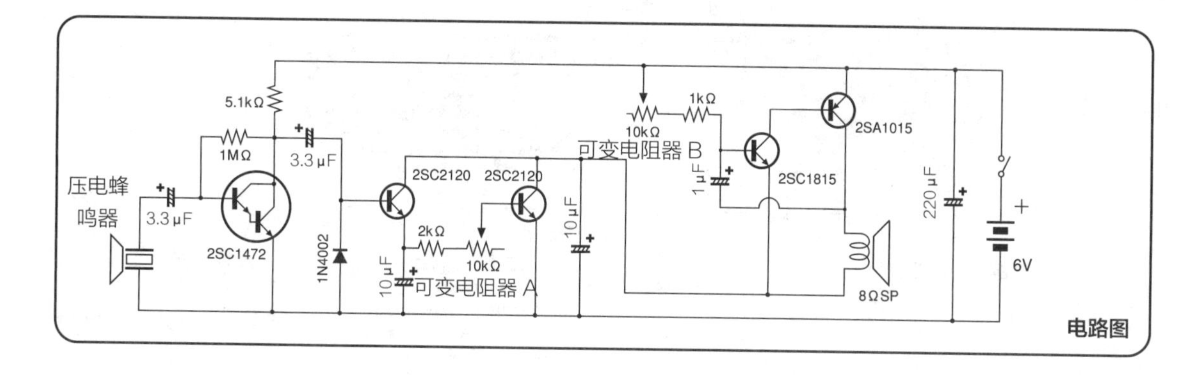

■ 结构

首先要想配合“咚咚”的敲击发出声音来，就需要“咚咚”声像开关一样使电路能打开或关闭。为此单纯使用开关也可以做到，但这样不太好玩，就使用了对“咚咚”声有反应的传感器。这里用的是压电蜂鸣器，作为读取指尖振动的传感器使用。

压电蜂鸣器的压电元件加在两张金属板中间，这个压电元件有加上电压时会稍微变形的特性，通常是作为蜂鸣器和振荡电路配合使用的，但反过来可以通过振动将电压高低读取出来，因此可以作为传感器使用。将通过这个传感器得到的信号放大，使振荡电路打开或关闭，发出声音来。

■ 电路

从作为传感器的压电蜂鸣器出来的信号，通过三极管 2SC1472 被大幅度放大。这个三极管是在一个封装中将两个三极管做了达林顿连接，其特征是放大率大。

下一步通过两个三极管达林顿连接再次进行放大，但是在这两个三极管之间接上电容器和电阻器来控制声音的长度，是一个在传感器发生反应时将流过的电流向电容充电，通过电阻器放电的电路。这个电阻值大的话，放电就会很慢，声音就会拖得很长。电阻器和可变电阻器配合起来使用，可以将声音自由地进行调节。最后通过三极管 2SA1015 和 2SC1815 组成的间歇性振荡电路发出声音，使用可变电阻器调节振荡频率，使音程可以改变。

■ 组装

开始就将 15×15 孔的万能板切断成一半，做成 7×15 孔的电路板。将各个元器件组装到这个小的电路上。从小元器件开始组装更容易操作，但因为除 220μF 电解电容器以外的元器件都不再改变，这样从一端开始组装也是可以的。好好看着电路图，确认连接情况并进行安装。只要注意三极管、电容器、二极管的极性，不要把位置和方向弄错，就没有特别难的部分了。三极管外观相同但是有四个种类，要核对着标识注意不要弄错。

■ 组合

将两块亚克力板用隔离柱夹住，在中间放入电路板、电池、扬声器，做成一个夹层结构。按图加工亚克力板，将电路板用 2mm 隔离柱安装到背面，用泡棉双面胶将电池盒贴在背面。在正面安装上扬声器、电源开关、可变电阻器等元器件，将压电蜂鸣器用 M2 埋头螺钉固定在刚好接触到电池盒上面部分的内侧。这一部分用指尖敲击就会发出声音。固定好了以后，将橡胶板切断贴上，这样在敲击的时候就不会在亚克力板上留下敲击痕迹。

将元器件固定以后看着从电路板出来的导线长度进行焊接就可以了。

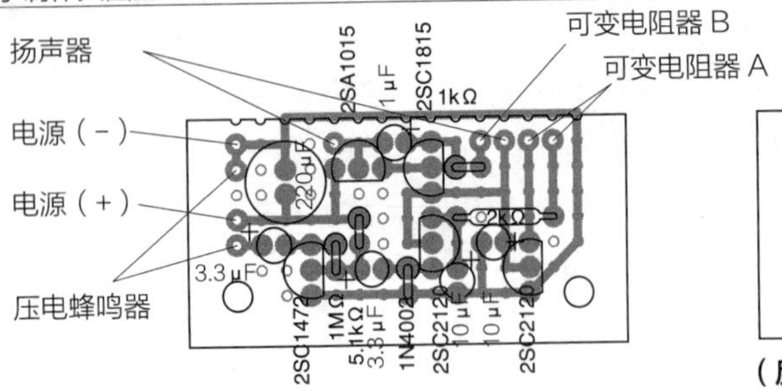

扬声器
电源（－）
电源（＋）
压电蜂鸣器
可变电阻器 B
可变电阻器 A
2SA1015
1μF
2SC1815
1kΩ
220μF
2kΩ
3.3μF
2SC1472
1MΩ
5.1kΩ
3.3μF
1N4002
2SC2120
10μF
10μF
2SC2120

电路板（正面）

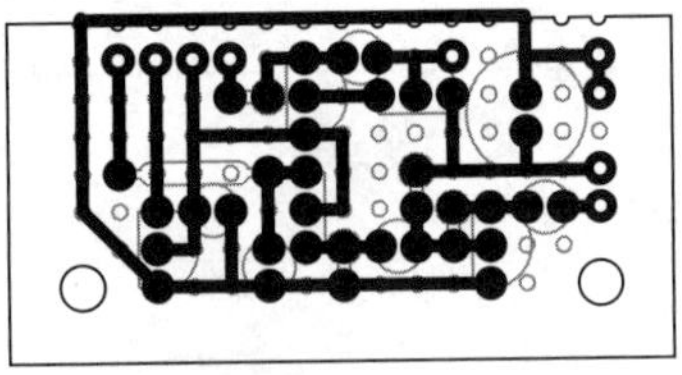

（反面 · 焊接面）

二极管的极性

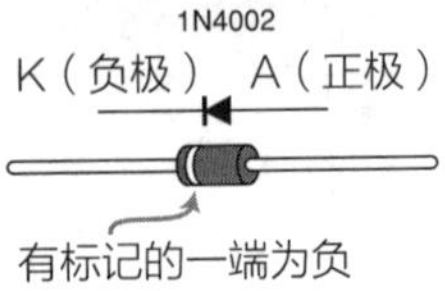

1N4002
K（负极） A（正极）
有标记的一端为负

三极管的极性

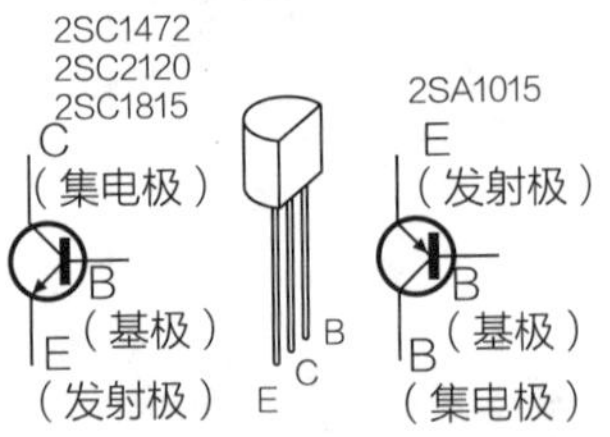

2SC1472
2SC2120
2SC1815
C（集电极）
B（基极）
E（发射极）
B
E C

2SA1015
E（发射极）
B（基极）
B（集电极）

电解电容器的极性

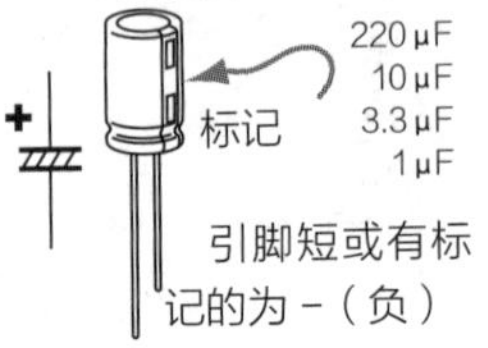

220μF
10μF
3.3μF
1μF
标记
引脚短或有标记的为－（负）

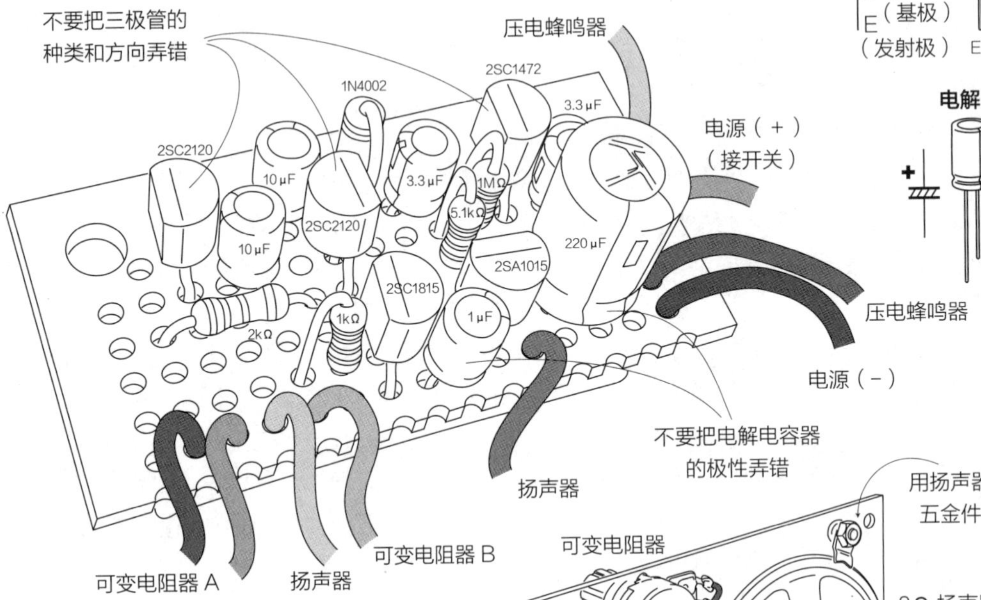

不要把三极管的种类和方向弄错
压电蜂鸣器
2SC1472
1N4002
3.3μF
2SC2120
10μF
3.3μF
1MΩ
5.1kΩ
10μF
2SC2120
220μF
2SA1015
2SC1815
1μF
1kΩ
2kΩ
电源（＋）（接开关）
压电蜂鸣器
电源（－）
不要把电解电容器的极性弄错
扬声器
可变电阻器 A
扬声器
可变电阻器 B

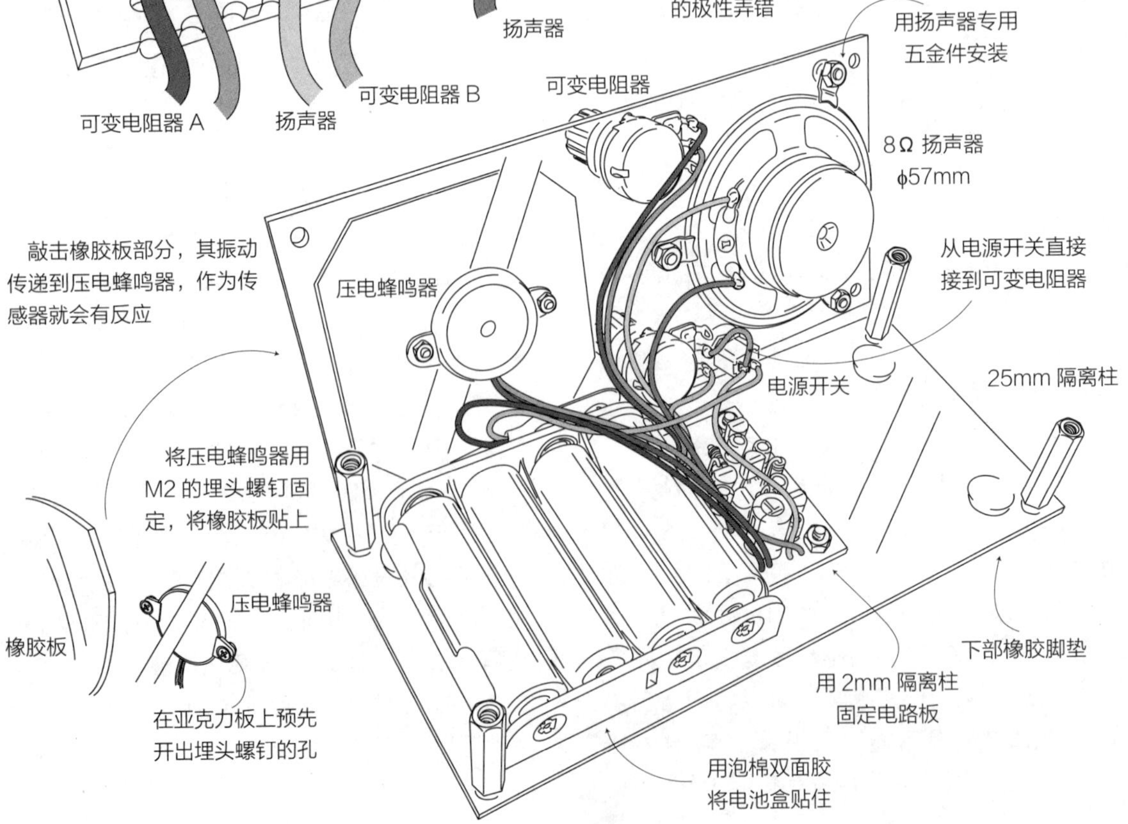

用扬声器专用五金件安装
可变电阻器
8Ω 扬声器 ϕ57mm
敲击橡胶板部分，其振动传递到压电蜂鸣器，作为传感器就会有反应
压电蜂鸣器
从电源开关直接接到可变电阻器
电源开关
25mm 隔离柱
将压电蜂鸣器用 M2 的埋头螺钉固定，将橡胶板贴上
压电蜂鸣器
橡胶板
在亚克力板上预先开出埋头螺钉的孔
下部橡胶脚垫
用 2mm 隔离柱固定电路板
用泡棉双面胶将电池盒贴住

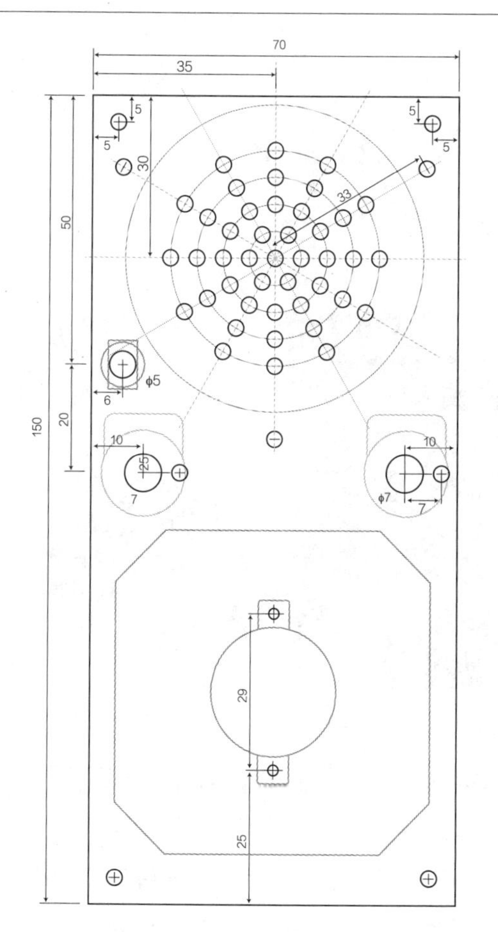

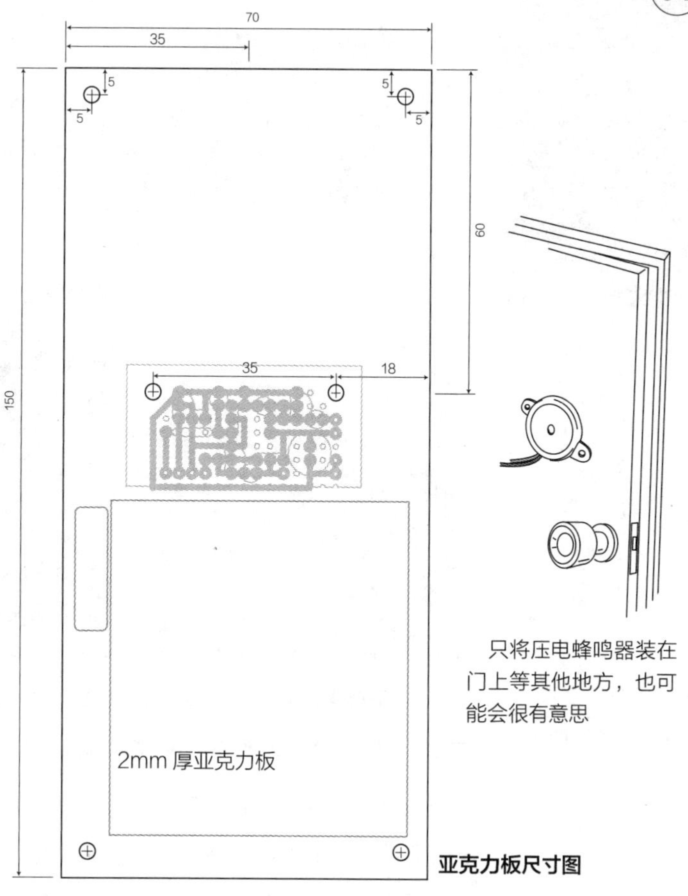

只将压电蜂鸣器装在门上等其他地方，也可能会很有意思

亚克力板尺寸图

■ 使用方法

好好看看布线和电路板，是否有错误或接触到别的地方。接上电源开关，在压电蜂鸣器附近（橡胶板上）“咚咚”轻敲，扬声器应该会发出声音来。如果能配合手指敲击的“咚咚”声顺利发出声音就成功了。旋转可变电阻器旋钮，改变音程或声音长度，可以进行各种尝试。如果没有任何声音，就将电源切断，再次进行确认。

可以做上几个类似本制作的指尖打击乐器，改变音程，像敲大鼓那样演奏。只将压电蜂鸣器取出，装在门上，敲门时所发出的声音也可以提醒人们注意。放在桌子上，心情烦闷时开始“咚咚”地敲几下，也许心情会平静下来。

为了能将这些元器件集中在一个壳体里面，将扬声器和传感器配置在同一块亚克力板上，扬声器发出的声音（振动）由传感器接收到，有时会发出蜂鸣声。在这种情况下，为了调低电压，将 4 个电池改成 3 个，找个东西压住亚克力板，将传感器和扬声器分别收入各自的壳体里面，就可以避免这种现象。

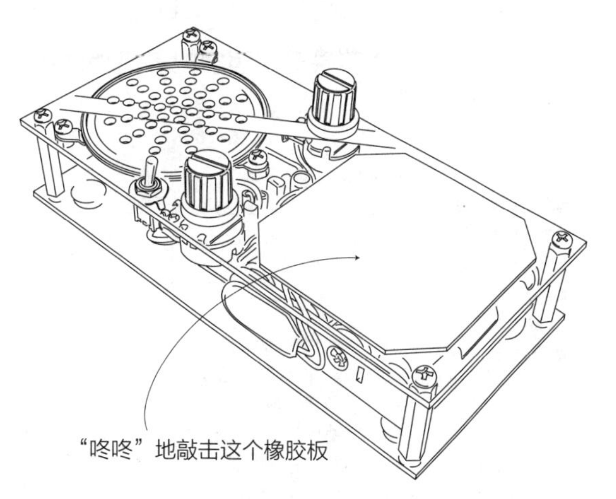

No.
52

光和影运用自如

暗下来后就会亮

边缘照明标识灯

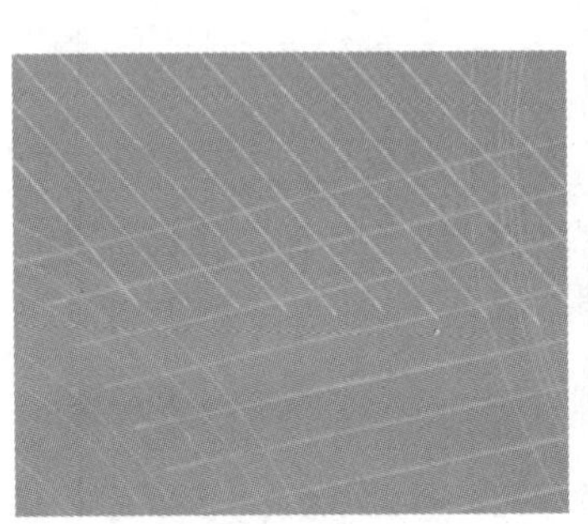

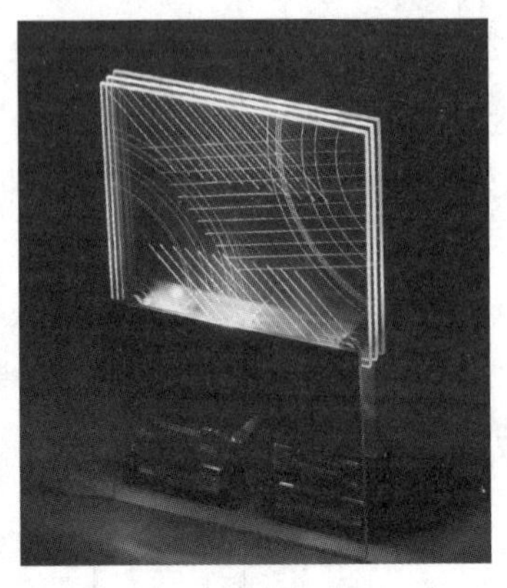

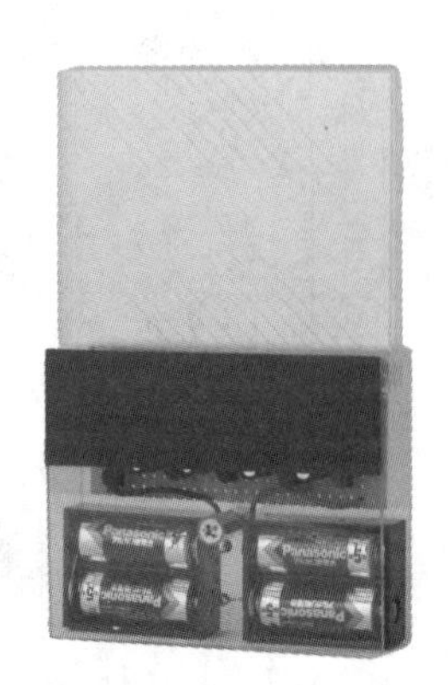

在黑暗的地方如果没有灯光的话什么都看不见。晚上在黑暗中摸索着去卫生间会让人感觉很不舒服，一旦绊倒了还可能受伤。如果不知道灯的开关在哪里，还有可能从楼梯上摔下来，很危险。为此，让我们做一个可以作为标记的小灯吧，光线暗下来时就自动亮起，并且各种颜色闪闪发亮，很是醒目，也很有意思。这个灯也是使用 LED 制作的，用小型电池控制功耗，可以长时间亮着。另外，灯光也不是直接照射的，而是使用透明亚克力板边缘实现照明效果，做出来很时尚。

元器件表

元器件	数量
三极管 :2SC1815	5 个
电解电容器 :100 μF 16V	4 个
LED: 高亮度 (喜欢的颜色)	4 个
电阻器 :510kΩ 1/4W(色带 : 绿茶黄金)	1 个
:390kΩ 1/4W(色带 : 橙白黄金)	1 个
:200kΩ 1/4W(色带 : 红黑黄金)	1 个
:150kΩ 1/4W (色带 : 茶绿黄金)	1 个
:200Ω 1/4W (色带 : 红黑茶金)	2 个
:75Ω 1/4W (色带 : 紫蓝黑金)	2 个
半固定电阻器 : 100kΩ	1 个
CdS: 小型的	1 个
万能板 : 切断成 25×11 孔	1 张
电池盒 :2 个 5 号电池用	2 组
5 号电池	4 个
螺钉 :M3×6mm	2 个
:M3×20mm	2 个
螺母 :M3	2 个
隔离柱 :M3 双内螺纹 20mm	1 个
:M3 2mm	8 个
亚克力板	参照尺寸图
黑色黏结纸	少许
镀锡铜线、布线用导线、焊锡少许	

■ 结构

对透明亚克力板、塑料板一端的边缘用光线照射时，光会向板子内侧扩展，在有划痕的地方和边缘部分，由于反射率改变，会显示出明亮的光。这称为边缘照明效果，在液晶显示背光源和装饰性显示器等中经常用到。光在透明物体内折射的同时向前推进，从这个意义上来讲和传送大容量信息的光纤原理是一样的。

这次使用了边缘照明效果的标识灯，不只是单纯地闪烁发光，还兼具造型美感。

在亚克力板上画出适当的花纹，用针在花纹表面扎出痕迹，从这个地方投出光。可以是几何学的图形，也可以画自己的形象，总之画出自己喜欢的图案，让其发光。

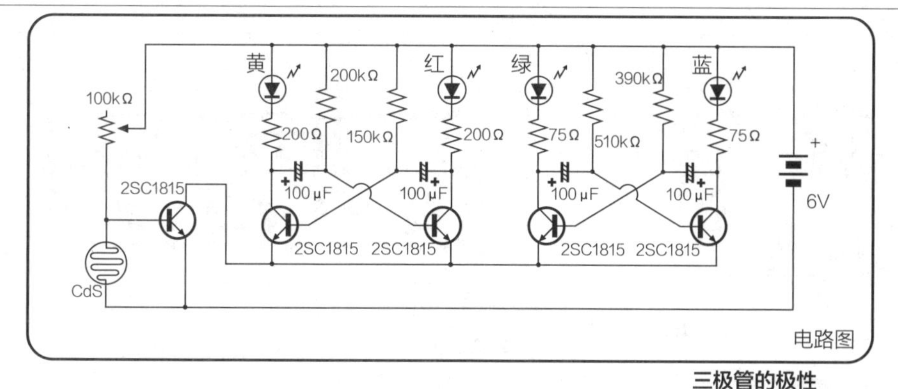

电路图

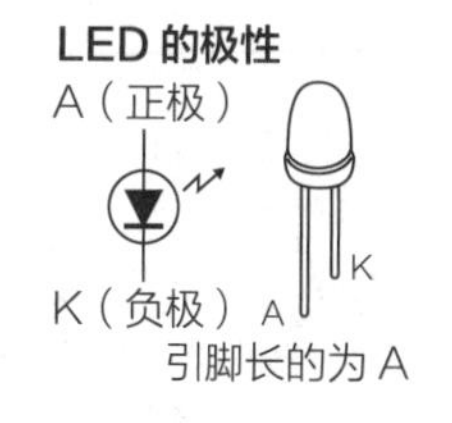

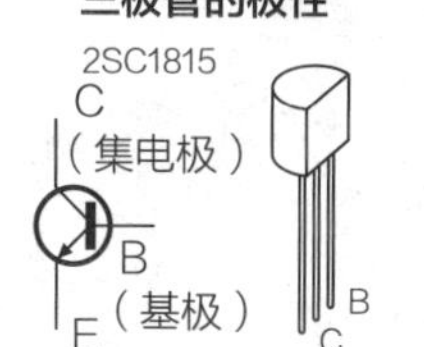

LED 的极性

A（正极）

K（负极）

A K

引脚长的为 A

■ 电路

用两个三极管做成非稳态多谐振荡器电路，将两个这样的非稳态多谐振荡器电路组合起来的简单电路，就是让LED闪烁的电路。非稳态多谐振荡器电路用图画出，就是左右对称排列元器件，电容器分别反复进行充电和放电，从而产生振荡。闪烁速度根据电容容量和三极管上所连接的电阻器发生变化，这次是缓慢闪烁的，因此使用了大容量电容器。这次合计是要让4个LED发亮，所以需要两个这样的电路。为了提高边缘照明效果，使用了高亮度、超高亮度的LED，根据LED型号不同也会有些区别，但一般都是蓝、绿、白之类的颜色，额定电压是3.5V左右，红色和橙色的额定电压是2V左右，串联连接起来电阻值也会变化。

为了让这些电路在暗下来时动作，通过CdS检查明亮度，通过三极管让整个电路打开或关闭。

■ 组装

将25×15孔的万能板切断，做成25×11孔的电路板。将每个元器件装到这个电路板上。从小元器件开始安装容易看明白，但是只要位置和方向没有错误的话，也可以不用太在意安装顺序。特别是电阻器种类比较多，最好从一端按顺序核对着元器件安装。三极管、电器容、LED是有极性的，要注意不要弄错。

在距离LED头部封装部位2mm左右的地方将LED引脚折弯，在距电路板6～7mm的位置进行焊接。这是为了将光线打在亚克力板上时可以调整角度。另外，要注意LED在电路板左右两边的安装方向是不同的。

■ 组合

电路板做好以后加工亚克力板，按图将亚克力板切断。电路板部分用的是埋头螺钉，在开好孔以后要做出埋头部分。先将电源用导线焊接到电路板上，然后用两个螺钉临时固定住，在中央部位安装20mm隔离柱。用泡棉双面胶贴住5号电池盒，这时将端子部分朝向内侧。电池盒下面的各个端子正好是正极和负极，焊接串联起来。上部端子分别焊接在从电路板引出来的电源导线上。

显示灯光的亚克力板同样是四方形的，当然也可以改变形状试一下，可能会很有意思。将固定用的孔开好以后，用针扎出痕迹来，这部分就是发光的部分，也可以画出自己喜欢的花纹和画。

显示部分做好以后，用螺钉固定住，这个制作就完成了。

■ 使用方法

好好看看布线和电路板，是否有错误或接触到不该接触的地方。放上电池，电源就接上了。房间变暗或者用手指遮住CdS的时候，

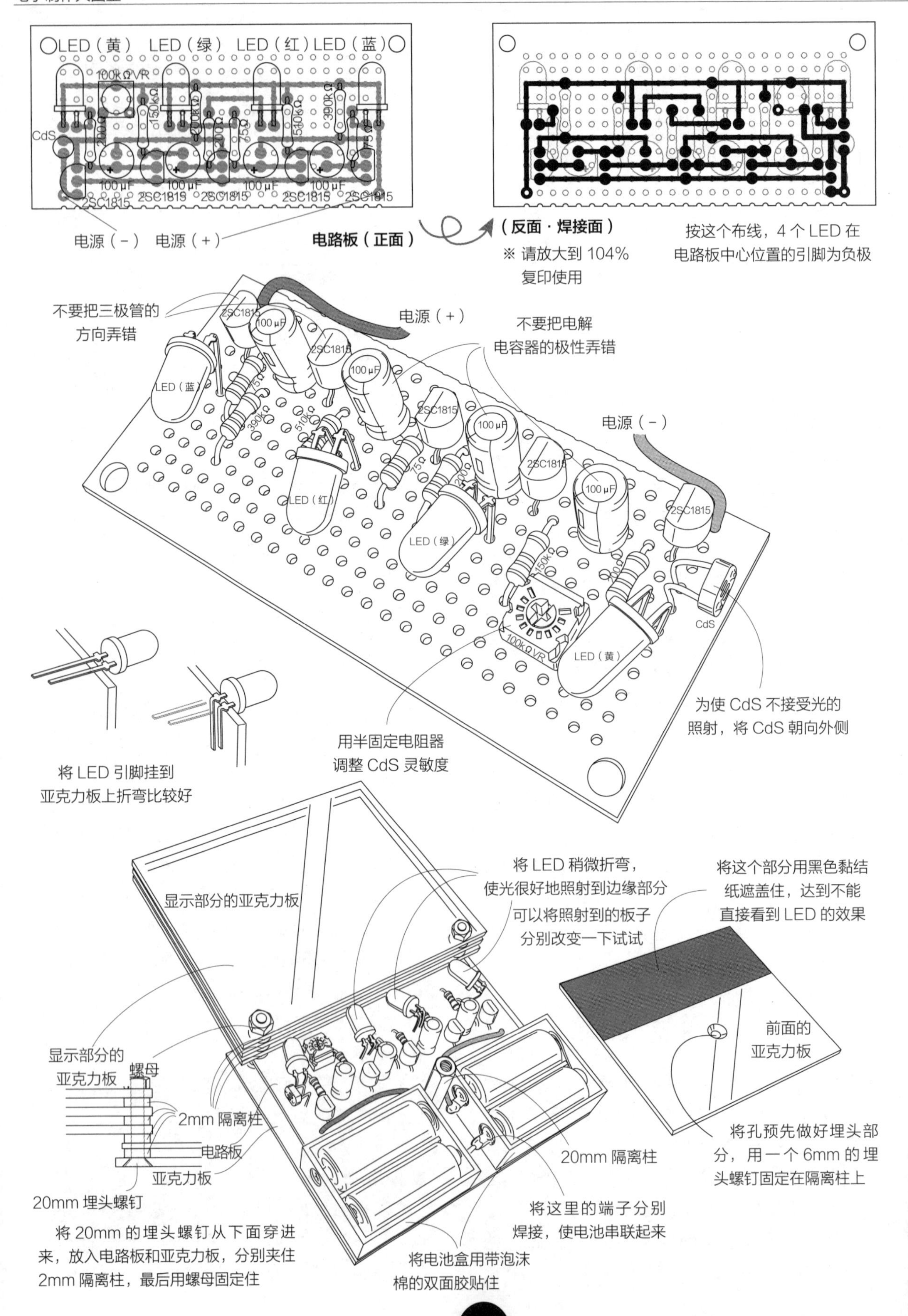
LED（黄） LED（绿） LED（红） LED（蓝）
100kΩVR
CdS
100µF
2SC1815
电源（−） 电源（+）
电路板（正面）
（反面 · 焊接面）
※ 请放大到 104%
复印使用
按这个布线，4 个 LED 在
电路板中心位置的引脚为负极
不要把三极管的
方向弄错
电源（+）
不要把电解
电容器的极性弄错
电源（−）
将 LED 引脚挂到
亚克力板上折弯比较好
用半固定电阻器
调整 CdS 灵敏度
为使 CdS 不接受光的
照射，将 CdS 朝向外侧
显示部分的亚克力板
将 LED 稍微折弯，
使光很好地照射到边缘部分
可以将照射到的板子
分别改变一下试试
将这个部分用黑色黏结
纸遮盖住，达到不能
直接看到 LED 的效果
前面的
亚克力板
显示部分的
亚克力板
螺母
2mm 隔离柱
电路板
亚克力板
20mm 埋头螺钉
20mm 隔离柱
将孔预先做好埋头部
分，用一个 6mm 的埋
头螺钉固定在隔离柱上
将这里的端子分别
焊接，使电池串联起来
将电池盒用带泡沫
棉的双面胶贴住
将 20mm 的埋头螺钉从下面穿进
来，放入电路板和亚克力板，分别夹住
2mm 隔离柱，最后用螺母固定住

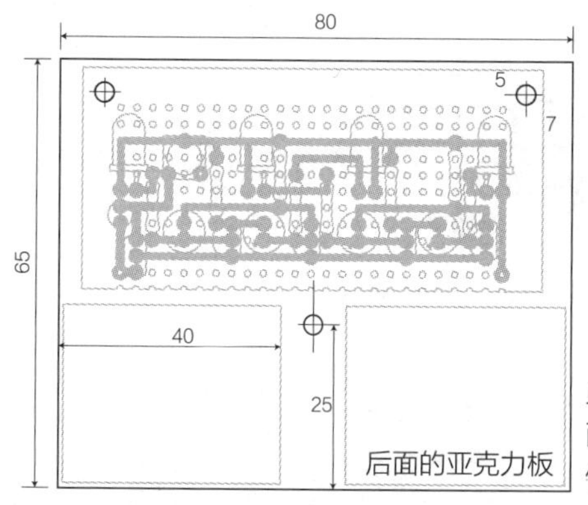

使用埋头螺钉，因此要预先将前面和后面的亚克力板螺纹孔做出埋头部分

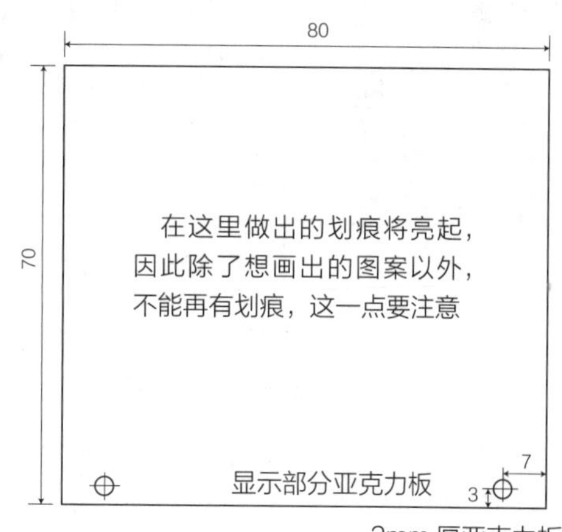

2mm 厚亚克力板

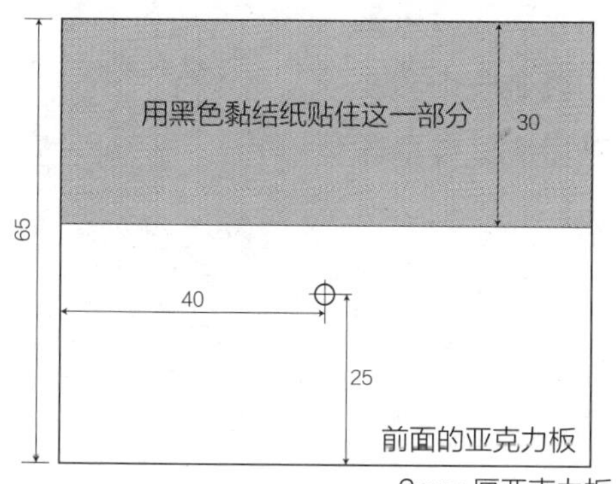

2mm 厚亚克力板

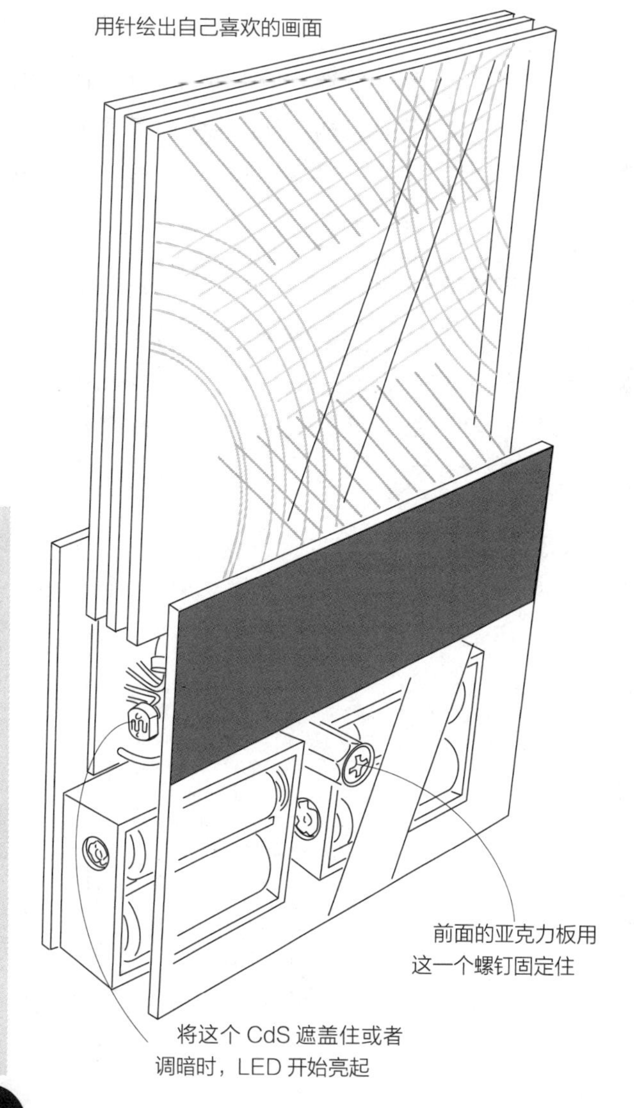

就应该开始亮了。如果没有亮，就用半固定电阻器调整一下灵敏度，调整到开始亮灯时所需要的最佳暗度。但如果没有任何反应，可能就是哪个地方出错了，这时要将电池拿下来再次进行确认。

如果没有问题的话，应该是 4 个 LED 分别开始闪烁。可以直接放在那里，另外因为壳体是用埋头螺钉固定的，也可以用双面胶贴在墙壁上。对于亚克力板上的图案，也可以自己再动动脑筋，这样会更有意思。

这个标识灯可以作为房间内的装饰，不仅仅是用作标识灯，可以考虑各种使用方法，会很有意思。

No. 53

闪光定时

二进制定时器

便利小制作

在思考猜谜游戏的答案或者在等待泡面泡好的时候，如果有个定时器就会很方便，根据定好的时间，定时器可以提示我们时间到了。但是如果到了时间后，定时器只是发出提示音，也很单调无趣，因此我们这次就做一个会发光，并且光随着时间而变化的定时器。说到发光，仅是让排列好的光源顺序亮起来的话，虽然看上去一目了然，但是还是有点平淡无奇，因此，这次使用了二进制法使光源闪烁。尽管二进制下只有亮和灭两种状态，但是如果使用很多光源，看上去就像是在随机闪烁，如果把这些光源整齐地排列起来，也会很有二进制进位的感觉。

闪烁的光也会让人有一种紧迫感。

■ 结构

二进制中每两位为一组时是 4 次脉冲为一周期，每三位为一组时是 8 次脉冲为一周期，以这样的方式每五位一组时就是 32 次脉冲为一周期，因此 5 个手指就可以表示 32 种（0 ~ 31）数字，用一只手只数到 5 的话就太浪费了。

这次是让 12 个 LED 亮起。IC4040 是 12 位二进制串行计数器，就直接用在了这次的电路中。12 位的情况下需要 4096 次脉冲，可以把它做成在设定时间内计数的电路。从输出的第 1 位开始按顺序重复闪烁，同时发光。在

元器件表

元器件	数量
IC:555	1 个
:74HC4040AP(4040)	1 个
:74HC133AP(74133)	1 个
IC 插座 :8P	1 个
:16P	2 个
三极管 :2SC1815	2 个
电解电容器 :470 μF 10V	1 个
:1 μF 16V	1 个
陶瓷电容器 :0.1 μF(104)	1 个
电阻器 :100kΩ 1/4W(色带 : 茶黑黄金)	1 个
:30kΩ 1/4W(色带 : 橙黑橙金)	1 个
:9.1kΩ 1/4W(色带 : 白茶红金)	1 个
:4.7kΩ 1/4W(色带 : 黄紫红金)	1 个
:470Ω 1/4W(色带 : 黄紫茶金)	2 个
:200Ω 1/4W(色带 : 红黑茶金)	24 个
:10Ω 1/4W(色带 : 茶黑黑金)	1 个
LED: 红	12 个
绿	12 个
半固定电阻器 :10kΩ	1 个
3kΩ	2 个
:1kΩ	1 个
旋转开关 :(1 回路 4 接点)	1 个
拨动开关	1 个
按钮开关 : 交替型	1 个
继电器 :G5V-2.5V	1 个
万能板 : 切割成 25 × 30 孔	2 张
扬声器 :8Ω(小型)	1 个
电池盒 & 电池扣 :4 个 3 号电池用	1 组
3 号电池	4 个
螺钉 :M3 × 25mm	4 个
:M3 × 30mm	4 个
隔离柱 :M3 双内螺纹 15mm	4 个
:M3 无螺纹 15mm	4 个
:M3 无螺纹 20mm	4 个
亚克力板	参照尺寸图
泡棉双面胶、镀锡铜线、布线用导线、线束扎带、焊锡	少许

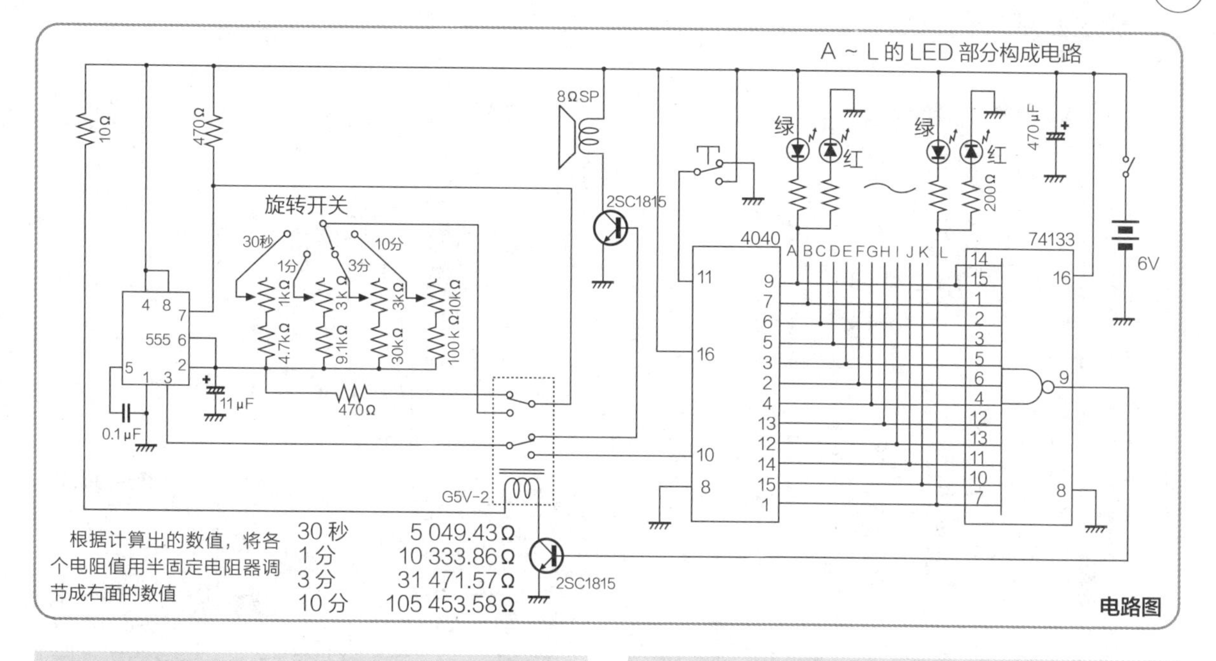

电路图

第 12 位亮起时是第 2048 次脉冲进入的时候，正好是设定时间的一半。12 个 LED 全部亮起时是进来第 4096 次脉冲的时候，这时继电器发挥作用，使蜂鸣器响起。

■ 电路

计量时间的时钟脉冲使用了时基电路 IC 555。3 号引脚为输出，由电源 7 号和 6 号引脚之间的电阻值和 6-GND 之间的电容容量决定周期。这次设定的是分成 30 秒、1 分、3 分、10 分这 4 个周期，用旋转开关进行切换，通过改变这些电阻值，也可以设定其他时间。但是，和钟表上所用的晶体振荡器相比，准确性比较差，而且因电池电源的状况不同也会有很大的误差，不适合长时间应用。定时器 555 也作为蜂鸣器响起时的振荡电路使用，因此会预先驱动继电器，连接到旋转开关上。

将在这里得到的输出输入到二进制串行计数器 IC4040，让 LED 发光。输出为 L（低电平）时是让绿色 LED 发光，输出为 H（高电平）时是让红色 LED 发光。而且通过 13 号引脚输入的 NAN，电路 IC74133 将所有 4040 输出变为了 H 水平时解除继电器驱动，将连接在 555 的 7 号和 6 号引脚之间的电阻固定为 470Ω。这样就成为 1000Hz 左右的振荡，输出也进行切换，使扬声器作为蜂鸣器响起。

■ 组装

使用两块 25×30 孔的万能板。一块是电路主体，一块是 LED 显示部分。安装电路主体时，要看着电路图正确进行布线。元器件数量并不多，但为了让电路板整齐，用了不少跳线。只要不把连接处弄错，很难的地方并不多。

首先对位于 555 下部的跳线进行布线。这部分后边就不能做了，因此要最先布好。然后按顺序焊接电阻器、IC 插座等。电容器、三极管是有极性的，要注意不要弄错。继电器只要是 5V 驱动的就可以，但根据产品不同，有的引脚布线不同，要好好核对着规格进行布线。另外，继电器选用的是适用于双电路的，在购买时需要注意。

LED 显示用电路板是将 24 个 LED 像沙漏一样排列起来，因此接在各个 LED 上的电阻器位置比较复杂，要好好核对，注意不要弄错。当然并不局限于这种形状，只要布线没弄错，也可以是将 LED 排列成直线或圆形形状。两种方法都是在印刷电路板做好以后，将导线焊接在 LED 显示板的下部端子 (A ~ L、端子、GND) 上，将两块印刷电路板用隔离柱临时

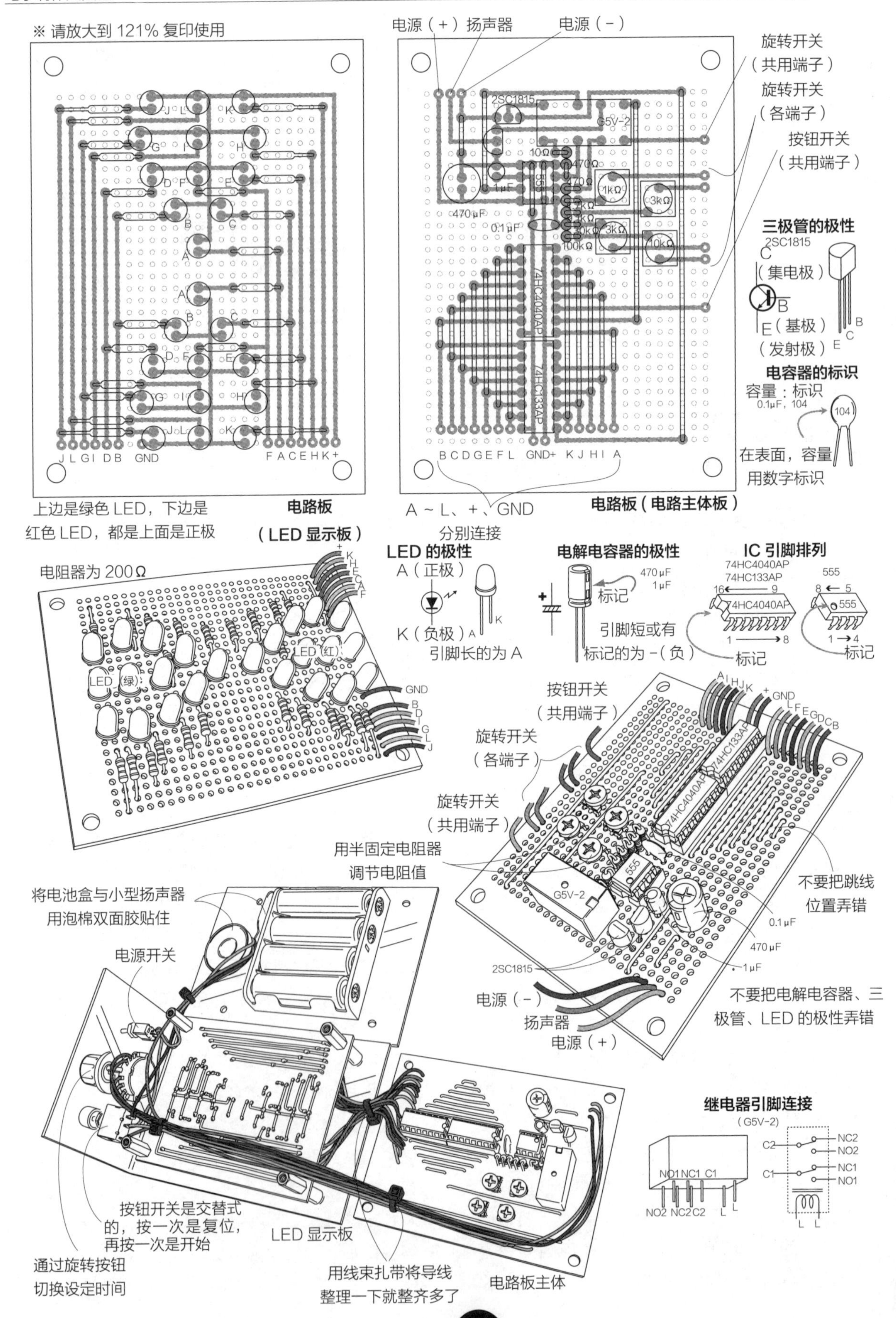
※ 请放大到 121% 复印使用
电源（+）扬声器
电源（-）
旋转开关
（共用端子）
旋转开关
（各端子）
按钮开关
（共用端子）
三极管的极性
2SC1815
C（集电极）
B
E（基极）
（发射极）
电容器的标识
容量：标识
0.1μF，104
在表面，容量
用数字标识
上边是绿色 LED，下边是
红色 LED，都是上面是正极
电路板
（LED 显示板）
A ~ L、+、GND
分别连接
电路板（电路主体板）
电阻器为 200Ω
LED 的极性
A（正极）
K（负极）
引脚长的为 A
电解电容器的极性
470μF
1μF
标记
引脚短或有
标记的为 -（负）
IC 引脚排列
74HC4040AP
74HC133AP
555
标记
LED（红）
LED（绿）
按钮开关
（共用端子）
旋转开关
（各端子）
旋转开关
（共用端子）
用半固定电阻器
调节电阻值
不要把跳线
位置弄错
将电池盒与小型扬声器
用泡棉双面胶贴住
电源开关
2SC1815
电源（-）
扬声器
电源（+）
不要把电解电容器、三
极管、LED 的极性弄错
继电器引脚连接
（G5V-2）
按钮开关是交替式
的，按一次是复位，
再按一次是开始
通过旋转按钮
切换设定时间
LED 显示板
用线束扎带将导线
整理一下就整齐多了
电路板主体

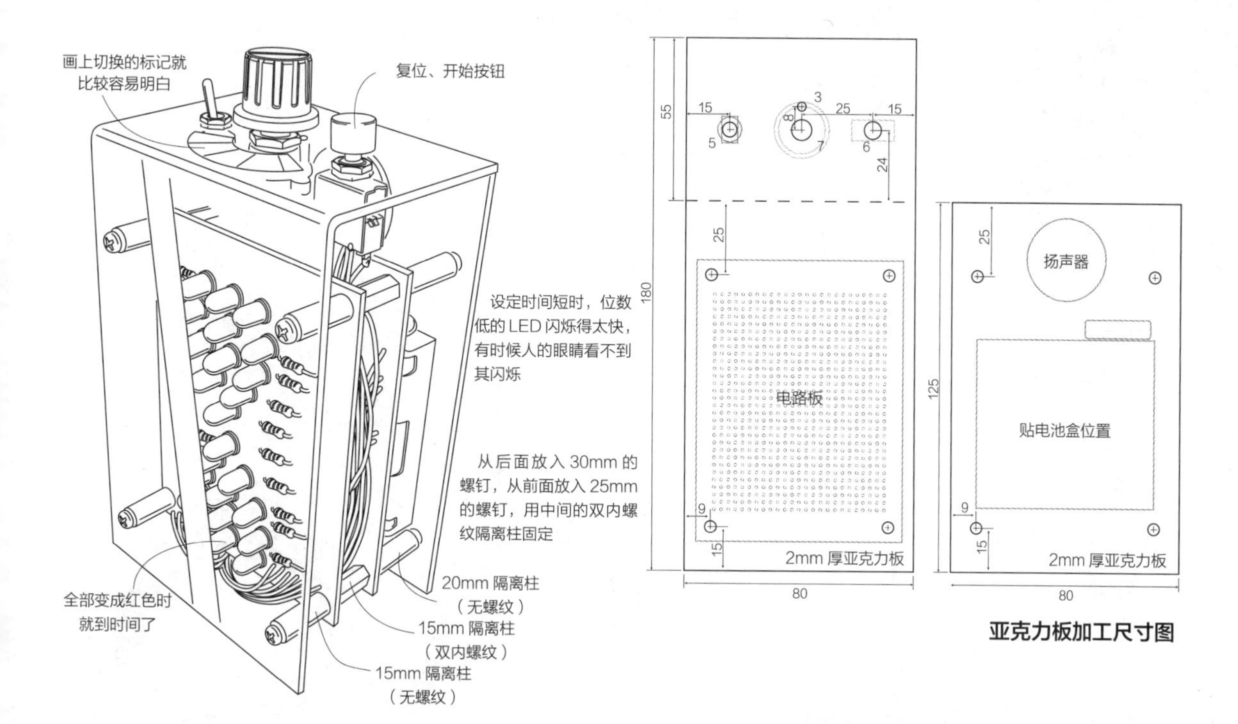

亚克力板加工尺寸图

固定，将导线调整长度接到回路主体端的对应处。这样两块印刷电路板就接好了。这时，用线束扎带整理起来看上去会整齐一些。

■ 组合

这次做出是沙漏型造型，因此用亚克力板将两块印刷电路板立着夹在中间。参考图纸进行切断、挖孔加工，然后在上部配置开关。为此，要将正面的亚克力板预先做弯曲加工，在弯曲部分安装开关类零件。

在背面的亚克力板上用泡棉双面胶将电池盒贴上，向电源开关、回路主体印刷电路板配线，扬声器选用的是小型的。因为比较小，在布完线后用泡棉双面胶贴住。将旋转开关和按钮开关也布完线后进行连接就可以了。

最后用隔离柱固定住亚克力板、印刷电路板，本制作就完成了。

■ 使用方法

好好看看布线和电路板，是否有错误或接触到了不该接触的地方。接上电源开关LED就开始亮。按钮开关选用的是交替式开关，根据情况会是红色LED开始亮或绿色LED一直亮着。如果一直没有任何反应，就有可能是哪个地方做错了，这时要拿下电池再次进行确认。

按一下按钮开关复位，再按一下则开始。闪烁的同时绿色LED减弱，红色LED增强。全部变成红色的时候蜂鸣器响起，闪烁停止。但因为采用二进制，所以并不是单纯地让绿色减少、红色增加，而是感觉到减少的时候看上去又像是增加了，让人感到有点着急，是一个很好玩的定时器。

电阻器也有误差，所以将固定电阻器和半固定电阻器进行了组合，这样可以对时间设定进行微调整。调整时可以对着电阻值用万用表边检测边调整，也可以实际计量着时间一点一点地调整。

可以再考虑一下用在什么上面，或者12个LED如何配置，多动一些脑筋，考虑一下新的制作。

No. 54

收在手掌中的小收音机

小收音机

制作收音机

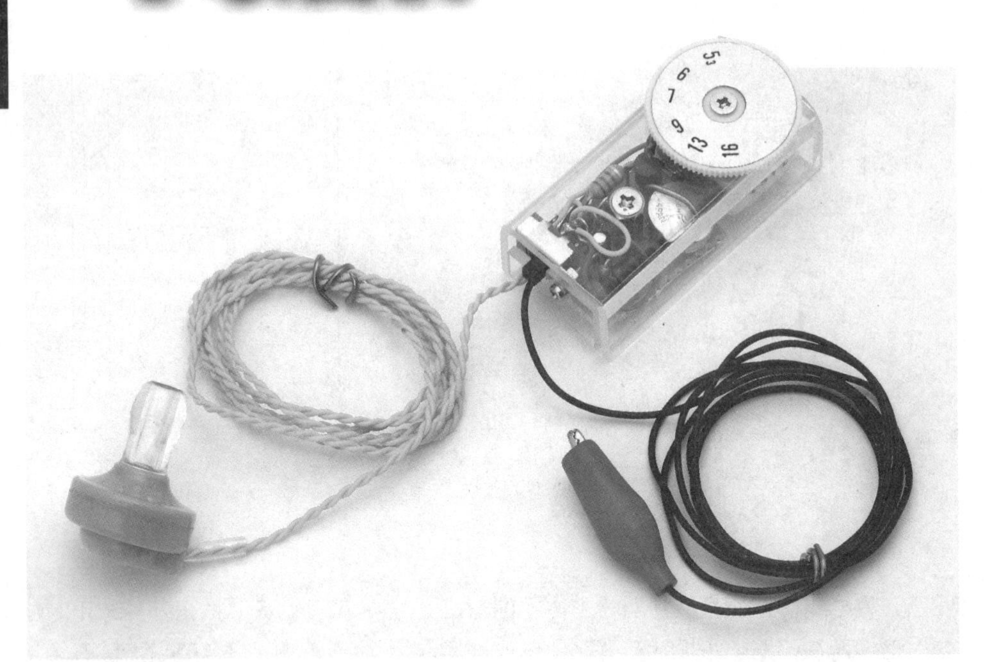

让我们做一个不论何时、不论何地都可以随身携带的小收音机吧。这是一个可以很容易放入手中的小东西，虽然小但是灵敏度很高，让人听得很清楚。

沿着樱花初开的河滩一边散步，一边听着音乐和广播，度过一段休闲时光，是很令人愉快的。

元器件表

IC:LMF501 ………… 1个
线圈：轴向导线线圈 270μH ………… 1个
可变电容器 & 旋钮：AM 收音机用 ………… 1个
三极管 :2SC1815 ………… 1个
电解电容器 :1μF 6.3V 以上 ………… 1个
陶瓷电容器 :0.1μF(104) ………… 1个
:0.01μF(103) ………… 2个
电阻器 :100kΩ 1/4W(色带：茶黑黄金) ………… 2个
:30kΩ 1/4W(色带：橙黑橙金) ………… 1个
:15kΩ 1/4W(色带：茶绿橙金) ………… 1个
:1kΩ 1/4W（茶黑红金） ………… 1个
晶体耳机 ………… 1个
鳄鱼夹 ………… 1个
滑动开关：小型 ………… 1个
万能板：切断成 7×11 孔 ………… 1张
纽扣电池 :LR44 ………… 1个
埋头螺钉 :M3×8mm ………… 2个
盆头螺钉 :M2×8mm ………… 1个
螺母 :M2 ………… 1个
隔离柱 :M3 双内螺纹 10mm ………… 1个
:M3 2mm ………… 1个
亚克力板 ………… 参照尺寸图
镀锡铜线、铜丝、布线用导线、焊锡少许

■ 结构

空中不是只有虫子和鸟，还有眼睛看不见的电波。收音机、电视机、手机和业余无线电通信、GPS 和卫星广播等，用的都是空中飞的电波。各种电波由于信号种类和频率不同，其目的和用途也发生变化，但是将从天线收进来的电波进行变换，以便让人们明白，这样才听得见、看得见。在各种装置中，AM 收音机可以用比较简单的元器件制作出来。从天线传来的电波中选出想听的频道，把微弱的信号加以放大，使声音可以听得见。

在这里选台用的是线圈和可变电容器组成的调谐电路，通过使用收音机专用 IC 而减少电路的元器件数，做到小型化。

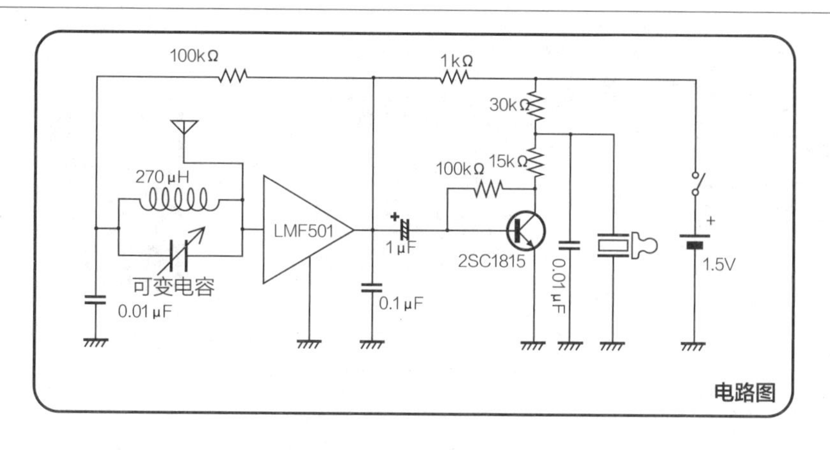

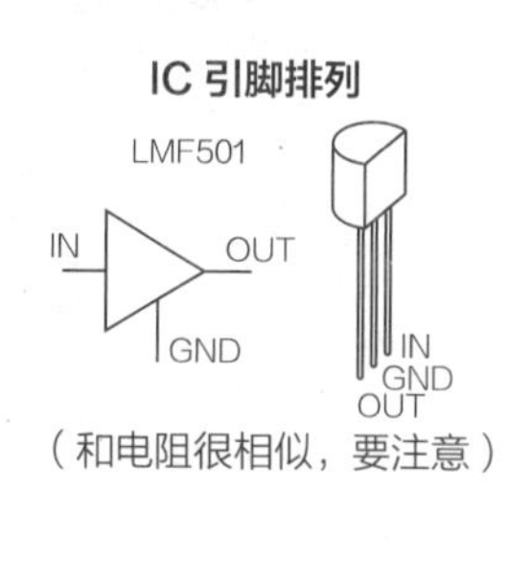

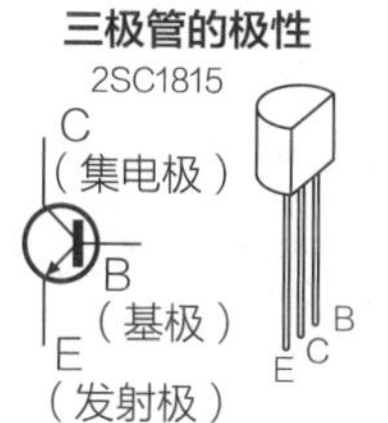

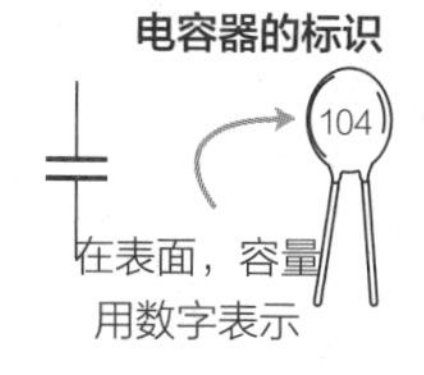

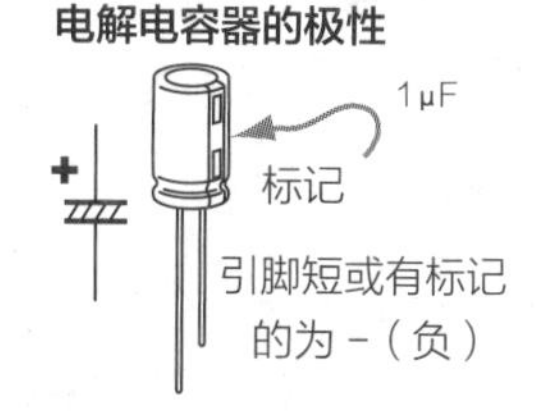

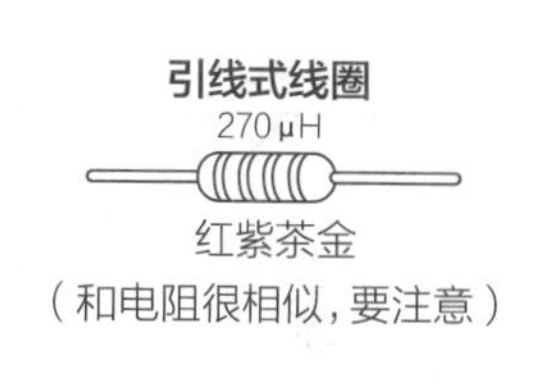

■ 电路

LMF501 这种 IC 和三极管有着相同的外观，是收音机专用 IC，聚集了高频率放大和检波功能，用 1.5V 的低电压运转，电源也只用一个电池就可以。调谐电路是线圈和可变电容器，为了把整体做小，使用了轴向导线线圈，将从 LMF501 出来的输出放大也只用了一段三极管。这样输出不太大，因此没有使用扬声器，而是用了晶体耳机。天线也可以使用能折叠起来的拉杆天线，但为了把整体做小，只用了绝缘细导线。

为了做到在电波弱时可以用其他天线简单代替，在前端加了鳄鱼夹以便于连接。在听不见时，可以加在帘轨中或用插排线缠起来，灵敏度就提高了。

■ 组装

将适当的万能板截断成 7×11 孔，把元器件装在上面。为了做得小一点，电池也用纽扣型的，安装在电路板上面。核对着布线图，将线圈、IC 按顺序组装上去。IC 和三极管的外观是一样的，注意不要弄错。另外，IC、三极管、电解电容器是有极性的，要注意它们的方向。轴向导线线圈和电阻器的外观很相似，也需要注意。组装电阻器时要看着色带，不要把连接位置弄错。

元器件数量不是很多，但为了将整体做得小一点，操作就要很细致，要谨慎地安装。

■ 组合

壳体用亚克力板制作，如果有合适的塑料壳体也可以。金属材料存在电波和绝缘方面的问题，不推荐使用。电路板也做得很小，可以收纳到各种盒子里。

按图切断亚克力板，进行钻孔、弯曲加工。除了塑料部分以外，用的螺钉都是埋头螺钉，要预先在亚克力板上做好埋头部分。

电源开关用的是小型滑动开关，由于受尺寸的限制，将一边的螺纹孔切掉，只用另一边的螺钉固定。从开关下面的孔中拿出耳机和天线用的导线。本来为了防止脱落想打一个结，但是这个设计因为做得太小没有余地了，因此要注意不要拽拉线。另外，线是直接接触孔的，因此最好做出倒角，这样线也会不容易划伤。

■ 使用方法

好好看看布线和电路板，是否有错误或接

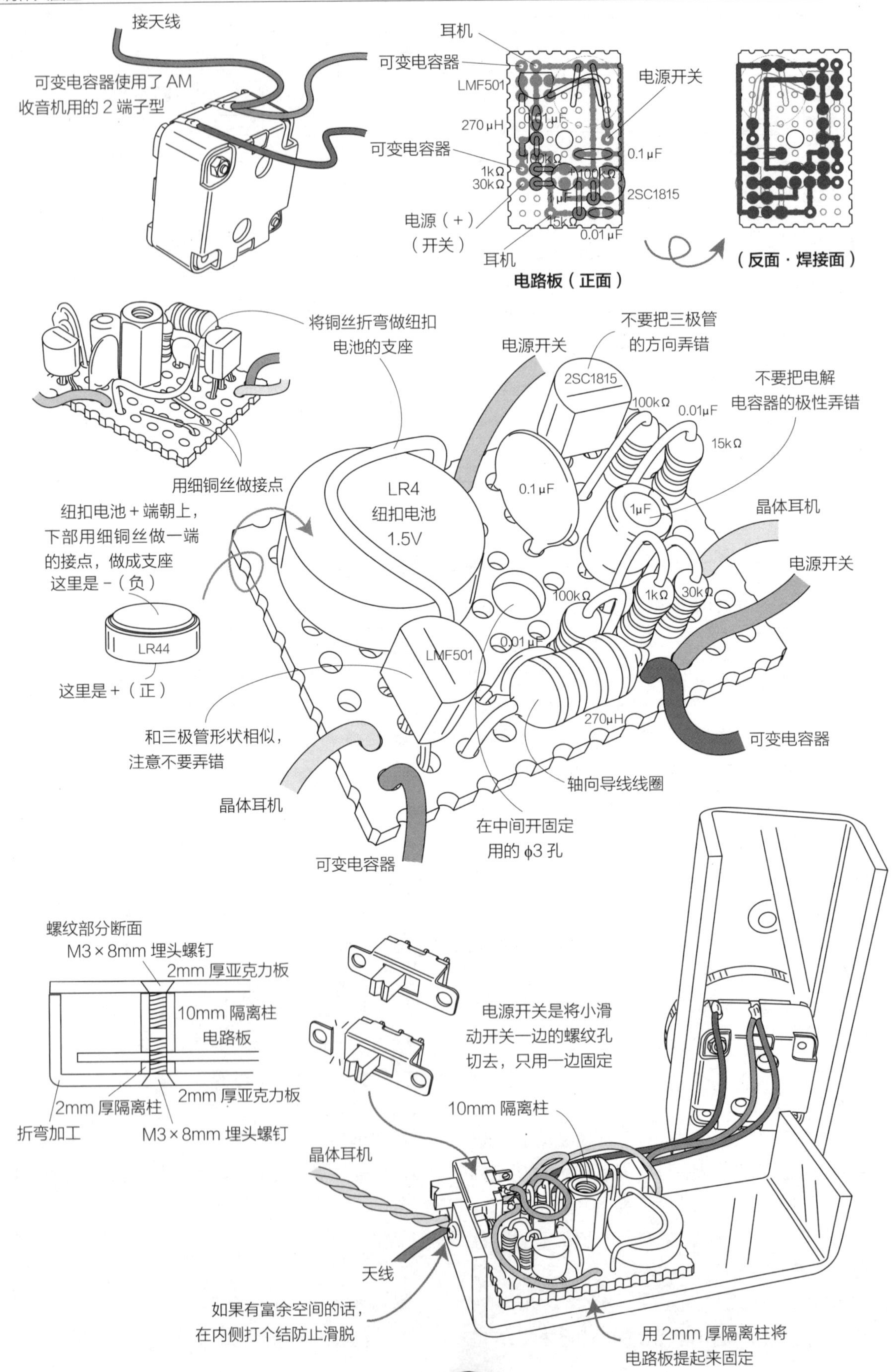

接天线
可变电容器使用了 AM 收音机用的 2 端子型
耳机
可变电容器
LMF501
270 μH
0.01 μF
可变电容器
100kΩ
1kΩ
30kΩ
1 μF
100kΩ
电源开关
0.1 μF
2SC1815
电源（+）（开关）
15kΩ
0.01 μF
耳机
电路板（正面）
（反面 · 焊接面）
将铜丝折弯做纽扣电池的支座
电源开关
不要把三极管的方向弄错
2SC1815
100kΩ
0.01μF
不要把电解电容器的极性弄错
15kΩ
用细铜丝做接点
LR4
纽扣电池
1.5V
0.1 μF
1μF
晶体耳机
纽扣电池+端朝上，下部用细铜丝做一端的接点，做成支座
这里是 -（负）
LR44
这里是 +（正）
电源开关
100kΩ
1kΩ
30kΩ
0.01 μF
LMF501
270μH
和三极管形状相似，注意不要弄错
可变电容器
晶体耳机
轴向导线线圈
在中间开固定用的 ϕ3 孔
可变电容器
螺纹部分断面
M3 × 8mm 埋头螺钉
2mm 厚亚克力板
10mm 隔离柱
电路板
2mm 厚亚克力板
2mm 厚隔离柱
折弯加工
M3 × 8mm 埋头螺钉
电源开关是将小滑动开关一边的螺纹孔切去，只用一边固定
10mm 隔离柱
晶体耳机
天线
如果有富余空间的话，在内侧打个结防止滑脱
用 2mm 厚隔离柱将电路板提起来固定

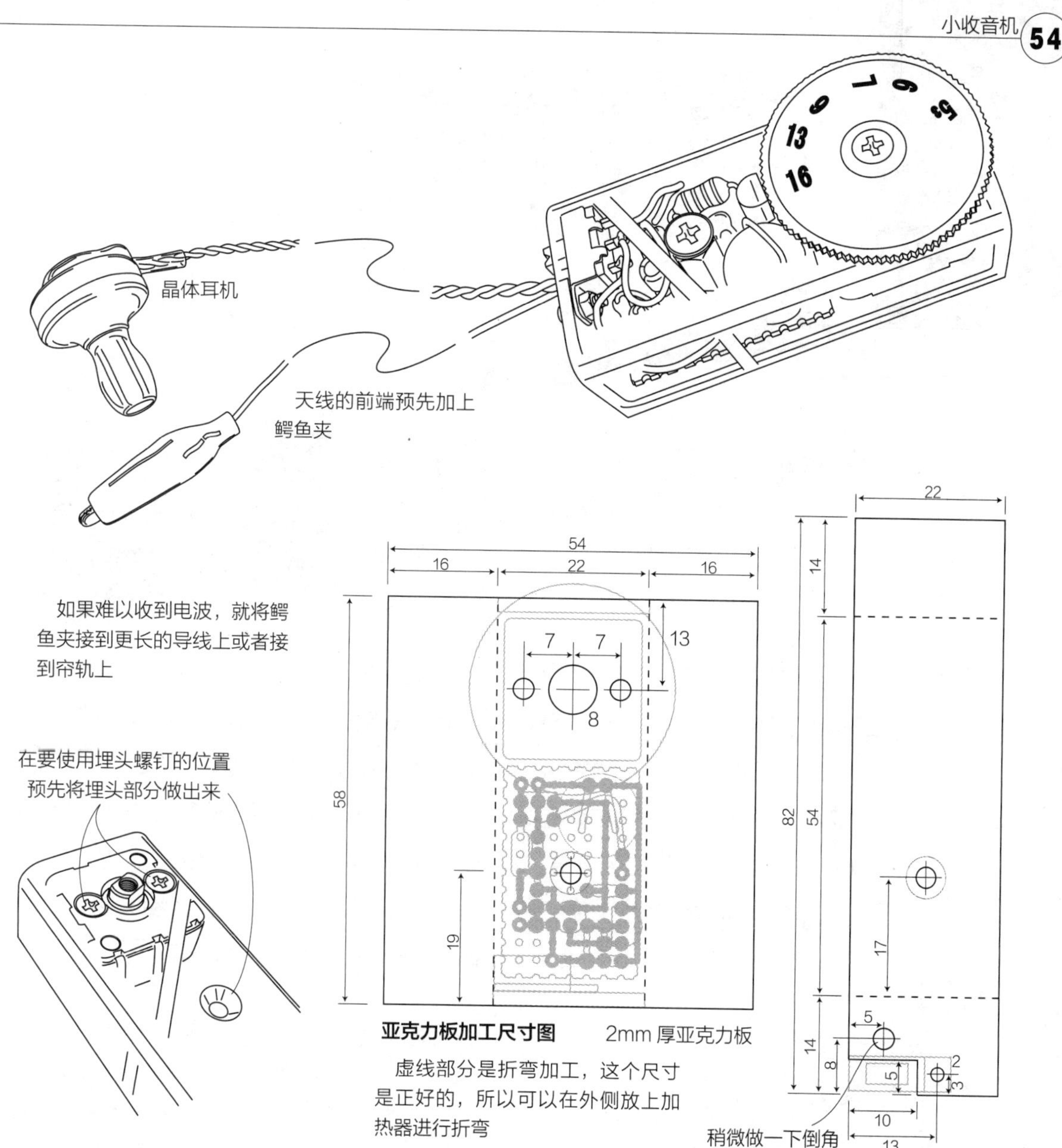

触到其他的地方。将耳机放到耳朵里，打开电源，如果这样已经可以听到广播就很幸运了。如果听不到的话，就仔细听，并转动旋钮找寻频道。可以把天线拉出来或改变方向，做各种尝试。

这样做了也听不到的时候，就将天线用鳄鱼夹夹到金属材料的帘轨中，或者是缠绕在长导线上试一试。这样做了也还是只能听到杂音时，就有可能是哪个地方的布线错了，这时就要将电源关掉进行检查。

经过实验，我得到的结果是仅仅把天线拉长就可以捕捉到一些频道，而且在用鳄鱼夹将导线接触到某个地方时，虽然有杂音，但是可以用很高的灵敏度捕捉到很多频道。虽然小，但这是一个很出色的信号接收器。

No.55

可调整电压的方便电源

便携式电池

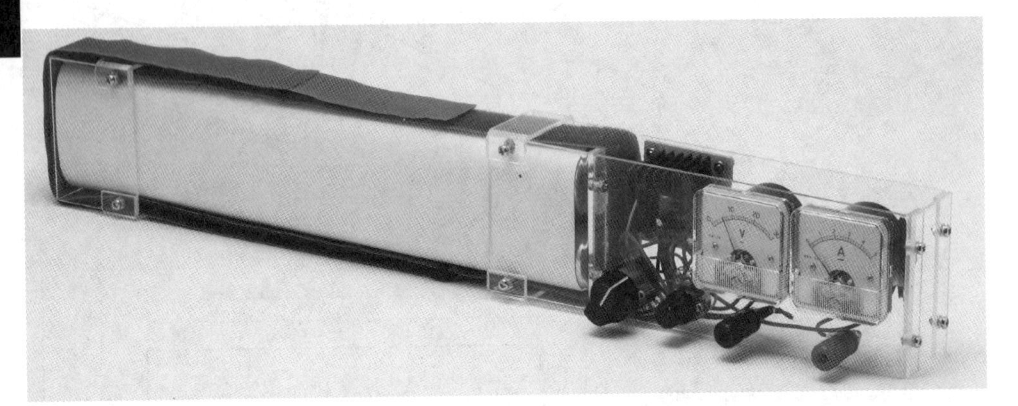

到了气候很好、心情也很好的季节，就想去外面游玩。去赏花或去河边玩玩都是不错的选择。这种情况下带着收 / 录音机等电子产品去活动也是很好的。但一般销售的收 / 录音机几乎都是用电池作为电源，偶尔也能看到使用 AC 适配器的电子产品，但因为现场可能没有电源插座，所以这种设备很不方便带出去。为此，这次做了一个电源，使用这个电源，就可以把这样的电子产品带出去了。连接上与 AC 适配器电压相配的电池电源也是可以的，但为了在各种场合下都可以使用，做成了可以调整电压的形式。这样就可以根据电子产品的具体情况来使用了。

元器件表

元器件	数量
可调三端稳压器 :LM338T	1 个
散热板 : 合适的（大的为好）	1 个
电阻器 :47Ω（色带 : 黄紫黑金）	1 个
120Ω（色带 : 茶红茶金）	1 个
:330Ω（色带 : 橙橙茶金）	1 个
470Ω（色带 : 黄紫茶金）	1 个
:620Ω（色带 : 蓝红茶金）	1 个
910Ω（色带 : 白茶茶金）	1 个
:1.2kΩ（色带 : 茶红红金）	1 个（全部都是 1/4W）
可变电容器 & 旋钮 :500Ω	1 个
电解电容器 :220μF 25V	1 个
:10μF 25V	1 个
陶瓷电容器 :0.1μF（104）	2 个
二极管 :IN4002	2 个
旋转开关 :2 电路 6 接点	1 个
万能板 :15×15 孔	1 张
熔丝 & 盒 :5A	1 组
面板表 :MRA-38 5A（电流计）	1 个
:MRA-38 30V（电压计）	1 个
亚克力板	参照尺寸图
接地片	4 个
端子 : 好用的	2 个
螺钉 :M3×8mm	18 个
:M3×10mm	4 个
螺母 :M3	22 个
隔离柱 :M3×3mm	4 个
1 号电池	4 ~ 12 个
松紧带魔术贴 : 宽 2.5mm	1 条
铝箔、泡棉双面胶、镀锡铜线、布线用导线、焊锡少许	

■ 结构

AC 适配器有各种各样的种类，家庭用的几乎都是 3 ~ 9V，笔记本电脑用的是 15V 左右。我们设想在这里所使用的输入电源是电池。连接电池，通过可调三端稳压器这个可以调节电压的元器件输出，这样就可以得到稳定的电压。

可调三端稳压器在输入了高电压时，通过接在 ADJ 端子上的电阻值，可以将比输入值低的电压以稳定形式输出。例如为了得到 6V 的输出，就有必要输入比 6V 高 3V 的输入，因此就需要 6 个干电池，输入为 9V。这次是将单一类型干电池串联连接的，但为了也可以变更干电池个数，在壳体上也动了脑筋。这样一来，不光是干电池可以做电源，一个 1.2V 的充电型镍铬

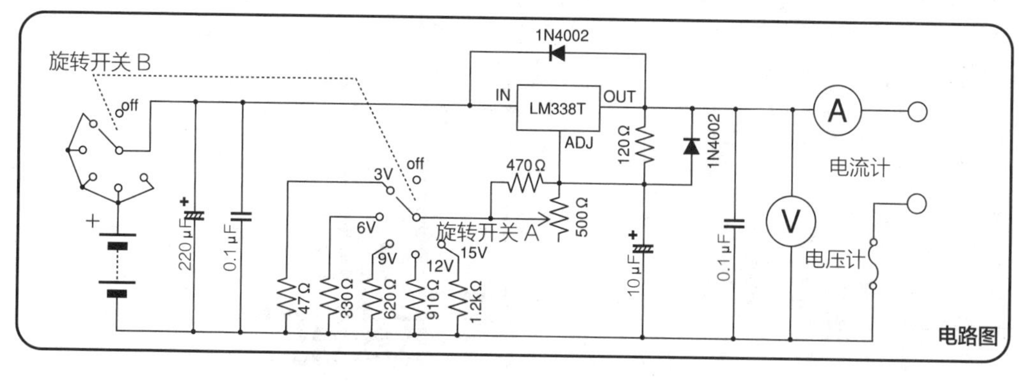

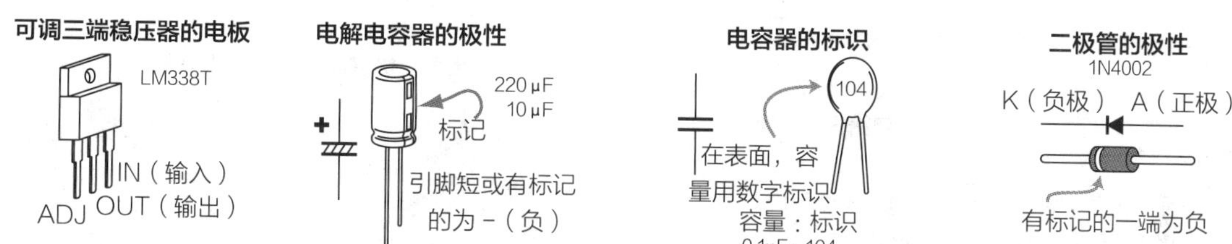

电池也可以做成电源了。

■ 电路

这是一个极其简单的电路，给 LM338 可调三段稳压器的 ADJ 端子提供几个电阻值，输入电源电压，输出需要的电压。如果考虑到搬运，由于误转动可变电阻器而弄坏了所连接的设备，这种可能性也是有的，因此就使用旋转开关分成几个量程。在这个量程中以上下约 1V 的幅度使电压变化，合计可以得到 2 ~ 16V 的输出。旋转开关上采用的是 2 电路 6 接点的类型，兼具电源开关。通过电压计确认了电压以后，由于负荷和电池容量的关系，经过数分钟到数小时不等，就可以得到稳定的电压。

■ 组装

使用 15×15 孔的电路板，按照图纸配置元器件。LM338 由于电功率的影响会发热，为此采用了加散热板的形式，直接焊接在电路板上。虽说大的散热板比较好，但是考虑到壳体尺寸，选择了适当的尺寸。根据用途不同，如果发热很厉害，就改成大的散热板。

安全起见，我们放上了熔丝，这里选用的是可安装在电路板上的小型熔丝盒。LM338 是可以输出 5A 电流的稳压器，一般的设备也不会用到这么大的电流。配置其他元器件时离散热板稍远些，看着图进行连接，只要不接错就没有问题。二极管和电解电容器是有极性的，布线时要注意不要把方向弄错。元器件数量不多，很容易就能装上。

■ 组合

壳体是用亚克力板做的，主体部分是上下打开的形式，电源部分是两列 1 号干电池纵向串联连接而成的。在 3V 等低输出电压的情况下，4 个干电池就足够了，而在需要 15V 左右输出的情况下，就需要 12 个干电池输入 18V。此次的壳体形状可以满足这种需求。能应对这种电池数量变化的电池盒是买不到的，在这里只做出排列电池的端部就可以，因为电池个数所造成的壳体长度的变化，靠调整固定电池用的松紧带的长度来解决。用合适尺寸的纸将电池固定住，防止偏转，将电池两端用松紧带固定住，就可以作为简易电池盒使用。

组合过程就是将面板表、半固定电阻器、旋转开关、端子等固定住，把导线焊接到电路板上。用隔离柱固定以后，看着导线长度分别

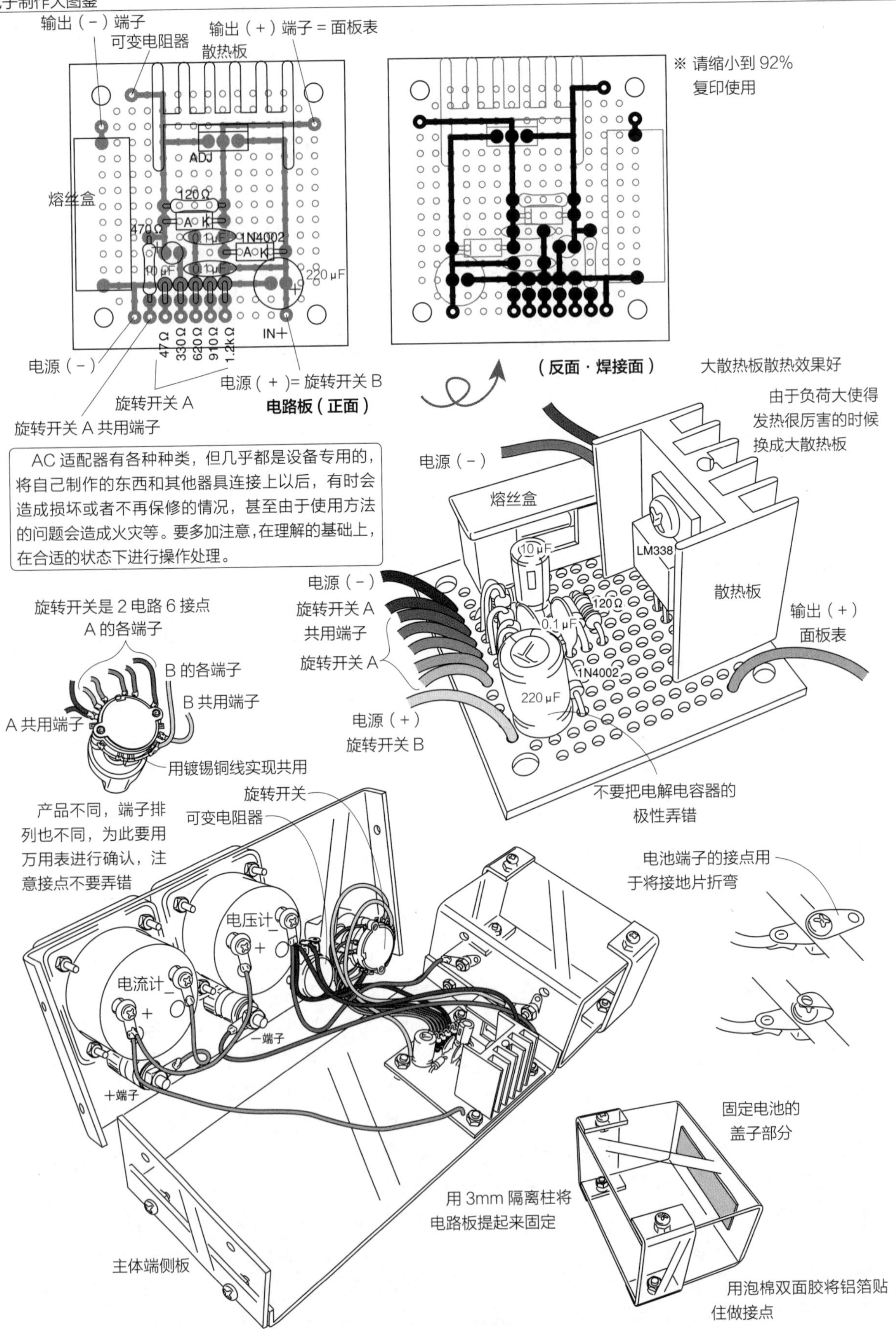

AC 适配器有各种种类，但几乎都是设备专用的，将自己制作的东西和其他器具连接上以后，有时会造成损坏或者不再保修的情况，甚至由于使用方法的问题会造成火灾等。要多加注意，在理解的基础上，在合适的状态下进行操作处理。

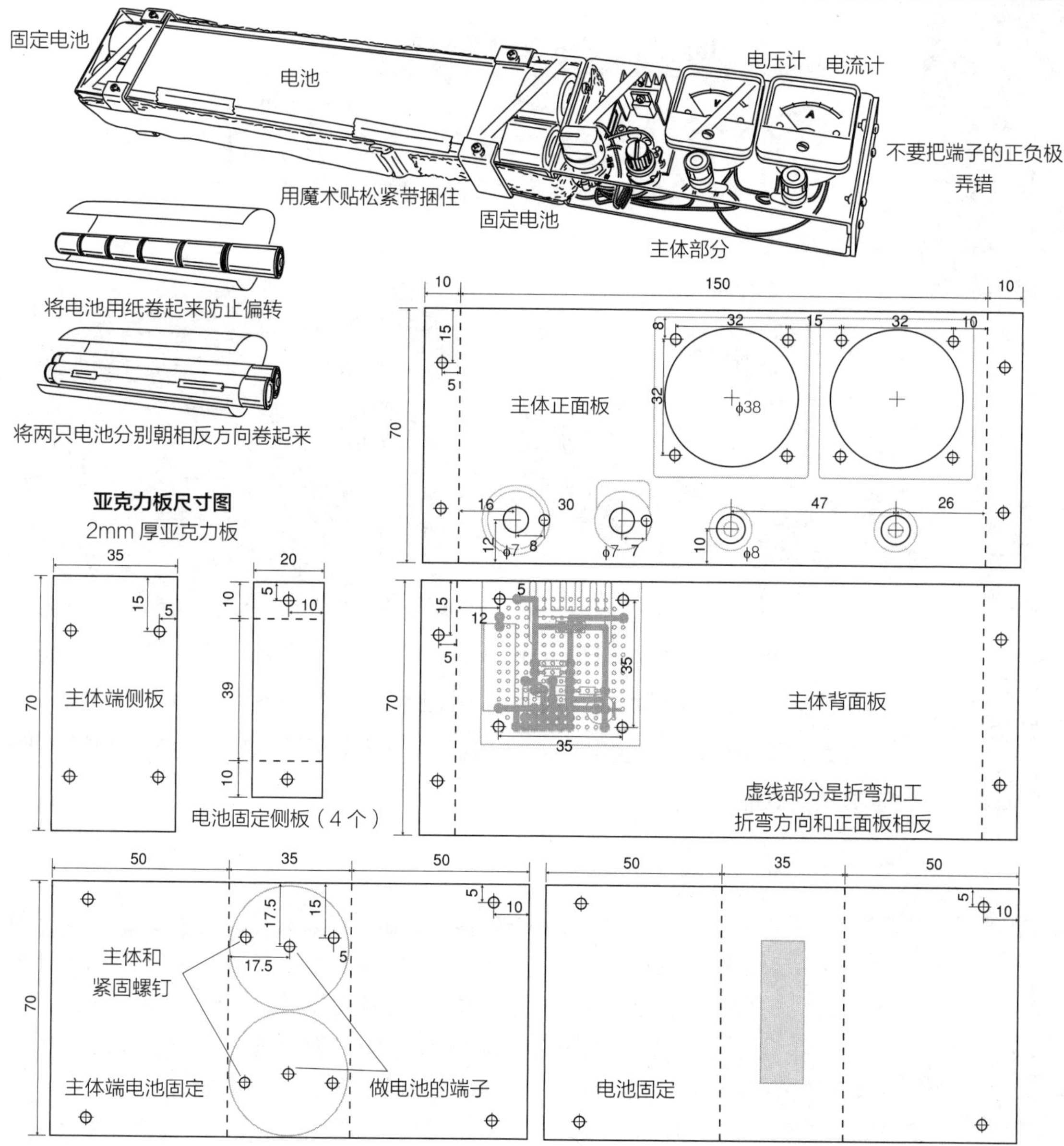

进行连接。对于旋转开关，要好好核对端子的连接情况进行布线，否则会造成电源和输出错误。关机后再开始使用时，从低压处开始。

■ 使用方法

好好看看布线和电路板，是否有错误或接触到其他地方的情况。转动旋转开关，电压计示数应该是按 3V、6V、9V 升上去。转动可变电阻器，可以调整 1V 左右。确认端子的正负，连接到需要的设备上。受设备负荷的影响，电流计会显示安培数。由于负荷大小和电池种类不同，对应时间也有很大变化。

电池在各地都可以买到，电池盒也是用卷起来的纸做成的，因此只要带着这个制作，就可以只带很少的行李去旅行了。

No.56

用3根导线做出流动的灯效

流动图案的灯饰

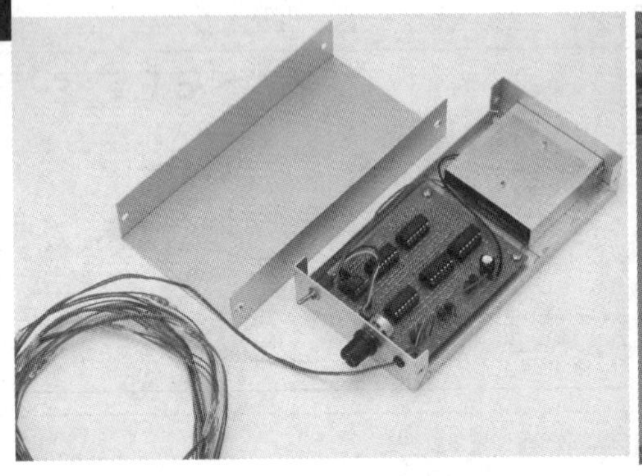

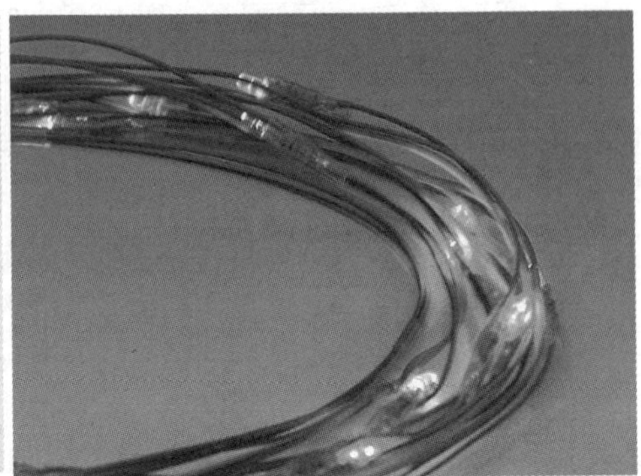

说到过圣诞节时装饰用的东西，一下子就会想到闪闪发亮的灯饰。现在商店里销售各种彩灯，有双色闪烁的，还有用小控制器显示各种图案的，各式各样。

灯饰只是单纯地闪烁也没有意思，在这里我们使用3根导线控制6个灯，做成流动效果的灯饰。

■ 结构

如239页图1所示，用3根导线将3个灯泡按A-B、B-C、C-A分别连接起来。在A上接-(负)极，在B、C上接+(正)极，a、c就亮，b中没有电流流过就不亮。如果将A和B接+(正)极，C接-(负)极，则是b和c亮，而a中没有电流流过就不亮。如果将灯泡换成LED，则会在正极和负极的电极方向亮或不亮。在这3个LED的反方向也可以布线，这样合起来就可以控制6个灯。有各种各样的组合，具体的电源连接和LED发光顺序参照表1的组合。在这里将LED的排列顺序改成按电路图排列，光就会像按顺序流动一样亮起。为此三根导线中流过的电流极性(正或负)就需要按这个顺序设置。

■ 电路

发出定时时钟信号用的是定时器专用IC 555，可以通过6号引脚和7号引脚之间的可变电阻器使周期发生变化。将这个时钟输

元器件表

IC:555 …… 1个
:74HC74AP(7474) …… 2个
:74HC08AP(7408) …… 2个
:74HC02AP(7402) …… 1个
IC插座:8P …… 1个
:14P …… 5个
三极管:2SC2120 …… 3个
:2SC950 …… 3个
电解电容器:2200μF 25V …… 1个
:10μF 16V …… 1个
陶瓷电容器:0.1μF(104) …… 1个
电阻器:2.4kΩ 1/4W(色带:红黄红金) …… 1个
:220Ω 1/4W(色带:红黑茶金) …… 24个
可变电容器&旋钮:50kΩ …… 1组
LED:根据喜好 …… 24个
万能板:25×30孔 …… 1张
螺钉:M3×6mm …… 4个
壳体:带着电池盒的彩色铝制壳体
(TM-4Teixin Electric生产) …… 1个
3号电池 …… 4个
橡胶衬套:5mm孔用(内径3mm) …… 1个
镀锡铜线、布线用导线、焊锡少许

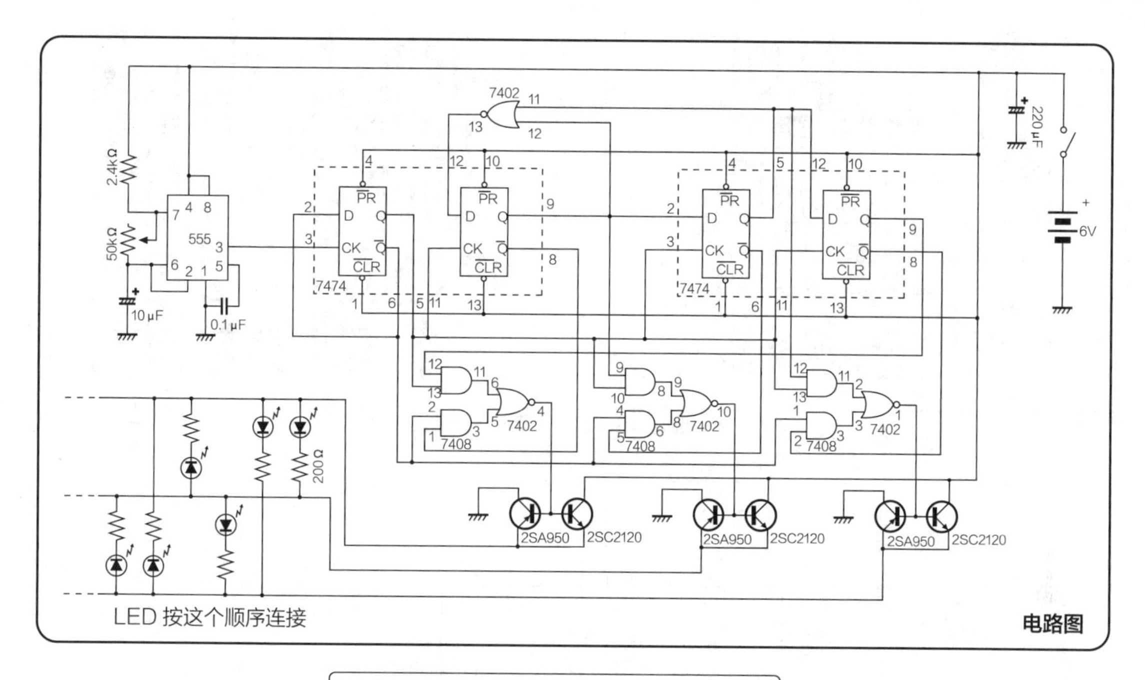

电路图

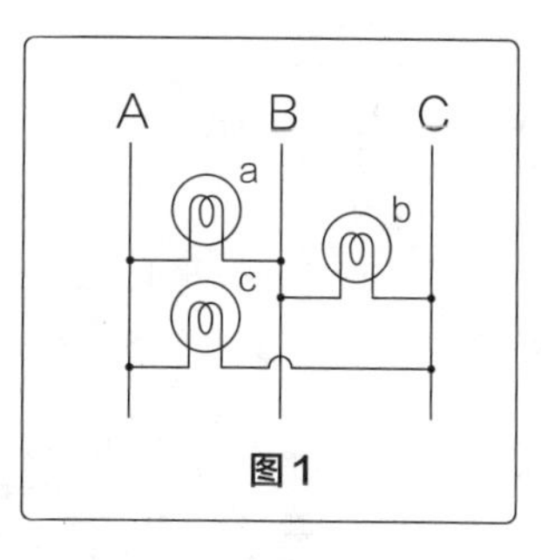

图1

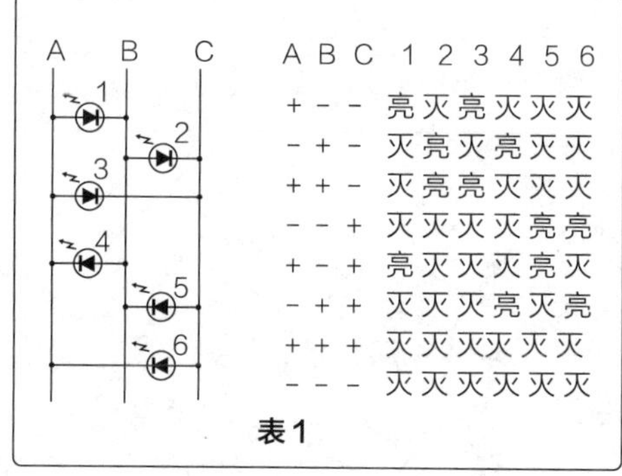

A	B	C	1	2	3	4	5	6
+	−	−	亮	灭	亮	灭	灭	灭
−	+	−	灭	亮	灭	亮	灭	灭
+	+	−	灭	亮	亮	灭	灭	灭
−	−	+	灭	灭	灭	灭	亮	亮
+	−	+	亮	灭	灭	灭	亮	灭
−	+	+	灭	灭	灭	亮	灭	亮
+	+	+	灭	灭	灭	灭	灭	灭
−	−	−	灭	灭	灭	灭	灭	灭

表1

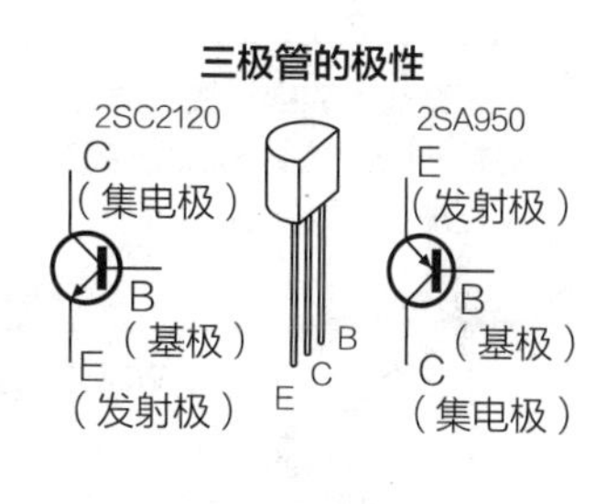

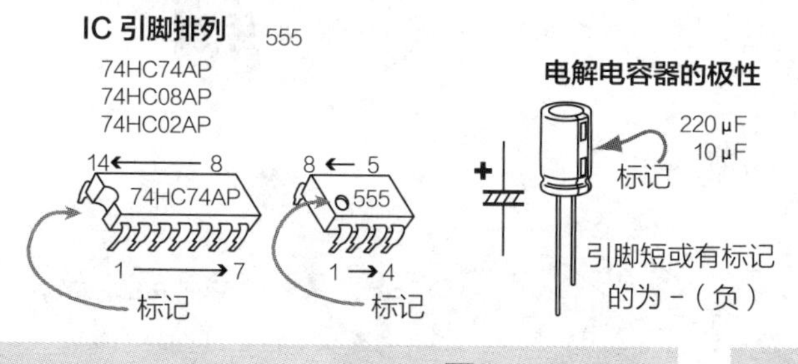

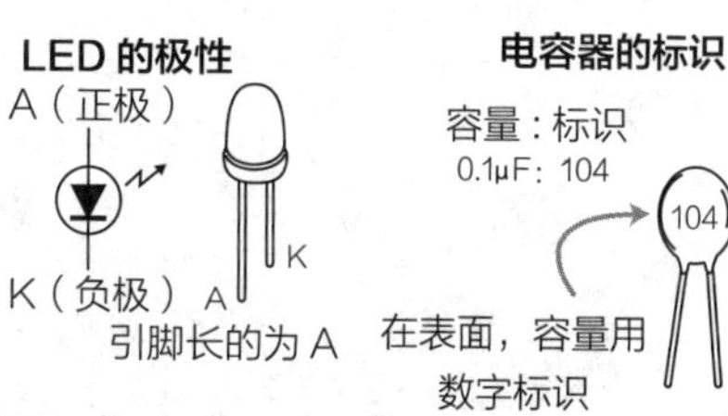

入 D-FF，做出 Q 和 Q 的反转 $\overline{Q}$ 信号。然后将这个 Q 输入 3 个 D-FF 的时钟里，和 NOR 门电路配合，一起构成信号顺序动作的移位存储器。这里使用了两个 IC 7474，这是封装了两个 D-FF 的 IC。NOR 门电路用的是 7402 的 IC。将这些输出组合，在 AND 门电路中让条件一致起来，然后通过 NOR 门电路做成使 6 个 LED 顺序亮起的 3 个输出。

AND 门电路使用了两个 7408IC，这个 IC 中封装了 4 组 AND 电路，NOR 门电路也是使用封装了 4 组 NOR 电路的 IC 7402，包含移位存储器使用的在内，一共用了 2 个 IC 7402。

最终从 7402 输出的信号让 LED 亮起，最终通过三极管打开或关闭。将 NPN 型和 PNP 型组合起来，把线布成根据信号可以变成 + 也可以变成 −。

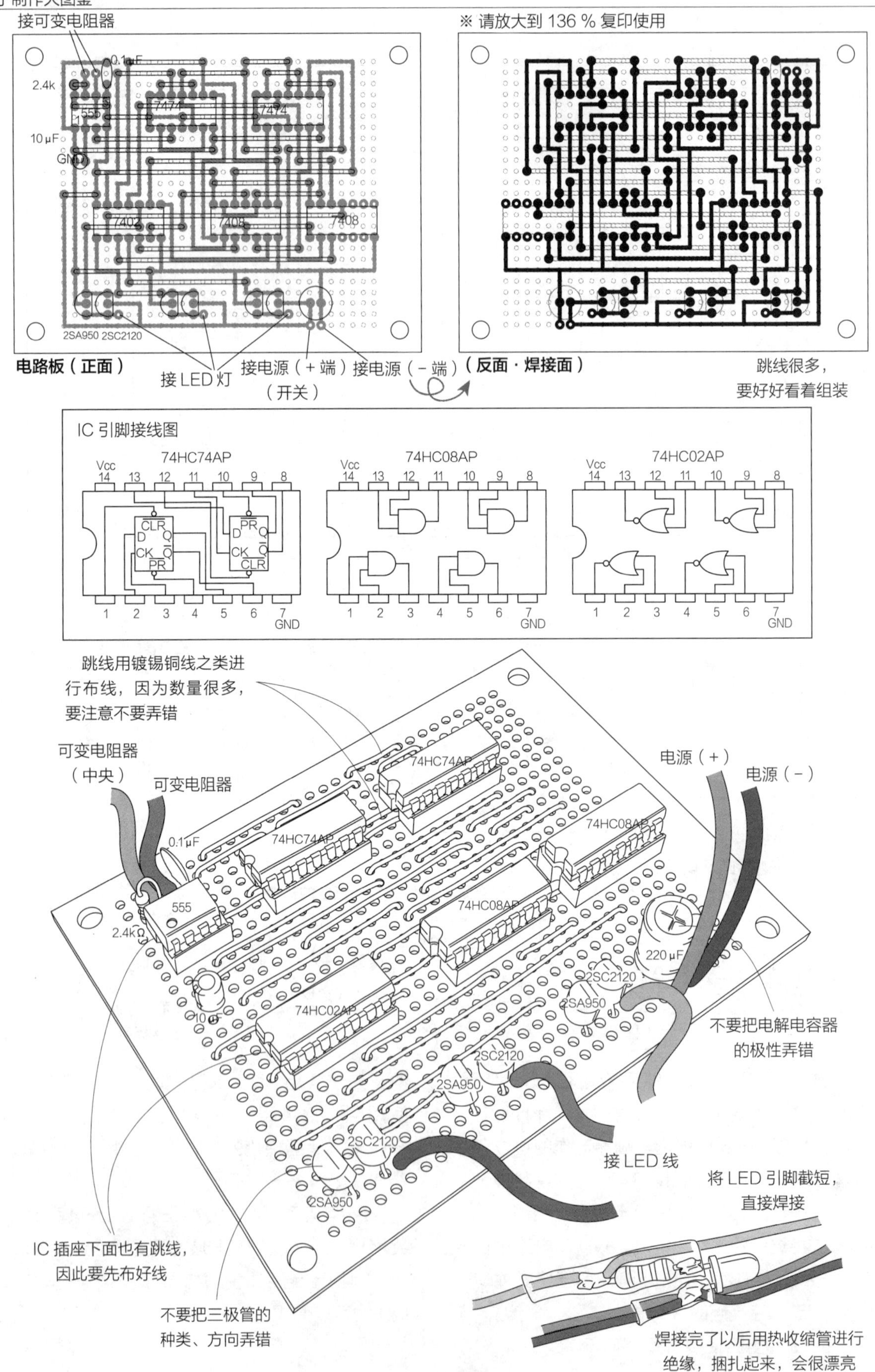
接可变电阻器
0.1μF
2.4k
555
7474
7474
10μF
GND
7402
7408
7408
2SA950 2SC2120
电路板（正面）
接LED灯
接电源（+端）
（开关）
接电源（-端）
※ 请放大到136%复印使用
（反面·焊接面）
跳线很多，
要好好看着组装
IC引脚接线图
74HC74AP
74HC08AP
74HC02AP
Vcc
GND
CLR
PR
CK
跳线用镀锡铜线之类进
行布线，因为数量很多，
要注意不要弄错
可变电阻器
（中央）
可变电阻器
0.1μF
555
2.4kΩ
74HC74AP
74HC08AP
74HC02AP
10μF
220μF
2SC2120
2SA950
电源（+）
电源（-）
不要把电解电容器
的极性弄错
接LED线
将LED引脚截短，
直接焊接
IC插座下面也有跳线，
因此要先布好线
不要把三极管的
种类、方向弄错
焊接完了以后用热收缩管进行
绝缘，捆扎起来，会很漂亮

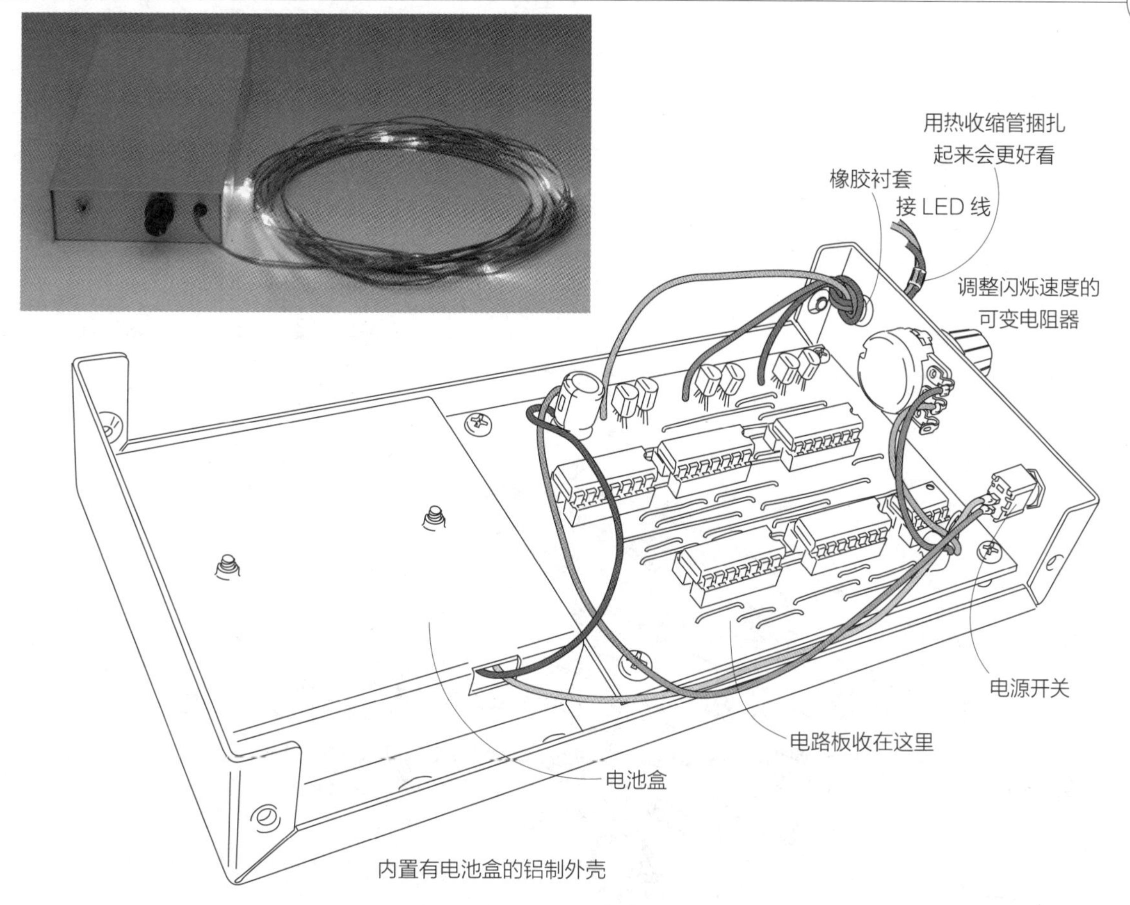

内置有电池盒的铝制外壳

■ 组装

使用 25×30 孔的电路板，分别配置元器件。首先用镀锡铜线将 IC 插座下部的跳线布好。如果忘记了的话，后面就无法布线了，要加以注意。巧妙调整跳线位置，做到在 IC 插座插入以后，插座不从电路板上浮起来。IC 插座在 6 个 IC 的下面，要注意不要把位置弄错。

三极管有两种，外观是完全相同的，只能通过标识区别。要注意不要把方向弄错。电解电容器的极性也要注意。

这样就彻底做好了用跳线进行的布线，跳线数量比较多，也很复杂。元器件虽然不多，但还是要认真看着布线图，正确布线。

电路板装好以后，下面就是灯的部分了。要注意 LED 的极性。将 LED、电阻器的引脚分别去掉 5mm 左右，焊接上导线。都装完以后，用热收缩管绝缘，它也会起到将导线扎起来的作用。操作时要很细致小心。如果把 LED 极性弄错，亮起的顺序就会改变，就不能得到漂亮的、流动的光了，这一点也要注意。

■ 组合

这次的外壳采用的是成品铝制壳体，当然也可以用亚克力板自己制作。这次所用的铝制壳体内置有电池盒，而且 25×30 孔的万能板也能够装进去，就用了这个产品。这样需要加工的部分就只有前面安装开关和可变电阻器的孔，以及穿过灯线的孔了。没有特别难的加工，可以很轻松地制作。

外壳加工完了以后，分别接上开关、可变电阻器，将灯线穿过橡胶衬套，打一个结以防止导线脱落，连接到电路板上。这样就做完了。

■ 使用方法

好好看看布线有没有错误，电路板焊接是

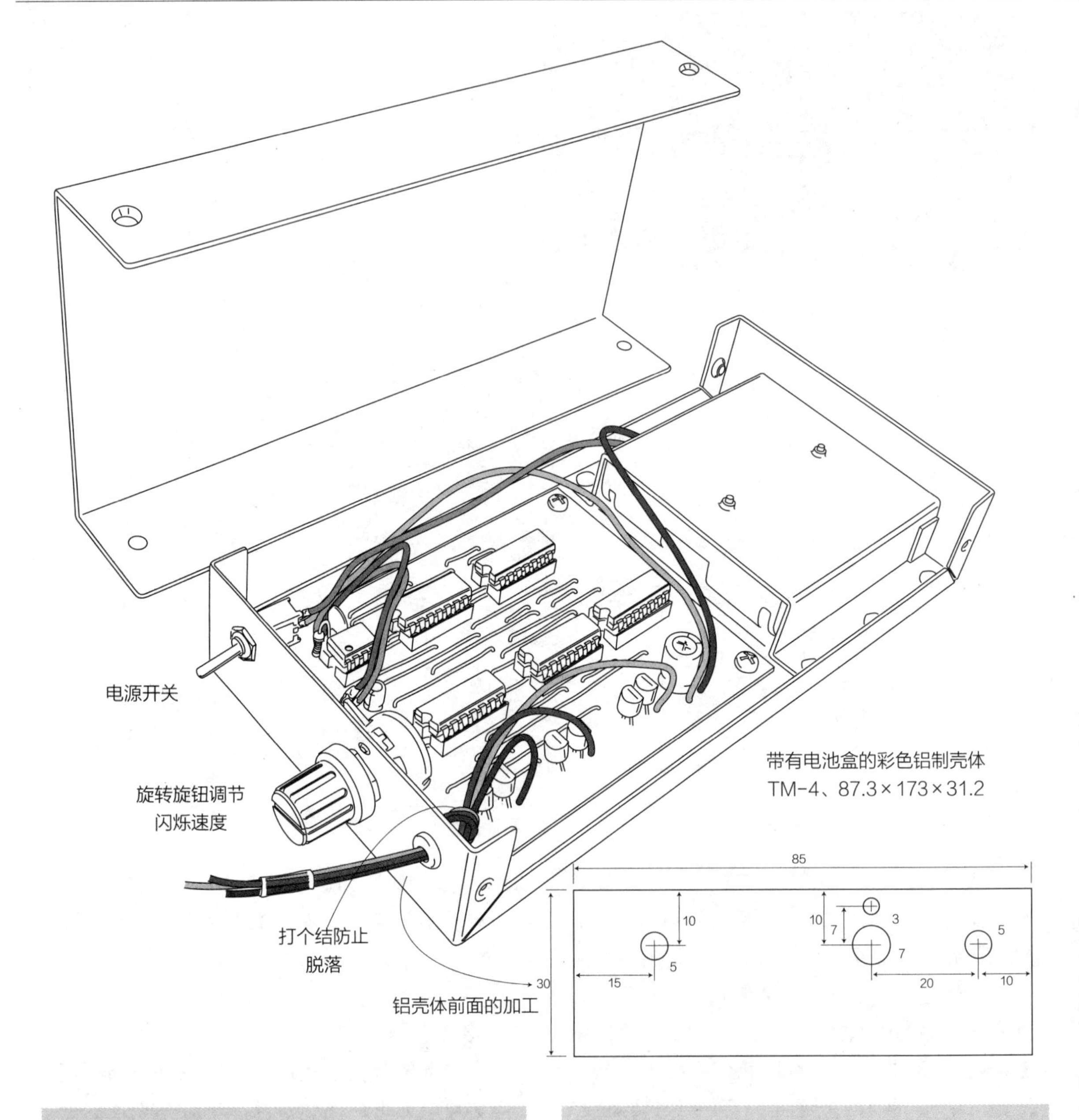

否接触到别的地方。特别是本次跳线很多，对这些跳线也要好好检查一下。

接上电源开关，LED 就应该开始亮，6 个 LED 中有两个应该是一直亮着的。这些 LED 应该是像流动一样顺利亮起的。如果没有任何动作，就将开关断开再检查一次。转动可变电阻器，闪烁速度就发生变化，光的流动就会改变。将这些灯缠绕在树上，改变亮起速度，欣赏一下也挺好的。单独作为一个灯饰题材也是很有意思的。

No. 57

通过闪烁发现的新视角

LED 闪光灯

光和影运用自如

人类的视觉可以识别范围宽广的光线，或者观察很细微的东西，有很出色的机能，但是有时很容易被“欺骗”，比如会形成余像——这是将瞬间捕捉到的图像残留一段时间的现象。如果是连续的瞬间，看上去就是连续动作的动画效果。电影和电视也是将静止的画面连续播放。静止的东西看上去是动着的，这一点不可思议而且非常有吸引力。我们这次使用白色 LED 将瞬间性的光的断续做了出来。与动画相反，光的断续也可以把连续动作暂停。

元器件表

元器件	数量
IC:555	1个
IC 插座 :8P	1个
三极管 :2SA950 1个 2SC1815	1个
:2SC2120	1个
电解电容器 :220 μF 16V	1个
:1 μF 16V	1个
陶瓷电容器 :0.1 μF(104)	1个
LED: 高亮度白色	12个
电阻器 :120 Ω（色带 : 茶红茶金）	12个
:470 Ω（色带 : 黄紫茶金）	1个
:56k Ω（色带 : 绿蓝橙金）	1个
可变电阻器 :100k Ω	2个
万能板 : 切断成 25 × 18 孔	1张
: 切断成 5 × 4 孔	1张
拨动开关	2个
亚克力板	参照尺寸图
螺钉 :M3 × 6mm	13个
螺母 : M3	1个
隔离柱 :M3 × 35mm	4个
:M3 × 20mm	2个
电池盒 & 电池扣 :4 个 3 号电池用	1组
:2 个 3 号电池用	1组
3 号电池	6个
电动机 :RE-140（MABUCHI）	1个
五金件 : 角码（中）	1个
滑轮 : 合适的	1个
橡胶脚垫	4个
镀锡铜线、布线用导线、焊锡少许	

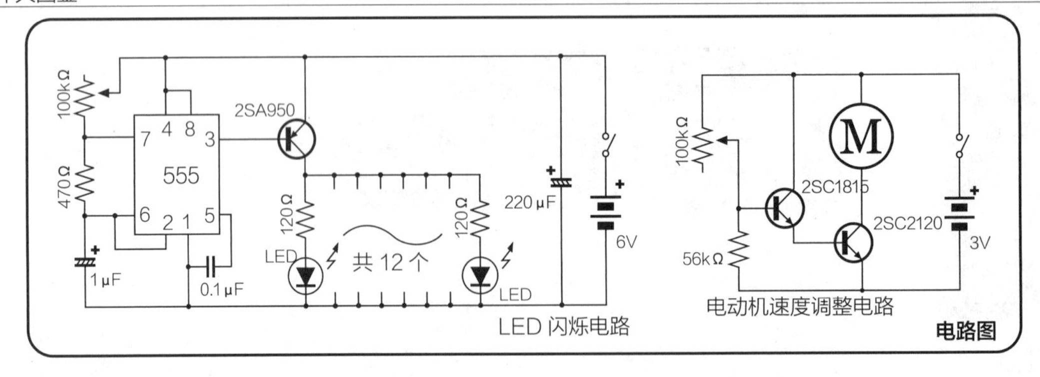

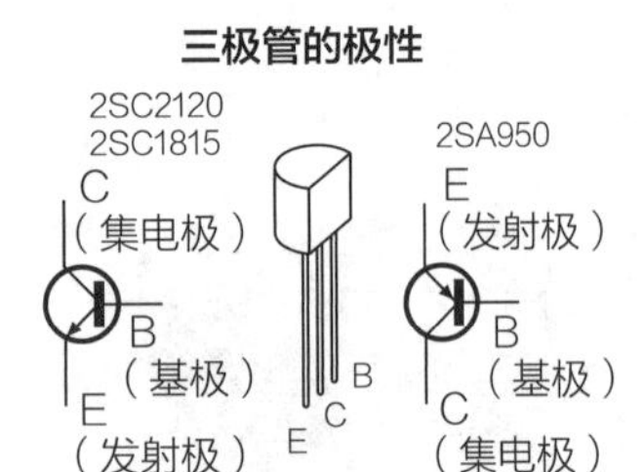

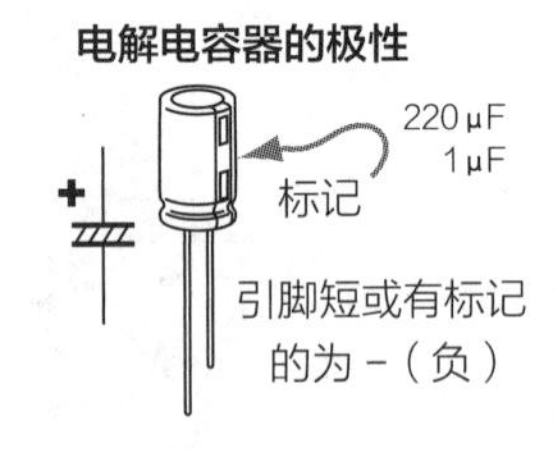

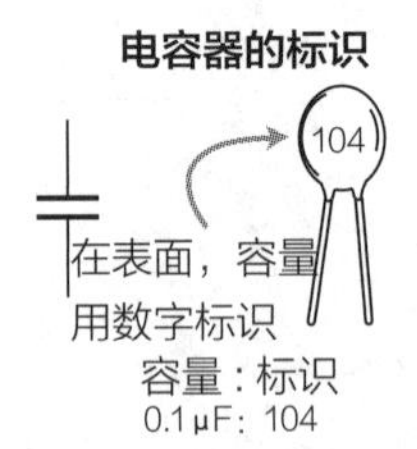

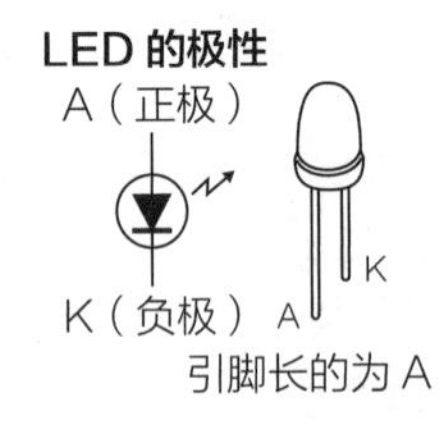

■ 结构

普通灯泡是通过灯丝电阻发热和发光，发光速度非常缓慢，不适合瞬间闪烁。LED 是用半导体发光，是可以瞬间闪烁的。这样一来，通过调节闪烁间隔，人的眼睛就能看到平常看不到的现象。例如对着动的东西照明，闪烁时间长的话，看上去在每个瞬间就像是停住了，但如果将闪烁时间调得短一些，看上去就是连续的或者是重合的。特别是如果将闪烁时间调短，通过调整熄灭时间，就能很清晰地看到每个瞬间。但是如果将亮着的时间调短，看上去就会觉得很暗。

用这个闪烁光观察球的弹起轨迹和水滴的下落也很有意思，为了观看效果，我们做了一个动画板。这是将画上了连续动作的圆盘用电动机旋转，是一个很简单的结构，可以通过闪烁的光欣赏出现的变化。

■ 电路

将定时器 555 作为闪烁定时器。按图所示将电路装起来后，可以通过 6-7-8 号引脚之间的电阻值调节电流从 3 号引脚出来的时间。三极管 2SA950 接收电流后通过 L 输出亮灯，通过 H 输出灭灯。将亮灯时间设定得短一些，通过可变电阻调整灭灯时间。这次的制作由 LED 承担照明功能，因此使用了高亮度 LED。照明时间短了看上去就会很暗，为了看上去亮一些，使用了 12 个 LED。

下面为了有效地接收闪烁光，制作了动画板。为调节电动机的转速，将三极管和可变电阻组合进行控制。

■ 组装

将 25×30 孔的万能板切断成 25×18 孔的电路板。在 IC 插座下部接触到的地方有跳线，一开始就要把跳线部分焊接起来。后面再想焊接这个地方就做不到了，不要将焊接的地方弄错。安装 IC 插座，将其周边的电容器、电阻器等分别装上。接着安装 IC 所用的电阻器，最后安装 LED，按照这个顺序比较容易操作。将 LED 在距电路板 3mm 左右的高度安装，距离再大，所设计的壳体中就有可能放不下了。这样主体电路板就做好了。

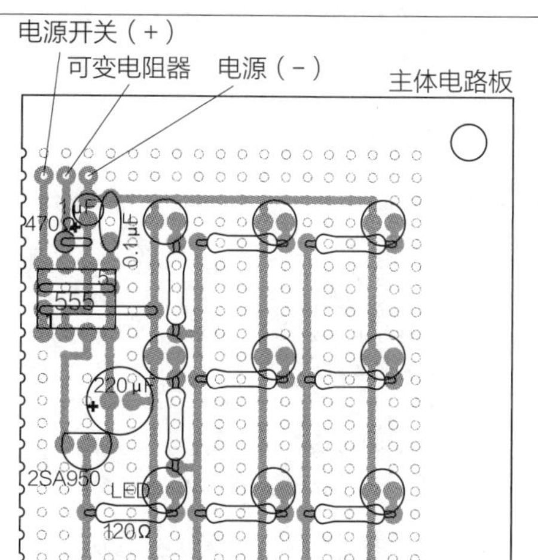

电路板（正面 · 主体）

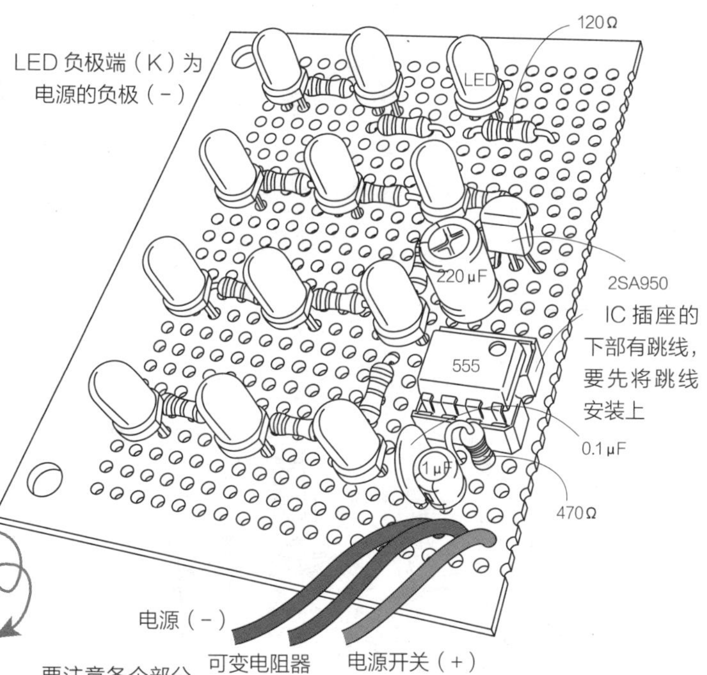

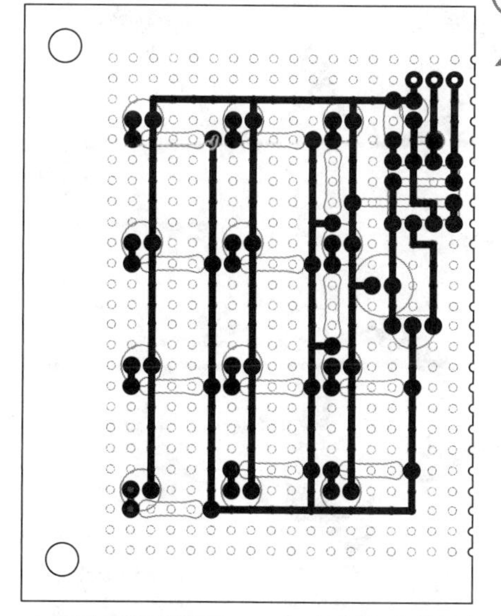

电动机用电路板　　　　（反面 · 焊接面）

要注意各个部分的极性，不要把方向弄错

IC 引脚排列
555
8 ← 5
555
1 → 4
标记

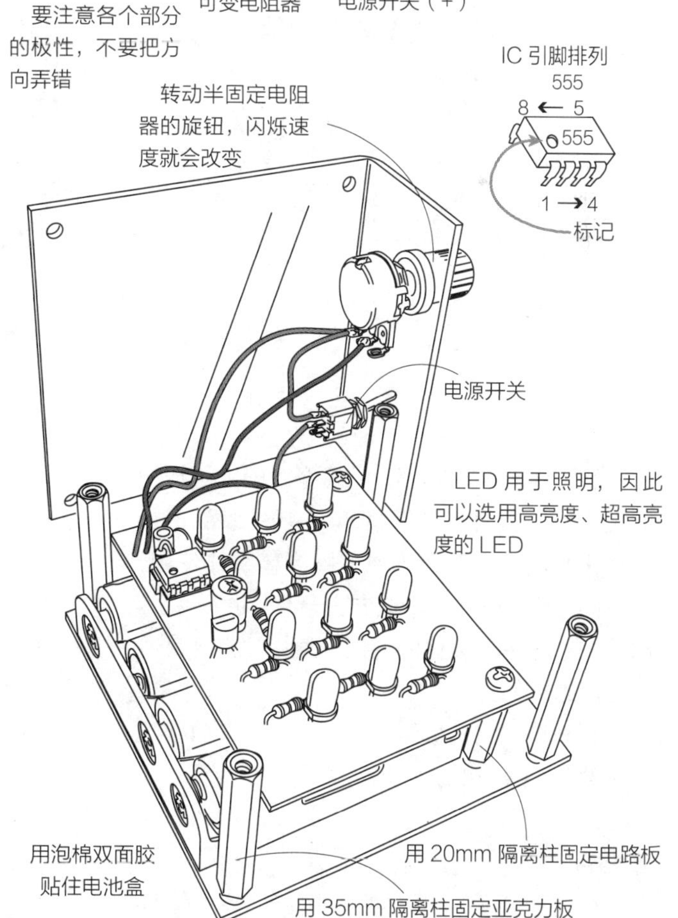

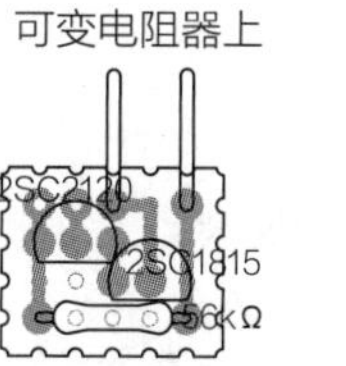

电动机速度调整电路板（正面）　（反面 · 焊接面）

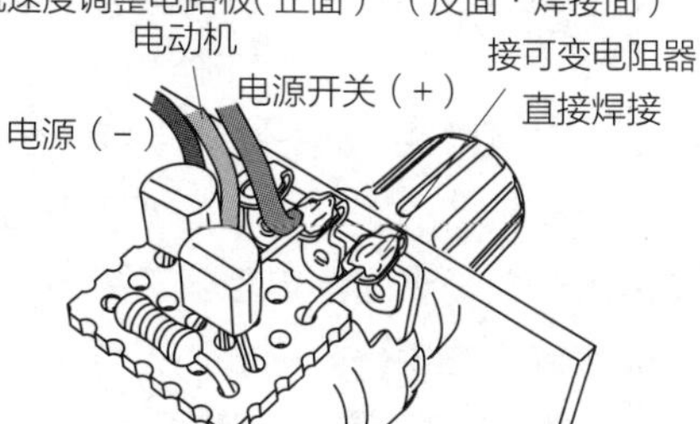

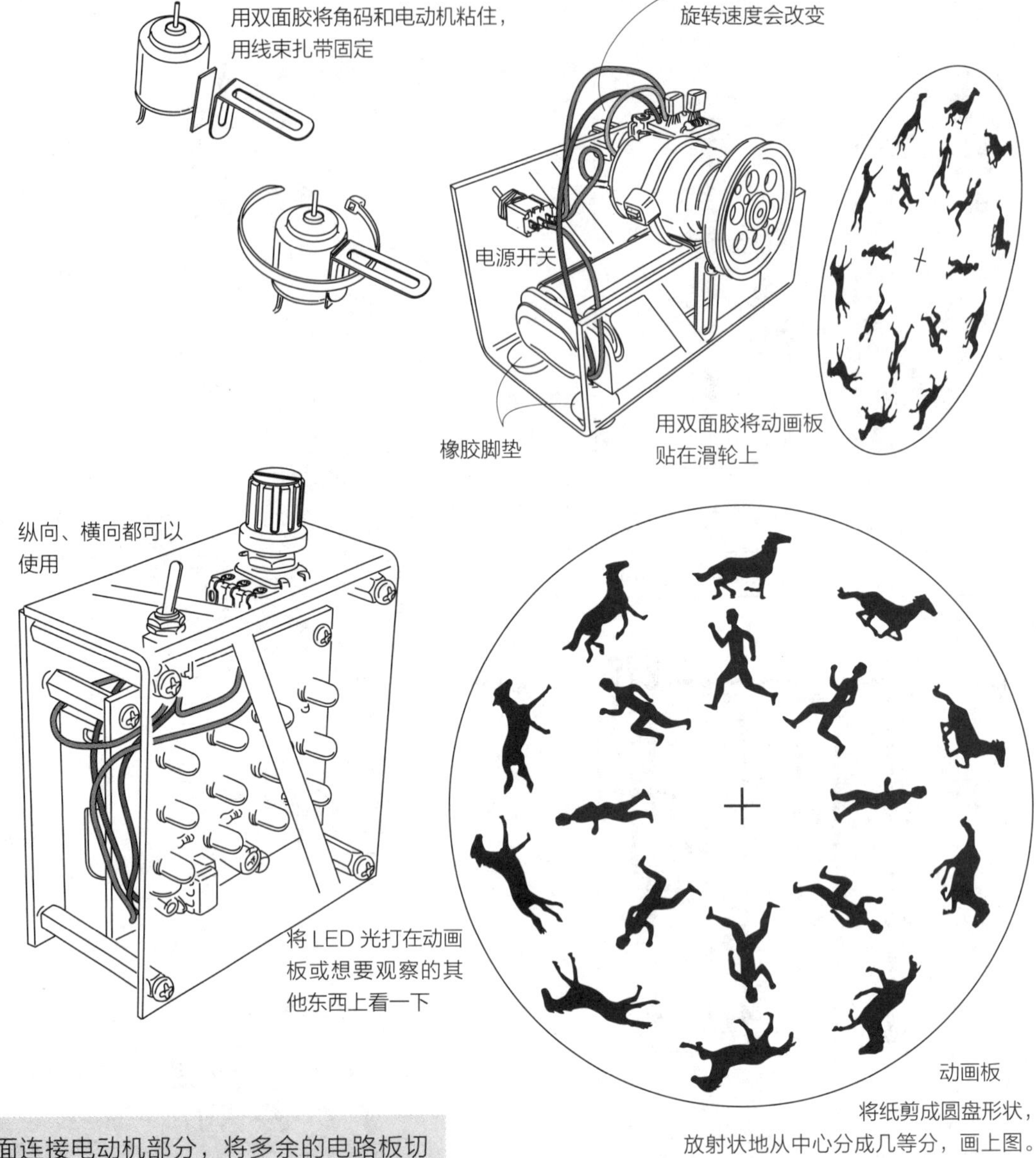

下面连接电动机部分，将多余的电路板切断成5×4孔，将三极管和电阻器安装到这个板子上。用多余的元器件引脚当作跳线使用，在正面连接起端子线，这样这一部分也做完了。将这一部分装入壳体的时候，直接焊接到可变电阻器的端子上。

相同形状的三极管有3种，在安装时要注意不要把元器件和极性弄错。

■ 组合

外壳是用亚克力板做的，主体部分是将正面的一部分弯曲后安装开关类元器件。背面的亚克力板上贴泡棉双面胶，将电池扣的导线焊接到开关上。电路板是用20mm的隔离柱安装在这个电池盒的上部的，因此先临时放置在大致位置，看着导线长度，对电路板、半固定电阻器、开关进行布线。布线完成以后，固定电路板，将亚克力板用隔离柱固定住，主体部分就做完了。

动画板电动机台的制作，则是将亚克力板弯曲，安装上开关、半固定电阻器。将电动机用泡棉双面胶固定在角码短的一边，再用线束扎带捆扎住。角码长的一边固定在亚克力板上，

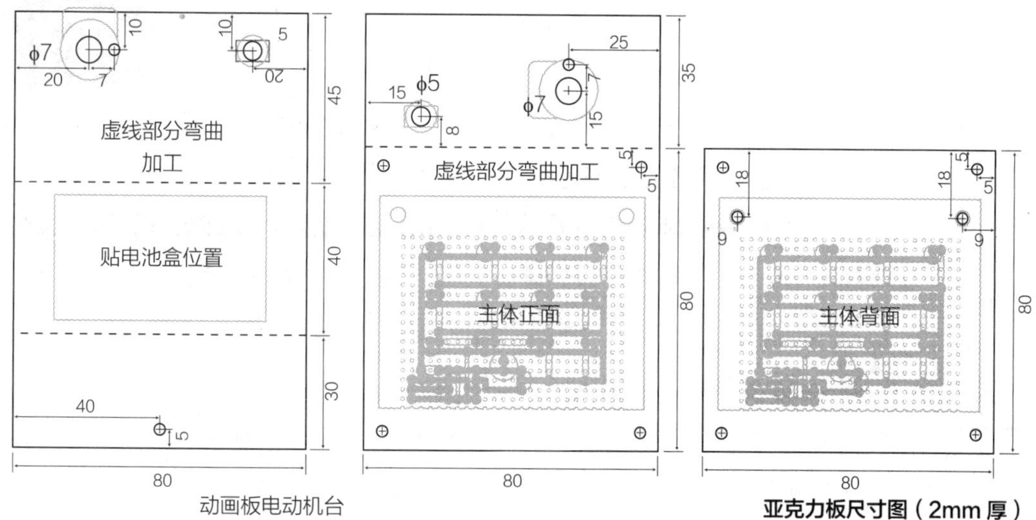

动画板电动机台

亚克力板尺寸图（2mm 厚）

根据动画板的大小调节电动机高度。电池盒用泡棉双面胶固定以后，将电路板直接焊接在半固定电阻器上，看着导线长度分别进行连接。在电动机上安装成套滑轮中合适的滑轮，将动画板的圆盘用双面胶固定在滑轮上。

■ 使用方法

好好看看布线和电路板，是否有错误或有没有接触到别的地方。将主体接入开关，LED 就会立即亮起来。旋转半固定电阻器就会看出闪烁速度会发生变化。在 LED 前挥挥手，如果看到好几重画面的话就做好了，可以用这个装置照一下各种物品，特别是下落的水滴，会感觉到一种不可思议的造型美。

下面就让我们接入动画板开关，电动机开始转动。如果不转动的话就转一转半固定电阻器的旋钮。电动机转起来以后，旋转旋钮来调节速度。

靠人的视觉不能识别旋转板上的画，但如果在画上打上聚光灯，看上去就会是动的或者是静止的，图像会因为旋转速度和灯的闪烁速度而变化，如果保持一个比较慢的速度，看上去就会很漂亮。

No. 58

白色是彩虹？！

光剑 2

光和影运用自如

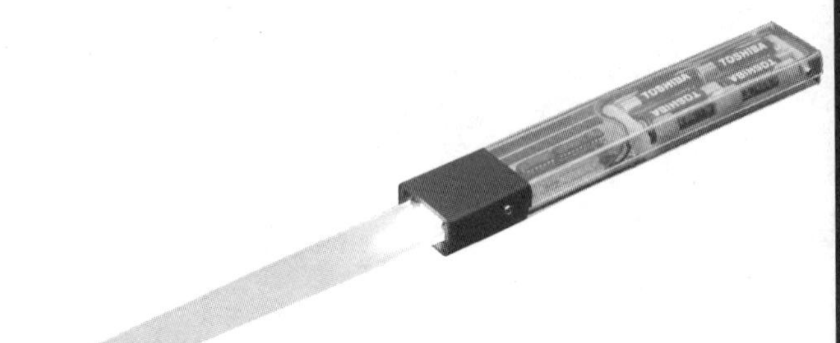

雨过天晴后，天空中常会出现彩虹，喷泉喷水或在庭院浇水时，有时也会看见彩虹。这是一种阳光经过细小水珠的折射，分解成七色光的美丽的自然现象。

在电子器件方面，用红、蓝、绿色的 LED 就可以实现全彩显示，当然也可以表现出七色彩虹。我们可以利用这个原理做出各种色光的产品来欣赏。但是只是单纯混色也没有意思，就让我们做一把不可思议的剑，这把剑看上去是白色的，但实际上是由三色组成，而且可以出现彩虹色。

元器件表

IC:555 ······ 1 个
:SN74LS174N（74174）······ 1 个
:SN74LS260N（74260）······ 1 个
IC 插座 :8 脚 ······ 1 个　14 脚 ······ 1 个
:16 脚 ······ 1 个
三极管 :2SC1815 ······ 3 个
电解电容 :1 μF 16V ······ 1 个
陶瓷电容 :0.11 μF（104）······ 1 个
LED: 高亮度　红、绿、蓝 ······ 各 1 个
电阻器 :2.4kΩ 1/4W（色带：红黄红金）······ 2 个
:130Ω 1/4W（色带：茶橙茶金）······ 1 个
:75Ω 1/4W（色带：紫绿黑金）······ 2 个
二极管 :IS2076A ······ 9 个
万能板：切断成 11×30 孔 ······ 1 张
亚克力板 ······ 参照尺寸图
螺钉 :M3×4mm ······ 4 个
M3×8mm ······ 2 个
M3×18mm ······ 4 个
螺母 :M3 ······ 6 个
隔离柱 :M3×2mm ······ 6 个
M3×5mm ······ 4 个
电池盒 :4 个 3 号电池用 ······ 1 组
电池扣：导线长的 ······ 1 个
3 号电池 ······ 4 个
泡棉双面胶、镀锡铜线、布线用导线、黑色黏结纸、焊锡少许

■ 结构

在电视机和计算机的屏幕中，用 R（红）、G（绿）、B（蓝）三原色来表现所有的色彩。也就是说，只要有这 3 种颜色的光就可以再现像彩虹那样多的颜色。那么就用 LED 的三色光做个实验吧。红、绿、蓝光全部混合在一起就变成白色光，红光和绿光组合后看上去是黄色，绿光和蓝光组合看上去是蓝绿色，蓝光和红光组合看上去是紫色。通过调节红光、绿光、蓝光的光量可以生成微妙的颜色。但是，这里只是单纯地将这些颜色混合来再现红、黄、绿、蓝绿、蓝、紫，以亮着的 LED 来显示的话，是按照红、红 + 绿、绿、绿 + 蓝、蓝、蓝 + 红 6 个步骤，而且是快速按顺序闪烁，人眼看到的就是白色。这里使用了边缘

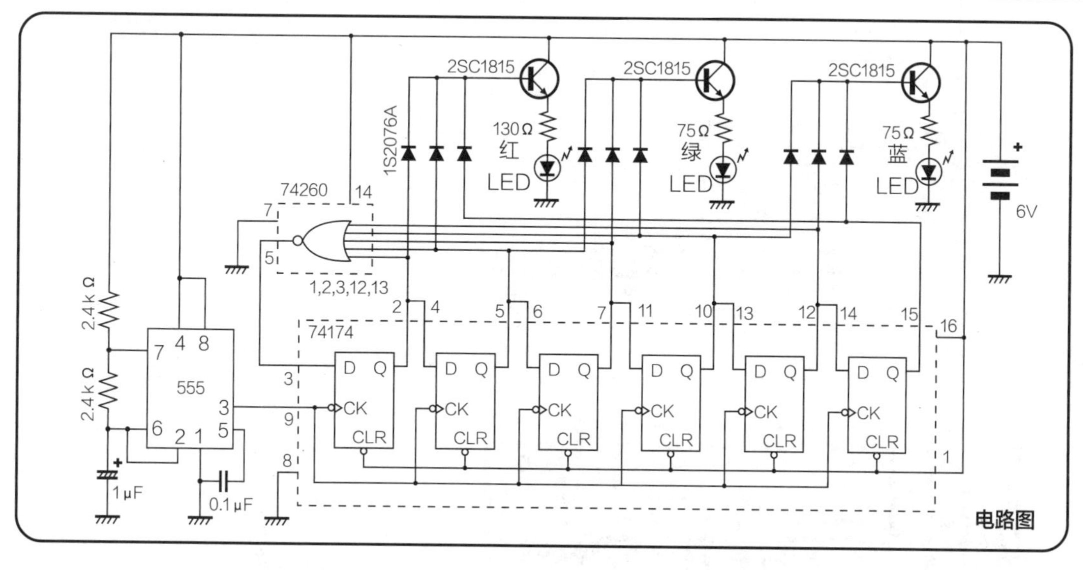

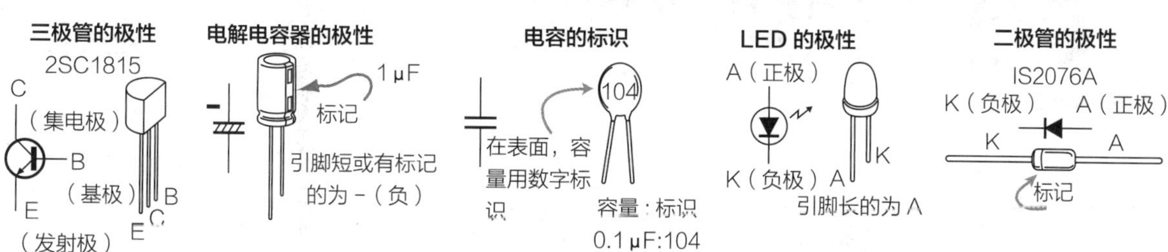

照明效果，将光打在表面粗糙的透明亚克力棒上，光就会显现出来。这样直接看是白色，但是如果在黑暗中晃动，和 LED 的快速闪烁配合就能看到彩虹色。

■ 电路

为了让红、绿、蓝色的 LED 按照红、红 + 绿、绿、绿 + 蓝、蓝、蓝 + 红的顺序发光，我们装入 6 个步骤的移位存储器，在这里使用了封装有 6 个 D-FF 的 IC 74174，将 D-FF 的输出做成下一步 D-FF 的输入，因此输出就不断地移到下一个步骤。再用引脚 5 输入的 NOR 电路变成一个输出，这样就成为所需要的移位存储器。时钟采用的是基本款定时器 555。由这个 IC 的 6-7-8 号引脚之间的电阻值改变闪烁速度。如果闪烁得太慢，闪烁就被看见了，如果闪烁得太快，各种颜色就过于细致，这里采用 2.4kΩ 左右的电阻就可以。

为了将这里的 6 个步骤分别形成红、绿、蓝色 LED 的输出，我们使用了二极管，并通过三极管让各色 LED 发光。

■ 组装

将 25×30 孔的万能板切断成 30×11 孔的电路板。在 IC 插座下部接触到的地方有跳线，一开始就要把跳线部分焊接起来。后面再想焊接这个地方就做不到了，焊接时不要把位置弄错。下面安装 IC 插座，将 IC 555 所需要的电容器、电阻器分别安装上。跳线使用镀锡铜线制作，和其他 IC 进行接触。完成之后，安装二极管、三极管、电阻器，在距离 LED 头部封装部位 5mm 左右的位置用扁嘴钳按住 LED 引脚折弯，在距离电路板大约 5mm 的位置进行焊接。这样电路就做好了。最后调节角度，将 LED 的光巧妙地打在亚克力棒上。电路板组装完以后，把 IC 插入 IC 插座。这次没有特别安装开关，而是通过将电池扣直接拔下和插入来控制开关的。

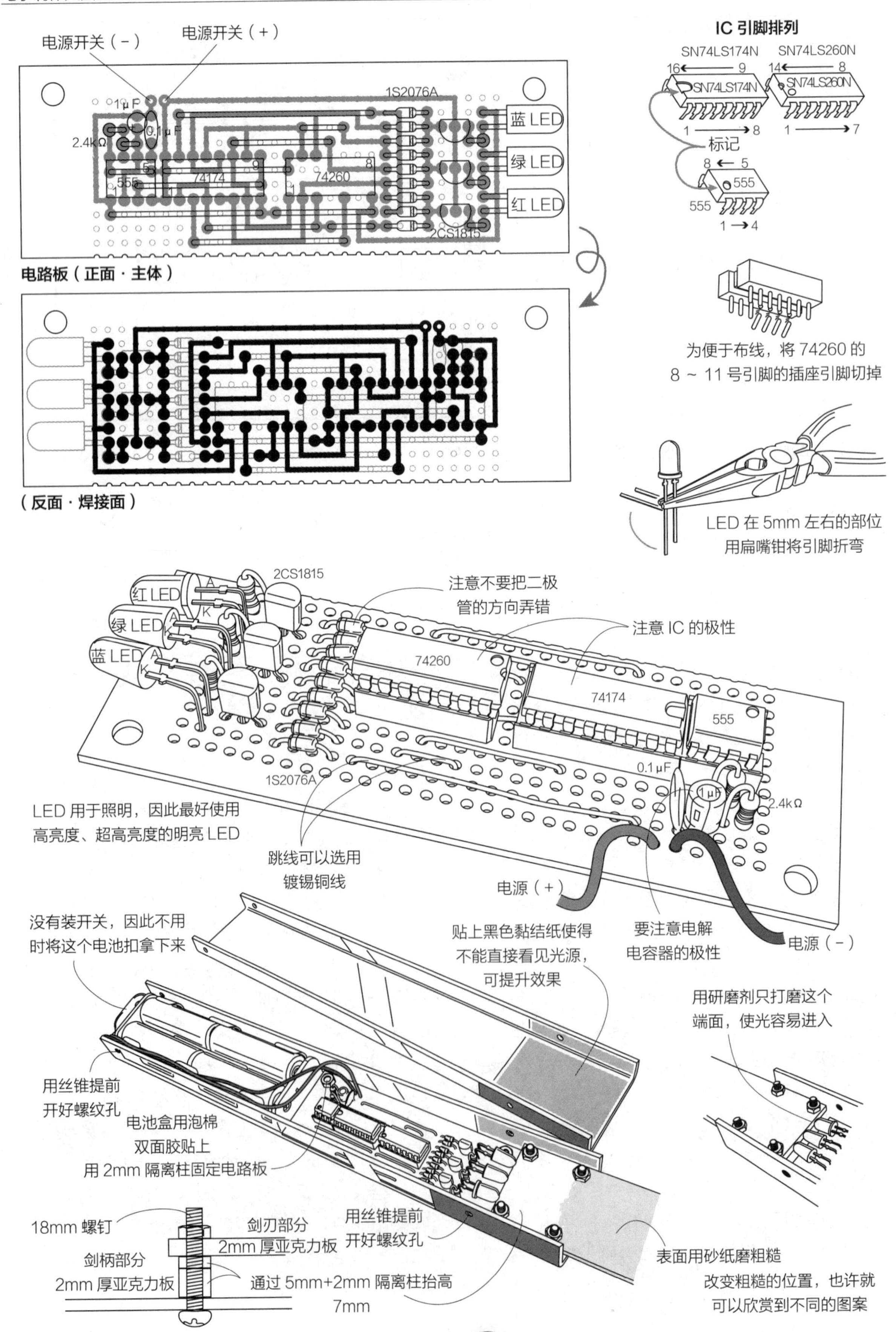
电源开关（－）
电源开关（＋）
1μF
0.1μF
2.4kΩ
555
74174
74260
1S2076A
2CS1815
蓝 LED
绿 LED
红 LED
电路板（正面 · 主体）
（反面 · 焊接面）
IC 引脚排列
SN74LS174N
SN74LS260N
标记
555
为便于布线，将 74260 的
8 ~ 11 号引脚的插座引脚切掉
LED 在 5mm 左右的部位
用扁嘴钳将引脚折弯
注意不要把二极
管的方向弄错
注意 IC 的极性
LED 用于照明，因此最好使用
高亮度、超高亮度的明亮 LED
跳线可以选用
镀锡铜线
电源（＋）
电源（－）
要注意电解
电容器的极性
贴上黑色黏结纸使得
不能直接看见光源，
可提升效果
没有装开关，因此不用
时将这个电池扣拿下来
用研磨剂只打磨这个
端面，使光容易进入
用丝锥提前
开好螺纹孔
电池盒用泡棉
双面胶贴上
用 2mm 隔离柱固定电路板
18mm 螺钉
剑刃部分
2mm 厚亚克力板
剑柄部分
2mm 厚亚克力板
通过 5mm+2mm 隔离柱抬高
7mm
表面用砂纸磨粗糙
改变粗糙的位置，也许就
可以欣赏到不同的图案

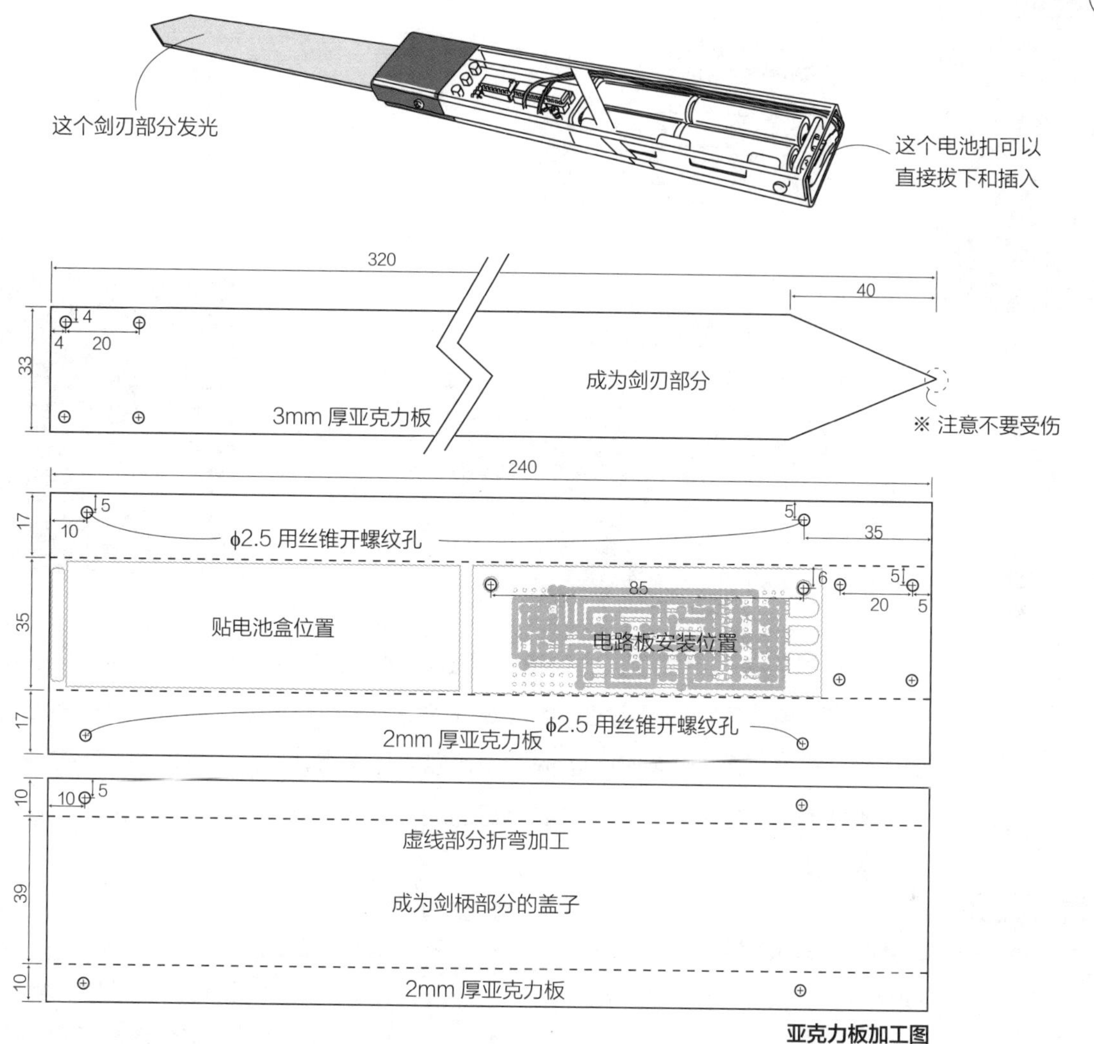

亚克力板加工图

■ **装入**

剑柄部分是用两块亚克力板折弯加工，并且从侧面用螺钉固定而成的。在内侧亚克力板上预先用丝锥将这个螺纹孔开好。电池盒用泡棉双面胶固定住，电路板通过隔离柱固定。剑刃采用 3mm 厚的亚克力板制作，在剑柄部分将隔离柱合在一起，做成 LED 光恰好照到的高度。这里使用的是 5mm 和 2mm 的隔离柱，做成了 7mm 的高度。将剑刃处的亚克力板整体都用砂纸磨粗糙，使光在整体里转动。在这个地方多动动脑筋，效果会变得更好。用研磨剂等打磨接受 LED 光照射的端面，使光容易进入。

■ **使用方法**

仔细检查布线和电路板是否有错误以及有没有接触到其他地方。接上电池扣，LED 就会亮起来。有可能看出红绿蓝三色快速闪烁。如果不亮或者看不见闪烁，就有可能是布线错误，将电源拿下，再次进行检查。

剑刃部分应该是红绿蓝三色混合，亮着白光，但在根部或多或少能看见红、绿、蓝 3 种颜色，将剑拿在手里晃动，白色的剑应该会变成彩虹色。看到的颜色是 6 种，而不是常说的彩虹的 7 种颜色，但是能看到美丽的渐变色。在黑暗的房间里会看得更清楚。

No. 59

制作并享受声音

音变成光

光音箱

这次做的是一个音箱，内置有小型放大器，通过这个放大器的输出可以发出美丽的光。电源使用的是电池，因此在任何地方都可以设置，而且出来的声音比想象中大。总之是既能看到美丽的光，也可以听见声音，声音和光之间还存在一定关联，因此用起来很有趣。如果拿到露营的地方，就可以作为灯饰，给演出、游玩带来很多乐趣。

元器件表

（一套立体声扬声器所需数量）

IC:LM380N …… 2个
BA6137（或AN6884）…… 2个
三极管:2SA1015 …… 10个
电解电容器:470μF 25V …… 4个
:220μF 25V …… 2个
:10μF 25V …… 6个
陶瓷电容器:0.01μF（103）…… 2个
:100pF（101）…… 2个
LED:高亮度 5种 …… 各4个
电阻器:10kΩ 1/4W（色带：茶黑橙金）…… 2个
:390Ω 1/4W（色带：橙白茶金）…… 4个
:270Ω 1/4W（色带：红紫茶金）…… 4个
:180Ω 1/4W（色带：茶灰茶金）…… 2个
:10Ω 1/4W（色带：茶黑黑金）…… 4个
可变电阻器:10kΩ …… 4个
扬声器:8Ω 2W以上 …… 1个
拨动开关 …… 1个
印刷电路板：75×35mm …… 2张（参照图）
亚克力板 …… 参照尺寸图
埋头螺钉:M3×15mm …… 16个
自攻螺钉:M3×16mm …… 16个
M3×25mm …… 4个
垫圈:M3 …… 8个
隔离柱:M3×15mm …… 4个 M3×5mm …… 36个
:M3×2mm …… 4个
:M3×95mm（双内螺纹）…… 4个
（70mm+25mm，一边为内外螺纹型，做成95mm）
:M3×10mm（双内螺纹）…… 8个
长螺钉：切断成85mm …… 4个
电池盒:4个2号电池用 …… 2组
2号电池 …… 8个
橡胶脚垫 …… 8个
胶合板:12mm厚 …… 参照尺寸图
立体声小型插头、布线用导线、线束扎带、焊锡少许

■ 结构

这是一个将头戴耳机式立体声的输出由放大器接收，使扬声器响起的简单结构。放大器使用的是音频专用的IC，这个输出使LED发光，这里使用了UV照度计中的电平测量仪驱动IC。这样就能用5级电平让颜色不同的LED发光，尽管元器件数量少，但做出来效果很好。这次想做的是让从扬声器出来的声音变成光，为此，就在扬声器的前面放置亚克力板，做成通过边缘照明效果看LED光的造型。为做到用10个LED从中央向外发光，由三极管接收IC的输出，每个电平让每两个LED发光。

■ 电路

放大器部分使用了可得到2.5W输出的LM380N音频专用IC，电源为12V，电压稍微高一点，因此就用了8个2号电池，左右扬声器上各放4个电池，将电池盒进行串联布

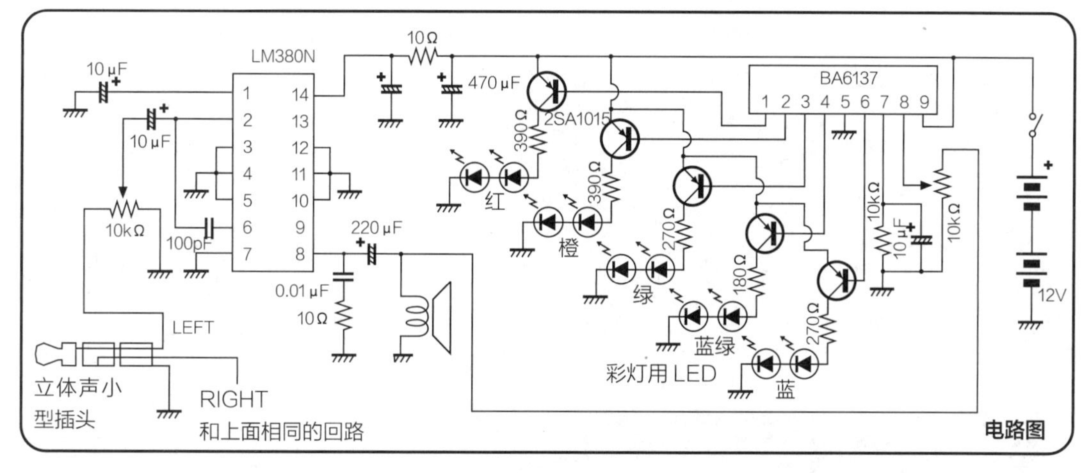

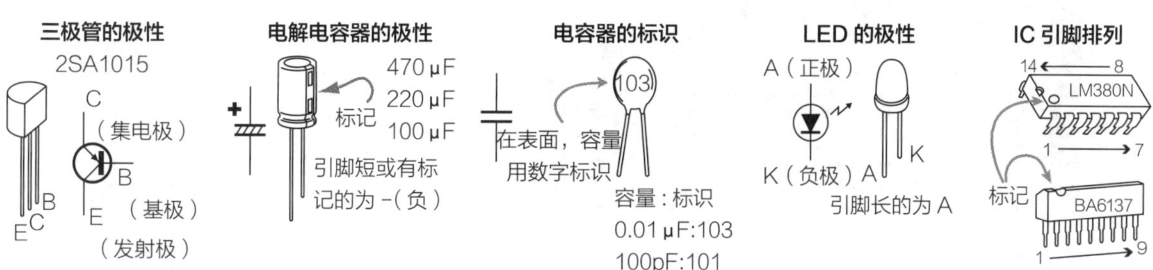

线。将从LM380N得到的输出连接到扬声器上，同时连接到BA6137的UV测量仪驱动器IC的输入。UV测量仪本来是用于测量音频输出大小的，在这里是用在灯饰上。三极管接收了这个输出，将LED每两个串联连接，这样从扬声器出来的声音输出就使LED闪闪发亮。一般在UV测量仪中，输出高的部分使用红色，而在这里，输出低的时候中央是红色，输出高的时候外侧使用蓝色，在这之间的颜色是随机变化的橙色、绿色和蓝绿色。当然也可以选择自己喜欢的颜色。

为了做到不管扬声器发出小一点的声音还是大一些的声音，LED都会亮，在控制音量的电路以外设置了调整灯饰等级用的可变电阻器。

■ 组装

首先制作印刷电路板。电路图也可以用PCB耐蚀刻笔画出来，但是使用感光印刷电路板会方便一些。画出电路图以后，蚀刻、钻孔、制作印刷电路板。在此次的设计中，孔的位置和万能板是一样的，因此也可以使用万能板组装。印刷电路板做好后安装元器件，只要不把元器件的位置弄错，焊接时没有接触到旁边，就可以顺利地组装起来。LM380N中间的3个引脚还兼具散热器功能，因此即使是使用万能板也不是只接地，而是要大面积和金属部分连接。该制作没有使用IC插座，因此焊接时注意不要加热过度。可以先装电阻器、三极管、电容器，最后安装LED。LED方向都是相同的，因此要注意正极和负极的方向。将LED引脚在距头部封装部分5mm左右的位置用扁嘴钳夹着弯折，调整好高度后进行焊接。

■ 组合

按图将15mm厚的椴树皮胶合板切断。扬声器的直径是66mm，因此在正面板子上按这个直径开孔。安装时用黏结剂细心地粘牢。本来是想都用黏结剂固定的，但为使用方

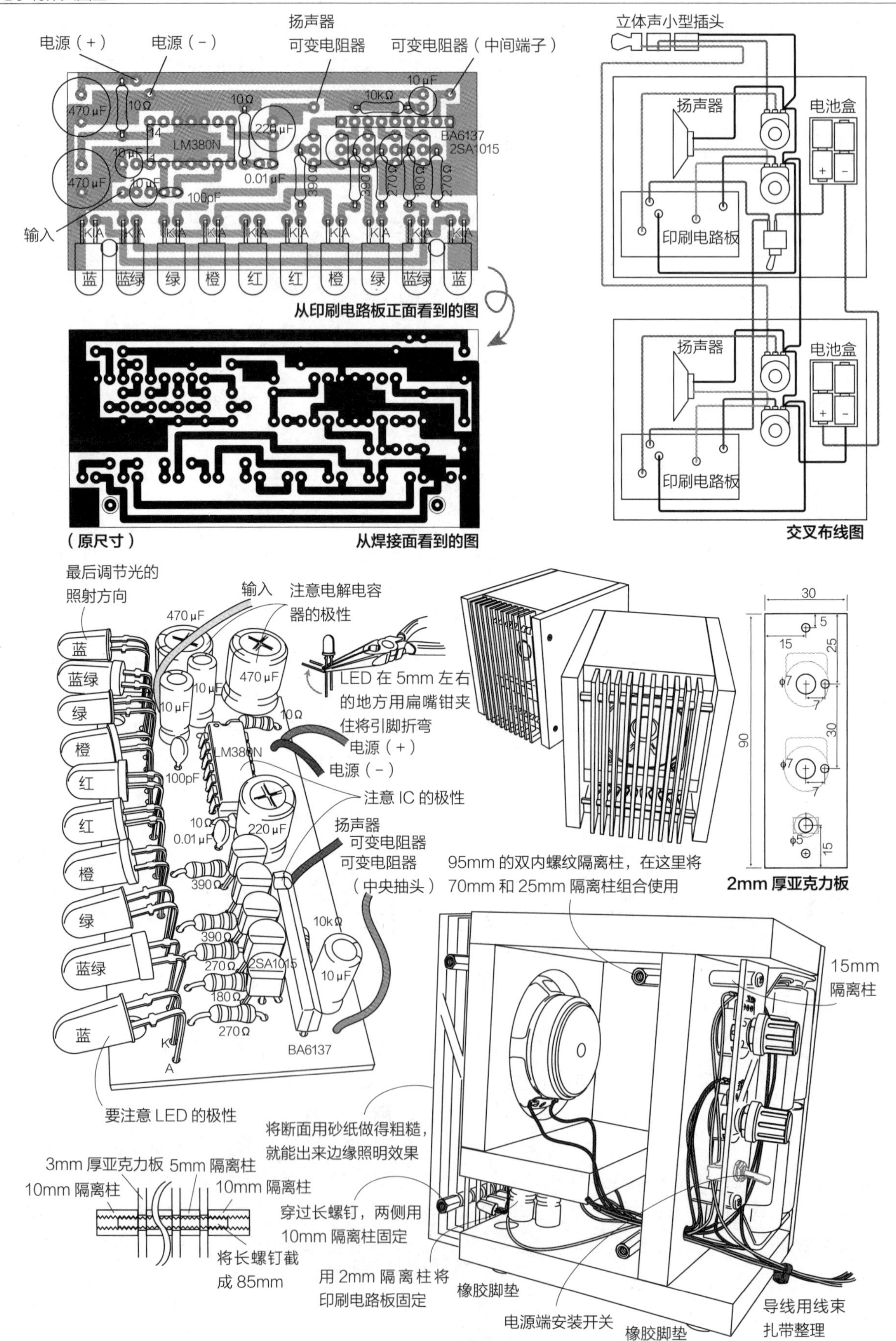

电源（+）
电源（-）
扬声器
可变电阻器
可变电阻器（中间端子）
10μF
10kΩ
10Ω
470μF
220μF
LM380N
BA6137
2SA1015
0.01μF
100pF
390Ω
270Ω
180Ω
输入
蓝
蓝绿
绿
橙
红
从印刷电路板正面看到的图
（原尺寸）
从焊接面看到的图
立体声小型插头
扬声器
电池盒
印刷电路板
交叉布线图
最后调节光的照射方向
输入
注意电解电容器的极性
LED 在 5mm 左右的地方用扁嘴钳夹住将引脚折弯
电源（+）
电源（-）
注意 IC 的极性
扬声器
可变电阻器
可变电阻器（中央抽头）
要注意 LED 的极性
95mm 的双内螺纹隔离柱，在这里将 70mm 和 25mm 隔离柱组合使用
2mm 厚亚克力板
15mm 隔离柱
将断面用砂纸做得粗糙，就能出来边缘照明效果
3mm 厚亚克力板
5mm 隔离柱
10mm 隔离柱
10mm 隔离柱
将长螺钉截成 85mm
穿过长螺钉，两侧用 10mm 隔离柱固定
用 2mm 隔离柱将印刷电路板固定
橡胶脚垫
电源端安装开关
橡胶脚垫
导线用线束扎带整理

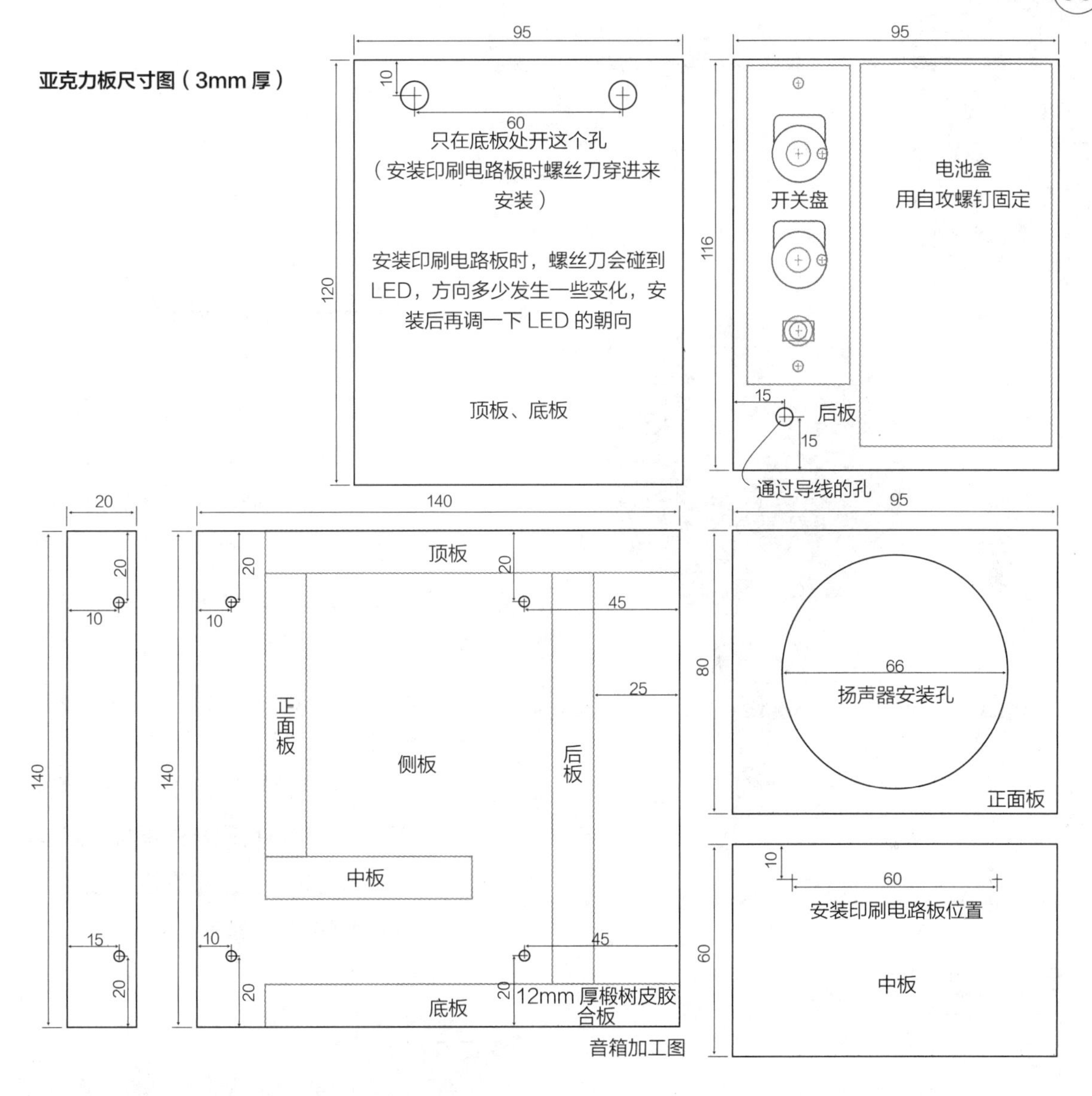

便，只有一处的侧板是通过螺钉固定的，这一部分要最后安装。在扬声器的前面纵向配置 10 块 3mm 厚的亚克力板，这些亚克力板都是在板子之间夹着 5mm 的隔离柱，穿过 85mm 的长螺钉，用双内螺纹的 10mm 隔离柱将两端固定。将 95mm 隔离柱固定在盒子中，在这上面安装侧板，将整体固定住。把电池盒和开关、可变电阻器等安装到后面，从输入塞孔出来的导线在这里分配，并接到另一边的音箱上。将印刷电路板安装到盒子的下部。整体安装完以后，调整 LED 角度，使亚克力板的边缘照明效果得以体现。

■ 使用方法

好好看看布线有没有错误，印刷电路板的焊接是否接触到别的地方。将输入塞孔连接到头戴耳机和立体声音频设备的输出中，接上电源开关后就应该可以听到声音。旋转可变电阻器，音量将发生变化，LED 也可以通过可变电阻器的调节而发光。如果听不到声音、LED 不亮或一直亮着不熄灭时，有可能是布线和接线有错误，切断电源修正一下。

通过这个制作能听到声音，但是由于所用的 LED 不同，有时在 LED 亮起来时会有些噪声。

No. 60

圆盘旋转就变成声音

旋转乐器

制作并享受声音

发出声音的结构有很多种，以乐器为例，像吉他和钢琴是通过弦的振动发出声音，像大鼓则是通过振动膜面发出声音，而笛子则是通过空气流动发音，各式各样。电子乐器中，则是通过电信号的频率和波形做出发音体，通过放大器放大，从扬声器中发出声音。发音体的制作方法也有很多种，比如由计算机进行计算后做出来或通过采样将实际声音数字化，现在几乎都是采用这样的方式了。

我们考虑利用光的闪烁做出发音体，电影原声带也是运用同样的原理。通过将圆盘滴溜溜地转动，发出声音。让我们试试看能不能顺利发出声音。

元器件表

CD：不再使用的 …… 1个
光敏晶体管：TPS603 …… 1个
三极管：2SC1472 …… 1个
　　　　：2SC1815 …… 2个
电解电容器：220μF 16V …… 1个
　　　　　：3.3μF 16V …… 1个
陶瓷电容器：0.1μF（104）…… 1个
LED：高亮度红色 …… 1个
二极管：1N4002 …… 1个
电阻器：5.1kΩ 1/4W（色带：绿茶红金）…… 2个
　　　：390Ω 1/4W（色带：橙白茶金）…… 1个
扬声器：8Ω（小型）…… 1个
可变电阻器：500kΩ …… 1个
拨动开关 …… 1个
万能板：切断成15×7孔 …… 1张
亚克力板 …… 参照尺寸图
螺钉：M3×10mm …… 3个
　　：M3×6mm …… 6个
垫圈：M3 …… 4个
垫片：M3×20mm（双内螺纹）…… 2个
　　：M3×25mm（双内螺纹）…… 2个
　　：M3×3mm（双内螺纹）…… 1个
电池扣：006P用 …… 2个
006P干电池 …… 1个
橡胶脚垫 …… 1个
胶合板：12mm厚 …… 参照尺寸图
泡棉双面胶、镀锡铜线、布线用导线、焊锡少许

■ 结构

制作圆盘时所用的是用过的CD。要想用手让CD转起来，就要将CD的重心从中心偏离，以巧妙画圆的方式对重心进行操作，这样就可以将CD转起来。另外，这个圆盘上画有条纹，CD表面会很好地反射光，因此在这里放上传感器的话，条纹就会反射或遮挡光，就可以得到频率和圆盘的旋转一致的电信号。例如，如果1秒钟转1转，有100个条纹，就会发出100Hz的声音。以2倍速度旋转的话就是200Hz了。人类的耳朵可以听到的声音频率在20～2000Hz，现在的声音比较低，因此是容易识别的，可以听得到。将这个声音放大后，通过扬声器把声音放出来。本制作的结构并不复杂，是一个非常单纯的结构。

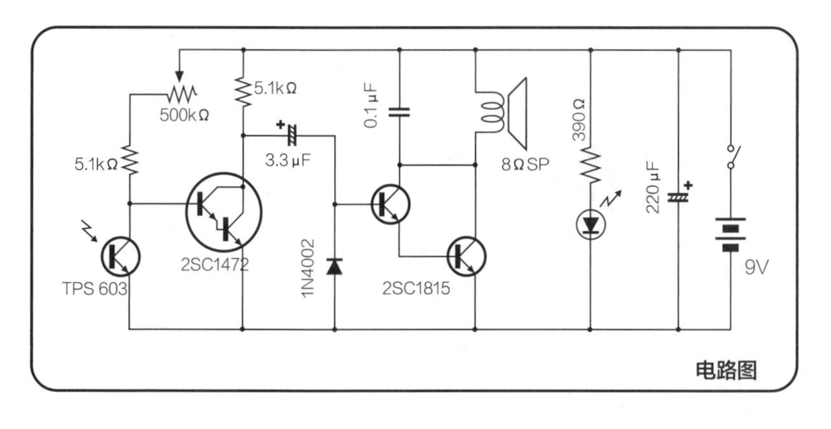

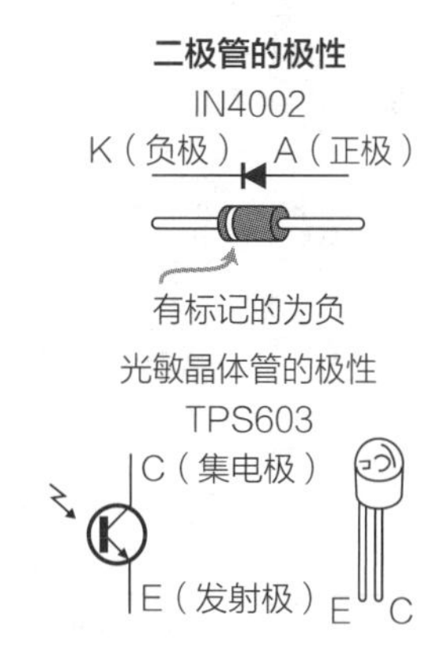

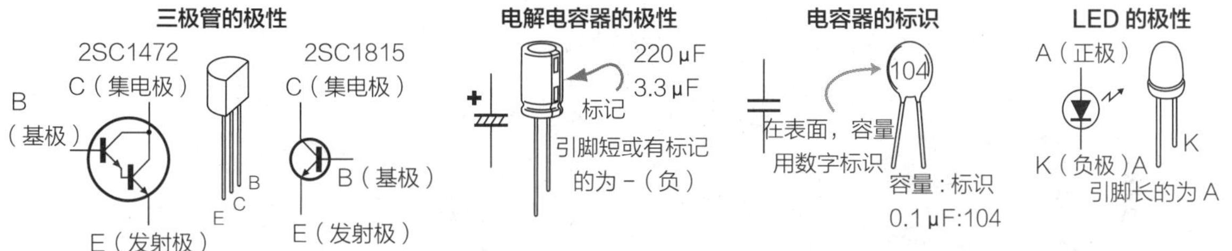

■ 电路

传感器使用的是光敏晶体管 TPS603。将发射极做成接地电路，从集电极得到输出，由三极管 2SC1472 接收这个输出。这个三极管内部采用的是由两个三极管进行达林顿连接的形式，因此即使是一个三极管也可以将信号大幅度放大。另外，为了调节这个三极管基极所流过的电流，加上了可变电阻器，起到调节传感器灵敏度的作用。再由达林顿连接的两个三极管接收这个输出，放大电流，让扬声器响起。

为了做出在 CD 表面反射的光，加了一个 LED，这个 LED 的光通过画在 CD 表面的条纹，将电流的变化提供给光敏晶体管的输出。这个电流的变化通过上面的放大回路转换为声音，应该能听得到。

■ 组装

将万能板切断成 15×7 孔，可以将 15×15 孔对半切断。将元器件装到这个万能板上。

先将光敏晶体管 TPS603 的引脚用扁嘴钳根据孔的情况折弯，两条引脚中折弯哪一条都可以。然后可以将元器件按照从小到大的顺序安装，但是为了不弄错孔的位置，也可以按照 5.1 kΩ 电阻器、三极管 2SC1472、3.3 μF 电解电容器这样的顺序从电路图左侧开始组装。对于 LED、光敏晶体管，要将引脚按照一定高度进行固定，因此这两个元器件要最后组装。元器件装完以后，电路板就做好了。元器件数量不是很多，组装比较简单。

■ 组合

电路板做好以后就装起来。以一块亚克力板作为外壳，将元器件安装到这块亚克力板上。确认电池的位置，根据电池扣导线的长度向拨动开关、电路板布线。从与拨动开关反向的端子上连接两条导线，一条作为电源接到电路板上，另一条接到可变电阻器正中间的端子上。这里使用的是小型扬声器，先将端子焊接住，用泡棉双面胶固定，然后看着导线长度，连接到电路板和可变电阻器的中央端子上。将导线从可变电阻器的另外一个端子连接到电路板。将电路板用 3mm 隔离柱固定，用做成夹心形状的亚克力板将电池夹住，用 20mm 隔离柱固定。最后用 25mm 隔离柱将画有条纹的 CD 安装上。

为了让 CD 滴溜溜地转起来，用双螺母将

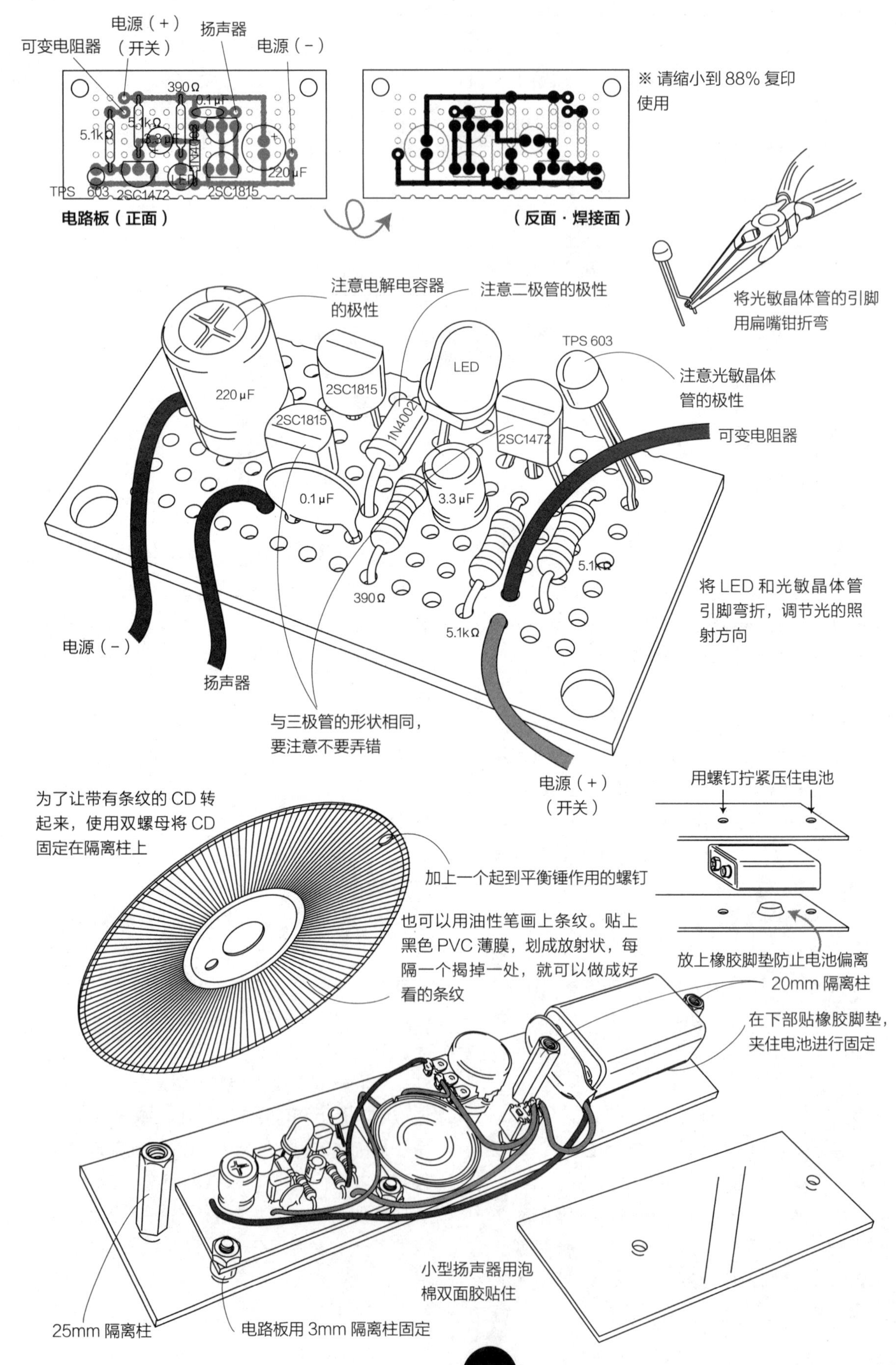
可变电阻器
电源（+）
（开关）
扬声器
电源（-）
390Ω
0.1μF
5.1kΩ
5.1kΩ
3.3μF
1N4002
LED
220μF
TPS 603
2SC1472
2SC1815
电路板（正面）
（反面・焊接面）
※ 请缩小到 88% 复印使用
将光敏晶体管的引脚用扁嘴钳折弯
注意电解电容器的极性
注意二极管的极性
注意光敏晶体管的极性
可变电阻器
将 LED 和光敏晶体管引脚弯折，调节光的照射方向
电源（-）
扬声器
与三极管的形状相同，要注意不要弄错
电源（+）
（开关）
用螺钉拧紧压住电池
为了让带有条纹的 CD 转起来，使用双螺母将 CD 固定在隔离柱上
加上一个起到平衡锤作用的螺钉
也可以用油性笔画上条纹。贴上黑色 PVC 薄膜，划成放射状，每隔一个揭掉一处，就可以做成好看的条纹
放上橡胶脚垫防止电池偏离
20mm 隔离柱
在下部贴橡胶脚垫，夹住电池进行固定
小型扬声器用泡棉双面胶贴住
25mm 隔离柱
电路板用 3mm 隔离柱固定

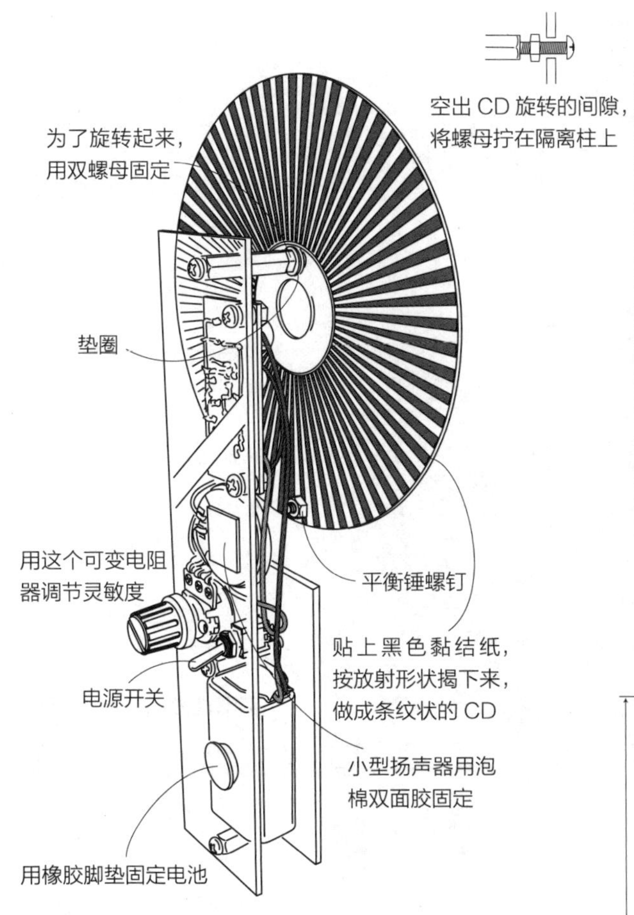

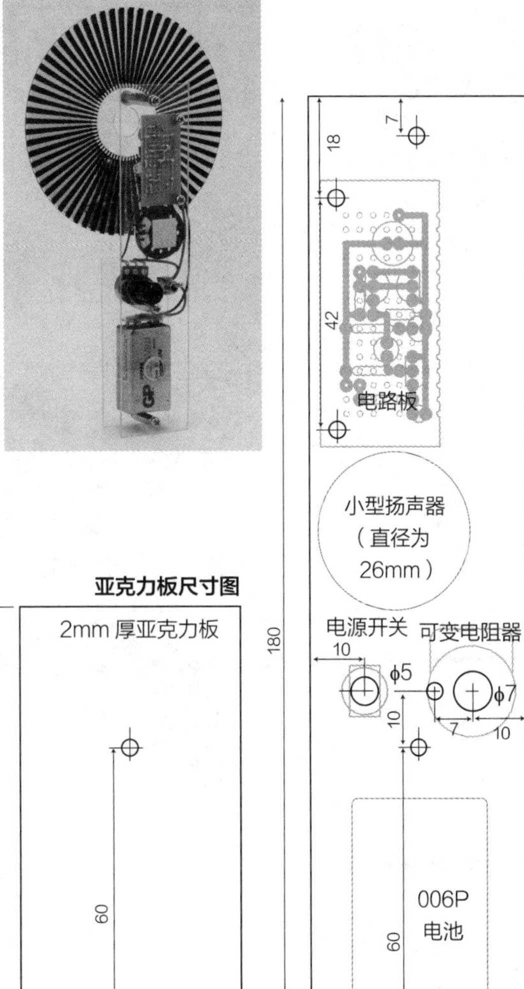

螺钉固定在隔离柱上，这样就做完了。

■ 使用方法

好好看看布线有没有错误，焊接电路板时是否接触到别的地方。将 006P 电池连接到电池扣上，接上电源。LED 亮起，将 CD 稍微转一下，扬声器会发出“卟－卟－”的声音。用手指让 CD 连续转起来，“卟－卟－”的声音就会连续响起。如果不发出声音或者声音很弱，就转动可变电阻器旋钮，找到合适的位置。这样做以后如果还是没有任何反应的话，有可能是布线没有做好。这种情况下，要切断电源，认真进行确认。

如果 CD 是在取得平衡的状态下转动，就会发出“乒－乒－”的低音。如果将转速提高，声音也会不断升高到高音程。开始时，用手转动就可以很容易地址 CD 转起来。另外，为了将重心偏离中心位置，在 CD 上加上螺钉以起到平衡锤的作用，使 CD 更容易转动，这也是一个好办法。

另外，不通过 CD 反射，将快速闪烁的光直接照在光敏晶体管上，也可以发出声音。例如，没有使用变频器的荧光灯和电视机也能发出声音，特别是电视机和摄像机的遥控器也可以通过红外线信号发出声音。这也是一种出人意料的有趣声音。

No. 61

没有车轮也能滑行

轻微颤动的沿线追踪器

游戏和趣味制作

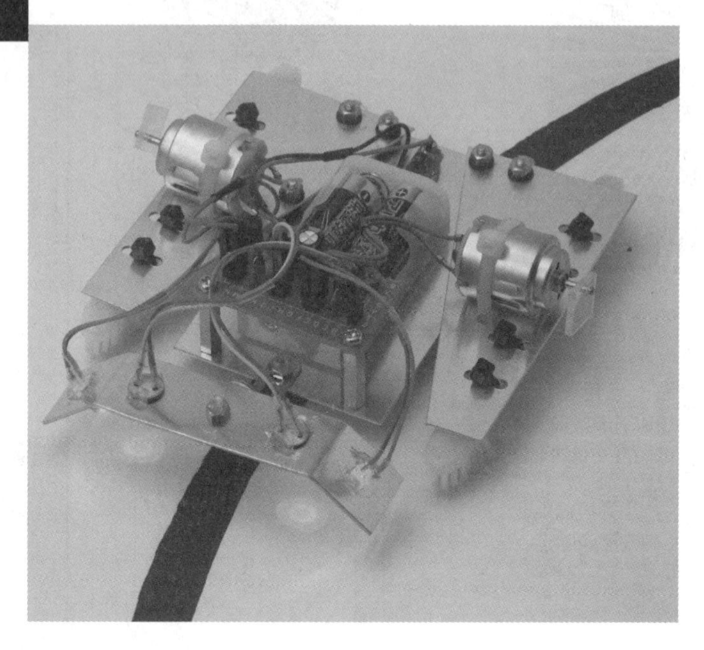

沿线追踪器可以说是机器人的基础组成部分，我们这次就制作一个沿线追踪器，就是沿着一条线前进的机器车。本来是调整左右车轮行进的，但这次挑战的是不使用车轮前进。代替车轮的居然是牙刷。能不能顺利动起来呢?

元器件表

CdS:Φ8 金属封装……2个
三极管:2SC1472……2个
:2SC2236……2个
电解电容器:330μF 16V……1个
LED:高亮度　红色……2个
电阻器:1kΩ 1/4W（色带:茶黑红金）……2个
:51Ω 1/4W（色带:绿茶黑金）……2个
半固定电阻器:10kΩ……2个
滑动开关:小型……1个
万能板:切断成15×8孔……1张
铝板:1mm厚……参照尺寸图
亚克力板:2mm厚……参照尺寸图
螺钉:M3×12mm……6个
:M3×4mm……7个
螺母:M3……9个
隔离柱:M3×20mm（双内螺纹）……2个
角码:（小、中）……各1个
排针:2P……7个
连接器:2P……7个
橡胶衬套:内径3mm　螺纹底孔5mm……12个
线束扎带:10mm……8根
:15mm……2根
牙刷……4个
电池盒:2个3号电池用……1个
电动机:MABUCHI RE-140……2个
3号电池……2个
布线用导线、热收缩管、热熔胶、焊锡少许

■ 结构

CdS这个元件具有受光后电阻值改变的性质。也就是说可以区分亮的地方和暗的地方。这个制作的结构就是将CdS作为传感器，读取白纸上画的黑线，调整左右电动机的转动方式，调整方向的同时前行。这里使用的电动机不是用来驱动车轮的，而是让重心偏离的平衡块转动，产生微微的振动。这个振动传到牙刷上，使其动作起来。

那么牙刷是怎么动作的呢?牙刷毛尖部分是接触地板的，因为牙刷毛很柔软，接触地板时就会有一点弯曲，将振动施加给这个弯曲的刷毛，振动就会向弯曲的相反方向推进。这是因为牙刷由于振动而微妙地上下运动时，在向下运动的瞬间，毛尖会向刷毛弯曲的方向推地板，也就是说可以让牙刷毛尖在想去的方向和相反方向间弯曲，从而决定前进方向。

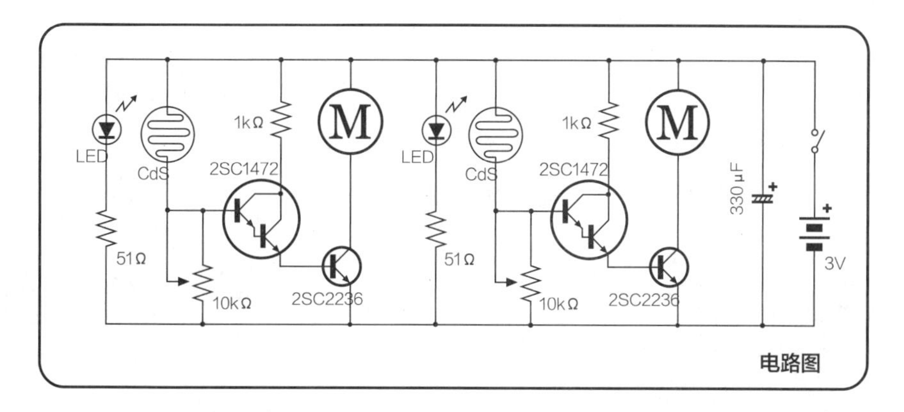

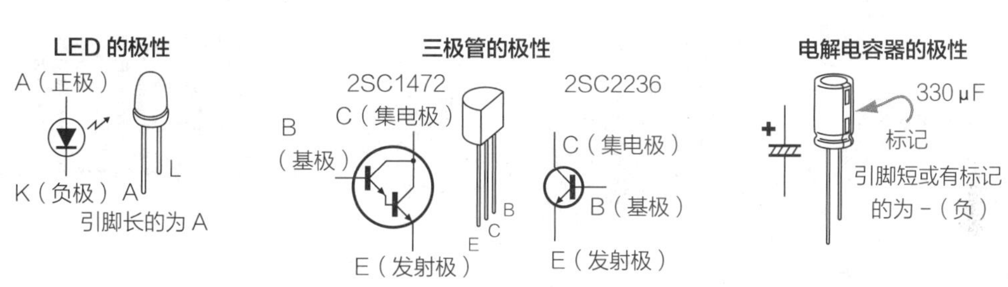

■ 电路

传感器部分使用的是 CdS 和 LED，从 LED 出来的光照在地板上，由 CdS 检测到这些光，读取白色部分和黑色部分，在这里所得到的电流通过三极管 2SC1472 放大。这个三极管是在一个封装中由两个三极管进行达林顿连接，因此可以将信号大幅度地放大。把这个发射极的输出输入到另一个三极管 2SC2236，驱动电动机。电动机选用的是 MABUCHI 的 140，额定电流是 550mA，必须是满足这个指标的三极管才行，而 2SC2236 可以达到。我们做了两个这样的电路，左右各一个。

■ 组装

将万能板切断成 15×8 孔，将零件装到这个电路板上。

先确认半固定电阻器的位置并固定住以后，就可以将其作为后面元器件的位置参考，容易操作。安装时不要将孔的位置弄错。尤其是排针，不能在焊接面将引脚弯折，因此在焊接时要注意。用瞬间强力胶临时固定住也是一个办法。这次的电路板全部使用排针连接，因此只要元器件全部焊接完了，电路板的制作就完成了。CdS 和 LED 用 10mm 左右的绝缘细导线分别连接好，主体尺寸和造型改变时，要准备好改变所需要的长度。

■ 装入

电路板做好以后就装起来。将一块 1mm 厚的铝板作为主体，有主体部分、左右驱动部分、传感器部分。请按图进行安装。

为了减轻主体和驱动部分的振动，使用了橡胶衬套进行连接，用螺钉轻轻固定住就可以。主体部分使用 20mm 隔离柱固定电路板，将电池盒用泡棉双面胶贴在下部，将从这里引出来的导线穿过电源开关连接至连接器。

将牙刷从距头部 5cm 的地方切断，用两根线束扎带固定在驱动部分的前面和后面，这时，把刷毛毛尖朝着行进方向剪短。将使重心偏离的亚克力板安装在电动机上，贴上泡棉双面胶后用线束扎带固定住。电动机的导线也安装在连接器上。

对于传感器部分，将两端向内侧弯曲，安装 LED 和 CdS，这些全部做完以后，将连

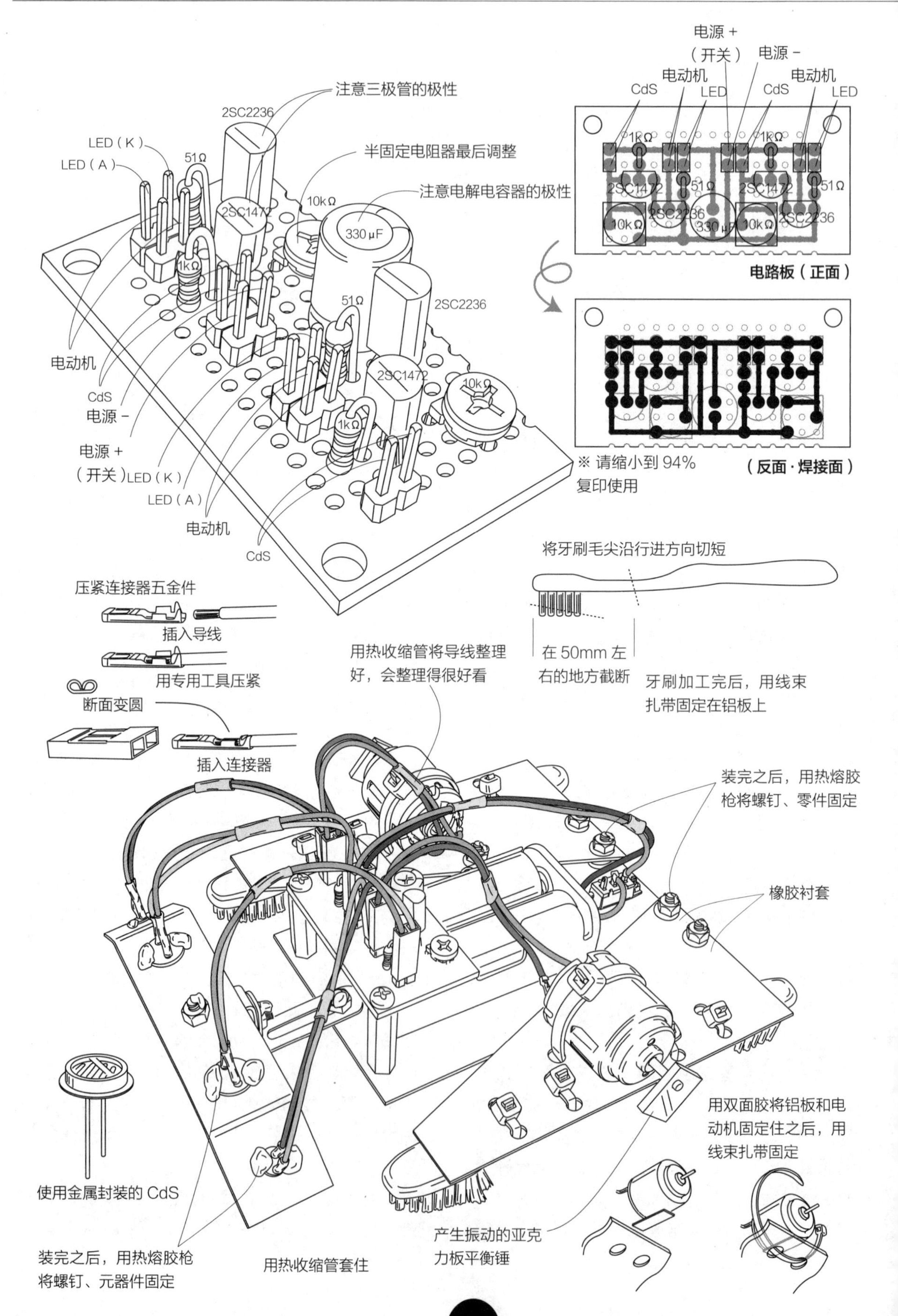

注意三极管的极性
2SC2236
半固定电阻器最后调整
LED（K）
LED（A）
51Ω
10kΩ
注意电解电容器的极性
330μF
2SC1472
1kΩ
51Ω
2SC2236
2SC1472
10kΩ
1kΩ
电动机
CdS
电源 -
电源 +
（开关）LED（K）
LED（A）
电动机
CdS
电源 +
（开关）
电源 -
电动机
CdS
LED
CdS
电动机
LED
电路板（正面）
※ 请缩小到 94%
复印使用
（反面·焊接面）
将牙刷毛尖沿行进方向切短
在 50mm 左
右的地方截断
牙刷加工完后，用线束
扎带固定在铝板上
压紧连接器五金件
插入导线
用专用工具压紧
断面变圆
插入连接器
用热收缩管将导线整理
好，会整理得很好看
装完之后，用热熔胶
枪将螺钉、零件固定
橡胶衬套
用双面胶将铝板和电
动机固定住之后，用
线束扎带固定
使用金属封装的 CdS
装完之后，用热熔胶枪
将螺钉、元器件固定
用热收缩管套住
产生振动的亚克
力板平衡锤

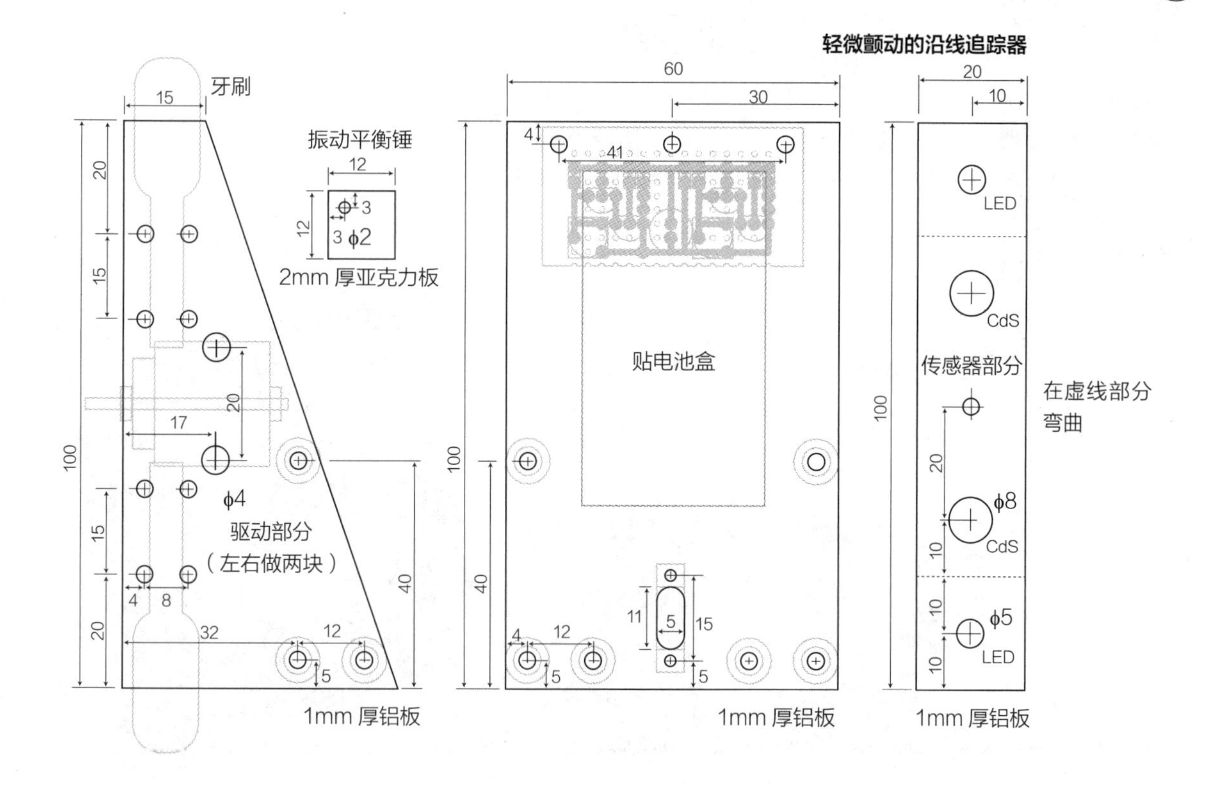

接器嵌入排针中，注意不要把电源的正负极、LED 的方向弄错。确认能够动起来后，为了防止在振动的时候脱落下来，用热熔胶将螺钉、CdS、LED 分别固定住。

■ 使用方法

好好看看布线有没有错误，焊接电路板时是否接触到别的地方。接上电源，LED 亮起。根据明亮程度电动机也会动起来。在大纸上画上黑色的粗线，用手拿着主体部分放在纸上面，转动半固定电阻器，调节 CdS 的灵敏度。让电动机在白色部分转动，在黑色线部分停住。如果电动机不转动或者没有反应，则切断电源，对布线情况进行确认。

如果没有问题，就把本制作放在刚才画过的线上试一下。如果能够根据线的形状动作就没有问题。但往往不会这么顺利，有可能会滑动着去不同的方向。这时就需要对牙刷进行调整。行进方向取决于刷毛毛尖的方向，行进方向是预定好的，稍微斜一点就会朝着这个方向继续行进。多做几次这种修整，等调到能顺利动起来时，就让我们鼓掌吧。

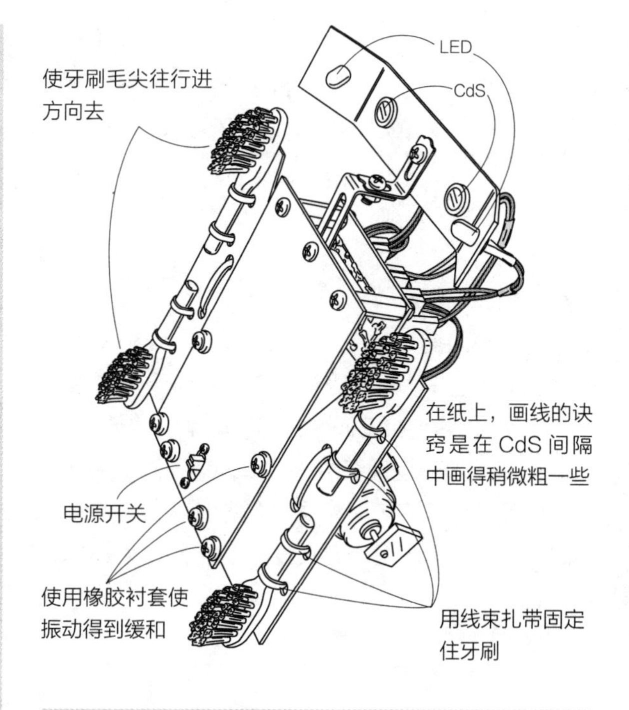

No. 62

光和影运用自如

晚上的饮料时间

饮料杯垫灯

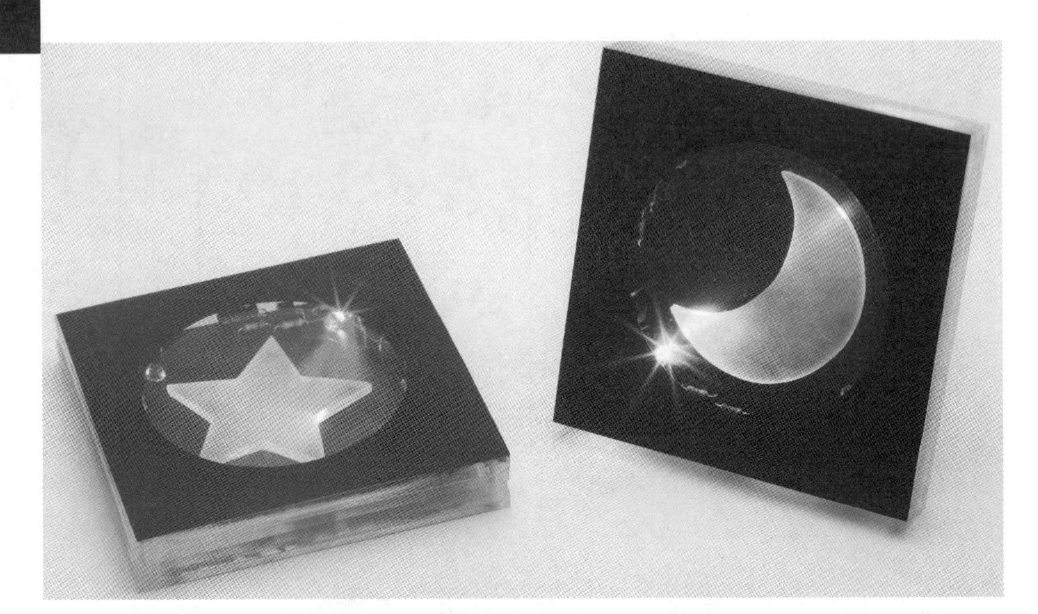

放置玻璃杯的杯垫如果能发出绚丽多彩的光，会不会让你觉得很开心？杯垫上的光反射到玻璃杯上，会形成一种如梦如幻的氛围。当然，除了作为杯垫以外，还可以用来制作壁挂，或者作为圣诞节的小灯饰等，动动脑筋就可以做出各种有趣的制作。

■ 结构

在薄薄的壳体中，让四个 LED 分别慢慢地闪烁。通过慢慢闪烁会营造出一种平和的氛围，使用多彩的 LED 也能营造出华丽的效果。LED 从四个方向朝着中心发光，在壳体中央部分放置用砂纸将表面磨得粗糙的亚克力主题图案，让图案看上去像是在发光。这是作为杯垫使用的，在这上面再放上玻璃杯，光也会反射到玻璃杯上，整体成为一个有趣的主体。

■ 电路

这里使用的是 IC4060，这是 14 位的二进制计数器，输出发出 4 ~ 10、11 ~ 14 位，合计 10 个信号。为了得到这个输出，就需要

元器件表

- IC:74HC4060AP（4060）…… 1 个
- 三极管 :2SC2185 …… 4 个
- 电解电容器 :100 μF 10V …… 4 个
- 陶瓷电容器 :0.1 μF（104）…… 1 个
- LED: 高亮度（喜欢的颜色）…… 4 个
- 电阻器 :510kΩ 1/4W（色带 : 绿茶黄金）…… 1 个
- :240kΩ 1/4W（色带 : 红黄黄金）…… 1 个
- :100kΩ 1/4W（色带 : 茶黑黄金）…… 4 个
- :1kΩ 1/4W（色带 : 茶黑红金）…… 4 个
- LED 串联的电阻器（参照极性图）…… 各 1 个
- 水银开关 : 小型 …… 1 个
- 印刷电路板 :86mm × 86mm（自制）…… 1 张
- 亚克力板 :2mm 厚 3mm 厚 …… 参照尺寸图
- 螺钉 :M3 × 15mm …… 4 个
- :M3 × 10mm …… 3 个
- 螺母 :M3 …… 3 个
- 隔离柱 : M3 × 2mm …… 3 个
- 按钮电池 :LR44 …… 3 个
- 布线用导线、铜丝、焊锡少许

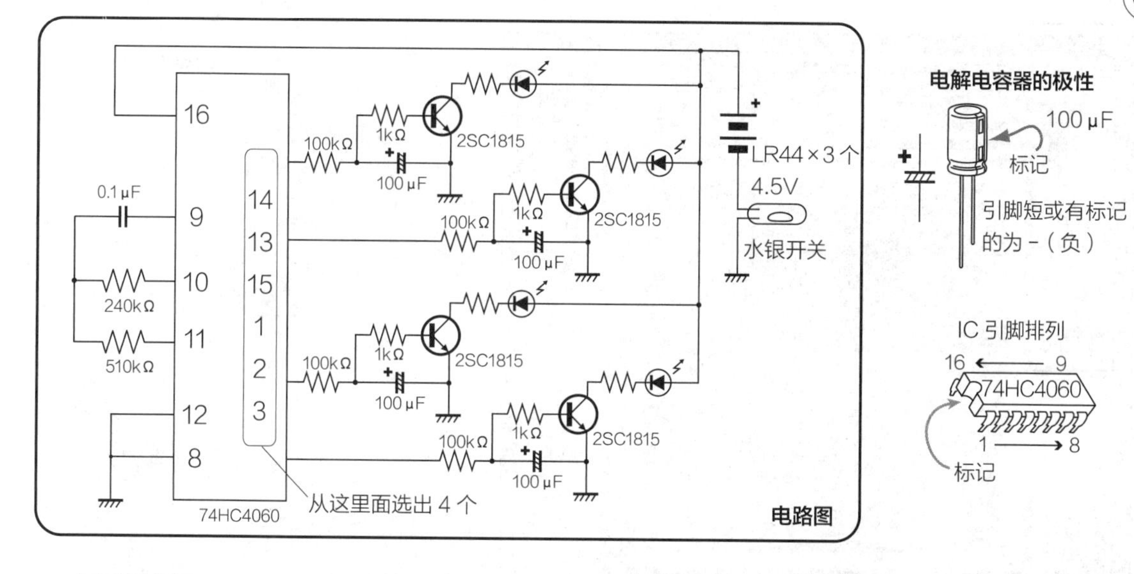

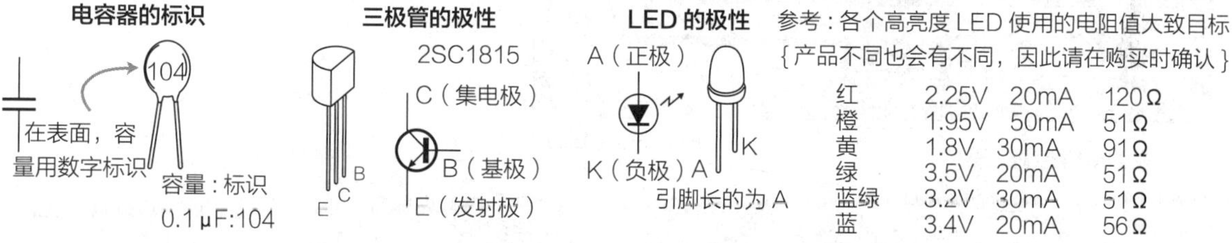

参考：各个高亮度LED使用的电阻值大致目标{产品不同也会有不同，因此请在购买时确认}

颜色	电压	电流	电阻
红	2.25V	20mA	120Ω
橙	1.95V	50mA	51Ω
黄	1.8V	30mA	91Ω
绿	3.5V	20mA	51Ω
蓝绿	3.2V	30mA	51Ω
蓝	3.4V	20mA	56Ω

用到定时时钟，在这个IC中内置有振荡电路，就直接用在了这个电路中。由于9号引脚的电容容量和连接在10、11号引脚的电阻值不同，速度会发生变化，但是这次是使用了高位数输出，因此按照电路上的值设置就可以。在印刷电路板电路图中，输出选择了第9、10、12、14位数的1、3、13、15号四个引脚，实际上可以从1、2、3、13、14、15号引脚中适当选出四个。为了让LED慢慢地发光，将电容器和三极管接入IC的输出中，调整充电和放电时间。使用水银开关，让电源在水平放置时为ON状态，立起来就变成OFF状态。

■ 组装

首先制作印刷电路板。按照电路图做出电路板图，进行蚀刻。电路板图也可以用PCB耐蚀刻笔画出来，但用感光印刷电路板比较方便。这种情况下可以将图复制在半透明纸上使其感光。蚀刻做好后就进行钻孔。

下面安装元器件。三极管、电解电容器是横向安装，因此可以预先从距元器件头部封装部位2mm左右的位置将引脚折弯。要好好看着折弯的引脚方向，不要把极性弄错。然后把元器件分别安装上。在印刷电路板处于水平状态时，将水银开关慢慢倾斜着安装上，以使水银开关变成ON状态。但是，如果倾斜角度过大就放不进壳体中了，要注意这一点。为了做得小一点，使用了纽扣式电池。在电池周边缠一圈绝缘胶布，防止短路。另外，为了直接将纽扣电池装到印刷电路板上，将铜丝折弯，作为接点兼固定件使用。至此，印刷电路板就做好了。

焊接时如果和旁边接触上，就有可能导致动作不正常，可以放上电池试一试，看一看动作情况。

■ 组合

壳体是用亚克力板制作的，上下用2mm厚的亚克力板制作，中间将四块3mm厚的亚克力板重叠起来，做出能够放入印刷电路板的空间。按图将亚克力板切断，然后黏结起来。将3mm厚的亚克力板元器件每两块黏结起来，再黏结

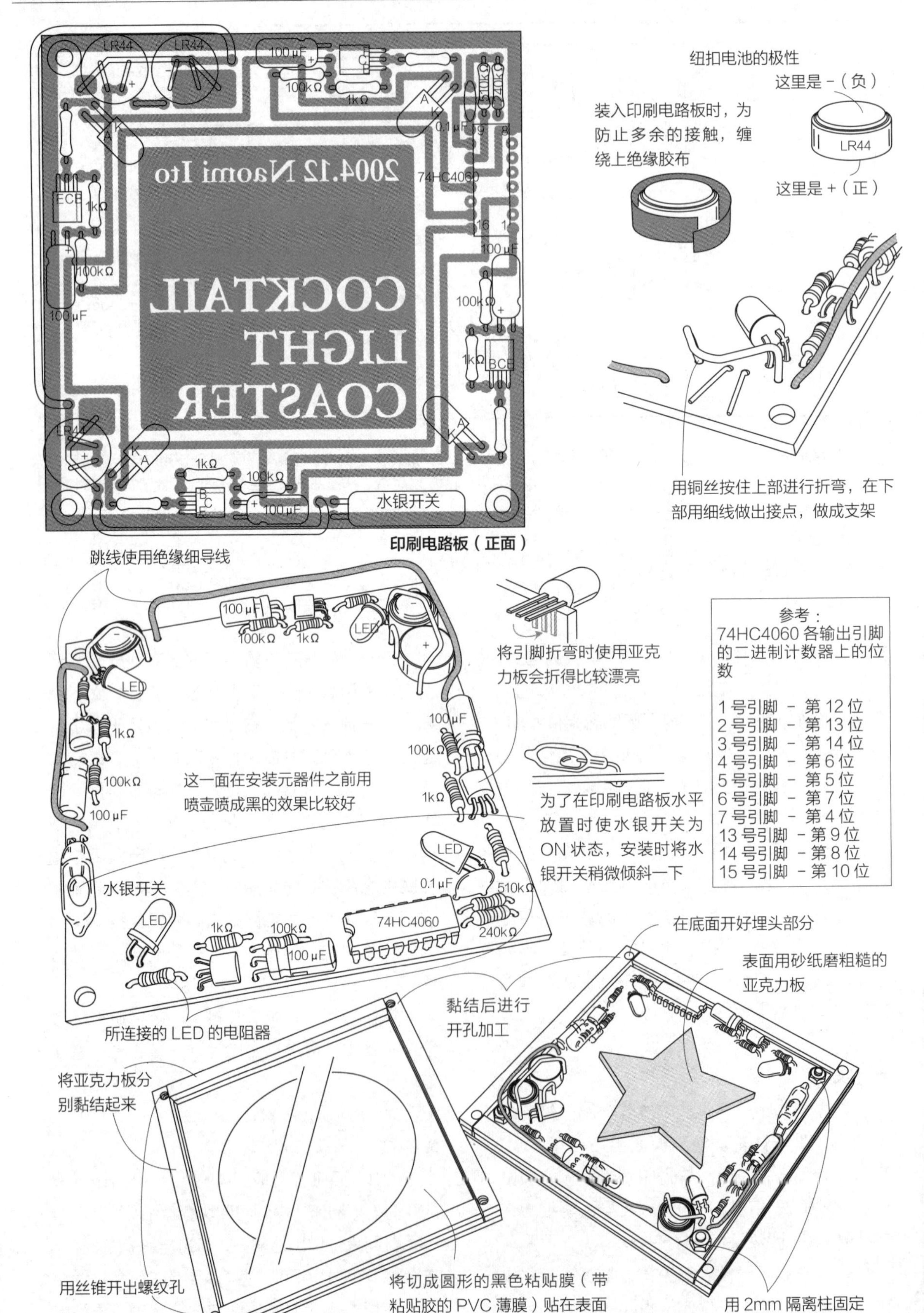

参考：
74HC4060各输出引脚的二进制计数器上的位数

1号引脚 － 第12位
2号引脚 － 第13位
3号引脚 － 第14位
4号引脚 － 第6位
5号引脚 － 第5位
6号引脚 － 第7位
7号引脚 － 第4位
13号引脚 －第9位
14号引脚 －第8位
15号引脚 －第10位

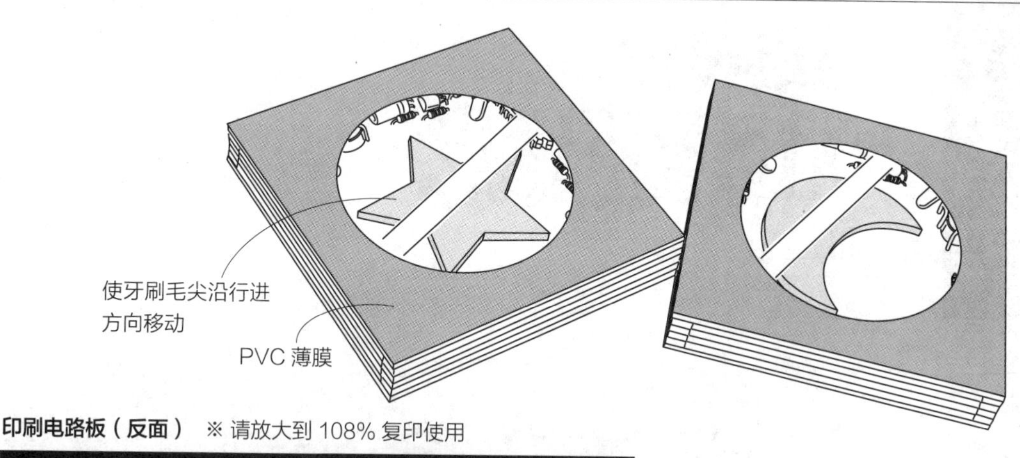

印刷电路板（反面） ※ 请放大到 108% 复印使用

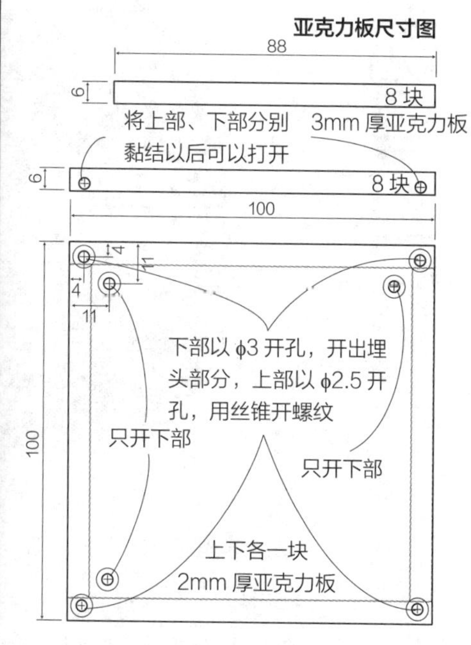

到 2mm 厚的亚克力板上，黏结完以后进行钻孔加工。接触到下部的元器件，按 3 ~ 3.5mm 开螺纹孔，在底面预先做好埋头部分，上部按 2.5mm 用丝锥开孔。做到这里后，将印刷电路板放在亚克力板下面的板子上，穿过 2mm 隔离柱，用螺母固定。将亚克力主体图案用双面胶贴在中央部位。下面固定亚克力板的上部元器件，因为螺纹是用丝锥做的，不用螺母就能固定。固定以后，为了有杯垫的效果，最后贴上将中间的圆形挖出的黑色 PVC 薄膜。

■ 使用方法

好好看看布线有没有错误，印刷电路板的焊接是否接触到其他地方。放上电池，将主体水平放置，以让水银开关呈 ON 状态，LED 应该是慢慢地开始闪烁。如果等了一会还是不闪烁，就将电池拿下来，再次确认布线情况。特别是在自制印刷电路板时，蚀刻时经常会因没将不要的铜面腐蚀掉，而和旁边接触上了，或者是焊锡覆盖到旁边了，要仔细地检查一下。有不正常的地方就用美术刀削去，将接触到的地方去掉就可以了。

这次在中央位置将 3mm 厚亚克力板加工成星形、月牙形，将用砂纸磨粗糙的主题图案用双面胶贴住。如果放置其他东西的话，可能氛围还会发生变化。可以在使用方法上多动动脑筋。真正作为杯垫使用时需要进行防水加工，这时可以使用厨房和卫生间中会用到的堵缝剂。

只有一个命中

16 孔游戏

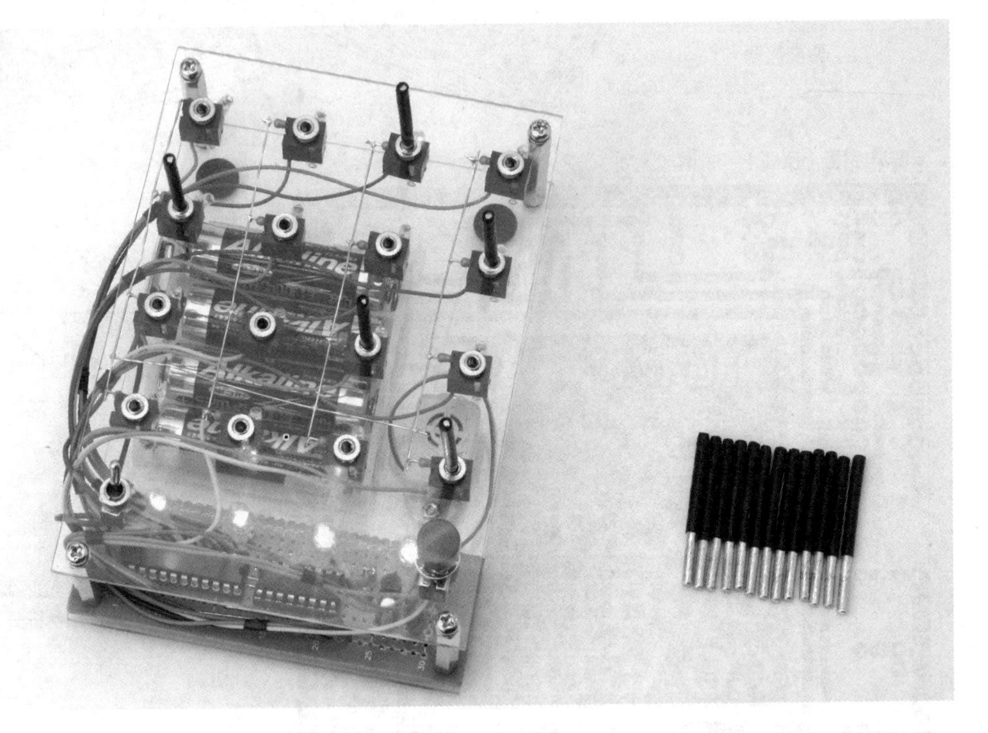

这里有 16 个孔，在这些孔中只碰上一个就算中了，也可以说只有一个是陷阱，还可以认为只有一个未中。不管是中了还是未中，这个游戏主要就是要碰到这 16 个孔中的一个。规则很简单，就是用棒插入一个个孔中，确认是中了还是未中。可以是几个人按顺序操作，也可以是一个人试运气。有一个有名的游戏——将剑插入桶中，如果中了，被关在桶里的黑胡子玩偶就会跳出来，本制作就类似于这个有名的游戏的电子版。

元器件表

IC:74HC4060AP（4060）……1 个
:74HC154AP（74154）……1 个
IC 插座 :16P……1 个
:24P……1 个
三极管 :2SA1015……1 个
:2SC2120……1 个
电解电容器 :100μF 16V……1 个
陶瓷电容器 :0.01μF（103）……1 个
LED: 高亮度（喜欢的颜色）……4 个
:ϕ3（喜欢的颜色）……16 个
小型蜂鸣器 :SMB-06……1 个
单声道小型插孔 : 小型……16 个
万能板 : 切割成 10×30 孔……1 张
电阻器 :200kΩ 1/4W（色带 : 红黑黄金）……1 个
:100kΩ 1/4W（色带 : 茶黑黄金）……1 个
:10kΩ 1/4W（色带 : 茶黑橙金）……1 个
:220Ω 1/4W（色带 : 红红茶金）……16 个
:200Ω 1/4W（色带 : 红黑茶金）……4 个
开关 : 按钮型……1 个
: 拨动型……1 个
亚克力板 :2mm 厚……参照尺寸图
螺钉 :M3×4mm……6 个　M3×10mm……2 个
:M2×10mm……2 个
螺母 :M2……2 个
隔离柱 :M3×3mm……2 个
:M3×35mm　双内螺纹……2 个
:M3×30mm　双内螺纹……2 个
电池盒 & 电池扣 :4 个 3 号电池用……4 组
3 号电池……4 个
橡胶脚垫……4 个
泡棉双面胶、布线用导线、镀锡铜线、铝丝、热收缩管、焊锡少许

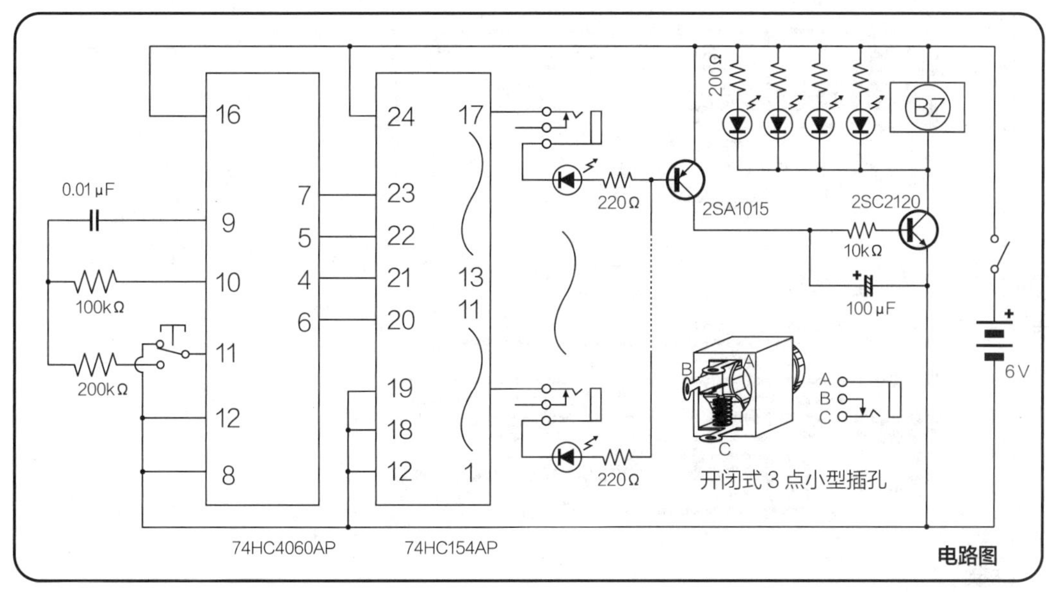

电路图

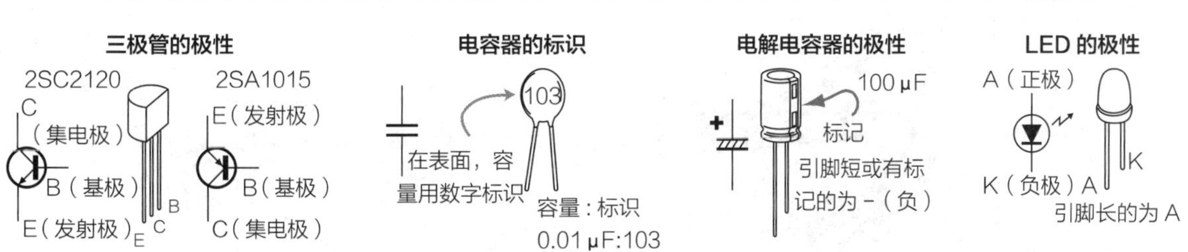

■ 结构

预先准备好 16 个孔，其中只有一个是可以中的，但是眼睛看不出来。将棒插入孔中，打开开关，确认这是不是预先准备好的可以中的孔。如果不是的话，就什么也不会发生，如果是的话，就会发出“哔—”的声音，同时 LED 会亮起，告知这次中了。另外，预先准备的结果也是打乱的，每次游戏时可以中的位置可以随机设定。

■ 电路

要设定 16 个孔中只有一个目标结果，制作这样的电路使用的是 IC74154，这是通过 4 个二进制信号的输入，在 16 个输出中只发出一个信号的电路。实现这个输入所需的 4 位二进制信号使用的是 IC4060，这是一个 14 位的二进制计数器，用的是后 4 位的输出。

为了得到这个输出，需要定时时钟，在这个 IC 中也内置有振荡电路，就直接用上了。时钟速度会根据接在 9 号引脚的电容容量以及接在 10 号、11 号引脚的电阻而发生变化，为了只在打乱的时候产生时钟，在这里放上了开关。在按下开关期间时钟输出，二进制计数器升位，74154 接收，改变 16 个输出。松开开关时钟就停止，74154 的 16 个输出中只有一个被选择。

16 个孔采用的是耳机上的小型插孔，插入插孔的棒是金属质地的，这就构成了开关。插入棒由三极管接收，使 LED 发光、蜂鸣器响起。为了实现将棒插入后马上拔出来也会继续鸣响一会，又放了一个三极管，靠电容和电阻器持续几秒钟。

在孔的附近装了 LED，这是为了表示中了的位置，以及使中了的输出不和其他的混淆。

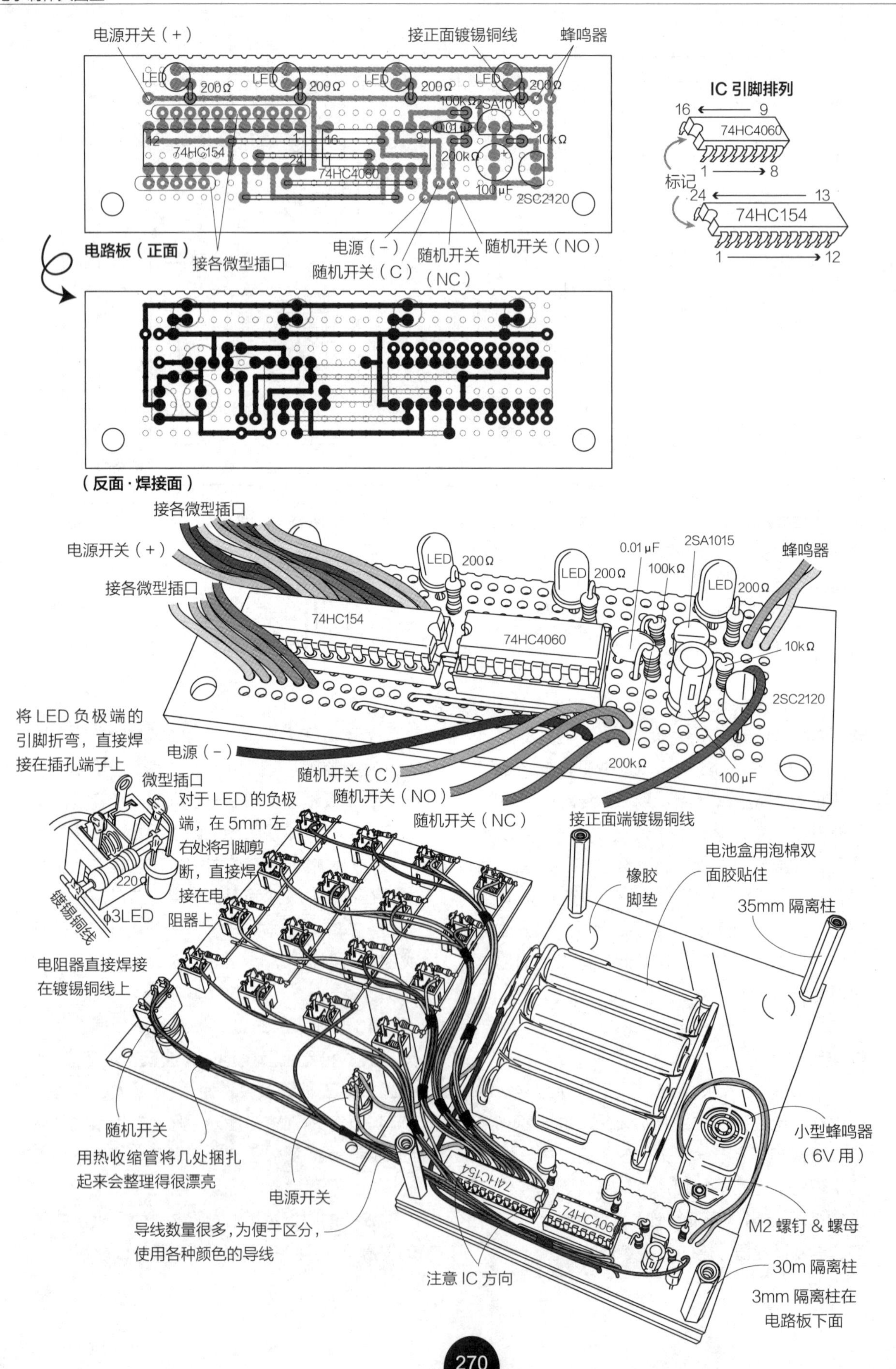
电源开关（+）
接正面镀锡铜线
蜂鸣器
LED
200Ω
100kΩ
2SA1015
0.01μF
10kΩ
200kΩ
100μF
2SC2120
74HC154
74HC4060
电路板（正面）
接各微型插口
电源（-）
随机开关（C）
随机开关（NC）
随机开关（NO）
IC 引脚排列
标记
（反面·焊接面）
将 LED 负极端的引脚折弯，直接焊接在插孔端子上
微型插口
对于 LED 的负极端，在 5mm 左右处将引脚剪断，直接焊接在电阻器上
220Ω
镀锡铜线
ϕ3LED
电阻器直接焊接在镀锡铜线上
接正面端镀锡铜线
电池盒用泡棉双面胶贴住
橡胶脚垫
35mm 隔离柱
随机开关
用热收缩管将几处捆扎起来会整理得很漂亮
电源开关
导线数量很多，为便于区分，使用各种颜色的导线
注意 IC 方向
小型蜂鸣器（6V 用）
M2 螺钉 & 螺母
30m 隔离柱
3mm 隔离柱在电路板下面

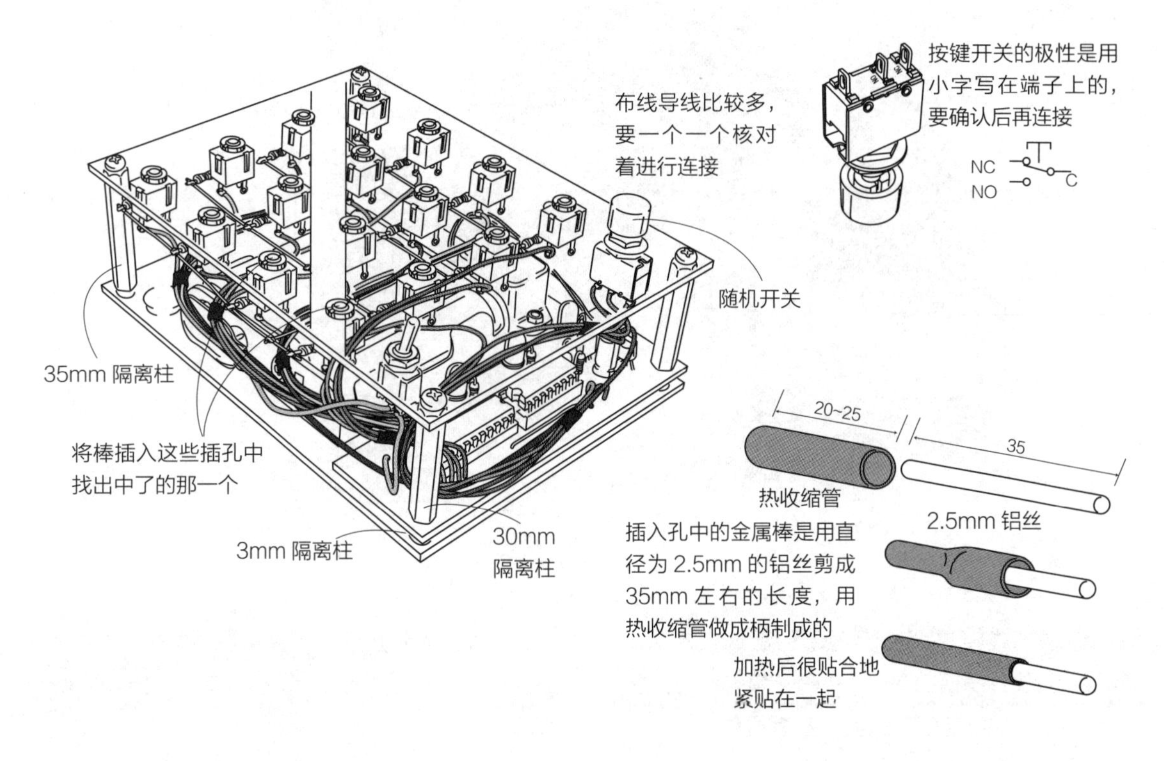

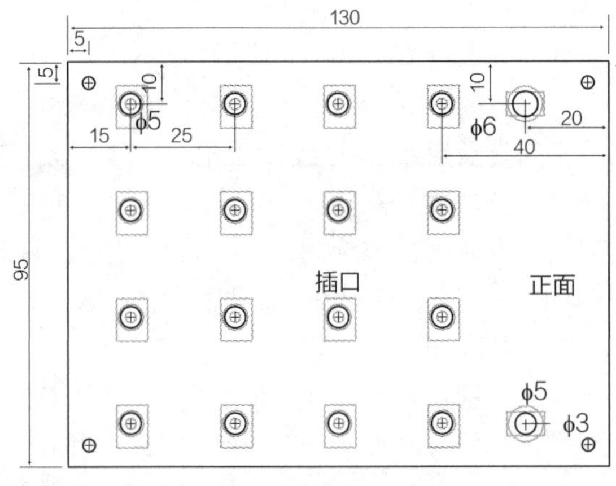

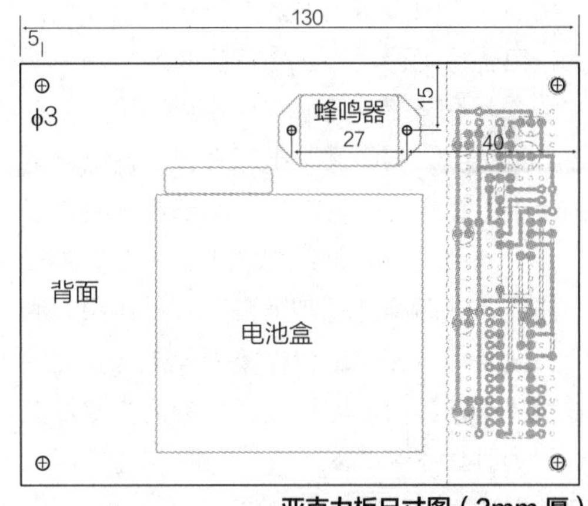

亚克力板尺寸图（2mm 厚）

■ 组装

将 25×30 孔的万能板切断成 10×30 孔的电路板，在这上面配置元器件。最先装上 IC 下部的两根跳线，接着安装 IC 插座。三极管有两种，外观相同但动作相反，要注意不要弄错，注意一下极性。电解电容器、LED 也有极性，组装时要注意。元器件都装完以后，将 IC 插入 IC 插座。两个 IC 的方向，是布线时的两个 1 号引脚都向着内侧，这一点也要注意。

■ 组合

壳体是用两块亚克力板和隔离柱做成的。按照图上的尺寸进行切断、钻孔加工。根据孔的位置将单声道微型插孔按照 4×4 列配置、固定。这时，将开关也固定住。先将 ϕ3 的 LED 直接焊接在这个插孔的端子上，焊接时要好好看看端子，不要弄错了。将 LED 引脚折弯进行焊接，使 LED 朝向正面，然后将引脚剪短了的电阻器直接焊接在这个 LED 上。下

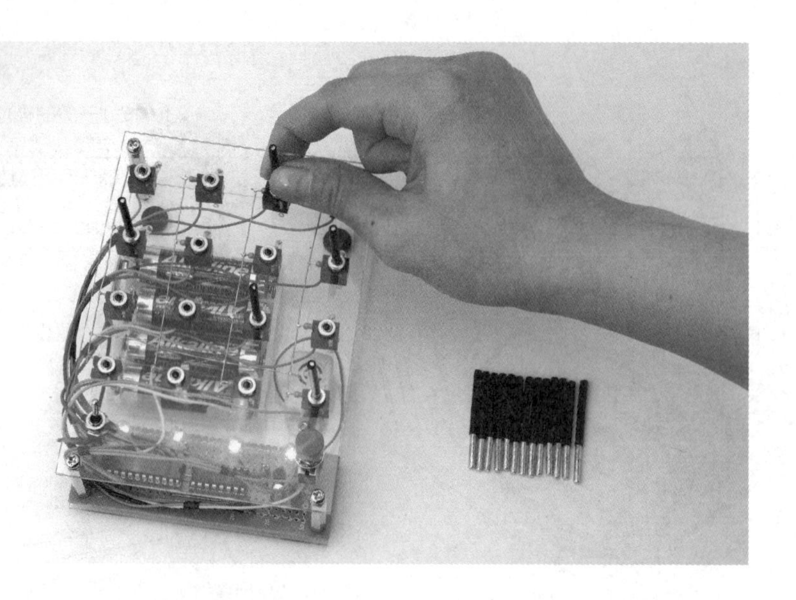

面用镀锡铜线将这个电阻器每列都连接起来。最后用镀锡铜线横跨这些列并连接起来。这些做完以后，下面就在电路板上安装导线。

用泡棉双面胶将电池盒贴在背面的亚克力板上，电子蜂鸣器用M2螺钉安装。将带有插口的正面板和安装电路板的背面板排列起来，看着导线长度，将电源、电源开关、蜂鸣器的导线接到电路板上。在向插孔和随机开关布线时，将20mm左右长度的导线预先在电路板上布好线，然后将插孔和随机开关排起来，调整着长度进行焊接，就会焊接得很漂亮。导线用线束扎带和热收缩管捆扎起来的话会更加整齐。因为导线很多，布线时不要弄错。另外，对于随机开关，要好好看着端子进行连接。

布线全部完成之后，用隔离柱进行固定。将3mm隔离柱穿过电路板，直接夹在30mm隔离柱上进行固定，这样主体就完成了，下面制作插入插孔中的金属棒。

金属棒是用直径为2.5mm的铝丝制作的，剪成35mm左右的长度，插入深度有10 ~ 15mm就可以了。用热收缩管做成柄，将插入部分露出来，看上去有剑的感觉也挺好的。

■ 使用方法

好好看看布线有没有错误，焊接电路板时是否接触到别的地方。放上电池，接上电源开关。将金属棒插入任意一个插口中，按随机开关，蜂鸣器应该会响起，LED会亮起。如果测试时什么反应都没有，就要马上把电池拿出来，确认一下布线情况。

再次进行游戏。在没有插入金属棒的状态下打开电源开关，按住随机按钮一段时间后放开，然后将金属棒顺序插进去。在蜂鸣器响之前顺序插入，持续到中了为止。再次做游戏时，将所有金属棒都拔出来，按随机开关，这次就会在别的位置中了。壳体不只局限于使用亚克力板，如果有适当的箱子也可以，如果对插口的排列也多想几种办法，这将会成为更加令人快乐的游戏。

No. 64

便利小制作

100V（日本）插座定时器开关

定时器开关

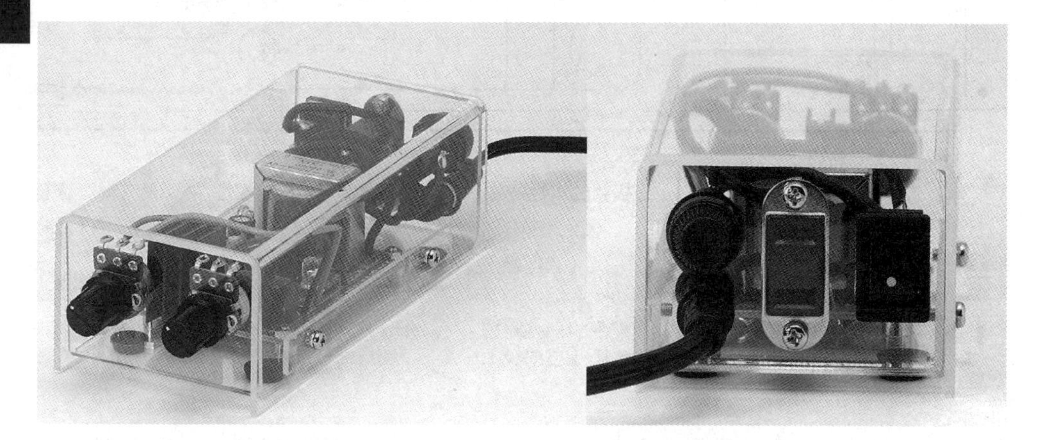

普通家庭用的插座电压一般是100V（日本），是用开关进行控制的，而打开或关闭房间里的电灯用的是墙壁上的开关。要想在一定时间内定期进行开和关，就每次都要啪啪地操作开关，很麻烦。这次我们做了一个自动定时器开关，间隔性地控制ON-OFF状态，而且这个间隔是可以调整的，这样电灯会亮灭交替，也可以作为彩灯使用，装在电风扇上还可以防止温度过低。如果用在金鱼缸的气泵上，可以更容易地对水箱内部进行管理。

■ 结构

采用将间隔的定时器输出作为开关使用的结构。定时器可以调整亮灯时间和熄灯时间，开关中如果使用继电器会比较简单。这次的定时器部分使用的是非稳态多谐振荡器电路，而开关中用的不是继电器，而是双向可控硅。因为继电器是机械性动作，所以打开和关闭的次数多就有可能发生机械性问题，而双向可控硅

元器件表

电源变压器 :SL-06080	1个
三端稳压器 :TA78L005	1个
三极管 :2SC1815	2个
二极管 :IN4002	2个
电解电容器 :470μF 10V	1个
:220μF 16V	2个
薄膜电容器 :0.1μF AC250V	1个
LED: 根据喜好	1个
光耦合器 :TLP560G	1个
双向可控硅 :SM3G45	1个
电阻器 :510Ω 1/4W（色带：绿茶茶金）	1个
:100Ω 1/4W（色带：茶黑茶金）	1个
:1kΩ 1/4W（色带：茶黑红金）	2个
:200Ω 1/4W（色带：红黑茶金）	1个
:150Ω 1/4W（色带：茶绿茶金）	1个
半固定电阻器 & 旋钮 :100kΩ	2个
跷跷板式开关：小型	1个
熔丝盒 & 熔丝 :2A	1组
万能板 :15×25孔	1张
带插头AC线	1根
插座	1个
散热板	1张
亚克力板 :2mm厚	参照尺寸图
螺钉 :M3×10mm	4个
M3×4mm	7个
螺母 :M3	6个
隔离柱 :M3×3mm（无螺纹）	4个
电线套管	1个
橡胶脚垫	4个
线束扎带、焊锡少许	

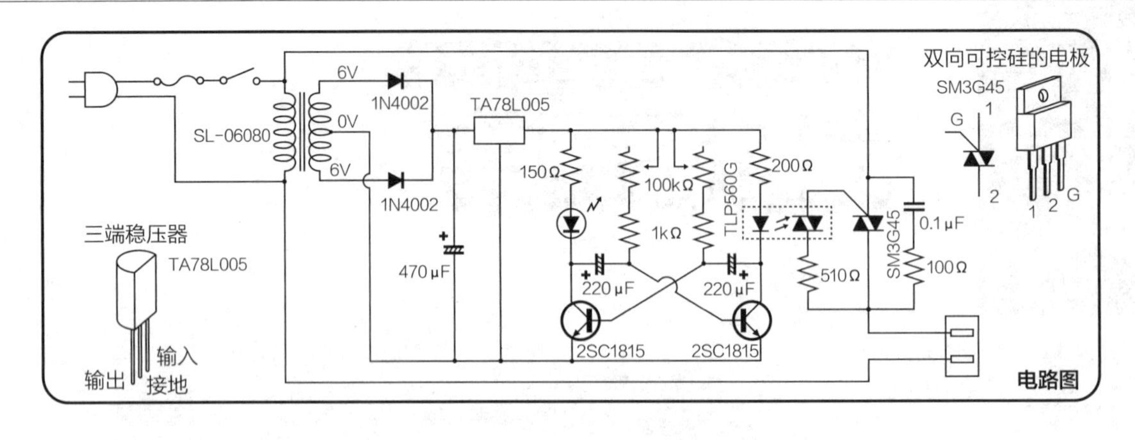

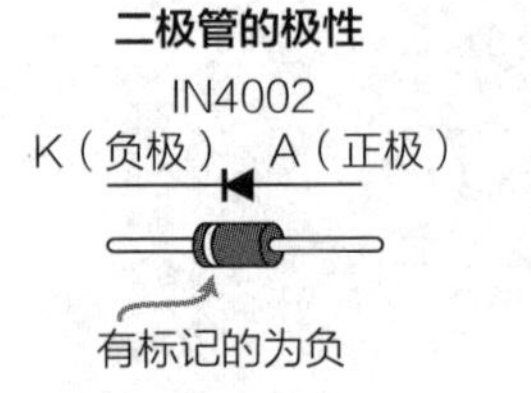

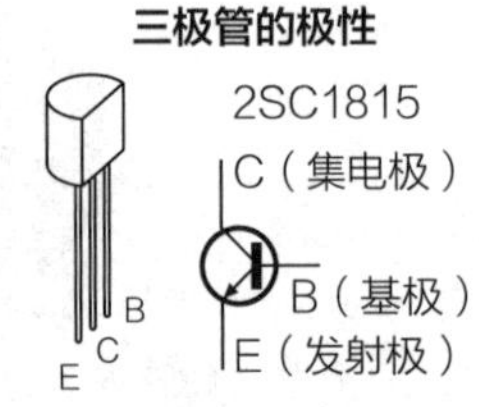

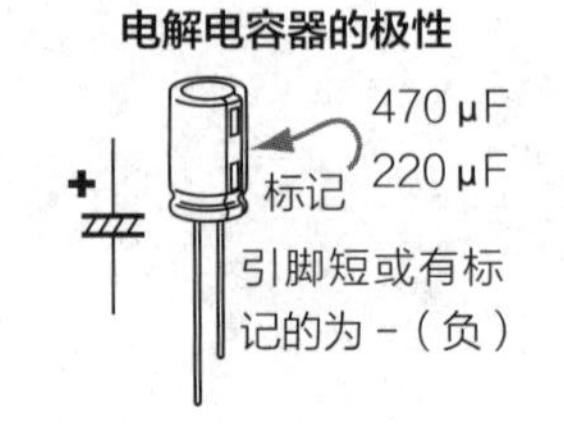

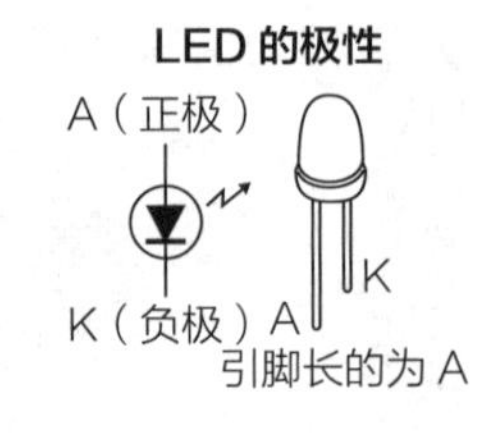

半导体开关是没有机械性损耗的电子继电器。将它们组装起来，就可以做出 100V 的间隔定时器。

■ 电路

对于间隔定时器，使用了由两个三极管构成的非稳态多谐振荡器电路。这个电路可以得到使两个 LED 交相闪亮的输出。但在本制作中，一边是输入到 LED，而另一边是输入到光耦合器的输入中。光耦合器将发光元件和受光元件封装在里面，通过光传递信号，这样即使没有电连接也可以传递信号。像这次以小功率去做大功率的部分，为防止出现问题就采用了这种不进行电连接的元件。将在这里得到的信号输入双向可控硅，打开或关闭目标电容器的输出。另外，在这里直接使用 100V（日本）插座，定时器用的非稳态多谐振荡器回路的电源也从这里通过变压器降压、整流后使用。

■ 组装

使用 15×25 孔的万能板，将元器件安装到这个万能板上。先安装电源用变压器，要预先在电路板上开出大一点的孔。在这里使用的变压器端子在下部，是可以直接安装在电路板上的，但因为整流用的二极管配置在这个三极管的下部，因此最好先将二极管安装上，然后从左边按顺序安装三端稳压器、三极管、LED 等元器件，这样比较容易看明白。将双向可控硅安装在散热板上后焊接在电路板上。散热板最好选择大一点的，收进电路板上。根据所使用的器具会有些变化，如果温度过高的话最好将双向可控硅取下，安装上大散热器，配置在壳体外部。这种情况下的壳体最好是金属材质的。

■ 组合

电路板做好以后就组合起来。这次使用的是 2mm 厚亚克力板制作的壳体，但也可以使用市面上销售的铝板和塑料板。按照图示进行切断、开孔。对于插座插孔、开关部分，是先开细小的孔，把孔连起来，用锉刀锉成四角形的孔，然后进行折弯加工。

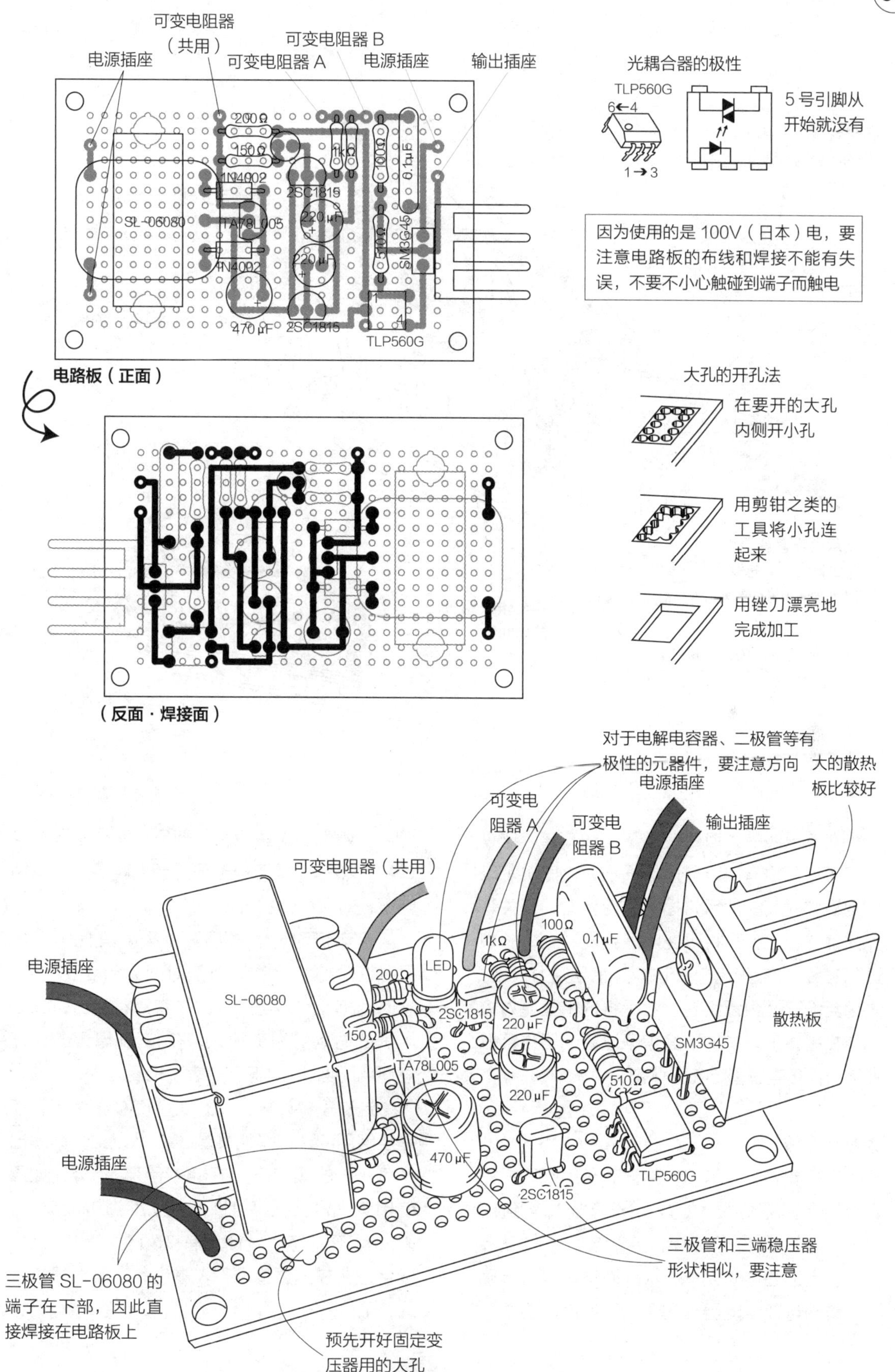

可变电阻器（共用）
电源插座
可变电阻器 B
可变电阻器 A
电源插座
输出插座
200Ω
150Ω
1kΩ
100Ω
0.1μF
1N4002
2SC1815
SL-06080
TA78L005
220μF
510Ω
SM3G45
470μF
TLP560G
电路板（正面）
（反面 · 焊接面）
光耦合器的极性
TLP560G
6←4
1→3
5 号引脚从开始就没有
因为使用的是 100V（日本）电，要注意电路板的布线和焊接不能有失误，不要不小心触碰到端子而触电
大孔的开孔法
在要开的大孔内侧开小孔
用剪钳之类的工具将小孔连起来
用锉刀漂亮地完成加工
对于电解电容器、二极管等有极性的元器件，要注意方向
大的散热板比较好
电源插座
输出插座
可变电阻器 A
可变电阻器 B
可变电阻器（共用）
LED
散热板
三极管和三端稳压器形状相似，要注意
三极管 SL-06080 的端子在下部，因此直接焊接在电路板上
预先开好固定变压器用的大孔

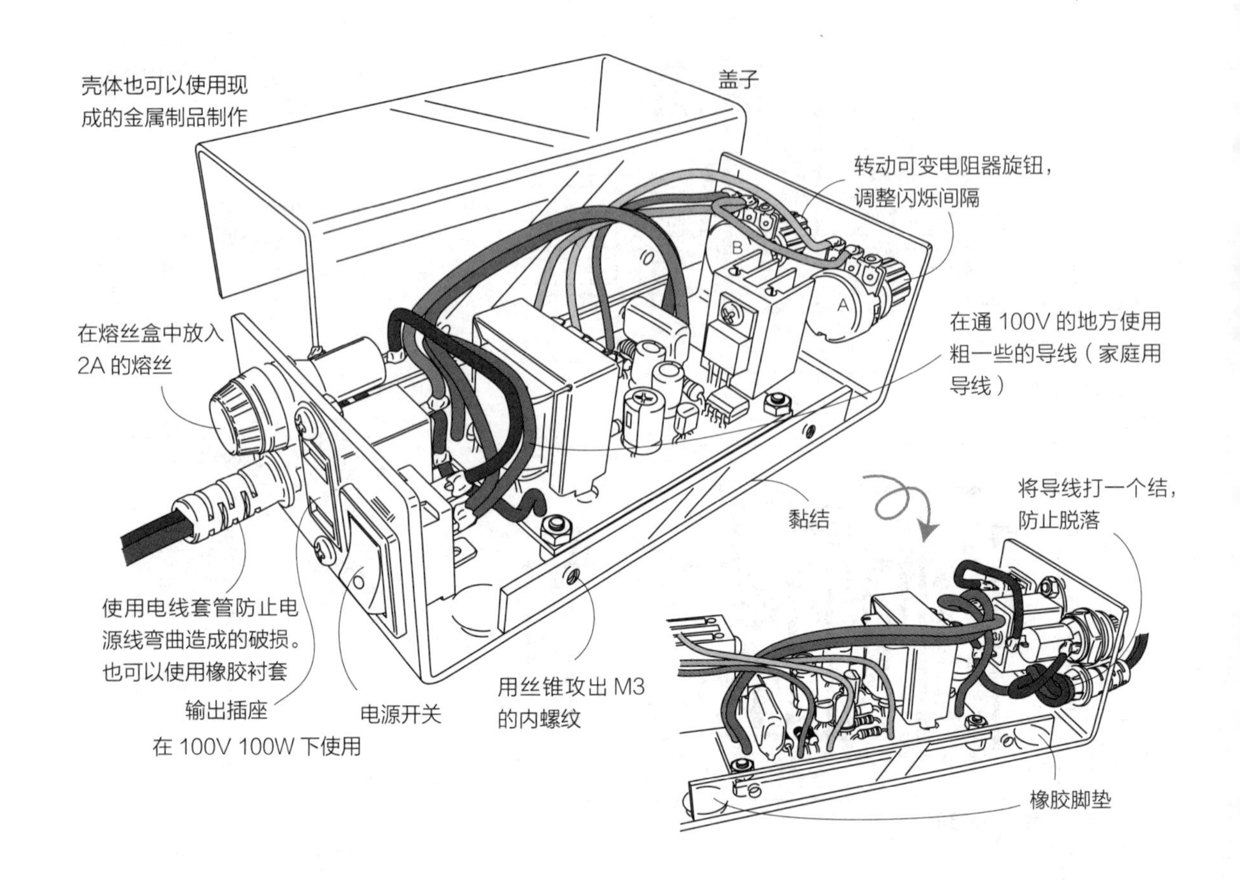

在电源线的入口处使用了电线套管，这是为了缓和导线弯曲所造成的损伤，这里也可以使用橡胶衬套。然后将插头、熔丝盒、开关等元器件安装上，再将可变电阻器安装上，分别进行布线。在固定盖子用的侧面亚克力板上，先用丝锥开好内螺纹孔，然后将这个亚克力板黏结在主体上，在加工好盖子以后，用螺钉把亚克力板和盖子固定在主体部分。

■ 使用方法

好好看看布线有没有错误，印刷电路板的焊接是否接触到别的地方。将熔丝放入熔丝盒，把插头插入墙上的插座中，接通电源 LED 就会闪烁。因为是透明壳体，从外面也可以进行确认。转动可变电阻器旋钮，闪烁速度就会发生变化。如果到这里没有任何反应，或者是有味道和发热等异常情况出现的话，就要马上切断电源，对布线情况进行确认。

在该定时器开关插孔中插入其他电气用具，这个电气用具动作的时间会和 LED 的闪烁时间相反。用电灯泡比较容易看明白，LED 闪烁的时候灯泡就熄灭，在 LED 熄灭的时候灯泡就闪烁，和 LED 的表现相反。

这次设计如果在 100V 100W 下使用，还是足够用的，但是如果是 300W 以上，就超出了可控硅的额定值，不能使用了。另外，如果使用荧光灯，在亮灯瞬间会有大量电流流过，因此也不能使用，使用有变频功能的产品也不合适。在上述情况下，本设计有可能损害机器，最好不要使用。

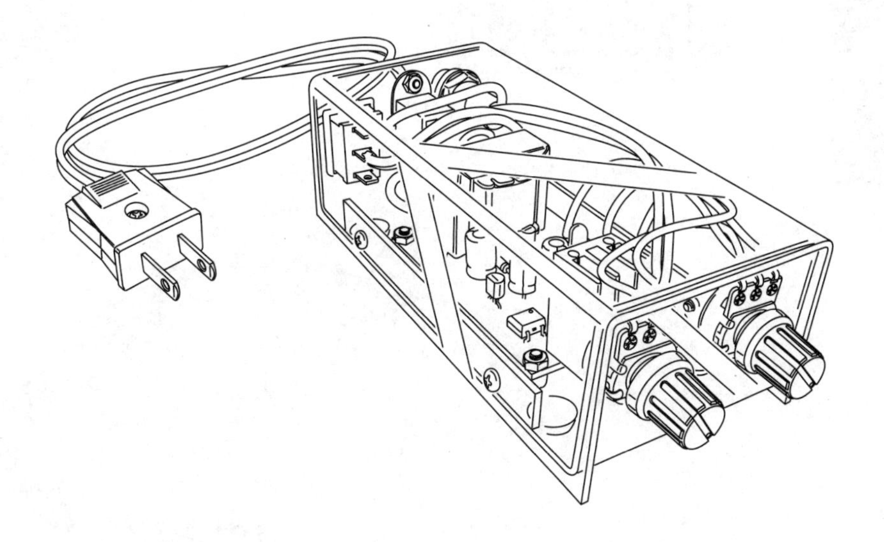

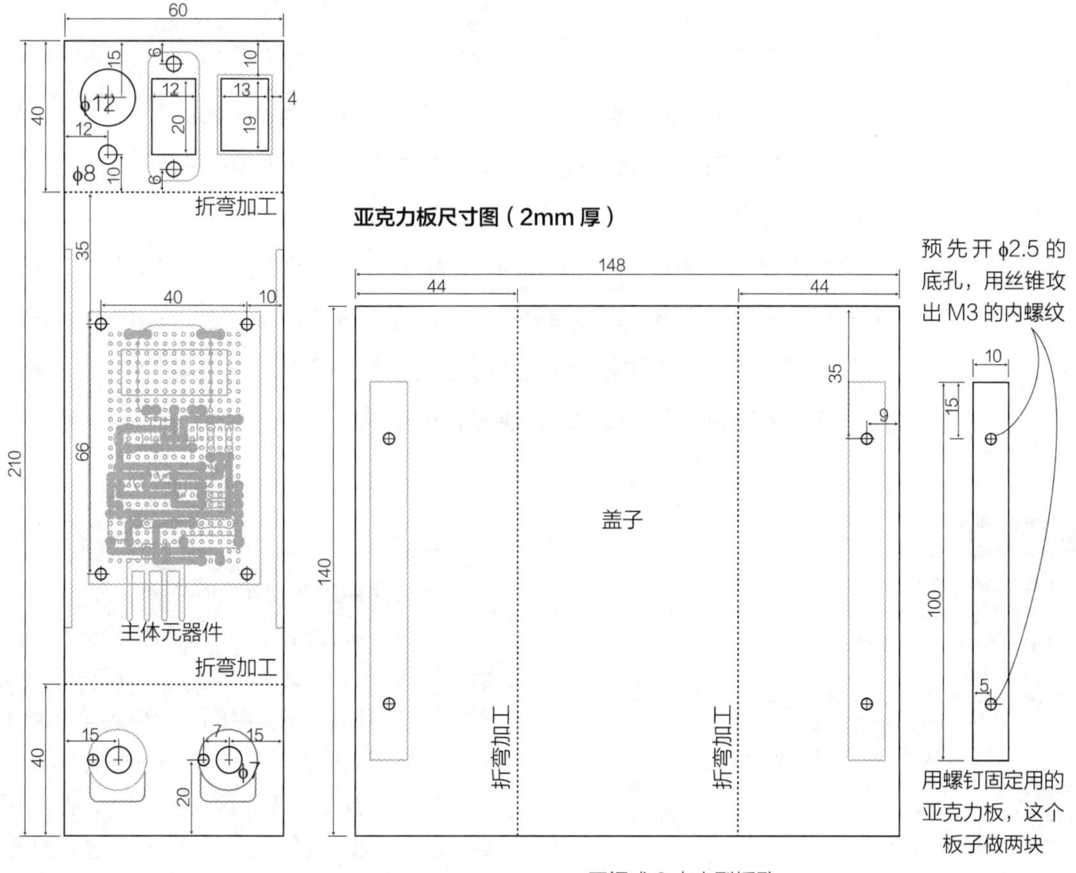

60
40
210
40
15
6
10
4
ϕ12
12
13
12
20
19
ϕ8
10
6
折弯加工
35
40
10
66
主体元器件
折弯加工
15
7
15
ϕ7
20
亚克力板尺寸图（2mm 厚）
148
44
44
140
35
9
盖子
折弯加工
折弯加工
预先开 ϕ2.5 的底孔，用丝锥攻出 M3 的内螺纹
10
15
100
5
用螺钉固定用的亚克力板，这个板子做两块

开闭式 3 点小型插孔

握住就亮

小型灯

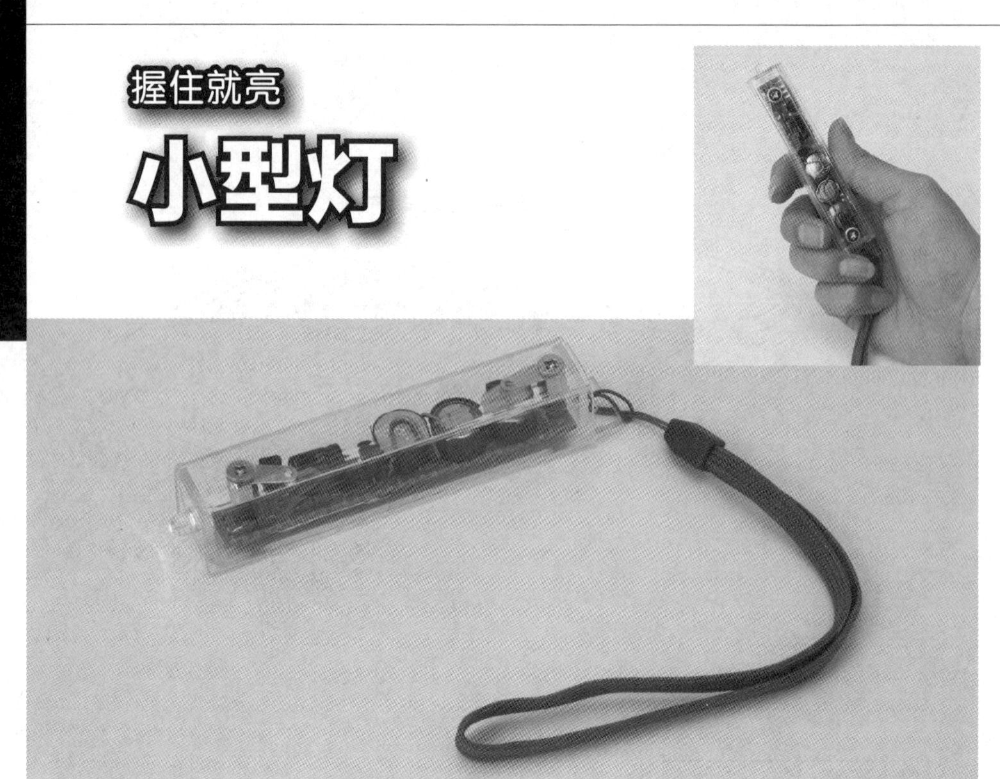

晚上起来去卫生间，或者想找点抽屉里面的小东西时，如果有一个手电筒就会很方便。最近LED手电筒也增多了，这得益于高亮度白色LED被开发出来以及其他技术的进步。

这次想做一个使用LED发光的小手电，但是只是亮起来也不好玩，于是做了一个没有开关的小手电，但没有开关就不能控制开关状态，因此就用接触式传感器代替了开关，做成了接触就能亮起的小型灯。这样不用开关也能让LED亮起，很方便。这个手电筒小到可以放进口袋里，也可以用在很多地方。

元器件表

三极管:2SA1015	1个
:2SC1815	2个
电解电容器:100μF 10V	1个
LED:高亮度 白色	1个
电阻器:100kΩ 1/4W（色带:茶黑黄金）	1个
:1kΩ 1/4W（色带:茶黑红金）	1个
:51Ω 1/4W（色带:绿茶黑金）	1个
万能板:切断成4×30孔	1张
亚克力板:2mm厚	参照尺寸图
埋头螺钉:M3×8mm	4个
垫片:M3×2mm	2个
:M3×10mm（双内螺纹）	2个
焊片	2个
按钮电池:LR44	3个
提绳:根据喜好	1个
黑色绝缘胶布、布线用导线、铜丝、焊锡少许	

■结构

人的身体主要由水和碳组成，不是电绝缘体，而是在某种程度上含有电阻的导体。例如用手指接触两个端子，在端子之间就会通电。再例如将万用表用作电阻计，用两手拿着端子棒，会显示数十欧至数兆欧的电阻值。出了汗的时候更加容易通电，因此出汗时阻值会下降数百欧。也就是说，通过读取两个端子间电阻值的变化信号，形成接触式传感器，可以判别人是否在接触端子。

这次就是利用了这个原理，通过用手指接触分离开的端子，也就是没导电的两个端子之

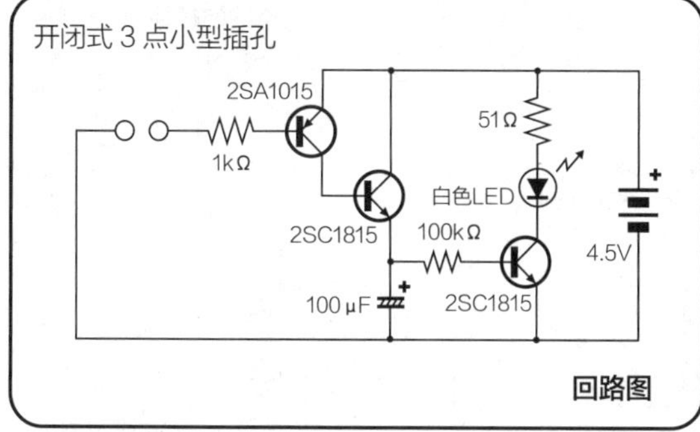

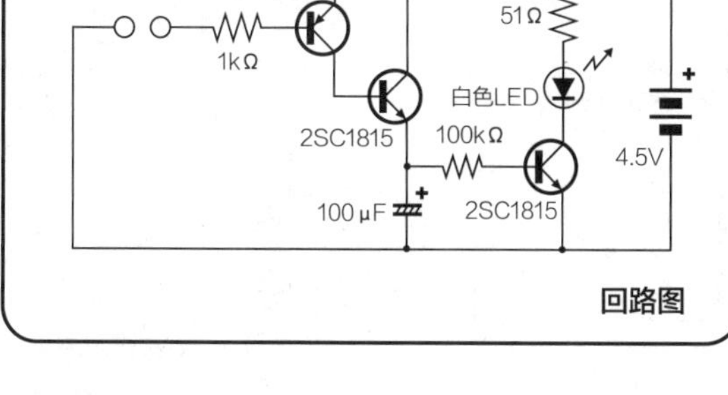

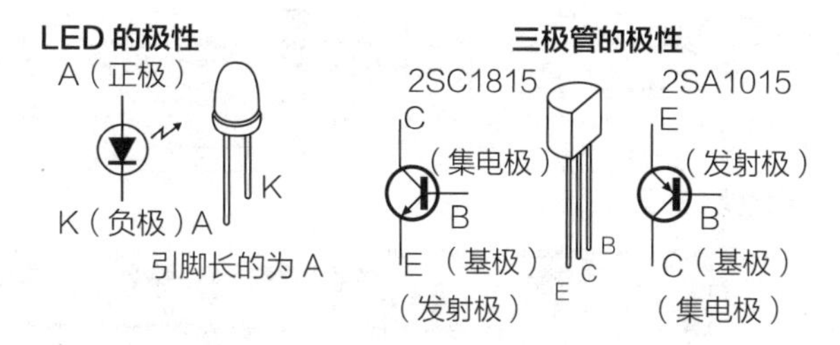

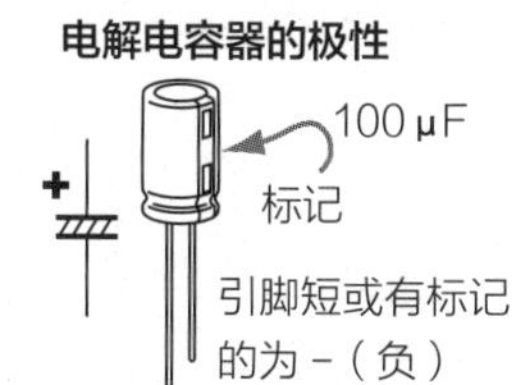

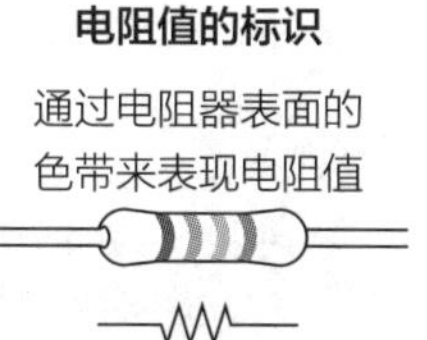

间，从而使得端子之间通电，是一个很单纯的制作。然后进行电流放大，使 LED 亮起来。但这里有一个不方便之处，就是需要一直按着端子 LED 才能亮。为此，这次做成了按一次会持续亮一段时间的结构。

■ 电路

电路很简单，通过用手指同时接触两个端子实现导电，使三极管 2SA1015 成为 ON 状态，让 LED 亮起。手指从端子上离开后不导电时，电容器就处于放电状态，通过电阻器使第二段三极管持续处于 ON 状态，LED 持续亮着直到放电结束。电量会一点点变少，光亮也会一点点变弱，数十秒后消失。再将手指接触到端子上，LED 还会亮起。端子是连在三极管 2SA1015 的基极上的，如果接地，就会像上面那样接通开关。有时候只是将手稍微接近就会有反应，当然这也取决于当时的条件。

可以选用干电池，但这次为了做得小一点，使用了纽扣电池。

■ 组装

将 25×30 孔的万能板按图所示切断做成 4×30 孔的细长电路板。在电路板上将穿螺钉用的孔钻出来，要认真地看图加工。将元器件配置在这个电路板上。元器件数目不太多，可以很简单地组装起来。三极管、电解电容器是有极性的，配置时不要将方向弄错。将电阻器焊接上以后，下面就做电池部分。不使用电池盒，而是在电路板上用折弯了的铜丝制作电池架。为避开不必要的接触，用绝缘胶布将电池侧面进行绝缘。将铜丝折弯，把电池巧妙地装进去。最后焊接 15 ~ 20mm 的导线，安装上接地片作为端子。这样电路板就做好了。将电池放入，注意不要把电池极性弄错，用手触摸一下两个接地片，如果 LED 亮起就没有问题。把手拿开，如果 LED 持续亮一段时间，电路板就完成了。

■ 组合

壳体采用亚克力板制作，做成容易握住的大小。按图进行切断、钻孔。钻孔的时候，对于会用到埋头螺钉的地方，要把埋头部分提前做好。用专用加热器将主体部分 A 和盖子折弯。用专用黏结剂将主体部分 B 黏结在主体部分 A 上制作壳体。图中尺寸是合适的，因此在钻孔和折弯时要留有一点富余量，这样在组装时会方便一些。另外，最好在各个主要位置先倒出光滑的圆角。

电池就放在电路板上，将 LED 放入刚才开的孔里，巧妙夹入 10mm 隔离柱，从背面用埋头螺钉固定，正面用 10mm 隔离柱固定。下一步是把接地片对准隔离柱位置放在上部，将上面的盖子盖上，用埋头螺钉固定。这样就装完了。

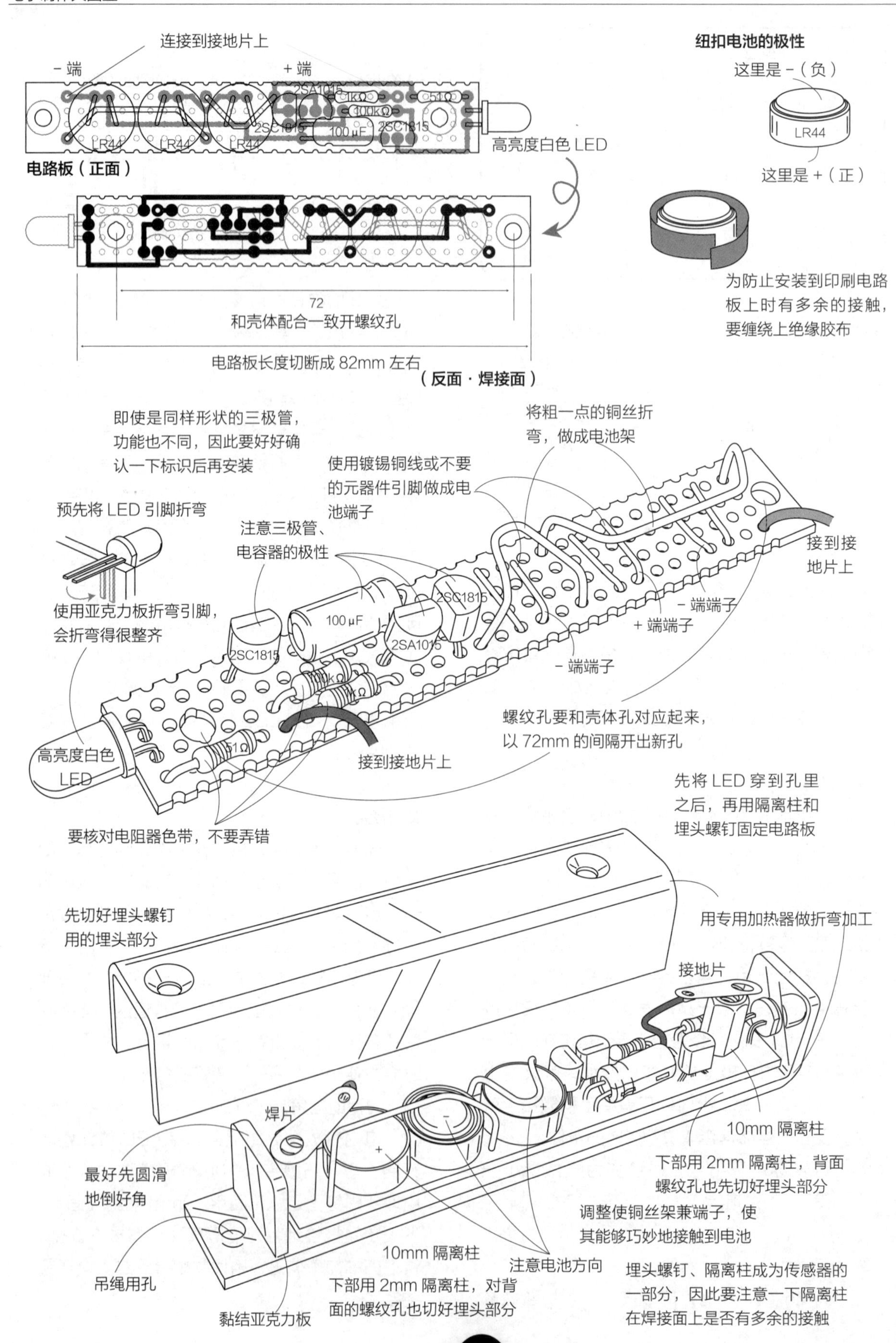

连接到接地片上
－端
＋端
2SA1015
1kΩ
51Ω
100kΩ
2SC1815
100 μF
2SC1815
LR44
LR44
LR44
高亮度白色 LED
电路板（正面）
72
和壳体配合一致开螺纹孔
电路板长度切断成 82mm 左右
（反面 · 焊接面）
纽扣电池的极性
这里是－（负）
LR44
这里是＋（正）
为防止安装到印刷电路板上时有多余的接触，要缠绕上绝缘胶布
即使是同样形状的三极管，功能也不同，因此要好好确认一下标识后再安装
预先将 LED 引脚折弯
使用亚克力板折弯引脚，会折弯得很整齐
使用镀锡铜线或不要的元器件引脚做成电池端子
注意三极管、电容器的极性
将粗一点的铜丝折弯，做成电池架
接到接地片上
－端端子
＋端端子
－端端子
100 μF
2SC1815
2SA1015
2SC1815
100kΩ
1kΩ
51Ω
高亮度白色 LED
接到接地片上
螺纹孔要和壳体孔对应起来，以 72mm 的间隔开出新孔
要核对电阻器色带，不要弄错
先将 LED 穿到孔里之后，再用隔离柱和埋头螺钉固定电路板
先切好埋头螺钉用的埋头部分
用专用加热器做折弯加工
接地片
焊片
最好先圆滑地倒好角
10mm 隔离柱
下部用 2mm 隔离柱，背面螺纹孔也先切好埋头部分
调整使铜丝架兼端子，使其能够巧妙地接触到电池
吊绳用孔
10mm 隔离柱
下部用 2mm 隔离柱，对背面的螺纹孔也切好埋头部分
注意电池方向
埋头螺钉、隔离柱成为传感器的一部分，因此要注意一下隔离柱在焊接面上是否有多余的接触
黏结亚克力板

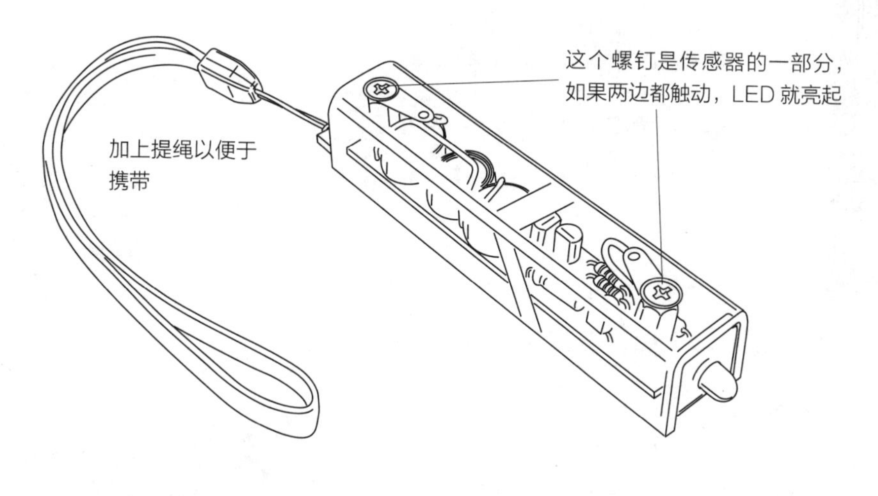

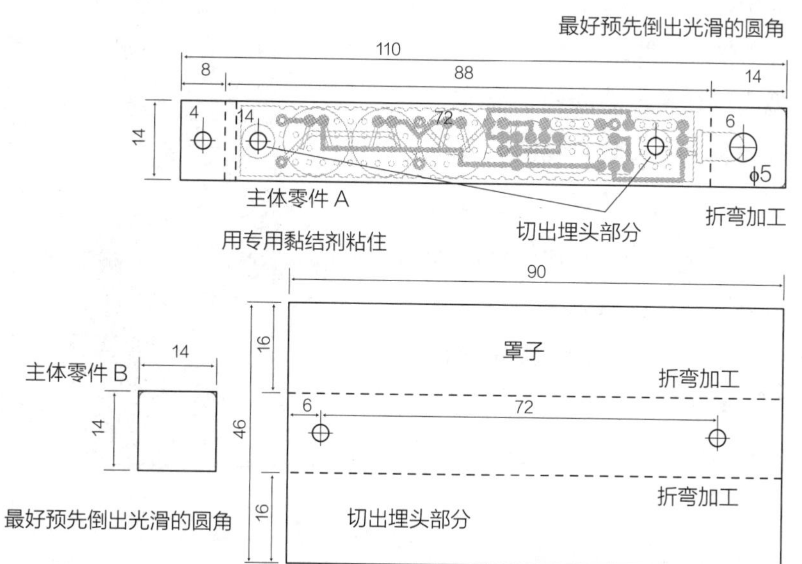

亚克力板尺寸图（2mm 厚）

■ 使用方法

好好看看布线有没有错误，焊接电路板时是否接触到别的地方。特别要确认一下隔离柱有没有接触到不该接触的地方。电池是在放入壳体之前提前安装在电路板上的，因此要试用一下看看。作为端子的接地片是在埋头螺钉部分接触的，因此，接触到这里 LED 就应该亮起。在制作电路板时也确认过，但是在这里如果灯不亮的话，就从壳体中取出来，再一次确认一下布线情况。还有一种办法是不用手确认，而是直接用导线接触这个螺纹部分，确认一下 LED 是不是亮起。如果这样也不亮的话，就是布线错了或者是零件坏了。

因为体积做得小，为了便于携带，开出了放提绳用的孔，可以很方便地用在各种地方。

No. 66

用光制作 16 格轮盘

16 格轮盘

游戏和趣味制作

常见的轮船是 32 格的，玩法也多种多样。小球在转动的圆盘内滚转，32 个格中只有一个被选中，可用来玩能否被猜中的游戏。自己投注的号码能否中上？很紧张地屏住呼吸，视线追随着球的动向，也是一种很刺激的体验。我们这次仿制了一种简易轮盘，格子数比真正的轮盘要少，但是依然可以体验到这种紧张感。游戏方法也不只是猜号码，而是进行了扩展。

■ 结构

轮盘的格数为 16 个，只有一个 LED 光在这上面转。按下按钮后光就会一圈一圈地转起来，松开按钮就会停下来。但是如果一下子就停下来就没有紧张感了，所以让它慢慢地停下来。另外，在光一圈圈转动着的时候发出一种"噼噼噼噼"的声音，逐渐变慢，在停住的瞬间会紧张得要屏住呼吸。

可以使用两种颜色的 LED，显示出 4 种颜色的区分，并且把从 1 ~ 16 的数字放进去，

元器件表

IC:74HC74AP（7474）…… 2 个
　:74HC154AP（74154）…… 1 个
　:555 …… 1 个
IC 插座 :8P …… 1 个　14P …… 2 个
　:24P …… 1 个
三极管 :2SC1815 …… 1 个　2SC2120 …… 2 个
　:2SA9590 …… 1 个
电解电容器 :100 μF 25V …… 1 个
　:10 μF 16V …… 1 个
陶瓷电容器 :0.1 μF（104）…… 3 个
电阻器 :1MΩ 1/4W（色带 : 茶黑绿金）…… 1 个
　:2kΩ 1/4W（色带 : 红黑红金）…… 2 个
　:1kΩ 1/4W（色带 : 茶黑红金）…… 3 个
　:470Ω 1/4W（色带 : 黄紫茶金）…… 1 个
　:220Ω 1/4W（色带 : 红红茶金）…… 1 个
　:100Ω 1/4W（色带 : 茶黑茶金）…… 1 个
硅二极管 :IN4002 …… 1 个
LED: 红外线 LED　TLN105B …… 16 个
感光电路板 :100mm × 100mm …… 1 张
电池盒 :4 个 4 号电池用 …… 1 组
电池扣 …… 1 个
4 号电池 …… 4 个
拨动开关 : 根据喜好 …… 1 个
按钮开关 …… 1 个
扬声器 :8Ω（小型）…… 1 个
埋头螺钉 :M3 × 6mm …… 12 个
隔离柱 :M3 × 20mm 双内螺纹 …… 4 个
　:M3 × 35mm 双内螺纹 …… 2 个
　:M3 × 15mm 一边内螺纹，一边外螺纹 …… 2 个
垫圈 :M3 …… 数个
亚克力板 :2mm 厚 …… 参照尺寸图
橡胶脚垫 …… 4 个
布线用导线、双面胶、焊锡少许

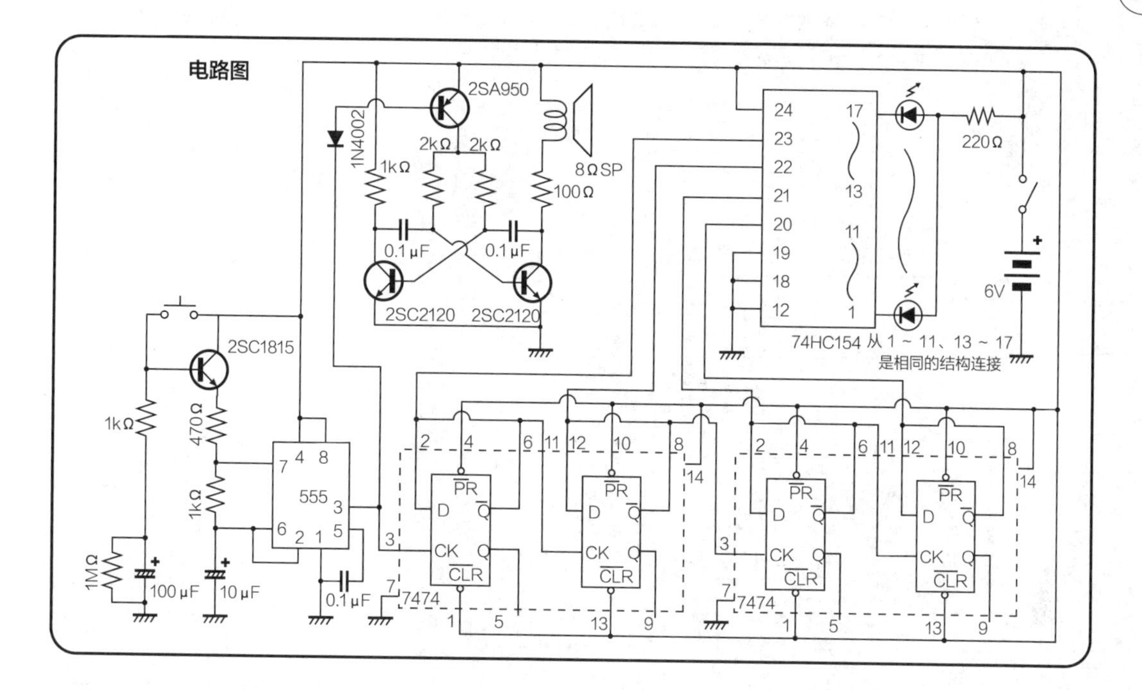

就可以做出各种规则和组合，把游戏方法进行更多扩展。

■ 电路

16 个 LED 中每次只有一个按顺序亮起，为此使用了 IC74154。这是通过 4 位二进制的输入，实现在 16 个输出中只输出一个信号的电路。这个输入用的 4 位二进制电路相当于二进制计数器，是将 D-FF 电路进行组合后输出。在这里使用了 IC7474，这里面封装了 2 个 D-FF，因此用了 2 个 IC7474，做成了 4 个 D-FF。另外。为了制作出定时效果，使用了定时器 IC555。这个 IC 的 6 号与 7 号引脚、电源与 7 号引脚之间的电阻值变化，会使时钟时间发生变化，为此在这里接入使用了电容器和三极管的延迟电路。这个电路在松开电源后，就会缓慢地动作，过一会就停住了。IC555 的 3 号引脚是输出，在这一瞬间就构成非稳态多谐振荡器电路，这个电路是音源电路，用 2 个三极管控制元器件发出“噼噼噼噼”的响声。

这样就能和 IC555 发出来的时间信号配合，发出声音，驱动二进制计数器，通过 74154 使 16 个 LED 顺序发光，而且松开按钮后会缓慢地停住，选择 16 个 LED 中的一个。

■ 组装

首先制作电路板。因为元器件数量多，线路图复杂，因此采用了 100mm × 100mm 尺寸的感光电路板。感光、显影、蚀刻后就做完了。好好确认一下蚀刻后有没有多余的接触，应该连接的部分是否确实连接上了。再用万用表测量一下就会更加准确。在铜箔面上加上保护涂层就更漂亮了。下面就是钻孔、喷涂，这样会进一步提高电路板的品质。做完这一步后就开始安装元器件。

首先在 IC 下部有跳线，要最先装上。然后最好从小元器件开始安装，和电阻器、IC 插座、三极管、电容器焊接起来。电路板做得好，操作就轻松得多。电阻器、三极管形状相同，但种类不同，要认真核对元器件，不要弄错。最后安装 LED，安装时将 LED 从电路板上离开一点。将元器件全部安装完以后，电路板就做好了。

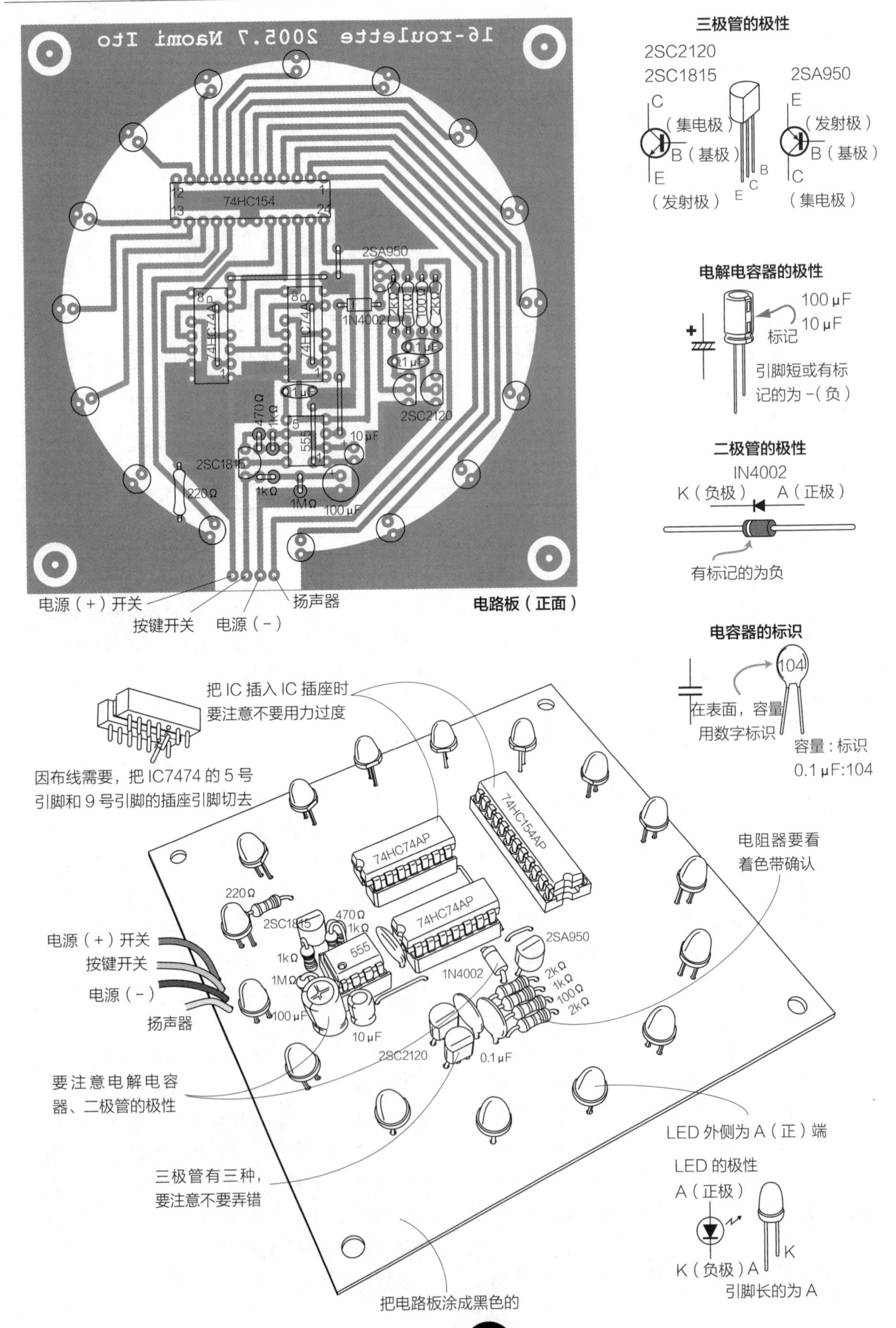

16-roulette 2005.7 Naomi Ito
74HC154
74HC74AP
2SA950
1N4002
2SC2120
2SC1815
555
220Ω
470Ω
1kΩ
1MΩ
10μF
100μF
0.1μF
电源（+）开关
按键开关
电源（-）
扬声器
电路板（正面）
三极管的极性
2SC2120
2SC1815
2SA950
C（集电极）
B（基极）
E（发射极）
E（发射极）
B（基极）
C（集电极）
电解电容器的极性
100μF
10μF
标记
引脚短或有标记的为 -（负）
二极管的极性
IN4002
K（负极） A（正极）
有标记的为负
电容器的标识
104
在表面，容量用数字标识
容量：标识
0.1μF:104
把 IC 插入 IC 插座时要注意不要用力过度
因布线需要，把 IC7474 的 5 号引脚和 9 号引脚的插座引脚切去
电阻器要看着色带确认
要注意电解电容器、二极管的极性
三极管有三种，要注意不要弄错
LED 外侧为 A（正）端
LED 的极性
A（正极）
K（负极）A
K
引脚长的为 A
把电路板涂成黑色的

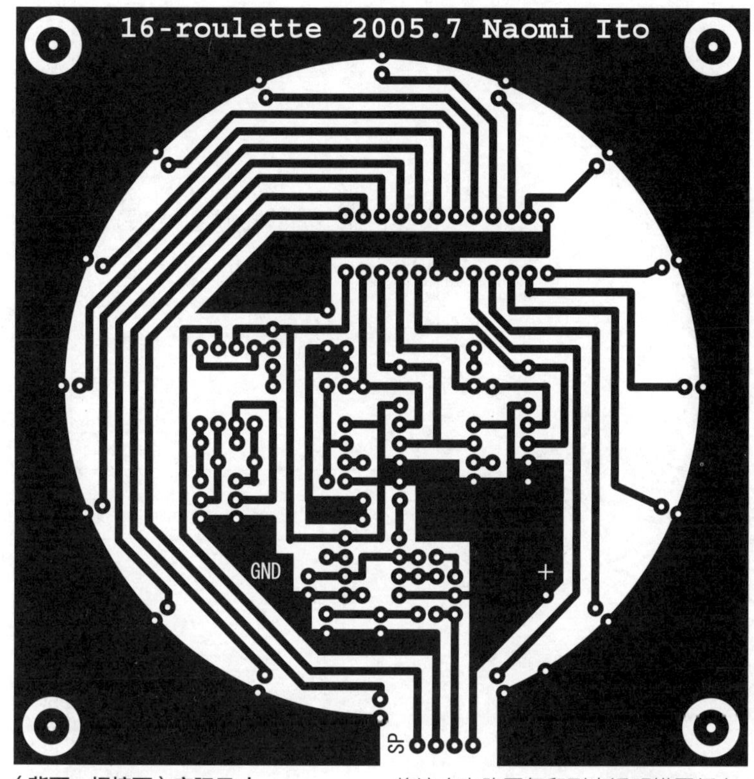

（背面 · 焊接面）实际尺寸

将这个电路图复印到半透明描图纸上，紧贴在电路板上面

IC 引脚排列

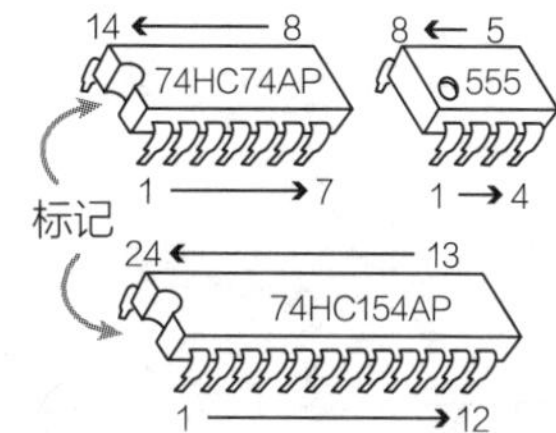

电阻值的标识

通过电阻器表面的色带来表示电阻值

1MΩ（茶黑绿金）
2kΩ（茶黑红金）
1kΩ（茶黑红金）
470Ω（黄紫茶金）
220Ω（红红茶金）
100Ω（茶黑茶金）

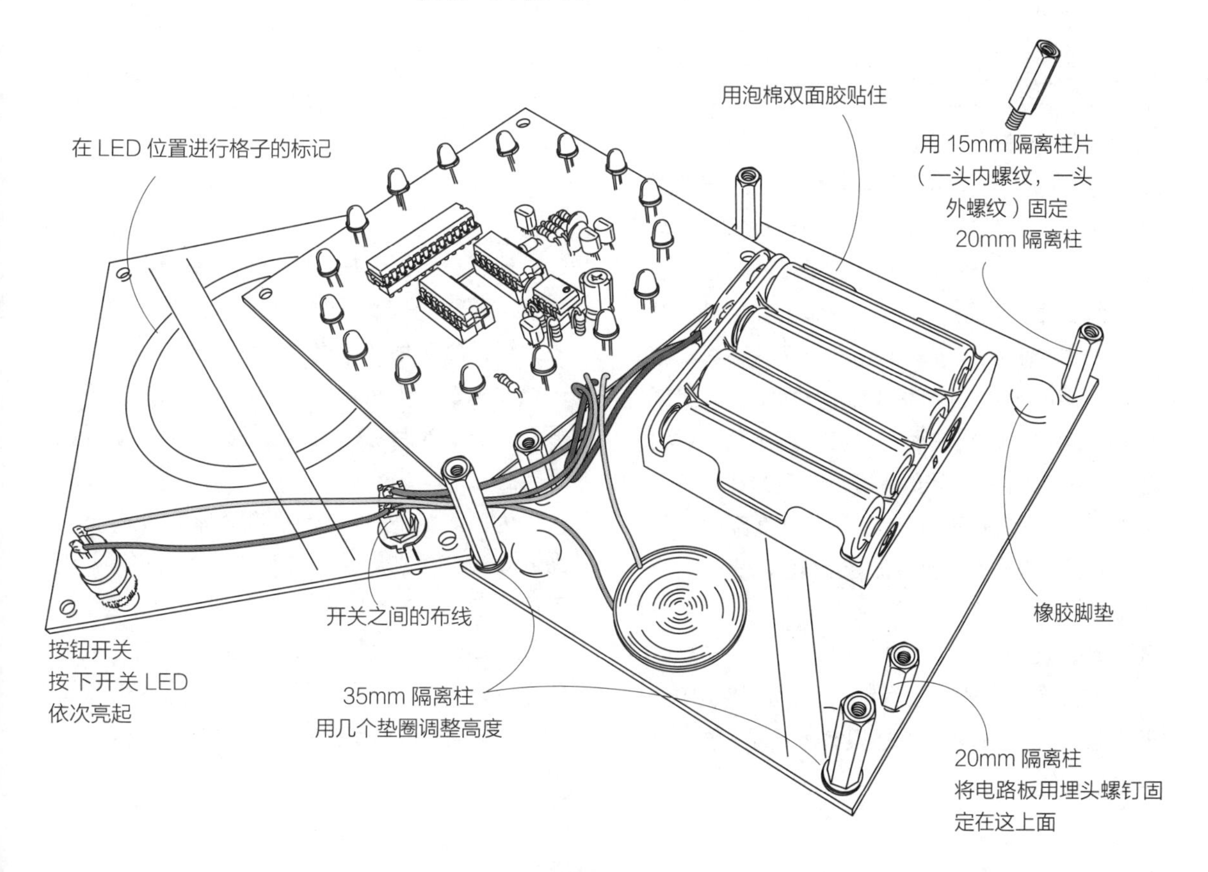

亚克力板尺寸图

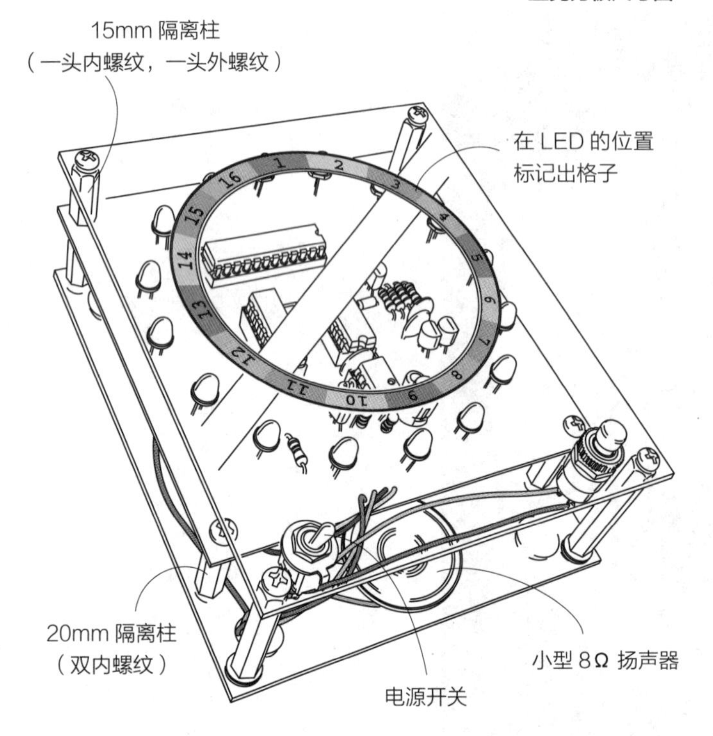

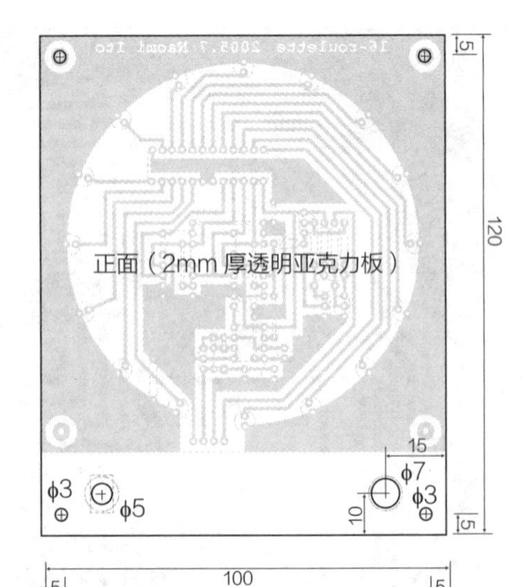

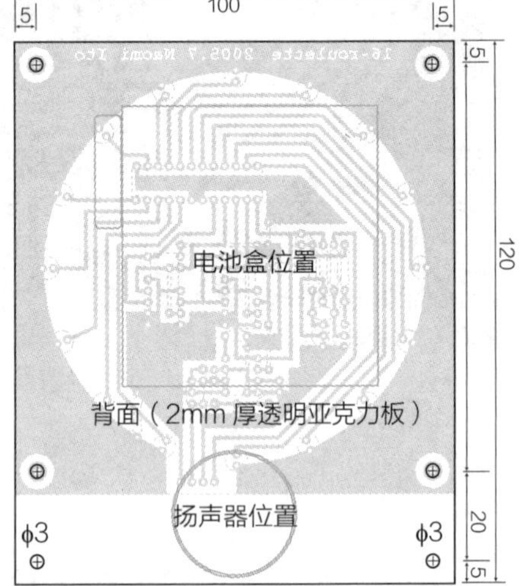

■ 组合

用两块亚克力板和隔离柱做成夹心型。根据尺寸图将亚克力板进行加工、钻孔。用泡棉双面胶把电池盒贴在背面的亚克力板上。使用 20mm 隔离柱把电路板放上，安装一下就能看出装好后的样子了。在正面亚克力板上安装拨动开关、按钮开关。从电路板到电池扣、扬声器、电源开关、按键开关有四条布线，分别看着导线长度将这四个元器件安装上。另外，开关之间也有导线连接，不要忘记了。布线结束以后，用隔离柱（片）将电路板固定住，上部用内外螺纹的隔离柱固定，按钮端用埋头螺钉固定。在电路板上面安装正面亚克力板，下面的 35mm 隔离柱不含电路板的厚度部分，因此要用几个垫圈调整一下，会比较整齐。

■ 使用方法

好好看看布线有没有错误，然后接上电源开关看一下，每次应该是只有一个 LED 会亮起。按了按钮开关后，会发出“噼噼噼噼”的声音，同时光按照顺时针方向转起来。松开开关，过几秒钟后转动速度就会慢下来，停在某一格，再按一下按钮就又会转起来。如果不能顺利动作，或者没有任何 LED 亮起，就要断开电源，再次进行确认。

为了对格子加以识别，在壳体上加上标记，做游戏时会更加容易。游戏的玩法有多种，而不仅是在 16 个格中有一个命中这一种玩法，比如改变 LED 的颜色，用颜色去命中或分成石头、剪刀、布、平手这四个格，进行猜拳游戏。发挥想象，可以做出更多游戏道具。

No. 67

暗下来自动亮

自动小夜灯

晚上有的人要将所有的灯都熄灭，在黑暗的环境中休息，也有的人要亮着夜灯，在昏暗的灯光中睡觉。从安全的角度来讲，第二种方式比较好，不过这都是根据每个人的喜好而定的。但是，天亮以后因为夜灯不显眼，早上经常会忘记关掉。因此就考虑了一种暗下来后会自动亮起，天亮后会自动熄灭的夜灯。话虽然这么说，但夜灯不能装在荧光灯灯具那样市面上销售的产品中，因此就做得像方形纸罩座灯那样单独放置。对灯罩形状没有特别要求，什么形状都可以。在材料和形状方面多动动脑筋，会做出很美的作品。

元器件表

三极管 :2SC1815 ………… 1 个
三端稳压器 :TA78L005 ………… 1 个
双向可控硅 :SM3G45 ………… 1 个
散热板 : 合适的 ………… 1 个
光耦合器 :TLP560G ………… 1 个
CdS: 适当的 ………… 1 个
电解电容器 :470 μF 16V ………… 1 个
薄膜电容器 :0.1 μF AC250V ………… 1 个
电阻器 :510 Ω 1W（色带 : 绿茶茶金）………… 1 个
:100 Ω 1W（色带 : 茶黑茶金）………… 1 个
:200 Ω 1/4W（色带 : 红黑茶金）………… 1 个
半固定电阻器 :100k Ω ………… 1 个
电源变压器 :PK-06016 ………… 1 个
整流二极管 :IN4002 ………… 4 个
万能板 :25 × 30 孔 ………… 1 张
（插座）带插头 AC 电线 ………… 1 根
熔丝端子 ………… 1 对
熔丝 :2A ………… 1 个
椴木皮胶合板 :9mm 厚 ………… 参照尺寸图
小夜灯灯泡 & 灯座 ………… 1 组
自攻螺钉 :M3 × 20mm ……… 4 个 M3 × 15mm …… 2 个
:M4 × 10mm ………… 1 个
隔离柱 :M3 × 10mm（无螺纹）………… 4 个
尼龙夹 ………… 1 个
橡胶脚垫 ………… 4 个
布线用导线、黏结剂、焊锡少许

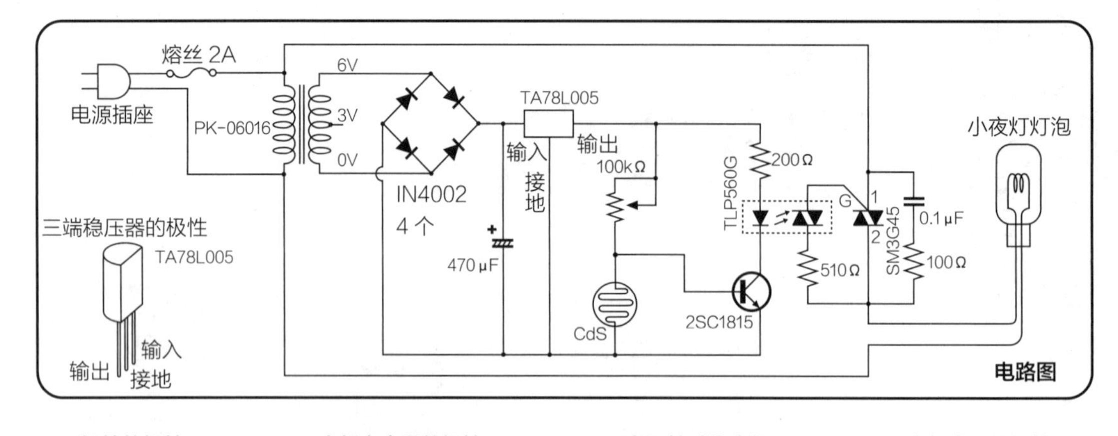

三极管的极性

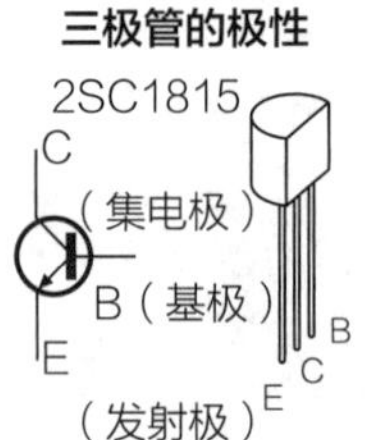

电解电容器的极性

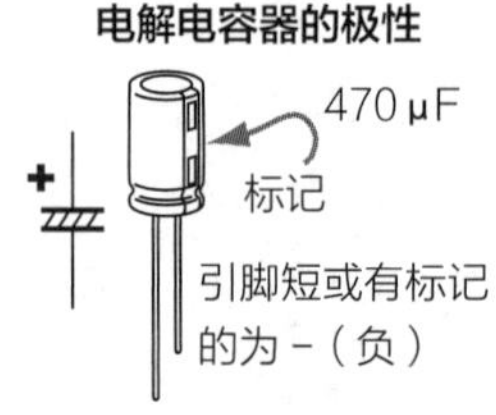

双向可控硅的电极

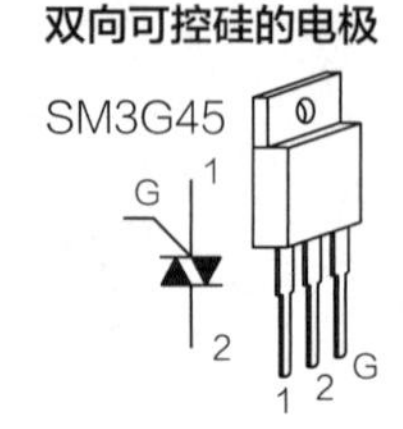

光耦合器的极性

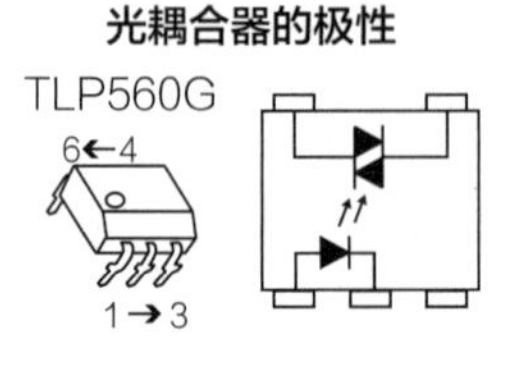

■ 结构

夜灯中使用的小灯泡耗电量低，灯光朦胧，点亮这个灯泡需要 100V（日本）的电压，因此要预先装在荧光灯之类房间照明器具上。控制小夜灯闪烁用的开关中使用了双向可控硅，检测亮度的传感器采用的是 CdS，这样在暗下来的时候就可以自动亮灯，在亮起来的时候自动熄灭。

本制作中用到了木制的台子，在上面罩上灯罩，也可以进行自由创意，考虑一下如何使用这个电路做成更有意思的制作。一个需要注意的地方是要设置 CdS，这样可以检测亮度。

■ 电路

CdS 的特征是能接受光，根据光的亮度，电阻值会发生变化。明亮的时候电阻值下降，暗下来的时候电阻值上升。在这个电路中，在明亮、电阻值低的时候，电流通过 CdS，但在变暗、电阻值高的时候，电流会流向三极管 2SC1815 的基极，三极管将这个电流放大，使光耦合器 TLP560G 的内部 LED 发光。光耦合器是将发光端和受光端封装在一起，通过光传递信号。因为没有电气方面的连接，就像这次一样，可以在用小功率控制大功率的时候使用。双向可控硅通过输入控制极 G 的电流将两个端子连接起来，成为像继电器那样的开关。从光耦合器得到的输出，输入双向可控硅 SM3G45 的电极，在这里控制 100V 电流的 ON-OFF。

整个电路通过变压器进行降压，控制部分的电源电压也通过三端稳压器从 100V 降为 5V。感知明亮度的 CdS 直接安装在了电路板上，因此用一块电路板就可以了。

■ 组装

使用 25×30 孔的万能板。因为变压器和熔丝端子的引脚比较粗，所接触的孔最好也重新开得大一些。最好从二极管、电阻器、半固定电阻器、双向可控硅、熔丝端子等小元器件开始安装，这样后面安装变压器等大元器件时操作就简单了。要注意不要把三端稳压器、三极管、电解电容器等元器件的方向弄错。安装了薄膜电容器后，就安装双向可控硅，最好是

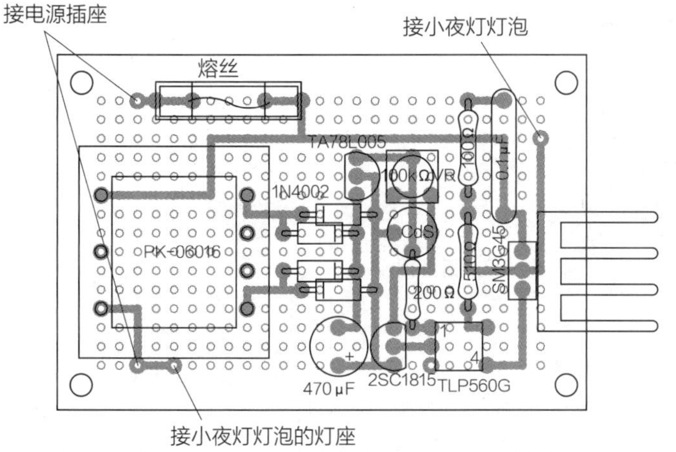

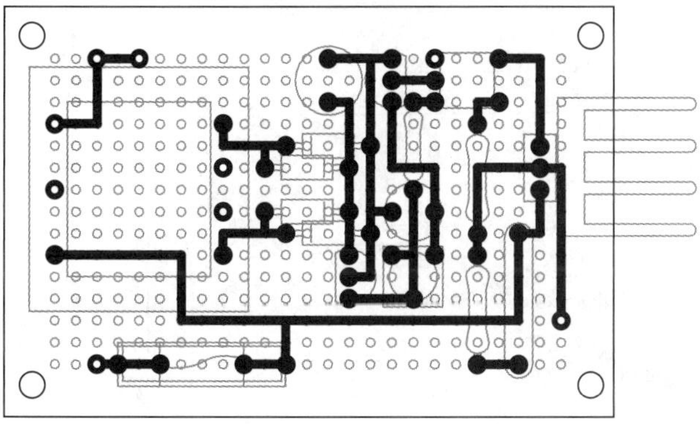
（反面·焊接面）

因为使用的是 100V 电，要小心，不要触电。在接触插座时绝对不要接触到电路板和元器件。即使是在没有连接的状态也不要无准备就去接触。

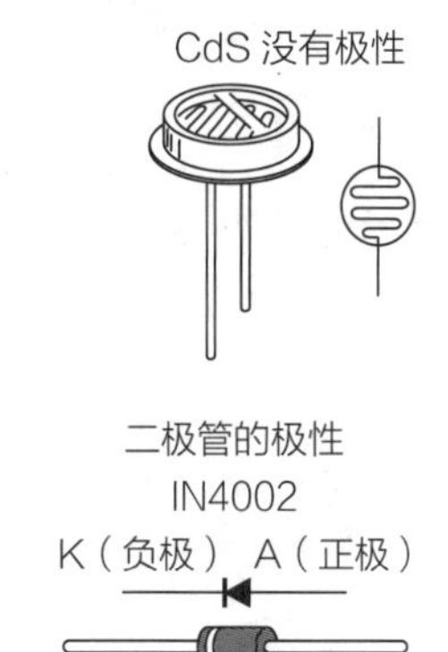

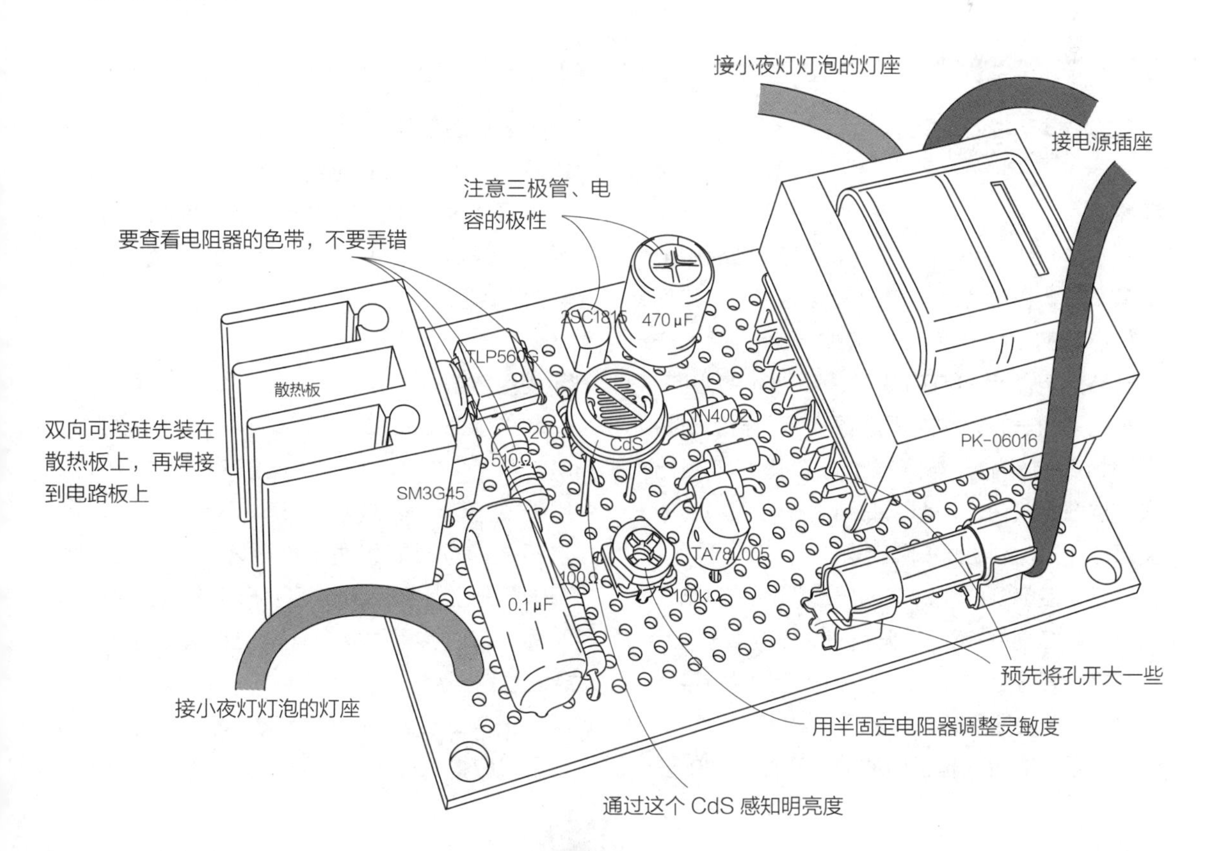

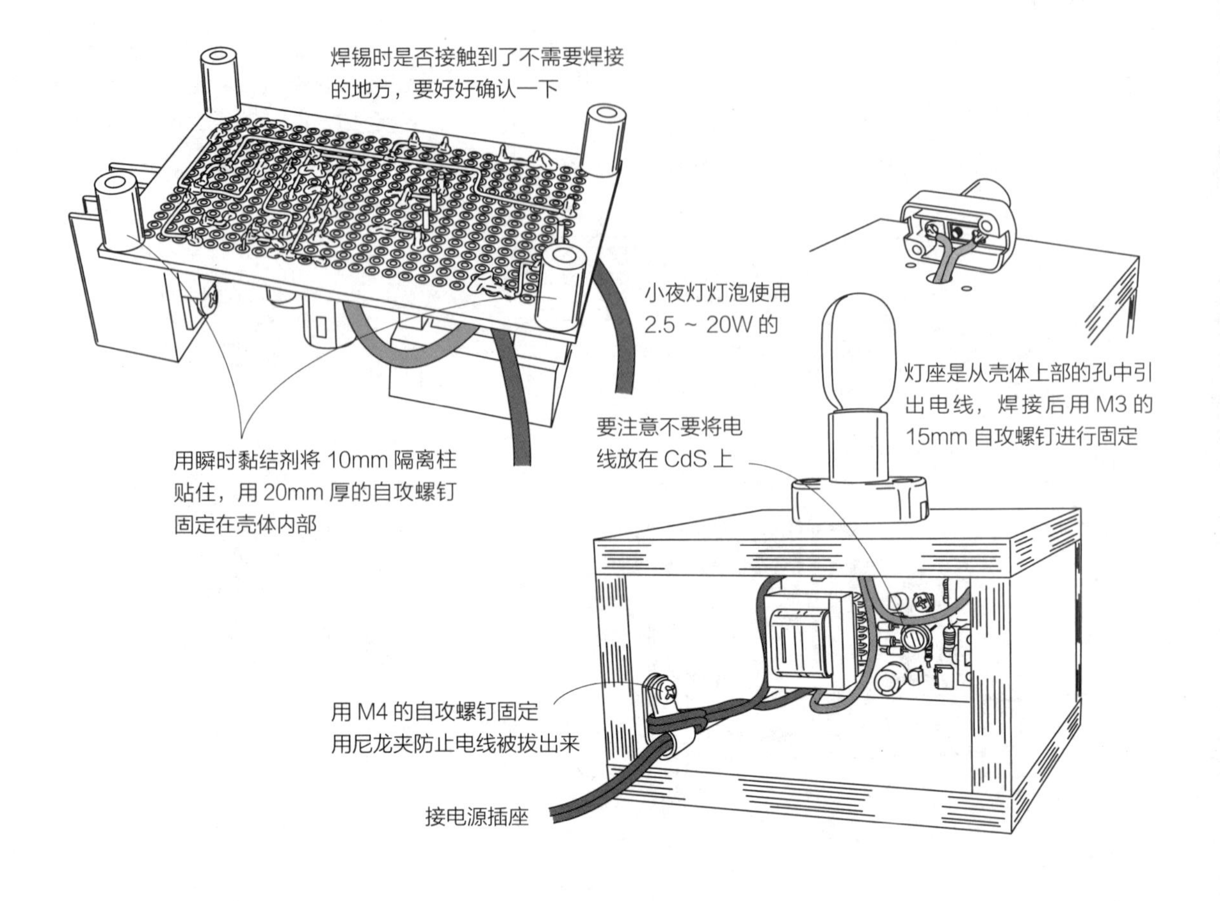

先将散热板用螺钉固定住。安装变压器，看着引脚的高度安装上 CdS，最后放上熔丝。

■ 组合

主体壳体使用 9mm 的椴木皮胶合板做成了箱子形状，在其上部安装夜灯的插座。将作为传感器的 CdS 安装到了电路板上，因此安装时要把电路板的方向朝向感知到光的方向。打开箱子的一端，从这里进行安装，安装时将电路板朝向外面，电源线也从这里直接引出去。按图将胶合板切断、黏结。在上部板的中央部位开孔，以便把线拿出来。

将连接电源线和灯座的导线焊接在电路板上，用黏结剂将 10mm 隔离柱贴在电路板上。安装之前好好看看布线有没有错误，焊接电路板时是否接触到别的地方。

将电路板放入箱子时要放到正好合适的位置，用 20mm 的自攻螺钉固定住，接往灯座的导线从上部孔中穿出来，在上部焊接到灯座端子上，用 15mm 的自攻螺丝将灯座固定住。这时要注意不要把导线覆盖在 CdS 上。将电源线缠绕到尼龙夹上，这样即使被拉动也不会影响电路板。

■ 使用方法

主体壳体做好以后，把小夜灯灯泡插入灯座，再插到插座上。为了观察 CdS 的反应，用手覆盖，使其变亮或变暗，确认小夜灯灯泡是不是闪烁。如果发出焦糊味或者有异常情况，要马上从插座上拔下进行检查。在检查的时候，有时会需要将灯座等处的焊接也去掉，要注意这一点。

正常动作起来后，就动手做灯罩。在这里是将纸挖孔来做造型的，但是灯罩的形状是

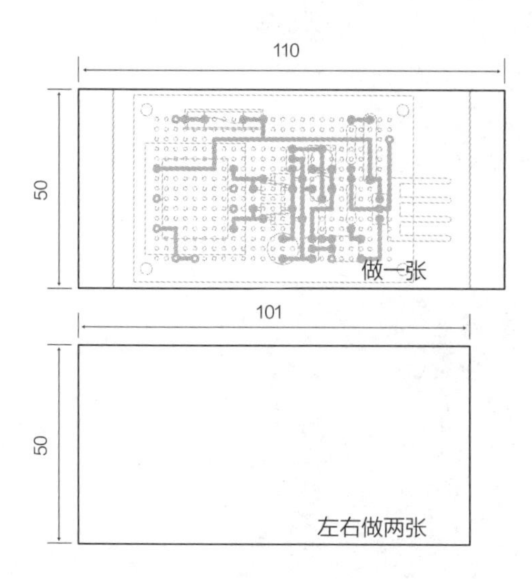

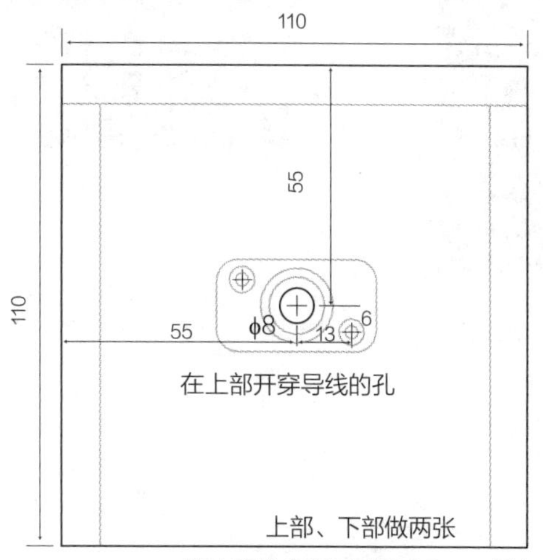

椴木皮胶合板尺寸图（9mm 厚）

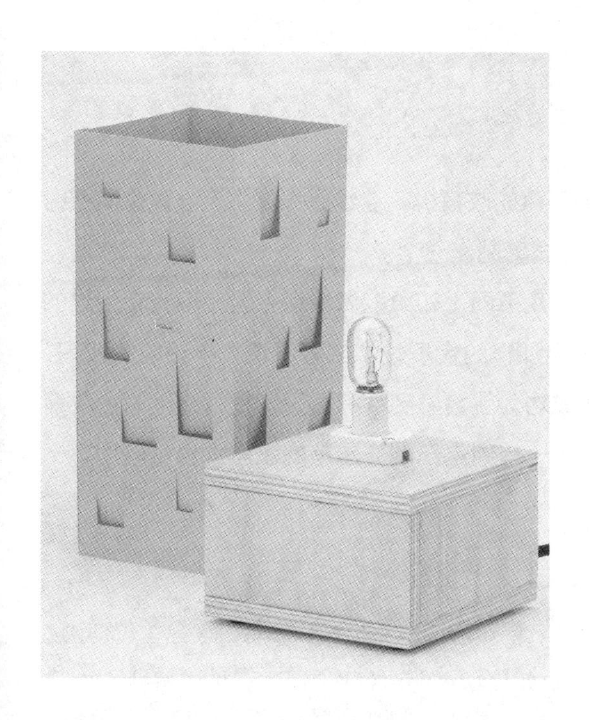

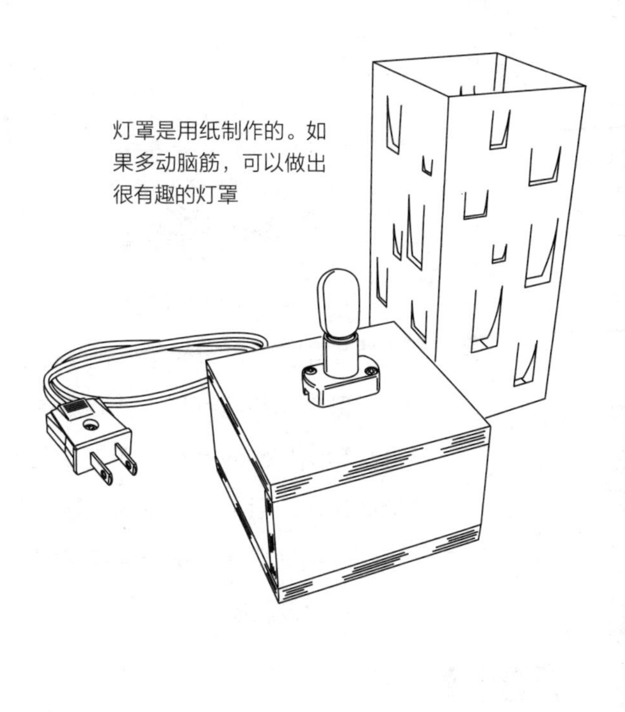

随意的，只要不直接接触到灯泡，材料和形状都可以随意选择，因此，如果好好动动脑筋的话，可以做出各种各样有趣的灯罩。小夜灯灯泡有 2.5 ~ 10W 的，也有适合在电冰箱里用的 20W 的。如果很明亮的话会带来高亮度的效果，但是这次做的是起安眠作用的夜灯，因此，就要选择合适的灯泡。

No.
68

制作收音机

用印刷电路板制作的板式收音机

板式收音机

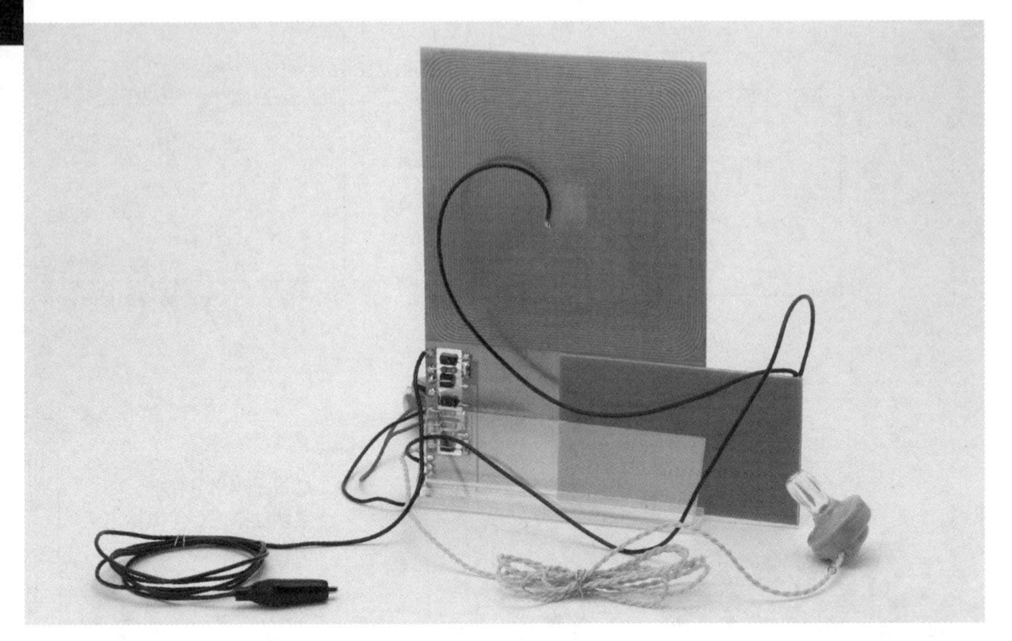

现在在100日元店就可以买到很不错的收音机，这也是大量生产、大量消费时代的成果。但正因为这样，才更想自己试着制作一个。

既然想自己制作，就要做得有点与众不同。如果能做出迄今为止没有看到过的形状和结构的收音机，不追求工业产品那样的合理性，或者不说“学习电的知识”这样死板的话，以制作为乐趣并制作成功，就会感到很有意思。是否能用这台收音机收听到消息还取决于电波的情况，但一想到自己制作出来的收音机也可以用，一定会很有成就感。

元器件表

三极管：2SC1815 …… 2个
电解电容器：1μF 16V …… 2个
电阻器：510kΩ 1/4W（色带：绿茶黄金）…… 4个
感光电路板：150×100mm …… 1张
：50×85mm …… 1张
（不用感光电路板，只有铜箔也可以）
晶体耳机 …… 1个
鳄鱼夹 …… 1个
电池扣 …… 1个
电池：006P干电池 …… 1个
（或者是4个3号电池+1个电池盒）
亚克力板 …… 参照尺寸图
亚克力棒：3mm×100mm …… 2根
（圆的和四角的都可以）
PP织带、布线用导线、焊锡少许

■ 结构

使用印刷电路板制作收音机。这里仅使用了很少的元器件，就做出了简单的收音机。

通常选台的结构是使用线圈和可变电容器进行调谐，但这次没有使用线圈，可变电容器也是自己制作的，将这些作为印刷电路板上的印刷电路板图制作出来。本来线圈是通过将漆包线一圈圈缠绕做出来的，但我们这次是在印刷电路板上制作出了一圈圈呈螺旋状的电路板图。可变电容器的制作则是在两块金属板之

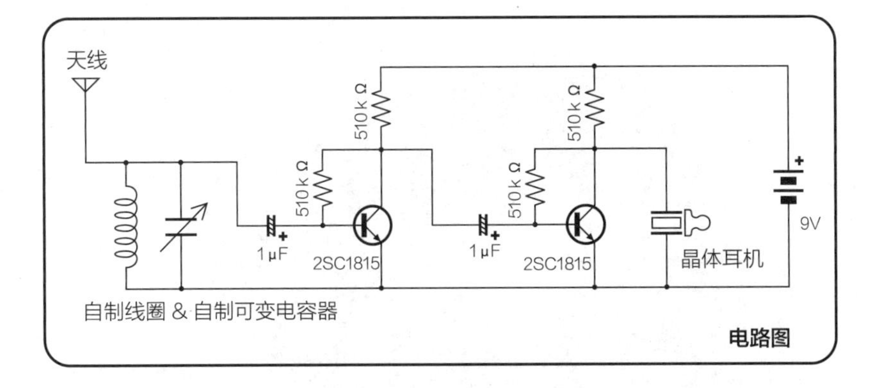

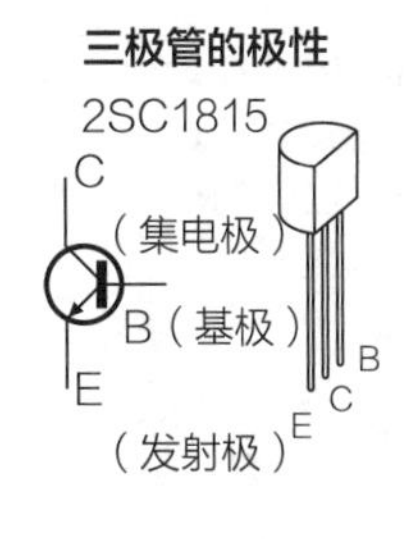

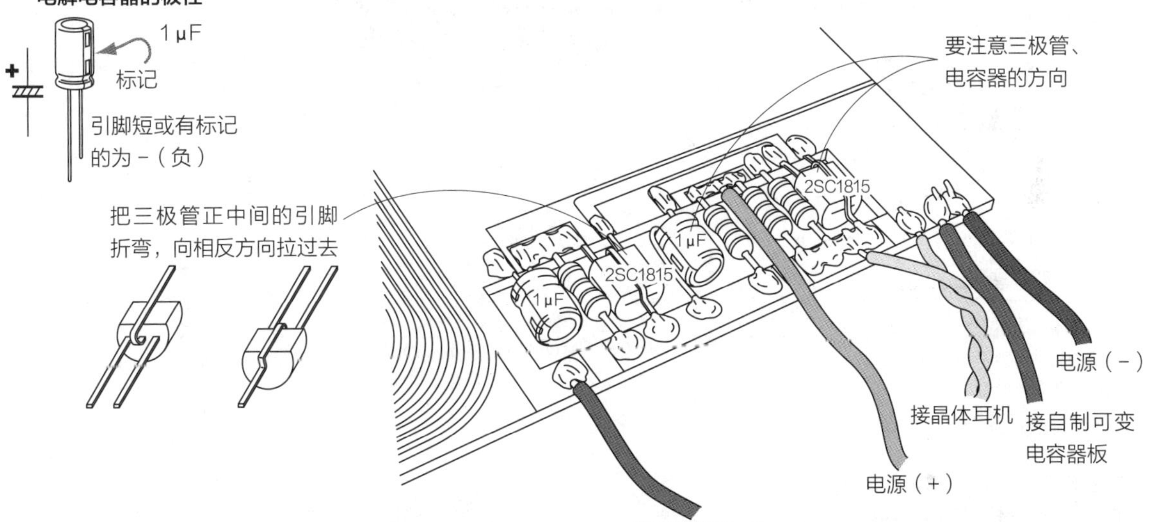

间夹上绝缘体，通过作为动片的金属板的移动改变容量，这次直接使用了印刷电路板的铜箔面。原理上是可以的，但真的能用吗？我们试一下。

■ 电路

在印刷电路板上，用做到印刷电路板图中的线圈和可变电容器制作调谐电路，将得到的信号通过电容器用三极管放大。这时多少会有些电流流向基极，为此加了 510kΩ 的电阻器。空中的电波非常弱，为了大幅度放大信号，使用了两段放大电路，输出用晶体耳机能够听到的声音。

■ 组装

使用 150mm × 100mm 的感光电路板制作印刷电路板。要注意，本制作中线圈的线路很细，用 PCB 耐蚀刻笔很难直接描上，因此将电路板图复印到半透明描图纸之类的纸上，紧贴在感光电路板上感光、显影、蚀刻，制作出印刷电路板。

印刷电路板做出以后，钻出安装元器件所需要的孔。这次想要做出板状收音机，为此采用了将元器件直接焊接在铜箔面上的表面贴装法，这样就不是将元器件引脚插入孔中，而是为了做得薄一点，开一个相当于印刷电路板厚度的大孔，然后安装元器件。表面贴装并不是将元器件固定住进行焊接，因此焊接时可以用小镊子按住元器件。先在要焊接的部分堆上焊锡，将元器件轻轻地放上，从上面接触烙铁头会比较整齐，也容易操作。认真核对着电路板图和元器件的配置位置，从一端开始顺序安

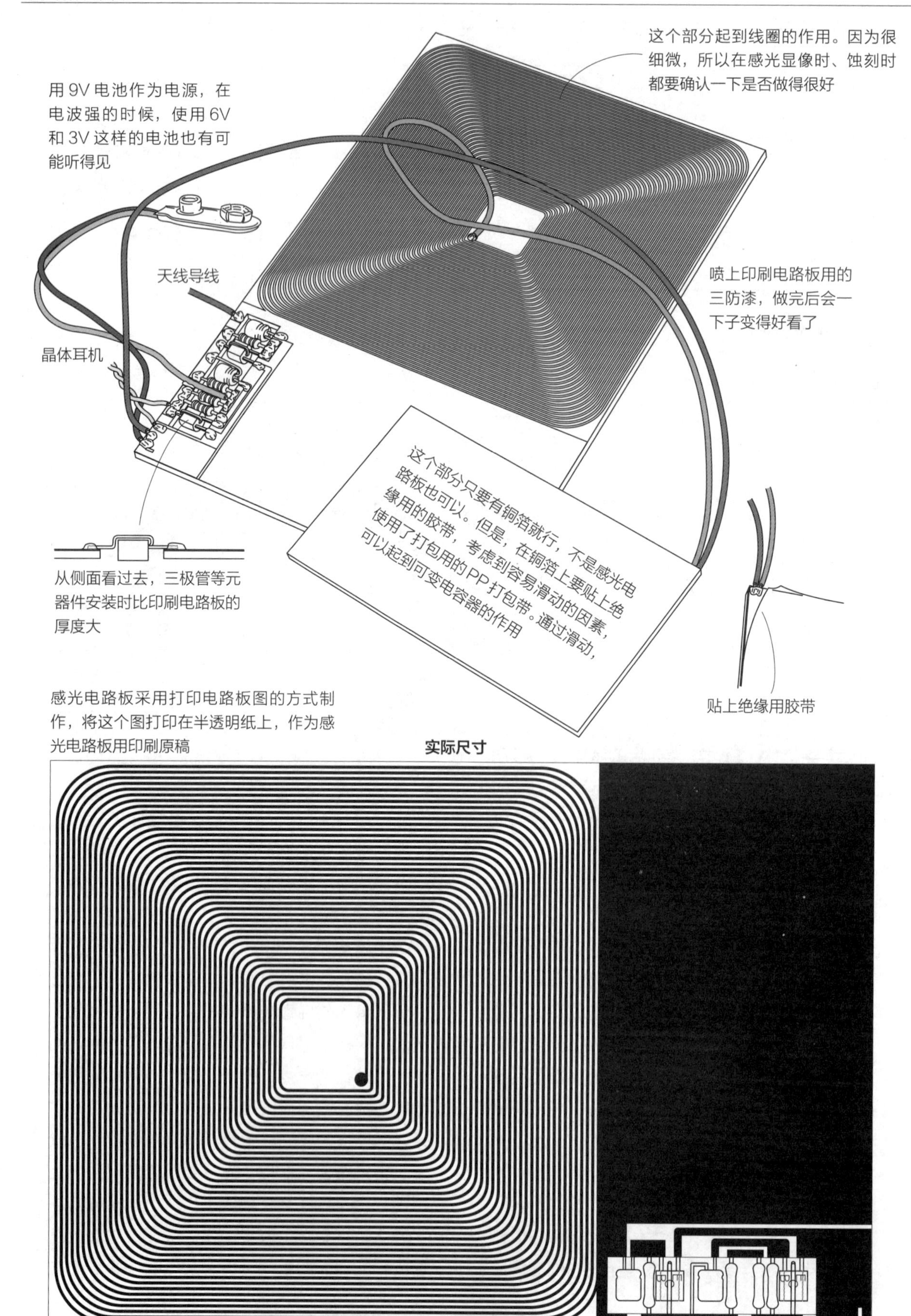
这个部分起到线圈的作用。因为很细微，所以在感光显像时、蚀刻时都要确认一下是否做得很好
用 9V 电池作为电源，在电波强的时候，使用 6V 和 3V 这样的电池也有可能听得见
天线导线
喷上印刷电路板用的三防漆，做完后会一下子变得好看了
晶体耳机
这个部分只要有铜箔就行，不是感光电路板也可以。但是，在铜箔上要贴上绝缘用的胶带，考虑到容易滑动的因素，使用了打包用的PP打包带。通过滑动，可以起到可变电容器的作用
从侧面看过去，三极管等元器件安装时比印刷电路板的厚度大
贴上绝缘用胶带
感光电路板采用打印电路板图的方式制作，将这个图打印在半透明纸上，作为感光电路板用印刷原稿
实际尺寸

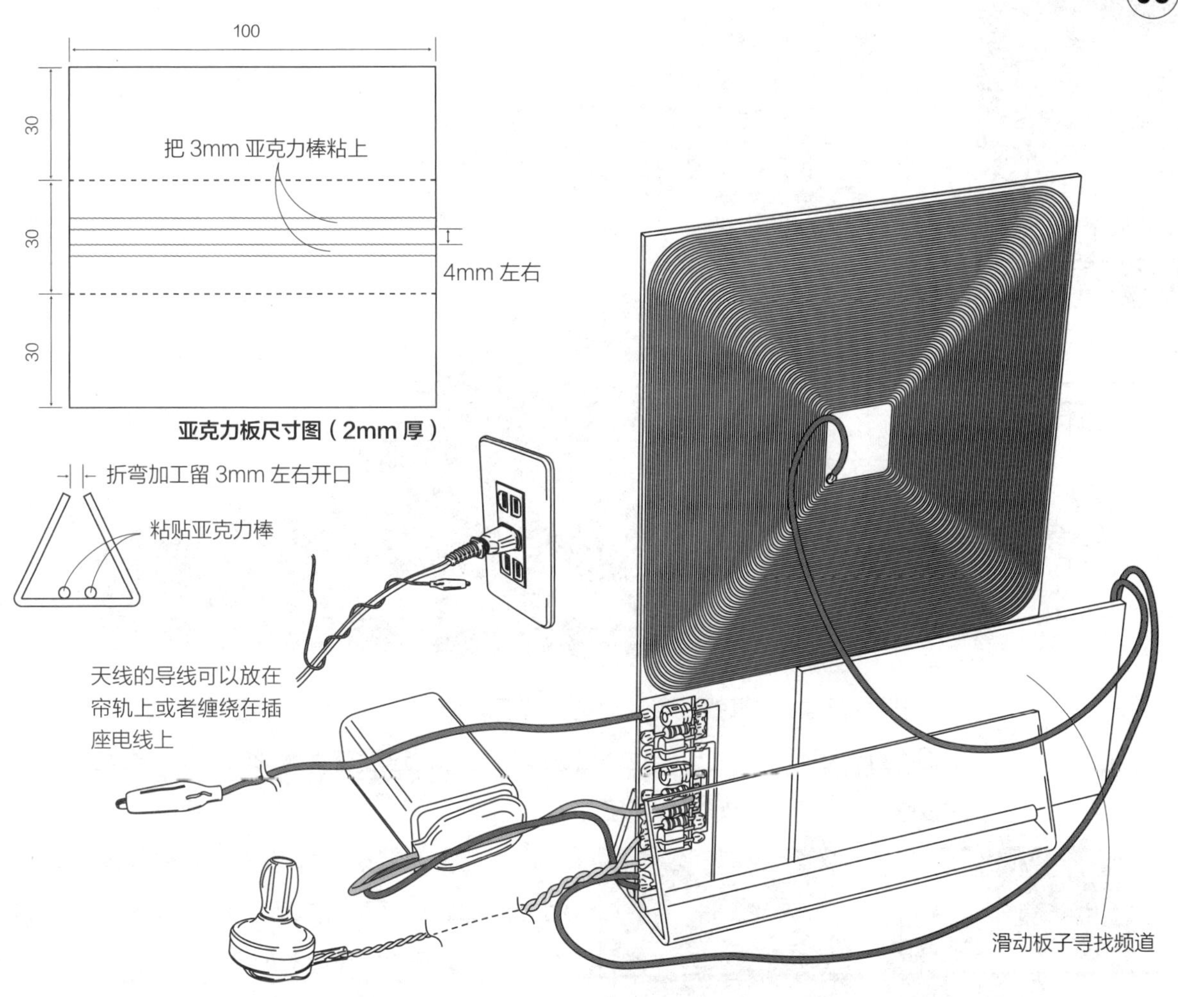

装。三极管的集电极和一个电解电容器的引脚是折弯后向反方向拉出的，在折弯时要注意不要把引脚折断。

装上元器件以后安装电池扣、晶体耳机、可变电容器用的导线、天线用的导线等，要按图焊接，不要弄错了。最后将成为可变电容器一侧的印刷电路板切断成 85mm×50mm，将导线焊接到前端部位，在表面贴上绝缘用的胶带。

■ 组合

这次想做成板子的形状，因此用亚克力板做了支架，将板子立在支架上。按图进行切割、折弯。这样就完成了。电池可以用 9V 的 006P，也可以用 4 个 3 号电池，如果电波强的话用 3V 的也可以。这次没有电池盒，可以直接将电池排列起来。当然也可以开动一下脑筋考虑做一个壳子。

■ 使用方法

因为没有设置电源开关，把电池扣插入电池就可以直接使用。天线导线要长一点，前头带着鳄鱼夹，所以要将鳄鱼夹夹在帘轨上，或者只是将天线导线缠在插座线上也能听见。把晶体耳机放入耳中，慢慢滑动可变电容器板，一定能找到几个播音频道。电波强的时候，即使没有可变电容器也可以听到电波最强的频道。在声音太大的时候，调低电池电压就可以。

如果什么都听不到，就要把电池拿下来，再次进行检查。

No. 69

便利小制作

防止打瞌睡

防瞌睡帽

到了春天，天气就变暖了，花儿开了，蝴蝶飞舞，清爽舒服的风吹着，心情会变得大好。在心情好的时候也会容易有困倦感，这没有太大影响但是如果在学习的时候睡着了，就不能好好学习了。

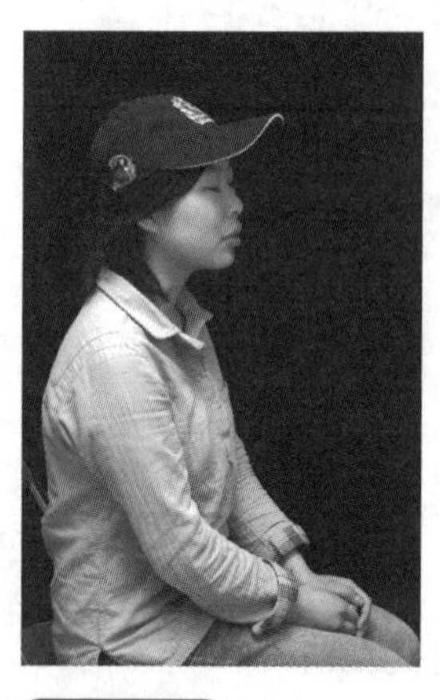

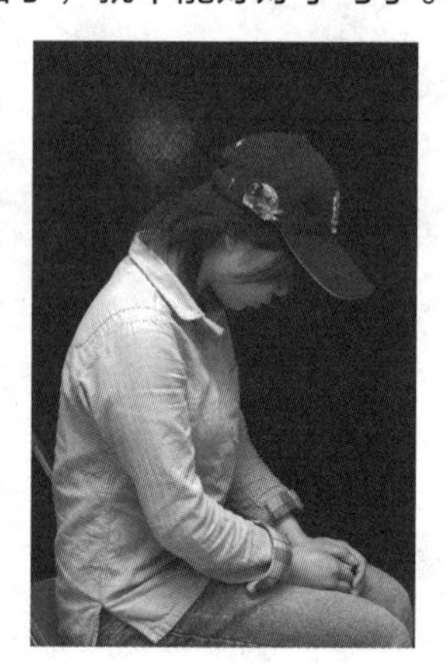

为此，就考虑怎样才能让人在困得身体前倾或后仰之前清醒过来呢？我们做了一个小制作，它在你开始打瞌睡时就会发出警告。

■ 结构

人开始瞌睡的时候，头就会倾斜。本制作就是通过检测头的倾斜度来发出警告，并且能戴在头上。如果特意使用专用头盔就太麻烦，为此就做成了普通帽子。能装在帽子里，就意味着体积不能太大，于是做成了徽章大小，这样装在帽子里，人们戴帽子时也不会有不舒服的感觉，音源也在耳朵附近，警告音听起来会很清楚。用别针将电路板直接装在帽子上，扬声器和电池也贴装在了电路板上，体积做得很小。

元器件表

三极管 :2SC1815 …… 2 个
:2SC2120 …… 2 个
水银开关 : 玻璃管型 …… 2 个
陶瓷电容器 :0.1 μF（104）…… 2 个
电阻器 :6.8kΩ 1/4W（色带 : 蓝灰红金）…… 1 个
:1kΩ 1/4W（色带 : 茶黑红金）…… 4 个
:51Ω 1/4W（色带 : 绿茶黑金）…… 1 个
扬声器 : 小型（ϕ28）8Ω …… 1 个
LED:ϕ3 …… 1 个
滑动开关 : 小型 …… 1 个
感光电路板 …… 参照尺寸图
镀锡铜线 :ϕ1.2 …… 少许
别针 …… 1 个
按钮电池 :LR44 …… 2 个
热熔胶枪、焊锡少许

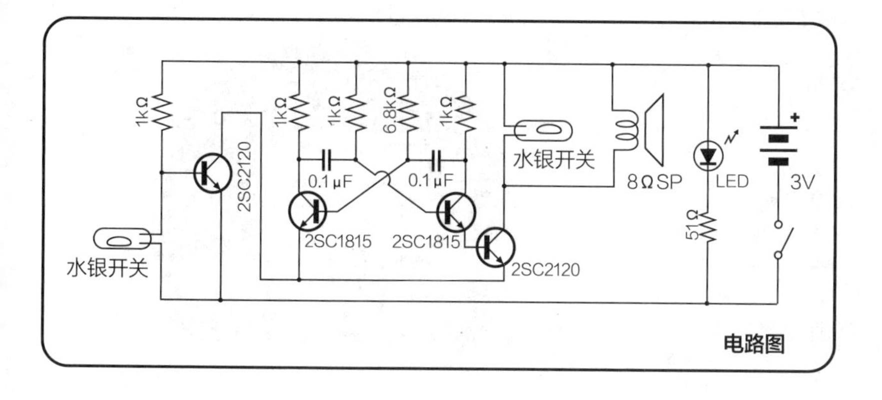

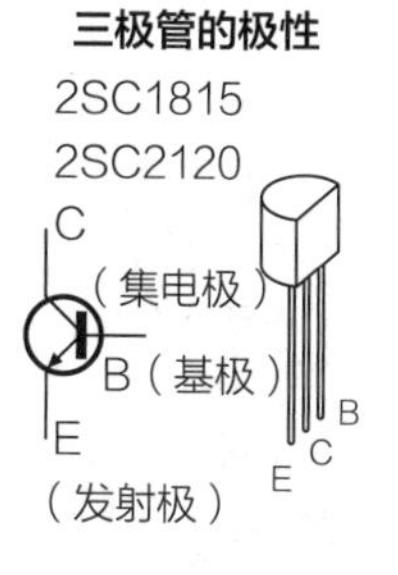

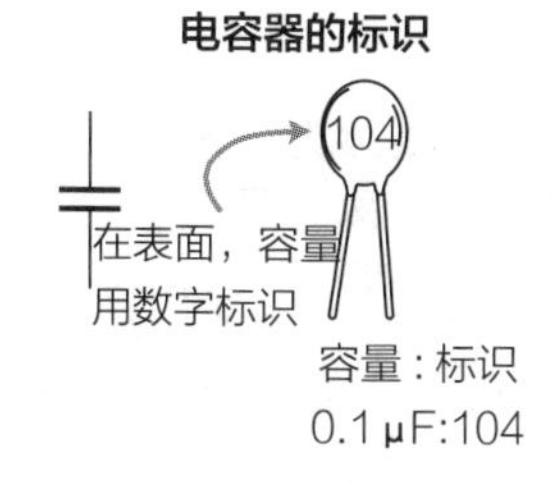

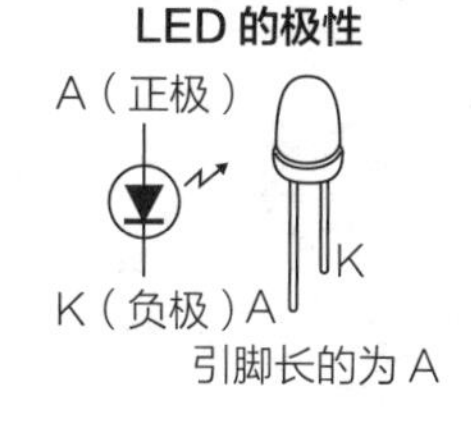

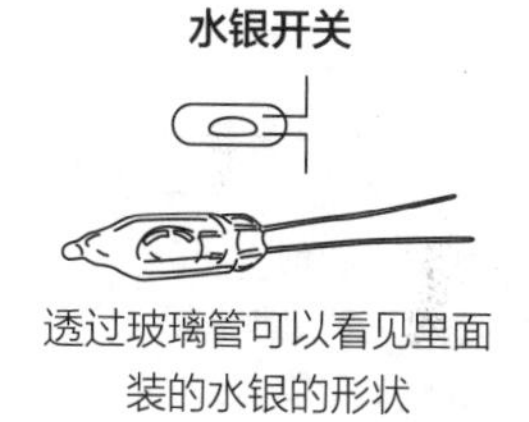

■ 电路

使用水银开关作为检测倾斜度的传感器。水银开关的结构是在玻璃管中装上水银，一端有端子，水银接触了这个端子，开关就打开。水银会随着重力而下降到低处，电路上通常把水银开关的端子部分做得低一些，开关一直开着，倾斜的时候开关断开。电路图左边的水银开关为主开关，在这个开关接入的状态下，电流流过这个水银开关，在开关倾斜，电路断开的时候，电流流向三极管的基极，音源电路成为 ON 状态。

音源电路使用的是非稳态多谐振荡器电路。这是由两个三极管和电容器、电阻器组成的振荡电路，电路的输出再由三极管进行放大，让扬声器响起。

和扬声器并联的第二个水银开关，是在第一个水银开关倾斜得快要断开电路的时候变成 ON 状态，从非稳态多谐振荡器电路过来的振荡信号，流向这个水银开关的比流向扬声器的多，因此只能听到从扬声器发出的很小的声音，但是在倾斜得厉害的时候，这个水银开关就成为 OFF 状态，只有振荡信号流向扬声器，发出很大的声音。也就是说本制作会根据倾斜程度发出两种音量不同的警告音。

■ 组装

首先按图制作印刷电路板。因为电路图不复杂，也可以使用 PCB 耐蚀笔直接描画出来，但是使用感光电路板做出来会很漂亮。尤其是本制作没有制作壳体部分，因此电路板的完成情况会影响制作质量。按徽章的常见形状将电路板做成了圆形，但从造型的角度考虑把电路板下方切成了直线，水银开关和扬声器是露出来的，这一点也可以根据自己的喜好设计一下。蚀刻完以后，用钻头在电路板外侧打出细小的孔，将这些孔切开连在一起，用锉刀和砂纸打磨整齐。将元器件所用的孔开好以后，电路板就做好了。

下面在电路板上安装元器件。装上电阻器、三极管、电容器以后，安装水银开关、电源开关。在焊接水银开关时，要留有余地以便可以调节角度，把安装滑动开关所需要的定位

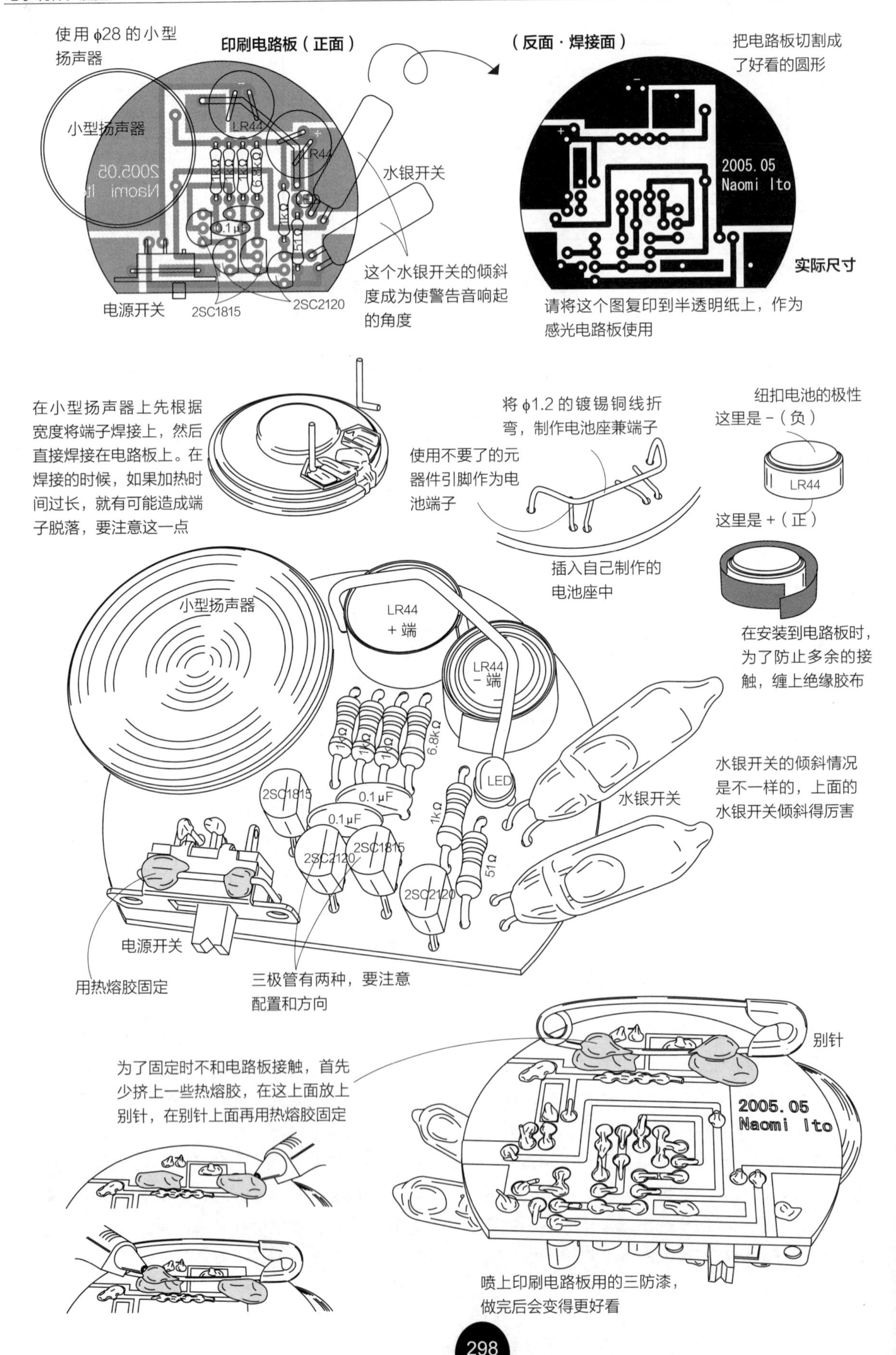

使用 ϕ28 的小型扬声器
印刷电路板（正面）
（反面 · 焊接面）
把电路板切割成了好看的圆形
小型扬声器
LR44
2005.05
Naomi Ito
水银开关
0.1μF
这个水银开关的倾斜度成为使警告音响起的角度
实际尺寸
电源开关
2SC1815
2SC2120
请将这个图复印到半透明纸上，作为感光电路板使用
在小型扬声器上先根据宽度将端子焊接上，然后直接焊接在电路板上。在焊接的时候，如果加热时间过长，就有可能造成端子脱落，要注意这一点
将 ϕ1.2 的镀锡铜线折弯，制作电池座兼端子
使用不要了的元器件引脚作为电池端子
纽扣电池的极性
这里是 -（负）
这里是 +（正）
插入自己制作的电池座中
在安装到电路板时，为了防止多余的接触，缠上绝缘胶布
小型扬声器
LR44
+ 端
LR44
- 端
1kΩ
6.8kΩ
LED
2SC1815
0.1μF
水银开关
水银开关的倾斜情况是不一样的，上面的水银开关倾斜得厉害
51Ω
2SC2120
电源开关
用热熔胶固定
三极管有两种，要注意配置和方向
别针
为了固定时不和电路板接触，首先少挤上一些热熔胶，在这上面放上别针，在别针上面再用热熔胶固定
喷上印刷电路板用的三防漆，做完后会变得更好看

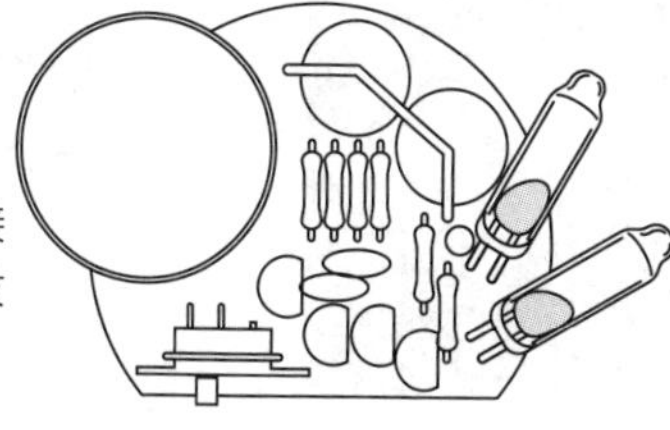

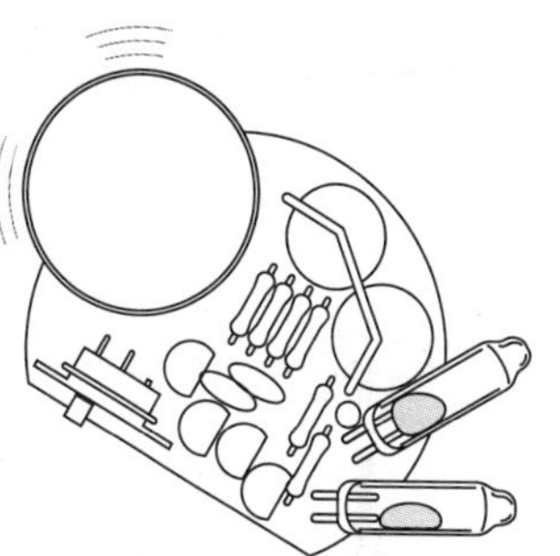

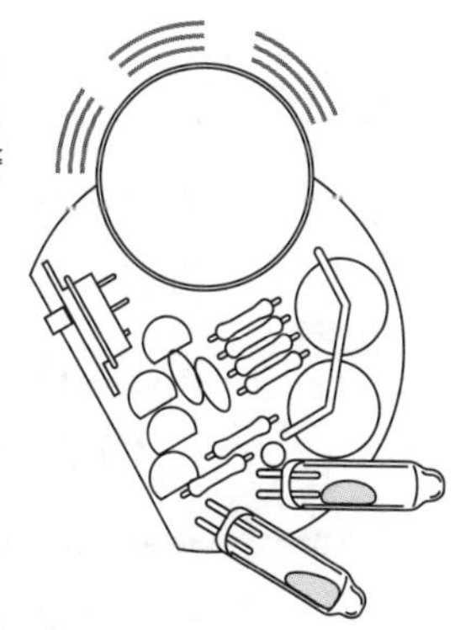

点用镀锡铜线焊接上。在焊接好端子部分后，加上热熔胶固定住开关。最后安装扬声器。利用不用的元器件引脚作为扬声器端子进行焊接。

固定电源的按钮电池使用镀锡铜线作为定位，这里用的镀锡铜线是 ϕ1.2 的粗线。将各个元器件安装到印刷电路板后，电路板就制作完成了。

■ 组合

本制作没有特意去做壳体部分。将别针直接固定在电路板上，就像一个徽章一样。固定的时候也可以使用环氧树脂黏结剂，但是考虑到既要容易堆起，又要能快速凝固的需求，这次就使用了热熔胶。确认固定别针的位置，在两处位置上堆上热熔胶，稍微凝固后把别针放到热熔胶上，在这上面再加上热熔胶，这样就可以固定住了。当然也可以想办法做出壳体，但考虑到本制作是放在帽子上的，还是不要太重为好。

■ 使用方法

主体做好以后，注意电池方向，把电池放入电池座上，打开电源开关，LED 就应该亮起来。水银开关在接通电源的状态下不发出响声，但在倾斜后电源断开的状态下就会发出响声。将电路板的直线部分置于下面，呈水平放置，在这个基础上，倾斜使水银流动，开始时是第一段开关断开，以比较小的声音响起警告音，再进一步倾斜，第二段开关断开，就会变成很大的警告音。在发出声音的时候，流向 LED 的电流也变小，光就会弱下来。对上述现象进行确认后，将曲别针别在帽子上，可将该装置装到右耳的位置。如果不起作用或发出焦糊的味道，要切断电源，拔出电池进行检查，有可能是有多余的接触或者是由焊接错误造成的。

No. 70

惊动了就受惊

受惊的盒子

游戏和趣味制作

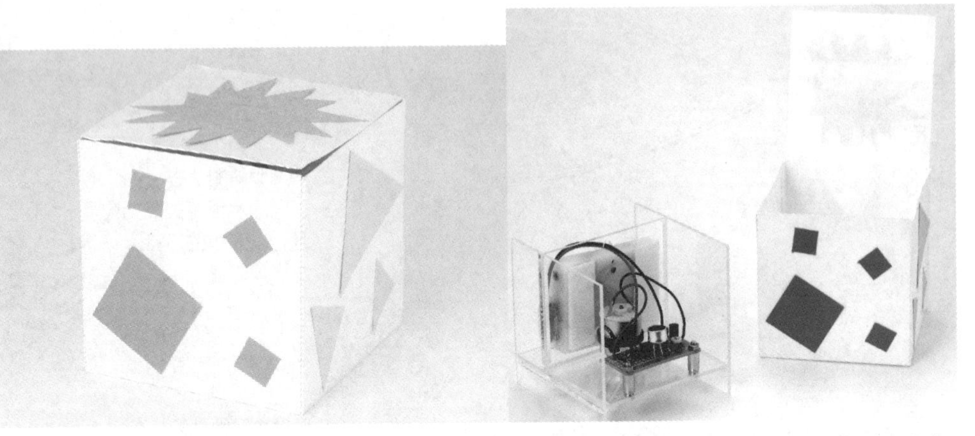

有一种玩具，打开盒子后会弹出一个东西吓人一跳，这种玩具叫作“吃惊盒”。人们拿到这样的盒子后，一开始就有“盒子里放入了某种东西”这个概念，由此就抱有一种“到底放入了什么”的期待，在打开盒子的瞬间有东西弹出来，出现与期待相距甚远的意外结果，从而感到很吃惊。

其实用弹簧及其他小部件就可以做出这种结构简单的盒子，但是每次只有我们被吓到，会有点不甘心，为此，我们就反过来让盒子也受一下惊吓吧。制作一个会受惊的盒子，从盒子后面悄悄接近，“哇”地叫一声，让它也吃惊一下。

元器件表

三极管 :2SC1815 …… 2 个
:2SC1472 …… 1 个
:2SC2236 …… 1 个
电解电容器 :100 μF 16V …… 2 个
电容式麦克风（ECM）…… 1 个
电阻器 :10MΩ 1/4W（色带 : 茶黑蓝金）…… 1 个
:5.1kΩ 1/4W（色带 : 绿茶红金）…… 1 个
:1kΩ 1/4W（色带 : 茶黑红金）…… 2 个
半固定电阻器 :300kΩ …… 1 个
整流二极管 :IN4002 …… 1 个
万能板 : 切断成 15×7 孔 …… 1 张
电动机 :MABUCHIRE-140 …… 1 个
电池盒 :3 个 3 号电池用 …… 1 个
电池扣 …… 1 个
3 号电池 …… 3 个
埋头螺钉 :M3×18mm …… 2 个
螺母 :M3 …… 2 个
隔离柱 :M3×10mm …… 2 个
亚克力板 :2mm 厚 …… 参照尺寸图
亚克力棒 :ϕ8×40mm …… 可以用其他的代替
:3mm 角（或者是三角）…… 少许
线束扎带 :150mm …… 1 条
泡棉双面胶、亚克力板用黏结剂、图画纸、布线用导线、焊锡少许

■ 结构

本制作想让盒子因为突如其来的声音而受到“惊吓”。话是这么说，但盒子没有意识和感情，实际上是不会被惊吓到的。肯定是要输入某种信号，再对某种信号做出反应。这里就是以声音为契机，让盒子做出某种“吃惊”的反应。对于盒子的反应，我们进行了各种各样的考虑，这里做出的效果是让盒子“咘噜咘噜”地振动起来。在盒子的附近发出“哇”的声音或者拍手，盒子里的电动机就转动起来。为了让重心偏移，在这个电动机上加上了平衡重量，这个电动机转动时，盒子就“咘噜咘噜”地振动起来了。

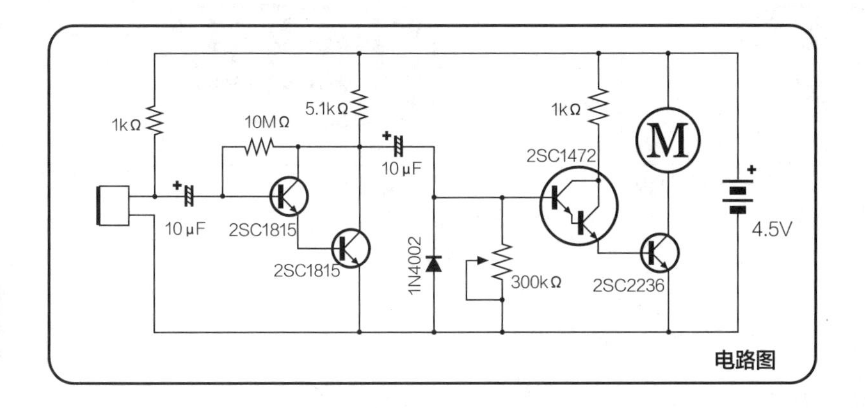

电容式麦克风（ECM）

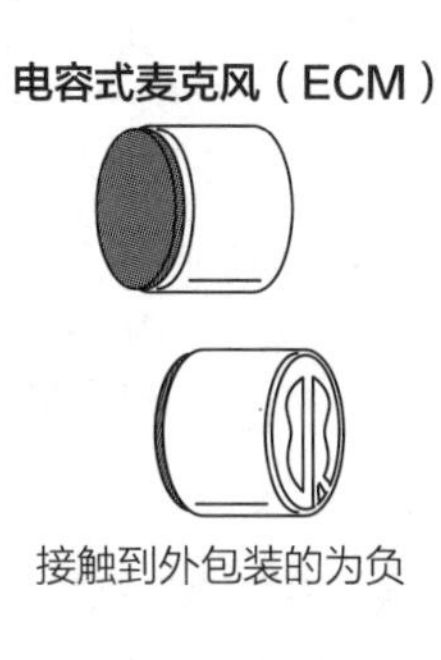

接触到外包装的为负

电解电容器的极性

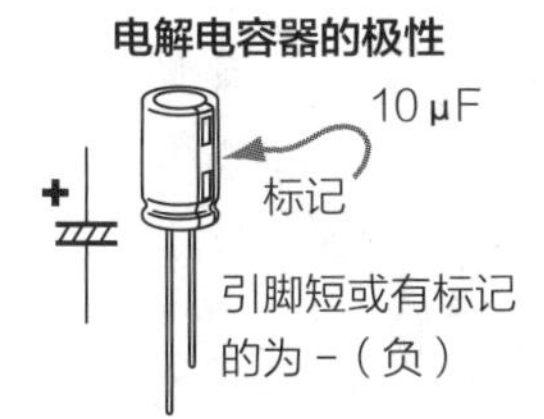

三极管的极性

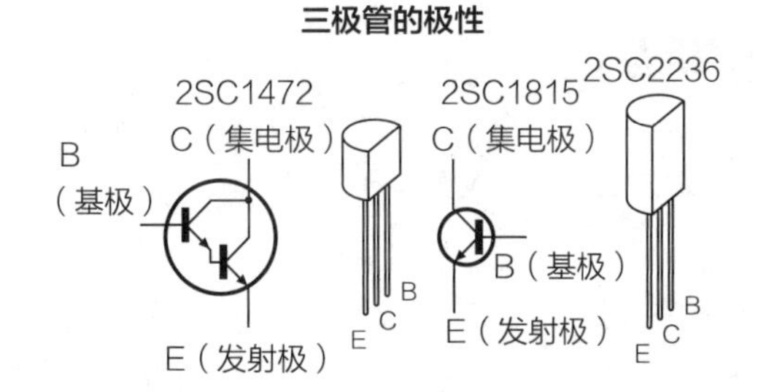

二极管的极性

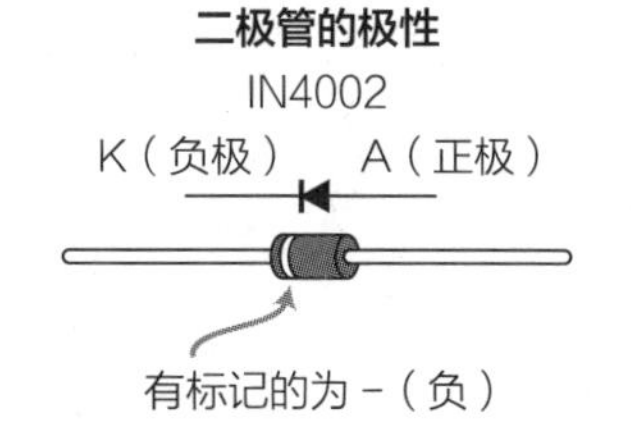

■ 电路

使用电容式麦克风将声音输入进去。电容式麦克风将输出两块金属板的静电容量的变化，将这个变化通过达林顿连接的两只三极管 2SC1815 放大，然后通过内部为达林顿构造的 2SC1472 进一步放大。电动机使用的是 MABUCHI 的 RE-140，其额定电流为 550mA，把能够满足这一额定电流的三极管 2SC2236 作为电动机的发动机。连接到 2SC1472 基极的半固定电阻器是用于调节灵敏度的，麦克风捕捉到电动机的声音，会持续发出“咘噜咘噜”的异响，为了防止出现这个现象，有意识地想要把灵敏度调低一些。实际调整一下试试，如果没有特别的问题，就用不到这个半固定电阻器了。

■组装

把万能板切断成 15×7 孔，然后把各个元器件焊接上去。从电阻器等小元器件开始安装会比较容易操作。将二极管、三极管、电容器等安装好以后，安装电容式麦克风，安装时，先利用不要的元器件引脚作为端子焊接到电容式麦克风上，然后直接焊接到电路板上。会有一部分和其他元器件重叠的地方，所以要把引脚做得高一点。

本制作中元器件比较少，所以组装起来并不难，但因为主体是在“咘噜咘噜”地动，焊接时要认真看看，确认是不是确实都焊上了。有的时候因为振动，会发生焊接处脱开的情况。

■ 组合

用 2mm 厚的亚克力板制作底座。想做得轻一点，因此只装上主要板材。按照尺寸图切断板材、钻孔、黏结。还需要防止振动时部件脱落，所以在黏结部分黏结了三角棒作为加强，用四方棒也可以。底座做好以后装到电路板上。

先安装电动机，让电动机轴在下边多出来一点，用泡棉双面胶临时固定一下，用线束扎带绑住。然后用泡棉双面胶安装电池盒，因为捆绑电动机的线束扎带会露出来，因此用双面胶贴两层，把线束扎带的厚度和双面胶的厚度做好调整。如果先把电池盒安装上，线束扎带就放不进去，电动机也不能安装了，要注意这

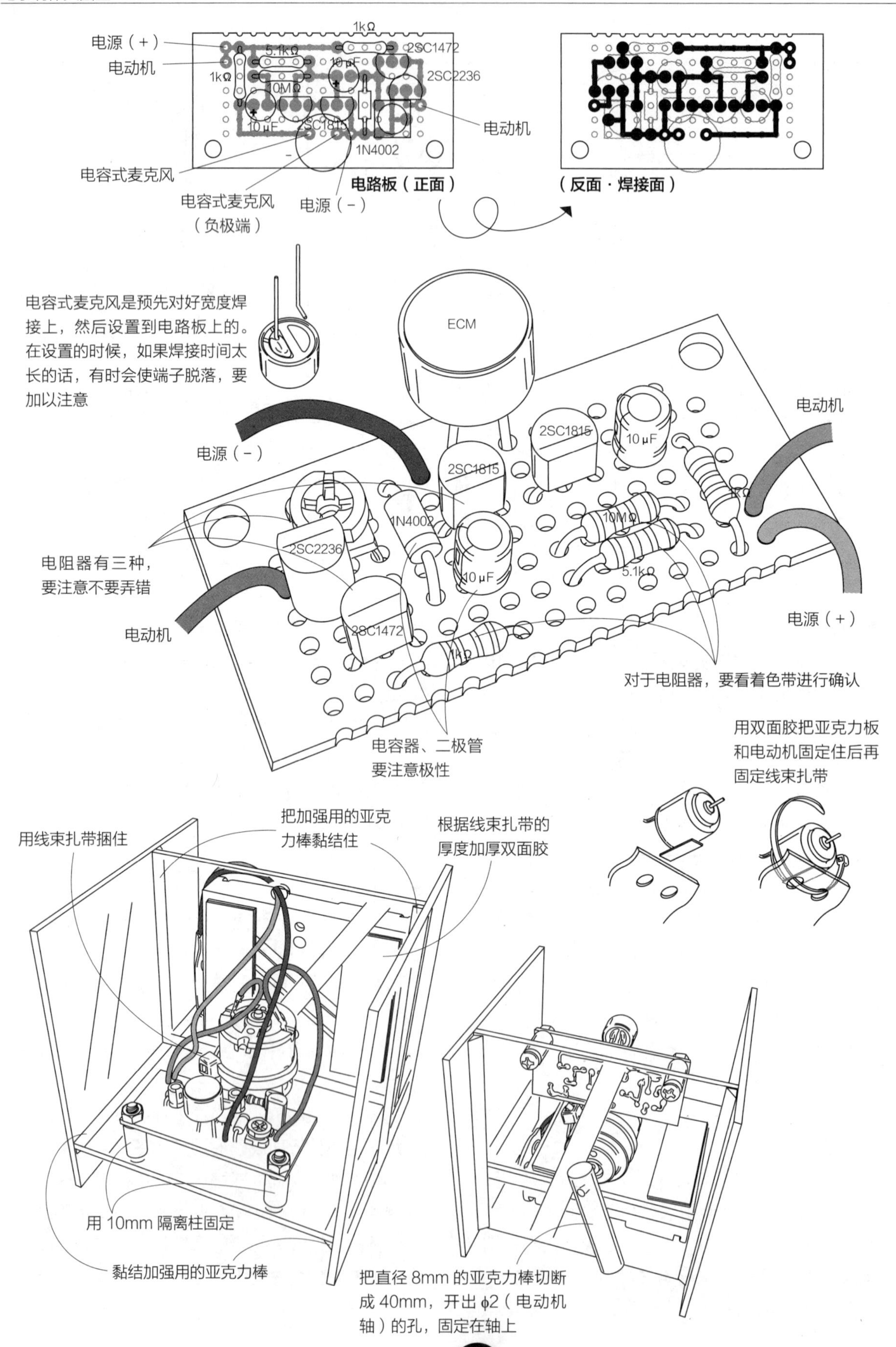
1kΩ
电源（+）
电动机
5.1kΩ
1kΩ
10μF
2SC1472
2SC2236
10MΩ
10μF
2SC1815
1N4002
电动机
电容式麦克风
电容式麦克风
（负极端）
电源（-）
电路板（正面）
（反面·焊接面）
电容式麦克风是预先对好宽度焊接上，然后设置到电路板上的。在设置的时候，如果焊接时间太长的话，有时会使端子脱落，要加以注意
ECM
电动机
电源（-）
2SC1815
2SC1815
10μF
1N4002
2SC2236
10MΩ
5.1kΩ
10μF
电阻器有三种，要注意不要弄错
电动机
2SC1472
1kΩ
电源（+）
对于电阻器，要看着色带进行确认
电容器、二极管要注意极性
用双面胶把亚克力板和电动机固定住后再固定线束扎带
用线束扎带捆住
把加强用的亚克力棒黏结住
根据线束扎带的厚度加厚双面胶
用 10mm 隔离柱固定
黏结加强用的亚克力棒
把直径 8mm 的亚克力棒切断成 40mm，开出 φ2（电动机轴）的孔，固定在轴上

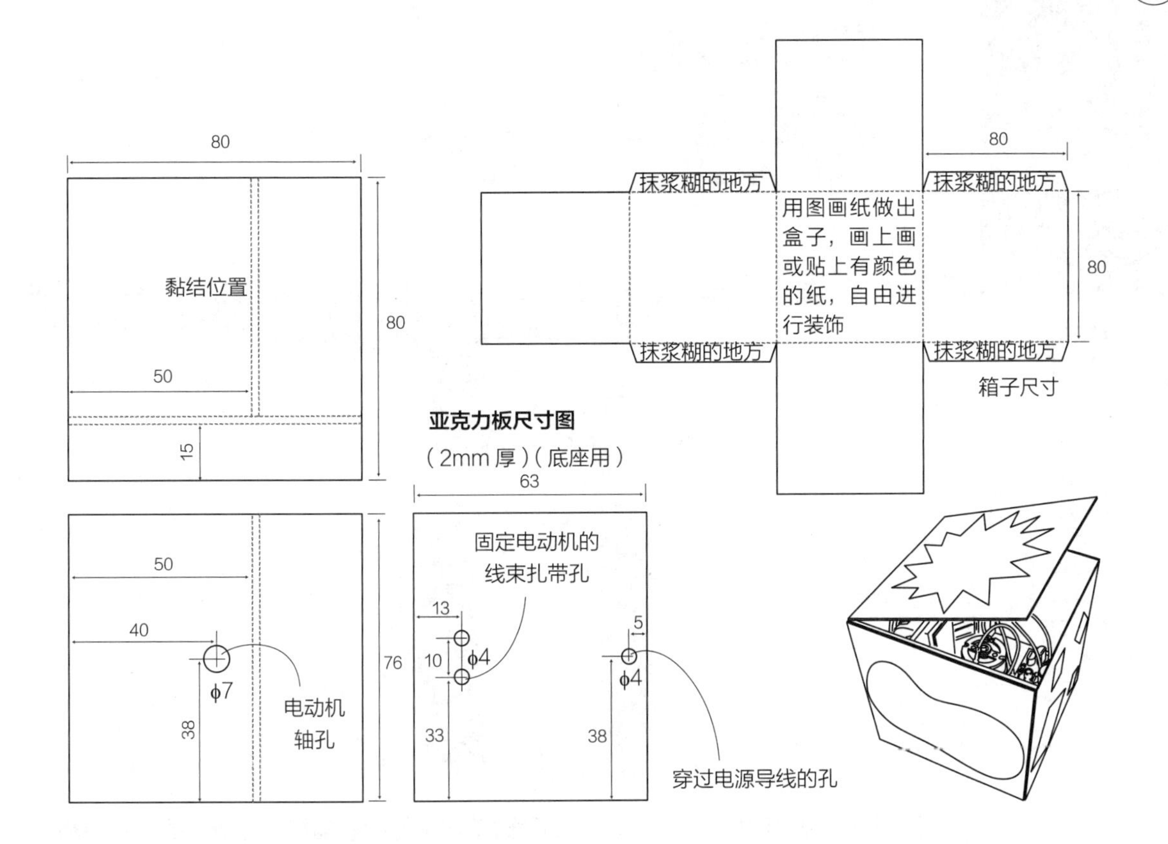

一点。把亚克力棒插入电动机轴里，转动起来时发出“咘噜咘噜”的声音。

下面安装电路板。先将电路板用 10mm 的隔离柱临时安装起来，调整电动机和电池扣的长度，然后将电路板拿下来，分别焊接上导线，再次用隔离柱固定起来。本制作没有加电源开关，是通过把电池扣拿下来来切断电源的，也可以根据需要加上开关。

底座做好以后，制作外壳。这次想做得轻一点，因此用图画纸做了一个简易盒子，也可以在这个盒子上做各种装饰。把底座放进盒子中，本制作就做好了。

■ 使用方法

把电池扣装上后，也可能会发出一次“咘噜咘噜”的声音，但过一会后就会停止。如果不停止，就旋转半固定电阻器，调节到停止发出声音。对着麦克风，发出“哇”的声音，或者啪啪地拍手，盒子就会发出“咘噜咘噜”的声音，几秒钟后停止。如果没有任何反应或者“咘噜咘噜”的声音不能停止，就拔下电源，好好检查一下。

如果正常的话，就把它收到盒子里静置。然后就发出声音让盒子受惊吧。受惊后盒子就会“咘噜咘噜”地动起来。在游戏方法上花些心思，就会不局限于盒子，将这个盒子组装成功后也可以做出更有趣的东西来，好好考虑一下吧。

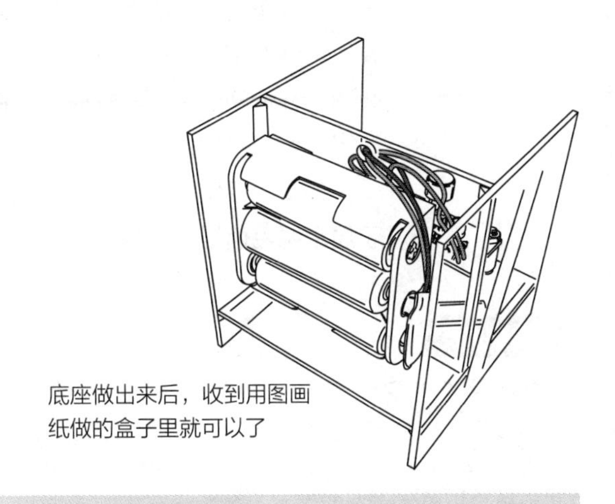

底座做出来后，收到用图画纸做的盒子里就可以了

No. 71

干燥显示洗涤夹

干燥显示夹

夏天天气热的时候，在明媚阳光的照耀下把洗好的衣物打开晾晒，很快就能晒干。但是，夏天也有坏天气，让洗的衣物变干燥也并不容易，有时候不得不在房间内晾晒。在这种情况下，判断晾晒的衣物到底干了没有，仅用眼睛可能看不出来，需要摸一下才知道。在房间内晾晒衣物时，即使有空调，也没有在室外干得快，有时衣服看上去已经干了，但摸摸还是潮湿的。

如果只用眼睛看就能知道衣服是否干了就方便多了。没干的时候显示红色信号，干了显示绿色信号，一目了然。

元器件表

三极管 :2SA1015 ………… 1个
:2SC1815 ………… 3个
LED: 红色 ………… 1个
: 绿色 ………… 1个
电阻器 :510kΩ 1/4W（色带 : 绿茶黄金）………… 1个
:51Ω 1/4W（色带 : 绿茶黑金）………… 2个
滑动开关 : 小型 ………… 1个
接地片 ………… 2个
感光电路板 ………… 参照尺寸图
纽扣电池 :LR44 ………… 2个
埋头螺钉 :M3×20mm ………… 1个
:M3×4mm ………… 2个
螺母 :M3 ………… 3个
隔离柱 :M3×2mm ………… 1个
:M3×3mm ………… 1个
:M3×5mm ………… 1个
洗衣夹 : 塑料制品 ………… 1个
亚克力板 ………… 参照尺寸图
铜丝、布线用导线、绝缘胶布、焊锡少许

■ 结构

要想在洗涤后的衣物上放上传感器，还是要利用洗衣夹。在洗衣夹夹住衣物的部分放上电极，再夹住所洗涤的物品。只要不是纯净的水，就会在一定程度上导电，在所洗涤的物品潮湿的时候，电极之间的电阻值下降，信号显示为红色，所洗涤的物品干燥了，电阻值升高，绿色LED亮起。这样根据LED的颜色，

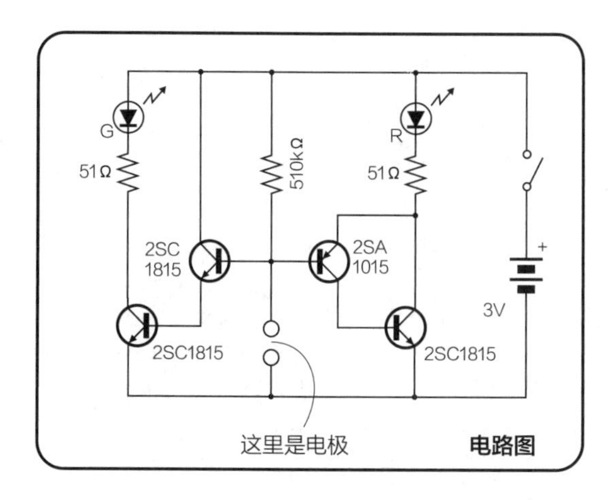

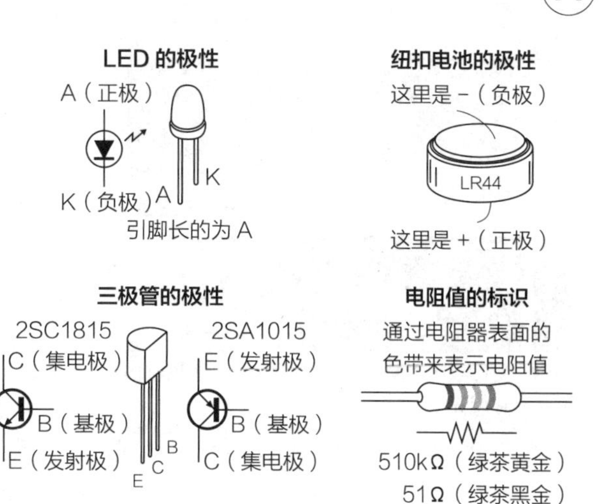

就能一眼看出衣服是不是干了。另外，因为洗衣夹比较小，因此电路也比较小，元器件数量也少，电池用的也是纽扣电池。

■ 电路

装在洗衣夹上的电极间的电阻导致电流变化，为了大幅度放大这个变化，用两个三极管组成一支达林顿管，把两个这样的达林顿管简单连接起来，就组成了这次的电路，一个是 PNP 型，一个是 NPN 型。分别将电极接在基极上，以感知与电源负极之间的电阻值。同时在电源正极端再加上 510kΩ 的电阻器，通常在电极间没导通的时候，通过这个 510kΩ 的电阻器使 2SC1815 三极管处于 ON 状态，绿色 LED 亮起。在电极间导通了的时候，2SA1015 三极管就处于 ON 状态，红色 LED 亮起。也就是说在电极间有水分、导通的时候红色 LED 亮起，干燥后，电极间不导通，绿色 LED 亮起。

■ 组装

使用感光板制作印刷电路板。印刷电路板尺寸为 15mm×60mm，用感光板可以做出好几张这样的印刷电路板。将电路图复印到半透明绘图纸上，进行感光、显影，看看印刷原稿是不是做出来了，仔细检查，如果有连在一起的，就用美术刀削去，如果有断了的地方，就用 PCB 耐蚀刻笔连起来。蚀刻以后要再次确认。用万用表确认是否已经导通，这样就比较准确了。印刷电路板做好以后，进行钻孔和精加工。喷上三防漆防止铜箔氧化，电路板就很漂亮了。做到这里，就可以安装元器件了。

有和三极管有一些重合的元器件，因此要先安装电阻器，然后安装三极管、LED。元器件虽然比较少，但是有一些细微的作业，需要小心进行。安装时要对照电阻器的色带，对于三极管，则要检查标识部分，注意不要弄错。将电源开关的螺纹部分切掉，用铜丝压住，也可以用热熔胶固定，然后用铜线把电池盒装在印刷电路板上。先看着图将铜丝折弯，夹住电池看看高度，然后焊接固定。最后加上电极用的绝缘细导线，印刷电路板就做好了。

■ 组合

主体壳体用亚克力板制作。看着图纸进行切断折弯加工。因为要使用埋头螺钉，所以要预先把这部分切出埋头部分。然后加工洗衣夹，洗衣夹是塑料材质的。将本制作主体安装在洗衣夹上用手指捏住的部分的其中一边，所以要在这里开出 ϕ3 的孔。电极要安装在夹住

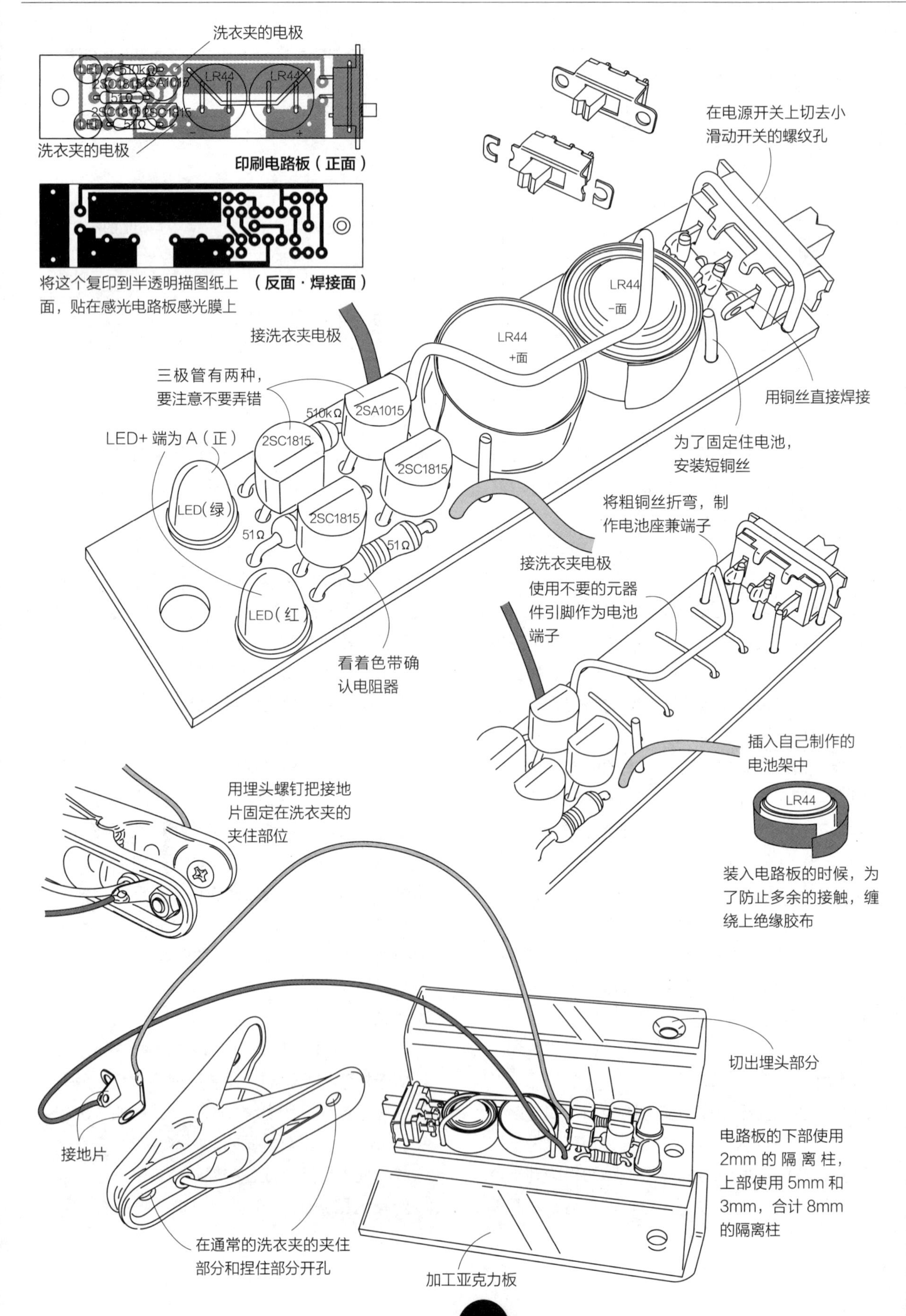

洗衣夹的电极
LED
510kΩ
2SC1815
2SA1015
51Ω
LR44
洗衣夹的电极
印刷电路板（正面）
将这个复印到半透明描图纸上面，贴在感光电路板感光膜上
（反面 · 焊接面）
在电源开关上切去小滑动开关的螺纹孔
接洗衣夹电极
三极管有两种，要注意不要弄错
LED+ 端为 A（正）
LED(绿)
LED(红)
+面
-面
用铜丝直接焊接
为了固定住电池，安装短铜丝
将粗铜丝折弯，制作电池座兼端子
接洗衣夹电极
使用不要的元器件引脚作为电池端子
看着色带确认电阻器
插入自己制作的电池架中
装入电路板的时候，为了防止多余的接触，缠绕上绝缘胶布
用埋头螺钉把接地片固定在洗衣夹的夹住部位
切出埋头部分
接地片
电路板的下部使用2mm 的 隔 离 柱，上部使用 5mm 和3mm，合计 8mm的隔离柱
在通常的洗衣夹的夹住部分和捏住部分开孔
加工亚克力板

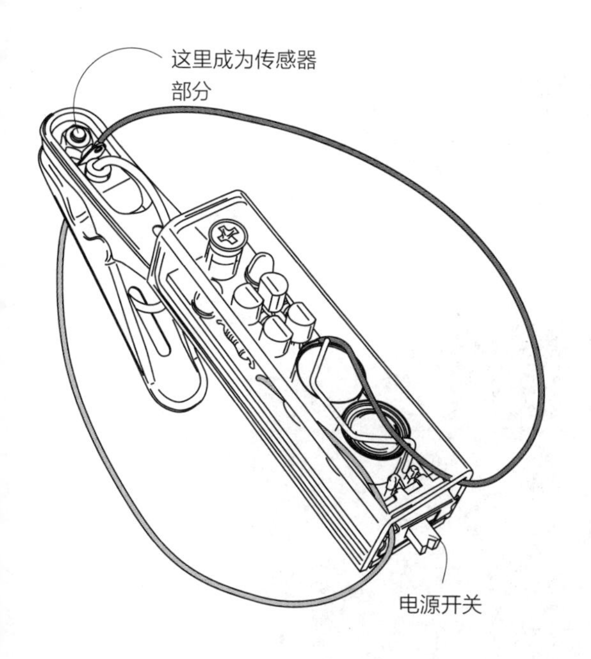

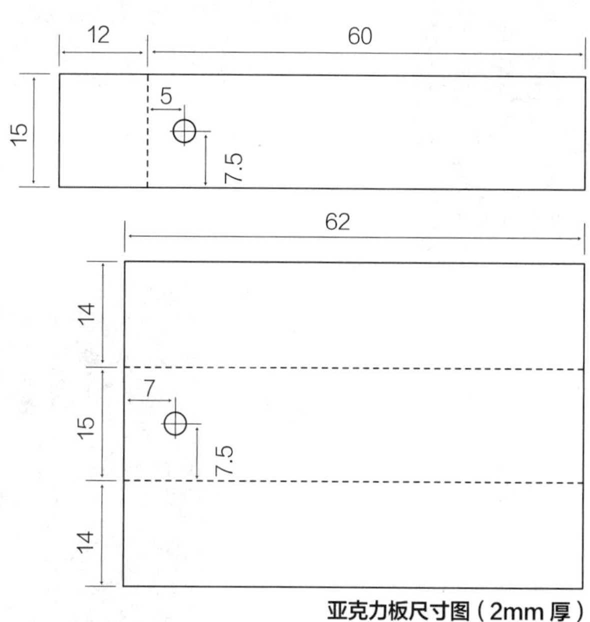

亚克力板尺寸图（2mm 厚）

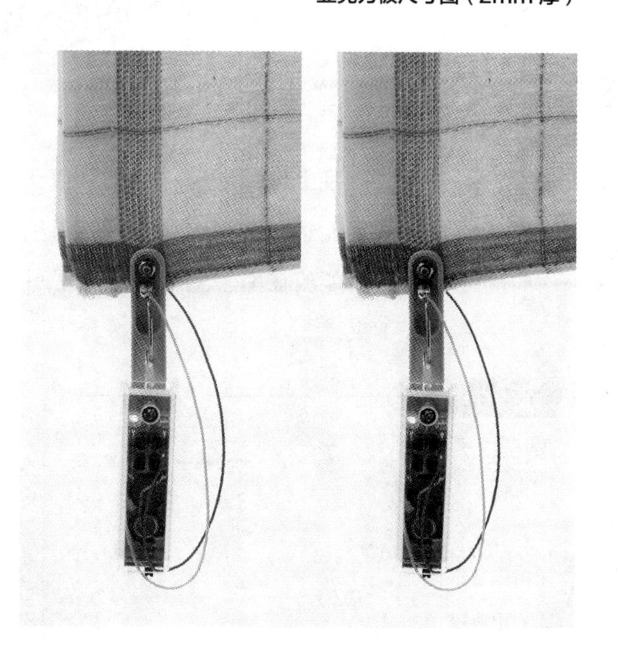

的位置，这里也要开出 ϕ3 的孔。开了孔以后，把主体部分用埋头螺钉固定在手指捏住的部分的孔中。主体的电源开关部分是开着的，直接接出电极用的导线，看着导线长度，焊接在接线板上。直接使用埋头螺钉作为电极，因此将螺钉头要出到内侧，用螺母将加上了导线的接线板固定到外侧。这样就组装完了。

■ 使用方法

为了防止对纽扣电池有多余接触，预先用绝缘胶布将电池周围绝缘后放到电池架上，这要在安装之前就做好。接入电源开关后，红色 LED 亮起，这是因为电极接触上了。打开洗衣夹，就不再导通了，红色 LED 熄灭，绿色 LED 亮起。如果上述现象都没发生，或者有焦糊味的时候，就有可能是哪个地方短路了，要马上切断电源，拿下电池，再次对电路进行确认。

如果出现了正常现象，就夹住洗涤物品试一试。根据脱水情况，水分一般会存留在下部，因此不要夹在晒衣物的杆子上，而是夹住洗涤物的下部。

在室外风很大的时候，风“啪嗒啪嗒”地拍打，本制作有时候也会因此而坏掉，要注意这一点。另外，现在的洗衣机功能优良，脱水状态也很好，也有可能出现这个传感器感知不到的情况，如果要试这个制作的效果，就一定不要将衣物脱水。

No.
72

镜框内的无限空间

镜框内的宇宙

光和影运用自如

晚上仰望星空，会看到满天闪耀的星星点缀在无限宽广的天空，于是就想到，能不能想办法将这么美丽的星空放置在身边？如果能把无限的星空放在镜框里面，不就能放在桌子上随时欣赏了吗？看到美丽的光和无限的空间，心情很快就能平静下来。

元器件表

IC:74HC174AP(74174) ······ 1个
:555 ······ 2个
IC 插座 :16P ······ 1个
:8P ······ 2个
三极管 :2SC1815 ······ 6个
LED: 高亮度（喜欢的颜色） ······ 6个
电解电容器 :100μF 16V ······ 6个
:10μF 16V ······ 2个
陶瓷电容器 :0.1μF ······ 2个
电阻器 :510kΩ 1/4W（色带：绿茶黄金） ······ 1个
:150kΩ 1/4W（色带：茶绿黄金） ······ 1个
:100kΩ 1/4W（色带：茶黑黄金） ······ 6个
:1kΩ 1/4W（色带：茶黑红金） ······ 8个
:200Ω 1/4W（色带：红黑茶金） ······ 2个
:130Ω 1/4W（色带：茶橙茶金） ······ 3个
:100Ω 1/4W（色带：茶黑茶金） ······ 1个
万能板 :25×30 孔 ······ 1张
电池盒 :4 个 3 号电池用 ······ 1个
3 号电池 ······ 4个
亚克力板：镜面 ······ 参照尺寸图
：黑 ······ 参照尺寸图
半透明镜膜 ······ 参照尺寸图
埋头螺钉 :M3×10mm ······ 8个
木螺钉 :M3×10mm ······ 4个
隔离柱 :M3×3mm ······ 8个
角码（小） ······ 4个
镜框：木框 ······ 1个
布线用导线、焊锡少许

■ 结构

要表现出无限的空间，可以使用对着放的镜子简单实现。将两面镜子互相对着平行放置，这样另一面镜子中就会映出这面镜子，当然这面镜子中也会映出另一面镜子，这样另一面镜子中再映出这面镜子，这面镜子中再映出对面镜子……这样就会将这种反射无限地重复。

为了将这两个对着放的镜子放到镜框里，在这里做了一个简易的制作。在亚克力镜子表面贴上半透明镜膜，在一张亚克力板中做出无限反射效果。在对着放的镜子中，会因为把自己的视线落在镜子上某个地方，而使无限宽广的空间出现拐弯，或者把自己的面孔映入镜子中，而不能欣赏到特别真实的效果，但是，用这种方法依然可以欣赏到小小的盒子营造的无限空间。

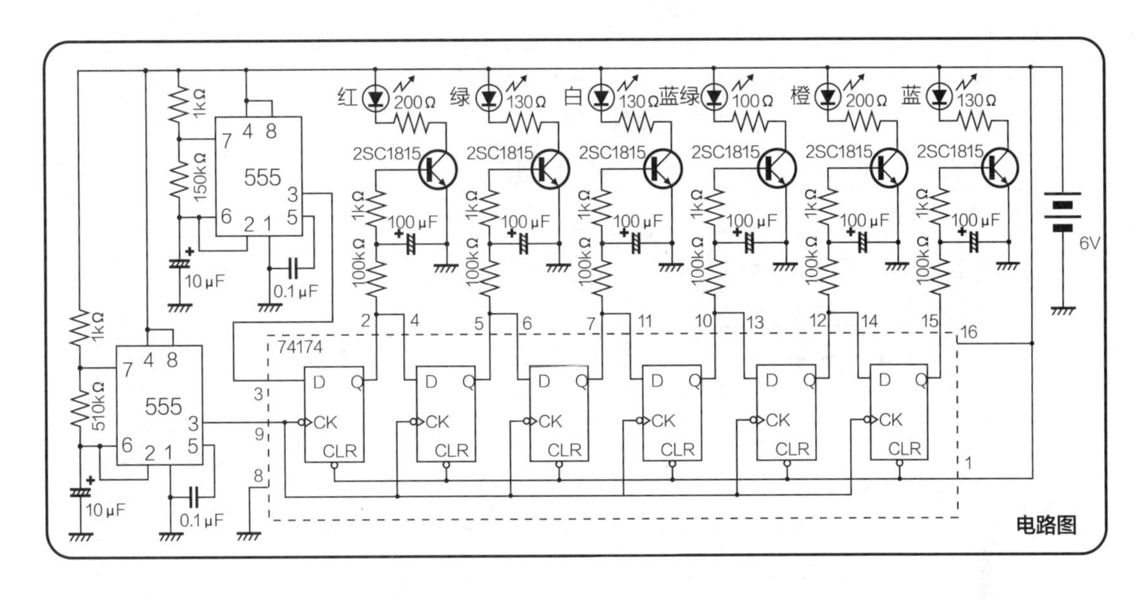

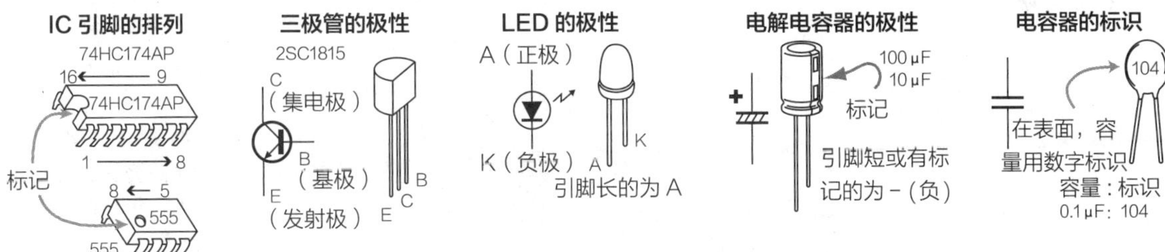

■ 电路

为了能欣赏到各种颜色的光，在这里使用了 6 种颜色的 LED。为了使这 6 种颜色在各种电路图中亮起，使用了 IC74174。这是由 6 个 D-FF 封装起来的 IC，本制作为了制作移位存储器而进行了布线。移位存储器是将最初输入的信号按顺序一个一个地发送出去，进 IC3 号引脚的信号，顺序发送到 2 号、5 号、7 号、10 号、12 号、15 号引脚。为了做出时钟使用了定时器 IC555，通过这个 IC，每隔几秒就将信号送出去。将这个移位存储器最初的信号送出去也是使用的 555。在这里改变了时钟频率，在时钟信号进来的瞬间这里的信号是 H 还是 L，就决定了最初的 LED 是亮还是不亮。这样，就会送出各种各样的图形的信号。

另外，为了让 LED 慢慢地亮起，慢慢地熄灭，用电容器和电阻器调整流到三极管的电流时间。

■ 组装

使用 25×30 孔的万能板。IC 的下部有跳线，因此要把这里的线先布好，注意不要把位置弄错。将这 4 条线布好以后，放置 IC 插座。将附属在 555 上的电阻器、电容器布线的同时，将 IC 之间的接线焊接上，这样效率会高一些。下面就进行 LED 部分的布线，对从 74174 过来的接线一个单元一个单元地细心进行布线。先定下来将哪个颜色的 LED 放置在哪个位置，按照电路图，LED 是从左边顺序亮起的，因此考虑按这个顺序，对 LED 的配置位置下下功夫，这样做出来会更好看一些。另外串联在 LED 上的电阻值也和 LED 的特性有关，为此要选出合适的。将元器件安装完以后，把 IC 插入 IC 插座中，临时将电池接上看看，就能知道会发出怎样的光。

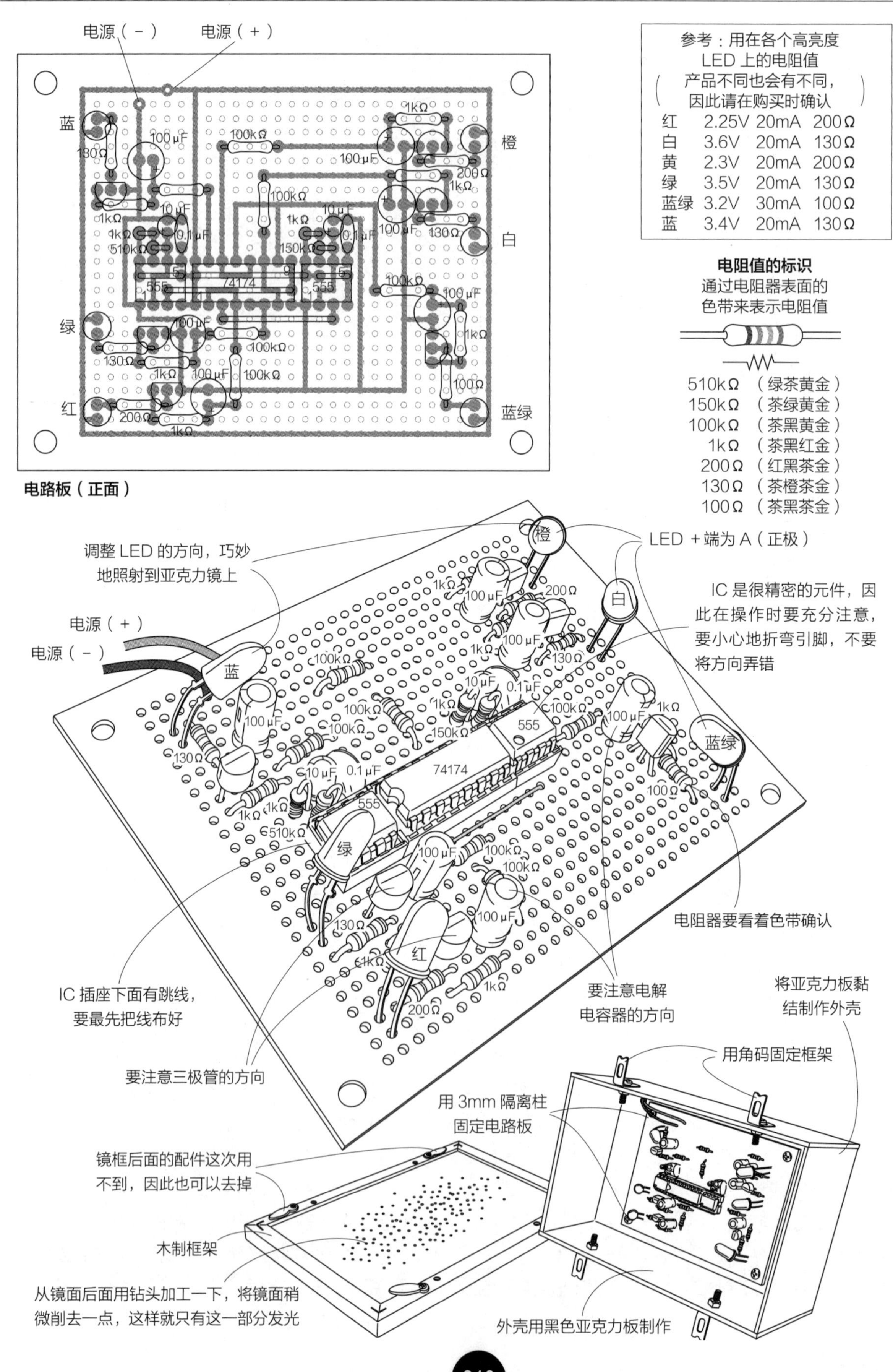

电源（－）
电源（＋）
蓝
橙
白
绿
红
蓝绿
555
74174
100μF
100kΩ
1kΩ
200Ω
130Ω
10μF
0.1μF
510kΩ
150kΩ
100Ω
电路板（正面）
参考：用在各个高亮度LED上的电阻值
（产品不同也会有不同，因此请在购买时确认）
红 2.25V 20mA 200Ω
白 3.6V 20mA 130Ω
黄 2.3V 20mA 200Ω
绿 3.5V 20mA 130Ω
蓝绿 3.2V 30mA 100Ω
蓝 3.4V 20mA 130Ω
电阻值的标识
通过电阻器表面的色带来表示电阻值
510kΩ （绿茶黄金）
150kΩ （茶绿黄金）
100kΩ （茶黑黄金）
1kΩ （茶黑红金）
200Ω （红黑茶金）
130Ω （茶橙茶金）
100Ω （茶黑茶金）
调整LED的方向，巧妙地照射到亚克力镜上
LED＋端为A（正极）
IC是很精密的元件，因此在操作时要充分注意，要小心地折弯引脚，不要将方向弄错
电阻器要看着色带确认
IC插座下面有跳线，要最先把线布好
要注意电解电容器的方向
将亚克力板黏结制作外壳
要注意三极管的方向
用角码固定框架
用3mm隔离柱固定电路板
镜框后面的配件这次用不到，因此也可以去掉
木制框架
从镜面后面用钻头加工一下，将镜面稍微削去一点，这样就只有这一部分发光
外壳用黑色亚克力板制作

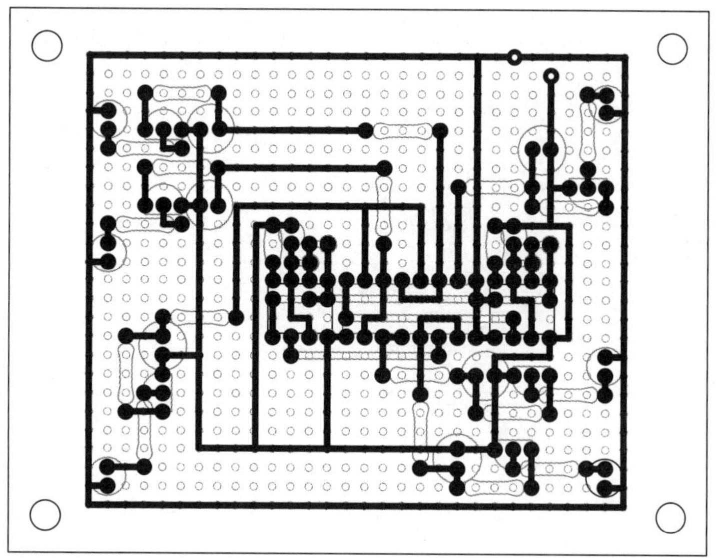

（反面 · 焊接面）

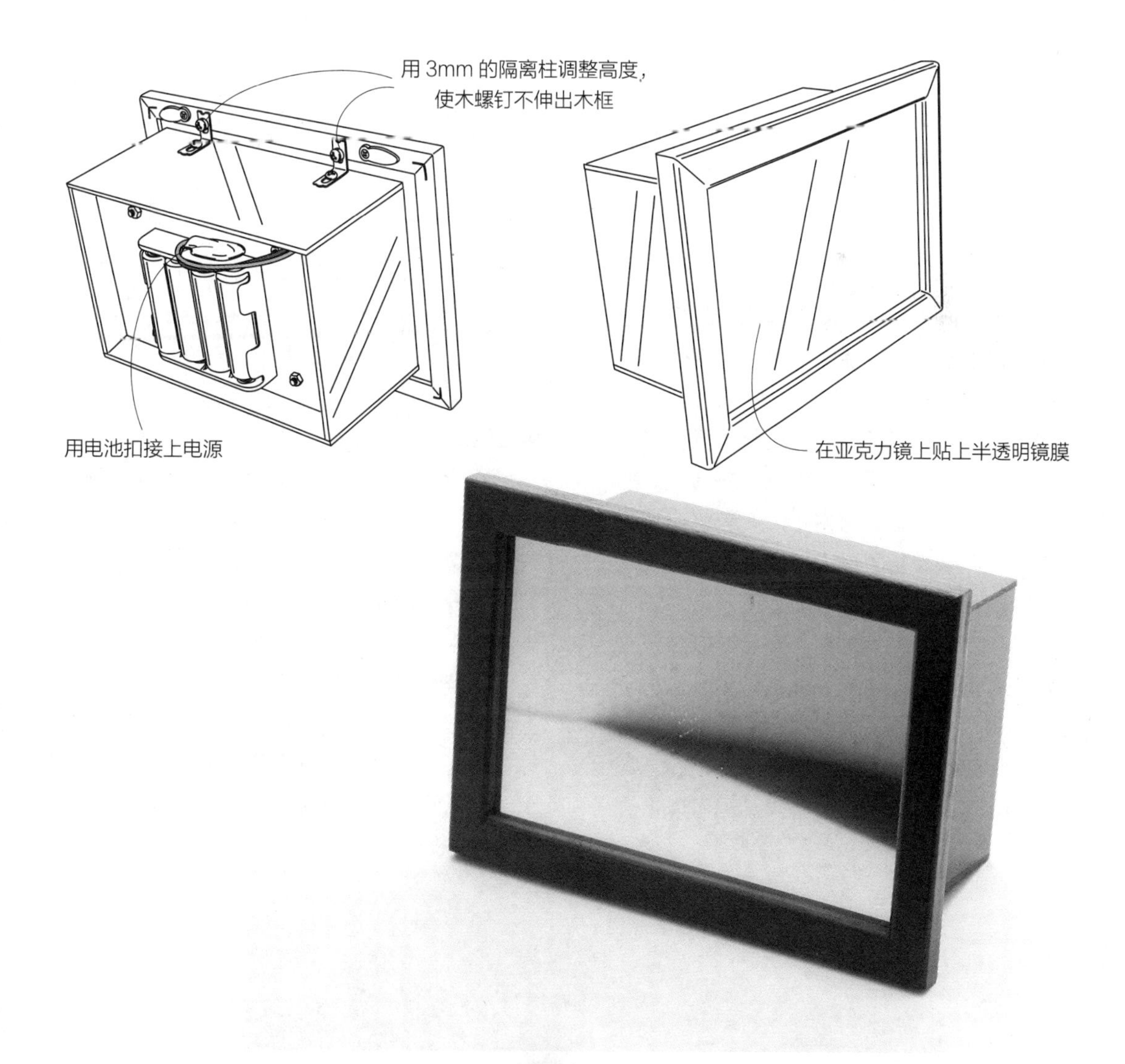

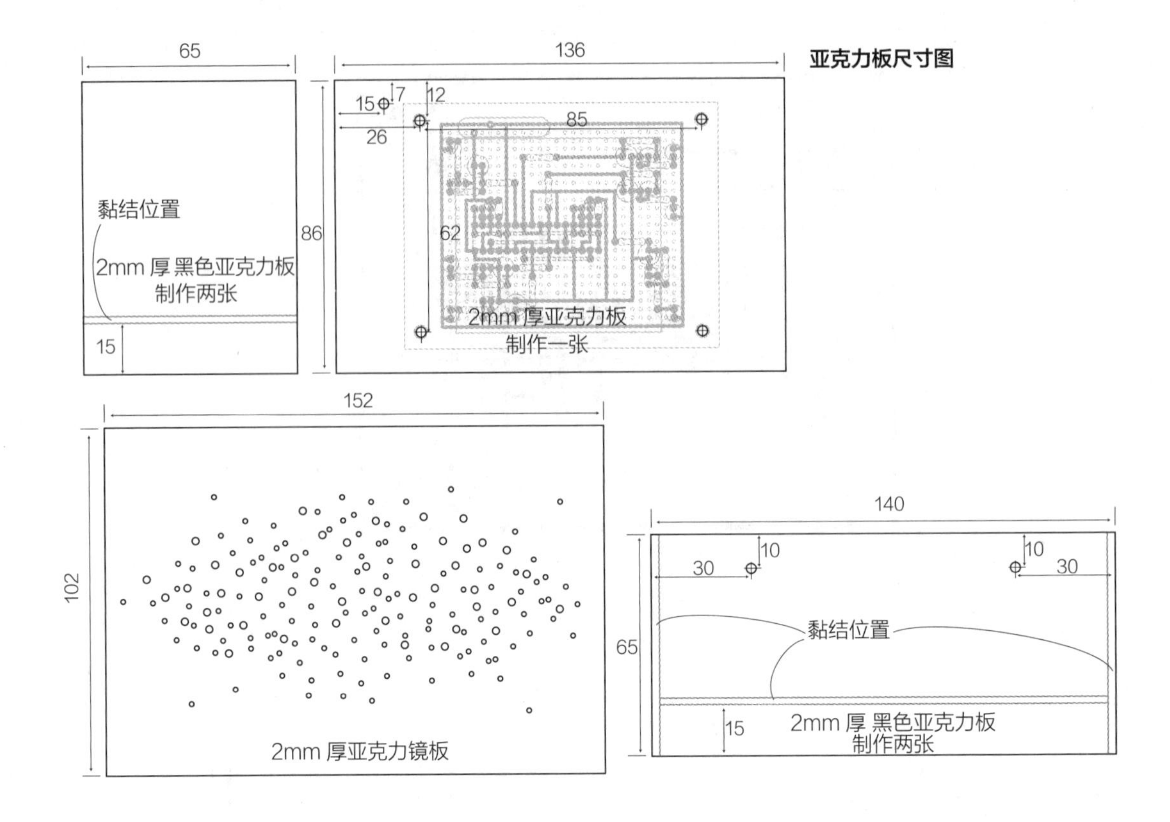

■ 组合

电路板做好以后，下面就是把电路板装入镜框中。这里选用了容易买到的大小可以把明信片放进去的木制相框。

按照这个大小将亚克力镜进行切割，在表面贴上半透明镜膜。可以使用汽车车窗上贴的膜作为半透明镜膜，建材中心一般有售。贴膜时的重点是不要让空气进去。用钻头在镜子的背面稍微刻上数个点，将会像星星一样发光。

下面用黑色亚克力板制作盒子。按照尺寸进行切割，用亚克力板专用黏结剂粘贴，将电路板收到这个盒子里。把电池扣的导线从背面穿过去，焊接在电路板上，接上电池扣，电源就接上了。这里没有单独装开关，也可以根据需要将开关加上。用 3mm 隔离柱和螺钉、螺母将电路板固定在盒子上。在盒子上安装角码，用木螺钉安装在镜框上，就完成了。

■ 使用方法

将电池扣装到电池盒上，电源就打开了，LED 开始闪烁。会有一定延迟，最初灯可能不亮，但过一会以后就开始亮起来。如果总是不亮，就有可能是某个地方弄错了，这时应将电池拿下来，再一次对电路进行确认。

这样就将镜框中的宇宙扩展了。镜子上的图案可以做成各种形象。可以做成星座，也可以模仿星云和银河，还可以画出漫画。晚上将房间调暗的话，这些形象就会鲜明起来了。

No. 73

拍手控制

啪啪履带式车

有一种游戏叫作“往掌声响起的方向走吧”，这是一种其他人在蒙着眼睛的玩游戏的人周围拍着手进行诱导，在快被抓住的时候迅速跑掉的游戏。在小孩子刚开始学走路的时候，大人会拍着手吸引孩子的注意。在宴席上拍手叫服务人员，表达赞赏的时候会拍手，听音乐的时候会拍手打拍子。拍手这个行为虽然很简单，但是在很多场合都会用到，可以说是一个应用范围很广的行为。

那么考虑用拍手这个行为控制某种机器试一试怎么样？制作一辆模型车，根据不同应用方法也可以用在各种场合。

元器件表

IC:74HC74AP（7474）……1个
IC 插座:14 引脚……1个
三极管:2SC1815……3个
:2SC1472……1个
:2SA1015……2个
陶瓷电容器:0.1μF(104)……1个
:0.001μF(102)……2个
电解电容器:220μF 25V……1个
:10μF 16V……1个
:3.3μF 16V……1个
:1μF 16V……1个
电阻器:10MΩ 1/4W(色带:茶黑蓝金)……1个
:150kΩ 1/4W(色带:茶绿黄金)……1个
:15kΩ 1/4W(色带:茶绿橙金)……1个
:1kΩ 1/4W(色带:茶黑红金)……3个
电容式麦克风(ECM)……1个
硅二极管:IN4002……1个
继电器:G5V-1 DC5V……3个
万能板:15×25 孔……1张
电动机 & 齿轮:双齿轮箱(TAMIYA)……1个
履带:履带 & 轮子一套(TAMIYA)……1个
电池盒:4个3号电池用……1个
:2个2号电池用……1个
电池扣……1个
3号电池……4个
2号电池……2个
埋头螺钉:M3×8mm……6个
隔离柱:M3×25mm 双内螺纹……2个
排针 & 连接器……3组
亚克力板……参照尺寸图
布线用导线、泡棉双面胶、焊锡少许

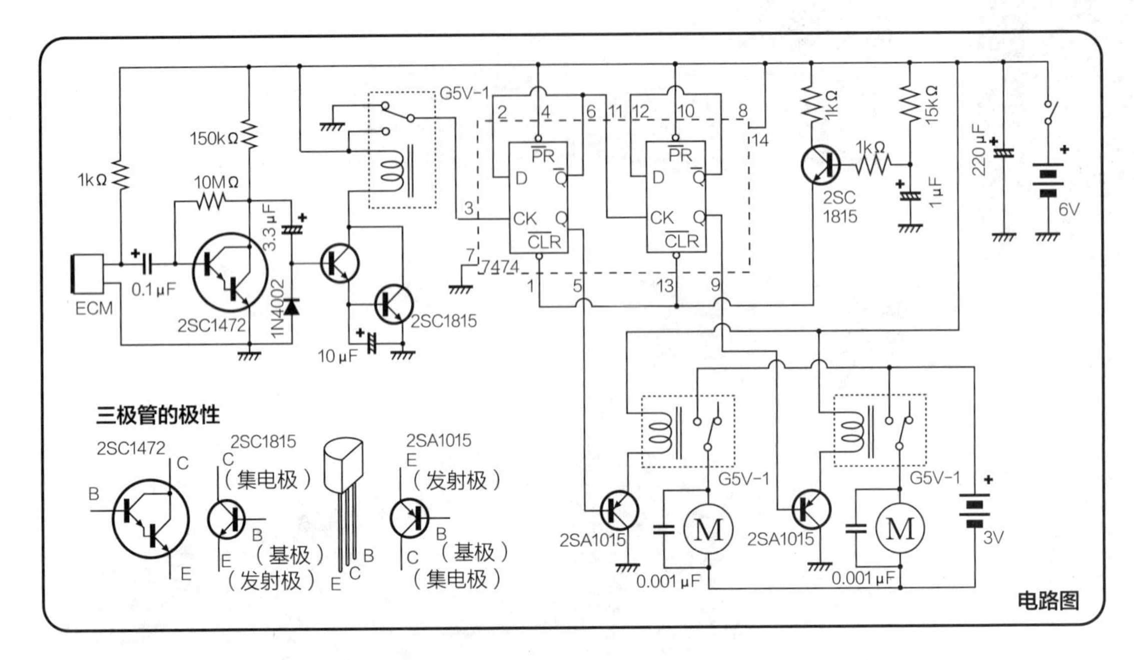

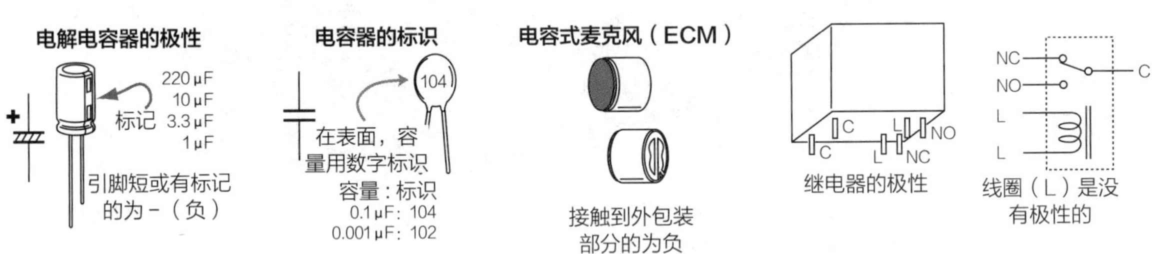

■ 结构

电路是可以通过拍手时“啪”的响声控制的。用麦克风声拾取声音，可以进行一些动作。例如，可以通过声音使灯亮起或熄灭，但在这里是通过声音让电动机开或关，从而让模型车动起来。这里的模型车采用的是履带式坦克或推土机之类的施工作业车。履带车通过左右履带的动态决定行进方向，因此单纯地靠两个电动机的开或关就可以控制。

拾取到的声音使模型车前进、右拐、左拐、停止，按顺序重复就可以对其进行控制。第一次前进、第二次右拐、第三次左拐、第四次停止，进行这样的重复。

■ 电路

为了拾音，使用了电容式麦克风。电容式麦克风的工作原理是将两块金属板平行排列，空气振动引起静电容量的变化，将这个变化转变为电信号。把这个信号通过一个封装达林顿连接的三极管 2SC1472 放大，再通过 2SC1815 的两个达林顿连接进行第二阶段的放大。以这个输出驱动继电器 G5V-1，继电器的节点信号输入连接的 IC7474，以构成两位二进制计数器，在这里，两个输出按照二进制法输出 00、01、10、11。这两个输出分别输入 PNP 型三极管 2SA1015 的基极，用继电器 G5V-1 驱动，这里的接点成为 ON-ON、ON-OFF、OFF-ON、OFF-OFF 四种组合的开关。将这个接点接到电动机上，电动机驱动模型汽车的左右履带，就可以达到控制的效果。

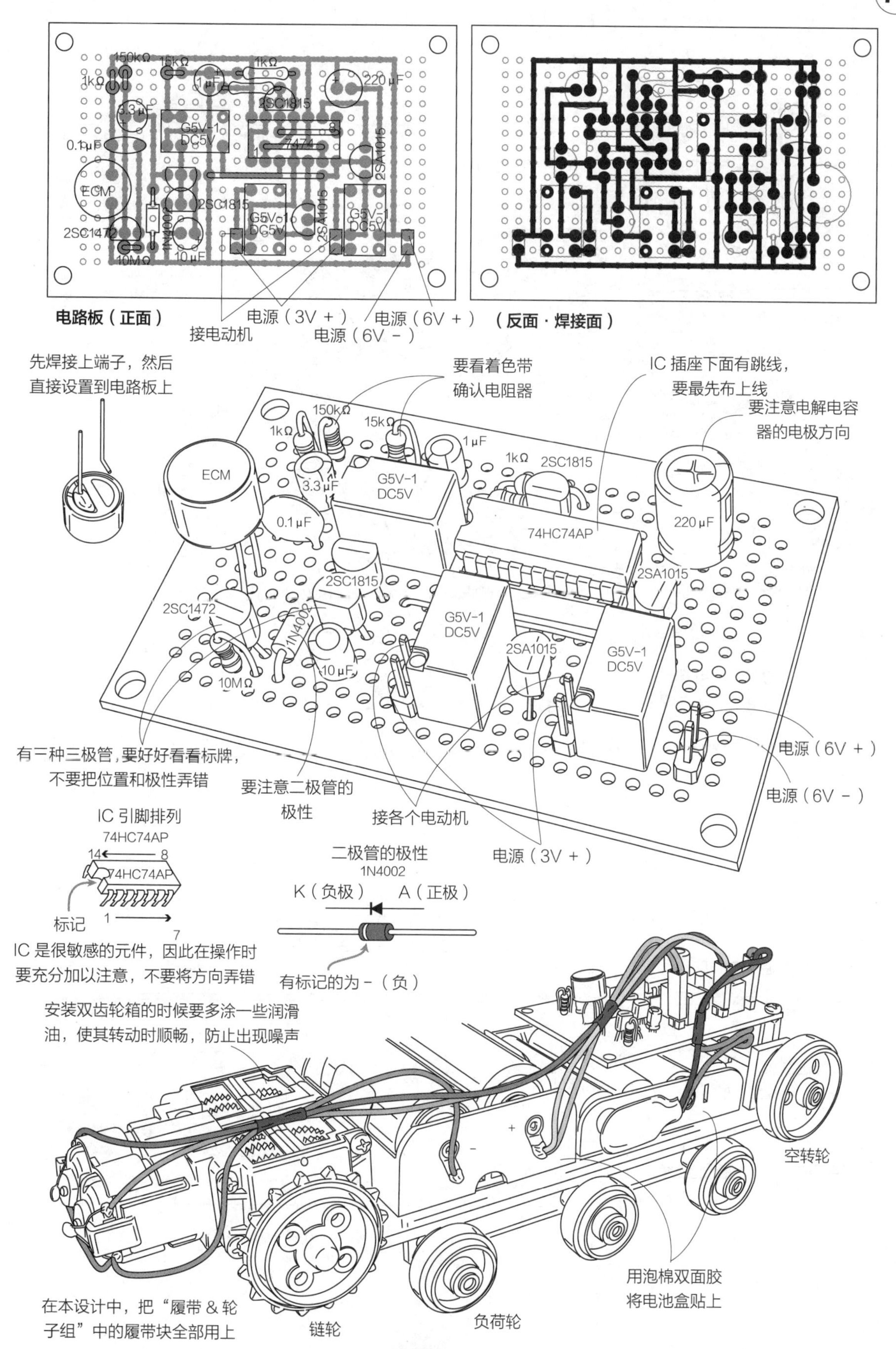
150kΩ
15kΩ
1kΩ
1kΩ
1μF
220μF
3.3μF
2SC1815
G5V-1
DC5V
7474
0.1μF
2SA1015
ECM
2SC1815
2SC1472
1N4002
10MΩ
10μF
电路板（正面）
（反面·焊接面）
接电动机
电源（3V +）
电源（6V -）
电源（6V +）
先焊接上端子，然后
直接设置到电路板上
要看着色带
确认电阻器
IC 插座下面有跳线，
要最先布上线
要注意电解电容
器的电极方向
74HC74AP
有三种三极管，要好好看看标牌，
不要把位置和极性弄错
要注意二极管的
极性
接各个电动机
IC 引脚排列
74HC74AP
14
8
1
7
标记
IC 是很敏感的元件，因此在操作时
要充分加以注意，不要将方向弄错
二极管的极性
1N4002
K（负极）
A（正极）
有标记的为 -（负）
安装双齿轮箱的时候要多涂一些润滑
油，使其转动时顺畅，防止出现噪声
空转轮
用泡棉双面胶
将电池盒贴上
在本设计中，把“履带 & 轮
子组”中的履带块全部用上
链轮
负荷轮

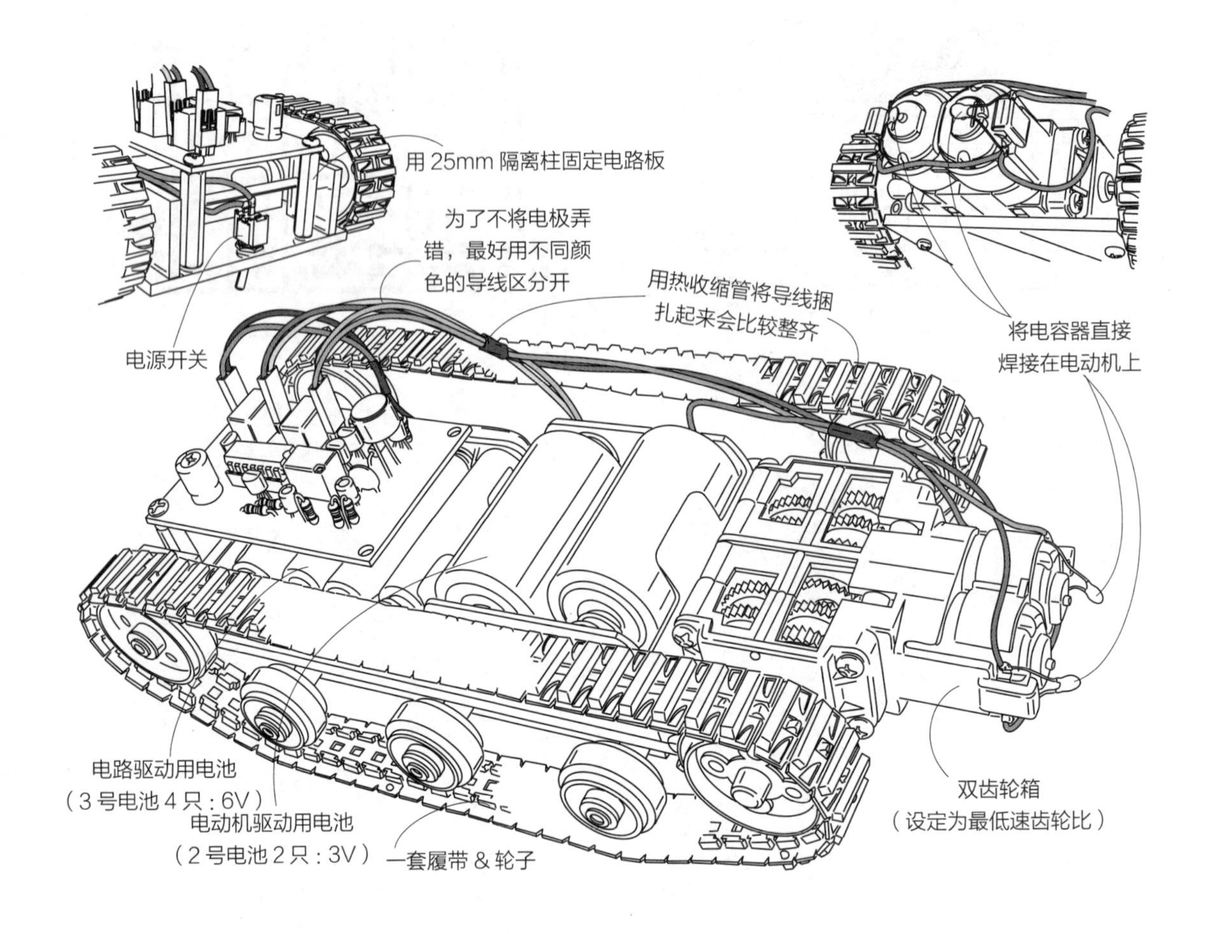
用 25mm 隔离柱固定电路板
为了不将电极弄错，最好用不同颜色的导线区分开
用热收缩管将导线捆扎起来会比较整齐
将电容器直接焊接在电动机上
电源开关
电路驱动用电池
（3 号电池 4 只：6V）
电动机驱动用电池
（2 号电池 2 只：3V）
一套履带 & 轮子
双齿轮箱
（设定为最低速齿轮比）

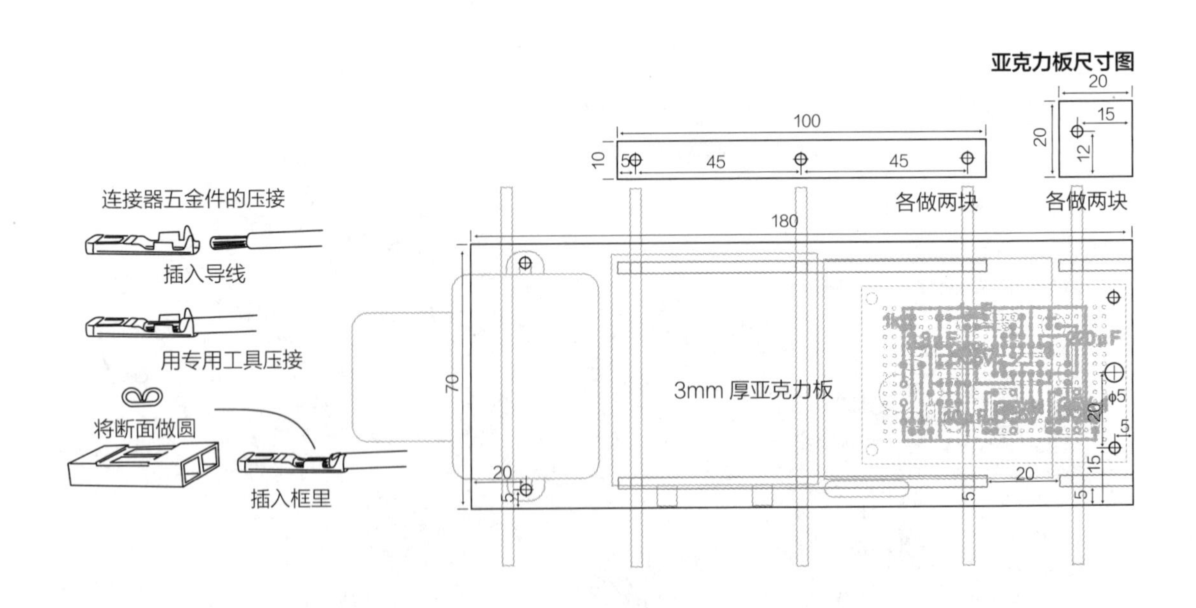
亚克力板尺寸图
100
10
5
45
45
各做两块
20
20
15
12
各做两块
180
70
3mm 厚亚克力板
φ5
20
5
15
5
20
20
5
5
连接器五金件的压接
插入导线
用专用工具压接
将断面做圆
插入框里

■ 组装

使用 15×25 孔的万能板。好好看着图进行确认，不要将零件位置弄错。IC 插座下面有两根跳线，因此要最先把这里装上。核对好孔的位置将跳线装好后，在上面安装 IC 插座，然后按照从小到大的顺序装上电阻器、二极管、电容器、三极管、继电器，下面就容易操作了。有三个种类的三极管，要认真看看标识，不要弄错，另外要注意一下电极的方向。安装电容器时也要注意一下方向。焊接连接电动机和电源的排针，用不要的引脚将电容式麦克风焊接上，装好的电容式麦克风比电路板高出十几毫米。最后要注意 IC 的方向，将 IC 插入 IC 插座中。这样元器件就全部装上了。

■ 装入

在亚克力板的底盘上安装履带和驱动用的电动机。按图将亚克力板切断、开孔、粘牢。电动机选用的是 TAMIYA 生产的双齿轮箱，履带也选用同一个厂家的一组履带和轮子产品。在齿轮箱上要使用最慢的齿轮比。将它们分别组装起来，安装到底盘上。

电池盒用泡棉双面胶贴上，将分别焊接在电池扣和电极上的细绝缘导线接到电源开关和电动机上，看着导线的长度安装 2 脚排针座。最后用 25mm 隔离柱安装电路板，将排针座插入排针，要注意方向。这样就做完了。

■ 使用方法

好好确认一下布线有没有错误，然后将电源开关装上。电动机转起来，模型车就动起来了。每次在麦克风附近拍手，电动机就会重复向两边转动、左侧转动、右侧转动、两边停止，这样就会重复进行前进、右拐、左拐、停止的动作。如果不能这样动作，就有可能是出现错误了，要马上关掉电源，好好看一看。

如果没有问题的话，就让模型车在地板上跑起来吧。朝向某个目标一边控制一边让模型车移动，或者是几个人比赛，看谁控制得更好，是很有意思的。

这里将齿轮的速度设得很慢，是因为设定得快了不太好控制。可以根据游戏方法不同进行调节。

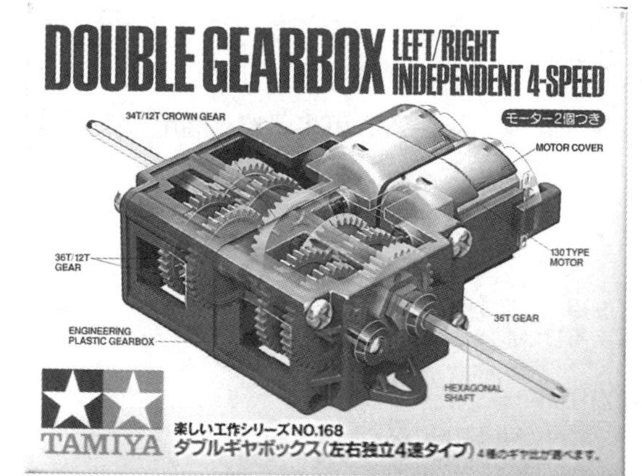

双齿轮箱（TAMIYA）

履带 & 轮子一组（TAMIYA）

No. 74

便利小制作

与红外线遥控器反应就发光

遥控器位置显示灯

现在家里的很多家电产品，像电视机、录像机、DVD设备、空调、照明器具、电风扇、组合式音响、照相机等，都要用到遥控器。使用遥控器，就不用特意去主机所在的地方按动按钮，在与主机有一定距离的地方就能进行操作，很方便，而且不需要电线，没有长电线造成的烦恼。功能也很实用，使用一个遥控器，从调电视机频道到录像机播放、录影预约等，都可以控制，使用者只要拿着遥控器坐在那里操作就可以。但是，如果忘记把遥控器放在哪里了，找起来就会比较麻烦。

这次就做了一个对遥控器有反应的灯，即使在黑暗的地方也可以指示遥控器所在的位置。使用者不需要挪动位置也可以操作遥控器，但是这次做的是一种在使用者走动时寻找遥控器所用的遥控器位置显示装置，可将遥控器活用起来。

元器件表

三极管:2SA1015 …… 1个
:2SC1815 …… 3个
:2SC2120 …… 1个
CdS …… 1个
光电二极管:TPS703 …… 1个
电解电容器:1μF 16V …… 1个
:100μF 10V …… 1个
:33μF 10V …… 1个
电阻器:10MΩ 1/4W(色带：茶黑蓝金) …… 1个
:15kΩ 1/4W(色带：茶绿橙金) …… 1个
:1kΩ 1/4W(色带：茶黑红金) …… 1个
:51Ω 1/4W(色带：绿茶黑金) …… 1个
半固定电阻器:100kΩ(104) …… 1个
LED:高亮度 …… 1个
万能板:切断成15×9孔 …… 1张
埋头螺钉:M3×10mm …… 2个
:M3×6mm …… 6个
隔离柱:M3×3mm …… 2个
:M3×15mm双内螺纹 …… 2个
:M3×20mm双内螺纹 …… 2个
滑动开关:小型 …… 1个
电池盒:2个3号电池用 …… 1个
3号电池 …… 2个
亚克力板 …… 参照尺寸图
布线用导线、泡棉双面胶、焊锡少许

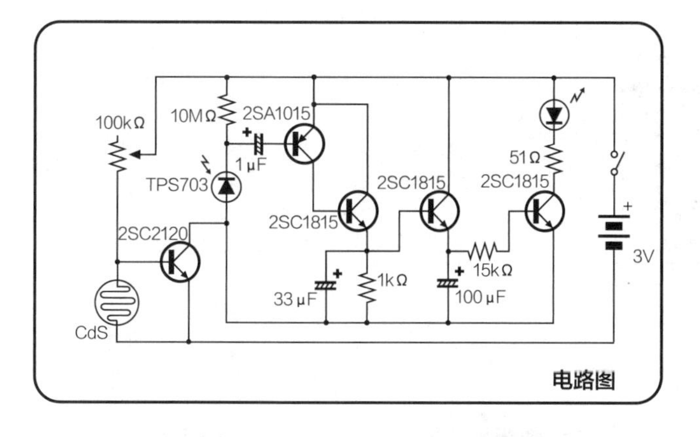

电路图

对于 CdS

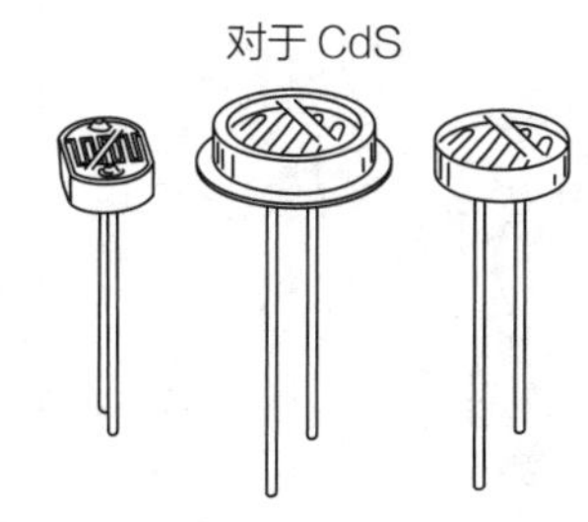

CdS 没有极性，种类也有好几种，但只要是暗的时候能对 500kΩ 起反应，亮的时候对几千欧起反应的 CdS 大致都可用

三极管的极性

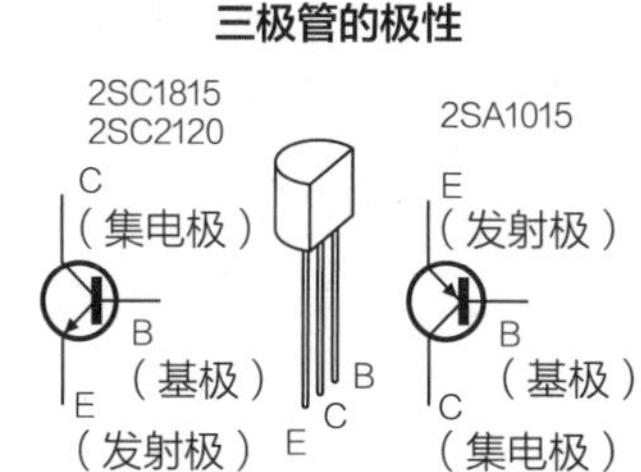

电解电容器的极性

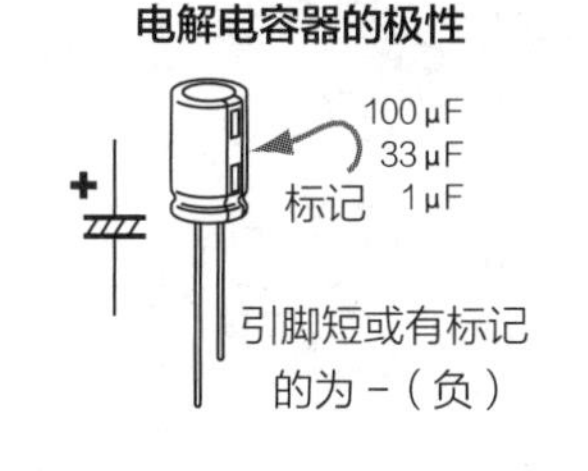

LED 的极性

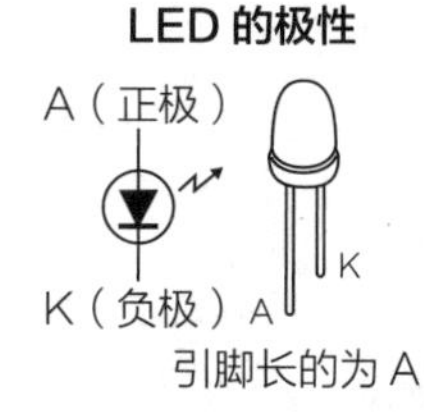

电阻值的标识

通过电阻器表面的色带来表现电阻值

10MΩ（茶黑蓝金）
15kΩ（茶绿橙金）
1kΩ（茶黑红金）
51Ω（绿茶黑金）

■ 结构

通常我们使用的遥控器都是通过红外线进行信息通信的。红外线是比可视光线的红色波长要长的光，人类的眼睛是看不到的。本制作是由发出紫外线的 LED 和能与其波长反应的受光元件所组成的。信号的内容以数字信号为主，因此由于生产厂家和机型不同会有一些变化，但发出紫外线这一点是不变的。但是，紫外线是看不见的，因此不能用眼睛确认 LED 是不是亮着，这一点比较麻烦。本结构由受光元件接收紫外线后形成开关，在一段时间内 LED 持续亮着。这样也可以确认遥控器是否有电池。

■ 电路

接收紫外线的是红外线光电二极管 TPS 703，由三极管 2SA1015 检测出来，将 2SC1815 结成达林顿管，把信号放大，这个放大了的信号再由电容器接收，不论信号的内容如何，在红外线进来时都可以给 100μF 的电容器充电，这个电容器会用几秒钟的时间放电，放电期间 LED 就亮起来，TPS703 带有有红外线滤光器，因此对荧光灯没有反应，但如果是太阳光和白炽灯，它们本身也有很多红外线成分，因此在这两种环境下不能使用该制作。房间内如果使用的是白炽灯就不行了，但至少要让该制作在白天不要产生反应，为此用 CdS 测量周边的亮度，用三极管 2SC2120 进行控制，在明亮的时候所有电源都不打开。

■ 组装

将万能板切断成 15×9 孔使用。元器件按照从小到大的顺序组装会容易操作。安装半固定电阻器、电阻器、三极管等元器件，不要把孔的位置弄错。组装 CdS、光电二极管、电解电容器、LED。将 CdS 距离开电路板 10mm 左右安装。将光电二极管的引脚从距头部 3mm 左右的位置折弯，离开电路板数毫米进行安装。电源开关可以最后安装。将镀锡铜线拿到上面，把开关机身焊接在电路板上进行固定，将开关端子用不用了的元器件引脚焊牢。用热熔胶固定在镀锡铜线上，这样开关就不会晃动了。元器件全部安装完后，电路板就安装好了。

看着从电池盒引出来的导线长度，把该导线焊接在电路板上，接上电源试一下能不能起

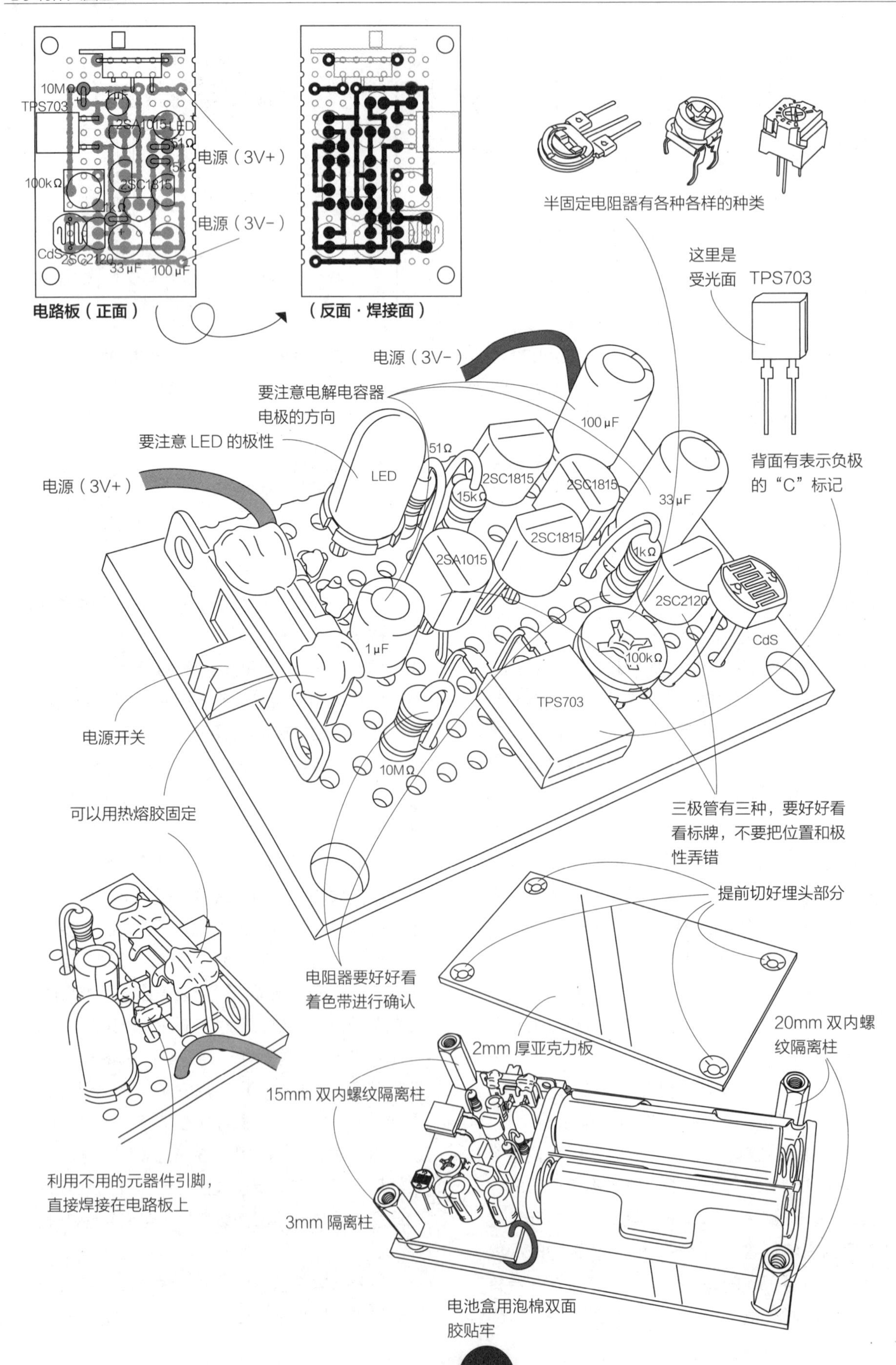

10MΩ
1μF
TPS703
2SA1015
LED
51Ω
15kΩ
100kΩ
2SC1815
1kΩ
CdS
2SC2120
33μF
100μF
电源（3V+）
电源（3V−）
电路板（正面）
（反面·焊接面）
半固定电阻器有各种各样的种类
这里是
受光面
TPS703
背面有表示负极
的“C”标记
电源（3V−）
要注意电解电容器
电极的方向
要注意LED的极性
电源（3V+）
LED
51Ω
15kΩ
2SC1815
2SC1815
100μF
33μF
2SC1815
2SA1015
1kΩ
2SC2120
CdS
1μF
100kΩ
TPS703
10MΩ
电源开关
可以用热熔胶固定
三极管有三种，要好好看
看标牌，不要把位置和极
性弄错
提前切好埋头部分
电阻器要好好看
着色带进行确认
2mm 厚亚克力板
20mm 双内螺
纹隔离柱
15mm 双内螺纹隔离柱
利用不用的元器件引脚，
直接焊接在电路板上
3mm 隔离柱
电池盒用泡棉双面
胶贴牢

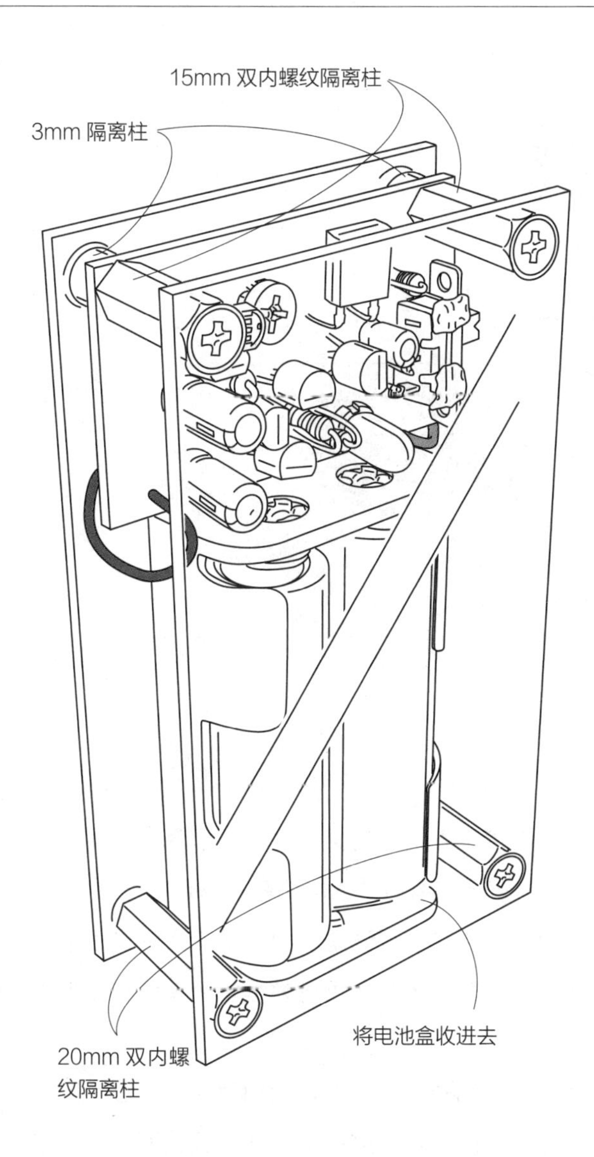

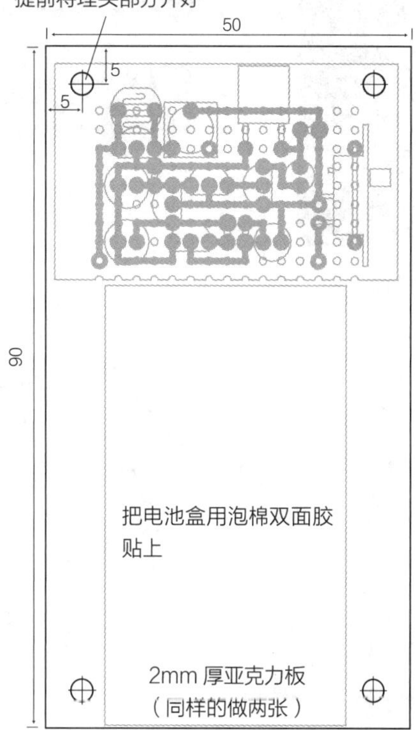

亚克力板尺寸图

作用。如果不能起作用，就将电源关掉，再次确认布线是否有错误。

■ 组合

使用两块亚克力板和隔离柱组装成夹心型壳体。按图切断亚克力板、钻孔。这次用的是埋头螺钉，因此要在孔上预先切好埋头部分。穿过 3mm 隔离柱，用 15mm 双内螺纹隔离柱将电路板固定到背面亚克力板上。在相反一侧将 20mm 隔离柱立起，把电池盒放入这两个隔离柱之间，用泡棉双面胶贴住。最后将正面亚克力板用埋头螺钉固定在各个隔离柱上，组合就完成了。

■ 使用方法

接上电源开关。白天明亮的时候，因为有 CdS，所以电源处于关闭的状态，因此没有反应，到了晚上，在荧光灯下电源就变成打开的状态。将电视机等的遥控器对着本制作，随便按一个按键试试，如果 LED 亮起的话就完成了。LED 会亮一段时间，再慢慢熄灭。半固定电阻器是用于调整 CdS 灵敏度的，通过调整灵敏度，实现在白天 LED 熄灭，到了晚上可以对遥控器有反应。

由于生产厂家和设备、电池的消耗状态不同，遥控器的红外线强度也会不同。有的时候比较远也会有反应，有时只有在附近才会有反应。本制作是可使 LED 亮起的标识灯，也可将本制作作为开关，用在其他物品上。

No.
75

光和影运用自如

两色光的彩灯

双色彩灯

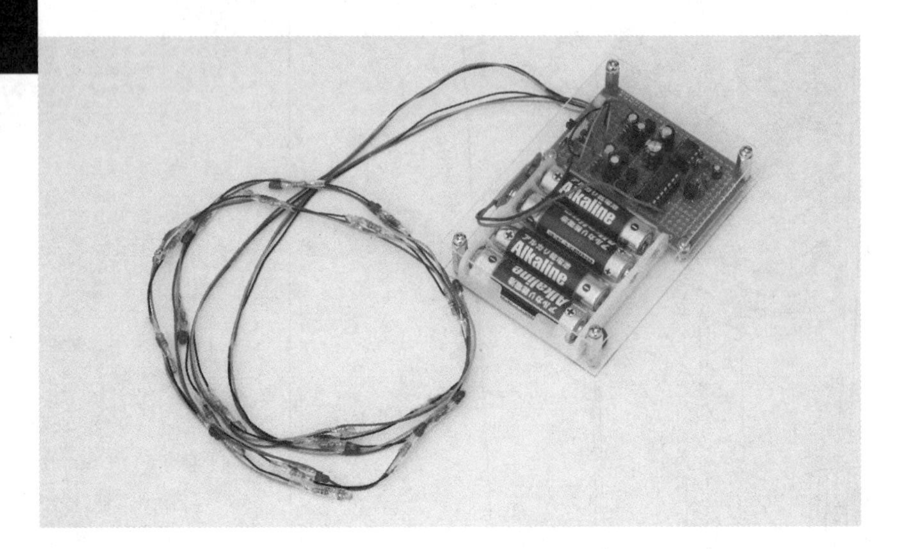

不同的色彩应用于不同的场合，可以传达不同的含义，比如黄黑色条纹用于引起注意，绿红黄是信号灯的颜色。各国国旗所使用的颜色也都有着各自的意义。

圣诞节时最具代表性的颜色是红色和绿色，这或许是因为圣诞老人的红色衣服和绿色的树给人们留下了深刻的印象。这种颜色用在礼物包装纸、街头装饰上非常显眼。

而且说到圣诞节，当然会想到夜晚华丽的彩灯。这次，我们就制作了红色和绿色的双色彩灯，让两种颜色的灯闪烁亮起。但是，如果只是单纯地让这两种颜色的彩灯交替闪烁，也没有新意，为此这次制作中增加了新的创意。

元器件表

IC:74HC74AP（7474）………1个
　:555………1个
IC插座:14脚………1个
　　　:8脚………1个
三极管:2SC1815………1个
　　　:2SC2120………2个
　　　:2SA950………4个
LED:红、绿………各10个
电解电容器:220μF 16V………1个
　　　　　:100μF 16V………1个
　　　　　:47μF 16V………4个
　　　　　:1μF 16V………1个
陶瓷电容器:0.1μF………1个
电阻器:100kΩ 1/4W（色带：茶黑黄金）………1个
　　　:15kΩ 1/4W（色带：茶绿橙金）………5个
　　　:1kΩ 1/4W（色带：茶黑红金）………3个
　　　:200Ω 1/4W（色带：红黑茶金）………20个
万能板:25×15孔………1张
滑动开关:小型………1个
电池盒:4个3号电池用………1个
电池扣………1个
3号电池………4个
埋头螺钉:M3×10mm………4个
　　　　:M3×4mm………6个
螺母:M3………2个
隔离柱:M3×3mm………4个
　　　:M3×15mm（双内螺纹）………2个
　　　:M3×20mm（双内螺纹）………2个
线束扎带………1根
布线用导线、镀锡铜线、热收缩管、泡棉双面胶、焊锡少许

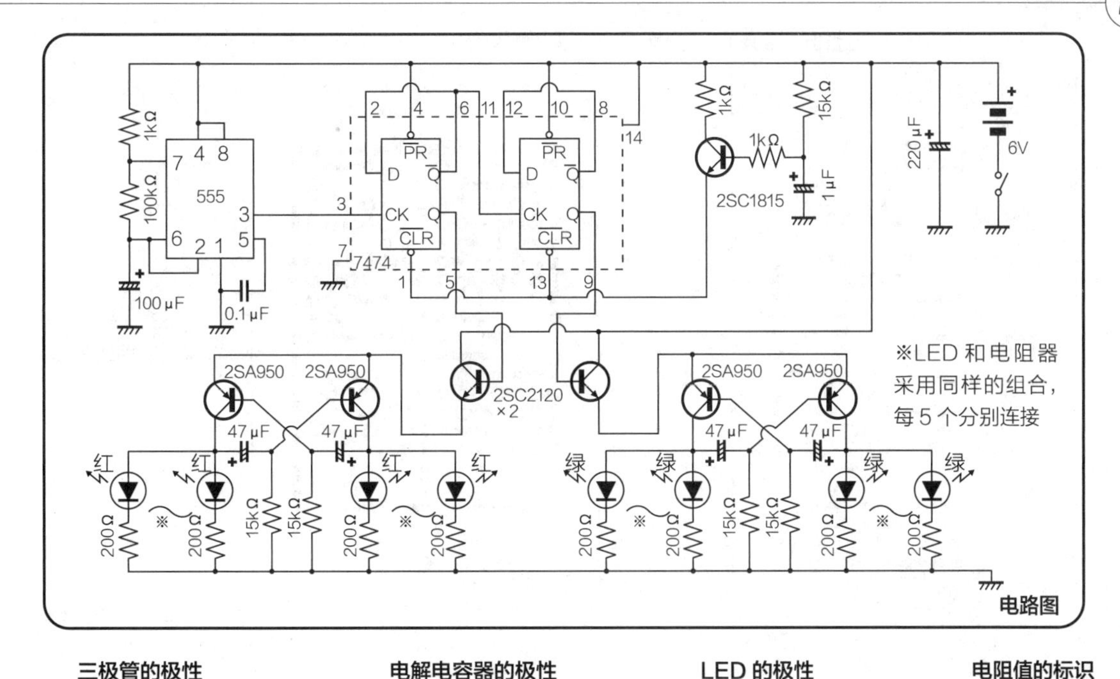

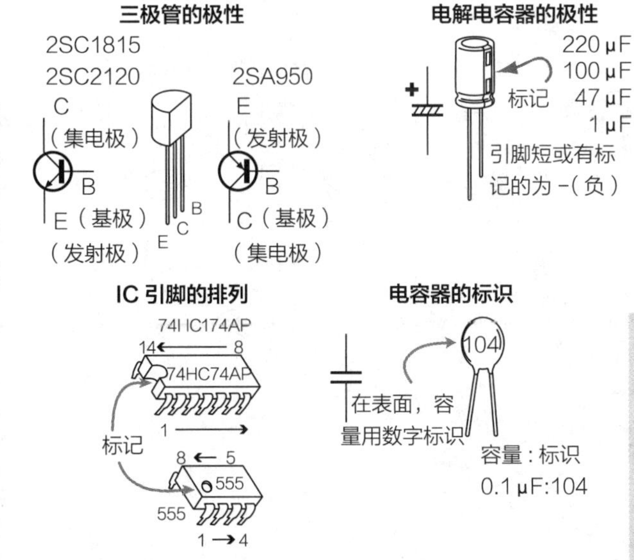

LED 的极性

A（正极）

K（负极）A k

引脚长的为 A

电阻值的标识

通过电阻器表面的色带来表现电阻值

100kΩ （茶黑黄金）
15kΩ （茶绿橙金）
1kΩ （茶黑红金）
200Ω （红黑茶金）

■ 结构

让红色和绿色 LED 亮起，采取怎样的亮法好呢？如果只是简单地交替闪烁，也没有新意，但是如果太复杂，做起来也会特别麻烦。为此，考虑做成先是红色 LED 一闪一闪地闪烁，过一会绿色 LED 再闪烁，然后两个颜色的 LED 都闪烁，再过一会就熄灭。就是这样按顺序亮起。要想这样做的话，使用两位的二进制计数器就可以，虽然不是很复杂，但是用在圣诞节的装饰上已经足够了。将 LED 用长一些的细导线星星点点地安装在树上。使用红绿色导线各 3 根，这样就可以把树装饰起来了。

■ 电路

红色 LED 点亮、绿色 LED 点亮、两个颜色的 LED 都点亮、熄灭，这样的重复可以直接使用两位二进制计数器实现，因此使用了 7474 这样一个封装了两个 D-FF 信号的 IC，构成了二进制计数器。控制时钟信号使用的是定时器 555，这个 IC 由接在 6、7、8 号引脚上的电容器容量和电阻值决定时钟频率。这个设计是十几秒为 1 个间隔，因此想改变时间间隔时，就可以改变这个电容器或电阻器。D-FF 的 Q 端出来的信号直接成为二进制计数器的输出，由三极管 2SC2120 接受这个输出，成为各个非稳态多谐振荡器电路的开关。

这个非稳态多谐振荡器电路起到让红色和绿色 LED 分别闪烁的作用。也就是说各个红、绿色 LED 一闪一闪地闪烁是由这个非稳态多谐振荡器电路造成的，让这个电路打开或关闭的是 7474 所构成的两位二进制计数器。

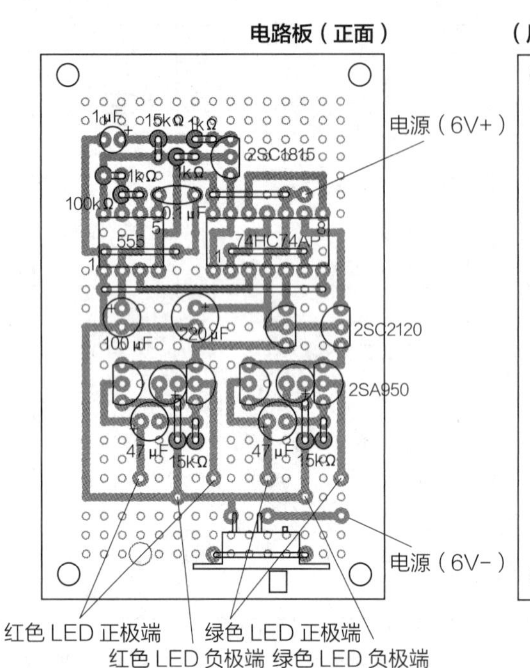

电路板（正面）
1μF
15kΩ
1kΩ
2SC1815
1kΩ
1kΩ
100kΩ
0.1μF
555
74HC74AP
100μF
220μF
2SC2120
2SA950
47μF
15kΩ
47μF
15kΩ
电源（6V+）
电源（6V−）
红色 LED 正极端
绿色 LED 正极端
红色 LED 负极端
绿色 LED 负极端

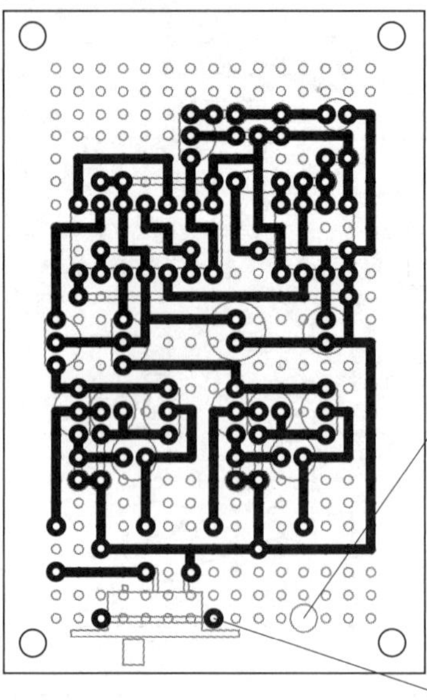

（反面·焊接面）
开 ϕ3 的孔，将导线穿过，用线束扎带固定，防止脱落
用铜丝或镀锡铜线将开关固定住

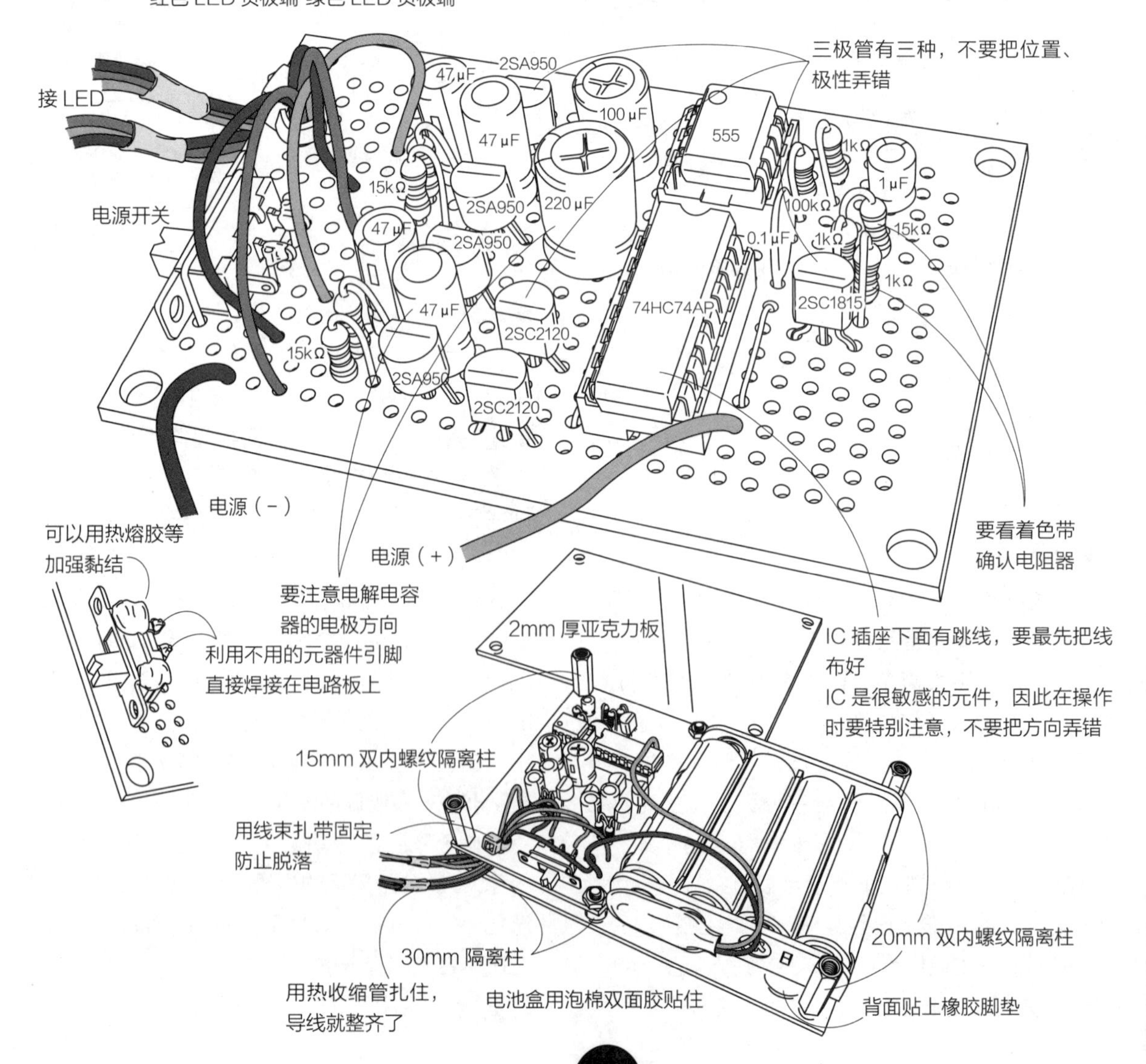

接 LED
电源开关
三极管有三种，不要把位置、极性弄错
2SA950
47μF
100μF
555
1kΩ
1μF
100kΩ
15kΩ
0.1μF
1kΩ
1kΩ
2SC1815
74HC74AP
220μF
2SC2120
15kΩ
电源（−）
电源（+）
可以用热熔胶等加强黏结
利用不用的元器件引脚直接焊接在电路板上
要注意电解电容器的电极方向
要看着色带确认电阻器
2mm 厚亚克力板
IC 插座下面有跳线，要最先把线布好
IC 是很敏感的元件，因此在操作时要特别注意，不要把方向弄错
15mm 双内螺纹隔离柱
用线束扎带固定，防止脱落
30mm 隔离柱
20mm 双内螺纹隔离柱
用热收缩管扎住，导线就整齐了
电池盒用泡棉双面胶贴住
背面贴上橡胶脚垫

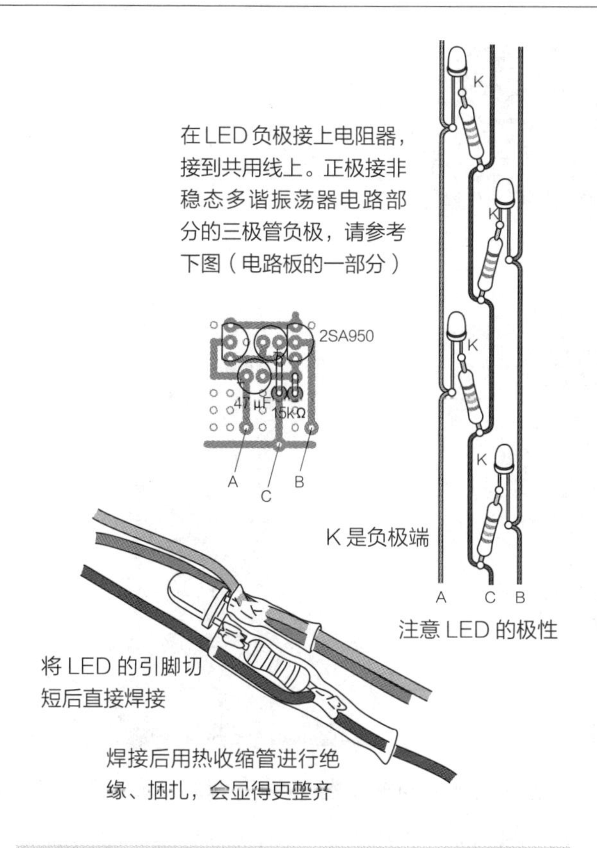

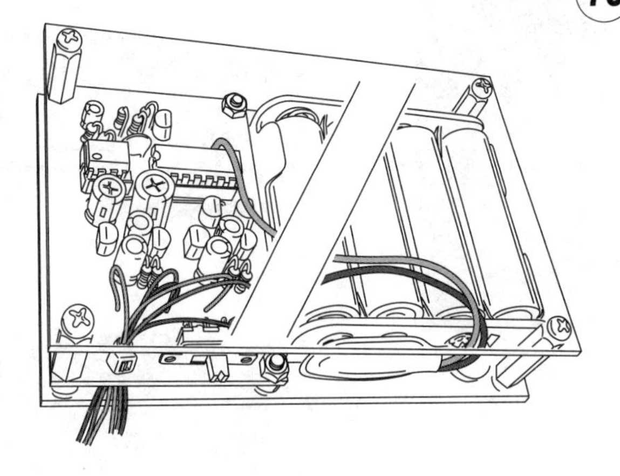

亚克力板尺寸图

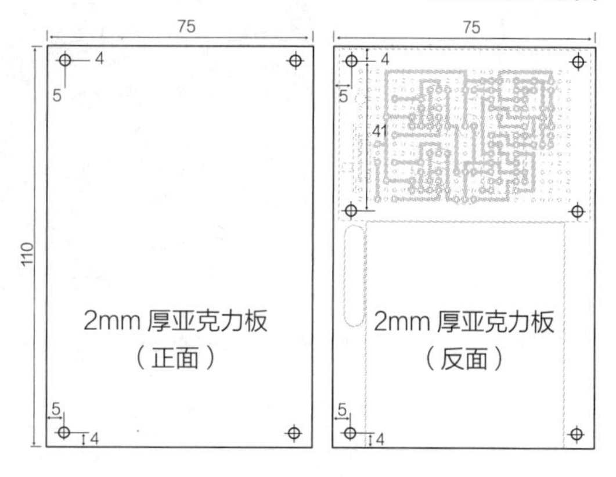

■ 组装

使用25×15孔的万能板。IC插座下部有跳线，因此要最先安装这个跳线。好好确认孔的位置不要弄错，将其他跳线也先装上的话容易操作，然后安装IC插座。将这个插座周边的电阻器、电容器等引脚连接上，连接时不要把引脚弄错，然后再安装非稳态多谐振荡器电路。

对于电源开关，是将固定用的镀锡铜线焊接在电路板上，端子处利用不用的元器件引脚进行焊接。固定用的镀锡铜线最后用热熔胶加固一下会更好。

在电路板的一部分开φ3的孔，把已经装好LED的导线穿过这些孔。为了防止这些线被拽到时对焊接部分施加拉力，使用线束扎带进行固定，起到防止脱落的作用。看着电池扣的导线长度将导线焊接在电路板上。最后把IC插入IC插座中，这样电路板的安装就做完了。

■ 组合

用两块亚克力板和隔离柱组装成夹心型的壳体。按图进行亚克力板的切割、钻孔加工。把电路板穿过3mm的隔离柱，用15mm隔离柱和螺母进行固定。在电池一侧使用20mm隔离柱，将表面亚克力板固定住。将电池盒放入隔离柱之间，用泡棉双面胶贴住。这样组合就完成了。

■ 使用方法

接上电源开关，十几秒内都不亮起，这是因为二进制计数器的输出为“0”。十几秒以后红色LED开始闪烁，再经过十几秒，绿色LED开始闪烁，然后两种颜色的LED同时闪烁。

如果等待了一会LED还不亮，或者元器件和电池有发热现象，就要马上拿下电池，再次好好进行确认和检查。

这里用的是红色和绿色LED，当然也可以使用其他颜色的LED。多开动脑筋，圣诞树会更加漂亮。

No. 76

用 5 个炸弹瞄准对方基地

五选一炸弹

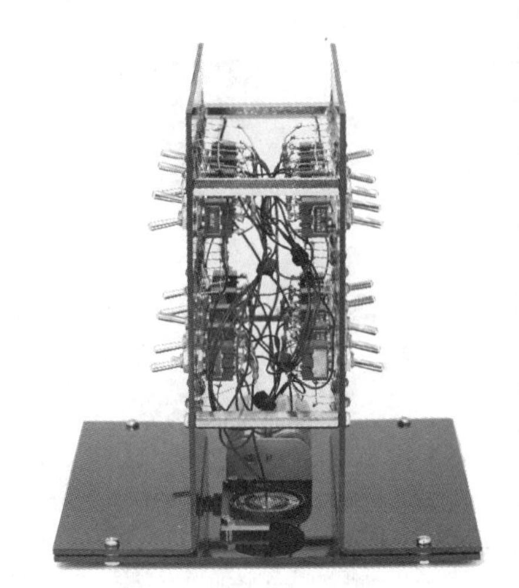

在两个选择项中选出一个，这种做法叫作二选一。像智力竞赛，就是从几个选项中选出一个答案，根据选项的数目，分别称为“三选一”“四选一”等。我们这次做的是“五选一”的游戏，也就是从五个开关中选择一个，猜是中了还是没中。我们使用了“炸弹”落下的形式增加游戏效果，从五个区域中设定自己的基地，通过五个开关中的一个向对方投掷炸弹。如果命中了对方基地，就发出“咘—”的声音，同时红色 LED 亮起，表示基地被炸毁。

元器件表

三极管 :2SC2120 …… 1 个
:2SA950 …… 1 个
LED: 红 …… 10 个
: 绿 …… 20 个
陶瓷电容器 :0.01 μF（103）…… 1 个
电阻器 :150kΩ 1/4W（色带 : 茶绿黄金）…… 1 个
:51Ω 1/4W（色带 : 绿茶黑金）…… 30 个
扬声器 : 小型 8Ω …… 1 个
万能板 : 切断成 15×5 孔 …… 1 张
拨动开关 : 小型 …… 1 个
: 中型 …… 20 个
电池盒 :2 个 3 号电池用 …… 1 个
3 号电池 …… 2 个
亚克力板 :2mm 厚（黑）…… 参照尺寸图
埋头螺钉 :M3×4mm …… 8 个
:M3×8mm …… 6 个
螺母 :M3 …… 6 个
垫圈 :M3 …… 8 个
隔离柱 :M3×2mm …… 2 个
:M3×50mm 双内螺纹 …… 4 个
布线用导线、线束扎带、镀锡铜线、泡棉双面胶、焊锡少许

■ **结构**

一边有 10 个开关，其中 5 个是用于选择自己基地的开关，另外 5 个是落到对方基地的炸弹的开关。开始时为了不被对方知道自己的基地是哪一个，悄悄地选择一个开关，由两个人确定先后顺序，交替投下炸弹，只要命中对方基地就赢了，是一个很简单的游戏。炸弹有 5 个，每次投下时对应位置的 LED 就熄灭。炸弹没有命中对方基地时，落下位置的 LED 灯就亮起，如果命中了，蜂鸣器就响起，红色 LED 亮起。

基地的开关表示自己的地盘，将开关手柄向上立起表示初始状态。炸弹是要落下的，因此用开关手柄向下来表示。将各个 LED 分别安装在上面和下面。

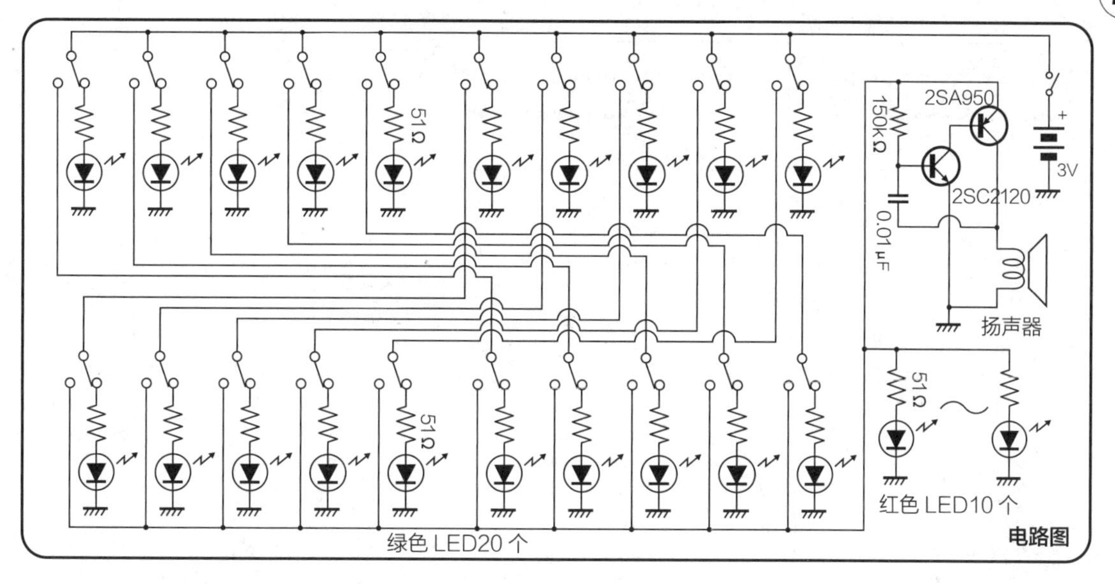

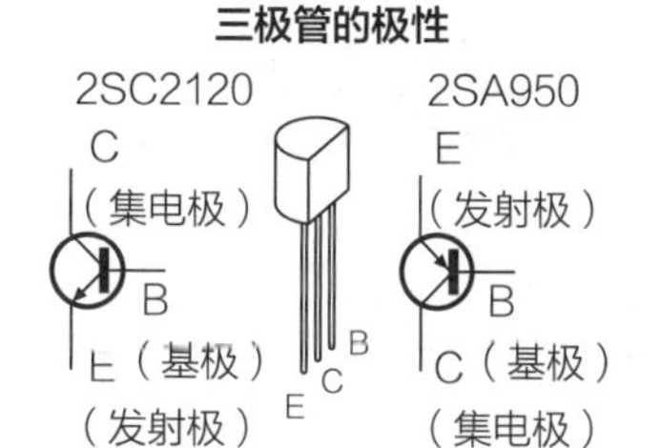

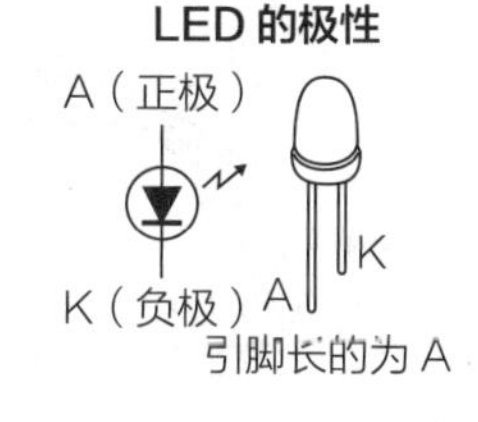

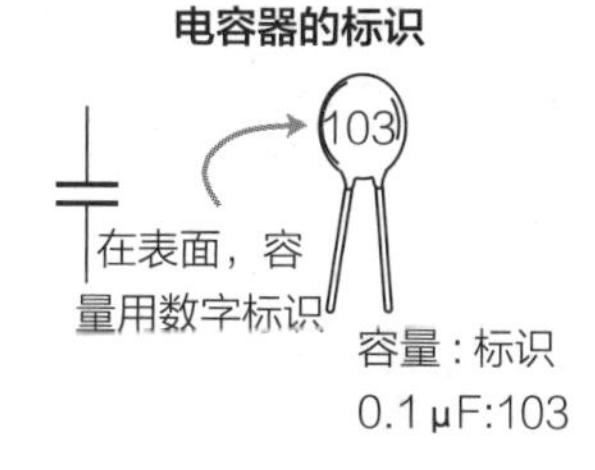

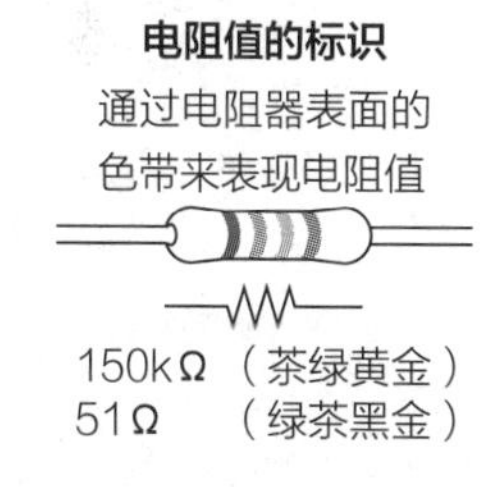

■ 电路

虽然有五个选项，但电路全都是相同的，答案与对方的基地开关相对应，采用串联连接的单纯电路。所以并不局限于五个，十个，一百个电路也是可以的。巧妙利用拨动开关的双掷功能，对于炸弹开关，默认绿色 LED 点亮，通过接入开关就连接到了对方的基地开关。被连接的基地开关通常是绿色 LED 点亮的状态，但如果接入了显示为基地的开关，电流就会流向红色 LED 和蜂鸣器电路。

蜂鸣器电路是由两个三极管组成的间歇振荡电路，通过安装小型扬声器发出声音。这是一个反复向电容器充电和放电产生振荡的结构。

■ 组装

将 15×25 孔的万能板切断成 15×5 孔，只将蜂鸣器部分安装在电路板上。焊接三极管、电阻器、电容器。三极管有两种，要看着标识，注意不要弄错。然后安装小型扬声器，这时是将不用了的元器件引脚预先焊接到扬声器上，然后将扬声器组装到电路板上，这样做出来比较整齐。电路板的组装这样就完成了，接上电池试一下能不能发出声音来。

■ 装入

按图切断亚克力板、钻孔以后，进行折弯加工。因为是相互在对面作战，所以制作两张同样的亚克力板。如果亚克力板是透明的，对方就会看得清清楚楚，因此在这里使用的是黑色的亚克力板，只要是不透明的就没有问题。然后在加工好的亚克力板上安装拨动开关和 LED，LED 可以用热熔胶固定住，固定时要看好电极的方向。将元器件固定到亚克力板上，后面的操作就容易了。

将开关、LED 的共用端子用镀锡铜线连接

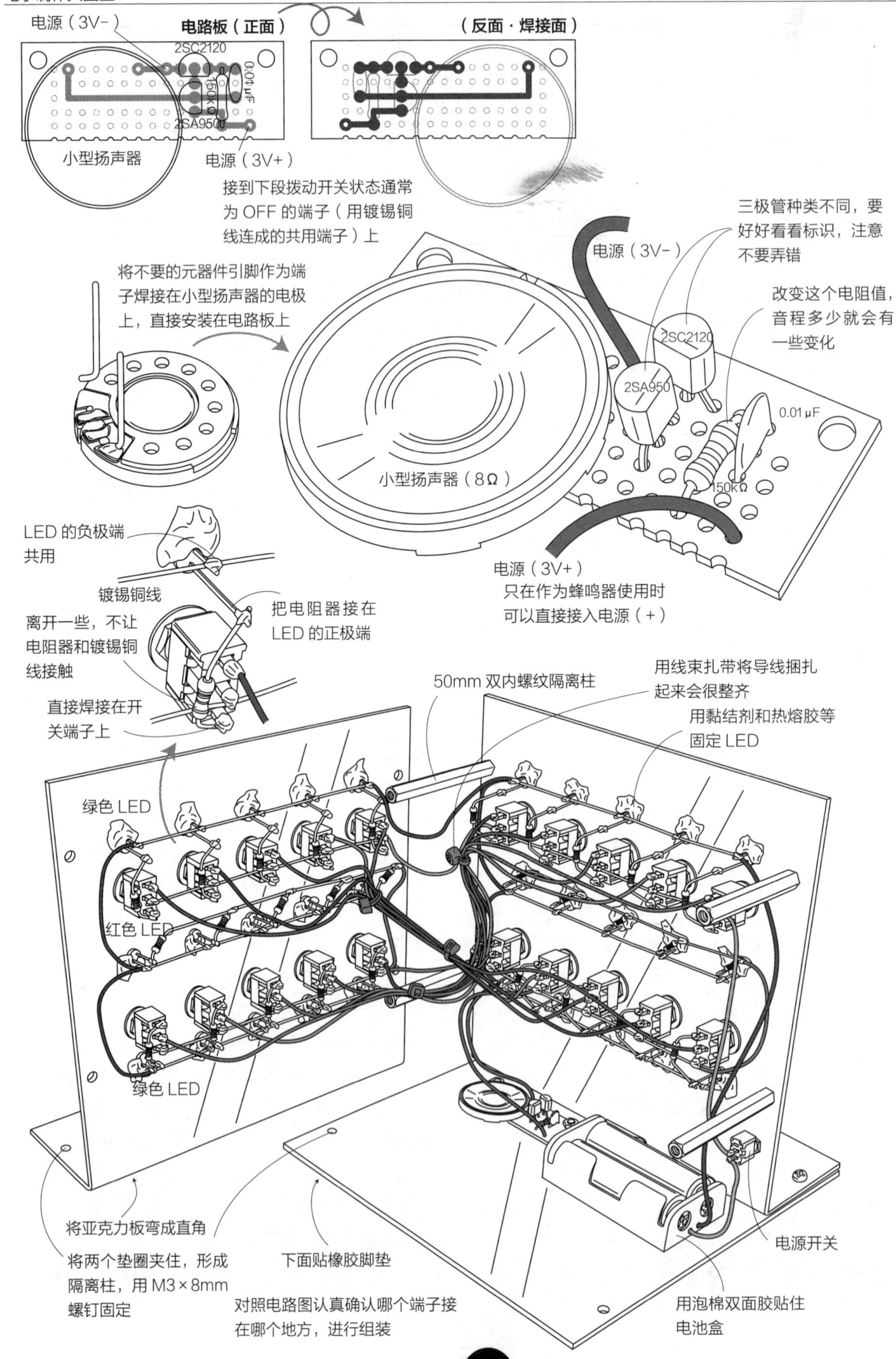
电源（3V-）
电路板（正面）
（反面·焊接面）
2SC2120
0.01μF
150kΩ
2SA950
小型扬声器
电源（3V+）
接到下段拨动开关状态通常为 OFF 的端子（用镀锡铜线连成的共用端子）上
三极管种类不同，要好好看看标识，注意不要弄错
电源（3V-）
将不要的元器件引脚作为端子焊接在小型扬声器的电极上，直接安装在电路板上
改变这个电阻值，音程多少就会有一些变化
2SC2120
2SA950
0.01μF
小型扬声器（8Ω）
150kΩ
LED 的负极端共用
镀锡铜线
电源（3V+）
只在作为蜂鸣器使用时可以直接接入电源（+）
离开一些，不让电阻器和镀锡铜线接触
把电阻器接在 LED 的正极端
直接焊接在开关端子上
50mm 双内螺纹隔离柱
用线束扎带将导线捆扎起来会很整齐
用黏结剂和热熔胶等固定 LED
绿色 LED
红色 LED
绿色 LED
将亚克力板弯成直角
将两个垫圈夹住，形成隔离柱，用 M3×8mm 螺钉固定
下面贴橡胶脚垫
对照电路图认真确认哪个端子接在哪个地方，进行组装
电源开关
用泡棉双面胶贴住电池盒

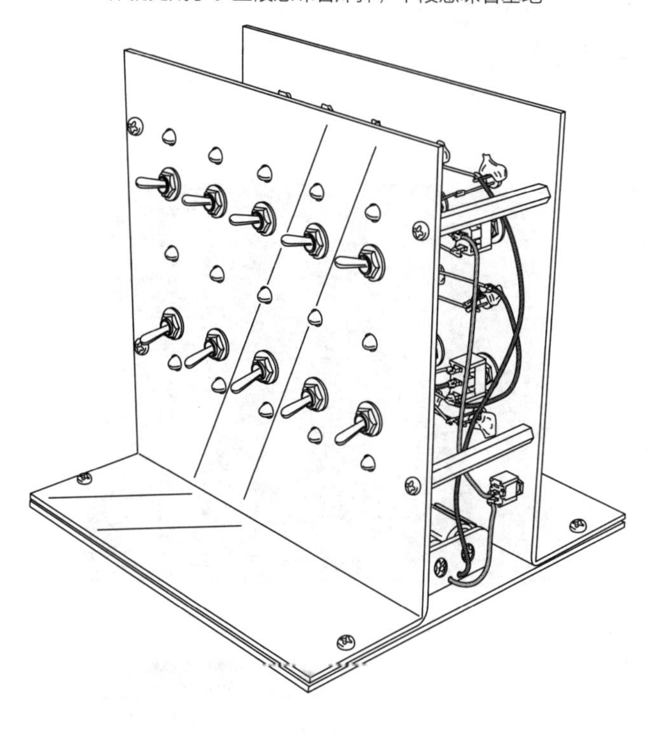

将上段开关置于上面，下段开关置于下面，准备工作就完成了。上段意味着炸弹，下段意味着基地

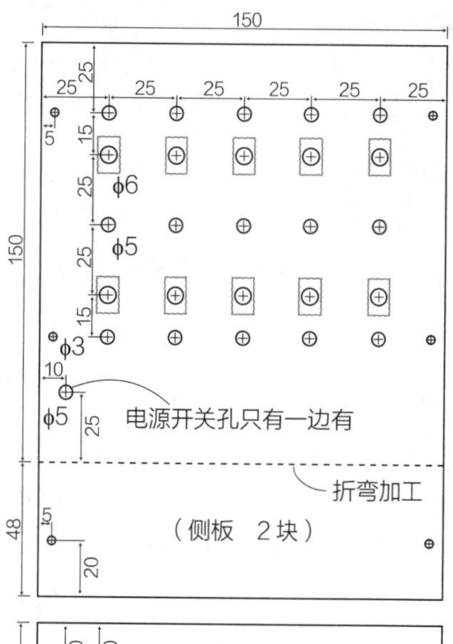

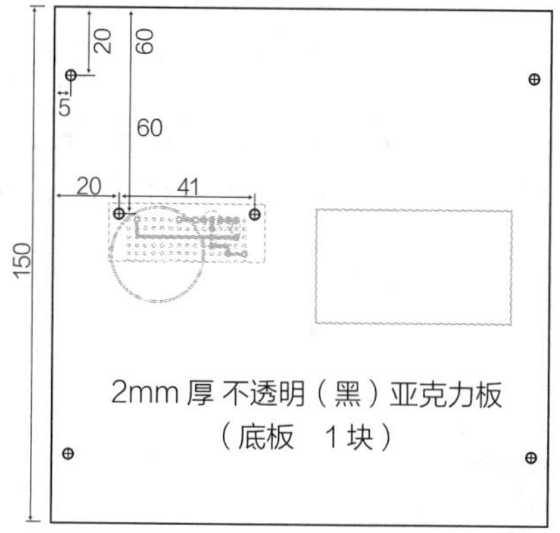

亚克力板尺寸图

起来。共用连接的是上段开关的中间端子、下段开关的下侧端子以及各个 LED 的负极端子。下面将串接在绿色 LED 正极端子上的电阻器引脚弯成 45° 左右，一端焊接在开关端子上，另一端焊接在 LED 引脚上。对于红色 LED，也同样把电阻器焊接上，进行共用连接。这里的操作要领是在各个要焊接的端子上放上一点焊锡，将零件紧贴在上面，用电烙铁头迅速接触进行焊接。如果加热过度的话，旁边先装的部分也会掉下来，需要引起注意。另外，还要注意不要碰到镀锡铜线等其他端子。焊好以后，将不要的焊锡部分用剪钳剪去。用细绝缘导线将各个开关之间、共用线之间进行连接，比对着电路图进行布线，注意布线时不要弄错。

用泡棉双面胶将电池盒贴在亚克力板上，将电路板用 2mm 隔离柱固定住。将对面的两块亚克力板用隔离柱固定，下面的亚克力板有螺母的一面成了底面，为了不让螺钉在底面上出来太多，就用了几个垫圈，将空间空出来后进行固定。

■ 使用方法

上段的拨动开关全部朝上，下段的拨动开关全部朝下。接上电源开关后，上段的绿色 LED 应该全部亮起。让我们开始游戏吧。

从下段的五个拨动开关中选择一个作为自己的基地，方向朝上。通过石头剪子布等方法和对方定下顺序，把上面的开关当作炸弹，顺序地一个个投下去。如果命中对方所选择的基地，红色 LED 就会亮起，蜂鸣器也会响起。

No.
77

在黑暗处确认资料

微型照明板

便利小制作

晚上在汽车中看地图或者在电影院等黑暗的房间中看宣传手册，或者是熄灯后在被子中看漫画等，像这样在黑暗的地方阅读资料的时候，就需要一个小型灯。小手电也是可以的，但是使用小手电时需要用一只手拿着，也会给周围的人带来困扰。想把这只手也空出来，以便阅读资料，就可以考虑做一个剪贴板形状的打光装置。

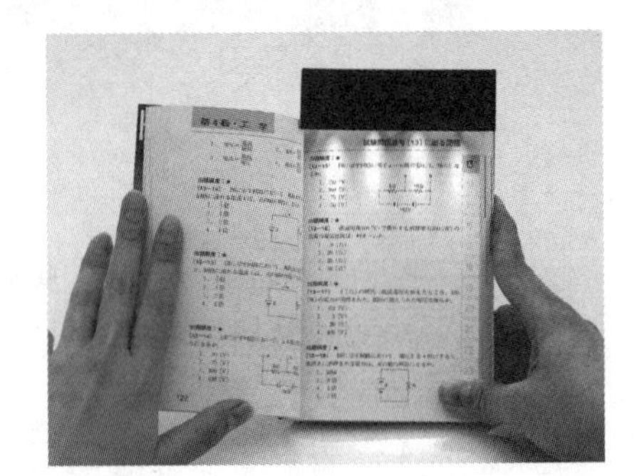

元器件表

三极管 :2SA1015 ………… 1 个
:2SC1815 ………… 2 个
:2SA950 ………… 1 个
LED: 超高亮度白色 ………… 4 个
电阻器 :30kΩ（色带 : 橙黑橙金）………… 1 个
:10kΩ（色带 : 茶黑橙金）………… 2 个
: 1kΩ（色带 : 茶黑红金）………… 2 个
:51Ω（色带 : 绿茶黑金）………… 4 个
接地片 ………… 4 个
万能板 : 切断成 30 × 11 孔 ………… 1 张
亚克力板 :2mm 厚 黑、透明 ………… 参照尺寸图
埋头螺钉 :M3 × 12mm ………… 2 个
:M3 × 10mm ………… 2 个
:M3 × 6mm ………… 2 个
螺母 :M3 ………… 2 个
隔离柱 :M3 × 10mm 双内螺纹 ………… 2 个
:M3 × 3mm ………… 4 个
:M3 × 2mm ………… 2 个
5 号电池 ………… 3 个
布线用导线、铜丝、焊锡少许

■ 结构

为了做成紧凑的造型，我们把照明板做成了剪贴板的形状，将纸和书用下面的板子进行支撑，从上部照射光。为了用起来轻快方便，将整个体积做得更小，整体为单行本尺寸的大小。这个尺寸可以根据自己的喜好设计。用开关转换 ON-OFF 状态的时候，如果发出“咔咔”的声音也不太好，因此采用了触摸式开关，亮灯、熄灯都通过触摸方式实现。为了使造型紧凑，触摸部分直接使用了埋头螺钉，做成了触摸埋头螺钉的造型。

使用超高亮度的白色 LED，真正起到照明的作用，选用了 3 个 5 号电池，并且把这些元器件都集成到一张电路板上，做得小而且轻。

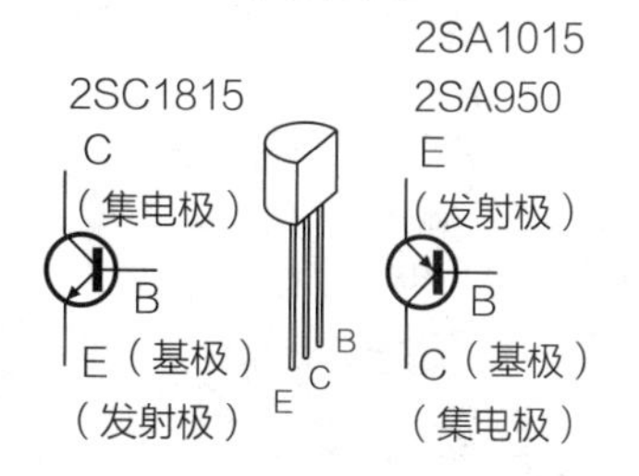

电阻值的标识

通过电阻器表面的

色带来表现电阻值

30kΩ （橙黑橙金）

10kΩ （茶黑橙金）

1kΩ （茶黑红金）

51Ω （绿茶黑金）

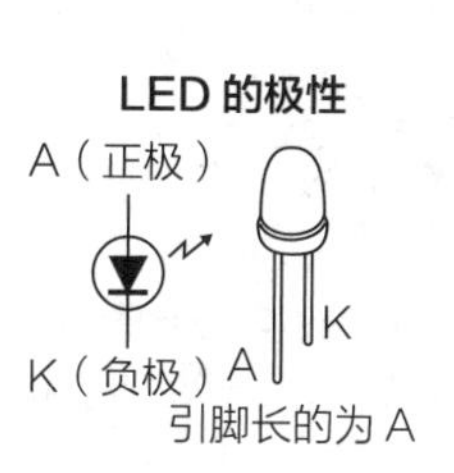

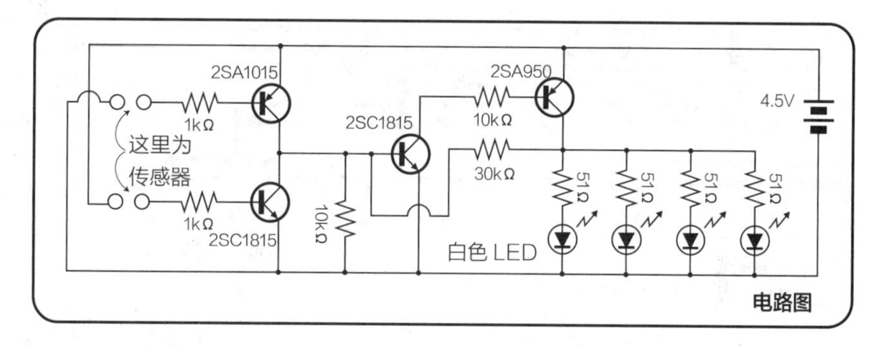

■ 电路

触摸传感器部分将两个电极间人体电阻所产生的电流放大。有亮灯和熄灯两个电极，在电路图上，电极分别位于 2SA1015 基极和 2SC1815 基极上，这两个电极分别控制亮灯和熄灯。分别准备了导电用的正极和负极电极，人触摸这两个电极，连接在电极之间的时候，就会有细微的电流流过，将这个电流加以放大。负极的电流通过人体流向 2SA1015 的基极，放大了的电流就会流向第二段三极管 2SC1815 的基极，使其处于 ON 状态。这样就会使第三段三极管 2SA950 处于 ON 状态，LED 就会亮起。同时将该输出通过 30kΩ 的电阻向第二段的 2SC1815 进行反馈，因此即使把手指拿开也会维持 ON 的状态。在另一个电极，正极电流流向第一段的 2SC1815 的基极，这样这之前流向第二段的 2SC1815 的基极的反馈电流就会流向第一段，因此第二段就强制性地变成 OFF 状态，第三段也处于 OFF 状态，LED 熄灭。

■ 组装

首先加工万能板，使用 25×30 孔、宽度为 95mm 的万能板，将其切断成 11×30 孔。将 95mm 宽的空白部分利用起来，不使用周边其他空白部分。按图进行亚克力板的切割，对空白部分进行钻孔加工。

然后安装电阻器和三极管，安装时不要把孔的位置弄错。还有一根跳线，也不要忘记装上。接着安装 LED，安装时不要把极性弄错，将负极端做成共用的，安装时从电路板上离开 2 ~ 3mm 左右，安装后将 LED 稍微朝向内侧。

最后，为了安装电池的电极，制作了定位架。这里使用了 ϕ1mm 左右的铜丝，将铜丝折弯插入孔中，进行焊接固定。万能板上被称为焊盘的铜箔部分比较小，这些容易受到外力作用的部分，如果只是焊接上很快就会脱落下来，为此要用热熔胶再加固一下。

定位架做好以后，将连接到电极的导线焊接起来，看着长度将折弯到顶部的接线板进行焊接，这样电路板就做好了。

在这个阶段，让放入了电池的接地片接触一下，试一试是否能实现预期的功能。

■组合

为了不让光过于扩散而做的罩子和背光板，其材质是黑色亚克力板，而让光透出来的部分

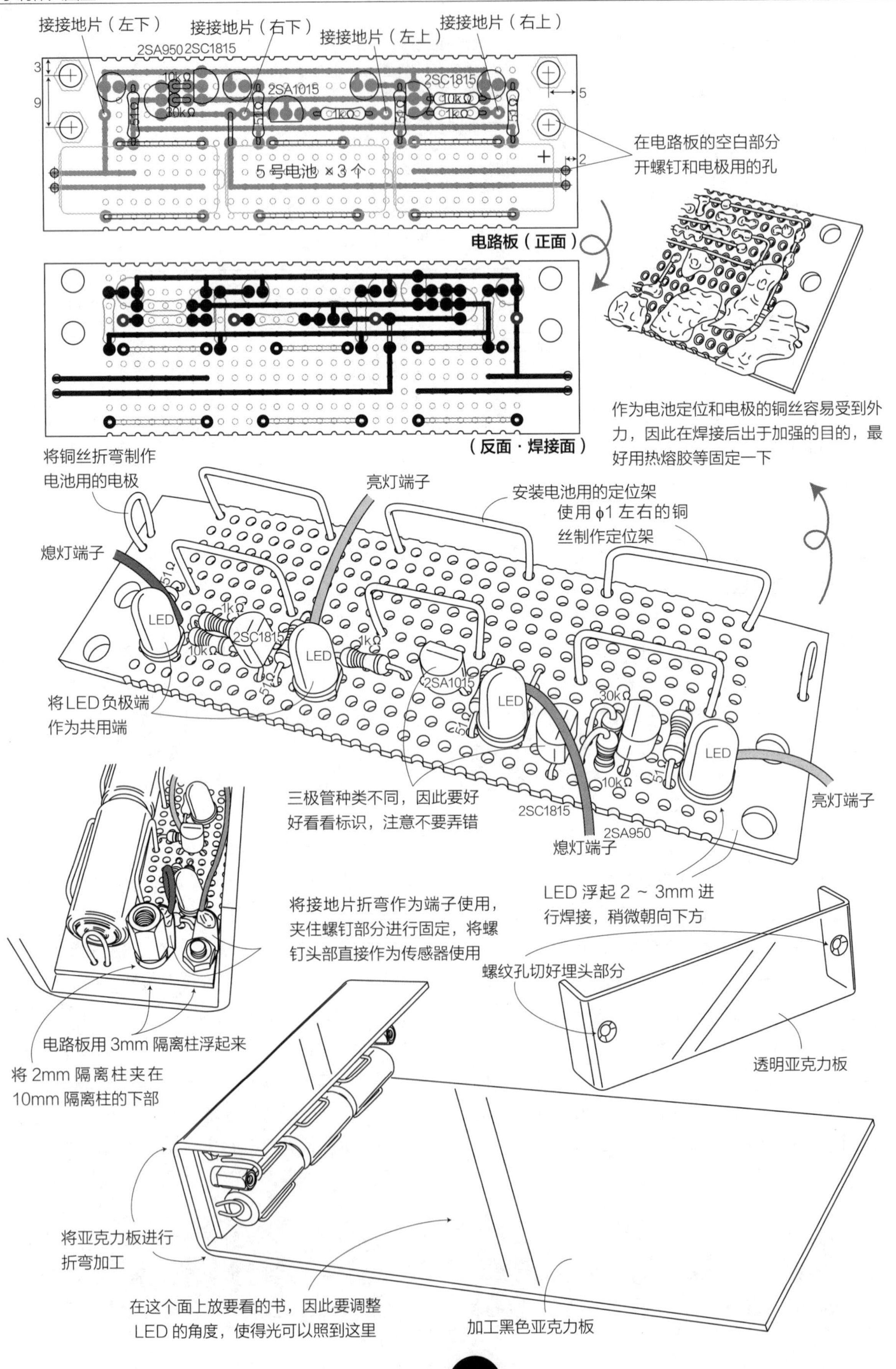

接接地片（左下）
接接地片（右下）
接接地片（左上）
接接地片（右上）
2SA950
2SC1815
10kΩ
30kΩ
51Ω
2SA1015
1kΩ
3
9
5
2
5 号电池 ×3 个
在电路板的空白部分
开螺钉和电极用的孔
电路板（正面）
（反面 · 焊接面）
作为电池定位和电极的铜丝容易受到外力，因此在焊接后出于加强的目的，最好用热熔胶等固定一下
将铜丝折弯制作
电池用的电极
亮灯端子
安装电池用的定位架
使用 ϕ1 左右的铜
丝制作定位架
熄灯端子
LED
将LED负极端
作为共用端
三极管种类不同，因此要好
好看看标识，注意不要弄错
亮灯端子
熄灯端子
LED 浮起 2 ~ 3mm 进
行焊接，稍微朝向下方
将接地片折弯作为端子使用，
夹住螺钉部分进行固定，将螺
钉头部直接作为传感器使用
螺纹孔切好埋头部分
电路板用 3mm 隔离柱浮起来
将 2mm 隔离柱夹在
10mm 隔离柱的下部
透明亚克力板
将亚克力板进行
折弯加工
在这个面上放要看的书，因此要调整
LED 的角度，使得光可以照到这里
加工黑色亚克力板

是用透明亚克力板制作的。将这些亚克力板进行切断和钻孔，切出埋头部分，进行折弯加工。加工完以后，将电路板安装到罩子部分。用 3mm 隔离柱让电路板浮起来，夹住接地片，一边用螺母安装，一边用 2mm 隔离柱和 10mm 隔离柱安装。接地片是直接将螺钉作为电极使用的，因此不要把电极的组合弄错。最后安装透明罩子后，组合就完成了。

■ 使用方法

在组装的时候，一定也会有因触到电极而使 LED 亮起来的情况发生，这是由于接触到了作为电极的两个埋头螺钉而使 LED 亮起来了。另一边是熄灭 LED 所用的电极。在这个设计中，两个对着的开关，左侧是亮灯开关，右侧是熄灯开关。触摸传感器利用了人体电阻，所以如果手指很干燥，就不能开关这一装置，这时可以用嘴在手指上哈气，增加手指湿度。动作不稳定时，就用金属直接接触试一下，如果这样做了还是不动作，那就可能是别的原因了。这时就要将电池卸下来，再次进行检查。

可以使用这个装置来辅助阅读，但是只限于短时间阅读。虽说是照明装置，但还是不能达到读书所需要的足够亮度，长时间阅读的话，还是要选择明亮的环境。

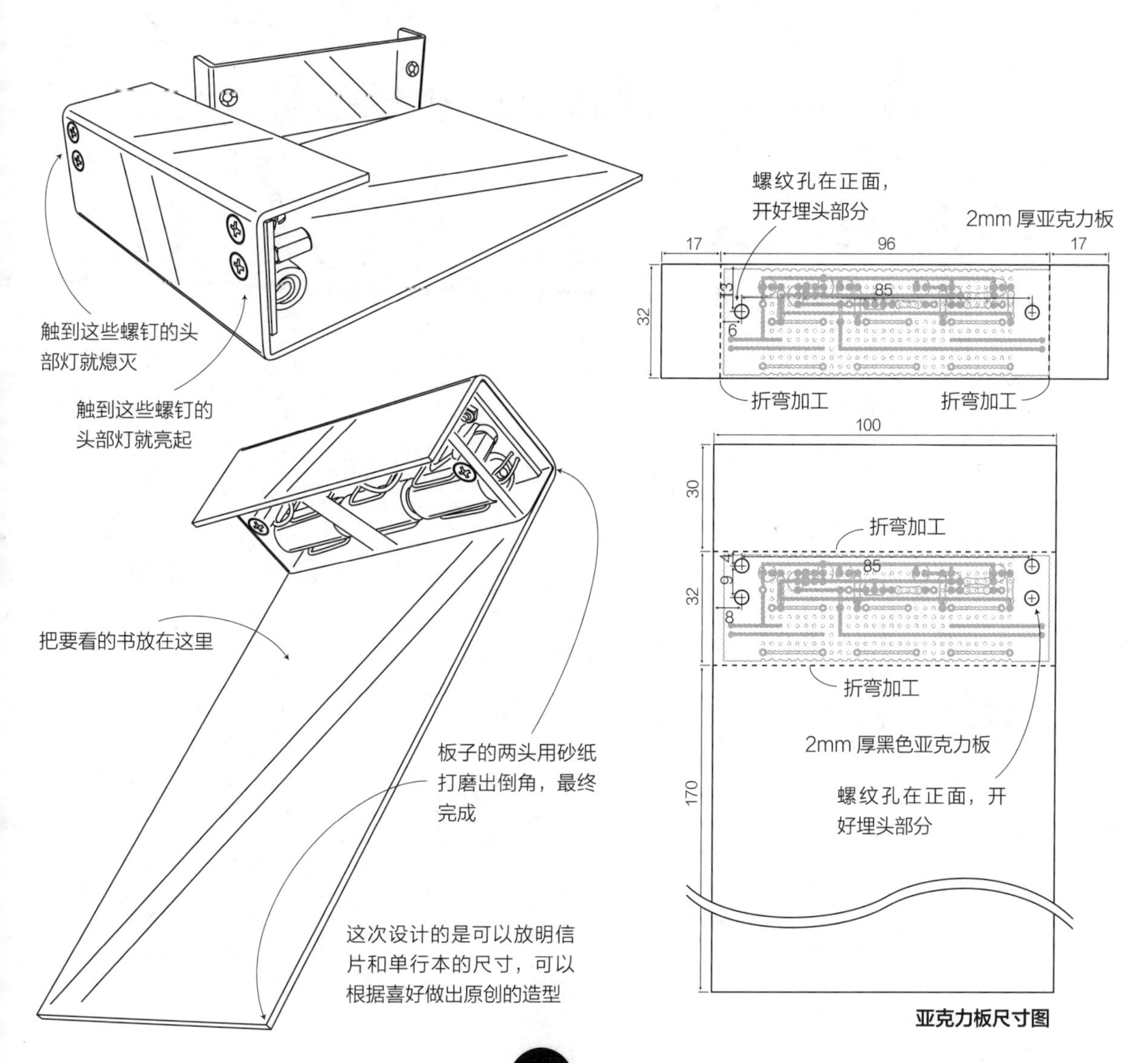

亚克力板尺寸图

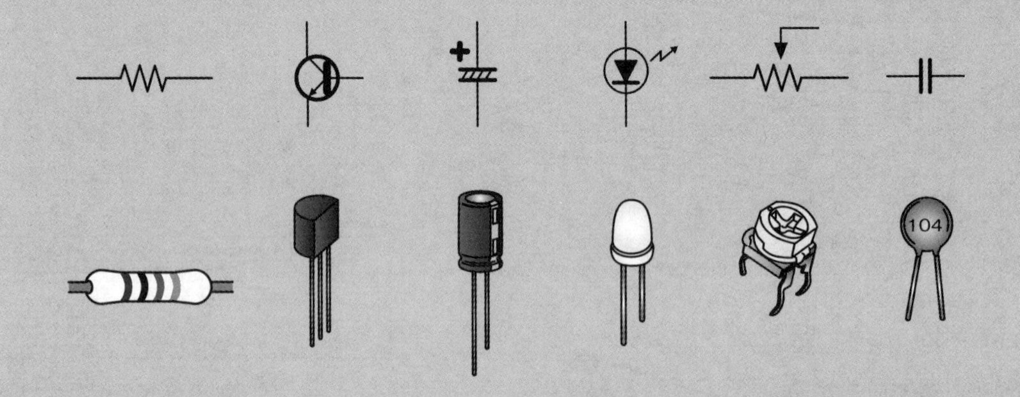
104

技术文档

零件、工具和小知识

◆ 二极管

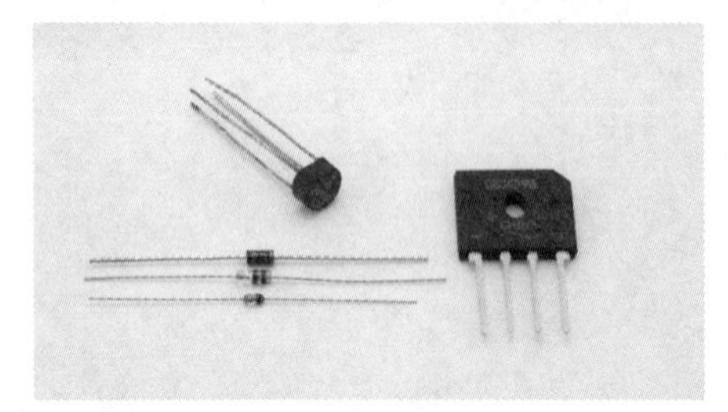

二极管是由 P 型半导体和 N 型半导体接合而成，电流可以从 P 型端的正极向 N 型端的负极单向流过。

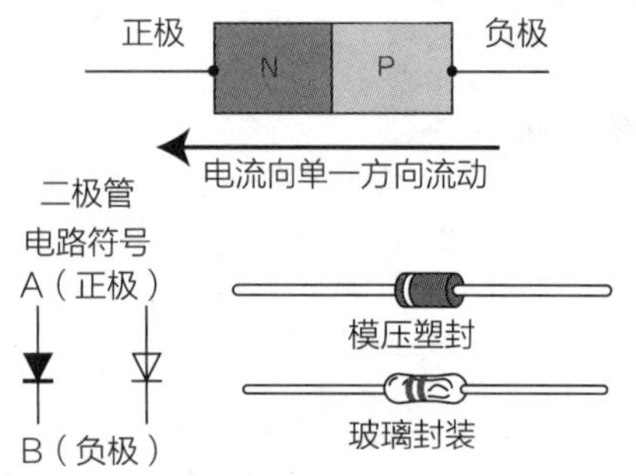

在电源装置的整流电路中，经常用到桥式整流二极管。这是将四个二极管进行组合，不管输入什么方向的电流，都可以修正成朝着某一方向的电流。

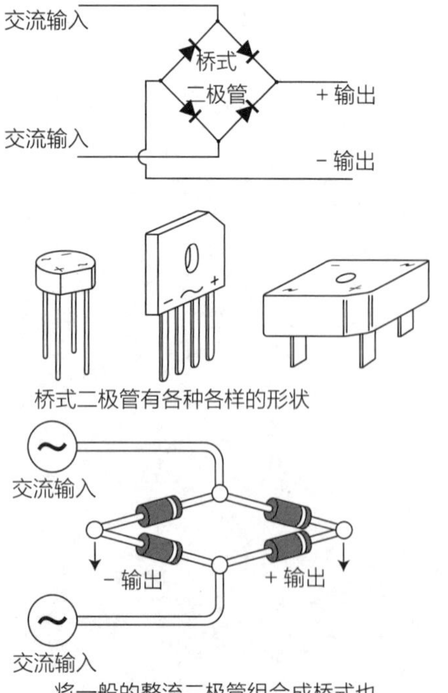

桥式二极管有各种各样的形状

将一般的整流二极管组合成桥式也有同样的效果

◆ LED

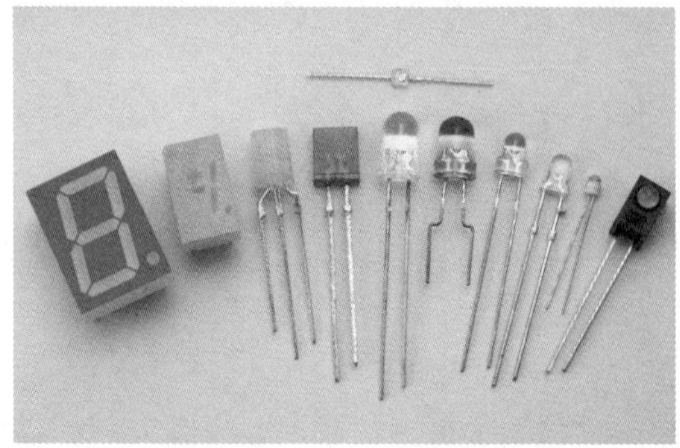

流过电流时能发光的二极管称为 LED，经常作为指示器的元件。在广告牌和灯光显示牌上面多被用到。它以小功率工作，具有半永久性寿命，最近亮度和种类也多了起来，在电子制作方面可以用于制作光源和彩灯等。

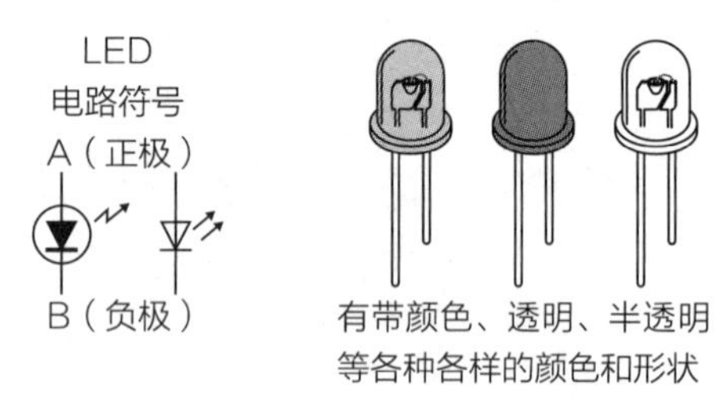

有带颜色、透明、半透明等各种各样的颜色和形状

LED 的结构

将小半导体晶体收在支架内，用环氧树脂进行固定。根据种类不同，P 型和 N 型半导体的方向会有所不同，所以靠支架形状有时不能判别出正极和负极。

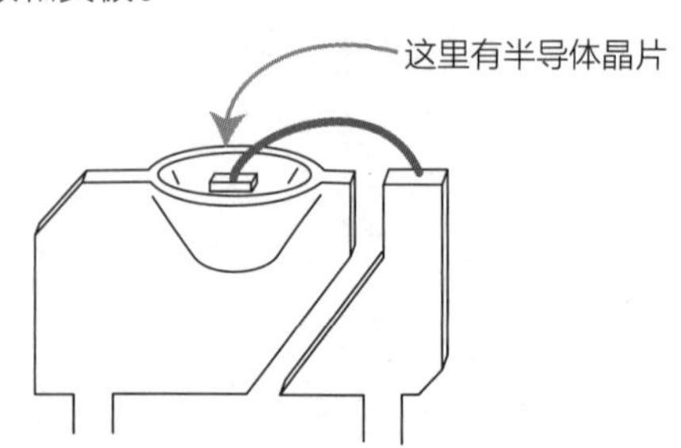

LED 的种类

LED 从直接装在电路板上的几毫米的元件，到高亮度、超高亮度的大 LED，有很多种类，有显示数字用的 7 段数字显示器和可以显示文字和图形的点阵状面板等，形状也有很多种。例如，灯光显示屏上使用的就是点阵状面板，也可以显示出全彩画面。

直接装在印刷电路板上的小型 LED 也有很多形状

在室外大型显示场景中会用到这种遮光罩式的 LED

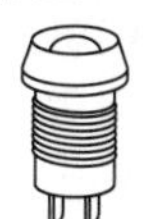

壁灯式便于安装在外壳之类的物体上

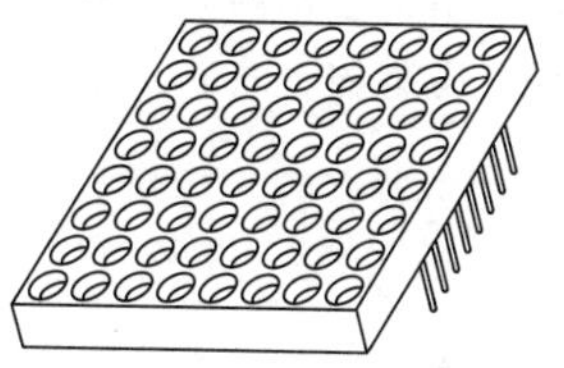

点阵式 LED 适合用于灯光显示屏上

7 段数字显示型在显示数字时经常被用到

LED 和灯泡

灯泡是在玻璃球中充满惰性气体，通电后通过灯丝发光的。灯丝是一种电阻，在电流流过的时候就会发红发热，同时发光。相对于灯泡而言，LED 是由 P 型和 N 型半导体组成的二极管的一种。在电流流向一定的方向时发光。

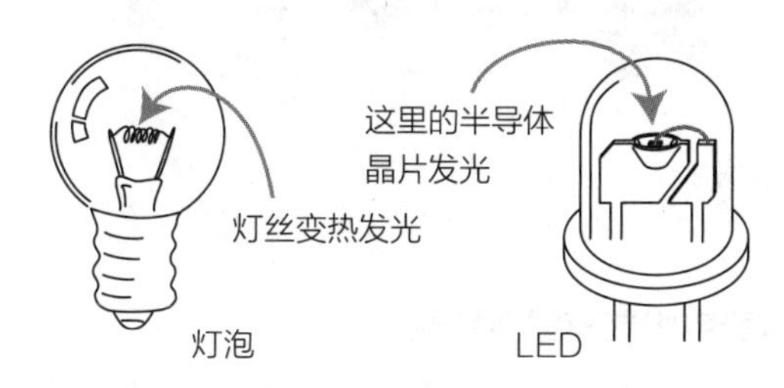

◆ 三极管

三极管是 N-P-N 或 P-N-P 这样中间夹着半导体的结构，前者直接称为 NPN 型，后者称为 PNP 型。

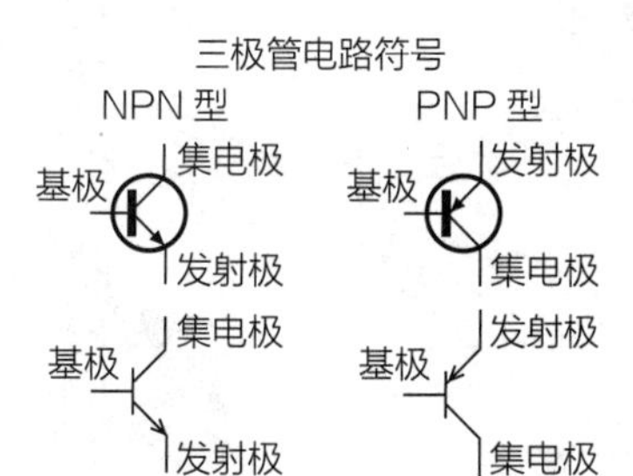

三极管的作用是放大电流和作为无触点开关。输入基极的电流将流向集电极和发射极之间。

三极管的形状多种多样

三极管有各种各样的形状，比如从可以装到电路板表面的小三极管到放大器上所用的大功率晶体管中拇指大小的三极管，但是里面都是一样的结构，都是由 P 型、N 型半导体所构成的。

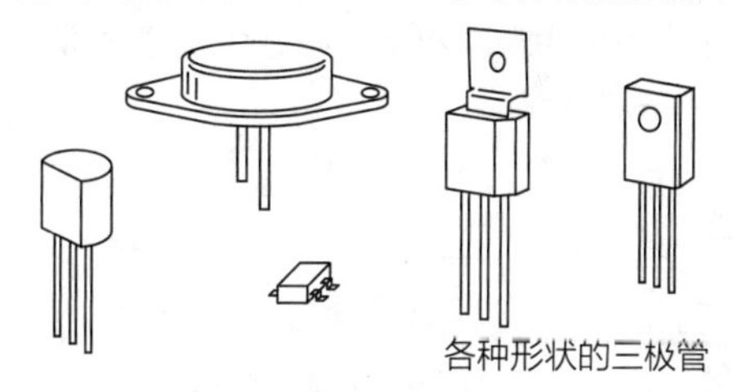

各种形状的三极管

让我们取一个三极管看一下标识，发现标识为“2SC1815”。在日本，2S 是三极管的意思，后面的 C 是指 A、B、C、D 四种字母中的一个，其中 A 和 B 表示 PNP 型，C 和 D 表示 NPN 型。另外，根据使用目的不同，又分为高频率用、低频率用，A 和 C 为高频率用，B 和 D 为低频率用。“1815”表示被注册了的产品型号。

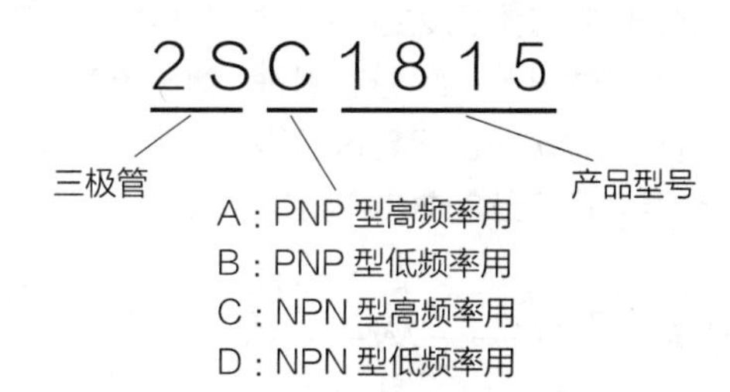

◆ 电阻（电阻器）

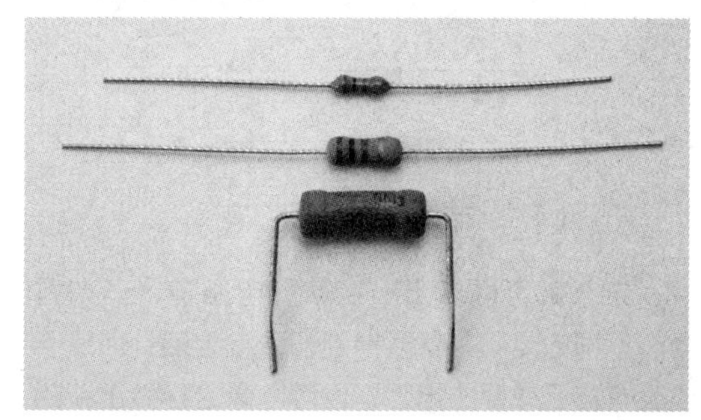

电阻器就如其名，具有限制电流通过的特点。通过电阻器控制电流，从而控制输出的声音和光的强度，或者调节传感器的灵敏度。

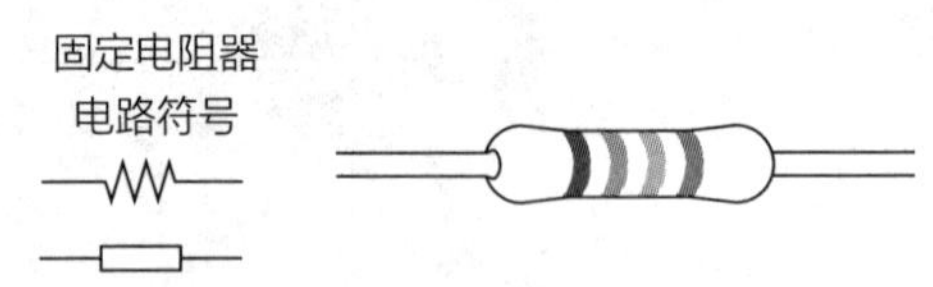

电阻器的读法

电阻器有线绕电阻器、金属膜电阻器、水泥电阻器等多个种类，在电子制作方面经常用到的是碳膜电阻器。

通常电阻值是不用文字印刷在电阻器上的，取而代之的是印刷 12 种色带，电阻值通过这些颜色的组合来表示。各个色带和意义如下所示，第 1 ~ 2 色带为有效数字，第 3 色带是乘数，第 4 色带表示偏差。

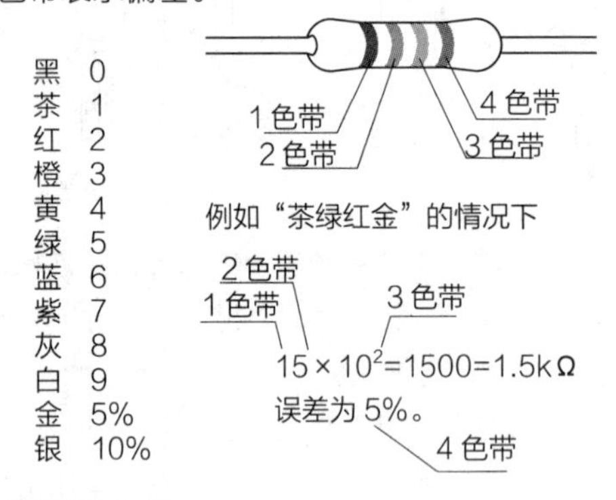

电阻器的合成

将一个以上的电阻器连接起来，从结果上看所得到的电阻值就会发生改变，这称为合成电阻。例如串联的情况下，合成电阻是各个电阻值的和，但在并联的情况下就不是这样的。实际上是按下面的计算公式求出合成电阻值的。

串联的情况下 R_1 R_2 R_3 R_4

合成电阻 $=R_1+R_2+R_3+R_4+\cdots$

并联的情况下 R_1 R_2 R_3 R_4

$$\frac{1}{合成电阻}=\frac{1}{R_1}+\frac{1}{R_2}+\frac{1}{R_3}+\frac{1}{R_4}+\cdots$$

这样就可以做出一些新的电阻值。例如有两个不同的电阻，就能得到四种电阻值。即使手边没有自己想要的电阻，也可以像这样做出新的电阻。

可变电阻器和半固定电阻器

能使电阻值变化的有可变电阻器和半固定电阻器。主要区分如下：安装随时可以调整大小（一定范围内）的旋钮，需要用手转动的是可变电阻器，安装在电路板上，调整一次以后，不用再频繁地调整的称为半固定电阻器。这两种电阻器的构造基本相同，滑动接点在电阻器上滑动，其位置就决定了电阻值。

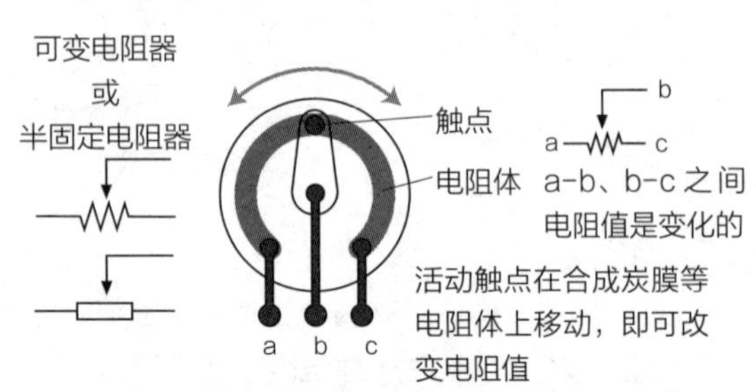

可变电阻器有很多种类

常见的可变电阻是旋钮型的，但也有移动旋钮位置的滑动型。另外还有一种是用同一个轴，改变两个以上电阻值的多层型。还有一种是带开关的。可变电阻器有各种各样的种类，因此可以根据用途不同而区分使用。

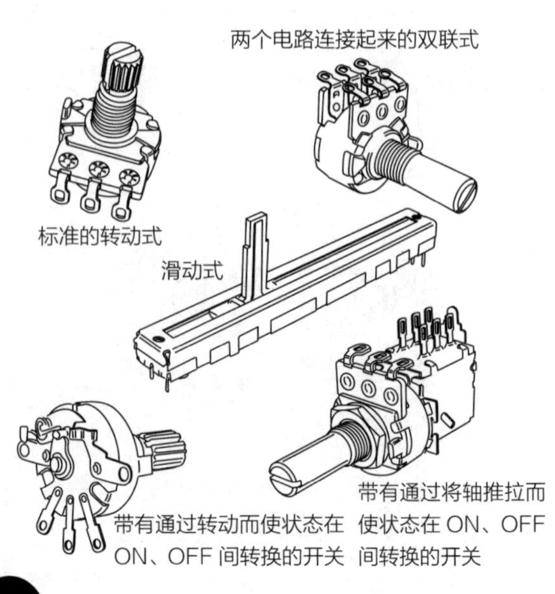

半固定电阻器也有很多种类

半固定电阻也有很多种类，但基本上都是以三个引脚安装在电路板上的形式，也有不是只转动一次，而是转很多次来进行高精度调整的类型。这些也称为电位器。

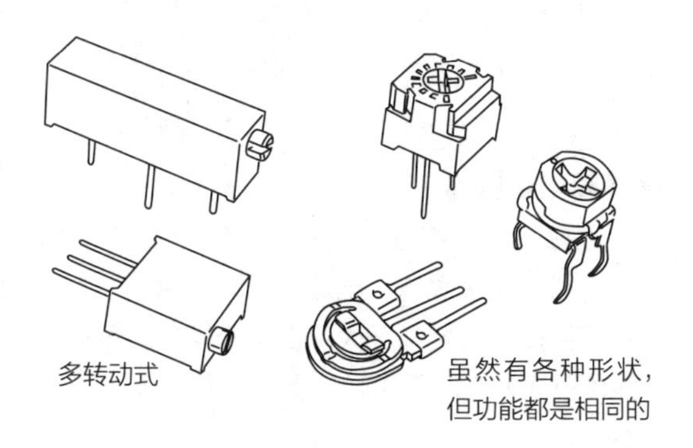

变化特性

转动可变电阻器的旋钮，电阻值会发生变化，但这个变化方法也是有种类的。转动关系和电阻值的关系从大的方面分为三种，分别根据用途不同而区分使用。不能说旋钮转动角度位于中央位置，电阻值就是一半。

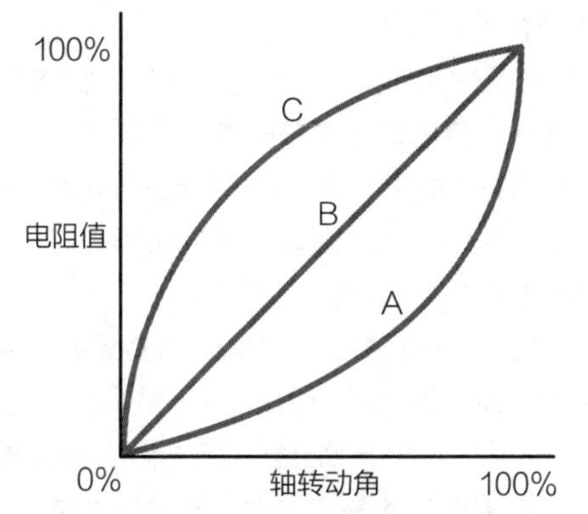

A：转动角度小变化就小，转动角度大，变化也就变大。这可以在转动角度小的时候（比如进行音量调节）产生微妙的变化，据说这和人的听觉灵敏度是一致的。
B：电阻值和转动角度成比例地直线式变化。这是使用得最多，用途很广的一种。
C：转动角度小的时候，稍微转动一点就会发生急剧变化。一般在普通的产品上不怎么使用这一种。

◆ 电容器

电容器是可以暂时储存电荷的电子零件，但与电池将化学能转化为电能不同。电容器的结构尽管简单，但在电路中起到很重要的作用。在电流方面不通直流，但是通交流，电容器具有这样不可思议的性质，用途是很多的。

电解电容器的电路符号　　陶瓷电容器等　　可变电容器电路符号

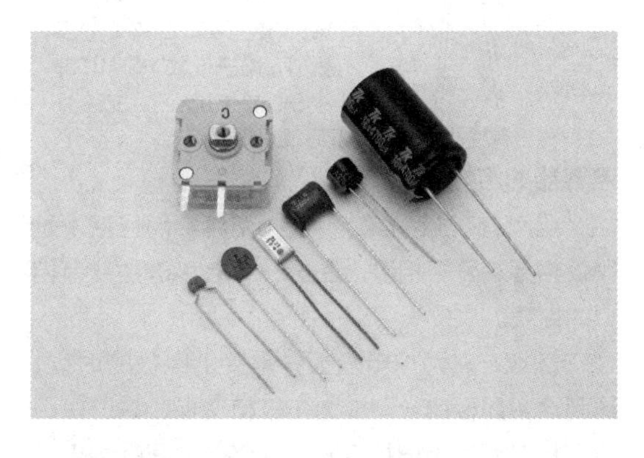

电容器的种类

根据储存电荷的金属板种类和夹在金属板之间的绝缘介质种类不同，电容器也有很多种类，性质都不相同。在电子制作中经常用到电解电容器和陶瓷电容器，在收音机之类的调谐电路中经常用到静电容量可变的可变电容器。

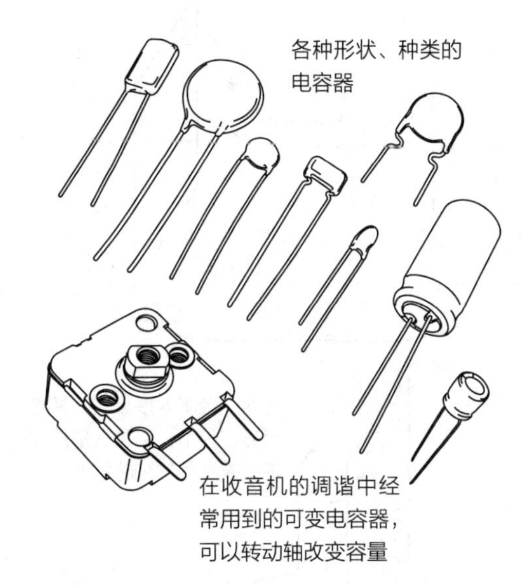

静电容量的标识

电容器也是小电子元器件，但是在其表面上标有其额定值。电解电容器是直接标识如“16V 10μF”等值，陶瓷电容器是用三位数字进行标识。

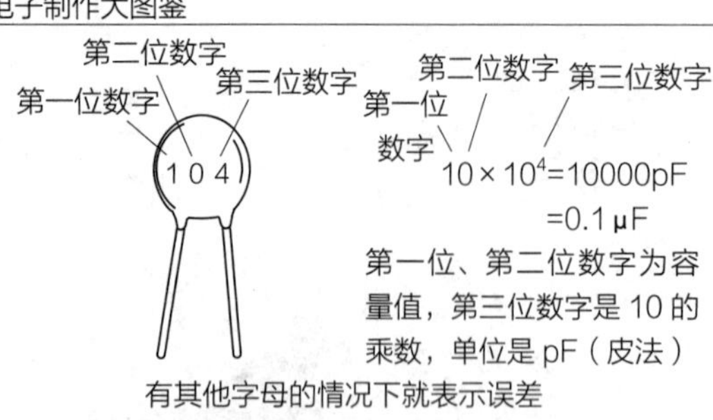

电容器的结构

电荷有+（正）和-（负）两种，而且基本是同极相斥、异极相吸，在这一点上和磁铁具有相似的性质。

例如，在两个电极板分别接上电极的时候，这两个金属板就分别成为正极和负极，将这两个金属板之间的距离拉近时，各个极之间就会相互吸引，结果就造成更多的电荷集中到金属板上。在电荷集中起来以后即使切断电极，两极之间也会相互吸引，集中在金属板上的电荷量也不会变。也就是说暂时把电荷储存起来了，这就是电容器的基本构造。被储存起来的电荷量称为静电容量，单位为F（法拉）。

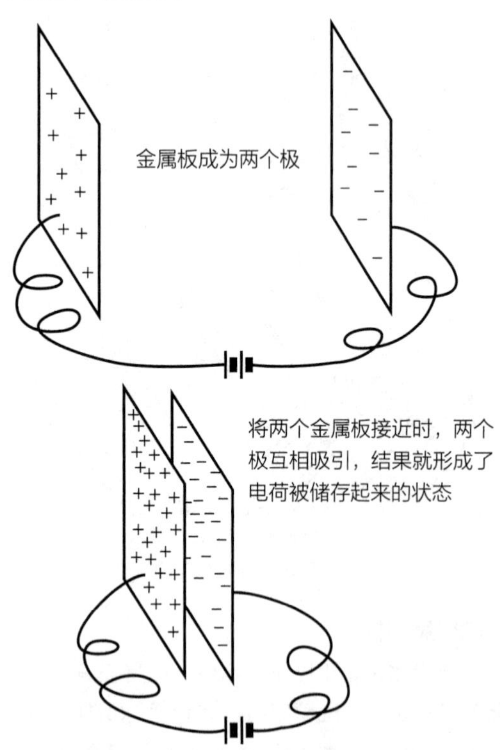

电容式麦克风

电容器由于两个金属板间的距离而使静电容量发生变化，因此，如果由于空气振动造成距离变化，就可以将声音作为电信号取出，这就是电容式麦克风。

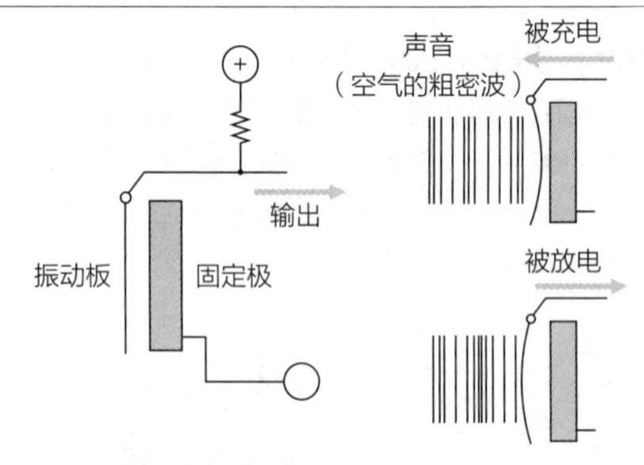

◆ 线圈和变压器

电磁铁是将铜丝一圈一圈地绕起来形成的，又称为线圈和螺线管。电流流过就产生磁场，装入铁芯后磁场会更加强大。在这个铁芯上再绕一个线圈就成为变压器，可以改变交流电压。

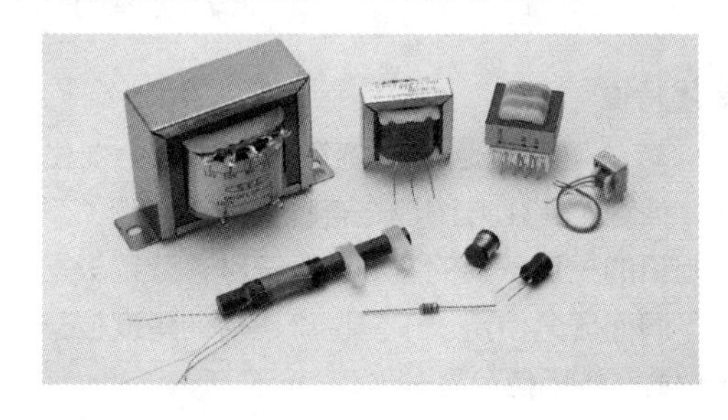

用线圈和磁铁发电

将永磁铁接近、离开线圈，电流就会流到线圈，另外，接近时和离开时的电流时是反向流动的。例如将线圈和LED按图所示进行布线，试验一下就会明白。在线圈通过磁铁和离开磁铁的时候会有不同的LED亮起。

这称为电磁感应，这是因为有这样一种特性，即电线将磁场横向切割，或者影响电线的磁场发生变化时，电流就会按特定方向流到电线上。

这是发电机的基本原理，不管是大发电站还是自行车上的发电机，基本原理都是一样的。

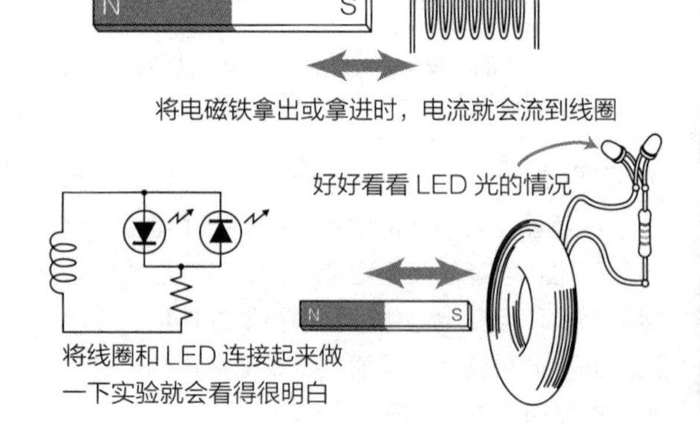

如果取代磁铁而使用电磁铁

我们在这里将磁铁换成电磁铁看一看。接入电源就会只在开始的一瞬间有电流流过，这是因为影响电线的磁场发生变化只是在开始的一瞬间。那么为了让磁场连续变化，就通上交流电看一下。交流电电压是反复上升或下降的，因此磁场也会按照这个变化而发生变化。

进一步用铁芯连接

放入铁芯的话磁场会变强，因此所产生的电流也大而稳定。再进一步，为了防止漏磁，用铜丝将铁芯绕一圈，作为电磁铁使用的线圈所发出的全部磁场都会通过铁芯传递到第二个线圈，这就是变压器。流过交流电的电磁铁线圈为初级线圈，接受这个磁场流过电流的线圈为次级线圈。另外，变压器所产生的电压和线圈匝数成比例，次级线圈如果绕得多就可以升高电压，反之，如果绕得少就可以降低电压，这称为升压、降压。

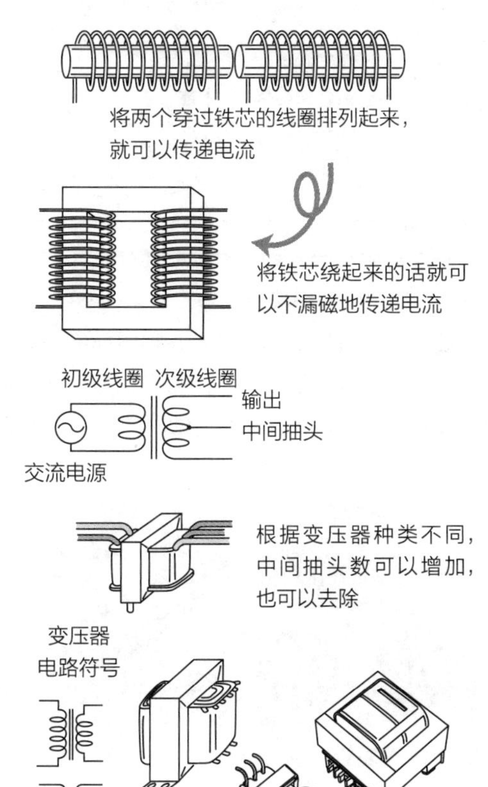

磁铁的性质

磁铁有 N 极和 S 极，具有 N 极和 N 极、S 极和 S 极互相排斥，N 极和 S 极互相吸引的性质。地球也是一个大磁铁，指南针能指南北是因为南极和北极分别有 N 极和 S 极，与指南针互相吸引。

磁铁的种类

磁铁可分为永磁铁和电磁铁。

永磁铁根据材料和制作方法不同，有铁氧体磁铁、铝铁镍钴合金磁铁、稀土磁铁，另外，根据形状和用途不同又有条形磁铁、蹄形磁铁、橡胶磁铁等很多种类，还有像黏液一样的液体磁铁，可分别在合适的场合使用。虽然永磁铁有各种各样的类型，但共同点是不需要外来的能量，便拥有磁铁的性质。

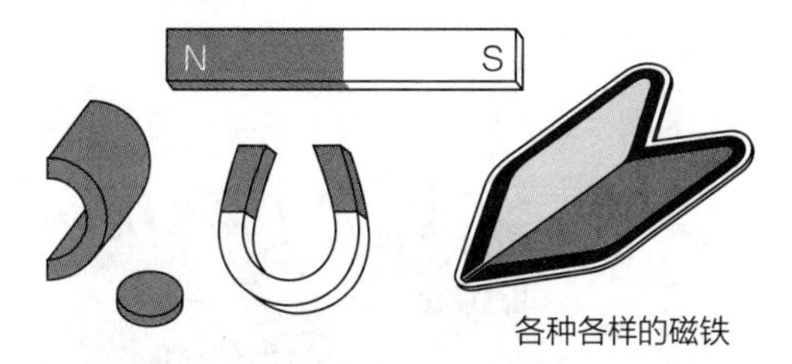

各种各样的磁铁

电磁铁可以用电做出

与永磁铁不同，电磁铁是将电能转换成磁场而具有磁铁性质的。电磁铁在通电期间变成磁铁，断电以后就没有磁场了。利用这一特点，可以通过电流的流向控制让磁场出现或者消失，被应用在各种领域中。可以考虑将电磁铁应用在洗衣机、吸尘器的电动机，冰箱、空调的压缩机，收音机的扬声器和电视机的显像管上。

磁力线的方向

就像电流是从 +（正）极流向 -（负）极一样，在磁铁外部，磁力也是从 N 极流向 S 极，其流向的轨迹就叫作磁力线。电流流过一根铜丝，就在铜丝周围产生磁场，在这里产生的磁力线是确定的，相对于电流的流向而言是向右旋转的，这是因为旋转螺纹的方向为磁力线，螺纹前进的方向就是电流方向，这是模仿的握起右手时的形状，称为“右手螺旋定则”。

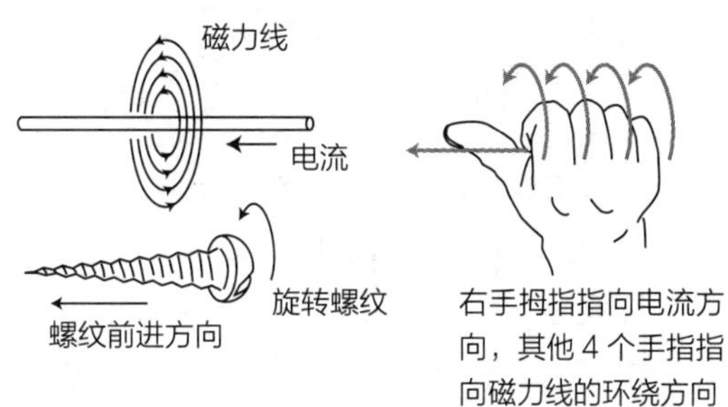

用很多铜丝捆扎起来，这样产生的磁场可以很强。也就是说将铜丝一圈一圈地绕起来的话可以得到很强的磁力。

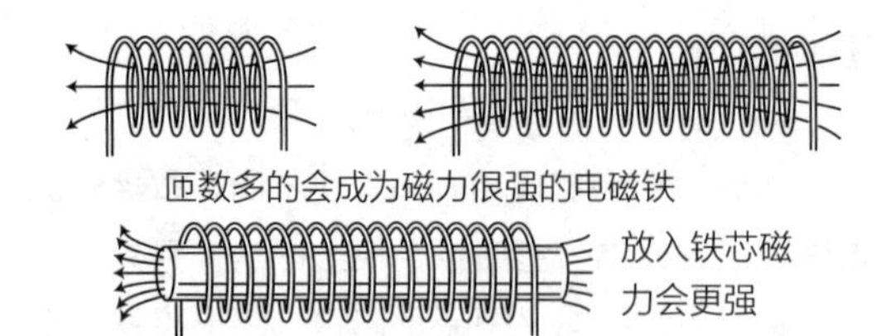

◆ 继电器

说到继电器，会想起运动会上的接力赛，继电器正是像将接力棒交出去那样将电器连接起来的。根据输入的电流不同，将不同的电路进行连接和断开。

继电器的结构

继电器的结构很简单，是由电磁铁和触点组成的。电流流向电磁铁的线圈就会产生磁场，将铁等吸住。将触点装在这个吸住部位，就形成开关。这个触点和线圈是被绝缘的，因此对于和线圈部分没有关系的电路，可以控制开和关。

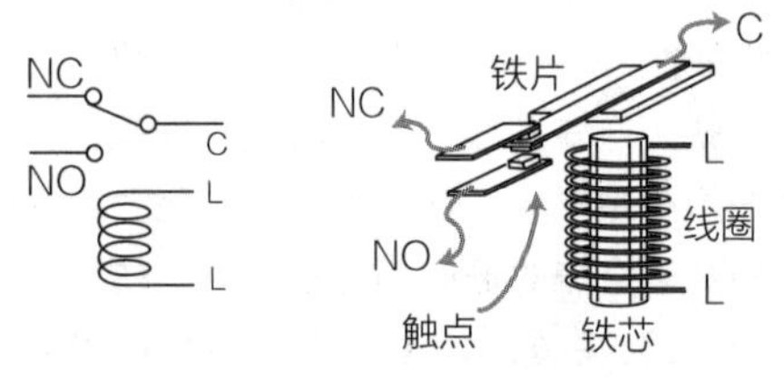

电路打开、闭合

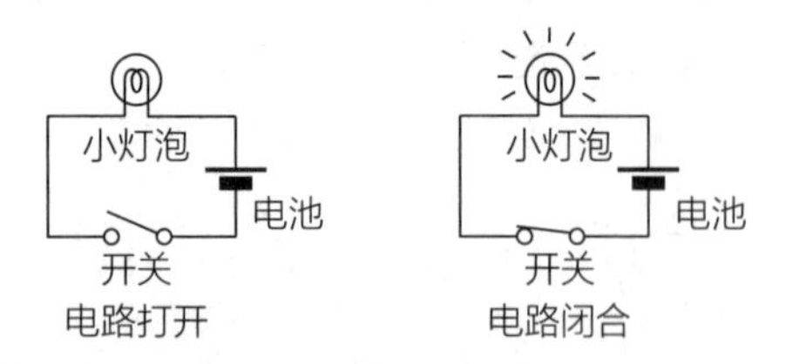

任何一个电路在通电的时候称为电路“闭合”，不通电的时候称为电路“打开”。以简单的灯泡电路为例，开关打开的时候电灯泡亮起，这时就是电路闭合，开关断开电灯泡不亮的时候，电路就是打开的。继电器端子除了线圈以外还有触点端子，几乎所有情况下都是双掷式。根据电极数不同，触点端子数也会有所不同，但是都有C、NC、NO这几个状态。其中，C是COMMON的简称，即通用，NC是NOMAL CLOSE，即常闭触点，通常是关闭状态，在继电器动作时打开；NO是NOMAL OPEN，即常开触点，通常是打开状态，在继电器动作时称为闭合的端子。

继电器和蜂鸣器

例如将线圈端子和C、NC端子串联连接，接上电源以后会怎么样呢？通电后铁片动起来，NC接点脱开，这样电就没有了，又回到了原来的状态。回到原来的状态后，电就又通了……铁片像这样反复振动，发出声音来，这就是电磁蜂鸣器的原理。用真正的继电器做这样的动作的话有可能导致损坏，需要引起注意。但是自己也可以制作同样的装置，可以做做试一下。

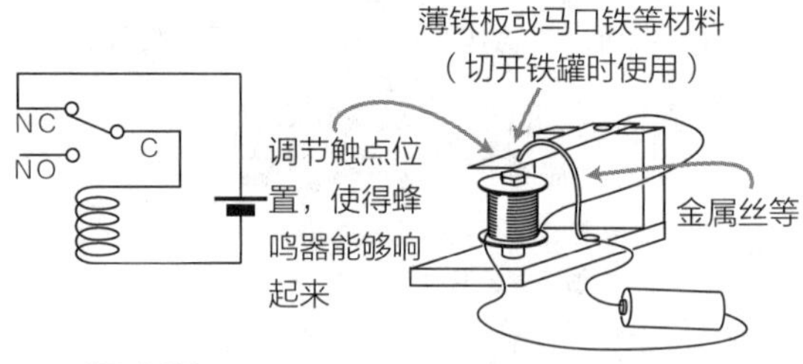

◆ 扬声器

耳朵能听到的是空气振动形成的声音。演奏乐器时，通过拨弦、敲膜和板、振簧使空气流动，产生共鸣，空气振动形成声音。将电转换成声音主要使用的是扬声器。扬声器将电信号变成振动板（锥形纸盆）的前后运动，使空气振动转换成声音。

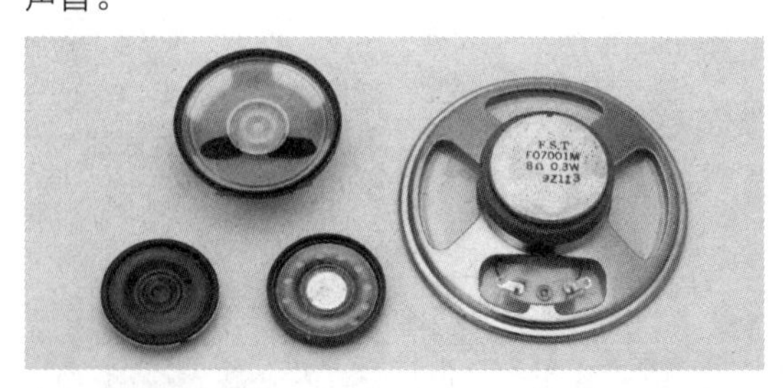

发出声音的装置

发出声音的装置有几个种类，例如晶体耳机是使用了酒石酸钾钠结晶的振动特性，因此是通过结晶将电信号直接转变成了振动（现在多采用陶瓷来制作压电元件）。但是，现在使用得最多的是电动式扬声器，电动式扬声器中使用了锥形纸盆，以磁铁和线圈所产生的电磁感应为原理。一般说到扬声器，就是指的这一种。

弗莱明的左手定则

在电线上流过电流，就会在周围产生磁场。如果把这个过程放在其他磁场中进行，由于各个磁场的影响，导线上就会受力。这称为弗莱明的左手定则，电流流向与磁场垂直的导线时，就会在与磁场、电流成直角的方向受力。将这个用左手做比拟，就是将左手的食指、中指和拇指伸直，使其在空间内相互垂直。扬声器中也运用了同样的原理。

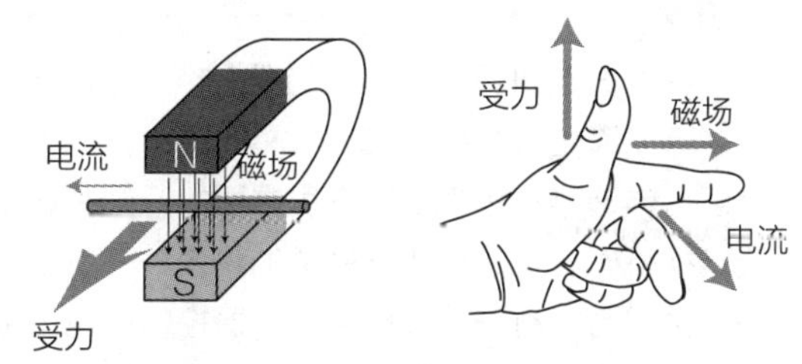

电动式扬声器

在磁芯中有磁铁，有线圈接受这个磁场。这个线圈和使空气振动所用的纸（即纸盒）接在一起，电流流过时，这个纸盆就动起来，使空气振动，形成声音，人们就可以听得到。由于电信号的强弱和频率不同，纸盆会大幅地、小幅地、激烈地、和缓地振动，因此会变成音乐或人的声音。

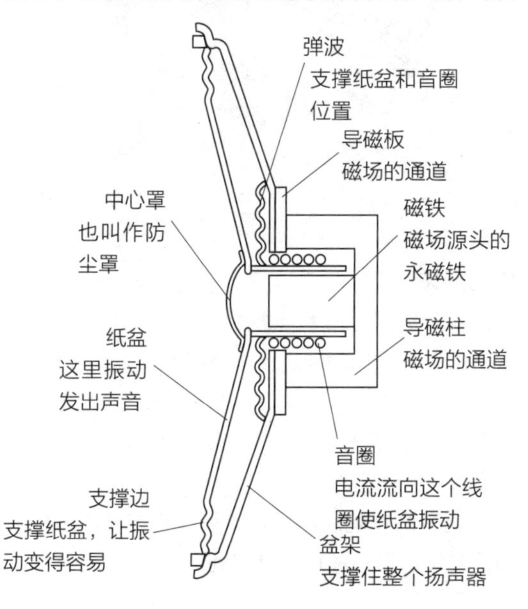

根据产品的不同，结构多少会有些差异，但大的构成就是如此

◆ 麦克风

麦克风的作用是将声音信号转换成电信号，如果没有麦克风，收音机和电视机就不能把声音转成电波。很多时候麦克风简称为“麦克”，有很多种类，主要是根据将声音信号转换成电信号的结构划分的。

碳粒式麦克风

碳粒式麦克风采用的是在一部分变成振动膜的壳体内，填充上碳粒的结构。声音使振动膜振动时，碳粒之间的接触电阻发生变化，电极间的电阻值也跟着变化，从而可以将声音转换成电信号，其特征是输出功率大。

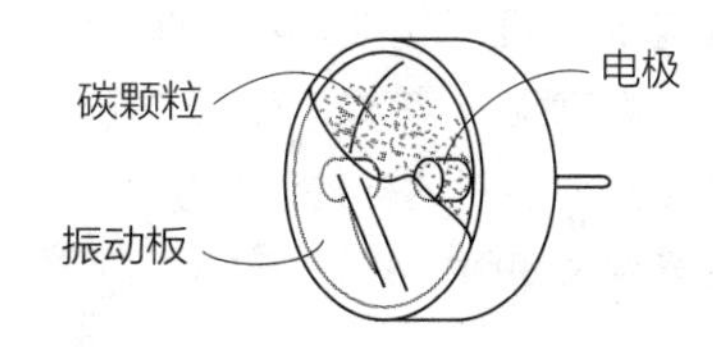

晶体麦克风

当酒石酸钾钠晶体的两个表面受到压力后，会产生电压。将酒石酸钾钠切成薄片，当空气振动传递到振动膜上时，膜片产生的压力使晶片振动产生电压变化，形成音频信号向外传送。

反之，加上电压后酒石酸钾钠就会变形，在这上面安装振动板就会发出声音，这就是晶体耳机。晶体麦克风和晶体耳机在结构上是相同的，因此根据情况，晶体耳机有时也可以作为麦克风使用。

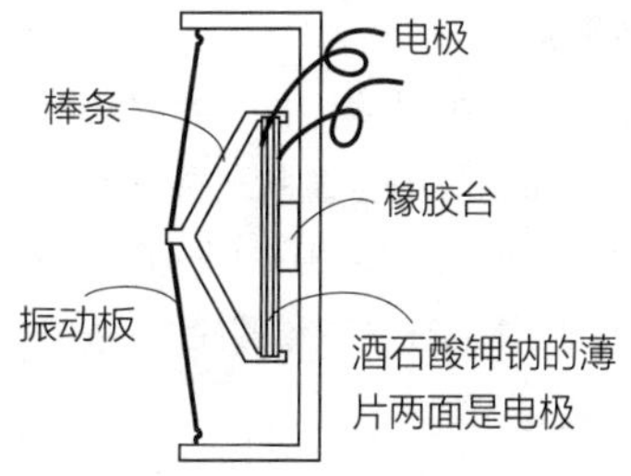

现在很多晶体麦克风（耳机）采用压电元件，没有棒条和振动板

速率式麦克风

根据弗莱明右手定则，导体在磁场中移动就会产生电流。速率式麦克风就是利用了这个原理，将导体做成薄带直接接受空气的振动，就能感应出电流。因为使用了金属带子，所以也称为铝带式麦克风。因为带子是前后动的，所以麦克风的前后方向上方向性很强，但在横向上没有灵敏度。

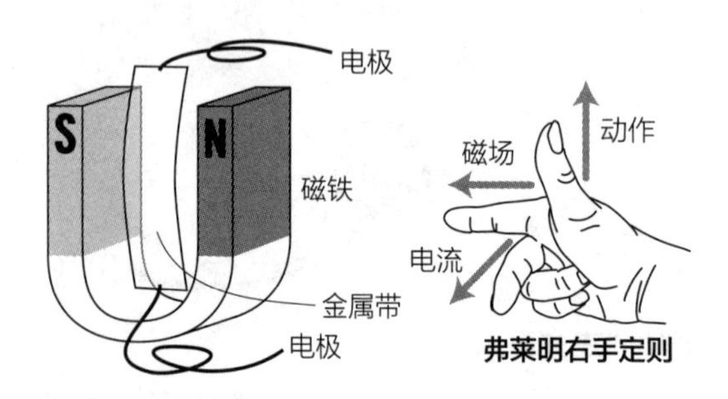

电动式麦克风

电动式麦克风和速率式麦克风一样，都是利用电磁感应原理，所不同的是不是用带子，而是将音圈贴到振动膜上，在圆形磁铁中通过音圈振动感应出电流。因为音圈是可动的，所以也称之为“动圈式麦克风”。其构造和电动式扬声器是一样的，所以在对讲机这样的设备中也会将扬声器直接作为麦克风使用。

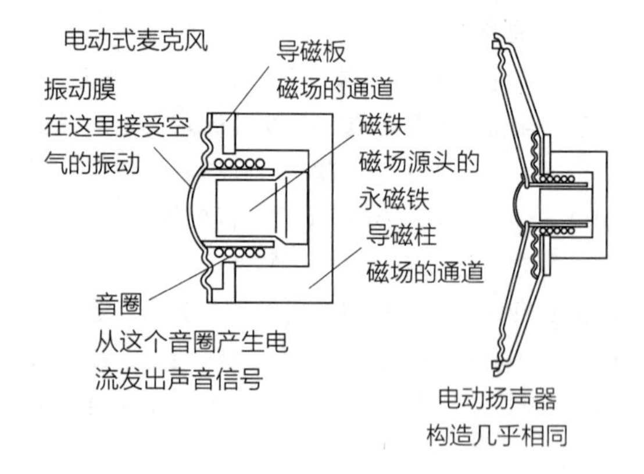

电容式麦克风

由固定极和振动膜组成，振动膜接受空气振动后，两极间的静电容量就发生变化，将其作为电信号取出。驻极体麦克风（ECM）是将一直带有电荷的驻极体用在了振动膜上。

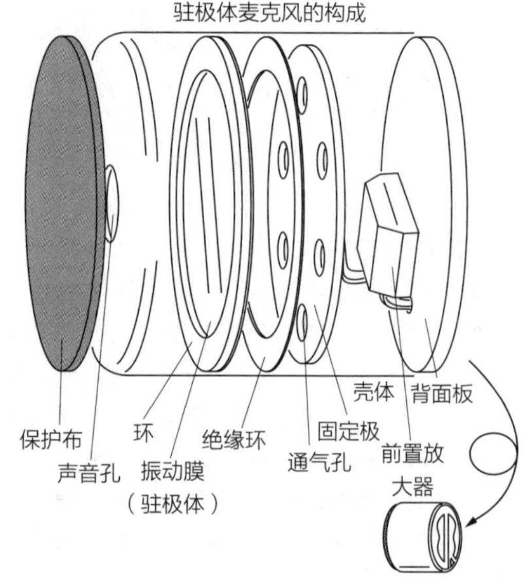

◆ 开关

人在开动机器时，最近的操作接口就是开关吧。可以通过开关打开电源、转换电路，或者通过组合传递某种信息。在家里想要打开照明设备或电视机时，也是要用到开关的，按一下或者拧动开关就可以打开或关闭设备，遥控器中也可能会用到传感器。开关有很多种类。

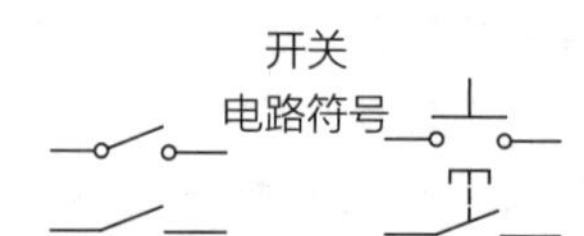

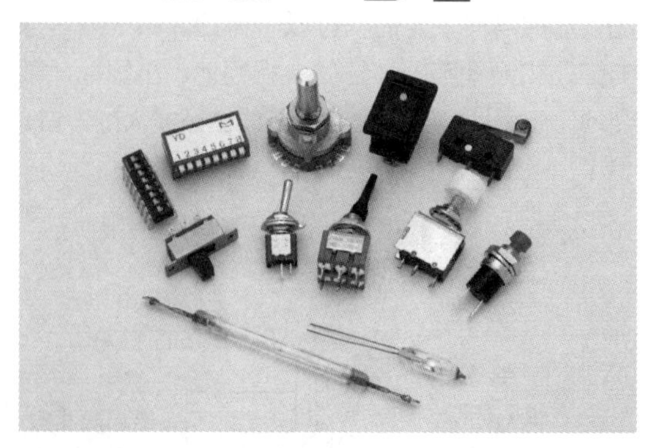

拨动开关

拨动开关是一种手柄式的开关，就像跷板一样朝着其中一边倾斜，使电路打开或关闭。其中，有只有 ON 和 OFF 状态的拨动开关，但大部分都是以中央端子为中心，分别向两边倾斜，一边为 ON，另一边为 OFF。

具有同样功能和结构，而操作方法不同的滑动开关和跷板开关也经常用到。

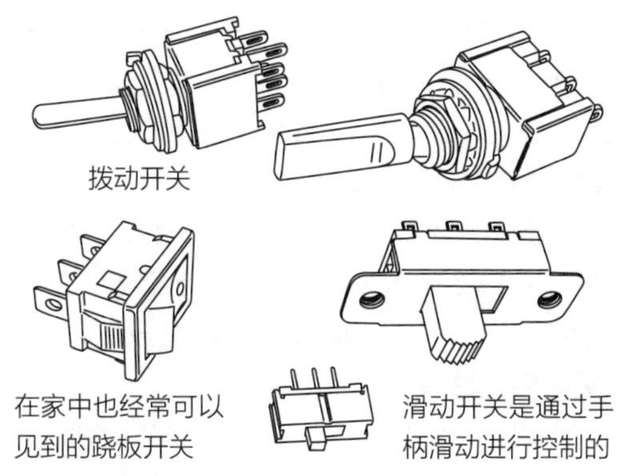

拨动开关

在家中也经常可以见到的跷板开关

滑动开关是通过手柄滑动进行控制的

按钮式开关

按钮式开关是一种通过按动按钮使电路打开或关闭的开关。一般是按下为 ON，放开是 OFF，但也有按下为 OFF 的，另外也有每次按下都是 ON 和 OFF 转换的按钮式开关。

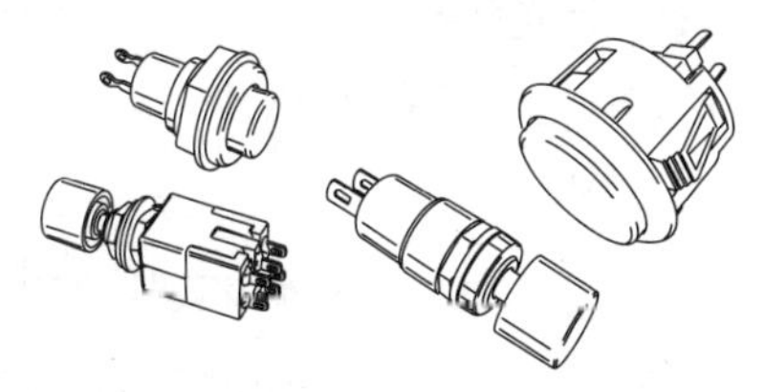

微动开关

通过按方形封装的突起部分控制电路的打开或关闭，这就是微动开关。很多微动开关都有螺纹管式簧片，通过按这个簧片进行动作。

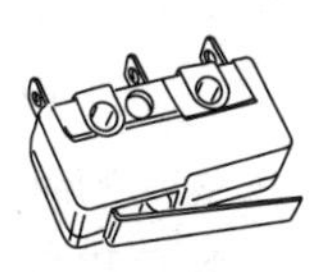

磁簧开关

在玻璃管中有金属的薄片触点，磁铁接近时就磁化，薄片触点接触可进行电路的打开或关闭。磁铁和开关可以以非接触形式进行开关，在窗户和门的防范用传感器上经常用到。

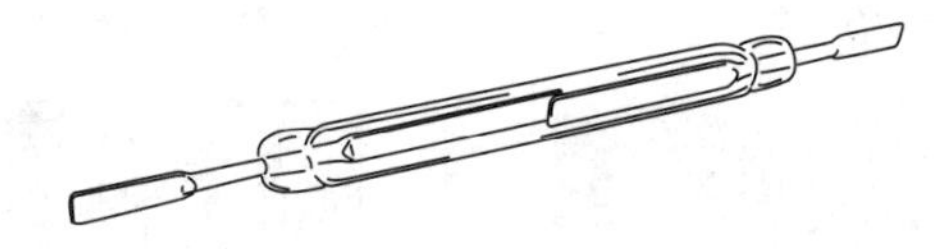

水银开关

在玻璃管中放入导线和水银，水银也是金属，因此如果接触到两根导线，电路就会关闭。如果玻璃管导线的相反方向有水银的话，电路就打开，因此会被用于类似倾斜传感器等器件中。

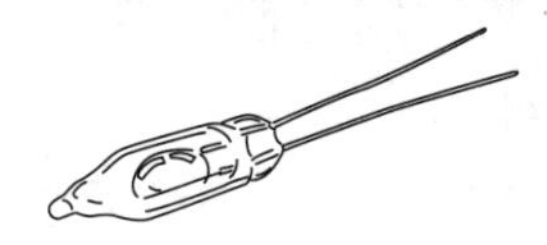

双列直插封装开关

双列直插封装开关拥有和 IC 引脚同样宽度的端子，直接安装在电路板上。因为比较小，用手指控制开和关比较困难，所以常用在确定了电路的设定以后，就不再频繁改变的电路上。

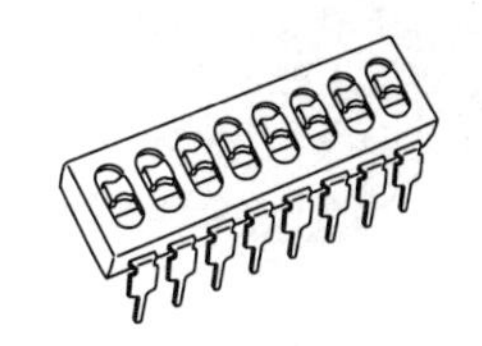

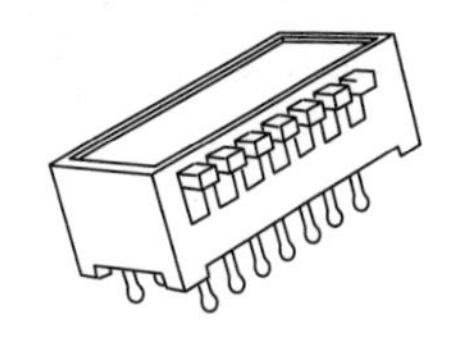

瞬时开关和交互开关

根据动作方式不同，开关分为瞬时开关和交互开关。操作一次为 ON，操作结束后成为 OFF 的为瞬时开关。操作一次为 ON，在再次操作之前都保持 ON 状态的为交互开关。一般的拨动开关是交互开关，但也有拨动部分自动返回的瞬时开关式拨动开关。按钮开关只在按住期间将电路接通，把手拿开时电路就打开，这是瞬时开关方式。按一次为 ON，再按一次为 OFF，这称为交互开关方式。

◆ 干电池

说到小型而且可以搬运的电子器具的电源，想到的基本就是干电池了。从手电筒到游戏机、便携设备，干电池被用在各种电子器具中。不需要从插座电源中取电，便宜而且可以用于多种用途。在电子制作方面也因为简便而有多种用途。

一次电池和二次电池

干电池从大的方面来说有一次电池和二次电池之分。像经常用到的碳性电池和碱性电池这样用一次就扔掉的为一次电池，像镍电池这样充电后可以多次使用的为二次电池。除此以外，还有可以将光能转化成电能的太阳能电池和光电池，以及使用了高分子膜的燃料电池。

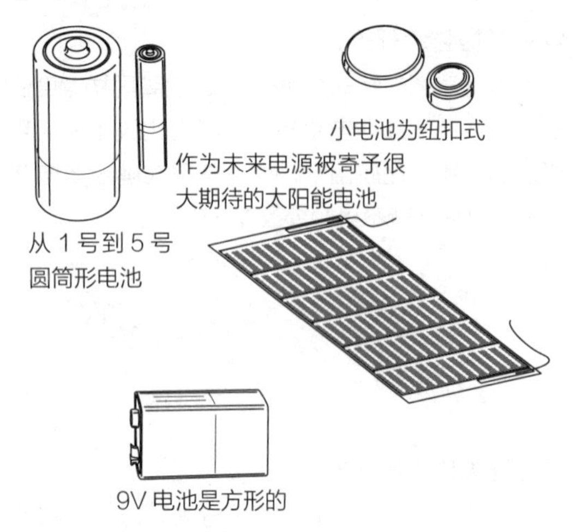

电池形状

在日本，电池形状是按照 JIS 标准来制作的，除了 1 号电池、2 号电池、3 号电池等经常看到的以外，还有被称为纽扣电池的小电池，以及手机和笔记本电脑上专用的电池。这些电池的内部结构都不相同，电压和使用方法也不同。特别是 1 号到 4 号同型电池又都有一次电池和二次电池，电压都不相同，在购买和使用时要注意。

碳性电池和碱性电池

遥控器、持续使用小电流的钟表等所使用的是碳性电池，而瞬间性使用大电流，或者有比较大的电流流过时，使用碱性电池。和碳性电池相比，碱性电池有电流大、寿命长的特点，最近价格也便宜了，可以用于很多用途。

碳性电池和碱性电池所使用的材料和结构都不相同

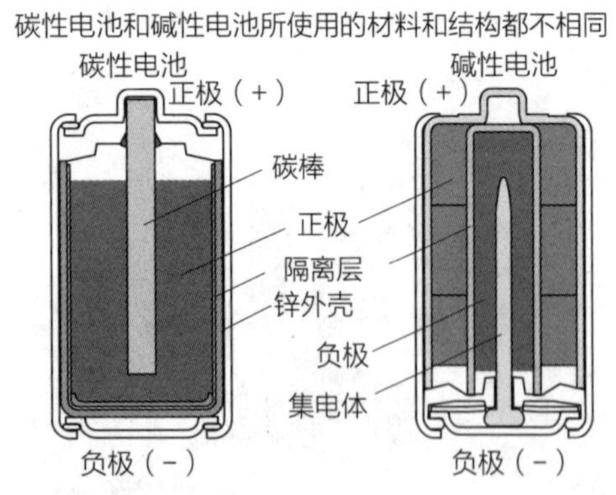

电池的处理

电池是一种可以轻松使用的电源，但是如果处理错了就会非常危险。也会遇到发热后着火的情况，以及电池破裂造成受伤的情况。要注意不要把电池方向弄错，或者是使电池短路，不要将电池加热，使用前好好阅读注意事项。另外，在将电池丢弃时，要根据当地的自治体条例，分类扔掉。

◆ 直流电动机

为了让机器人动起来，不可或缺的就是电动机。电动机可以用在驱动车轮中，也可以用在弯曲手臂或者吊车上。环顾一下家里面，电风扇和剃须刀，计算机的磁盘驱动和录像机走带装置，吸尘器和空调等，都装有电动机。在这里我们看一下电子制作中经常用到的直流电动机的基本原理。

电磁铁和永磁铁

电磁铁是在铁芯（前部）上缠绕上线圈，通电后就成了磁铁。这时根据缠绕线圈的方向和电流流过方向的不同，N 极和 S 极会在一定方向上产生，这就是右手螺旋定则，可以理解为相对于电流的流向，右旋的方向上会产生磁场，也就是说如果电流是反向的话，磁场也是反向的。而且磁铁的特征是同极相斥，异极相吸。电动机就是将这个性质用到了驱动转动上。

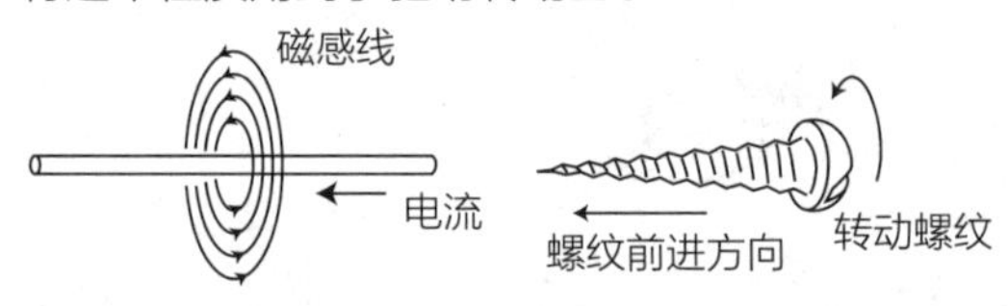

一根导线右转就产生磁场

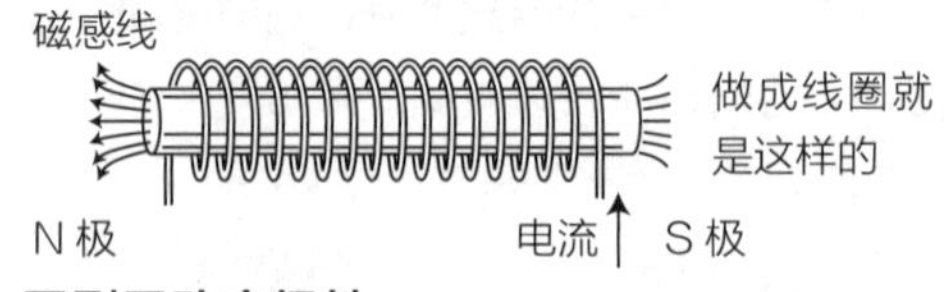

用刷子改变极性

把插有轴的电磁铁放入永磁铁之间时，通电以后电磁铁就会向互相吸引的 N 极和 S 极动作，因此必然会转动起来。但是这样转完以后就会停下来，因此就要改变电极。这样 N 极和 S 极就会反过来，再次朝着转动方向互相吸引。这样重复进行就会一圈一圈地转下去。为做到随着转动改变电极，在轴上设上触点，用刷子和触点接触。

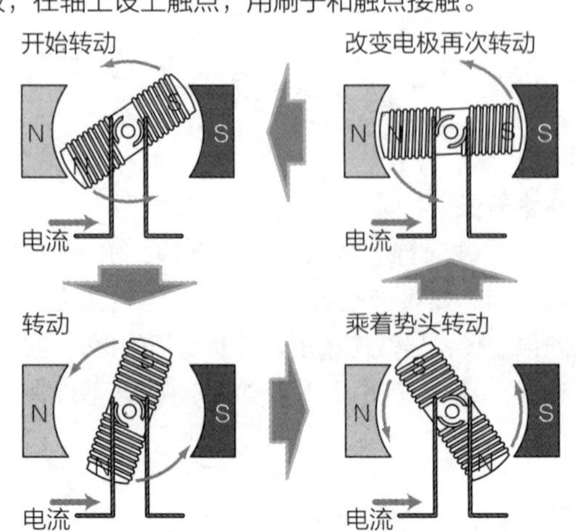

◆ 焊接

要想做好电子制作，焊接是不可避免的。焊接的好坏对于作品完成度有很大影响，是非常重要的一环。如果焊接时没有焊上的话，电路就会断开，反过来，如果焊锡放得太多，和旁边的元器件发生短路时，电路就不能正常地工作，严重的时候会造成元器件损坏，或者由于过热，也有可能造成失火和烫伤。要一个一个地进行确认后再焊接，不要忘记最后还要再进行确认。

准备

焊接就是通过加热将焊锡熔化，物理性、机械性地将金属之间连接起来。焊烙铁是非常热的，要注意不要烫伤，同时也不要在有易燃物的地方操作。如果有专门放烙铁的台子最好，没有的话可以用烟灰缸或者空罐代替。可以用不再使用的胶合板做操作台。

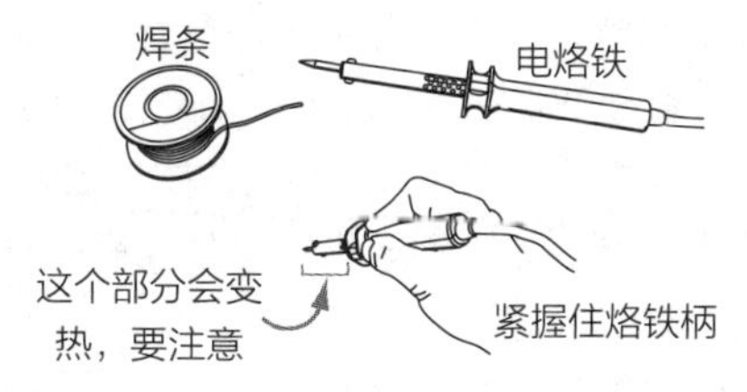

准备板子

首先安装元器件。从电路板正面将三极管、电阻器等元器件引脚穿到孔里，在电路板的反面将这个引脚折弯、临时固定到连接方向。在有接线板的情况下将元件折弯到不摇晃的程度。只要反过来时零件不轻易掉下来就可以。

在元器件数量多的时候，不要一下子都安装上，要按从小到大的顺序安装元器件，这样容易安装。将电路板翻转过来，把焊接面朝上。在有接线板的情况下不用翻转。用灵巧一点的手拿着烙铁，另一只手拿焊锡。把电路板平稳地放在操作台上，不要晃动。垫起一个和元器件高度一样的放置台，将电路板放上去，或者用夹子自制一个固定台。

电烙铁

在电子制作中，功率为 20 ~ 30W 的电烙铁就足够用了。

首先把电烙铁放在元器件引脚和电路板的铜箔部分，放 2 ~ 3 秒就可以。然后不动烙铁，将焊锡放上，使焊锡向烙铁头、元器件引脚、铜箔流动，将焊锡熔化后粘在金属部分。当焊锡顺利地扩展开的时候拿掉焊锡，然后将焊烙铁慢慢地拿开。焊锡熔化时会冒出白烟，要注意不要吸进去。一般是轻轻地吹气，以使焊锡冷却。要想将焊锡放得恰好合适，可能需要做些练习。

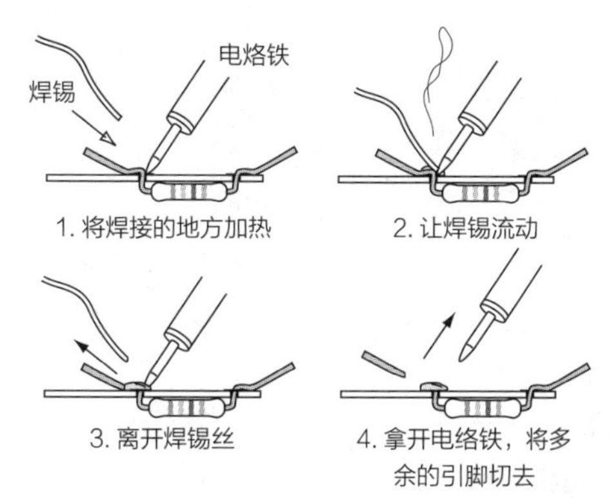

元器件很容易因为加热而损坏，所以如果把烙铁较长时间地放在元器件上，就有可能把元器件烫坏。操作时要掌握一下技巧。特别是像 IC 这样容易损坏的元器件，建议焊接时使用插座。

吸锡器

吸锡器是在焊接失败，或者在将焊锡放得过多，沾到相邻电路时用来将焊锡吸出的工具，可以像真空泵一样将熔化了的焊锡吸出来。吸锡线就如其名，是一个铜质网状线，可以更容易地将焊锡吸进来。将焊锡熔化后吸到吸锡线上，可以去除印刷电路板上的焊锡。吸锡器可以反复使用，但吸锡线是一次性的。

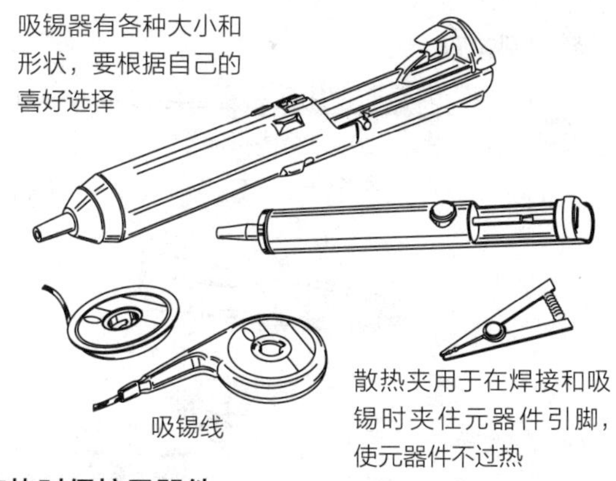

加热时保护元器件

根据元器件不同，有的元器件很怕热，为了在焊接时元器件不被焊锡的热量损坏，使用一种类似洗衣夹的铝制工具可以保护元器件不受热，这个工具称为散热夹。在焊接时用散热夹夹住元器件引脚。另外，焊接 IC 之类的元件时，可以使用插座以使元器件不受热。

固定电路板

焊接作业时如果电路板来回晃动，不仅很难焊接好，还容易造成烫伤。有固定电路板用的工具，可以用角码和圆形票据夹简单地制作，自己做一做试试吧。

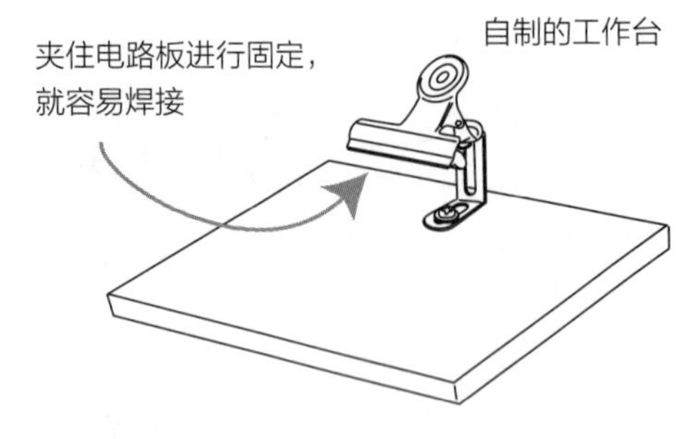

◆ 加工

扁嘴钳和剪钳

书中所处理的元器件以小元器件居多，因此用不到大钳子，用的是前头尖的扁嘴钳。另外，剪断元器件引脚和细绝缘导线时使用剪钳，小的剪钳用起来比较方便。

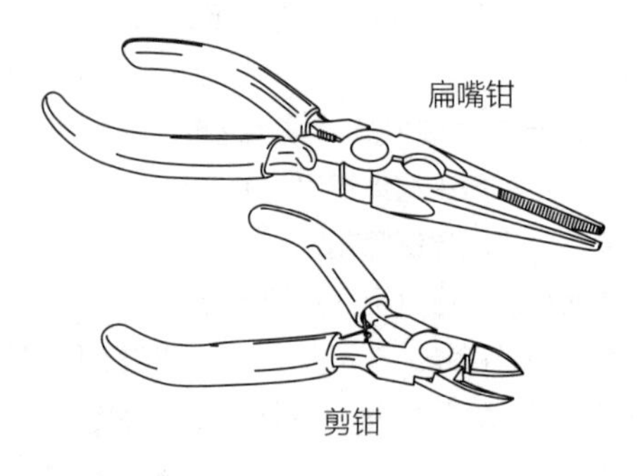

塑料切割勾刀

切断亚克力板时使用塑料切割勾刀，用勾刀削板子，削出槽以后将其沿槽折断。

把板子放在操作台上，用直尺对好尺寸，把

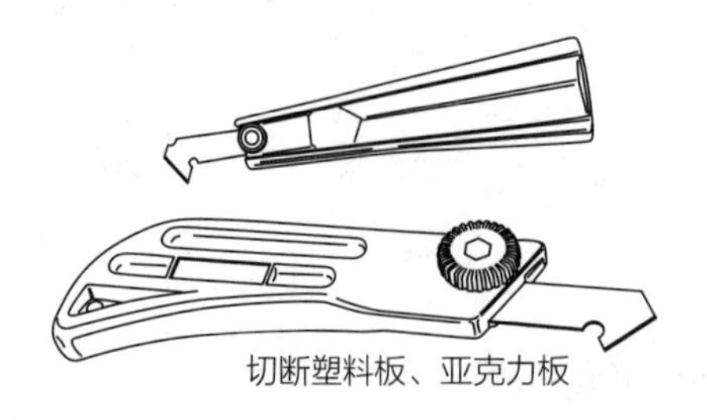
切断塑料板、亚克力板

勾刀向自己面前拉动，反复进行这个动作。如果使用塑料直尺，很容易被一同削去，所以要使用金属直尺。勾刀的刀刃要朝向切断的方向，否则容易削偏了，要注意这一点！表面带有保护纸的时候，就直接在保护纸上面操作，最后再将保护纸揭掉，这样就可以使表面不会有多余的划痕。重复进行多次削划后，削槽深度到了材料板子的一半左右的时候，用手指朝着将削槽拉宽的方向将板子弯曲、折断，这样切断操作就结束了。这时，如果很难折断的话，也不要勉强，再用勾刀继续削划，进一步将切槽加深。

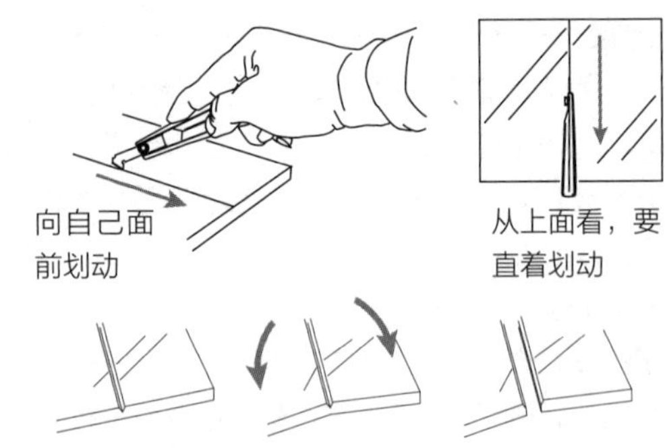

划槽深度达到板子厚度的一半左右时，向两边用力折断

从板子上拿下勾刀时，存在的惯性有时会导致把操作台削去，或者会伤到人，要很小心地操作。操作时一般都是用灵巧一点的手拿着刀子，另一只手按着材料和直尺，千万不能把手指放在刀子的划行方向上。

切断后的断面很尖锐，而且划槽参差不齐，要用砂纸和锉刀磨去这些尖锐、参差不齐之处。打磨时，将砂纸卷在木片上磨搓切断面，同时要把有角的地方磨一下，做出倒角。按从粗到细的顺序使用砂纸，如果不要求打磨到光亮的程度，用 240 号砂纸就足够了。

钻孔（使用手摇钻的情况下）

使用手摇钻时要用双手操作钻头，因此必须将板子固定住。在板子下面铺上不用的胶合板，板子很小的时候用胶带纸临时固定一下。钻孔的时候对上钻刀转动手柄。

钻孔时如果钻刀相对于板子而言不是垂直立着的，就会将位置钻偏，或者没有钻出笔直的孔，这一点要注意。在亚克力板上钻孔时，可以使用塑料用钻。

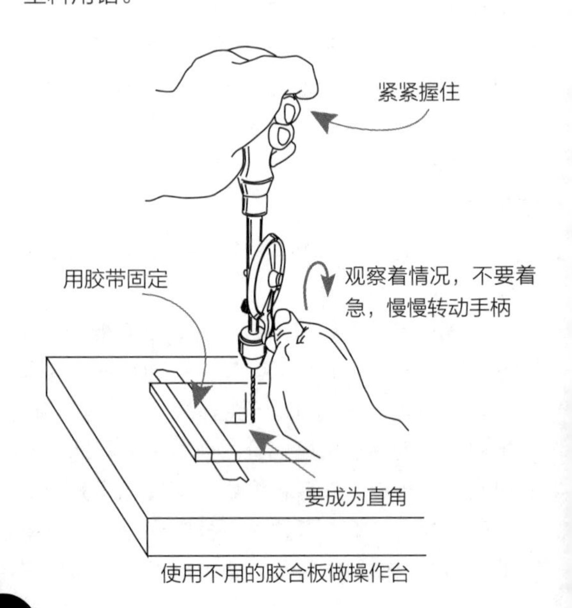

使用不用的胶合板做操作台

亚克力板可以因为加热而变形，通过折弯能够做到所喜欢的角度。

进行折弯加工需要用到加热器，将亚克力板的要折弯部分接触到这个棒式加热部分，停留几秒钟，变软以后折弯。想要做成某个角度时，就预先做一个定位物，按照这个定位物的角度折弯。可以简易地在纸上画上这个角度，把亚克力板加热到可以折弯的时候，将亚克力板立在纸上，从正上面看着这个角度折弯亚克力板。因为加热器很热，要带上工作手套，注意不要烧伤了。

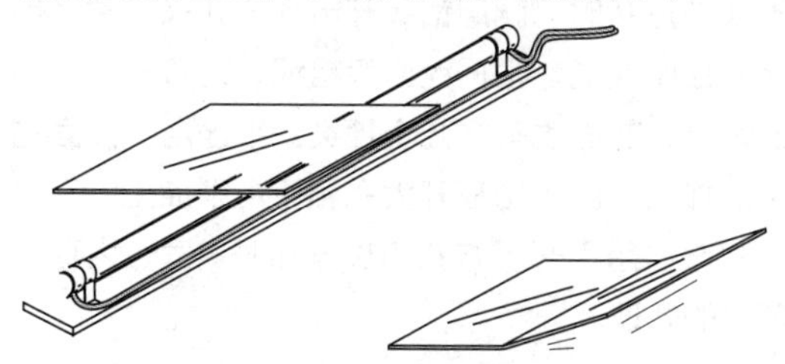

将亚克力板接触到加热器，加热到可以折弯的时候，放到画好角度的定位用纸上，确定折弯角度

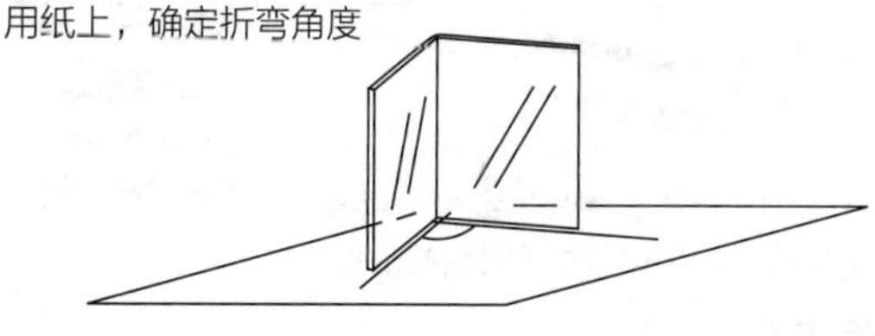

黏结

黏结亚克力板时使用专用黏结剂。这个黏结剂是使亚克力板之间的接触表面熔化后粘住，而不是通过黏结剂的硬化而粘住的。将亚克力板和其他材料黏结时不能使用这种黏结剂，在购买黏结剂时要好好看看说明书再进行选择。

黏结表面如果凹凸不平，要先用砂纸打磨平滑。灰尘和脏东西是导致黏结失败的主要因素，这样就不会黏结齐整。将要黏结的亚克力板对好，使用定位用的东西暂时固定，把黏结剂放入附带的注射器或准备好的专用注射器，将注射针放在黏结面的一头，将黏结剂迅速打进去，黏结剂会沿着重合面流过去。这时用手去摸或者移动亚克力板，黏结操作就会失败。为了不使黏结剂流到别的地方，重要的一点是不要让黏结剂溢出来，但同时还要有足够的量能流下去。

中途如果动了接触的亚克力板，或者黏结剂放得太少，会形成树状的气泡，或者出现缝隙，要注意这一点。黏结完以后，静待黏结剂变干。作业完以后，要静置几分钟。这种黏结剂是将表面熔化进行黏结的，所以失败以后如果再次黏结的话，需要再次将结合面清理干净。这一点非常重要，为了避免失败，可以用不用的元器件进行练习。如果黏结得很好的话，透明感会很好，有其他材料所没有的效果。

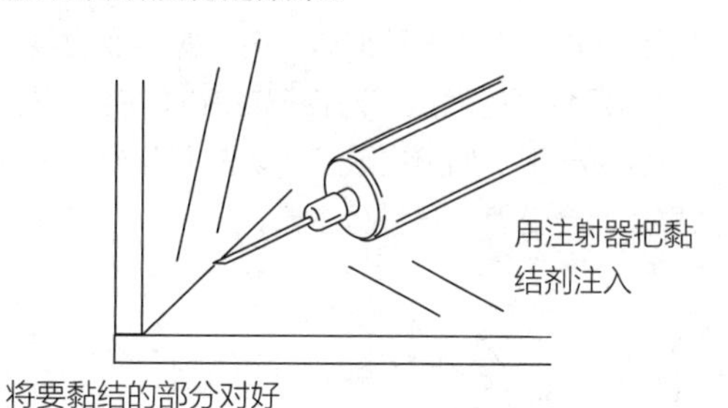

钻孔加工

钻孔时主要使用钻头。根据用途不同，钻头有很多种类，像用于混凝土的、一般铁工的、不锈钢的、塑料的、玻璃的、木工的，等等。电子制作中所用的钻头是用于一般铁工的和塑料的。各种钻头的材质和刀的角度都不同，切削方法也不同，因此要根据所使用的材料选择合适的钻头。特别是用于钻塑料的刀，切削部分是直上直下的形状。也就是说由于黏性等材料特性的不同，对于亚克力板这种材料而言，采用削下去的方式比刻下去的方式更加适合。塑料也有很多种类，像聚氯乙烯这样黏性强的材料，如果使用钻头就很难钻开，没办法加工得很漂亮，可以说不适合使用钻头开孔。做一下试试就知道了，特别是在贯穿的瞬间，用于金属的钻头前部是尖头的形状时，阻力很大，材料的前端部分比钻头先出来，结果造成材料背面的一部分“咔”地一声就裂了。

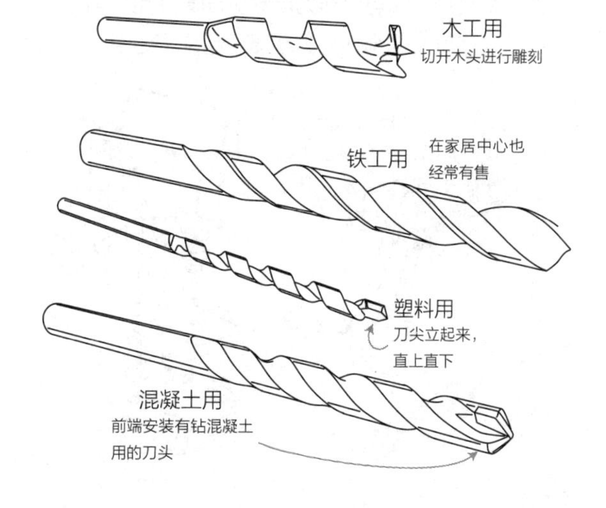

把金属用钻头改造成塑料用钻头

在只有金属用钻头的情况下，有一种方法是用磨刀石磨削，修改成适合要加工材料的钻头切削刀刃的角度。预先用这种方法将几个钻头做成塑料专用钻头刀刃，用起来就比较方便了。这是对钻头切削刀刃的一种细微改造，需要反复尝试，以做到最合适的程度。对自己的技能有自信的人可以尝试一下。如果失败了，切削刀刃处会变钝，效果反而会变差，要引起注意。

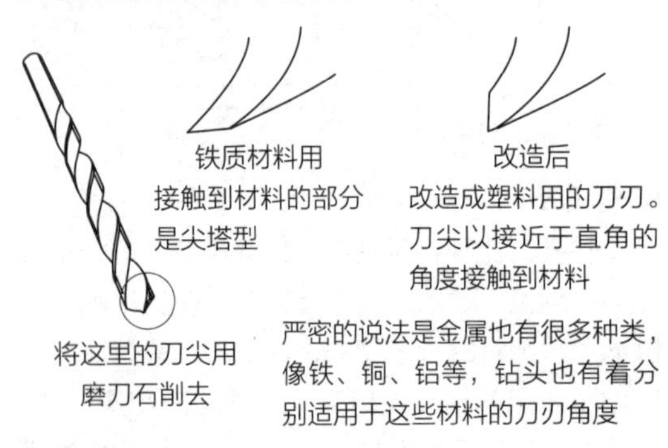

切削油

进行金属切削时会有发热和刀刃打滑的现象，为此要使用切削油。在切削塑料的时候也会发热，特别是切削大孔的时候，会因为发热将切削面熔化变形。但是如果在塑料上使用切削油，后面的擦拭清理会非常麻烦，因此推荐使用肥皂水。肥皂水既可以作为润滑剂使用，也可以抑制发热，是一个比较好的选择。

钻头

钻头有电动钻、台式钻（台式钻床）、手摇钻等。电动钻中有一个称为钻头驱动套的部分，既可以作为钻使用，又可以作为电动驱动套使用，可以改变转动速度。这个钻头驱动器用起来很方便。

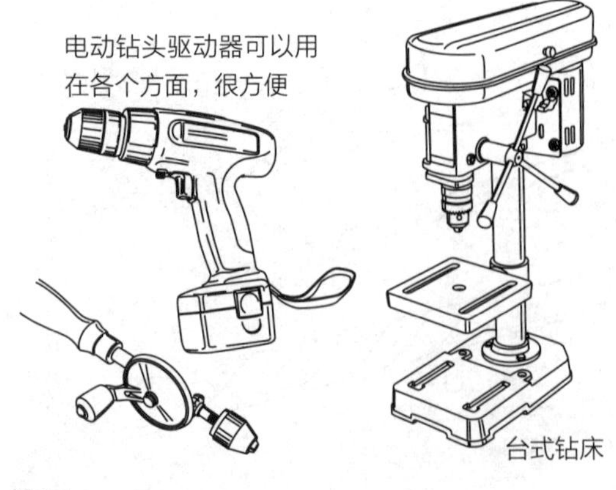

铰刀

铰刀是在需要开出比钻头更大的孔时使用的，有很多种类，最好是将大小型号都备齐，这样用起来比较方便。用法是在用钻头钻出的孔中插入铰刀，按着铰刀转动，将孔扩大。

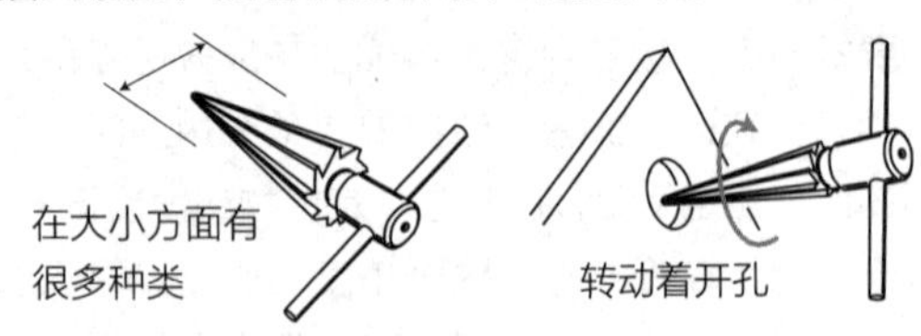

锉刀

在制作用铰刀也开不出来的大孔以及要做出不规则形状时，就用钻头开出几个孔来，然后用锉刀锉削完成。根据锉刀齿粗细，锉刀分为不同的种类，断面也有好几个种类。平锉用于截面的平滑加工，圆锉用在开大孔和不规则加工，三角锉和方锉用于开了方孔和长方孔时内角、内直角部分的处理。

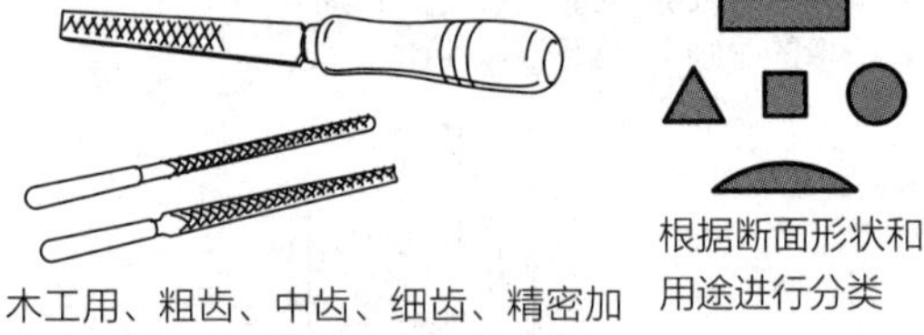

美工刀

加工材料时，需要适合这种材料的加工工具。例如切断纸的时候需要用到剪刀和刀子。根据加工用途和使用方法不同，有很多种类。即使都称为美工刀，也有不同种类。将其分开使用就可以将制作完成得更加精细。

一般的刀具

刀具有很多。一般办公和制作时主要是用刀具裁纸，但在切厚纸和薄板的时候需要用些力气，在这种情况下最好用大一些的刀，这样比较容易握住。有的刀具被握住时很难推动，这样可以起到保护作用，因此要根据自己的需要加以选择。

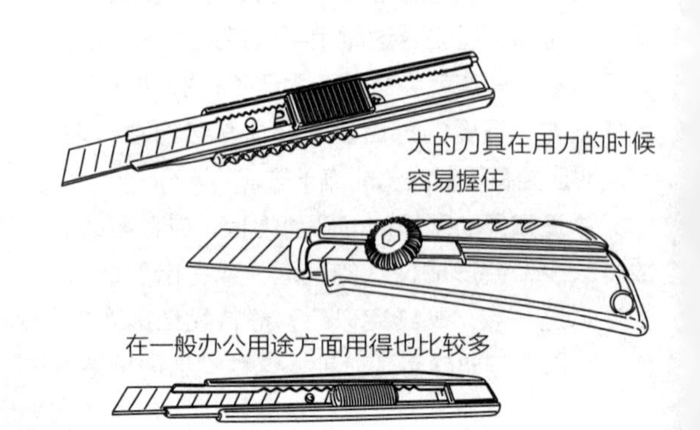

细致作业时使用

进行细致作业时，一般选用刀尖角度比一般刀尖锐利，可以把刀刃立起来使用的刀具。通过把刀刃立起来，就可以对细小的物品进行加工。

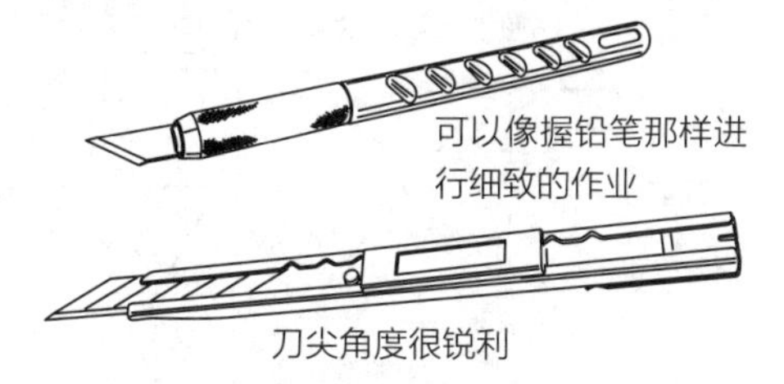

多用途刀不是用来加工像纸这样纤薄的物品，而是指能够削木头，或者在野外也可以广泛使用的刀具。在做电类的施工时，有一种具有可以剥去电线覆膜的厚刀刃、握感很好的刀，还有一种刀柄相同，但是刀身为锯齿状的刀。这种刀在切割小的方棒料时也比较好用。

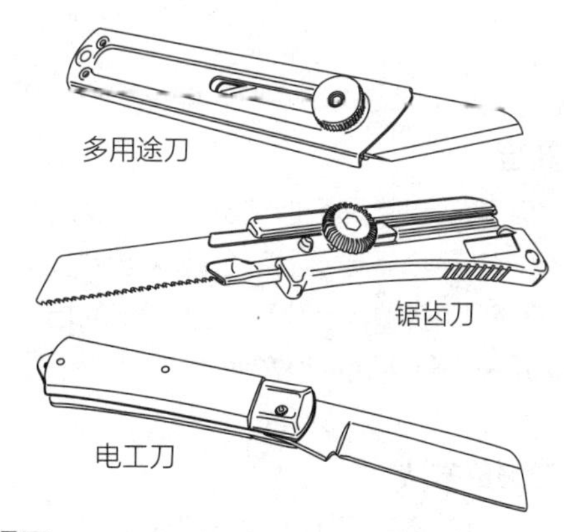

圆规刀

用手切圆很难做到，但是如果使用圆规刀的话就可以准确地切出圆来。

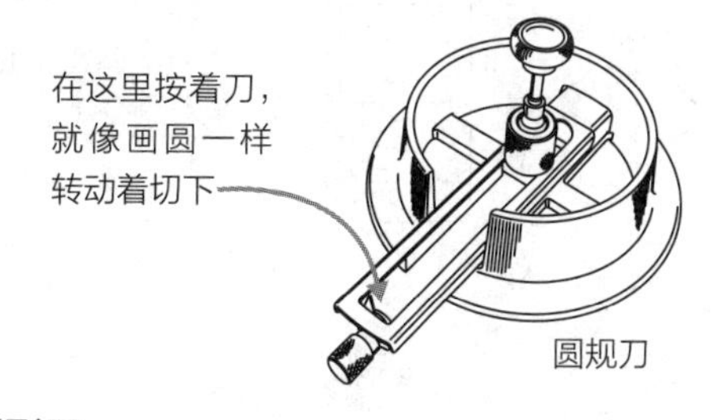

圆形刀

在切薄纸和布这样的材料时，拉动刀具时，很容易将材料拉出褶皱，但如果使用圆形的能转动的刀，就可以切得很好。

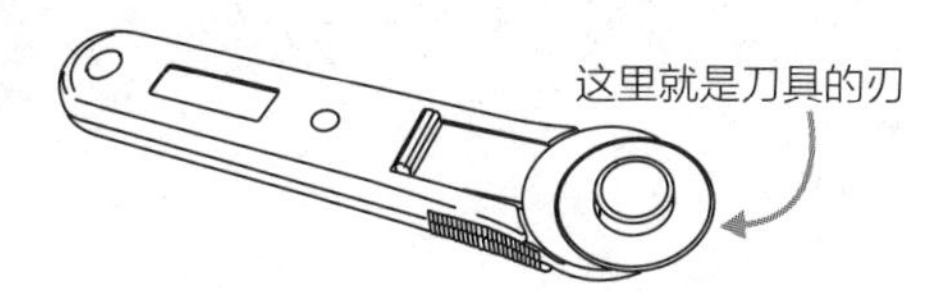

刮刀

在去除沾上的脏东西等的时候，使用刮刀很方便。

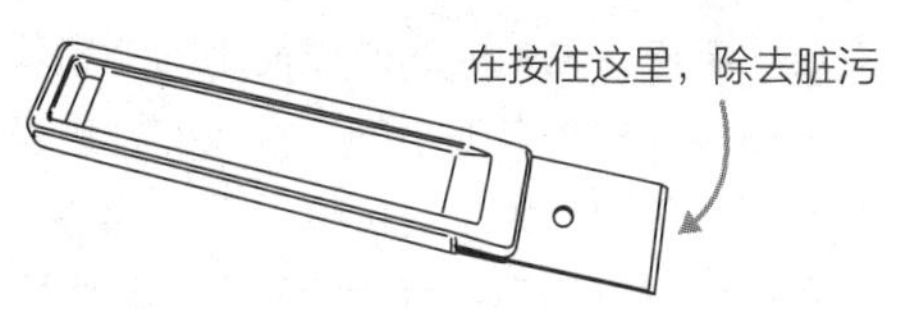

螺纹牙加工

螺纹和螺母配对，用于将元件拧紧，但是有时也会只用螺纹进行固定。这种情况下，是在与螺母接触的元件上直接切出内螺纹来。加工内螺纹时使用的工具是丝锥。丝锥大致是三种一组，分别按照头攻、二攻、三攻的顺序进行。零件是板状的并且可以贯穿时，也会只做到二攻就结束。

加工顺序首先是开底孔。底孔尺寸是用完成后的螺纹直径减去螺距的数字得出的，比如如果螺纹直径是 M3，就可以开直径为 2.5 的底孔。底孔开好后，将丝锥装在丝攻扳手上，垂直立在要加工的材料上面，转动丝攻扳手。应该按每转一圈应反转半圈的要领操作。将丝锥攻入深处，做好螺纹以后，反转着将丝锥拔出。这样螺纹就做好了。攻螺纹时，如果加上太大的力，有可能造成丝锥折断，要加以注意。

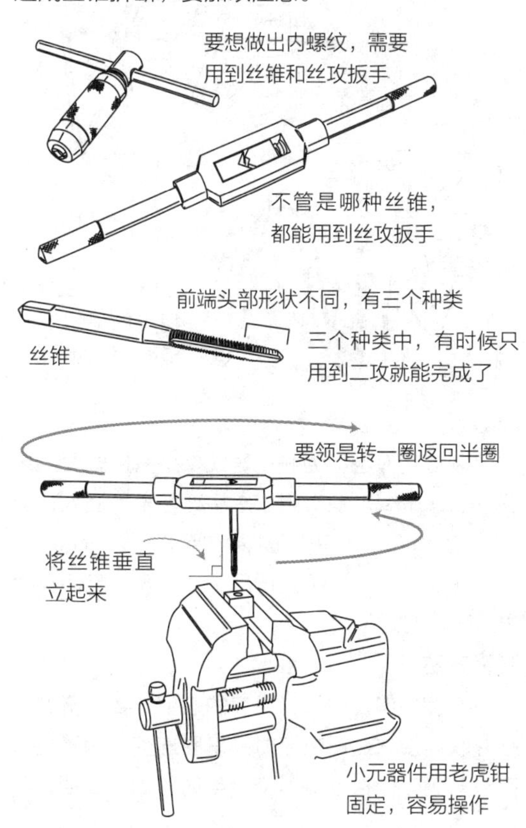

◆ 万用表

电子制作中有一个很方便的工具就是万用表，有时候也称为复用表、多用表。这是在测量电压、电流、电阻值的时候使用的测量仪表。万用表多种多样，有很小的卡片式的，也有专业人员使用的精密、大型、价格昂贵的仪器。这里面也有可以测量到电容容量和三极管放大率的万用表。有一个万用表会很方便，一定要提前准备好。

模拟式和数字式

万用表按显示方法分为两种，分别是用指针显示的模拟式万用表和用数值表示的数字式万用表。这两种万用表的使用方法几乎一样，都是将表笔接触到要测量的部分读取数值。模拟式万用表是从正面看着仪表，读取指针显示值，但因为刻度盘上有很多量程，要把握好要测量的内容，读取正确的数字。数字式万用表是通过数字显示测量值的，需要认真确认单位和量程。

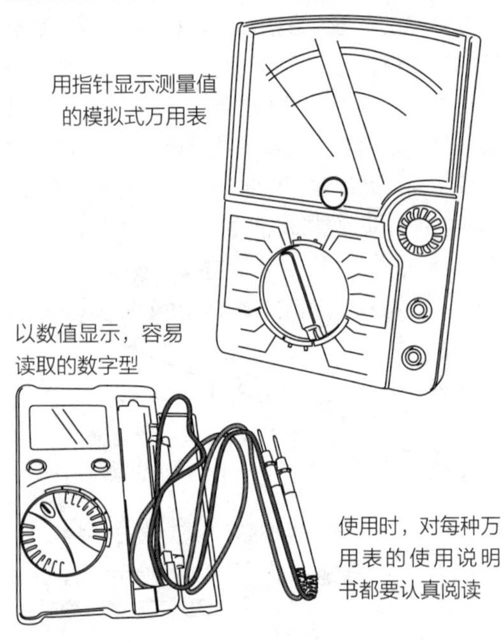

表笔

表笔有时也称为测试导线，是指接触要测量部分的端子棒。基本用法是将红色表笔插入标有“+”的插孔，黑色表笔插入标有“-”的插孔。要记住这一点。这不光适用于万用表，电池盒上也是同样的配色。

测量方法

在测量电压时，万用表的表笔与要测量的电路并联连接，测量电流时是串联连接。测量直流电时对到DC挡，测量交流电时对到AC挡，不知道测量范围时，就从高挡位开始试。如果一下子就在低挡位连接的话，指针就会大幅度摆动，有可能损坏万用表。数字万用表是自动设定挡位的，测量时比较方便。

测量加在电阻上的电压

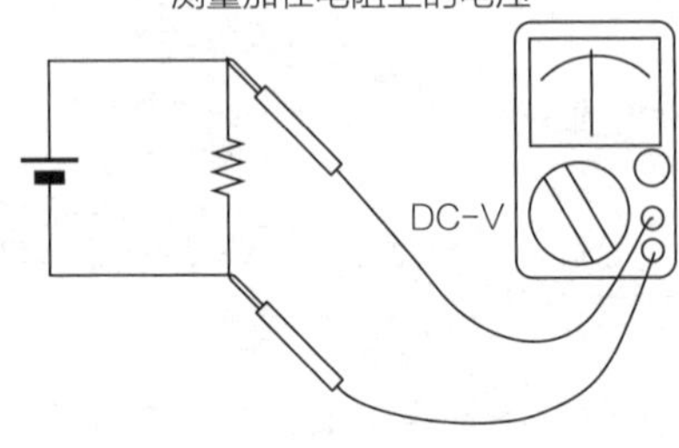

测量流过电路的电流

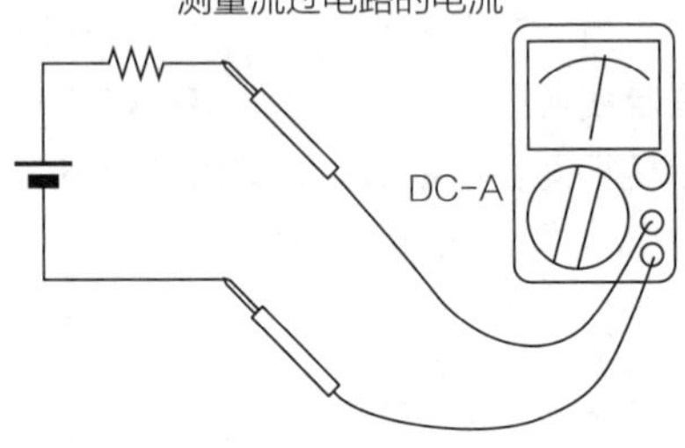

导电实验

为了确认电路是否连接上了，导线是否断了而进行导电实验。基本上都是确认电阻值是否为0，但有的万用表中设有检查是否导电的挡位，因此可以迅速进行实验，很方便。

电阻的测量方法

一开始就将万用表对到电阻测量挡上，让表笔互相接触，用0Ω调整旋钮将值对到0，然后接到要测量的部分，读取电阻值。

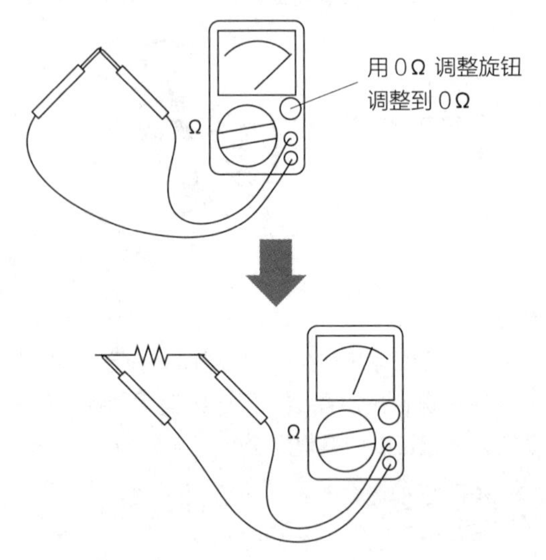

◆ 磁铁和单位

磁力是眼睛所看不见的，但是在身边到处都有磁力的存在，例如收音机和电视机的扬声器、模型的电动机、冰箱门的橡胶部分，还有能贴在黑板上的磁铁。再考虑一下电磁场的情况，在现代社会，到处都有电磁场存在。

磁通密度

就像用电压、电流、电功率等表示电的强度一样，磁铁也有表示其强度的单位。但是磁力是很难看到的，因此就想出了磁通（磁感线）这一假想出来的线，数一下磁铁表面每单位面积穿过多少这样的磁通（磁力线），这称为磁通密度，单位用 T（特斯拉）表示。磁通数量单位也使用 Wb（韦伯），每 1 ㎡有 1Wb 的磁通就称为 1T。

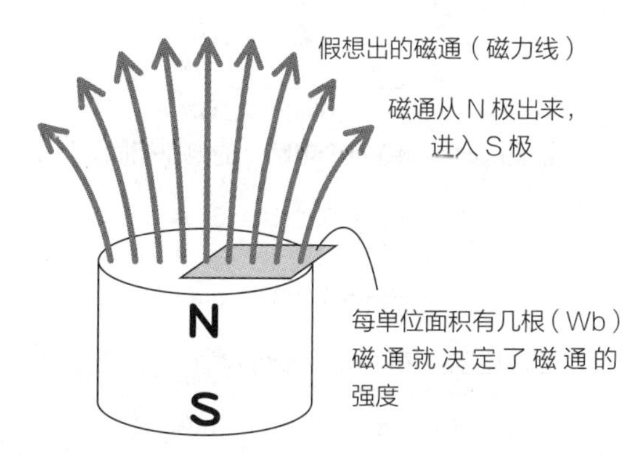

国际单位制

现在经常使用的磁力单位是“ mT（微特斯拉）”。例如一种药房的磁性医疗用磁力贴上标有“80mT”，应该有人还记得几年前这里标的还是“800 高斯”。“高斯”是高斯制中的单位，而“特斯拉”是国际单位制（SI）中的单位。两者都是表示磁感应强度的单位，现在使用国际标准的 SI 单位制的场合多起来了。

高斯 · 特拉斯换算

10000 高斯 =1 特斯拉

1 微特斯拉 =10 高斯

“高斯”和“特拉斯”只是单位不同，意思相同

千（kilo）和毫（milli）是 1000 倍和千分之一

在国际单位制中有被称为 SI 前缀的文字。像 1mT 中的“ m（毫）”就是这样。这个标记和 0.001T 是一样的，但是位数再增加的话标记就很繁杂，不太好处理，为此就在某一个位数处分开一下进行标记。例如表示长度的 m（米）也是这样，1/1000m 为 1mm，1000m 为 1km，这样处理数字就要简单一些。

SI 词头

SI 词头和位数换算表

高斯 · 特拉斯换算

Y（yotta）=10^{24}
=1 000 000 000 000 000 000 000 000

Z（zetta）=10^{21}
=1 000 000 000 000 000 000 000

E（exa）=10^{18}
=1 000 000 000 000 000 000

P（peta）=10^{15}
=1 000 000 000 000 000

T（tera）=10^{12}
=1 000 000 000 000

G（giga）=10^{9}
=1 000 000 000

M（mega）=10^{6}
=1 000 000

k（kilo）=10^{3}
=1 000

h（hecto）=10^{2}
=100

da（deca）=10^{1}
=10

d（deci）=10^{-1}
=0.1

c（centi）=10^{-2}
=0.01

m（milli）=10^{-3}
=0.001

μ（myrio）=10^{-6}
=0.000001

n（nano）=10^{-9}
=0.000000001

p（pico）=10^{-12}
=0.000000000001

f（femto）=10^{-15}
=0.000000000000001

a（atto）=10^{-18}
=0.000000000000000001

z（zepto）=10^{-21}
=0.000000000000000000001

y（yocto）=10^{-24}
=0.000000000000000000000001

在电气、电子的世界

在电子制作的世界中经常用到的单位是千、兆、千兆、兆兆、毫、微、毫微、微微，电阻值的 Ω 和电容静电容量的 F 等会用到这个国际单位制（SI）词头。

◆ 电压和电流

一个3号电池的电压是1.5V，家用插座中的电压是100V。对于用电池开动的盒式收录机，将AC插头插入插座，不用电池也可以使用。如果看一下插头，上面标识着6V 600mA等字样。再看看插座的标识，上面写着125V 15A。LED也有2V 20mA、3.5V 20mA等额定数值。这里的A读作安培，表示电流。

如果把电比成水

要想理解电压和电流，有时会把电比作水。将放入水的大水桶放置在高处和低处，下面开个孔，水就会流出来。下面放一个水车，从落差大的高处水桶中流出来的水将会使水车转得很快。这个落差就是电压，水的流动就是电流，水车就是负载。

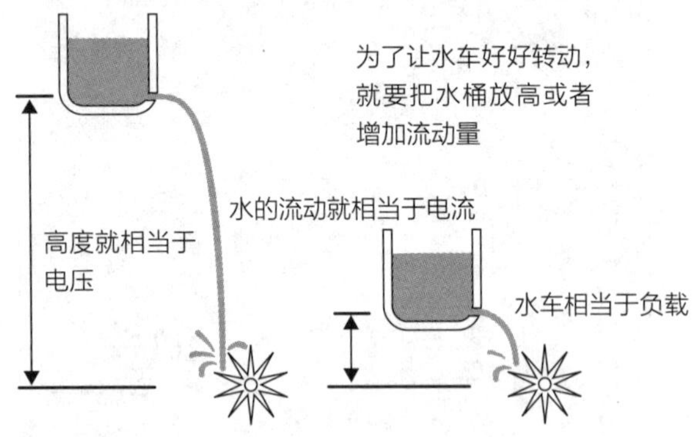

欧姆定律

人们用欧姆定律表示电流、电压、电阻的关系，就是 $U=IR$ 这个公式。这个公式也可以转换成 $I=E/R$、$R=E/I$。例如，在电源上接上了电阻的时候，要想知道电流是多少，就可以用 $I=E/R$ 简单地算出来。

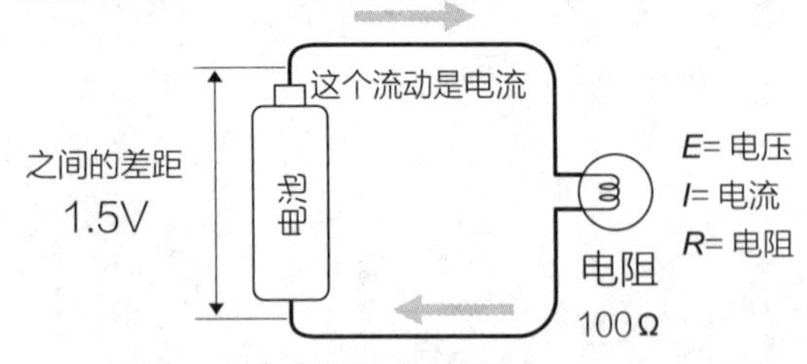

电阻为100Ω时所流过的电流为：

$$I=\frac{E}{R}=\frac{1.5}{100}=0.015\text{A}=15\text{mA}$$

按这样计算得到15mA。

在串联的情况下，流过电路的电流相同，但是加在各个电阻上的电压不同。并联的情况下是分成两个电路的，加在各个电阻上的电压相同，但是流过各个电阻的电流是不同的，在电源附近会汇合在一起被看作一个电路，是将两个电流合在一起的值。

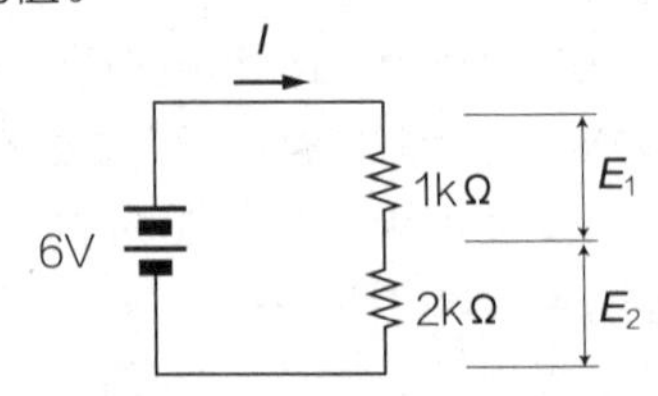

例如上述情况下，合成电阻是3kΩ，因此

$$I=\frac{6}{3000}=0.002\text{A}=2\text{mA}$$

I 是2mA，因此加在各个电阻上的电压为：

$$E_1=0.002\times1000=2\text{V}$$
$$E_2=0.002\times2000=4\text{V}$$

这样6V的电源就被分压成2V和4V。

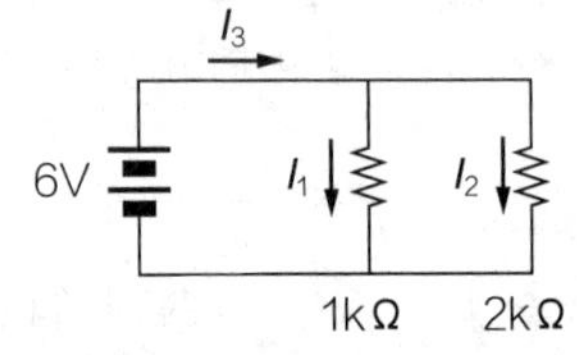

并联的时候加在各个电阻上的电压相同，因此

$$I_1=\frac{6}{1000}=0.006\text{A}=6\text{mA}$$

$$I_2=\frac{6}{2000}=0.003\text{A}=3\text{mA}$$

合成电阻为666Ω，因此 I_3 为：

$$I_3=\frac{6}{666}\fallingdotseq0.009\text{A}=9\text{mA}$$

这样整体就流过9mA的电流。

接在LED上的电阻值

不同的LED，其额定值都是不同的。红、黄、黄绿系的LED多是2V 20mA的，蓝、绿、白色的多是3.4V 20mA，因此在购买时需要好好确认。

例如想让20mA的LED以6V发光，如果直接连起来就超过了额定值，肯定会损坏。这样就在这个电路上流过20mA，将电阻器串联起来给LED加上2V的电压。按照欧姆定律计算就能计算出来。

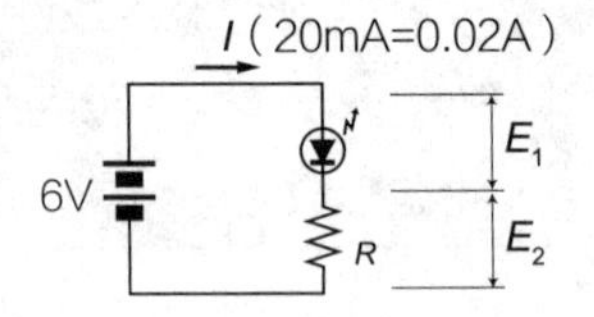

为了给 E_1 加上2V，就需要在 E_2 上加上4V。

$$R=\frac{4}{0.02}=200\Omega$$

2V 20mA的LED串联接入200Ω的电阻器。

◆ 交流电和电波

和电池那样正负极不变的直流电不同，家庭用插座里的电，其正极和负极在 1 秒内会发生几十次变化，这种电称为交流电。日本使用的交流电频率是 50Hz 和 60Hz。

日本的频率

日本的家庭用电频率以静冈县富士川到新泻县系鱼川为界，东边为 50Hz，西边为 60Hz。这是因为在明治时代进口发电机的时候，关东地区进口的是德国产的 50Hz 发电机，而关西地区进口的是美国产的 60Hz 的装置。

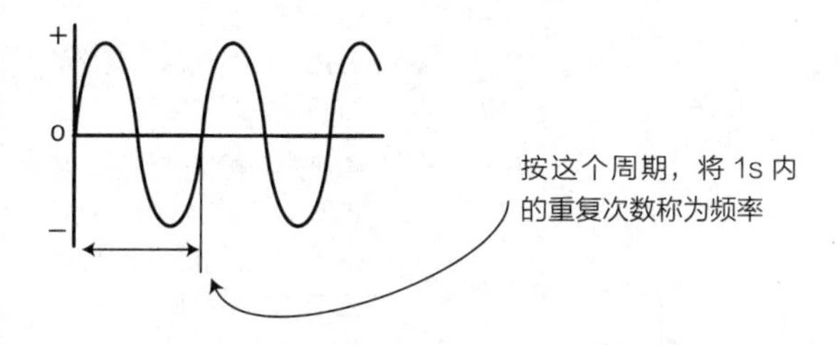

频率数不同，就会造成一些电气产品不能使用

有的家电产品会由于频率改变而性能发生变化。像白炽灯是不会变化的，但荧光灯就有一部分元件需要更换。像具有变频这样的有独自设定功能的产品一般是没有问题的，但是像使用交流电动机的钟表、电风扇、冰箱等可能会不能使用，或者使用寿命和性能会发生变化。要认真阅读每种产品的使用说明书，确认设定方面的内容。

交流可以改变电压

在 1870 年之前，电力供应的主流是直流电。1880 年发明了交流电动机和变压器，交流电因为有优势而成了电力供应的主流。交流电最大的好处是可以进行变压。

电磁波

在信息化社会，有各种各样的电波在空中飞来飞去。在空中电场和磁场交替重复着扩大出去形成电磁波，而使用在收音机等通信工具上的一般称为电波。现在除用于收音机和电视机以外，还用在像无线电控制、业余无线电、人工卫星通信、雷达和天文观测等方面。另外，可以认为光也是一种电磁波。

光是电磁波的一种

收音机和电视机等无线通信设备中使用的电磁波为数十千赫兹至数十吉赫兹，频率比这些高的电磁波称为光波。从红外线到可视光线、紫外线、伦琴拍照用的 X 线和放射线的 γ 射线，根据频率不同而分类。在实际应用中，低于数十千赫兹的低频率没有作为电波实际应用，但是如果这个低频率使空气振动，就会变成声音。据说人可以听到的声音的频率是在 16Hz ~ 20kHz 范围内。

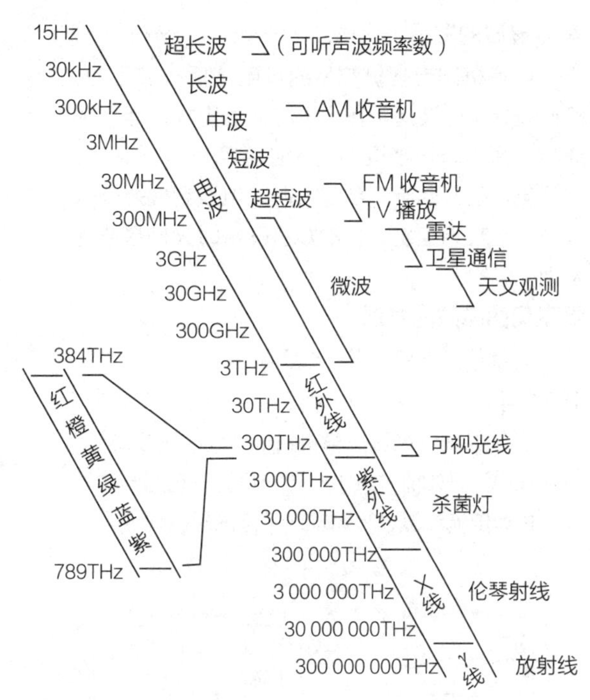

AM 收音机的电波

一般的 AM 收音机使用的是 531kHz 1602 kHz 的频率，载运着声音信号。AM 是调幅方式，不改变频率数将声音信号合成到振幅宽度上。收音机的结构比较简单，但有一个缺点，就是容易产生噪声。

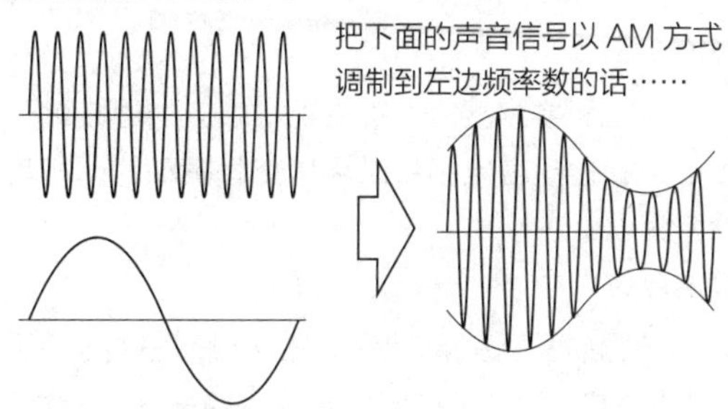

FM 收音机的电波

一般的 FM 收音机使用的是 76MHz ~ 90MHz 的频率，FM 是以频率数调制的形式将声音信号合成到频率数上的，不受振幅的影响，因此即使有噪声进去，也很容易复原，音质好是 FM 收音机的特征。

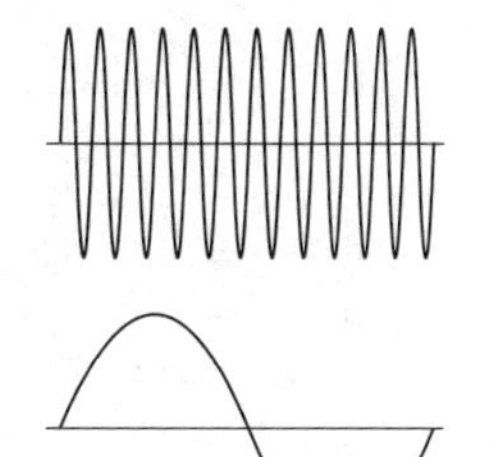

把下面的声音信号以 FM 方式调制到左边的频率数的话……

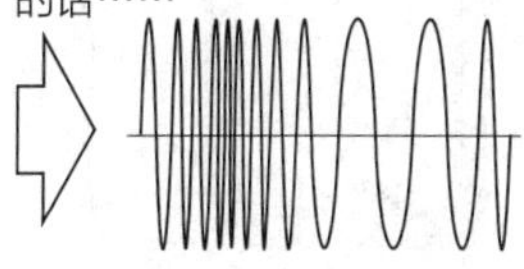

◆ 电磁波的发现

收音机和电视机都是通过电波播放节目的，除此以外，电波还用在手机和无线电控制等各种通信工具上，已经成为现代社会所不可或缺的。但是电波是人眼看不到的，所以电波到底是什么样子，很难想象出来，不知道开始时人们是如何发现电波的。

看不见的电波的发现

让我们先简单地做一个回顾。

1831 年

英国物理学家法拉第将两根导线绕在铁环上，发现在电流开始流过其中一边的瞬间，在另一边导线上也有电流流过，从而发现了电磁感应现象。

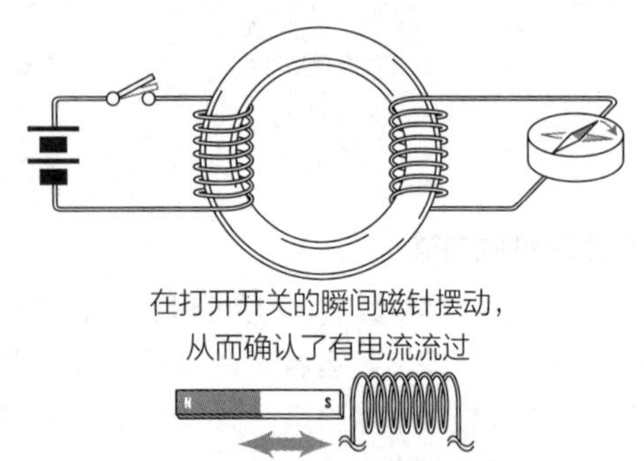

在打开开关的瞬间磁针摆动，从而确认了有电流流过

同样在把棒式磁铁从线圈中放入和拿出的瞬间有电流通过，从而确认了电磁感应

1864 年

英国科学家麦克斯韦将电磁感应的思路进一步推进，他预言电场和磁场是交替振动的，将其命名为电磁波。

1888 年

德国物理学家赫兹使蓄积在莱顿瓶里的电荷进行火花放电，确认了在距离 10m 处的长方形导线环式检波器也发生了火花放电，确定了电磁场的存在。

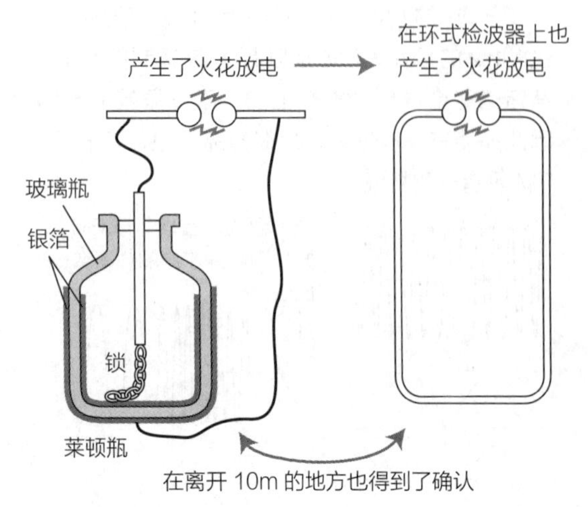

电磁波的产生

电流流过导线就会产生磁场，改变电流的方向磁场也会发生变化，磁场发生变化就会因此而再产生磁场，电磁波通过这种反复而扩展开去。麦克斯韦当年就是这样预言电磁场的。

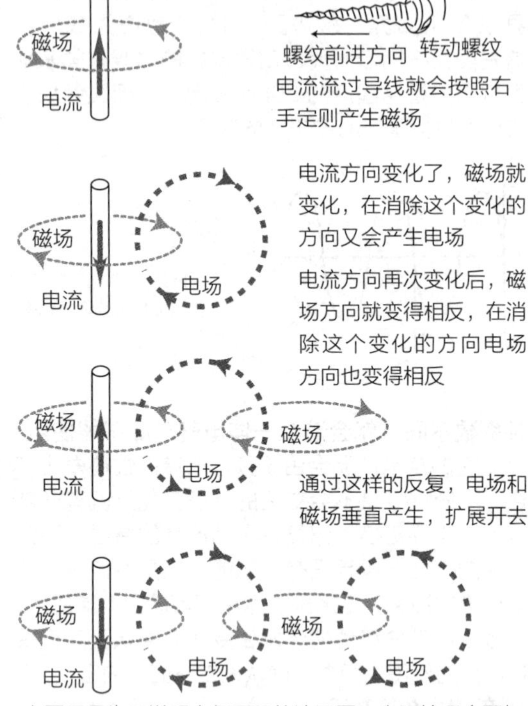

上图只是为了说明方便而画的演示图，实际情况会更加立体，在相位等方面也和现在有所不同

电磁波横越大西洋

由麦克斯韦预言、赫兹证实了的电磁波，被意大利电气学者马可尼用在了无线通信上。经过意大利国内、英国、法国之间的无线通信实验，马可尼又于 1901 年完成了自英国到加拿大，横越大西洋的无线电通信实验，并取得圆满成功。

当时的通信使用的是莫尔斯信号，当时的科学家肯定没有想到现在用小小的手机就能将图像传送出去。但是可以说正是因为他们所创造出的成果，才能够有现在的信息社会。

◆ *n* 进制法

数字世界中，数据都是用二进制作出的，是只有 1 和 0 的世界。但是在计算器和钟表上为了让人明白而显示出来的数字中，9 后面顺理成章地是 10，因此虽然是二进制，但是仍用十进制数来表示。

n 进制的意思

在自然数中 1 后面是 2，到了 2 以后就升位，这就是二进制。也就是说自然数的 2 是“10”，这种情况下不读作“十”而是读作“壹零”。3 是在这基础上上一步，就是“11”，4 是在这基础上上一步，就是再升位成“100”。三进制中到了 3 就升位，因此就是 0，1，2，10，11，12，20，21，22，100，101……

用二进制表现三进制

那么，如果用二进制表现三进制的话怎么做好呢？这是将每个位数分别用二进制表示。用二进制可以表现到 10 进制的 3，因此如果分别分配 2 位的话就是下面表中的内容。

这样可以用二进制表现到三进制的 101 为止，是很复杂的。

十进制	三进制	将三进制用二进制表现	十进制	三进制	将三进制用二进制表现
0	0	00 00 00	6	20	00 10 00
1	1	00 00 01	7	21	00 10 01
2	2	00 00 10	8	22	00 10 10
3	10	00 01 00	9	100	01 00 00
4	11	00 01 01	10	101	01 00 01
5	12	00 01 10			

1 小时是 60 分钟

1 分钟是 60 秒，1 小时是 60 分钟，24 小时是 1 天。将这些单位考虑成位数的话，分钟、秒是六十进制，而小时是二十四进制。但是用自然数字表示的文字是基于十进制的，因此只能是用十进制表示 60、24。附带说一下，在数字世界中经常用到十六进制。十六进制中 9 以后是用字母 a ~ f 表示的，15 之前的数字用一个字符表示。

逻辑电路

逻辑电路根据有没有电压进行所有的判断。有电压的时候是用 1 或者 H 来表现，没有电压的时候用 0 或者 L 来表现。另外，有时也用真和假来表现。不管哪一种，计算机等数字设备仅用“有”“没有”这样简单的信号进行复杂的计算。

基本逻辑电路

将 1 和 0 的信号输入数字电路中，根据输入状况判断输出是 1 还是 0。有各种判断电路，基本是 AND 电路、OR 电路、NOT 电路。在这里面 NAND 电路、NOR 电路也经常被用到。

真值表

将输入和输出状态做成一览表。看了这张表以后，在什么样的输入时可以得到什么样的输出，马上就能知道。

AND 电路

两个输入都是 1 的时候输出为 1。

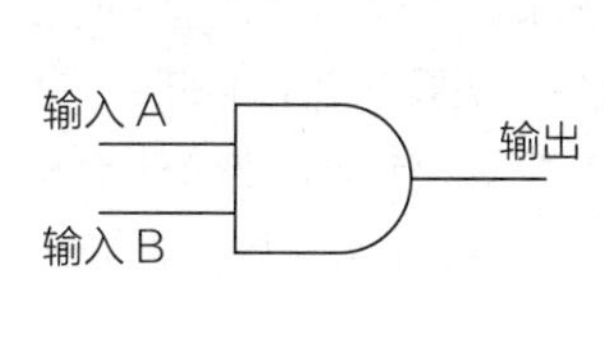

输入A	输入B	输出
0	0	0
1	0	0
0	1	0
1	1	1

真值表

OR 电路

两个输入中的只要有一个有 1，就输出为 1。

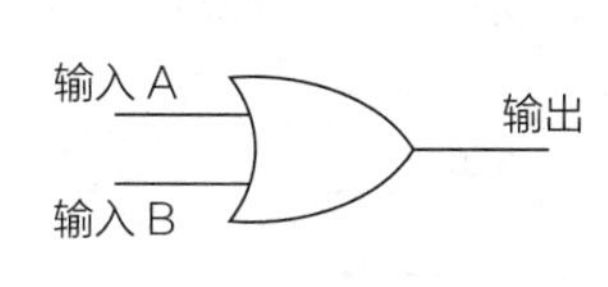

输入A	输入B	输出
0	0	0
1	0	1
0	1	1
1	1	1

真值表

NOT 电路

将输入的信号反转，1 的时候为 0，0 的时候为 1。

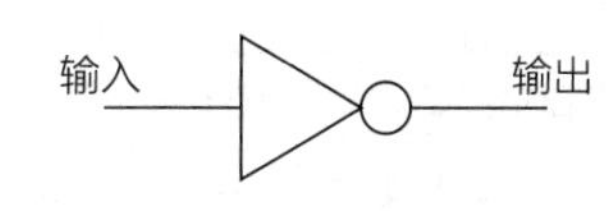

输入	输出
0	1
1	0

真值表

NAND 电路

将 AND 电路反转，两个输入都是 1 的时候输出为 0。

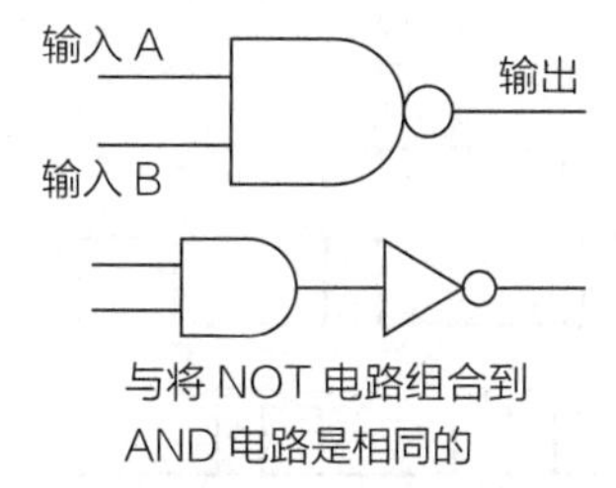

与将 NOT 电路组合到 AND 电路是相同的

输入A	输入B	输出
0	0	1
1	0	1
0	1	1
1	1	0

真值表

NOR 电路

将 OR 的输出反转，只要两个输入中的一个有 1 的话输出就为 0。

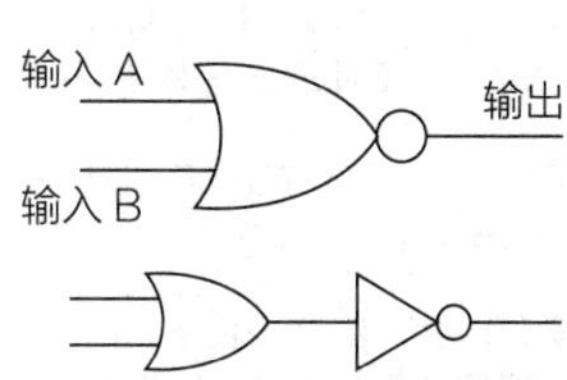

与将 NOT 电路组合到 OR 电路是相同的

输入A	输入B	输出
0	0	1
1	0	0
0	1	0
1	1	0

真值表

◆ 双稳态多谐振荡器

双稳态多谐振荡器可以比喻成玩跷跷板，一边上去了，另一边就下来。在数字世界里只有 1 和 0，因此在两个输出中，如果一个是 1 的话，另一个就是 0。根据输入的条件不同，这个输出有几个种类，通过区分使用，可以应用于多种用途。

T-FF

每次输入 T 变成 1 时，输出的 Q 和 $\overline{Q}$ 就发生反转。例如 Q、$\overline{Q}$ 是 0、1 的时候，1 的信号进入 T，则 Q、$\overline{Q}$ 变成 1、0，T 即使变成了 0 也维持这种状态。如果 1 再次进入 T，这次 Q、$\overline{Q}$ 就变成 0、1。

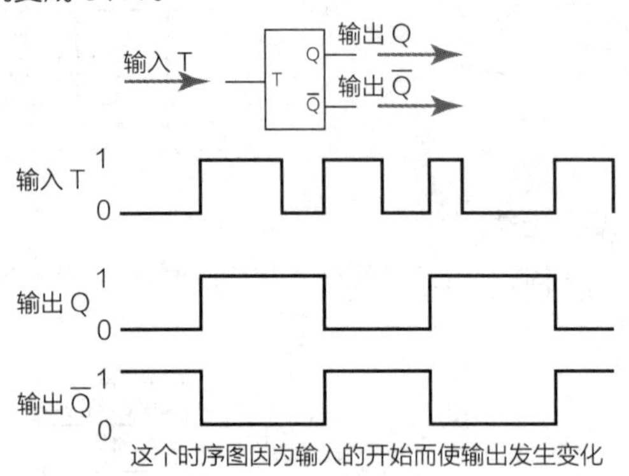

这个时序图因为输入的开始而使输出发生变化

RS-FF

由于输入 R、S 的不同，Q、$\overline{Q}$ 的输出会发生变化。R、S 输入 1、0 的时候，Q、$\overline{Q}$ 为 0、1，R、S 输入 0、1 的时候，Q、$\overline{Q}$ 为 1、0，两个输入都是 0 的时候维持原状，两个输入都是 1 是被禁止的。

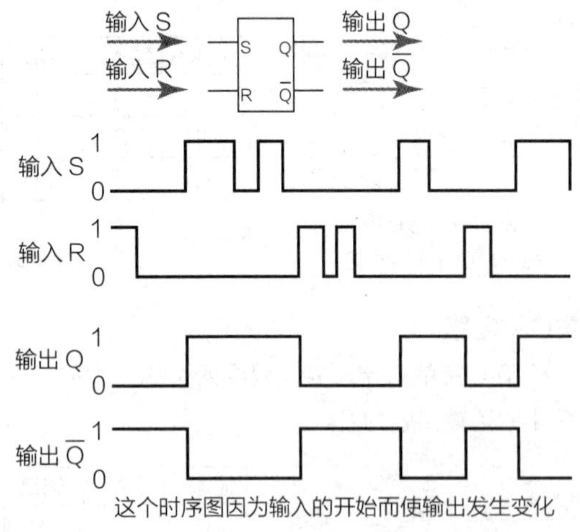

这个时序图因为输入的开始而使输出发生变化

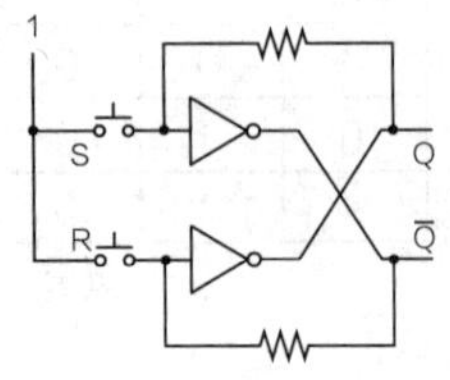

用 NOT 电路做 RS-FF 的时候，就是左边的电路

按 S 以后，在 R 被按下之前 Q 都是持续输出 1，用于防止电源发出异响或作为维持电路

D-FF

将输入 D 和时钟脉冲对起来输出，输入 D 变成 1 的时候，和时钟脉冲对起来输出 Q、$\overline{Q}$ 为 1、0，输入 D 变成 0 的时候，和时钟脉冲对起来输出 Q、$\overline{Q}$ 为 0、1。

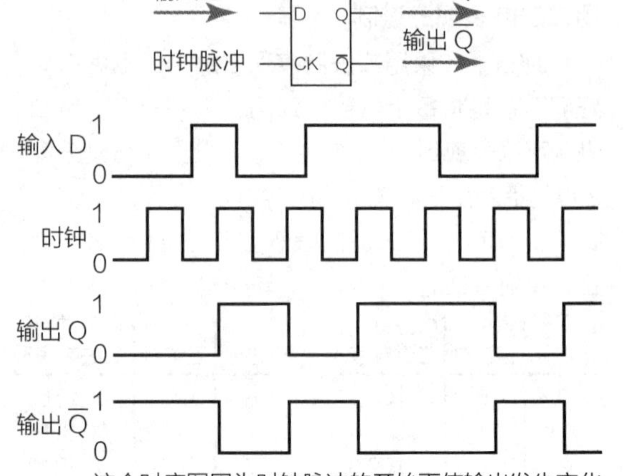

这个时序图因为时钟脉冲的开始而使输出发生变化

JK-FF

输入 J、K 为 0、1 的时候，输出 Q、$\overline{Q}$ 和脉冲时钟对起来为 0、1，输入 J、K 为 1、0 的时候，输出 Q、$\overline{Q}$ 和脉冲时钟对起来为 1、0，J、K 两个输入都是 0 的时候维持原状，两个输入都是 1 的时候使输出反转。

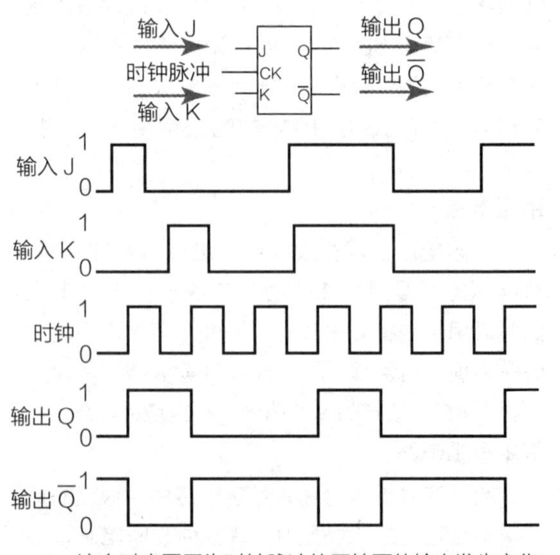

这个时序图因为时钟脉冲的开始而使输出发生变化

除此以外，还有像带有 PR、CLR 的以及反转输入的，由于时钟下降而产生变化的，等等，因产品不同，功能也都各自不同。

◆ 齿轮

让机器人动起来需要很多驱动装置，其中最标准的驱动装置依然是电动机。电动机的转动传递到每个可动部分，将这个转动的力量传递出去有很多办法，在这其中，齿轮是最有代表性的传递元件，通过改变转动方向或者转动速度，会实现各种功能，根据用途不同有各种各样的齿轮。

正齿轮

正齿轮是使电动机转速降低，或者将转动传递到平行轴上时使用的齿轮。传递速度相同时就使用同样的齿轮，减速时就将不同齿数的齿轮组合上。例如动力方为 10 个齿，承载方为 50 个齿，则齿轮比为 5 ：1，承载方传动一圈就需要动力方旋转 5 圈。通过这样的组合，可以从高速转动的电动机得到低速的转动。

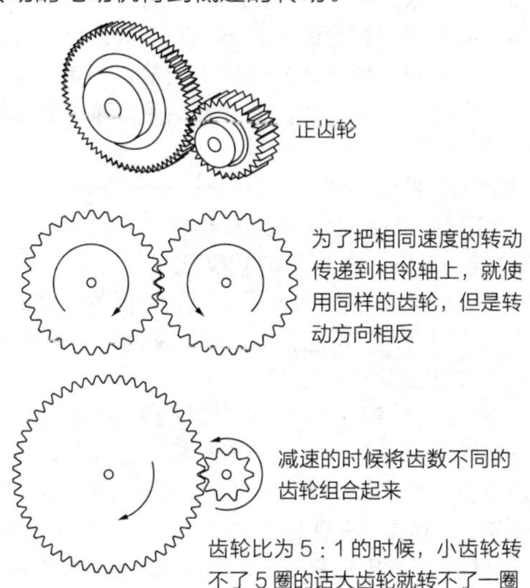

齿条齿轮

齿条齿轮中，有一方是直线齿轮，这样转动就成了直线运动了。但是齿条长度是有限的，不可能永久性地朝着一个方向使动力方转动。

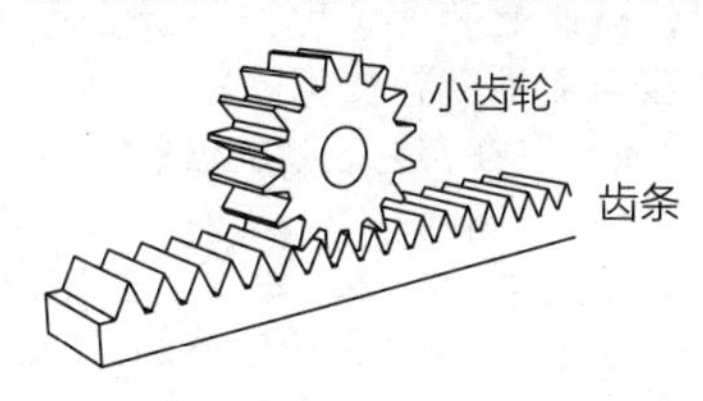

内齿轮

内齿轮是内圆上有齿的齿轮。在想将齿放在内圆上，或者是外圆有其他用途的时候使用。

行星齿轮

行星齿轮有三层内齿轮。如果将最外面固定住的话，中心齿轮转动时，其周边的齿轮也以同样的轴为中心旋转。

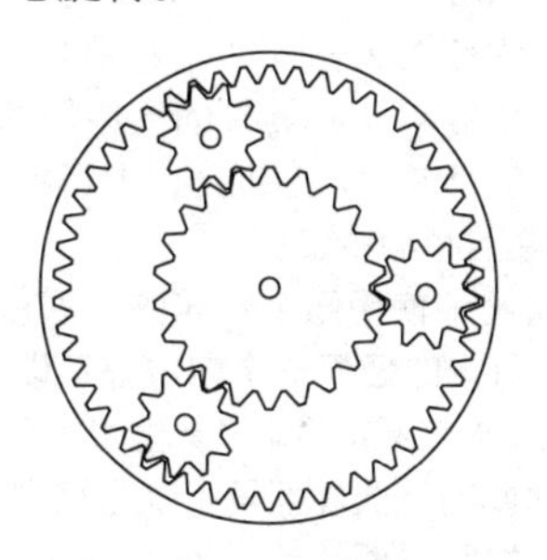

伞齿轮

旋转轴直角弯曲的时候使用伞齿轮，这是像伞一样呈圆锥状扩展开的齿轮。

端面齿轮

旋转轴是直角，但不适合用伞齿轮的时候，可以考虑使用端面齿轮。其正齿轮齿的部分改变 90° 方向，就像立着一样。

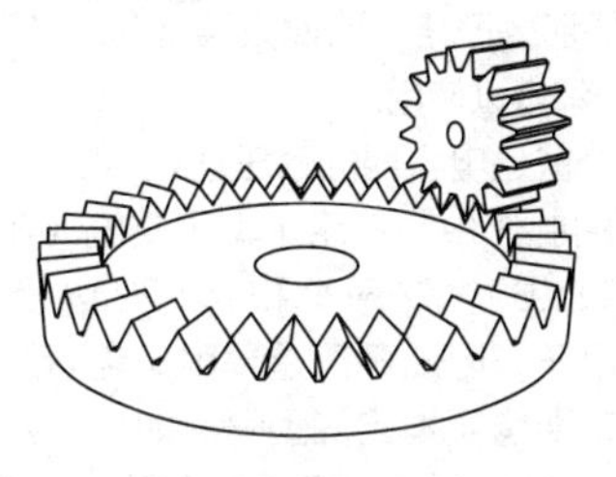

蜗杆传动

蜗杆传动在极端性地将速度减速、旋转轴直角交错时使用。动力方是螺旋状的，咬合在正齿轮上。例如螺旋旋转一圈只传送了一个齿的时候，负载方的齿数就是减速的旋转数。

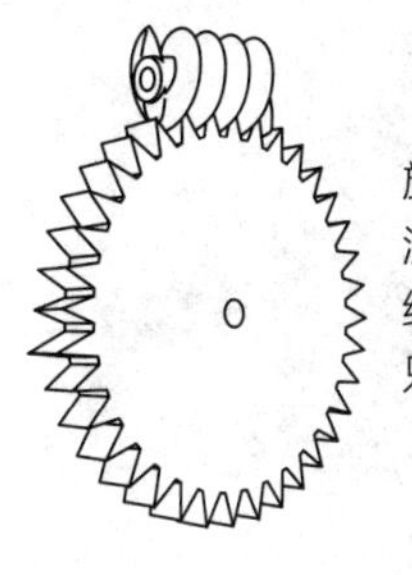

旋转轴是直角交错的，没有交叉。另外这种结构有个特点，就是只有蜗杆转动

元器件的购买方法·选择方法

◆ 利用通信销售

这本书中作为例子出现的元器件，在右页表中列出的专门销售电子元器件的商店里有售。但是，如果你是在东京或大阪的近郊，附近销售电子元器件的商店可能会比较少。

这种情况下使用网上购买的方式就比较方便。现在在整个日本的任何一个地方都可以通过网上购物和网上拍卖很容易地将电子元器件拿到手。

搜索想要的元器件型号，就能找到做通信销售的销售店。你所需要的元器件应该不是只有一个，这样就会去找这个店里是不是也在销售别的元器件。可能的话，集中在一起购买就可以免运费，是比较好的做法，但是所有的元器件不一定能在一家店里全部买到，这时就可以分几个店购买。

在支付方面有“货到付款”方式和用信用卡支付方式。但不管选用哪种支付方式，都要认真阅读销售方给出的注意事项，和身边的大人商量着下订单。

◆ 元器件的选择方法

去购买元器件的时候，很多时候容易犹豫不决。

首先是三极管的等级。例如同样都是 2SC1815，就 有 2SC1815-0、2SC1815-Y、2SC1815-GR、2SC1815-BL 这些种类。这些是三极管直流放大率的等级。因为即使同样是 2SC1815，放大率也不是完全相同的，因此分成了四个等级。在严密的设计制作方面需要这样划分等级，但是像本书的制作要求的条件并不是那么严格，因此只要是 2SC1815，不管级别是多少都可以使用。

下一个就是电容器的耐压性。

本书的制作中，使用了家用交流 100V 的只有 No.28 和 No.67，这两个和 No.22 以及 No.55 使用的是高电压，因此不只是局限于电容器，其他元器件也一定要购买指定的型号。如果使用耐压性低的元器件，就会有破裂和失火的危险。

除此以外，在用电池作电源的制作中所用的电解电容器，电池为 4.5V 时耐压在 10V 以上，电池为 9V 时耐压在 16V 以上，只要选择耐压高于电池电压就可以了。当只能找到电池为 9V、耐压为 50V 的电容器时，耐压值方面没有问题，可以使用，但是有时候耐压高的电容器外形比较大，根据电路图的不同，会出现电路板中放不下的情况。因此要好好确认后再购买。

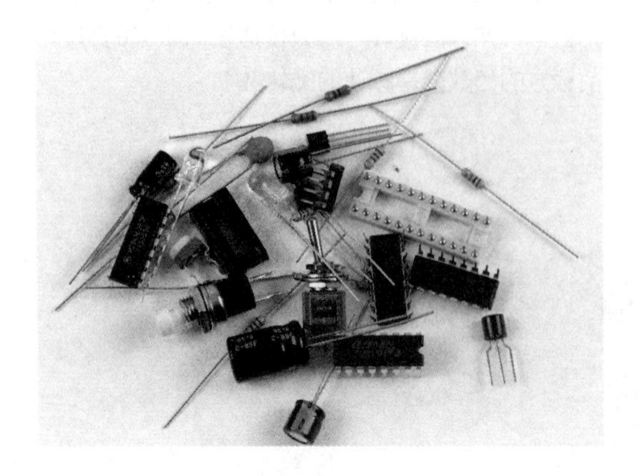

陶瓷电容器、叠层陶瓷电容器的耐压比较高（50V 以上），因此在使用电池制作时就可以不用在意耐压。

对于电阻器，考虑到使用方便这一点，基本上都是 1/4W 的色带式电阻器。类似 No.27 中的 2W 和 No.67 中的 1W 电阻器是个例外。

即使功能相同的电子元器件，也会有各种各样的形状。在做了很多制作后，就会明白下面的道理，例如如果是同样容量的电容器，则不管是叠层陶瓷电容器、薄膜电容器还是电解电容器，都是可以代用的，但是在开始阶段，要好好地阅读本书的插图和照片，尽量选取相似的元器件。

◆ 生产终止的元器件

电子技术日新月异，为了做出更小、性能更好、更便宜的电气产品，零件厂家在日夜努力地开发新产品。

新元器件诞生的另一面就是老元器件作用的终结、生产的终止。实际上本书中所使用的元器件中，有几种也已经终止生产了。

例如达林顿三极管 2SC1472 和晶体三极管 TPS601 等半导体。这些元器件已终止生产，逐渐置换成更小的芯片元件，而这种芯片元件是不适合电子制作的。但是，即使终止了生产，作为曾经生产过的元器件，市面上还是有的，虽然找起来多少费些时间。可以通过网络搜索，找到后购买。

另外，为防止地球受到污染，有毒性铬的 CdS 和使用水银的水银开关在逐渐消失。电子制作中最重要的焊锡也出现了取代者——不含铅的无铅焊锡逐渐成为主流。

但是，虽说是有毒，也没有什么可害怕的。CdS 是切实可靠地密封在壳体里，水银开关中的水银现在也不是装在容易破裂的玻璃管中，而是收在金属罩子里面，因此，不会再发生由于玻璃管破裂造成水银飞出来的现象。另外，取代水银而使用了无害金属球的开关，也可以像用水银开关那样使用。

只要使用方法没有错误，任何人都可以安全地使用这些元器件，但是要将它们放在小孩子和宠物触摸不到的地方。

这些元器件有一天会逐渐消失的，但是本书所列的作品都能够制作。让我们掌握正确的元器件知识，享受电子制作的乐趣吧！

■ 能够购买到可用于电子制作元器件的商店

店名	所在地	TEL	取扱品目
秋月电子通商 秋叶原店	〒101-0021 千代田区外神田 1-8-3 野水大厦 1F	03-3251-1779	一般元器件
秋月电子通商 八潮店	〒340-0825 琦玉县八潮市大原 578	048-998-3001	一般元器件
Electroplaza	〒144-0051 东京都大田区西蒲田 5-27-15	03-3733-7456	一般元器件
海神无线	〒101-0021 千代田区外神田 1-10-11 东京 Radio Department2F	03-3251-0025	CR
桎木总业	〒121-0052 东京都足立区加平 3-18-8 第二桎木大厦	03-5682-0651	半导体
小沼	〒101-0021 千代田区外神田秋叶原 Radio Center 1F	03-3251-3991	插头、插座
佐藤电气 町田店	〒121-0052 东京都町田市森野 1-35-10	042-725-2345	一般元器件
三荣电波	〒101-0021 千代田区外神田 1-14-2 秋叶原 Radio Center 1F	03-3253-1525	CR、旋钮类
SiliconHouse 共立	〒556-0005 大阪市浪速区日本桥 5-8-26	06-6644-4446	一般元器件
Sinkou 电机	〒231-0025 千横滨市中区松影町 1-3-7 爱迪生广场 2F	045-662-4791	一般元器件
铃商	〒101-0021 千代田区外神田 1-6-1 外神田大厦 1F	03-3253-2689	半导体、CR、小件
千石电商 秋叶原本店	〒101-0021 千代田区外神田 1-8-5 毛利大厦	03-3253-4411	一般元器件
千石电商 2 号店	〒101-0021 千代田区外神田 1-8-6 丸和大厦	03-3253-4412	乐器用元件专业店
千石电商 3 号店	〒101-0021 千代田区外神田 1-8-5 高田大厦	03-3253-4413	一般元器件
千石电商 大阪日本桥店	〒556-0005 大阪市浪速区日本桥 4-6-13 NT 大厦 1 楼	06-6649-2001	一般元器件
Digit	〒556-0005 大阪市浪速区日本桥 4-6-7	06-6644-4555	一般元器件
TOMOCA 电气 专卖店	〒101-0021 千代田区外神田 1-2-13 Radio 会馆 2 号馆	03-3253-6524	插头、插座
TOMOCA 电气 Radio Center 店	〒101-0021 千代田区外神田 1-14-2 秋叶原 Radio Center 1F	03-3253-6053	插头、插座
TOMOCA 电气 Radio Department	〒101-0021 千代田区外神田 1-10-11 东京 Radio Department3F	03-3253-6703	插头、插座
西川电子部品 螺纹部	〒101-0021 千代田区外神田 1-9-9 内田大厦	03-3251-8736	螺纹类、工具
Parts-Land	〒101-0021 千代田区外神田 1-10-11 东京 Radio Department1F	03-3251-3918	一般元器件
Hirose Technical	〒101-0021 千代田区外神田 1-11-12	03-3255-2211	一般元器件
丸通元件馆 仙台上杉店	〒980-0011 仙台市青叶区上杉 3-8-28	022-217-1402	一般元器件
丸通元件馆 秋叶原总店	〒101-0021 千代田区外神田 3-10-10	03-5296-7802	一般元器件
丸通元件馆 秋叶原元件馆	〒101-0021 千代田区外神田 1-6-6	03-5289-0002	一般元器件
丸通元件馆 静冈八幡店	〒422-8076 静冈市骏河区八幡 2-11-9	054-285-1182	一般元器件
丸通元件馆 滨松高林店	〒430-0907 滨松市中区高林 4-2-8	053-472-9801	一般元器件
丸通元件馆名古屋小田井店	〒452-0821 名古屋市西区上小田井 2-330-1	052-509-4702	一般元器件
丸通元件馆 金泽西国际店	〒921-8005 金泽市间明町 2-267	076-291-0202	一般元器件
丸通元件馆 福井二之宫店	〒910-0015 福井市二之宫 2-3-7	0776-25-0202	一般元器件
丸通元件馆 福井敦贺店	〒914-0058 福井县敦贺市三岛町 3-7-5	0770-24-0202	一般元器件
丸通元件馆 京都寺町店	〒6000-8032 京都市下京区寺町通 绫小路下 2-3-7	0776-25-0202	一般元器件
丸通元件馆 大阪日本桥店	〒556-0005 大阪市浪速区日本桥 5-1-14	06-6630-5002	一般元器件
丸通元件馆 博多吴服町店	〒812-0034 福冈市博多区下吴服町 5-4	092-263-8102	一般元器件
若松通商 总店	〒101-0021 千代田区外神田 4-7-3	03-3257-0601	一般元器件
若松通商 秋叶原站前店	〒101-0021 千代田区外神田 1-15-4 Radio 会馆 1 号馆 2F	03-3255-5064	一般元器件

参考了「MJ 无线和实验」编辑部 2014 年 6 月的数据。

挑战印刷电路板

通过蚀刻，可以自己制作印刷电路板。印刷电路板做好以后，就可以自己进行元器件的配置和造型，同时可以很好地完成制作。

◆ 电路板的设计

按照电路图，想着元器件大小和完成后的形状设计电路板。如果已经有印刷原稿的话可以直接使用。

◆ 原稿

电路板设计做完之后将设计图复制到铜箔面上，按照设计在蚀刻时用专用的 PCD 耐蚀刻笔将需要用到的部分遮盖起来，不让这部分溶化。另外，对于感光电路板，是通过感光做出膜面的电路板。先用半透明绘图纸做出电路板原稿，用其进行感光、显像，做成膜面。

◆ 蚀刻

蚀刻是用药品将不用部分的铜腐蚀掉。在塑料方平盘里放入蚀刻液，把电路板放进去。根据温度和液体浓度不同会有一些变化，但除了遮盖部分以外，一般大约 5 ~ 20 分钟都能溶化。不时地用筷子之类的物体搅拌、摇晃会加快腐蚀速度。

要注意对蚀刻液的处理，废液如果处理不好会对环境造成破坏，如果沾到衣服上也很难洗掉。

◆ 后处理

蚀刻完以后，用流水充分冲洗，用专用溶剂等去掉保护膜，其后可以用助焊剂或阻焊剂等进行处理。

钻孔时，对于一般元器件的引脚，用 0.8 ~ 1mm 的钻头就可以。

◆ 确认

好好确认一下和旁边的焊环是不是连在一起了，如果有连在一起的部分，可以再蚀刻一次，但如果和旁边连接少的话，也可以用美工刀切开。

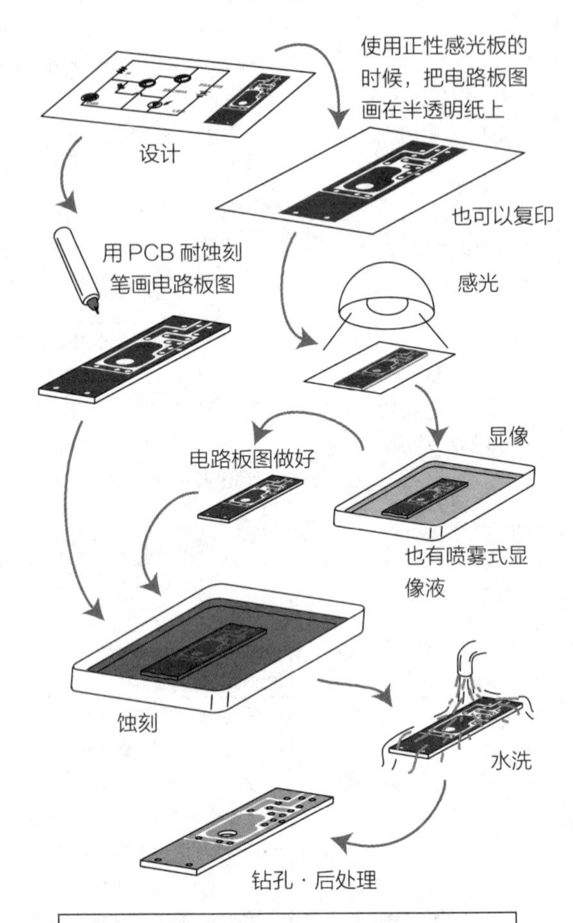

要严格按照药品的说明书使用药品，注意不要弄错

在画电路板图的时候要进行检查，有接触到的地方就用美术刀等削去

蚀刻后进行检查，如果有接触到的地方，就用美术刀削去

焊接后要进行检查，如果有接触到的地方，就用美术刀等削去

❶ 将印刷电路板图复印到半透明的描图纸上，制作感光电路板。
选择复印的电路图中对比度最强的一张使用。

❷ 图中右下角展示的是感光电路板的封装，左边是玻璃板，用这个玻璃板夹住复印的电路板图和感光板，上面的箱子是感光所使用的光源，盖在玻璃板上面让感光板曝光。

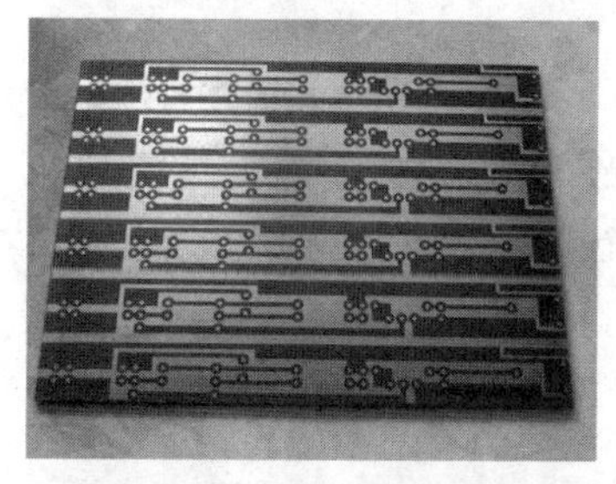

❸ 曝光和显像以后，布线部分作为蓝绿色图形留了下来。这时要认真检查一下，将不要的地方削去，不足的地方用 PCB 耐蚀刻笔补上。

❹ 准备好蚀刻液、塑料方平盘、一次性筷子等，用不用的报纸等垫在桌面上作业，可以防止周围被弄脏。

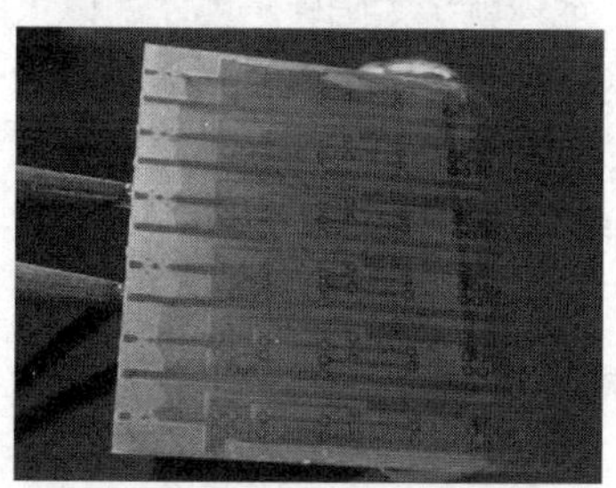

❺ 蚀刻时，能看到铜箔溶化。不时摇晃蚀刻液会让反应变快。

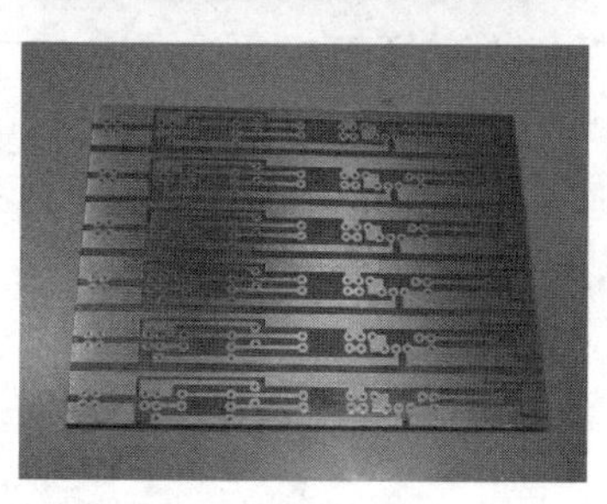

❻ 蚀刻后，用香蕉水将感光膜去掉，漂亮的赤铜色表面就浮现出来了，但如果这样放置不管，表面就会被氧化，因此最好涂上保护涂层等。

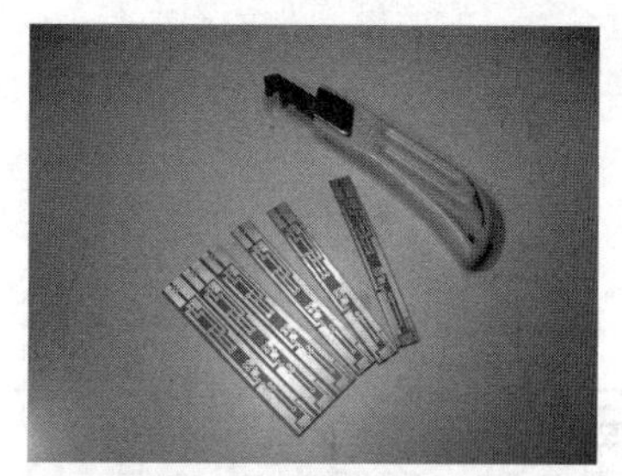

❼ 用塑料刀将印刷电路图切开。想要制作的就是这个细长的一张一张的电路板。

❽ 进行钻孔加工。使用的钻头直径为 1mm。只有一部分使用了镀锡铜线，因此这一部分钻头直径为 1.2mm。

❾ 将元器件安装上去。对于电阻器和三极管等在组装时要注意不要将位置和方向弄错。

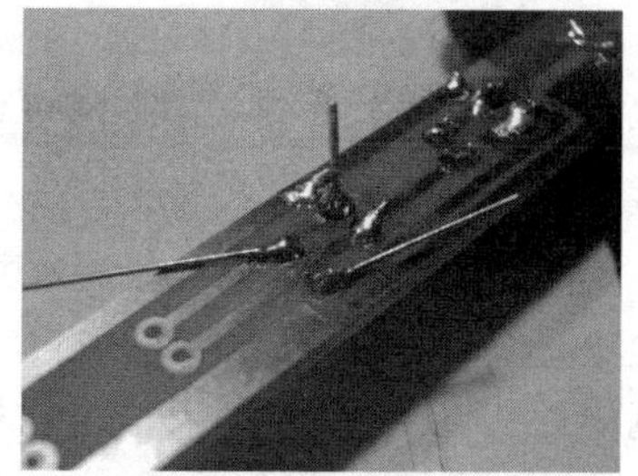

❿ 焊接和万能板不同，元器件引脚都用不到太长的，因此焊接后要将引脚剪短。

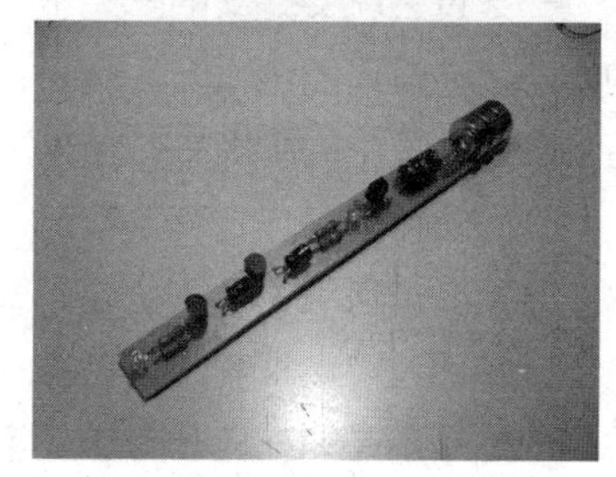

⓫ 安装完元器件以后制作就完成了。放入电池前要好好看看是不是有多余的接触，有没有弄错。

后记

在制作教室和工厂、课堂、演讲会、作品展示会等场合，我有机会把自己的著作介绍给大家。其中的《电子制作大图鉴》很受好评，这次得以增补、发行，非常感谢。对于帮助过我的各位的感激之情难以用言语表达。

本书的电子装置制作方法表面看很无趣，但总有好玩之处，会引导你很想去做一做试试，意想不到的切入点，新奇的制作手法，这些和生硬的技术书籍完全不相干，这些不寻常的快乐的表现手法，都是肩负着技术使命的技术人员所没有的设想，每次制作时我对此都很有自信。

例如，制作“发光”的效果，不只是作为照明装置，而是考虑视觉效果或者作为传感器使用，有时还有抚慰心灵的效用，还有时不是作为光而是作为影子使用，等等。也就是说由于切入点和使用方法不同，产生了很多新奇的设想。下面的说法可能很失礼，但是现代的很多技术人员是被束缚在了“从计算机程序得到想法”，或者“必须要按照逻辑推进才行”这种思维定式中。当然从程序方面来讲“不这样做就有可能出现差错”，但是自由创新对技术人员也非常重要。

我认为过去对于科学做出贡献、留下功绩的人们也一定富有想象力。有时候可能会错，但是以探究自然原理的热情去弄明白很多事情，对现代科学的发展也有积极作用。我的设想不会直接变成大发现、大发明，但是可能会成为某种设想的契机。

总是这样考虑问题，脑海中就会涌现各种幻想和疑问。我积累了很多对平常生活完全不起作用的点子，对挣钱没有帮助并且对于提高工作效率也不一定有帮助，也难以制造成产品的方案。虽然不能马上就有用，但是我每天还是做同样的事情。

一天过去就又是新的一天了，一周、一个月、一年，地球就绕太阳转一圈了。以人的寿命，一般只能绕太阳几十圈，感觉到这一点就会想活着是为了什么？氨基酸构成的蛋白质在哪里变成了生命？想着关于电、宇宙、艺术、语言等的事情，也会乐在其中。

例如差错也不一定就是不对，至少留下了出错的结果，这也是一个很好的成果，对这个成果怎样利用，怎样发展，我认为这是最重要的。

曾经用过“实现梦想”这样的表述，但最近想法有了少许改变。有梦想就一定要实现，但是是不是能在自己有生之年实现，这就不知道了。自己有生之年要能实现一些梦想，还要拥有更大的梦想。朝着梦想一直努力，才是人生最美好的姿态。

2014 年 6 月

伊藤　尚未